건축의 사회사

건축의 사회사
MODERN ARCHITECTURE AND DESIGN

정치경제학의 시각에서 본 대안적 역사
An Alternative History

빌 리제베로   박인석 옮김

열화당

표지 그림
'전통의 가치'(p.222)와 '브후테마스와 바우하우스'(p.273)의 오리지널 삽화.

소피
제임스
피터
조애너
그리고
존에게

한국어판 서문

이 책은 내가 두번째로 쓴 책이다. 이 책에서 나는 『서양 건축 이야기(*The Story of Western Architecture*)』에서 견지했던 생각에 근거하고자 했다. 그리고 건축과 건축을 있게 한 사회·경제적 영향력들의 관계를 좀더 명확히 하고자 했다. 이 책을 쓸 당시와 마찬가지로, 지금도 나와 같은 견해로 건축의 역사를 보는 부류는 소수에 지나지 않는다. 그래서 이 책의 부제를 '대안적 역사(An Alternative History)'라 붙인 것이다.

이 책이 처음 출간된 것은 1982년 영국과 미국에서였는데, 이번 한국어판에는 짧은 장(章) 하나를 추가했다. 이 부분에서 최근의 현대 건축 이야기뿐 아니라 한국 독자들에게 익숙한 동아시아 지역에 관한 내용을 담으려 했다. 이를 위해서 몇 장의 삽화도 추가했다.

애이샤 압델 할림, 재스민 애터베리, 로저 코너버, 고(故) 그레이엄 다우엘, 루이스 페르난데스 갈리아노, 두기 고든, 브렌다 허버트, 에리카 허닝허, 데이비드 파이크, 그리고 팀 스터기스에게 1982년판에서 전했던 고마움을 또다시 전한다. 이들은 당시 내가 책을 쓰는 데 큰 도움을 준 분들이다. 이 책이 출간되었을 때 각별한 관심을 표해 준 조너선 찰리, 마이클 에드워즈, 나세르 골자리, 토머스 하인, 크리스 시버, 그리고 샘 웨브에게도 감사드린다. 이번 한국어판을 위해 긴 시간 끈기있게 적극적인 지원을 아끼지 않은 열화당의 이수정 씨에게도 고마움을 표한다.

고 데이비드 허버트는 이 책을 쓰도록 영감을 준 사람으로, 나는 그의 우정과 격려에 큰 빚을 지고 있다. 그리고 나의 아내 크리스틴은 여전히 나에게 가장 큰 힘을 주는 원천이다.

2008년 2월
빌 리제베로

감사의 말

내가 이 책에 담긴 생각들과 태도를 갖게 된 데에는 여러 친구들과 동료들의 도움이 있었다. 그 중 특히 그레이엄 다우엘, 루이스 페르난데스 갈리아노, 두기 고든, 그리고 데이비드 파이크의 도움에 감사한다. 런던의 팀 스터기스, 매사추세츠 공과대학 출판부의 로저 코너버와 그의 동료들은 적절한 비평을 통해 책 내용을 훨씬 좋게 만들어 주었다. 허버트 출판사의 데이비드 허버트와 브렌다 허버트 또한 이번에도 참을성있게 용기를 북돋워 주었으며, 재스민 애터베리는 능숙한 솜씨로 색인을 정리해 주었다. 애이샤 압델 할림은 원고의 까다로운 부분을 몇 번이고 타이핑해 주었으며, 에리카 허닝허는 매우 호의적으로 편집 작업을 해주었다. 이 책이 출간되기까지 도움을 준 이 모든 이들에게 감사한다. 무엇보다도 모든 방면에서 이 일이 가능하도록 해준 나의 아내 크리스틴에게 다시 한번 고마움을 전한다.

1982년
빌 리제베로

차례

한국어판 서문 · 7
감사의 말 · 8

근대의 프로메테우스 —— 11
산업혁명

대조 —— 23
19세기초 영국과 미국

법철학 —— 67
19세기초 유럽 대륙

우리는 어떻게 살고 있는가, 어떻게 살 수 있는가 —— 106
19세기 중엽의 유럽

권력에의 의지 —— 147
19세기 후반의 유럽과 미국

꺼져 버린 불빛 —— 166
세기의 전환

국가와 혁명 —— 232
제일차세계대전 그리고 이후

멋진 신세계 —— 307
제이차세계대전 그리고 이후

역사의 종언 —— 360
동아시아의 근대 건축

역주(譯註) · 377
도판 목록 · 390
참고문헌 · 392
옮긴이의 말 · 395
찾아보기 · 399

근대의 프로메테우스[1]
The modern Prometheus

산업혁명

모든 인간 역사의 최우선 전제는 두말할 것 없이 살아 있는 인간 개개인들의 존재이다. 따라서 가장 먼저 분명히 해 두어야 할 사실은 인간 개개인의 신체 조직, 그리고 그로 인해 그들이 나머지 자연과 맺게 되는 관계에 대한 것이다. … 무릇 모든 역사서술은 이러한 자연적 토대들, 그리고 이들 토대가 역사과정에서 인간활동을 통해 변형되는 모습에서 출발해야 한다. … 인간은 생존수단을 만들어내는 일을 통해 간접적으로 자신들의 실제 물질적 삶을 만들어낸다. — 마르크스와 엥겔스,『독일 이데올로기(*Die Deutsche Ideologie*)』1부, 1846.

18세기 중엽의 유럽 사회 — 귀족세계에서 부르주아 세계로
물질적 조건 즉 사회제도, 정치기구, 그리고 예술과 건축을 포함한 일반적 의미의 문화의 내용은 궁극적으로 한 사회가 경제생활을 유지해 나가는 방법에 의해 좌우된다. 따라서 근대의 건축과 디자인은, 18세기와 19세기 대혁명들이 공업생산에 기반한 새로운 세계사회를 창조하면서 부르주아 계급에게 권력을 가져다 준 그때부터 시작된, 바로 그 근대 경제체제의 맥락 속에서 바라보고 정의해야 한다.

   18세기 중엽까지는 아직 이러한 변화가 거의 일어나지 않았다. 유럽과 아메리카 식민지의 경제는 전통적인 지주 계급이 지배하는 농업경제가 대부분이었고, 정치는 구체제의 왕과 귀족이 지배하고 있었다. 가장 전형적인 예가 프랑스였다. 많은 인구와 거대한 군대를 거느린 채 영원히 지속될 듯한 엄격한 권력을 지닌 부르봉(Bourbon) 왕조가 다스리던 프랑스는 겉으로 보기에는 매우 강력한 국가였다. 그러나 프랑스의 반(半)봉건적인 사회구조, 정체되고 비효율적인 농촌경제, 그리고 빈약한 국내 상거래는 경제발전에 필요한 공업화에 커다란 장애요인이 되고 있었다. 지역에 따라 정도 차이는 있었지만 이러한 상황은 서구세계 전체에 공통된 것이었다. 호엔촐레른(Hohenzollern) 가문이 지배하는 브란덴부르크(Brandenburg)만이 봉건제로부터 벗어나기 시작하고 있었던 낙후되고 분열된 독일 역시 그러했고, 합스부르크(Habsburg) 왕가의 엘리트주의와 타성으로 제국의 모든 기구들이 무기력했던 오스트리아-헝가리, 아직 영국의 지배 계급에 경제적으로 종속되어 있던 아메리카의 식민지들 역시 그러했다.

귀족 계급의 태도와 사상은 서구의 경제와 정치뿐 아니라 문화까지도 지배했다. 고대 로마와 르네상스 로마에서 영감을 받아 시작된 이래 오랜 기간 지속되어 온 지적 전통은, 모든 나라의 지배 계급들을 통합하는, 그리고 그들을 노동자 계급과 구별지어 주는 특별한 언어를 만들어냈다. 작가와 음악가와 조형예술가들에게는, 부유층이 의사소통에 사용하는 난해한 어휘를 만드는 임무가 주어졌다. 교육수준과 교양을 갖추고 높은 사회적 지위를 누리던 신사 계급 건축가들 역시 마찬가지였다. 건축가들은 궁전·대저택·공공건물들을 설계하면서 이러한 계급 표현을 기꺼이 돕고 있었다. 그들 자신, 그리고 그들의 예술은, 본질적으로 건축현장의 장인이 되지 않고서도 건물을 설계하는 일이 처음으로 가능해진 ─더욱이 그것이 사회적 지위를 확보하는 데 보다 유리해진─ 르네상스 시대의 산물이었다. 건축가 교육은 실무적이기보다는 이론적이었고 고고학적이었다. 때문에 건축가는 이제 건축과정 그 자체로부터, 그리고 공동사회에서 건축과정의 근원으로부터 멀어진 존재가 되었다. 그가 지적인 작업을 통해서 무엇을 성취했던 간에 말이다.

사회 하위계층에는 장인건축가(craftsman architect)가 있었는데, 그들은 당시 건축활동의 대부분을 차지하는 평범한 주택과 오두막을 짓는 일을 맡았다. 비록 그들의 선조인 중세 석공과 목수에 비하면 극히 미미한 수준이었지만, 어쨌든 그들은 중세의 기술을 구전(口傳)으로 이어받아 실제 작업을 통해 그 기술을 풍부하게 만들어 가고 있었다. 그것은 지적 자극과 외부 지식의 도입이 거의 없는 한계가 뚜렷한 전통이었지만 나름대로의 강점도 갖고 있었다. 특히 건축시공 실무로부터 자연스럽게 도출되는 건축설계를 가능케 했으며, 고급한 지적 전통과는 달리 보통 사람들에게 속한 진정한 민중예술이었다. 그러나 18세기와 19세기에 걸친 계급의 양극화 현상과 산업화의 진전 속에서 장인건축가와 그들의 건축방식은 점점 더 큰 위협을 받게 되었다. 영국에서는 건축노동조합이 그들의 전통과 생계를 파괴하는 이러한 위협에 저항하며 단결력과 투쟁력을 발휘했는데, 바로 이것이 초기 노동운동의 초석이 되었다.

지적 전통 역시 위협을 받았다고까지는 할 수 없지만 큰 변화를 겪게 되었다. 부르주아 계급이 경제력을 차지함에 따라, 이제껏 귀족세계에 속해 있던 교양있는 건축가는 부르주아 세계로 소속을 변경하기 위해 중대한 조정을 해야 하는 문제에 직면했다. 17세기와 18세기까지만 해도 문화적 전통은 매우 안정적인 것으로 보였다. 루이 십사세의 베르사유(Versailles) 궁전은 그 시대의 상징이었다. 거대한 궁전 주위로 수마일에 걸쳐 정연한 정원이 펼쳐지고, 방사상 가로(街路)가 지평선 너머까지 뻗어 나가 왕의 영토가 계속됨을 상징하는 광대한 바로크 구성. 이전까지 그것은 오직 신에게만 봉헌되던 장중함으로서, 절대왕권에 바쳐진 세상에서 가장 위대한 기념물이자 영원한 왕권의 상징물이었다. 그러나 이 장중함과 권력을 지탱하는 기초는 불안정했다. 비효율적인 농업경제에서 탈취하는 세금만으로는 이러한 호사와 낭비를 지속할 수 없었다. 따라서 유럽의 왕실들과 부패한 관료들은 비록 그들 능력 밖의 일이었지만 근대화의 필요성을 느끼고 있었다. 표트르 대제와 예카테리나 여제가 지배하던 러시아는 산업화를 향해 불확실한 발걸음을 시작했고, 신생 프로이센의 프리드리히 대왕은 농업과 무역, 그리고 공업에서 중요한 진전을 이루었다. 루이 십오세와 십육세가 통치하던 부르봉 왕조의 프랑스조차 주요 도로망을 건설하고 직물과 야금산업을 확대했으며, 연료용 석탄을 수입하고 영국으로부터 증기기관을 도입했다. 그러나 구체제의 사회제도들이 경제발전을 저해한다는 사실을 감

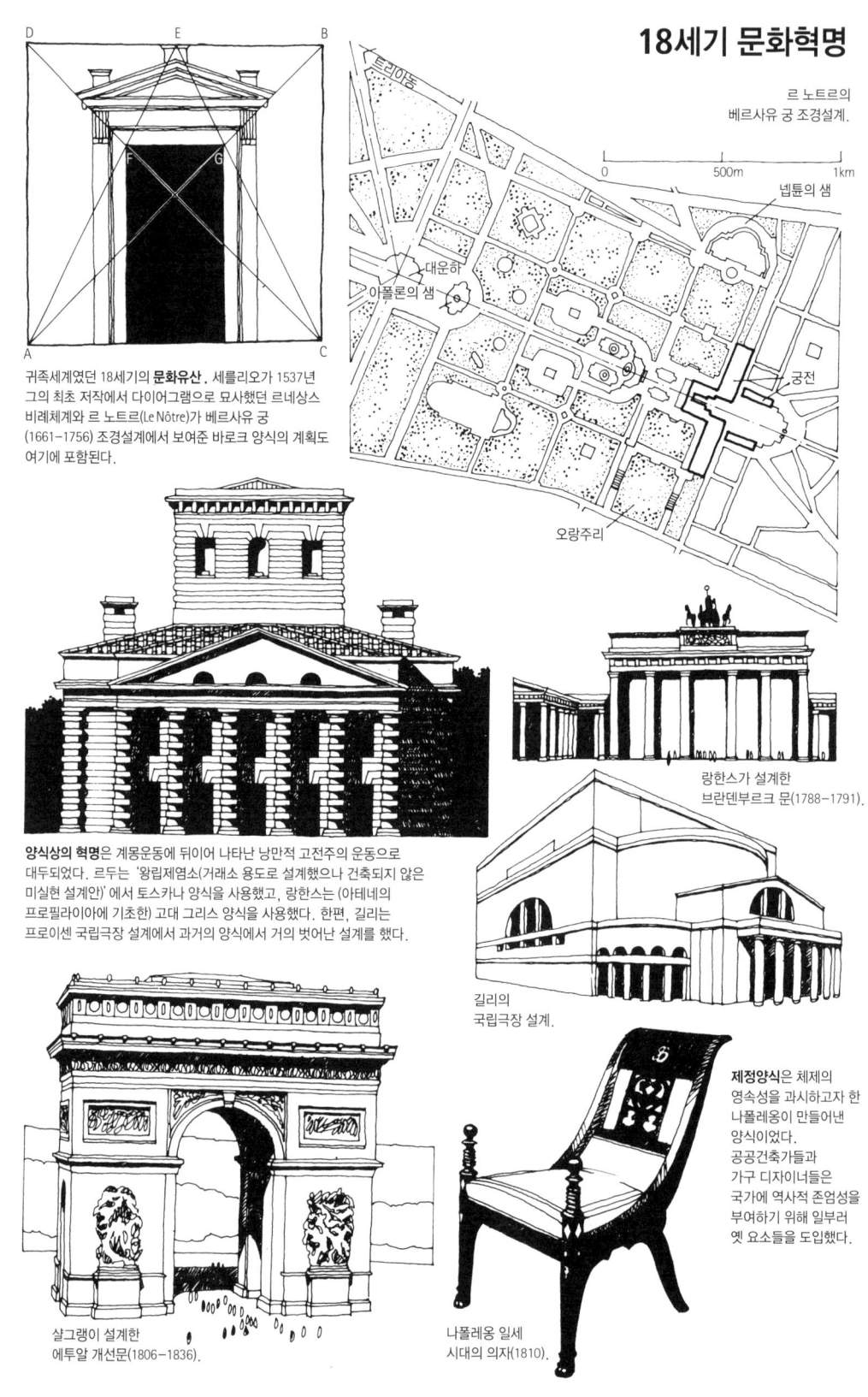

18세기 문화혁명

귀족세계였던 18세기의 **문화유산**. 세를리오가 1537년 그의 최초 저작에서 다이어그램으로 묘사했던 르네상스 비례체계와 르 노트르(Le Nôtre)가 베르사유 궁 (1661-1756) 조경설계에서 보여준 바로크 양식의 계획도 여기에 포함된다.

르 노트르의 베르사유 궁 조경설계.

양식상의 혁명은 계몽운동에 뒤이어 나타난 낭만적 고전주의 운동으로 대두되었다. 르두는 '왕립제염소(거래소 용도로 설계했으나 건축되지 않은 미실현 설계안)'에서 토스카나 양식을 사용했고, 랑한스는 (아테네의 프로필라이아에 기초한) 고대 그리스 양식을 사용했다. 한편, 길리는 프로이센 국립극장 설계에서 과거의 양식에서 거의 벗어난 설계를 했다.

랑한스가 설계한 브란덴부르크 문(1788-1791).

길리의 국립극장 설계.

제정양식은 체제의 영속성을 과시하고자 한 나폴레옹이 만들어낸 양식이었다. 공공건축가들과 가구 디자이너들은 국가에 역사적 존엄성을 부여하기 위해 일부러 옛 요소들을 도입했다.

샬그랭이 설계한 에투알 개선문(1806-1836).

나폴레옹 일세 시대의 의자(1810).

출 수는 없었다. 18세기 동안 구체제는 새로운 부르주아 정신인 탐구정신, 비판과 변화의 정신으로부터 점점 더 도전을 받고 있었다. 이 새로운 정신은 볼테르와 루소, 흄, 로크와 벤담, 제퍼슨과 페인의 '계몽사상'으로부터 받은 지적 자극이었다. 혁명사상은 보편화했다. 이 사상은 '자유' '평등' '박애' 등 가장 폭넓은 호응을 불러일으킬 만한 개념들을 내세웠지만, 그 밑에는 정치권력과 경제권력을 지향하며 이를 방해하는 모든 것을 제거하려는 부르주아 계급의 야심이 깔려 있었다.

다른 예술과 마찬가지로 건축은 새로운 인본주의 정신을 반영하기 시작했다. 고대 로마 이전 시기를 돌아보면서, 르네상스 시대의 비속화로 인해 오염되어 버리기 이전의 원초적 존엄성이 온존하던 세계를 표현하는 사상들이 전개되었다. 빙켈만(Winckelmann) 이래 고고학의 발전과 피라네시(Giovanni Battista Piranesi, 1720-1778)의 극적인 건축설계는 원초적인 건축형태를 재발견하는 데 도움이 되었다. 프랑스에서는 불레(Etienne Louis Boullée, 1728-1799)와 르두(Claude Nicolas Ledoux, 1736-1806)가 많은 미실현 설계안에서 단순하고 질서있는 기하학을 전개했다. 르두는 실제로 건축된 두 개의 주요한 작품인 브장송(Besançon) 인근의 '왕립제염소(La Saline, 1775-1779)'와 파리 근교 통행문(1785-1789)에서 원초적이며 로마를 연상시키지 않는 토스카나 양식을 적절하게 사용했다. 베를린에서는 랑한스(Carl Gotthard Langhans, 1732-1808)가 신(新)그리스 양식의 브란덴부르크 문(Brandenburg Gate, 1788-1791)을 설계했는데, 이는 19세기에 유럽 전역에서 세워진 의전용(儀典用) 아치 통로들 중 최초의 것이었다. 역시 베를린에서 길리(Friedrich Gilly, 1772-1800)는 프리드리히 대왕을 위한 기념당과 프로이센 국립극장을 설계했다. 둘 다 건축되지는 않았으나 '혁명적' 건축가들이 추구하던 본질적인 숭고함을 표현한 것이었다. 영국에서는 손(John Soane, 1753-1837)이 이러한 방향을 추구했는데, 그는 일찍이 이탈리아에 머물면서 피라네시를 알고 있었으며 후에는 르두의 영향을 받았다. 초기 시절인 1780년대에 손이 신그리스 양식에 보인 애착은 후기에 가서 순수한 기하학적 형태의 건축을 추구하는 방향으로 진전되었는데, 이때 그는 고전주의적 장식을 흔적까지 없애 버렸다. 이러한 후기의 대표 작품으로는 렌(Christopher Wren)이 설계한 첼시 병원(Chelsea Hospital)의 증축 건물(1809-1817)과 런던 서부에 있는 덜위치 미술관(Dulwich Picture Gallery, 1811-1814), 베스날 그린(Bethnal Green)에 있는 세인트 존 교회(St. John's Church, 1825-1828), 그리고 그의 최고 걸작인 런던의 영국 은행(Bank of England, 1791-1833) 등이 있다. 영국의 건축가이자 엔지니어인 러트로브(Benjamin Latrobe, 1764-1820)는 손의 사상을 미국으로 전파했다. 러트로브는 이탈리아 양식에 재능있는 설계자이기도 했던 제퍼슨 대통령과 협력하여 필라델피아(1798-1800)와 새로운 연방 수도인 워싱턴에 공공건물들을 설계하면서 이 나라에 신그리스 양식을 소개했다. 그는 자신의 대표작인 볼티모어 성당(Baltimore Cathedral, 1804-1818)에서 손 후기의 엄격한 양식으로 옮겨 갔다.

이탈리아 양식에서부터 그리스와 토스카나 양식으로 나아가는 이 건축적 순례, 더욱 위대한 원초주의와 숭고한 순전성(純全性, simplicity)을 향한 이 꾸준한 추구는, 우리가 현재 낭만주의 운동이라 부르는 유럽 전역에 파급된 경향의 한 부분이었다. 그 시작은 18세기초 영국의 시(詩)에서 찾을 수 있으며, 그 절정을 이룬 것은 18세기말과 19세기초 워즈워스·바이런·키츠 등의 시인들, 괴테·실러·레싱 등의 극작가들, 스콧, 만초니, 뒤마, 상드, 브론테 자매, 포 등 다양한 소설가들의 작품 속에서였다. 낭만주의 운동이 성장하면서 화가와 음악가들도 여기에 가세했다. 들라크루아의 야생과 이국정취, 자연에 대한 컨스터블의 열정, 자연과 태고에 대한 터너의 열정, 서사적 순례로서의 삶에 대한 슈베르트의 관점, 인간 자유에 대한 베토벤의 환희에 찬 시선 등, 낭만주의는 귀족적이고 궁정풍의 표현양식과 결별하고 부르주아 가치를 표현하는 양식을 지향하는 커다란 지적 격변을 일으켰다. 그것은 궁극적으로 국가나 교회의 창조물이 아니라 자유로운 개인으로서의 인간이라는 개념을 향한 것이었다. 문명화라는 허위적 가치가 인간에게서 앗아간 자연 혹은 태고의 순전성으로의 복귀, 추상적 가치가 아니라 인간적 가치를 명확히 찾을 수 있는 고전문학―단테·셰익스피어·세르반테스―의 재발견, 궁정 집단의 지적 엘리트주의를 새로운 학파들의 보편적 사상으로 대체하려는 소망, 인간의 생활·운명·과거·세계 자체에 대한 의문, 그리고 전에는 질문할 수도 비판할 수도 없었던 다른 많은 것들에 대해 의문을 제기할 수 있도록 하는 새로운 표현의 자유, 이처럼 개인주의는 모든 주요한 낭만주의적 주제에 내재되어 있었다. 낭만주의자들은 본질적으로 어떤 '이념(ideas)'과 관련을 갖고 있었는데 그것은 무엇보다도 자유·평등·박애였으며, 이는 대서양 양측에서 진행된 일련의 정치적 혁명을 자극하고 다시 그 혁명들로부터 자극받으며 형성된 이념이었다.

1776년 미국 독립혁명 이후 재건시대에 건축가들은 부흥정신을 표현하는 데 주된 역할을 했다. 농업 위주의 남부와 신흥 공업지역인 북부의 통합, 문명화한 동부와 미개척지인 서부의 통합을 상징하면서 특별히 선정된 위치인 포토맥(Potomac) 강가에는 워싱턴 시가 건설되었는데, 이곳은 귀족적인 영국의 과거를 연상시키지 않도록 신그리스 양식을 사용할 것이 요청되었다. 러트로브는 이탈리아 양식의 백악관을 그리스 이오니아식의 저택으로 재건했고(1807), 1815년에는 국회의사당 확장 재건축을 시작했는데, 이는 그의 유능한 동료인 불핀치(Charles Bulfinch, 1763-1844)가 1829년에 완공했다. 여기에 담긴 건축적 메시지는 새로운 국가기구와 기원전 5세기의 아테네 민주주의를 대응시킨 것이었다. 그러나 역설적이게도 이러한 새로운 상징물들이 들어앉은 새로운 도시의 계획은 민주주의와는 상극이라 할 루이 십사세의 베르사유로부터 영감을 받은 것이었다. 프랑스 공학자 랑팡(Pierre Charles L'Enfant, 1754-1825)이 계획한 워싱턴의 광대한 바로크식 조망은 비록 아름답긴 하지만 기능적으로는 거주용 도시에 부적절했고, 상징적으로도 새로운 민주주의적 질서에 부합하지 않았다. 그러나 당시 부르주아의 자유라는 것 자체가 환영(幻影)이었다. 혁명에도 불구하고 북부와 남부의 경제적 이해관계를 둘러싼 긴장은 북부의 공업체제가 자유롭게 팽창하는 것을 방해했다. 진정한 경제적 자유는 1861년 남북전쟁을 통해 그 긴장관계가 해소된 이후에야 얻게 되었다.

사정은 프랑스에서도 마찬가지였다. 1789년 혁명이 자유에 대한 낭만주의의 상징으로 보편화했지만 혁명 이후의 사건들은 상황이 여의치 않음을 증명하고 있었다. 일련의 정치적 격변을 치르고 나서 나폴레옹이 헌법과 법률을 안정시켰지만 그것은 대중민주주의를 없애 버리며 이룬 안정이었다. 비뇽(Vignon)의 마들렌 교회당(Church of the Madeleine, 1806-1843)과 샬그랭(Chalgrin)의 에투알 개선문(Arc de Triomphe de l'étoile, 1806-1836) 같은 아카데믹한 로마 양식의 공공건물들이 대외적으로는 나폴레옹의 제국주의적 자만심을, 국내적으로는 독재정치를 강조하기 시작했다. 페르시에(Percier)·퐁텐(Fontaine) 등의 건축가들이 나폴레옹 왕실을 위해 만들어낸 새로운 '제정(Empire)' 양식의 설계는 영감의 원천을 로마·그리스·이집트에서 찾으면서 찬란했던 부르봉 왕조의 양식을 의식적으로 거부하려 했다. 그러나 양식 자체는 진보주의와 근대성을 말하고 있었지만 그것은 여전히 민중 위에 군림하던 국가 권력의 표현이었으며, 부르주아의 자유이건 다른 누구의 자유이건 모든 자유를 부정하는 것이었다.

18세기말 당시 부르주아 계급의 자유가 존재하는 나라는 세계에서 단 하나, 영국밖에 없었다. 17세기에 진행된 혁명으로 왕실 권력은 영원히 종식되었고 부르주아 계급의 정치력이 성장할 수 있는 여건이 마련되었다. 18세기에는 부르주아 계급의 경제력 발전에 필수적인 공업화를 위한 중요한 전제조건들이 모두 갖추어졌다. 소작농 보유권(peasant tenure)[2]이 대부분 소멸되어 농촌 사람들은 이제 새로운 일거리를 찾아 이주할 수 있게 되었고, 농업개혁으로 식량생산이 늘어나 노동인구도 증가했으며, 농업과 도시 상업, 그리고 시골의 공장제 생산에 기초한 시장경제가 전국적으로 발전했다. 성장하는 해외무역망은 시장의 팽창을 가능하게 했으며, 무엇보다도 정치적으로 자유로워진 중간 계급이 ―낭비적인 귀족 계급과는 대조적으로― 새로운 산업에 투자할 자본을 축적할 기회와 의욕에 충만해 있었다.

1688년 이래 웨스트민스터 의회는 최고 의사결정기관이었으며 쇠락해가는 귀족 계급과 신흥 중간 계급 사이의 권력투쟁이 벌어지는 정치적 경기장이었다. 이러한 권력투쟁은 군주제를 지지하고 공화정에 반대하는 반동적인 지주계층 중심의 토리당(Tory Party)과, 왕에 대한 의회의 우위를 요구하며 도시 부르주아 계급을 지지하는 입헌군주제주의자들인 진보적 휘그당(Whig Party) 간의 경쟁으로 공식화되었다. 부르주아의 재력이 커짐에 따라 휘그당의 힘도 커졌다. 17세기에 휘그당의 힘있는 그룹이 정부의 상당한 부채를 기꺼이 인수한 대가로 지폐 발행 독점권을 확보하며 영국은행을 설립했다는 사실은, 경제력이 부르주아 쪽으로 이동하고 있음을 보여주는 한 단면이다. 계속되는 전쟁과 위기로 국가의 채무는 증가했고 은행의 힘과 휘그당의 권력은 점점 커져 갔다. 손의 영국 은행 건물은 '혁명적' 건축가들의 작품 중에서 유일하게, 당시 진행 중이던 진정한 혁명을 직설적으로 표현한 셈이었다.

산업혁명과 새로운 공업의 성장

새로운 공업들이 성장하기 시작하면서 이제 인간 노동력에 대한 끝없는 수요를 낳게 되었다. 영국에서는 석탄산업과 철산업이 수세기에 걸쳐 독자적으로 진전해 왔다. 둘 다 시골 지역에 입지했는데, 탄광은 광층(鑛層)이 쉽게 표면에 드러나서 적은 수의 인부들이 수작업으로 채광할 수 있는 곳에 자리잡았고, 용광로는 용융연료인 목탄과 동력원인 급류를 쉽게 얻을 수 있는, 가파르고 숲이 울창한 계곡에 자리잡았다. 18세기만 해도 이들 작업장의 광경은 회화적이기까지 해서 샌드비(Paul Sandby)나 라이트(Joseph Wright) 같은 낭만주의 화가들의 작품소재가 되곤 했다. 그러나 18세기말에 슈롭셔(Shropshire)의 철기제조업자인 다비(Darby) 가문이 코크스에 의한 용융실험에 성공한 이후로 철은 좀더 효율적으로 생산되기 시작했으며, 이후 석탄과 철산업은 밀접히 연계하며 발전했다. 철 생산은 그 중심지를 슈롭셔에서 광대한 탄전지대인 사우스웨일스(South Wales), 클라이드사이드(Clydeside), 타인사이드(Tyneside) 등지로 급속히 옮겨 갔다. 그 과정에서 주요한 기념비를 세웠는데, 바로 1779년 콜브룩데일(Coalbrookdale)에 다비 삼세(Abraham Darby III)가 건설한 철교였다. 이는 세번(Severn) 강을 가로질러 좁은 도로를 연결하는 철 트러스교이며, 기술상으로는 초보적이었지만 당시로서는 보기 드문 것이었다. 건축물로 본다면 18세기 풍경에 극적이고 낭만적으로 끼어 든 것이었고, 구조적으로 본다면 세련되지는 못했지만 직설적인 것이었다. 또한 역사적으로 본다면 구조적 용도로 주철을 사용한 세계 최초의 주요 사례였다.

  비록 석탄과 철이 산업혁명의 새로운 단계를 지배하게 되었지만 심각한 변화가 시작된 것은 면공업을 통해서였으며, 자본주의 체제의 장점과 단점이 뚜렷해지기 시작한 것 역시 면공업을 통해서였다. 면공업 기술에서 중요한 요소는 실을 잣는 방적기술과 옷감을 짜는 방직기술이었다. 18세기초 전통적인 가내공업에서는 여자들과 아이들이 실을 잣고 남자 장인들이 옷감을 짜는 단순한 방식으로 면직물을 생산했다. 이후 개량 베틀 북(1730)이나 방적기(1760) 등 다양한 기술이 진보했으나, 1768년 수력방적기와 1780년 뮬(Mule) 정방기(精紡機)가 등장하면서 커다란 변화가 일어났다. 실 잣는 일이 공장제 생산방식으로 바뀌면서 면사 생산량이 엄청나게 늘어났으며 기계작동을 위해 여성들과 아이들의 고용 역시 크게 증가했다. 여기에 보조를 맞추기 위해 옷감 짜는 일에도 기계화가 필요했다. 1780년에 발명된 동력방직기는 19세기에 접어들면서부터 폭넓게 사용되기 시작했는데, 이로 인해 많은 직조 장인들이 일자리를 잃는 사태가 벌어졌다. 이는 과잉생산으로 이어졌고, 이를 소화하기 위해 국내시장과 해외시장을 조속히 형성하려는 노력으로 이어졌다. 교통수단과 기술의 발달로 산업은 원료를 좇아 시골에 입지하지 않아도 되었고, 산업을 집중시키는 것이 이익이라는 사실이 명백해지면서 도시가 극적인 성장시대를 맞이하게 되었다. 나폴레옹 전쟁 이후 영국의 면공업 중심지이자 휘그당 부르주아 계급의 거점이었던 랭커셔(Lancashire)는 한동안 세계경제의 중심이 되었다.

  마르크스와 엥겔스가 말했듯이 산업자본주의는 몇몇 이들에게는 확실한 이익을 가져다주었다.

  부르주아 계급은 백 년도 채 못 되는 지배기간 동안에 과거 모든 세대가 만들어낸 것을 다 합친 것보다도 더 많고 더 거대한 생산력을 만들어냈다.

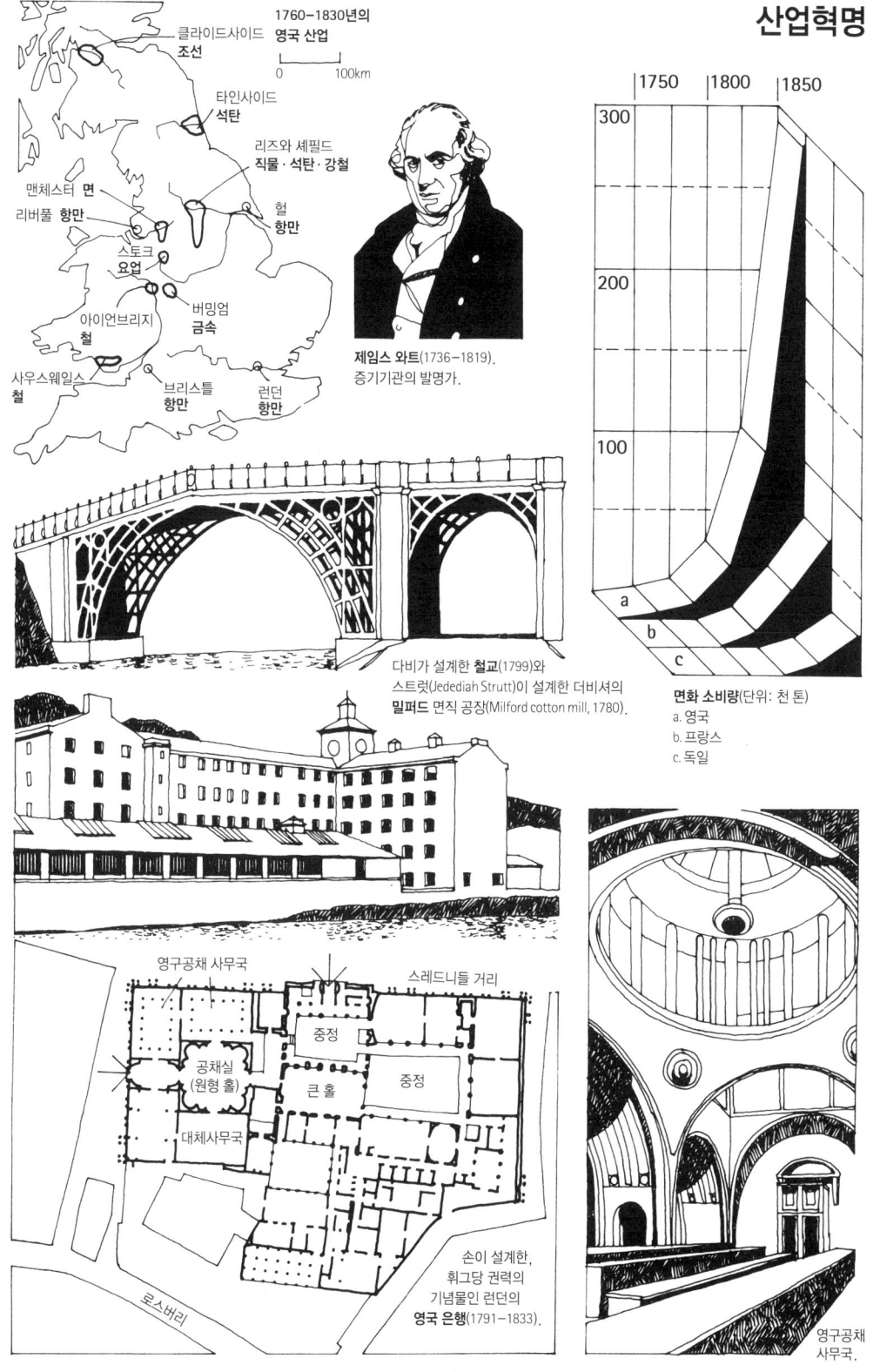

자연력 정복, 기계 발명, 공업과 농업에서의 화학 이용, 기선 항해, 철도, 전신, 대륙 전체의 개간, 하천 항로의 개척, 땅에서 솟아난 듯한 엄청난 인구. 이와 같은 생산력이 사회 노동의 품속에 잠자고 있었다는 것을 과거 어느 세기가 예감이나 할 수 있었으랴! ─마르크스와 엥겔스, 『공산당 선언(*Manifest der Kommunistischen Partei*)』, 1848.

반면에 산업화, 공장제도, 급격한 도시화, 지역경제의 파괴, 그리고 이에 따른 지역공예(local crafts)와 지역문화의 파괴는 더욱 많은 사람들을 비참함으로 몰아넣었다. 공업도시의 출현과 함께 과로, 고질적 실업, 누추한 거주환경, 빈곤, 무지와 질병이 생겨났다. 몇몇의 풍요로움과 다른 이들의 비참함이라는 대조적 상황은 근현대 세계의 기본적인 모순으로 지속되고 있으며, 그 이백 년 역사 전체에 깊이 배어 있다.

대조[3]
Contrasts
19세기초 영국과 미국

영국 공업도시의 상황

1815년 아미앵 조약으로 나폴레옹 전쟁이 끝났고, 영국에서는 평화를 기념하여 여러 대규모 공공사업들을 발주했다. 리젠트(Regent) 황태자는 오랫동안 미루어 왔던 새 궁전을, 그가 즐겨 찾는 해변휴양지인 브라이턴(Brighton)에 당시 유행하던 '오리엔탈' 양식으로 건축하도록 건축가 내시(John Nash, 1752-1835)에게 지시함으로써 나름대로 그 일을 기념했다. 이것이 유명한 로열 파빌리온(Royal Pavilion, 1815-1821)인데, 이는 인도와 중국의 건축사상을 당시의 이해방식에 따라 재해석한 것으로서 복잡하고 사치스러우며 몰취미하면서도 한편으로는 매우 매혹적인 건물이었다. 전쟁의 영향으로 어려움을 겪고 있던 나라에서 이런 건축물을 짓는다는 것은 전쟁 이전 시기의 화려함을 되찾으려는 유럽의 황태자에게나 어울릴 만한 매우 현란한 제스처였다. 그러나 다른 유럽 국가들과는 달리 영국은 이미 구식 군주제 국가가 아니며, 다시는 그러한 국가체제로 돌아갈 리도 없다는 사실에 비추어 보면 걸맞지 않은 일이었다. 영국 왕으로 하여금 왕위를 유지하도록 한 것은 중간 계급이었고, 얼마 전에 승리한 전쟁 비용을 부담한 것, 왕의 아들이 건축하고 있는 궁전의 건축 비용을 부담한 것도 중간 계급이었다. 그리고 그 왕의 나라를 세상에서 유례가 없는 가장 강력한 국가로 만들려고 한 것도 바로 중간 계급이었다.

1815년부터 1840년까지 영국의 공업 전체에 공장생산 방식이 보편화했으며, 랭커셔의 면공업 도시들이 세계경제의 최전선에 나서게 되었다. 맨체스터(Manchester)와 샐퍼드(Salford)의 인구는 1750년에 약 사만 명 수준

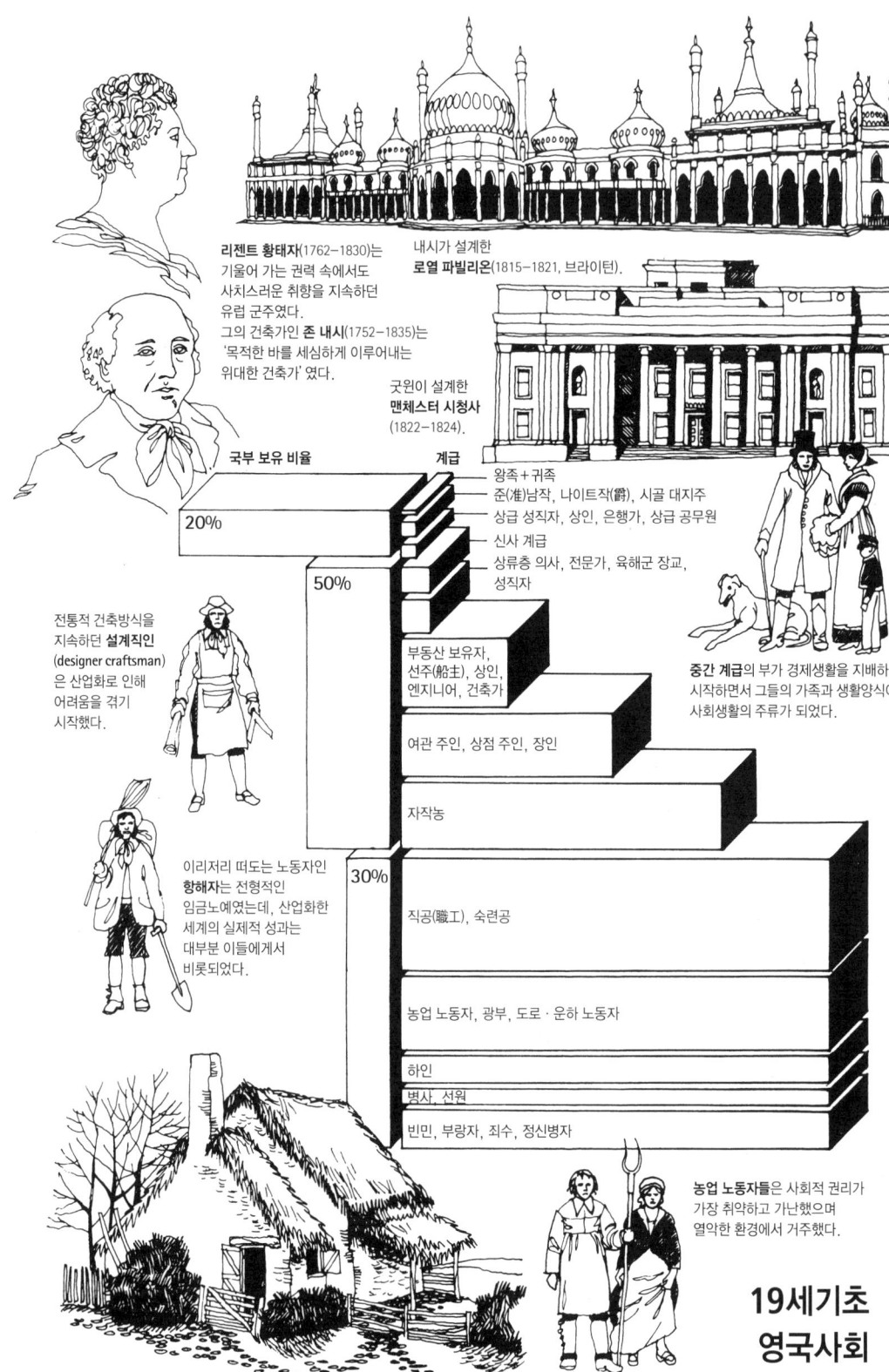

이었으나 19세기가 시작될 즈음에는 십만 명을 돌파하면서 급격히 증가하고 있었다. 맨체스터는 이제 영국에서 두번째로 큰 도시가 되었지만 아직 중세 상업도시의 흔적이 남아 있어서, 부유한 제조업자들의 큼직한 18세기 주택들이 있는 옛 중심지를 여러 관문들이 원형으로 둘러싸면서 외곽지역으로부터 격리시키고 있었다. 그러나 이제 엄청난 변화가 일어날 것이 뚜렷해졌다. 강 언덕에 들어선 오륙십 개의 새로운 공장들은 폐수를 강물에 방출했고, 축축하고 벌레가 들끓는 누추한 주택들이 이미 뉴크로스(New Cross)와 뉴타운(Newtown) 지구에 밀집했다. 그런가 하면 1822년에는 도시 중심에 찬란한 시청사가 건립되었다. 굿윈(Francis Goodwin)이 그리스 복고양식으로 설계한 이 건물은, 면공업이 가져다준 도시의 지위를 뒤늦게나마 인식한 것이었다.

맨체스터에서의 생활에는 품위라곤 없었다. 도시사회는 상반된 두 그룹으로 계층화했다. 하나는 사실상 모든 것을 소유한 고용주였고, 다른 하나는 임금을 받고 판매할 자신의 노동력 이외에는 아무것도 가진 것이 없는 노동자, 즉 18세기식으로 자기가 완급을 조절하며 일하는 것이 아니라 기계가 요구하는 대로 인간활동을 맞추어야 하는 전혀 새로운 상황에서 일해야만 하는 노동자였다. 지구(地區)의 배치 역시 공장을 위한 가장 효율적이고 경제적인 위치를 배정하면서 결정되었다. 특히 철과 유리를 사용하는 발전된 건축기술은 주택이 아닌 상업과 산업용 건물들을 위한 것이었다. 노동시간을 연장하기 위해 가스등을 사용했던 것처럼, 과학적 발견을 기술에 적용하는 것 역시 상업적인 동기에 기초했다. 대부분의 사람들은 교육조차 받을 필요가 없는 것으로 여겨졌다. 머리를 쓸 필요가 없는 공장노동은 교육받은 노동력이 필요 없었으므로, 19세기가 거의 다 지나갈 때까지도 영국에는 초등교육 제도가 존재하지 않았다. 도시로 밀려드는 노동자들의 경제적 사회적 생활은 제조업자들의 이윤에 따라 좌우되었다. 노동자들은 상품을 구입함으로써 시장을 확대하는 데 도움을 줄 소비자로 여겨지지 않았으며, 인권을 가진 인민은 더더욱 아니었다. 그들은 단지 생존할 만한 수준으로 생활하기만 하면 그만인 존재로 여겨질 뿐이었다.

이 모든 착취와 추함에 대한 낭만주의 예술가들의 반발은 자본주의의 모순을 예증했다. 그들은 부르주아 세계가 개인주의를 성장시킬 기회를 가져다준 점은 찬미했지만, 자본주의가 초래한 결과들, 그리고 자본주의에 의해 개인정신이 파괴되는 상황을 혐오했다. 근대 세계의 덕목을 찬양하면서 시작한 예술운동이 이 세계를 거부하면서 과거 사회나 더욱 원시적인 사회를 동경하는 것으로 귀결되었던 것이다. 워즈워스(Wordsworth) 같은 낭만주의 시인들은,

자연 속에서, 감성의 언어 속에서
나의 가장 순수한 사고의 닻을, 간호자를,
안내자를, 내 마음의 수호자를, 그리고 영혼을
나의 도덕적 존재의 모든 것을

발견하려고 애썼다. 그러나 셸리(P. B. Shelley, 1792-1822)[4]같은 몇몇 주목할 만한 예외는 있었지만, 그들의 정치적 인식은 잘못이 '현재'에 있는 것이 아니라 현재를 만들어낸 체제에 있다는 것, 그 대안은 자연이나 과거가 아니라 이제 막 출현한 노동자 계급의 힘이라는 것을 깨닫는 데까지는 이르지 못했다.

로버트 오언
일개 개혁가들이 오히려 노동자 계급에게 좀더 나은 여건을 마련해 주기 위해 노력했다. 공장체제가 여성과 아이들에게 가하는 극악한 난폭함을 제어하려 한 섀프츠베리(Shaftesbury), 곡물조례 폐지를 위해 힘쓴 코브던(Cobden)과 브라이트(Bright) 등이 그들이다. 가장 위대한 몽상가는 면공업에서 얻은 엄청난 이익으로 일찍이 부를 쌓은 웨일스의 기업가 로버트 오언(Robert Owen, 1771-1858)이었다. 그는 공장 소유주의 딸과 결혼함으로써 1800년에 글래스고 부근 뉴래너크(New Lanark)에 있는 대규모 공장의 경영자가 되었는데, 거기서 유토피아 이론을 실천에 옮기기 시작했다.

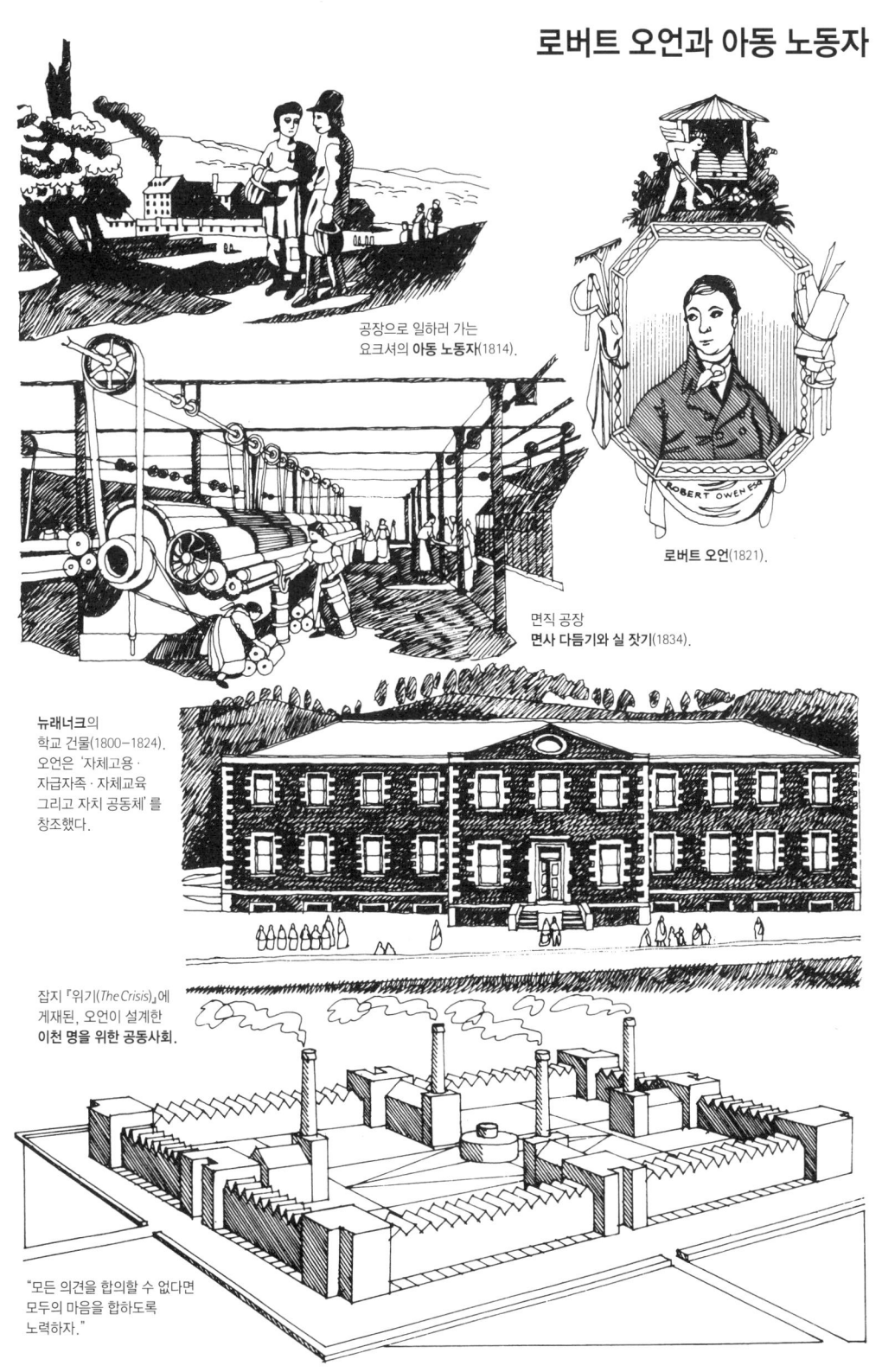

후에 그는 자신의 이론을 『사회에 관한 새로운 견해(*A New View of Society*)』 (1813)라는 책으로 발표했으며, 이를 통해 세상에 새롭게 알려지게 되었다. '인간의 성격은 스스로 만드는 것이 아니라 (외적 조건에 의해) 만들어지는 것'이라는 그의 사상은, 가난은 게으름과 부도덕 때문이라는 생각이 지배적이었던 19세기초 당시에는 새로운 개념이었다. 오언은 가난한 자들에게 문제가 있는 것은 오직 그들이 가난하기 때문에 빚어진 일이라고 확신했다. 그는 뉴래너크에서 거주환경과 노동환경을 개선하고 교육을 통해 노동자들에게 정신적으로 필요한 것들을 배려해 줌으로써 이를 치유하려고 했다.

한때 수용인구가 이천오백 명에 이르렀던 이 작은 마을은 중심에 위치한 공장이 그 주변지역을 거느리고 있는 모습으로 구성되었다. 오언은 공장에서 얻은 수익으로 협동조합 성격의 식품점과 시장·빵가게·도살장·세탁소를 마련할 수 있었다. 노동자들은 특기개발학원(Institute for the Formation of Character)에서 매일 미용체조를 배웠고 다섯 살부터 열 살까지의 어린이들은 학교에서 온종일 교육을 받았다. 이는 이제껏 듣도 보도 못했던 일들이었다. 마을 가장자리에는 주택들이 있었는데, 다른 모든 건물들과 마찬가지로 둔탁하지만 그 지역에서 생산된 석재로 튼튼하게 지은 것들이었다. 마을의 상업적 성공과 사회개혁 정신에 대한 이야기를 듣고서 매년 만오천 명에 이르는 방문객들이 감탄하며 뉴래너크를 찾았다.

오언이 가장 배려한 것은 공장 어린이들이었다. 그는 뉴래너크에서 한 일을 확대하여 어린이들의 노동조건을 개선하고 노동시간을 단축하는 법률을 제정하기 위해 전국적인 캠페인을 벌였다. 그는 결코 자신의 주장에 대한 신념을 잃지 않았으며, 많은 반대에도 불구하고 지배 계급이 본질적인 인간애를 갖고 있다는 믿음을 버리지 않았다. 자신의 주장이 받아들여지기만 한다면 자본주의 체제는 스스로 개혁하기 시작할 것이라고 ─ 그렇지 않은 많은 증거들에도 불구하고 ─ 확신했다. 1824년에 그는 래너크를 떠나 미국 인디애나로 이주하여, 농업공동체 모델을 만들 계획으로 사만 에이커 토지에 뉴하모니(New Harmony) 농장을 설립했다. 그러나 1827년에 그의 모험적 사업은 실패하고 말았다. 영국으로 돌아온 후 그는, 1824년에 합법화된 협동조합과 노동조합운동을 확산시키는 데 자신의 여생을 바쳤다. 오언이 일생 동안 이룩한 업적은 대단한 것이지만 그의 야망에는 크게 못 미쳤다. 그러나 그는 다른 사람들이 진전시킬 수 있을 만한 사상적 유산을 남겼다. 즉 산업을 노동자를 착취하는 수단으로서만이 아니라 그들의 이익을 위해서도 이용할 수 있다는 것, 노동이 기품있게 이루어진다면 인간 행복의 원천이 되리라는 것, 그리고 노동자들은 자신들을 하나의 계급으로서 좀더 확실히 인식할 필요가 있다는 것을 말이다.

새로운 건축생산 기술

자본주의는 끊임없이 발전속도를 더해 갔다. 특히 여성들과 어린이들의 값싼 노동력 덕택에 면공업에서 급속한 자본축적이 이루어졌으며, 이는 다시 관련산업인 화학공업·금속공업·토목산업, 그리고 부동산 투기와 건축에의 투자를 자극했다.

건축활동이 점점 활발해지면서 기존의 건축설계 방법은 한계에 봉착했다. 거대한 용적을 갖는 새로운 건물들이 필요했고 이들 대부분은 형태나 기술면에서 전례가 없었다. 공장과 창고, 교량과 수로, 탄광소, 철 주물공장과 가스공장 등은 엄청난 크기와 높이와 강도, 그리고 복잡한 구조물을 필요로 했다. 순전히 기능과 실용성만을 가진 이런 건물은 아카데믹한 훈련을 받은 건축가들에게는 대부분 능력 밖의 일이었다. 설사 그들이 이러한 건물에 흥미가 있었다 하더라도 그들은 이를 다루는 데 필요한 실무적 기술이 부족했다. 18세기의 전통기술만으로는 다루기에 너무 복잡하고 새로웠던 이 건물들은 새로운 기술과 방법이 필요했다.

맨 처음 등장한 것은 18세기 후반에 새로운 직업으로 확립된 공학기술자들의 기술이었다. 당시 대규모 토목사업이나 측량은 주로 군사적 일로서 교량건설과 토목공사를 통해 광범위한 경험을 얻었으며, 이러한 경험은 1760년에서 1800년 사이에 운하 기술자들이 매우 유용하게 활용했다. 이제 산업혁명의 기술자들은 '시민적 공학기술자(civil engineer, 토목공학자)'

라는 명칭을 획득했으며 비군사적이고 시민적인 자신들의 역할을 강조했다. 그들의 업무에는 실용적인 정신과 교육이 필요했고, 무엇보다도 당시 발전하고 있던 구조역학을 실제 문제에 적용할 수 있는 수리적 능력이 필요했다.

구조적 정밀성은 좀더 정확한 원가계산을 통해 경제적인 설계를 할 수 있도록 해주었다. 이러한 일을 담당하는 견적사(quantity surveyor)가 등장한 것은 건축에서 경쟁이 심해졌기 때문이었다. 건축업자들이 계약을 따내기 위해 경쟁입찰 시스템이 증가한 것도 마찬가지 이유에서였다. 원가에 대한 인식이 커짐에 따라 건설업자들은 효율적인 경영을 중요시하게 되었고, 19세기초에는 이러한 관리 및 조정 역할을 수행할 수 있는 종합도급업자(general contractor)가 출현했다. 자신이 건축조직의 리더가 되어야 한다는 도급업자의 주장은, 처음에는 장인들의 강한 반대에 부딪쳤다. 장인들에게 도급업자란 건축주와 자신들의 직접적인 관계에 끼어 든 불필요한 침입자로 비쳤을 뿐이었다. 19세기초 당시 성장하고 있던 건설노동조합에서 이 문제가 현안이 되었던 것은 당연했기 때문에 옛 건설방식을 지키기 위한 파업이 많이 일어났고 심지어 폭동까지 있었다. 그러나 경쟁입찰은 자본주의 체제가 필요로 하는 것이었다. 이제 장인건축가의 시대는 거의 끝나 버린 것이다.

절충주의

공장이나 창고 소유주들은 순전히 그것의 경제적 관점만 따질 뿐 사회적 의미는 없는 것으로 간주했기 때문에 기능만을 고려해 설계하는 것으로 충분했다. 별 볼일 없는 노동자 따위를 위해 건축설계와 같은 우아한 일을 할 수는 없는 노릇이었다. 따라서 아카데믹한 건축설계는 대부분 사회적으로 중요시되는 건물, 소유자나 소유기관의 지위와 중요성을 상징하는 건물에 국한되었다. 이에 필요한 신사 계급 건축가의 교양있는 기술은 여전히 잘 팔리고 있었다. 구조·견적·시공 등의 실무적 일은 공학기술자·견적사·도급업자에게 위임하면서 그들은 한층 더 건축의 형태 이미지에 몰두할 수 있었다. 1834년에는 후에 왕립협회가 되는 영국건축가협회(Institute of British Architects)가 설립되었다. 전문직주의(professionalism)를 향한 이 중요한 진전은 18세기의 비공식적 건축방법들에 대한 거부이자 다른 새로운 건축업자들의 도전으로부터 건축가의 지위를 보호하려는 논리적 수단이었다.

여러 건축양식들이 갖는 의미와 중요성은 건축가의 주된 관심사가 되었다. 그리고 교회, 시청사, 혹은 은행 건물에 가장 적합한 양식을 찾는 학문적 논쟁이 뒤따랐다. 목표는 찬란했던 과거를 참조해 현재에 위엄을 부여하려는 것이므로, 양식이 갖는 정치적 사회적 함의에 따라 선별된 과거 시대의 양식들이 주창되었다. 19세기초에는 고대 그리스와 로마 양식이 주류를 차지했다.

이들 양식을 사용한 가장 눈부신 사례는 1818년에 시작된 런던 중심부 재건사업이었다. 이 사업의 개발업자는 리젠트 황태자였는데, 그는 당시의 투기 붐에 품위있는 방법으로 끼어 들어서 왕이 소유한 대영토의 자산가치를 높여 한몫 보고자 했다. 우아한 신고전주의 건물이 늘어선 대로는 왕궁인 칼턴 하우스(Carlton House)에서 시작하여 시가지를 가로질러 대규모 농지가 공원처럼 펼쳐진 북부 경계지역까지 연장되었다. 넓은 조경공간은 주변에 들어선 위풍당당한 테라스 주택과 단독 빌라들의 가치를 높여 주었다. 공원 안에 들어서기로 했던 여름 별장은 건축되지 않았지만 그 밖의 거대한 설계가 모두 건축되어 길과 공간이 재치있게 이어지는 풍경을 연출했고, 이는 아직까지 영국의 도시계획에서 가장 뛰어난 업적 중 하나로 남아 있다. 설계자는 브라이턴의 로열 파빌리온으로 성공을 거두었던 존 내시였다. 정력적이고 냉소적인 그는 어떠한 건축양식도 주문에 따라 만들어낼 수 있는 건축가였는데, 여기에서 그가 만들어낸 것은 보수적인 위엄성을 갖춘 건물들이었다. 리젠트 거리(Regent Street), 포틀랜드 플레이스(Portland Place), 파크 크레센트(Park Crescent)와 리젠트 공원(Regent Park)의 테라스 주택들, 그리고 장엄한 컴벌랜드 테라스(Cumberland Terrace, 1829) 등이 그것이다. 북쪽에는 최초의 교외 주거단지 사례라 할 만한 파크

빌리지(Park Village)의 우아한 빌라들이 경쾌한 솜씨를 더해 주고 있다.

영국 은행의 중요성이 점점 커지자 은행의 공식건축가인 코커럴(Charles Cockerell, 1788-1863)은 플리머스(Plymouth, 1835)·브리스틀(Bristol, 1844)·리버풀(Liverpool, 1845)·맨체스터(1845)에 은행지점들을 설계했다. 그리스 건축의 찬미자이자 렌의 찬미자이기도 했던 코커럴은 차분한 신고전주의 양식에 풍부한 바로크식 기법을 가미한 양식을 전개했다. 더욱 전형적인 신고전주의적 경향은 윌킨스(William Wilkins, 1778-1839)가 설계한 런던 대학(1827)과 국립미술관(1834), 그리고 스머크(Robert Smirke, 1781-1867)가 설계한 대영박물관(British Museum, 1823) 등 런던의 기념비적인 건물들에서 찾을 수 있다. 이 시기의 가장 뛰어난 신고전주의 양식 공공건물은 리버풀에 있는 세인트 조지 홀(St. George Hall)인데, 이 건물은 1840년 젊은 건축가 엘머스(Harvey Lonsdale Elmes, 1813-1847)가 설계를 시작하고 그가 요절한 후 코커럴이 완성한 것이다. 엘머스는 콘서트홀과 법원 건물에 대해 각각 시행된 설계경기에서 당선됨으로써 이 건물의 설계를 위임받았다. 이들 두 가지 기능은 섬 위에 지어진 기념비적 건물 속에서 훌륭하게 결합되었다. 이 설계의 성공은 단순하고 논리적인 형태, 고전적 대칭의 엄격함, 그리고 절제된 코린트 양식의 디테일이 갖는 무게감에서 비롯했다.

19세기 상업적 생활에서의 특징 중 하나는 신사들의 클럽이 번창했다는 것인데, 이들 클럽은 개인적인 교류가 이루어지는 장소이며 특권층만의 공간이라는 분위기 속에서 사업상의 거래가 성사되는 곳이기도 했다. 18세기 초에는 개인주택을 개조하여 만들곤 했던 커피하우스가 비슷한 기능을 했기 때문에, 로버트 애덤(Robert Adam)의 왕립예술회(Royal Society of Arts, 1772)나 존 크런든(John Crunden)의 부들스 클럽(Boodle's Club, 1775)같이 당초부터 클럽 목적으로 지은 건물들의 건축양식 역시 주택 분위기로 절제되었다. 그러나 19세기의 상인들은 좀더 과시적이었다. 18세기에 클럽들은 점점 전문화했고 분파적이었으며, 19세기에 들어설 즈음엔 다른 클럽보다 훌륭한 설비를 갖추고 좀더 인상적인 건물로 짓는 것을 클럽의 자부심과 연

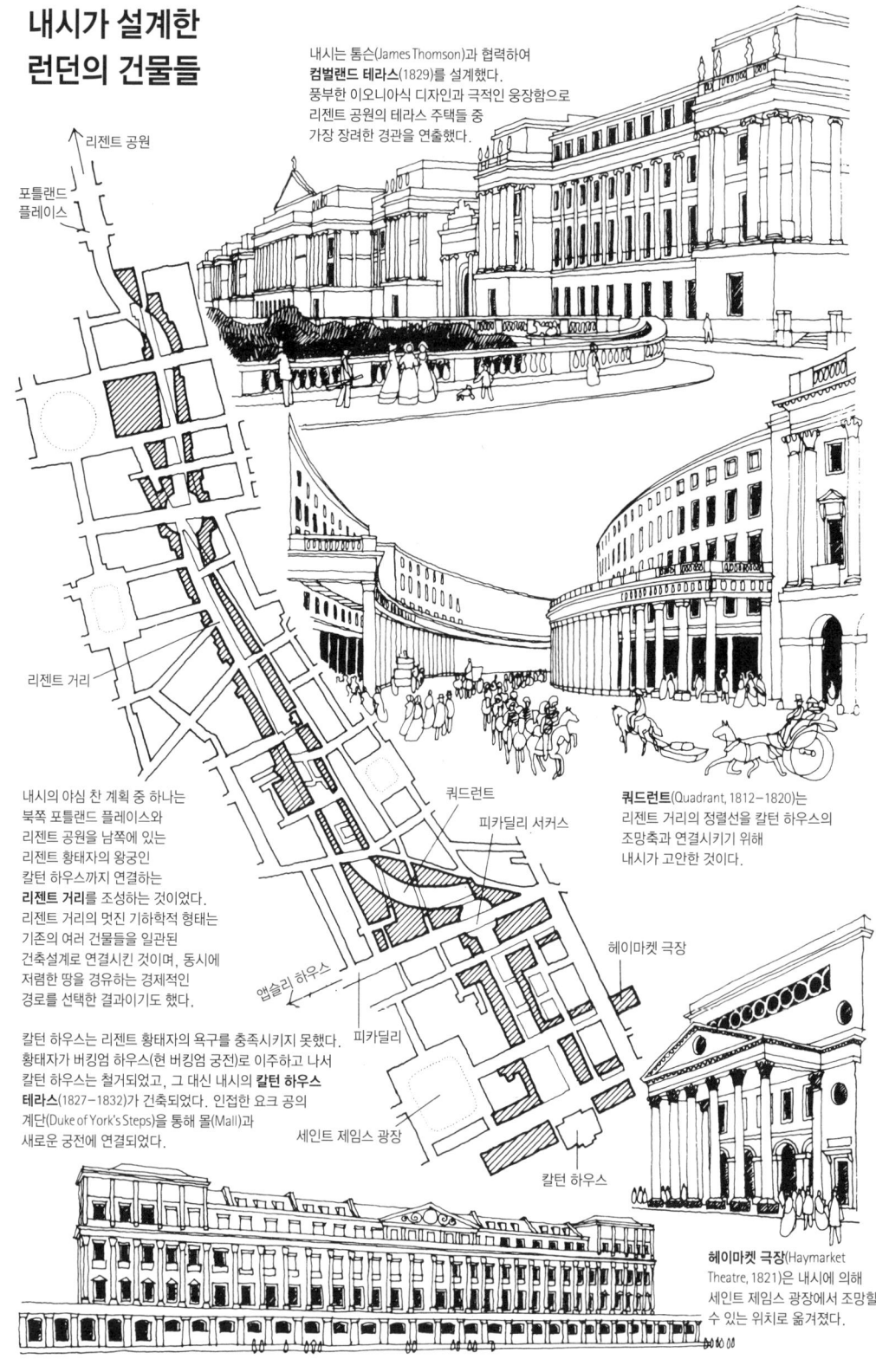

고전의 부흥

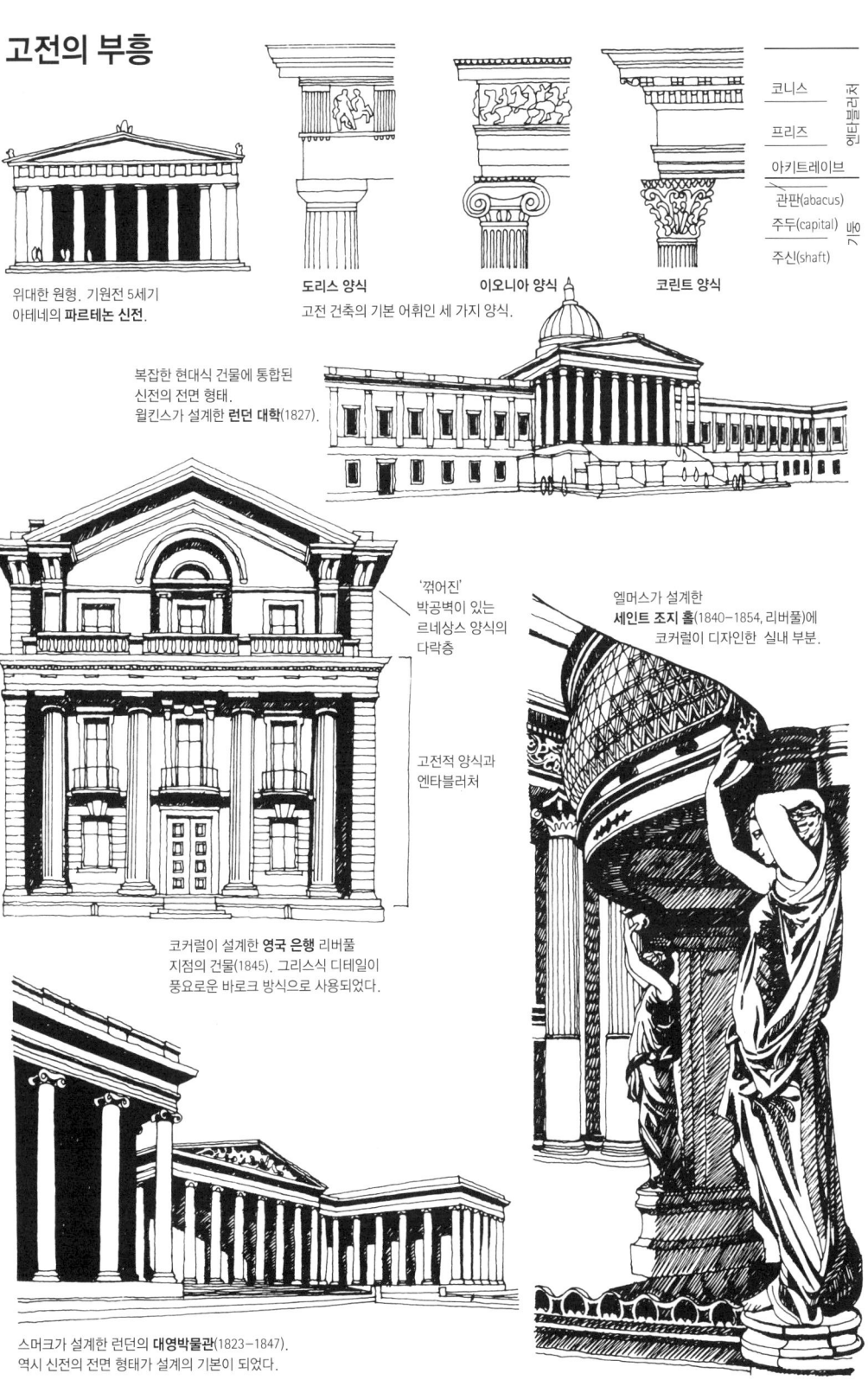

위대한 원형. 기원전 5세기 아테네의 **파르테논 신전**.

고전 건축의 기본 어휘인 세 가지 양식.

도리스 양식 / 이오니아 양식 / 코린트 양식

코니스 / 프리즈 / 아키트레이브 / 관판(abacus) / 주두(capital) / 주신(shaft)

엔타블러처 / 오더

복잡한 현대식 건물에 통합된 신전의 전면 형태. 윌킨스가 설계한 **런던 대학**(1827).

'꺾어진' 박공벽이 있는 르네상스 양식의 다락층

고전적 양식과 엔타블러처

엘머스가 설계한 **세인트 조지 홀**(1840-1854, 리버풀)에 코커럴이 디자인한 실내 부분.

코커럴이 설계한 **영국 은행** 리버풀 지점의 건물(1845). 그리스식 디테일이 풍요로운 바로크 방식으로 사용되었다.

스머크가 설계한 런던의 **대영박물관**(1823-1847). 역시 신전의 전면 형태가 설계의 기본이 되었다.

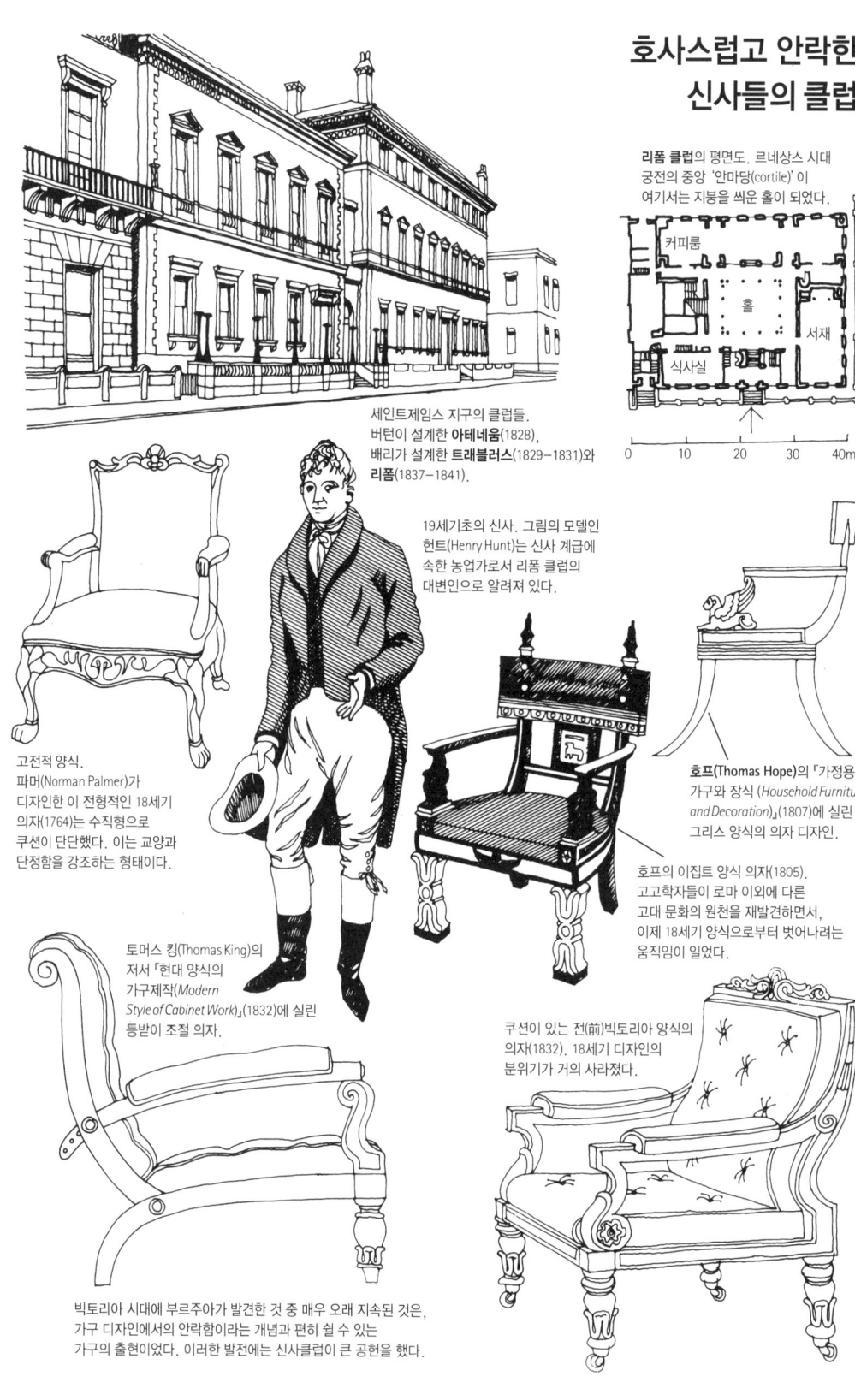

결된 문제로 간주하게 되었다. 런던에서는 몇몇 주요한 클럽들이 1813년에서 1834년 사이에 결성되었다. 토리당을 지지하는 가즈(Guards'), 유나이티드 서비스(United Services), 칼턴(Carlton), 아테네움(Athenaeum), 트래블러스(Travellers'), 그리고 휘그당과 급진당을 지지하는 리폼(Reform) 등이 그것이다. 이들 클럽이 들어 있는 건물들은 육중하고 화려했으며 번화한 세인트제임스 지구에 위치하여 서로의 장중함을 경쟁했다. 건축적으로 가장 주목할 만한 것은 배리(Charles Barry, 1795-1860)가 설계한 트래블러스(1829)와 리폼(1837) 클럽이었다. 16세기 피렌체의 '팔라초(palazzo)'를 모델로 삼았으므로 배리는 이탈리아 르네상스의 복고양식을 영국에 도입한 셈이었지만, 그보다는 그의 고객들을 르네상스 시대의 호상(豪商)들과 동등한 반열에 세움으로써 고객들의 환심을 산다는 기발한 착상이 이러한 양식을 사용한 직접적인 동기였다.

고딕 부흥운동

19세기초 발군의 활약상을 보이던 신고전주의 양식은 고딕 양식의 부흥이라는 풍조의 도전에 부딪혔다. 중세 전성기의 고딕 양식은 유럽 문화의 한 부분이었으며, 17세기까지도 유럽 여기저기에서 현존하는 전통으로 지속해 왔다. 그러나 17세기 이후 고딕 양식은 의도적인 모방으로만, 그리고 일반적으로 말해서 피상적이고 잘못 이해된 방식으로만 사용되었다. 중세에 대한 관심이 커지면서 유럽의 조형예술가들과 음악가들은 민속예술을 되살리고 '백성(the people)'을 재발견하려는 시도를 시작했다. '백성'은 산업주의에 대한 대안으로서, 봉건적이긴 하지만 명확한 사회적 관계와 좀더 동질적인 세계를 지향하는 이상적인 개념으로 이해되었다. 이러한 관심은 고고학 연구의 발달과 급속히 확산하는 낭만주의 운동, 그리고 종교개혁 이전 시기의 영성, 성례식, 전통적 의식 등을 강조하며 1830년대에 전개된 영국 교회의 카톨릭 부흥운동에서 자극을 받았다.

18세기 프로테스탄트 교회들은 종교적 의식을 별로 중요시하지 않는 루터파의 예배형식에 맞추어 설계되어 왔다. 그러나 카톨릭 부흥주의자들과 교회건축학자들은 돌출된 성가대석과 성단소(聖壇所), 그리고 의식을 위해 높인 제단을 갖춘 새로운 형태의 건물을 요구했다. 그들은 교회설계를 정밀과학 수준으로 고양시키면서 위대한 도덕적 목적으로 교회건축에 투자할 것을 주장했다. 그리하여 중세 건물들의 형태와 기능을 이해하려는 진지한 노력을 기울인 설계자들에 의해 고딕 양식의 교회들이 건축되었다. 맨체스터의 흄(Hulme)에 있는 세인트 윌프레드 교회(St. Wilfred's Church, 1839), 스태퍼드셔(Staffordshire)의 치들(Cheadle)에 있는 세인트 자일스 카톨릭 교회(St. Giles' Catholic Church, 1841), 런던의 캠버웰(Camberwell)에 있는 세인트 자일스 교회(St. Giles' Church, 1842) 등이 그것이다. 이들 교회의 설계자는 퓨진(Augustus Welby Pugin, 1812-1852)과 스콧(George Gilbert Scott, 1811-1878)이었으며, 그들은 고딕 부흥운동에 주요한 공헌을 한 건축가들이었다. 퓨진은 광적이면서 쾌활하며 정열적인 사람으로 열렬한 카톨릭 개종자였고, 스콧은 덕망 높고 유능한 복음주의자였다. 그들은 각기 다른 방식이었지만 고딕 건축을 종교적 원리의 문제로 간주했으며, 열정적이고 학문적인 저술활동을 통해서, 그리고 설득력있는 수준의 건물설계를 통해서 고딕 건축을 촉진시키고자 했다.

고딕에 대한 논쟁에서 퓨진이 가장 생산적인 공헌을 한 것은, 그가 고딕의 본질적 '진리'를 인식하고 있었다는 점이다. 『첨두형 건축 혹은 기독교 건축의 진정한 원리(*The True Principles of Pointed, or Christian Architecture*)』 (1841)에서 그는 "두 가지 위대한 설계법칙은 다음과 같다. 첫째, 건물에서 편리성과 구조 혹은 격식에 도움이 되지 않는 특징들은 제거해야 한다. 둘째, 모든 장식은 건물의 본질적 구조를 풍부하게 하는 것들로 이루어져야 한다"라고 쓰고 있다. 퓨진이 보기에, 고딕 건축의 형태는 입면의 대칭이라는 외적 특징에서 오는 것이 아니라 구조와 재료 그리고 정직한 장인기술의 기능적 필요로부터 나온 것이었다. 이러한 진실성 때문에 고딕은 종교적 건물이건 세속적 건물이건 모든 종류의 건물에 적합한 매우 뛰어난 양식이었다. 고딕 부흥운동이 확산되어 감에 따라 당시 급성장하던 도시의 시청과 법원 건물, 후세들을 위해 부유한 제조업자들이 기부한 도서관·박물관·대학·사립학교 등의 건물들은 고딕 양식을 받아들이게 되었다. 마치 팔라디오 양식이 18세기 귀족 계급의 생활에 본질적인 것으로 자리잡았듯이, 고딕 양식은 중간 계급의 문화에 깊게 파고들었다. 현세적인 것을 의식적으로 거부하는 정신 속에서 태동한 운동이 — 즉 더욱 위대한 정신적 진리를 추구한 영국 국교회 카톨릭파(Anglo-Catholics)와 인간 존엄성으로 충만한 과거를 소생시키고자 한 낭만주의자들에 의해 일어난 운동이 —, 그것이 도피하고자 했던 바로 그 물질적 힘에 의해서 그렇게 빨리 상품으로 전환되어 버렸다는 사실은 매우 아이러니컬하다.

최초이자 가장 중요한 사례가 건축된 것은 1834년 의회정치의 중심인 중세의 웨스트민스터 궁전이 화재로 소실되면서였다. 건물의 재건을 맡은 건축가는 철저한 고전주의자인 배리였다. 그러나 원래 건물을 회고할 때, 그리고 인접한 웨스트민스터 홀과 웨스트민스터 사원이 순수 고딕 양식임을 감안할 때, 재건하려는 건물은 중세 양식으로 설계하는 것이 적절해 보였다. 게다가 신고전주의와 달리 고딕은 영국에서 발생한 것이므로 국가적 양식으로서 권위가 있다는 주장 — 학문적으로는 옳지 않은 주장이었지만 — 도 이러한 결정에 가세했다. 배리는 대칭적이고 고전적인 구성을 갖춘 기본계획을 제시했고, 퓨진은 여기에 15세기 고딕 건물의 외관을 열심히 부가했다. 결과는 찬란한 실패였다. 그것은 19세기의 가장 시적이고 회화적인 건물이었지만, 진정한 고딕 건물이 가진 내적 구조의 역동성, 디테일의 기이한 생동감은 부족한 건물이 되어 버렸다. 즉 퓨진의 이론을 실현했다기보다는 18세기를 돌아보며 주춤거리는 그런 설계였다. 그럼에도 불구하고 이 건물은 고딕 양식으로 세속적 건물을 설계했다는 중요한 선례를 만들어냈다.

부르주아 저택의 건축

1830년 선거에서 휘그당은 재집권했다. 그러나 새로 구성된 의회에서 휘그당 정부가 사회정의를 더욱 진전시킬 것이라는 희망은, 도시에서 부르주아의 권력을 증대시킨 1835년의 자치도시법(Corporations Act)[5]과 악명 높은

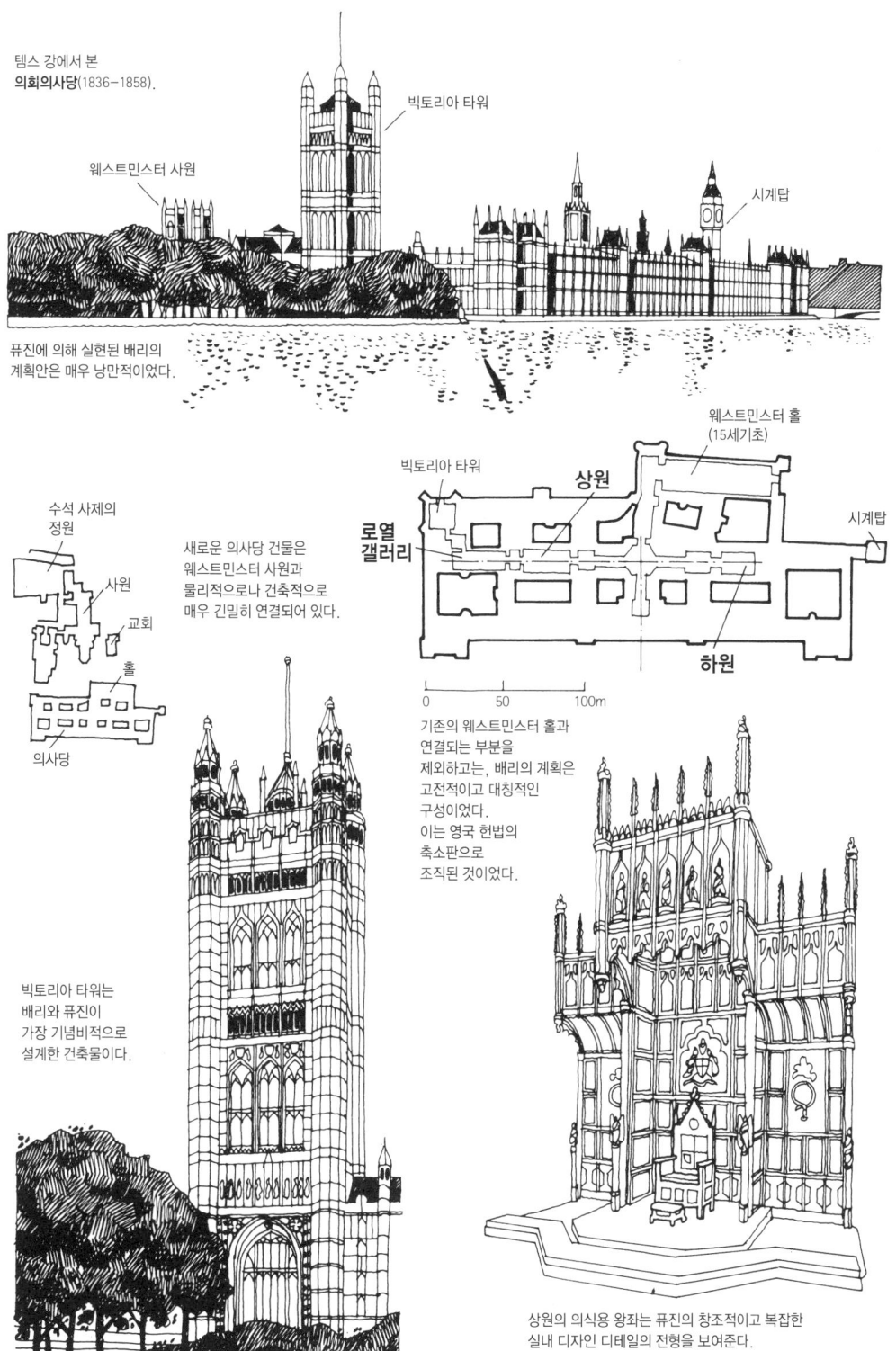

부르주아의 컨트리 하우스

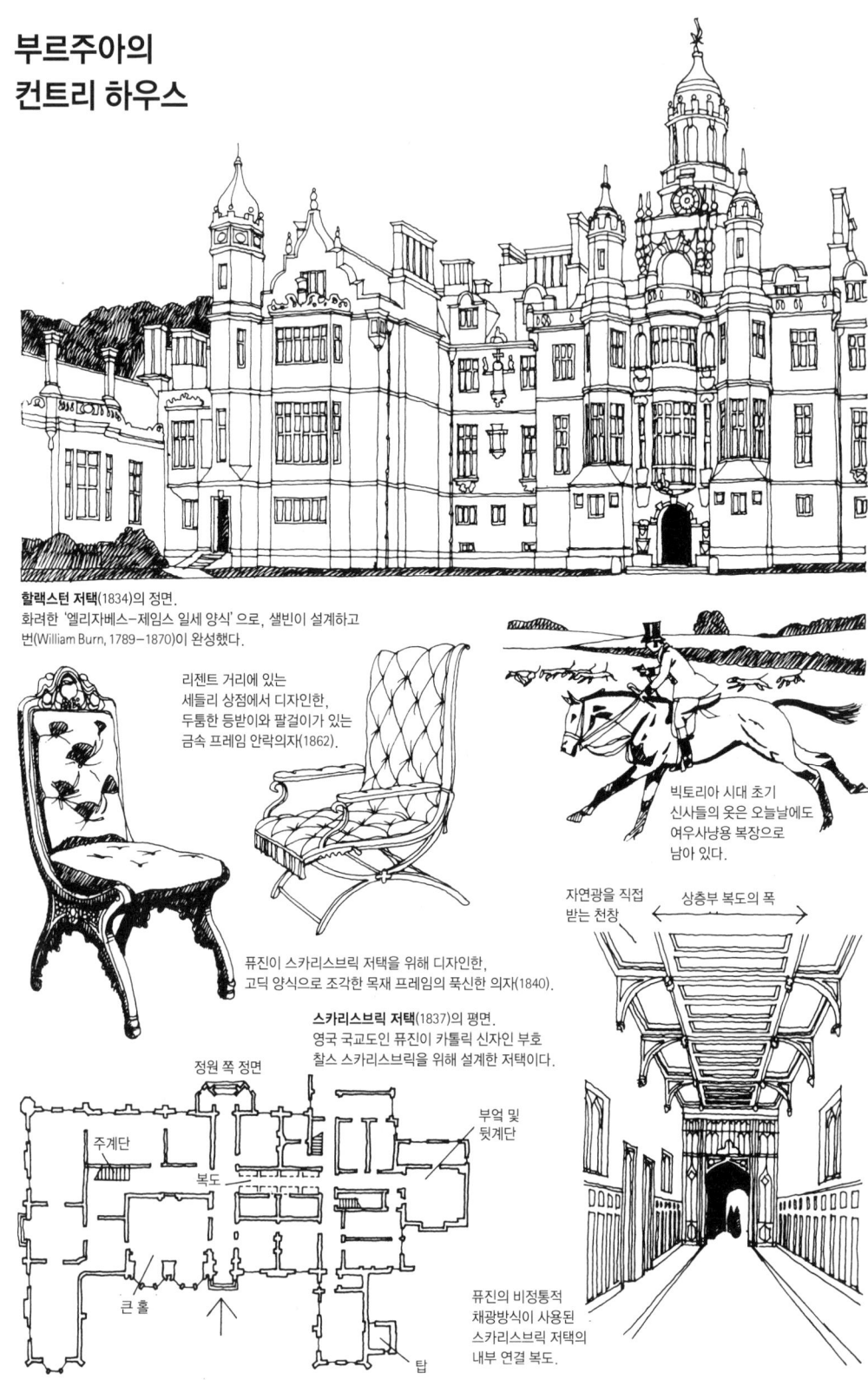

할랙스턴 저택(1834)의 정면.
화려한 '엘리자베스-제임스 일세 양식'으로, 샐빈이 설계하고 번(William Burn, 1789-1870)이 완성했다.

리젠트 거리에 있는 세들리 상점에서 디자인한, 두툼한 등받이와 팔걸이가 있는 금속 프레임 안락의자(1862).

퓨진이 스카리스브릭 저택을 위해 디자인한, 고딕 양식으로 조각한 목재 프레임의 푹신한 의자(1840).

스카리스브릭 저택(1837)의 평면.
영국 국교도인 퓨진이 카톨릭 신자인 부호 찰스 스카리스브릭을 위해 설계한 저택이다.

빅토리아 시대 초기 신사들의 옷은 오늘날에도 여우사냥용 복장으로 남아 있다.

정원 쪽 정면

부엌 및 뒷계단

주계단

복도

큰 홀

탑

자연광을 직접 받는 천창

상층부 복도의 폭

퓨진의 비정통적 채광방식이 사용된 스카리스브릭 저택의 내부 연결 복도.

1834년의 신구빈법(新救貧法, Poor Law Amendment Act)[6]에 의해서 산산이 깨지고 말았다. 신구빈법은 기존의 지역별 법률들을 끔찍하게도 불공정한 새로운 체제로 통합한 것으로서, 열심히 일하지 않고 가난해지면 어떻게 되는지를 보여줌으로써 가난을 가능한 한 몹쓸 것으로 인식하도록 만들려는 조치였다. 구제기준을 최저임금보다 훨씬 낮은 수준으로 내리고, 더 이상의 유아출산을 막기 위해 빈민들을 작업장이자 숙소인 구빈원(救貧院)에 가두면서 가족을 격리시키기까지 했다. 이러한 분위기 속에서 극빈자들은 더욱 가난해졌다. 그 중 농업노동자들이 가장 큰 고통을 겪었는데, 특히 아일랜드에서는 1846년 기근으로 백만 명이 굶어 죽었다.

1840년대초, 가난한 사람들의 극빈함과는 대조적으로 부자들은 최고의 부유함을 누리고 있었다. 산업화 과정은 자본을 소비에서 투자로 전환시키고 있었다. 그러나 쓸 수 있는 자본은 많지 않았으며, 그런 자본이라 해도 전부가 산업에 재투자되는 것은 아니었다. 상당 부분은 투기에 사용되었고, 기업가가 필요로 하는 환경건설—도심의 상업건축과 공공건축, 그리고 전원의 호사스러운 저택인 컨트리 하우스도 포함한—에 사용되었다.

지위와 권력을 지향하는 성공한 기업가들에게 대규모 시골 토지의 소유는 필수적이었다. 커다란 컨트리 하우스는 그들의 기업적 정치적 생활이 연장된 공간이었다. 단순히 거주나 과시를 위한 곳이 아니라 교류와 사업을 위한 사회적 모임 장소로서도 필요했던 것이다. 따라서 컨트리 하우스 설계는 가족과 살림살이 관리인들뿐 아니라 많은 손님들과 그들이 데리고 다니는 하인들도 고려해야 했다. 주인과 하인, 남성과 여성의 동선을 분리하기 위한 복도와 계단들로 인해 공간구성은 매우 복잡해졌다. 안락함을 위해 가스등·중앙난방·급탕설비를 갖추었고, 게임·사냥 등 과거 귀족적 생활에서 누렸던 '남성다운 일(machismo)'들이 오락거리로 제공되었다.

몇몇 건축가는 컨트리 하우스를 전문으로 설계했다. 그 중 배리가 스태퍼드셔에 설계한 트렌덤 저택(Trentham Hall, 1834)은 독특한 고전주의 양식이었다. 그러나 일반적으로는 좀더 '영국적'인 양식인 고딕 양식, 엘리자베스 양식(Elizabethan), 혹은 제임스 일세 양식(Jacobean)을 선호했다.

샐빈(Anthony Salvin, 1799-1881)이 링컨셔(Lincolnshire)에 설계한 할랙스턴 저택(Harlaxton Hall, 1834)은 후에 '엘리자베스-제임스 일세 양식(Jacobethan)'이라고 알려진 혼합 양식이었는데, 이후 배리가 햄프셔(Hampshire)의 하이클러 저택(Highclere, 1842) 설계에 이 양식을 사용했다. 퓨진은 랭커셔의 스카리스브릭 저택(Scarisbrick Hall, 1837)에서 예의 고딕 양식을 사용하여 중세 장원영주 저택풍의 외관을 설계했다. 중세 시대 성(城)의 형태는 더욱 낭만적인 효과를 창출했는데, 샐빈이 체셔(Cheshire)에 설계한 펙포턴 저택(Peckforton Castle, 1844), 배리와 레슬리(Leslie)가 서덜랜드(Sutherland)에 설계한 던로빈 저택(Dunrobin Castle, 1844)에서 그 예를 볼 수 있다.

주택 내부 역시 다양한 양식으로 설계되었다. 19세기 전반기 동안 건축에서 증진된 양식적 자유가 실내장식에 반영되기 시작한 것이다. 또한 공장에서 가구를 생산하는 양이 증가하면서 가구 디자인에 대한 건축가의 영향력이 줄어들고 있었다. 생산규모가 커지고 중간 계급의 시장규모가 확대됨에 따라 가구는 싼 것에서부터 비싼 것까지, 고딕, 엘리자베스, 프랑스 바로크, 로코코 등 점점 더 다양한 유형과 양식으로 생산되었다. 그리고 무역과 여행이 증가하면서 혼응지(混凝紙), 그림이 그려진 모조 칠기류, 인조 진주층, 바닷조개 상감 등 이국적인 재료와 취향들이 유입되었다. 이 중 중요한 기술혁신으로는 부드럽고 푹신한 의자와 소파 디자인을 촉진한 스프링 가구재료의 발명, 목재 침대틀 대신 철재 침대틀 사용의 증가 등을 들 수 있다. 전반적인 추세는 화려하고 다채로워졌으며, 이 역시 안락함과 동시에 집주인의 부유함을 강조하려는 것이었다.

공학기술자들의 철 구조물 건축

석탄은 이제 수요가 크게 늘어서 엔진과 철 용광로용 산업연료로, 석탄가스 원료로, 그리고 수많은 가정용 난로의 연료로 사용되었다. 연간 석탄 생산량은 1800년 천백만 톤에서 19세기 중엽에는 오천만 톤으로 증가했다. 탄광은 자연경관을 망치기 시작했다. 채광 규모가 너무 커져서 자연의 낭만적 풍경과 어울리는 모습을 유지할 수가 없었다. 19세기초 광산은 시골 풍경 속에 전혀 이질적인 모습으로 자리잡고 있었다. 보일러 증기로 가동되는 대형 증기기관이 우뚝 서서 탄갱 입구의 바퀴를 돌리고 있고, 높은 벽돌 굴뚝은 시커먼 연기를 뿜어내며, 폐기된 혈암(頁巖) 더미들이 언덕 여기저기에 널려 있는 그런 모습이었다. 광산의 모습은 추했고 광부들의 노동조건과 그 가족들의 주거환경은 열악했지만, 석탄이 가져다주는 혜택을 누리는 사람들에게 그러한 상황은 다른 세계의 일일 뿐이었다. 석탄 생산량이 증가하면서 철에 대한 수요도 증가했다. 공장기계류, 철도 엔진, 선박, 산업용 건물과 구조물에 철이 사용되었다. 연간 철 생산량은 1800년 약 이십오만 톤에서 1850년에는 이백만 톤 이상으로 증가했다. 기계류 사용이 늘어나면서 특수 금속과 합금 생산 등 금속공업이 발달했으며, 좀더 정밀한 기계가 필요해지면서 기계부품 산업도 발달했다.

결국 산업의 중심은 면공업 도시에서 사우스웨일스·타인사이드·클라이드사이드 등지의 광산지역, 철 생산지, 그리고 선박건조 도시로 서서히 바뀌어 갔다. 광적인 투기 붐 속에서 철도건설이 급증하여 철도는 광산지역을 보조하던 지역 차원의 수송 수단에서 전국의 승객과 상품을 연결하는 광역 운송망으로 발전했다. 산업 양상은 도시들을 서로 강하게 의존하도록 만들었으며, 경제적 팽창을 위해서는 양호한 소통 수단이 필수적이었다. 기차는 마차보다 훨씬 빠르게 승객을 운송할 수 있었고 대형 선박보다 많은 양의 상품을 실을 수 있었기 때문에, 도로나 운하에 투자하던 자본이 신속하게 철도 투자로 전환되었다. 1840년대의 극적인 '철도건설 붐'으로 끌사나운 투기판이 벌어진 결과, 투자자들의 눈이 미치는 거의 모든 노선에 철도가 개설되었다. 하지만 교통수단은 언제나 투자해도 좋을 만큼 실리적인 것은 아니었으므로 투자 실패율이 매우 높았으리라는 것은 당연했다.

신설된 철도회사는 철도를 설계하고 감독할 공학기술자를 임명했고, 공학기술자는 도급업자를 선정했다. 공사규모가 매우 커서 브래시(Thomas Brassey)나 피토(Samuel Peto) 같은 최고의 도급업자들만이 그 엄청난 관리업무를 감당할 수 있었다. 도급업자는 노선의 각 구간마다 현장 대리인을 지명했고 대리인은 각 부분 ―교량·굴착·제방·터널 등― 공사들을 수행할 하청업자들을 지명했다. 공사는 팀 조직에 의해 '삯일(piecework)'로 수행했다. 삯일이란 합의한 비용으로 합의한 공사량을 맡는 것으로서, 공사량과 경비는 팀원들에게 균등하게 분배되었다.

철도건설 붐으로 많은 육체노동자들이 동원되었다. 시간을 다투는 경쟁, 당시의 단순한 기술수준, 그리고 엄청난 건설규모로 인해 많은 노동자들이 필요했으며, 그들은 곡괭이, 삽, 외바퀴 수레와 같은 기본적인 도구만으로 빠른 속도로 작업해야 했다. 운하건설 노동자들은 '항해자(navigators)'로 불렸지만 건설노동자들은 모두 '막노동꾼(navvies)'이라고 불리는 것이 보통이었다. 그들 중 상당수가 빈곤과 실업, 굶주림에서 벗어나기 위해 고향을 떠난 아일랜드 사람들이었다. 철도노동자들의 삶은 궁핍하면서 위험했다. 고용주들은 산업안전보다는 이익을 훨씬 중요하게 여겼으며, 모든 곳에서 비용을 줄이고 시간을 단축하려 했던 탓에 사고가 빈번히 발생했다. '막노동꾼'들은 격렬하게 일했고 그들의 잦은 음주와 싸움은 전설이 되다시피 했다. 그들은 식솔들을 거느린 채 마치 야전부대처럼 곳곳으로 일터를 옮겨 다녔는데, 그들이 지나간 마을에는 산업자본주의의 성과를 과시하는 철도와 함께 폭력과 소외라는 산업자본주의의 특성 또한 남겨지기 마련이었다.

공학기술자들 역시 심한 압박에 처해 있었다. 작업속도를 높이라는 요구 때문에 기술적인 문제를 충분히 검토할 수 없는 경우가 많았으며, 붕괴나 사고라는 쓰라린 경험을 통해서야 지식을 얻게 되는 경우가 너무 많았다. 유능한 공학기술자들은 자신들의 설계를 정밀히 계산하거나 사전에 모형실험을 하면서 동료 기술자들과 지식을 공유했다. 머지않아 그들은 서로 경쟁하게 될 것이었지만 말이다. 이런 가운데 건설현장에서의 경험과 더불어 정역학(靜力學)이 발전했으며, 실무와 결합된 방대한 이론들이 정립되면서 일련의 놀라운 공학적 성과들을 낳게 되었다.

중공업 기술에서 사용되던 철은 좀더 전통적인 구조물에까지 사용 범위를 넓혀 갔는데, 특히 공장이나 창고 등 내화(耐火) 성능이 중요한 구조물

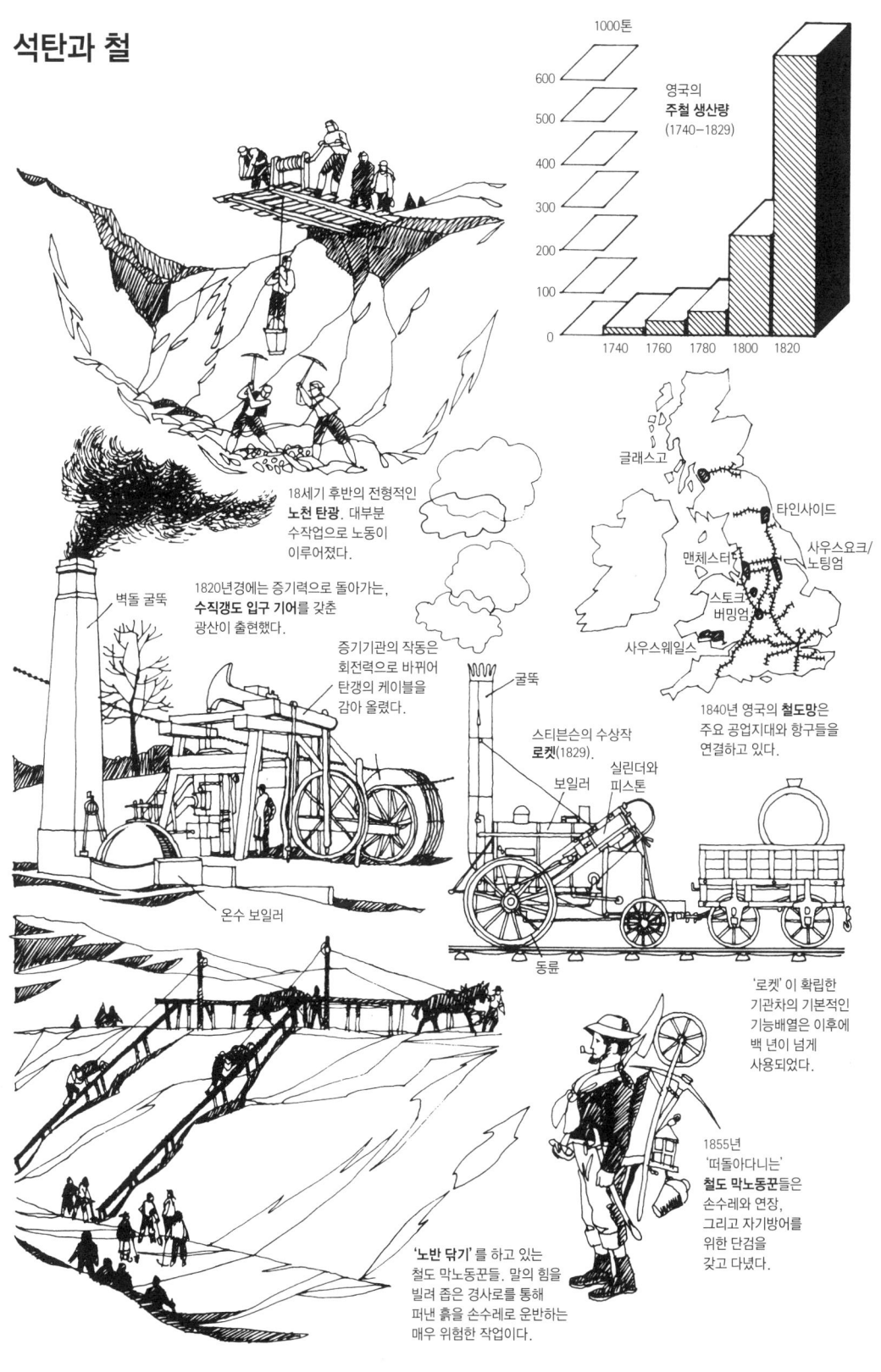

에 우선적으로 활용되었다. 베니언(Benyon)과 마셜(Marshall)이 슈루즈베리(Shrewsbury)에 설계한 아마(亞麻) 공장(1796)은 내화 성능의 확보를 위해 철제 기둥과 들보로 건축된 현존하는 가장 오래된 사례이다. 19세기초부터는 겉치레에 더 큰 비중을 두는 건축에도 철을 사용했다. 1811년에 호퍼(Thomas Hopper)가 런던의 칼턴 하우스에서 온실에 고딕 양식의 팬볼트(fan-vaulted)[7] 지붕을 설계하면서 철을 사용했으며, 릭맨(Rickman)과 크랙(Cragg)이 리버풀의 에버턴(Everton)에 있는 세인트 조지 교회(Church of St. George, 1812)에서 철을 사용한 고딕 양식의 지붕을 설계했다. 더비셔(Derbyshire)에 소재한 채스워스 하우스(Chatsworth House, 1836)의 온실은 유리를 사용한 초기 사례로서, 길이가 팔십사 미터에 달하는 큰 규모와 창의적인 이중 볼트(vault, 둥근 천장) 형상이 특징적이다. 이것은 팩스턴(Joseph Paxton)과 버턴(Decimus Burton)이 설계한 것으로서, 장스팬(large-span) 유리지붕 구조물들의 선례였다. 이 뒤를 이은 유리지붕 구조물로는 버턴과 터너(Richard Turner)가 설계한 런던 근교 큐 가든(Kew Gardens)의 팜 하우스(Palm House, 1845), 버닝(James Bunning)이 런던에 설계한 석탄 거래소(Coal Exchange, 1846), 그리고 스머크(Sidney Smirke)가 대영박물관에 설계한 열람실(1852) 등이 있다.

그러나 철을 가장 창의적으로 사용한 사례는 큰 도로와 철도를 건설한 공학기술자들의 작업에서 찾을 수 있다. 텔퍼드(Thomas Telford)는 1819년에서 1829년에 걸쳐 홀리헤드(Holyhead) 도로를 메나이(Menai) 해협을 가로질러 연장하는 근대 세계 최초의 대규모 현수교(懸垂橋)를 설계했는데, 스팬이 백사십 미터에 달하는 이 현수교에서 그는 인장력 지지를 위해 주철 구조물에 연철 체인을 부가했다. 그는 같은 시기에 비슷한 설계로 컨위 현수교(Conwy suspension bridge, 1824-1826)도 건설하고 있었다. 이들 현수교는 텔퍼드가 최후로 남긴 역작이었고, 이후에는 별다른 활동이 없었다. 그러나 그는 이 현수교에서 얻은 건설경험을 젊은 브루넬(Isambard Brunel, 1806-1859)에게 전수했다. 브루넬은 당시 브리스틀 근처 클리프턴(Clifton)에 있는, 깊이 팔십 미터의 에이번(Avon) 강 협곡을 가로지르는 교

공학기술자들 1

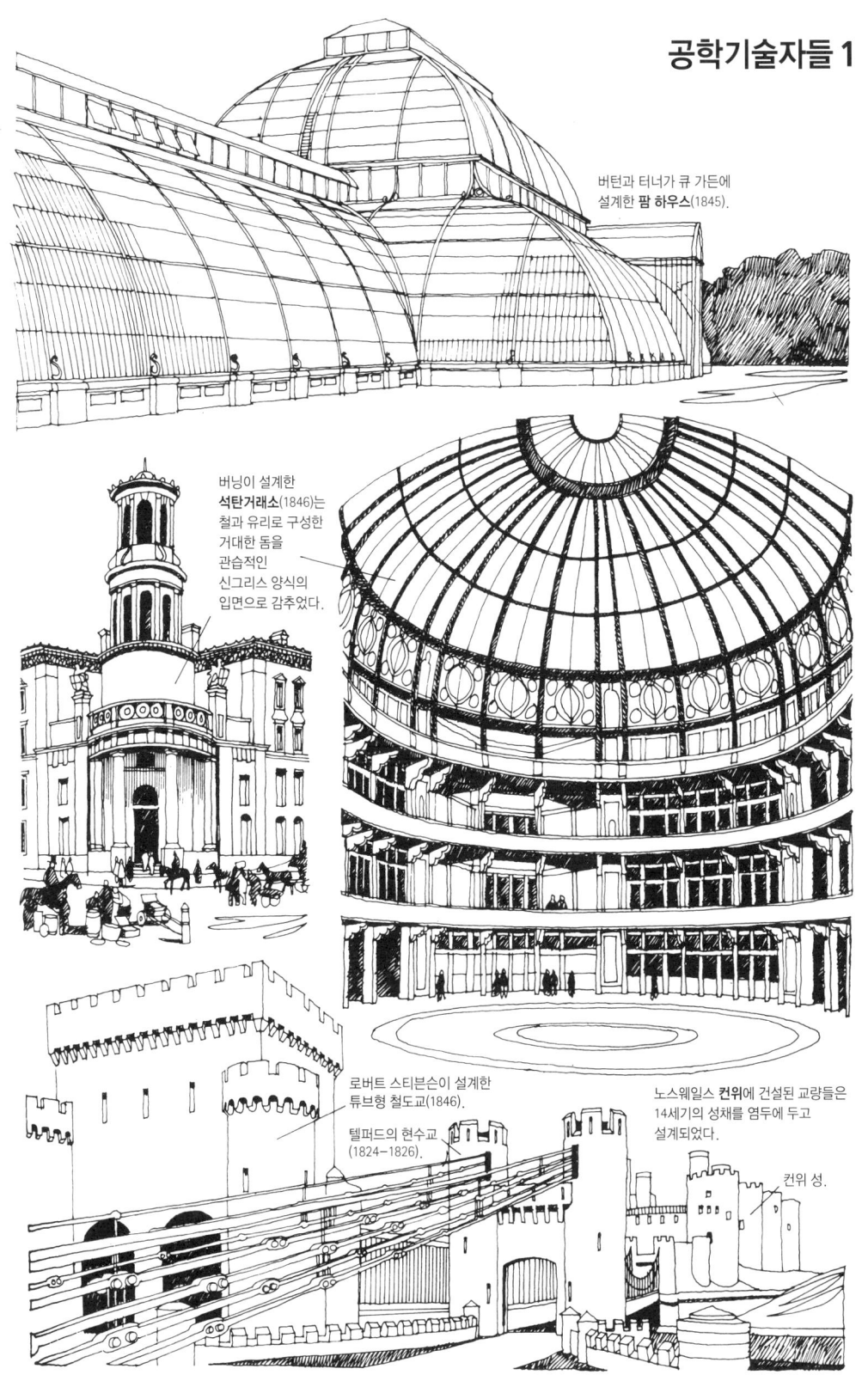

버턴과 터너가 큐 가든에 설계한 **팜 하우스**(1845).

버닝이 설계한 **석탄거래소**(1846)는 철과 유리로 구성한 거대한 돔을 관습적인 신그리스 양식의 입면으로 감추었다.

로버트 스티븐슨이 설계한 튜브형 철도교(1846).

텔퍼드의 현수교 (1824–1826).

노스웨일스 **컨위**에 건설된 교량들은 14세기의 성채를 염두에 두고 설계되었다.

컨위 성.

량도로를 설계하던 중이었는데, 텔퍼드는 메나이 해협의 현수교가 강한 바람 때문에 거의 파괴될 뻔한 경험을 바탕으로 그렇게 바람에 노출된 위치에 현수교는 위험하다고 조언했다. 그러나 브루넬은 자신의 설계를 강행하여 과감하고도 성공적인 설계를 성취해냈다. 그는 이집트 신전의 탑문처럼 크고 장엄한 조적조(組積造) 교각으로 철제 체인을 지탱하면서 여기에 이백 미터가 넘는 길이의 바닥판을 매다는 현수교를 설계했다.

텔퍼드는 18세기식 운하와 도로 건설자로서 공학기술자의 초기 세대에 속할 뿐이었다. 이에 비해 브루넬은 자신감에 차고 능력있는 새로운 세대의 전형이었다. 그는 급속한 산업화 속에서 많은 기회를 얻었고, 철도와 증기선 건설에서 그가 이룩한 성과는 그 자체로서 자본주의 팽창에 주요한 공헌을 했다. 1830년대와 1840년대의 철도설계는 브루넬, 조지 스티븐슨(George Stephenson)과 그의 아들 로버트 스티븐슨(Robert Stephenson), 비뇰스(Charles Vignoles), 로크(Joseph Locke), 큐빗(William Cubitt) 등 몇몇 공학기술자들이 독점하다시피 했다. 그들의 설계에는 매우 다양한 재능과 개성이 반영되었다. 예를 들어 브루넬은 대단히 총명한 기술자로서, 원가조절보다는 기술적으로 가장 적합한 방법을 찾아내는 데 우선적인 노력을 기울였다. 그는 그레이트 웨스턴 철도회사(Great Western Railway)의 철도건설에서 칠 피트(2.13미터) 궤간(軌間)을 적용했는데, 이는 통상적인 사 피트 8.5인치(1.43미터)보다 안전하고 안락했지만 이 때문에 다른 문제들에 시달려야 했다. 궤간이 칠 피트였으므로 터널, 제방 및 굴착 구간을 더 넓은 폭으로 만들어야 했고, 바스(Bath) 근처 동북부 지역의 마을인 박스(Box)에서의 긴 터널 공사를 큰 난관 속에서 추진할 수밖에 없었던 것이다.

로크는 유능한 행정가였으며 원가를 예측하고 예산에 맞추어 작업하는 능력이 뛰어났다. 그는 오늘날 비용-편익(cost-benefit) 기술로 알려진 방법을 사용하여 샵 펠(Shap Fell) 산맥 지역의 도로를 짧고 가파른 노선으로 설계했는데, 이때 그가 주장한 방법은, 경사를 완만하게 하기 위해 노선을 우회시켜 긴 도로를 건설하는 것보다는 노선을 짧게 하는 대신 좀더 강력한 기관차를 개발하여 운행함으로써 비용을 절감시킨 것이었다. 조지 스티븐

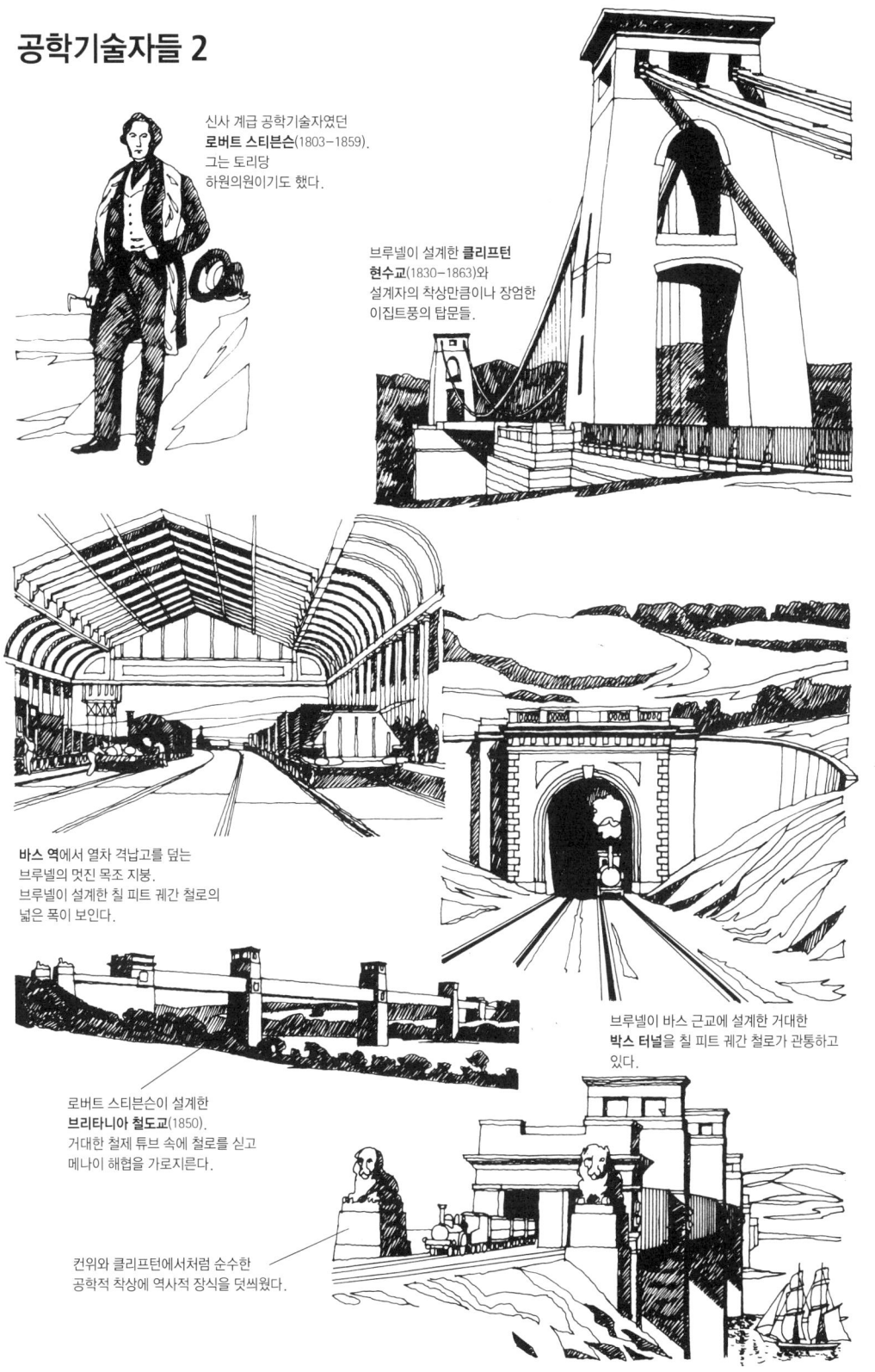

슨은 자신의 능력을 절대적으로 확신함으로써 다른 사람들에게도 자신감을 불러일으키는 특징을 갖고 있었다. 그의 유명한 최초의 증기기관차 '로켓'이 1829년 최초로 내달렸던 리버풀-맨체스터 노선 건설 구간에는 도저히 철로 부설이 불가능해 보이는 이탄(泥炭) 늪지대가 있었지만, 그는 특유의 자신감 속에서 윗가지 울타리를 깔아 덮은 위에 길고 낮은 제방을 축조하는 단순 명쾌한 해결책을 고안해냈다.

로버트 스티븐슨(1803-1859)은 몇 가지 점에서 가장 숙련된 토목기술자였다. 즉 높은 교육수준과 교양을 갖춘 데다 매력적이었던 그는 브루넬과 같은 재능에 경제적 현실주의를 겸비한 자질을 갖추고 있었다. 그는 많은 증기기관차를 설계했고, 런던-버밍엄 노선 등 여러 철도노선을 건설했다. 또한 여러 개의 장중한 교량을 건설했는데, 그 중 뉴캐슬(New castle)의 하이 레벨(High Level, 1846)은 주철로 건설한 마지막 대형 교량으로, 주철 부재에 작용하는 인장력을 경감시키기 위해 주요 들보에 활시위 원리(bow-and-string principle)를 적용했다. 메나이 해협을 횡단하는 브리타니아 철도교(Britannia railway bridge)는 그의 가장 뛰어난 작품으로, 조적조 교각으로 두 개의 스팬에 걸친 상자형 들보(box-girder)를 지지하는 형태인데, 연철로 만든 대형 사각 튜브인 상자형 들보 안을 철도가 관통하도록 했다. 이 전례 없는 설계는 이론적인 계산과 실제 실험에 기초한 것으로서 구조에 관한 지식 발전에 중요한 기여를 했다.

중간 계급과 노동자 계급

1850년 당시 영국의 인구는 이천만 명에 달했고 그 중 중간 계급은 백오십만 명을 넘지 않았다. 그러나 이 소수의 중간 계급이 마침내 줄현했다는 사실은 19세기의 가장 중요한 사회적 특징이었으며, 이들은 이제 세계를 경제로 지배하기 위한 첫발을 내딛고 있었다. 철도건설이 필요했던 것도, 그리고 그것이 가능했던 것도 이들 중간 계급의 힘이 커졌기 때문이었다. 따라서 철도혁명은 당시 진행되고 있던 더 큰 사회적 혁명의 축소판일 뿐이었다. 귀족 계급 지주들은 자신의 땅을 통과하는 철도건설에 반대했지만,

이는 모든 부분에서 그들의 영역을 잠식하는 중간 계급에 저항하다가 결국 패배한 그들 운명의 한 단면이었다. 막노동꾼들과 그들의 가족이 겪는 냉혹한 거주환경과 노동조건 또한 모든 노동자 계급에게 벌어지고 있던 상황의 한 단면에 불과했다. 그리고 당시 공학기술자들의 놀라운 업적 속에서 자주 표출되던 자긍심은 자신의 정체성을 발견해 나가던 중간 계급의 자긍심이었다.

어떤 면에서 본다면 중간 계급은 정체성을 획득하기가 쉽지 않은 계급이었다. 마르크스가 썼듯이 "각각의 개인들이 하나의 계급으로 형성되는 것은 다른 계급에 맞서 공동으로 투쟁해야만 하는 경우에 한해서이다. 그렇지 않은 경우에 그들은 서로 경쟁하는 관계로 적대적인 상태에 머문다." 중간 계급에 동조하는 작가·예술가·건축가 그리고 공학기술자들의 활동은 이러한 분열을 막는 데 중요한 역할을 했다. 최대의 사회효용을 얻기 위해서는 사회를 조직해야 한다는 것, '실용적 예술'이 중요하다는 것, 그리고 노동이라는 관념을 높은 도덕적 반열에 올려놓는 것 등, 부르주아 철학의 주요한 교의들이 그들에 의해서 형성되어 갔다. 자유주의의 주요 선전 메시지도 그들을 통해서 나왔다. 중간 계급을 위한 일들을 사회 전체를 위한 일이라고 퍼뜨렸던 것이다. 19세기초 휘그당 집권을 지지했던 노동자들은 이것을 사실로 믿고 있었다. 그러나 개정선거법(Reform Act)[8]과 그에 따른 결과는 이러한 환상을 깨뜨려 버렸다. 그들이 자유를 얻으려면 그들 자신이 노력하는 수밖에 없었다.

이를 이루는 한 가지 방법은 노동자 조직을 통한 것이었다. 도시 프롤레타리아는 중간 계급보다 빠른 속도로 증가하고 있었다. 그들은 전체 노동 인구의 한 부분—아마도 십분의 일—밖에 차지하지 않았지만 당시 사회경제 생활의 중심에 있었다는 점에서 교섭력을 갖고 있었다. 그리고 그들이 좁은 지역에 밀집해 있다는 사실이 노동조합의 결성을 가능하게 했다. 목공과 벽돌공 노동조합이 1827년에 만들어졌으며 1829년에는 벽돌공들의 전국적 단체인 맨체스터연합(Manchester Unity)이 결성되었다. 또한 1832년에는 도급제도에 의한 착취를 막기 위해 조합의 건축방식을 정립하려 했던, 다수의 장인직종 조직인 실천건축인노조(Operative Builders' Union)가 결성되었다.

  노동조합을 지향한 이들의 초기 활동이 건축산업과 그 밖의 전통적 수공업—마구(馬具) 제조자, 구두장이, 직조공 등—에서 시작되었다는 것은 중요한 의미가 있다. 그들은 새로운 중공업 분야 노동자들에 비해 오랜 조직경험이 있었을 뿐 아니라 산업화로 가장 큰 타격을 받은 이들이었다. 1830년대에 약 사십만 명에 이른 건축노동자들은 농업노동자를 제외한다면 전국에서 가장 많은 노동인구를 형성하고 있었다. 그들이 가졌던 불만의 주된 원인은 새로운 경제체제가 가져온 착취였다. 도급업자들의 개입으로 개개인의 장인들에게 중요한 자율성이 줄어들면서 그들은 한낱 임금에만 의존하는 노예로 전락해 버렸던 것이다. 또한 도급제도는 설계과정을 건축과정과 분리해 버렸는데, 이는 건축설계와 실무의 긴밀한 연결을 약화시켰을 뿐 아니라, 장인들의 창조적 잠재력이 더 이상 건축설계 의사결정에 참여할 수 없게 되었다는 점에서도 부정적인 결과를 초래했다. 결국 이는 건물을 상품으로 전락시켜 버렸으며, 이로 인한 타격은 특히 가난한 계층들에게 심했다. 점점 더 심해지는 이윤추구 경향과 건축재료에 대한 세금인상 및 인플레이션으로 건축원가가 높아지면서 질 낮은 건물조차 가격이 올라 가난한 가족들은 주택시장에서 내몰렸다. 건축노동자들은 전통적으로 위계질서—고급 장인, 일반 장인, 도제, 잡부 등—를 갖고 있었지만, 1820년대와 1830년대에 진행된 반체제 운동에서는 그들간의 입장 차이가 거의 없이 일치하여 저항에 나섰다. 반란까지 꿈꾸던 다른 많은 수공업 노동자들과 함께 건축노동자들은 급진적이고 호전적인 노동조합주의자들이 되어 갔으며, 이는 이제 그들 직종의 이해만을 위한 것이 아니라 사회 전체 차원에서의 계급투쟁적인 것으로 변모했다. 이때 급진적 정치투쟁의 핵심은 차티스트 운동(Chartist Movement)이었는데, 이는 개혁 속도가 지지부진한 데 불만을 품은 오언 등에 의해 1830년대에 전개된 운동으로서, 자본가 세계의 밑바탕에 깔려 있는 태도 자체에 대해 진지하게 도전한 세계 최초의 국가적 차원의 노동자 계급 운동이었다.

미국의 상황과 신고전주의 건축

많은 미국 기업가들은 영국 도시들에서 벌어지는 살벌한 상황에 대해 공포를 느끼고 있었다. 착취는 공화주의의 이상에 반하는 것일 뿐 아니라 불만과 혁명을 초래할 수 있다는 주장들이 제기되었다. 영국 도시들은 양호한 노동조건과 거주환경을 만들어내는 데에 실패했지만 자신들의 도시는 성공해야 한다는 것이 미국 기업가들의 자긍심 어린 과제였다. 그 원형은 1810년에서 1820년 사이에 로웰(Francis Cabot Lowell)과 애플턴(Nathan Appleton), 잭슨(Patrick Jackson)이 사업을 시작한 매사추세츠의 면공업 도시 로웰(Lowell)이었다. 뉴래너크가 그 모델인 듯했지만 생산효율이나 소유주들의 가부장적 간섭주의 모두 그보다 한 걸음 더 나아간 것이었다. 공장은 논리적인 생산공정에 따라 배치되었다. 지하실에 설치된 기계를 사용해 한 층에서는 양털을 고르고 다음 층에서는 실을 잣고 그 다음 층에서는 옷감을 짜도록 배치했다. 몇 년 후에는 매사추세츠의 월샘(Waltham)과 치커피(Chicopee), 뉴햄프셔의 내슈아(Nashua) 등 강변에 위치한 여러 공장도시들이 생겨났다. 매사추세츠 로렌스(Lawrence)에 위치한 베이 스테이트 공장(Bay State Mills, 1845)은 공장군 · 관리동 · 주거시설 · 기숙사 · 근린상가 등을 계획적으로 건설한 가장 뛰어난 사례였다. 기계류 설계가 급속히 개선되면서 미국 동부지역 뉴잉글랜드의 생산성은 영국 랭커셔 수준으로 높아지기 시작했다.

뉴래너크와는 달리 로웰과 다른 많은 공장도시들은 가족도시(family town)가 아니었다. 증기 동력을 이용하긴 했지만, 계곡 강가의 외진 곳에 위치한 초기 공장들은 대부분 도시적이라기보다는 시골풍이었다. 도시 노동력이 없는 상태에서 여전히 경제의 중추이고 정치적 영향력도 큰 시골 지역사회와 공존할 수 있는 노동력을 만들어내야 했다. 농촌 백인 소녀들에게는 부모형제를 떠나 공업 공동체에서 일정 기간 ─ 노동조합을 만들기에는 짧은 기간인 약 오 년 ─ 동안 일할 것을 권유했다. 부모들이 불안해하지 않도록 소녀들은 기숙사에서 부모 대신 여사감의 감독을 받으며 종교적인 엄한 규칙 아래 생활하도록 했다. 로웰의 공격적인 기독교 윤리는 오

공화주의의 가치기준

로웰이 본 로웰. 인동덩굴과 꿀벌들로 장식된 로웰의 기관지 『로웰의 선물(Lowell Offering)』.

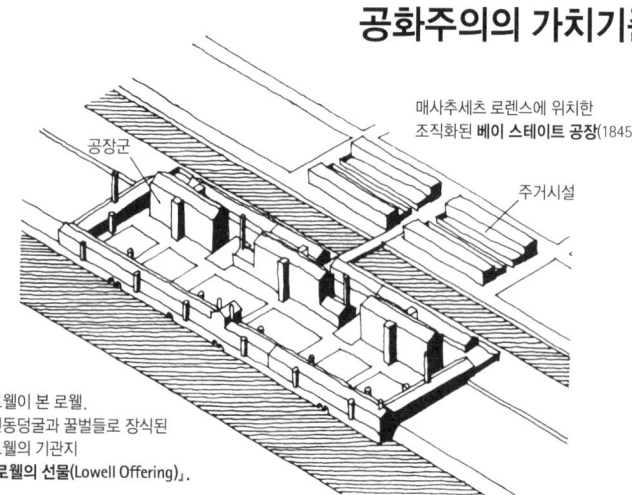

매사추세츠 로렌스에 위치한 조직화된 베이 스테이트 공장(1845).
공장군
주거시설

패리스가 보스턴에 설계한 퀸시 마켓(1825).

장엄한 주거건축. 데이비스가 설계한 콜로네이드 로(1835, 뉴욕).

로저스가 설계한 호사스러운 호텔 트레몬트 하우스(1828-1829, 보스턴).

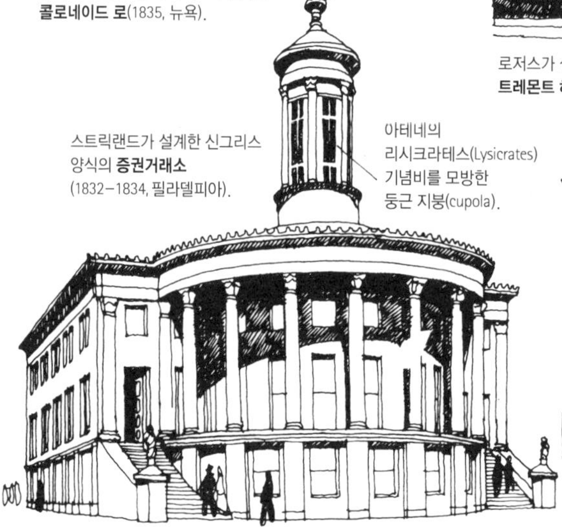

스트릭랜드가 설계한 신그리스 양식의 증권거래소 (1832-1834, 필라델피아).

아테네의 리시크라테스(Lysicrates) 기념비를 모방한 둥근 지붕(cupola).

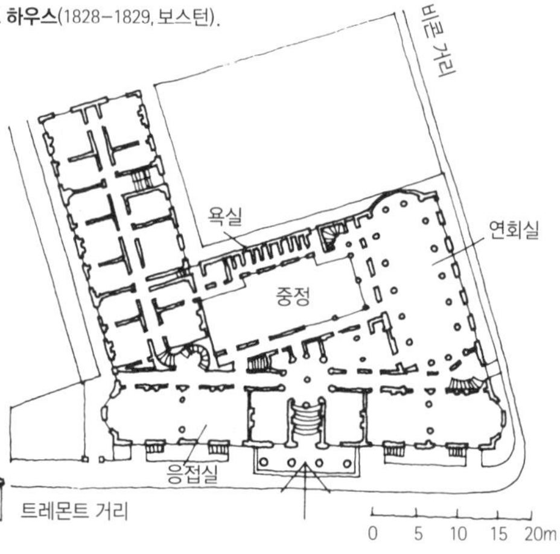

욕실
연회실
중정
응접실
트레몬트 거리
비콘 거리

0 5 10 15 20m

언의 계몽적 휴머니즘과는 전혀 대조적이었고, 소녀들은 낮은 임금과 긴 노동시간 그리고 무의미한 생활 속에서 맨체스터의 노동자들과 마찬가지로 착취되었다.

1820년대와 1830년대에 유럽의 불황에서 탈출하여 미국으로 온 새로운 이주민들은 인구가 급속히 증가하면서, 그리고 당장 필요한 상품과 서비스 수요를 창출하면서 미국 산업에 새로운 자극을 주었다. 많은 이주민들은 동부지역을 벗어나지 못했고 값싼 노동력 시장을 형성했다. 농업으로 정착하기 위해 서부로 이주한 사람들은 서부에 광대한 농경 배후지를 개척하는 역할에 합류했는데, 이는 동부의 농업지역을 쇠퇴시킴으로써 동부 도시들에 시기적절하고 풍부한 예비 노동력을 제공해 주는 효과를 가져왔다. 공장생산이 증가하면서 국내 물가가 하락하자 영국 상품을 수입하면서 얻는 경제적 효과가 줄어들었다. 공장의 기계화 설비가 증가하면서 섬유산업은 열 배로 팽창했고 뉴저지와 펜실베이니아의 석탄산업과 제철산업이 크게 성장하기 시작했다. 그리하여 영국에서처럼 새로운 철도건설에 투자가 집중되었다. 1830년에 볼티모어-오하이오 노선, 모호크(Mohawk)-허드슨 노선, 찰스턴-함부르크 노선을 개통했으며, 1850년에는 동부 해안지대 전체가 철도로 연결되었고 서쪽으로는 미시시피까지, 남쪽으로는 테네시까지 철도망이 뻗어 나갔다.

연방정부의 공화주의 정치권력도 산업발전에 일조했다. 1820년대와 1830년대에 동부 도시들은 도시 중심부를 정비하는 새로운 도시개발 사업을 시작했는데, 이는 그들의 부와 정치권력을 상징하는 것이었다. 공화국의 이상주의는 그리스 복고양식을 요구했다. 이 당시 부르주아 주택건축의 전형은, 데이비스(A. J. Davis)가 이층 높이의 코린트 양식 기둥을 가진 훌륭한 갈색 석조 테라스로 설계한 뉴욕의 콜로네이드 로(Colonnade Row, 1835)였다. 시청사·박물관·미술관·콘서트홀, 그 밖에 교양있는 도시가 갖추어야 할 일련의 시설들이 이 시기에 모습을 나타냈다. 이 중 패리스(Alexander Parris)가 보스턴에 설계한 우아한 석조 건물인 퀸시 마켓(Quincy Market, 1825)은 상점들에 전시실과 연회실을 결합한 것으로서 마치 부르주아의 부유함이 교양과 연결된 것임을 강조하려는 듯했다. 1820년대에는 동부지역 항구를 여행하는 부유한 사업가들이 많아지면서 이들을 위한 대규모 호텔이 새로운 건물유형으로 등장했다. 보스턴의 건축가 로저스(Isaiah Rogers)는 보스턴의 트레몬트 하우스(Tremont House, 1828)와 뉴욕의 애스터 하우스(Astor House, 1832)의 장중한 설계로 국제적인 명성을 얻었다.

   북부의 자본가들은 서부지역 개발에서도 돈을 벌고 있었다. 여기서는 철도가 경제를 팽창시키는 열쇠였다. 철도는 이미 애팔래치아 산맥 너머까지 도시문화를 전하고 있었는데, 19세기초만 해도 목조 건축물 몇몇이 들어선 변방의 초소일 뿐이었던 마을들이 불과 한 세대 기간 만에 석재로 건축된 그리스 복고양식의 시청사가 들어선 도시가 되었다. 건축가 타운(Town)과 데이비스는 기둥으로 둘러싼 그리스 신전 형태에, 이것과 어울리지 않는 로마식 돔을 얹은 형태로 인디애나폴리스의 새로운 주의회 의사당(State Capitol, 1831)을 설계했다. 모든 도시에 신고전주의 양식의 건물들을 세웠으며―미주리 주 세인트루이스의 성당, 오하이오 주 콜럼버스의 의회의사당, 클리블랜드의 법원, 신시내티에 로저스가 설계한 또 다른 고급 호텔 등―, 이 양식은 서쪽으로는 일리노이까지, 남쪽으로는 켄터키와 테네시까지 뻗어 나갔다.

   서부 미개척지역의 사회는 처음에는 변동적이고 비정하며 자족적이었고, 동부지역과의 연결망도 거의 없었으며 원자재나 농산물밖에 없어 부유하지도 못했다. 그러나 철도가 들어오면서 은행·공장·상점, 그 밖에 중간 계급 자본주의에 부속되는 모든 것들이 따라 들어와 주변지역 일대에 편의를 제공했으며 그 대가로 이익을 거두어들였다. 가장 많은 이익을 본 자들은 토지구입 자금과 철도건설 비용을 융자해 준 미국 동부와 영국의 금융가들이었으며, 가장 많은 것을 잃은 자들은 인디언들이었다. 19세기 중엽에는 미시시피 동쪽과 서부 해안지대에 살던 인디언 부족들이 '진압' 되었다. 평원지대에 살던 인디언들만이 상대적으로 자유로웠지만 이제 여기에서조차 그들은 식민화될 압력에 처했다. 수(Sioux)족의 족장 미친 말

(Crazy Horse)은 "사람들이 걸어 다니는 땅은 절대 팔지 않는 법이다"라고 했지만, 1834년부터는 원주민사무국(Bureau of Indian Affairs)이 설립되어 그들의 모든 땅을 관장하기 시작했다.

북부의 번영은 면화 재배지역인 남부에도 영향을 미쳤다. 18세기에는 남부가 경제를 지배했으나 이제는 낙후되어 가고 있었다. 남부는 면화의 수출뿐 아니라 식료품과 소비물자의 수입을 북부에 의존하고 있었는데, 이들 수입품은 관세와 세금이 부과되고 나면 가격이 거의 두 배로 비싸졌다. 남부의 백인들 사이에서는 반감이 싹트기 시작했고, 이러한 반감은 그들의 문화와 제도를 더욱 굳건히 지키고 공격적으로 확산시키려는 경향으로 이끌었다.

남부의 체제에 대한 신뢰를 창출해내려는 노력 속에서 부유한 대농장주들은 교양있는 신사도와 기사도의 생활양식을 추구했다. 북부에서 연방주의와 공화주의, 그리고 자유를 표상했던 신고전주의 건축은 남부에서 새로운 의미를 갖게 되었다. 어떤 이들은 플라톤 시대의 아테네도 노예제도에 의존했음을 지적했다. 즉 그리스 건축양식을 사용한다는 것은 현재를 경이로운 과거와 연결하는 수단이었으며, 노예제도가 위대한 민주주의의 불가결한 부분임을 암시하는 수단이었다. 버지니아 주 알링턴(Arlington)에 소재한 리(Robert E. Lee)의 자택(1802-1826)이 그리스 복고양식이었을 뿐 1830년대에 들어서기까지 별다른 예는 없었지만, 1830년대 이후에 도리스 양식이나 코린트 양식의 커다란 포티코(portico)를 공통적 특징으로 하는 주요 사례들이 건축되었다. 내슈빌(Nashville)에 있는 허미티지 저택(Hermitage, 1835), 조지아 주 메이컨(Macon)에 있는 랠프 스몰 저택(Ralph Small house, 1835), 앨라배마 주 데모폴리스(Demopolis)에 있는 게인스우드 저택(Gainswood, 1842), 그리고 포크(Polk) 가문의 저택으로 테네시 주에 있는 래틀 앤드 스냅(Rattle and Snap, 1845) 등이 그것들이다.

북부지역의 공장노동자들은 비록 법적으로는 자유로웠지만 남부의 목화 따는 노예와 마찬가지로 사회체제에 묶여 있었다. 로웰에서조차 생활은 힘들었으니, 그 외 지역의 노동조건은 더욱 열악했고 주택의 공급 역시 부

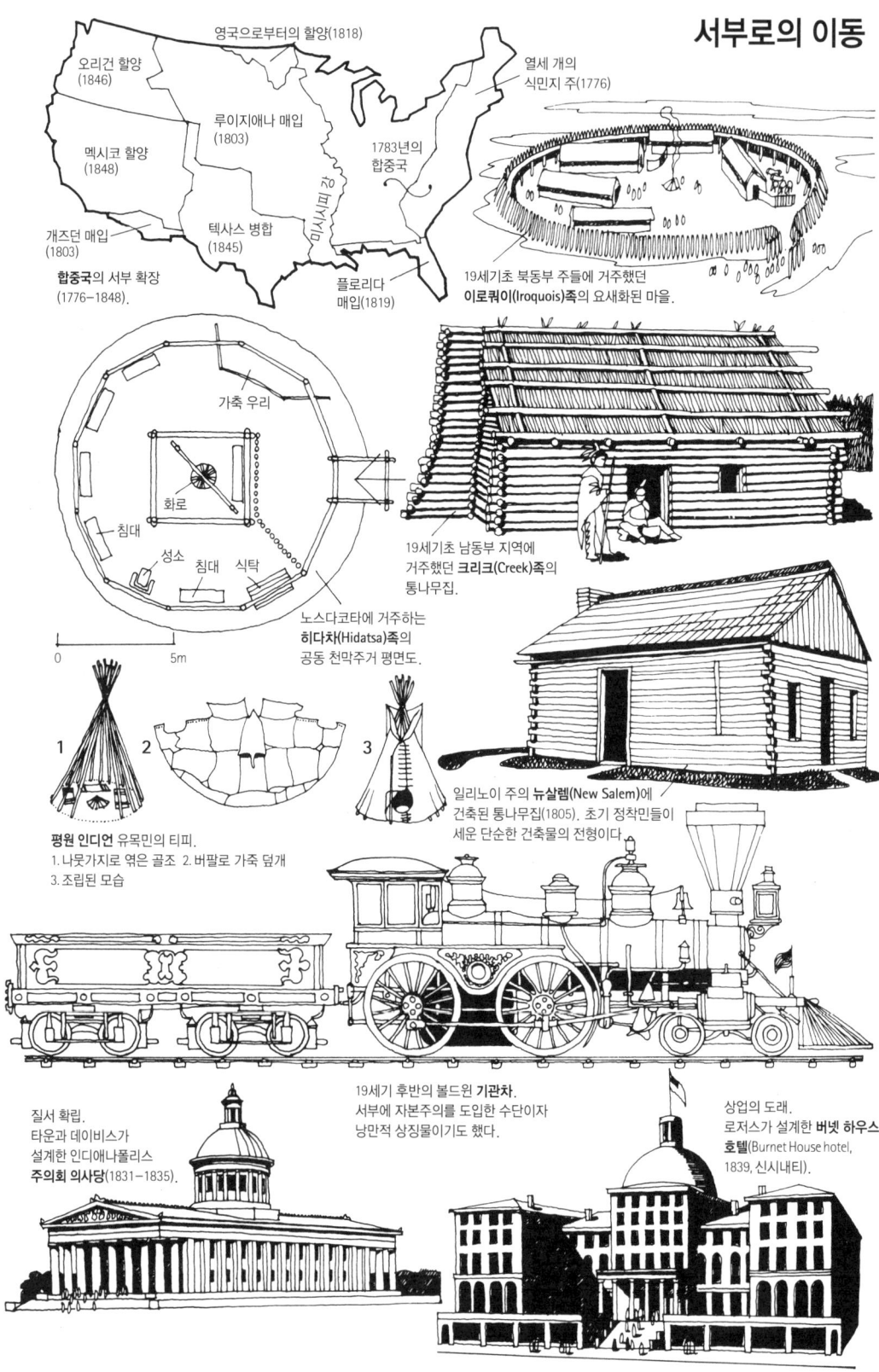

족했다. 노동운동은 뉴저지와 펜실베이니아의 중공업 분야에서 일하는 남성 노동자들에 의해서, 그리고 영국에서처럼 쇠락하는 수공업 분야의 노동자들에 의해서 형성되기 시작했다. 미국에서 일어난 사회변화는 가구산업에 축약되어 있다. 19세기 벽두까지만 해도 가구산업은 수공업적 기초가 강하게 유지되었다. 수공업에 의한 가구산업에서는 부채꼴 등받이가 있는 농장용 의자인 '윈저(Windsor)' 따위의 고전적 가구를 생산했는데, 이 의자는 셰이커 교도 공동체가 제작했던 사다리꼴 등받이 의자와 함께 단순하고 순박한 디자인으로, 당시 미국과 유럽의 부잣집에서 유행하던 호사스러운 양식과 대조를 이루었다. 그러나 공장생산이 가구산업에 영향을 미치기 시작하면서 진행된 기술혁신은 —제조업자 벨터(John Henry Belter)가 개발했던 박판 씌우기, 증기 가공, 기계 조각 등— 기술적으로는 우수했지만 독창성이 없는 그런 디자인들을 만들어냈다. 예를 들어 화려한 로코코 복고양식 따위가 기계로 생산되었던 것이다.

미국에서의 경제불황과 독점화

1837년에는 불황이 닥쳤다. 불황은 산업자본주의의 특징인 호경기와 불경기가 연속되는 한 국면이었다. 이는 주기적 패턴으로 반복되기 마련이었다. 지속되는 팽창, 더 많은 이윤을 위한 재투자가 자본과 노동력의 부족으로 귀결되면서, 원가와 대출이율은 상승하고 이윤은 하락했다. 이윤이 낮아지자 투자자들은 산업에서 자본을 회수했으며 생산은 줄어들고 실업이 증가했다. 이런 상황 속에서 임금노동자들은 속수무책이었다. 주거와 식료품은 모두 스스로 구입해야 했고, 그들을 보호해 줄 복지제도란 없었으며, 빈곤·기아·질병의 악순환에 빠져들었다. 비로소 시 당국은 위생 문제, 도시 내부의 과밀, 그리고 목조 주택 밀집지역에 상존하는 화재 위험성 등에 주의를 기울이게 되었다.

이러한 불황은 1841년까지 지속된 전 세계적인 경제위기의 일면이었다. 많은 금융가들이 파산했고 노동자들과 그 가족들은 실업과 기아에 허덕였다. 미국에서는 즉각적으로 산업과 철도로부터 유럽 자본이 빠져나갔는데,

남부의 민주주의

도시

1856년 조지아 주 **서배너(Savannah)**의 평면. 고대 그리스의 식민도시처럼 질서와 규칙성있게 배치되었다.

시청, 부두, 시장, 교회, 공원

1819년경 전형적인 서배너의 주택.

1840년경 서배너의 주택. 수치체계가 엄격했고 고전 양식으로 제한된 속에서도 폭넓은 다양성을 표현할 수 있었다.

중앙에 오픈 스페이스가 있는, 마흔네 개 필지로 이루어진 전형적인 마을 단위.

농장

루이지애나 **샬메트(Chalmette)**에 있는 농장주택(1820).

뉴올리언스. 철제 발코니가 있는 전형적인 타운하우스 (1837).

19세기 루이지애나 **농장주택**의 기본 형태.

넓은 처마

비와 햇빛을 막는 '파라솔' 지붕

통풍을 돕는 발코니

층 전체 높이의 창문은 환기 효과를 높이고, 미닫이살 창문은 환기와 프라이버시를 동시에 확보해 준다.

테네시 주 **콜럼비아**에 위치한, 포크가 설계한 그의 저택 래틀 앤드 스냅(1845).

그 결과 외부 원조의 의존도가 덜하고 경제위기를 보다 잘 견뎌낼 수 있는 새로운 산업제도와 재정제도가 필요하게 되었다. 철도로 인해 대륙 전체에서 광업·농업·목재산업이 가능해지면서 펌프, 굴착기, 감아 올리는 엔진(winding-engines), 수확기, 탈곡기, 기계톱 등 다른 기계들의 발명도 잇달았다. 기계는 매우 고가였으므로 그 비용을 벌충하기 위해서는 호경기이건 불경기이건 멈추지 않고 가동해야 했다. 서로 경쟁하던 제조업자들은 시장을 조절하고 생산 흐름을 유연하게 지속시키기 위해 합병하거나 카르텔을 형성하는 일을 보편화했다. 경쟁 대신 독점으로 방향을 전환하는 것이 자본주의 체제에 대한 첫번째 보완책인 셈이었다.

두번째 보완책은 주식회사의 발전으로서, 이 역시 1840년대와 1850년대에 도입되었다. 아무리 큰 금융가라도 혼자서 철도를 건설할 만한 자본을 갖고 있지는 못했다. 그러나 주식회사는 수많은 크고 작은 투자자들에게 지분을 판매하는 방식을 통해 다른 사람들의 돈을 자본으로 창출해낼 수 있었다. 이러한 방식으로 미국 역시 영국에서처럼 철도에 과잉투자가 이루어졌고, 그 중 많은 계획이 실패했다. 투자자들은 허구적인 권리를 가질 뿐 진짜 이익은 극소수의 사람들이 차지했다.

미국의 공학기술자

영국에서와 마찬가지로 철도는 구조공학 기술의 발전을 자극했다. 텔퍼드의 메나이 해협 교량이 착공되기 전, 미국의 공학기술자인 핀리(James Finley)가 여덟 개의 현수교를 건설했는데, 여기서 그는 바람에 의한 진동을 막기 위해 별도의 보강장치를 도입했다. 1844년 공학기술자인 뢰블링(John Roebling)이 고장력(高張力) 강철 케이블을 사용하면서부터 현수교가 보편적인 교량형식이 되었는데, 현수교의 유동성 때문에 철로보다는 도로용 교량에 사용되었다. 현수교 이외의 대안으로는 일정 길이의 직선 부재들로 단순 격자형을 구성하는 트러스 교량(truss bridge)이 있었다. 철 공급이 부족했던 초기에는 트러스를 목재로 만들었는데, 목조 트러스는 부재들을 단순히 못질하여 조립하면 되기 때문에 외딴 지역의 현장에서도 빠르

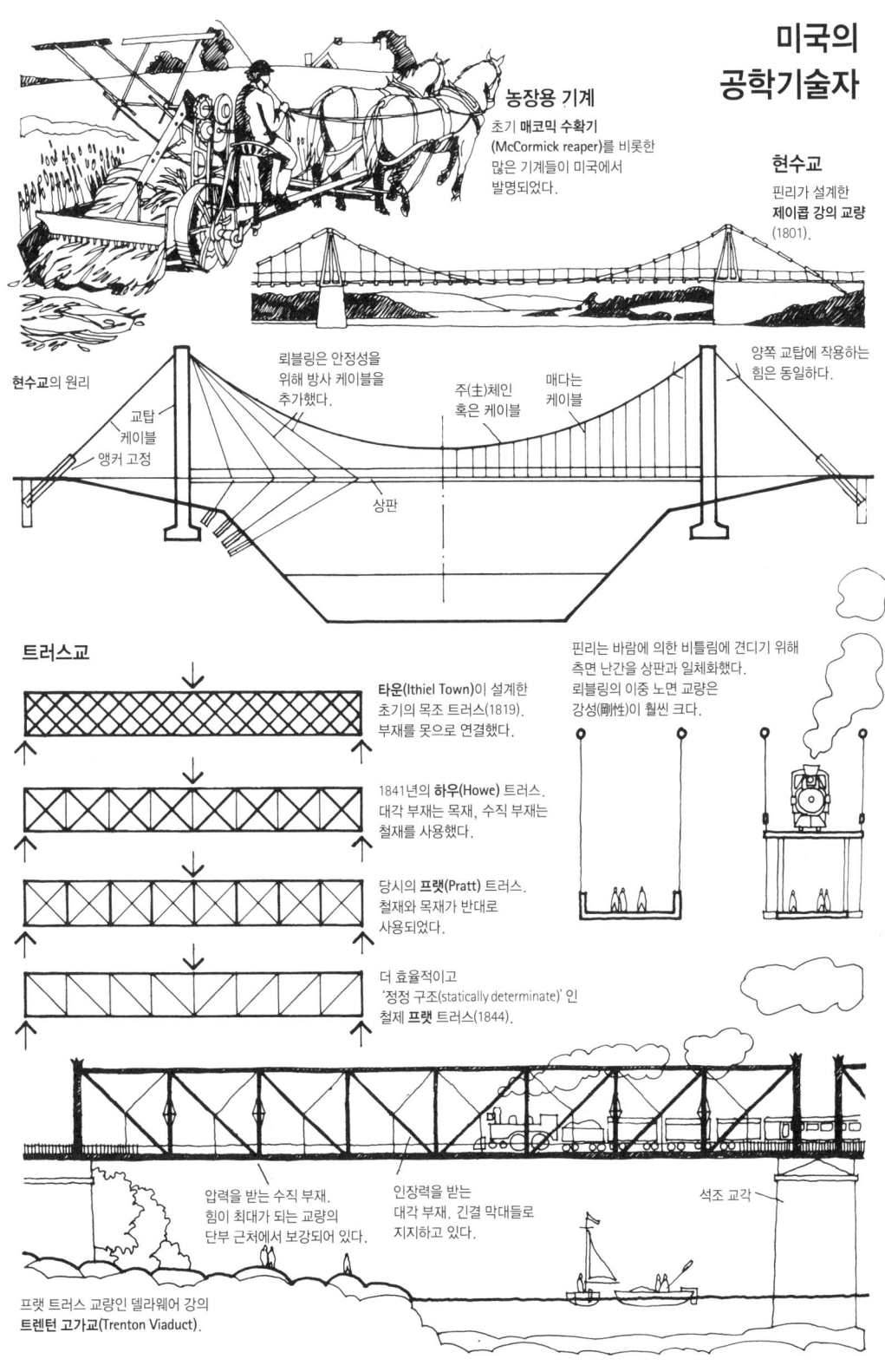

고 값싸게 시공할 수 있었다. 이후 압축 부재에는 목재를 쓰고 인장 부재는 철재 긴결 막대(tie-rod)[9]를 사용하기도 했는데, 1844년 프랫(Thomas Pratt)이 철재로만 제작한 트러스의 특허를 출원하면서 이것이 이후 백 년간 철도 교량설계의 표준이 되었다.

　미국은 유럽에서 분리된 채 독자적인 문화를 발전시켜 나가고 있었으며, 이 때문에 기술 역시 유럽과는 다른 방향으로 발전하기도 했다. 지속적인 경제교류는 서로 다른 이들 사상의 교류를 자극했고, 이는 유럽과 미국의 자본주의 모두에게 이익을 가져다주었다.

법철학[10]
The philosophy of right
19세기초 유럽 대륙

루트비히 일세와 바이에른의 건축

1825년 루트비히 일세(Ludwig I, 1786-1868)는 바이에른의 왕위에 오르면서 궁벽하고 경제가 낙후한 이 나라를 유럽의 문화적 중심지로 만들겠다고 결심했다. 이후 이십 년 동안, 나폴레옹 시대에 프랑스 신고전주의 사상에 영향을 받고, 아마도 바인브레너(Friedrich Weinbrenner)가 설계한 카를스루에(Karlsruhe)의 우아한 마르크트플라츠(Marktplatz)의 완공(1824)에 자극받았을 그의 건축가들은 격식적인 광장과 가로 · 교회 · 궁전, 그리고 무엇보다도 교양있는 정권에 필수적인 미술관과 박물관들을 건설하면서 뮌헨의 옛 도심부를 변화시켰다. 이들 건축가 중 중심 인물은 클렌체(Leo von Klenze, 1784-1864)였는데, 파리에서 공부했던 그는 글립토테크 조각관(Glyptothek, 1816-1830)으로 이미 자신이 신고전주의자임을 부각시켰는가 하면, 알테 피나코테크 미술관(Alte Pinakothek, 1826-1833)에서는 용감하게도 신르네상스 양식 설계자로 변신했다. 그는 루트비히 일세를 위해서 그리스 양식의 의전용 문(1846-1863)이 중심에 놓인 격식적인 광장 쾨니히스플라츠(Königsplatz)를 설계했으며, 왕궁(Royal Palace)에 있는 쾨니히스바우(Königsbau, 1826)에서는 영국에서의 배리처럼 피렌체 팔라초를 모델로 설계하면서 신르네상스 개념을 진전시켰다. 심지어 그는 왕의 지시에 따라 신비잔틴 양식에까지 도전하면서 알러하일리겐 왕립교회(Allerheiligen Hofkirche, 1827)를 설계하기도 했다. 그러나 그의 가장 뛰어난 작품은 아마도 국가 영웅들을 위한 기념관일 것이다. 바이에른 숲 속 레겐스부르크(Regensburg)에 건축되어 왠지 모르지만 신의 전당(Walhalla)이라고 불리는 이 기념관은, 열주로 둘러싸인 그리스 신전 형태를 일부러 확대하고 의식용 경사로, 계단, 벽체 등을 덧붙여 언덕에 세운 것으로서, 길리가 프리드리히 대왕에게 바쳤던 기념관뿐 아니라 제퍼슨이 버지니아 주 리치몬드 언덕 위에 설계한 의사당을 연상시키는 그런 건물이었다.

 루트비히의 신임을 놓고 클렌체와 각축을 벌인 건축가는 역시 파리에서 공부한 게르트너(Friedrich von Gärtner, 1792-1847)였다. 게르트너의 특기는 프랑스 신고전주의 양식이 아니라 로마네스크식 반원형의 아치를 갖는 양식인 '룬트보겐슈틸(Rundbogenstil)'이었는데, 그가 이 양식을 사용한 것 역시 루트비히의 명령에 따른 것이었다. 루트비히 교회당(Ludwigskirche, 1829-1840)과 국립도서관(1831-1840), 그리고 대학교 건물(1835-1840)들이 늘어선 거리인 루트비히슈트라세(Ludwigstrasse)의 개발은 그의 주요한 실적이었다. 그에게 다른 중요한 작품을 설계할 기회가 온 것은, 1829년 그리스가 터키로부터 독립하려는 투쟁 끝에 유럽 권력자들이 그리스에 꼭두각시 왕을 앉혔을 때였다. 왕위에 앉힐 후보자를 찾는 데 약간의 어려움이 있었지만 루트비히가 무모하게도 자신의 아들을 그리스에 오토 일세(Otto I)로 앉히면서 게르트너에게 아테네에 왕궁을 건축하도록 했고, 이로 인해 게르트너는 고전 양식을 낳은 본고장에서 고전 양식의 건물을 설계하는 일을 하게 되었다.

독일의 발전

루트비히의 관심은 건물에만 그치지 않았다. 1835년 그는 독일 최초의 철도를 건설했다. 그가 철도건설을 추진했던 것은 철도가 갖는 경제적 중요성보다는 개인적인 흥미 때문이었다. 그러나 철도건설이 독일의 극심한 정치적 경제적 분열문제를 해결하는 데 중요한 역할을 할 것임을 예견한 사람들도 있었다. 예컨대 공업화를 지지했던 경제학자 리스트(Friedrich List)는 "영국과 북아메리카에서 철도가 이룩한 놀라운 결과를 볼 때마다 나의 조국 독일도 철도건설을 통해 똑같은 발전을 이루기를 열망했다"고 쓴 바 있다. 그리하여 1860년까지 총 연장 오천오백 킬로미터에 달하는 철도가

바이에른 왕국 1

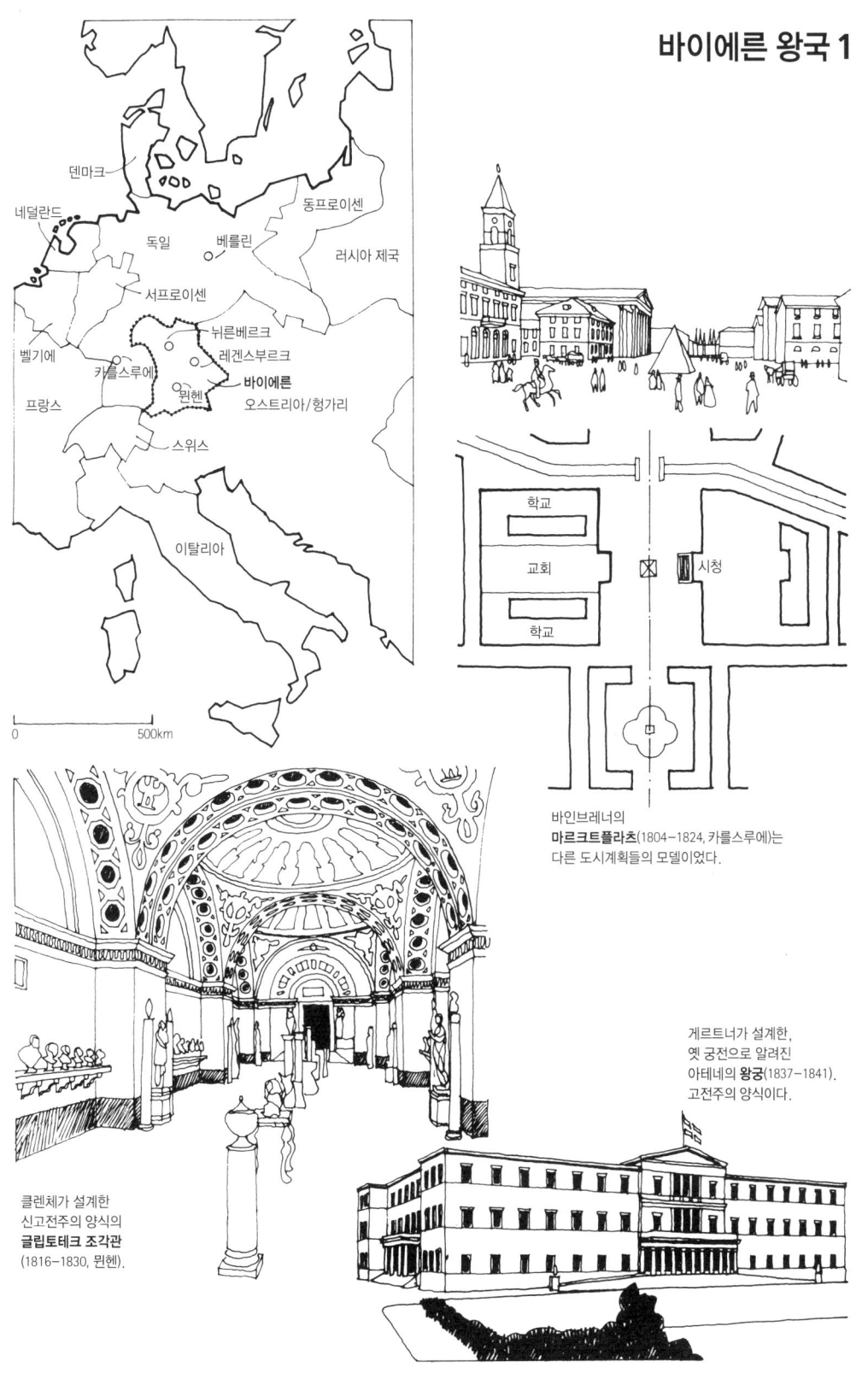

바인브레너의 **마르크트플라츠**(1804-1824, 카를스루에)는 다른 도시계획들의 모델이었다.

게르트너가 설계한, 옛 궁전으로 알려진 아테네의 **왕궁**(1837-1841). 고전주의 양식이다.

클렌체가 설계한 신고전주의 양식의 **글립토테크 조각관** (1816-1830, 뮌헨).

바이에른 왕국 2

클렌체가 설계한 로마네스크풍의
전쟁사무국(1824-1826).
뮌헨의 루트비히슈트라세에 있다.

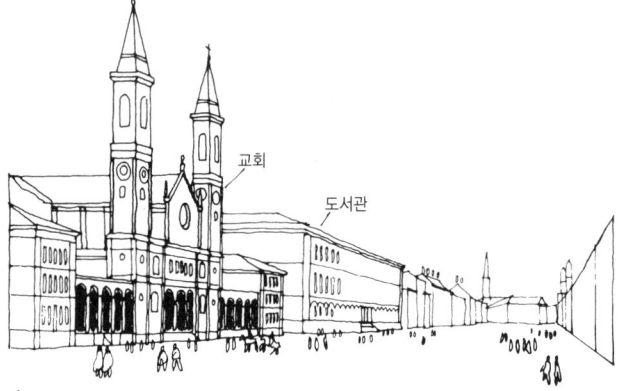

게르트너가 설계한
루트비히 교회당(1829-1840)과
국립도서관(1831-1840)이 있는
뮌헨의 **루트비히슈트라세**.

언덕 위의 신전.
레겐스부르크 근교에 클렌체가 설계한
신의 전당(1831-1842)과
앞서 세워진 다른 두 개의 신전.

길리의
프리드리히 대왕 기념관(1979).

제퍼슨과 러트로브가 설계한, 버지니아 주
리치몬드에 있는 **주의회 의사당**(1789).

건설되었다. 철도는 독일연방 소속 국가들의 경계선을 가로질렀으며 접근이 곤란했던 다뉴브 강에 면한 남쪽지역을 운하망과 북부 저지대 발트해 연안 항구들에 연결했다. 독일은 유럽에서 가장 강력한 공업국가로 순조롭게 발전했고, 지구상에서 유일하게 영국과 미국의 경쟁국으로 부상했다. 이러한 발전이 가능했던 데에는 두 가지 요인이 있었다. 하나는 1834년의 관세동맹으로, 이는 독일 내부의 무역장벽을 제거했고 지역산업을 보호했으며 많은 기업들이 독일로 이전해 오는 효과를 거두었다. 다른 하나는 프로이센의 정치력이 강해지면서 마침내 1866년 전쟁에서 오스트리아를 진압하고 독일의 통일을 주도하게 되었다는 것인데, 이러한 정치적 안정은 경제발전을 위해 매우 유익한 여건으로 작용했다.

이러한 극적인 발전은 경제성장을 가져다주긴 했지만, 영국과 비교해 볼 때 독일은 사회구조상으로는 큰 변화가 없는 상태였다. 즉 구시대 정치 엘리트들이 여전히 강력한 지배권력을 쥐고 있었던 것이다. 농노해방과 일정 수준의 상업적 자유 등의 개혁이 이루어지긴 했으나 영국이나 프랑스 같은 자유주의적인 방식이 아니라 모든 시민에게 국법을 동일하게 적용하는 방식으로 이루어졌기 때문에, 그 과정에서 중간 계급이 혁명적 역할을 할 필요가 없었다. 경제성장의 중요한 기초가 되었던 것은 인구증가였다. 1815년에서 1850년 사이에 인구가 이천오백만 명에서 삼천오백만 명으로 증가했는데, 주로 작센과 프로이센에 집중된 인구는 상품의 수요를 증가시켜 생산을 자극했고 새로운 노동력을 공급하는 원천이 되었다. 특히 산업 분야에 인재를 공급하기 위해 기술학교를 개설했고, 기계류 수입을 지원하기 위해 융자와 보조금을 주었으며, 국가주도 산업을 시작했는가 하면 국가재정의 강력한 보증 아래 철도건설이 추진되었다. 국가의 경제력이 폭발적으로 발전하던 이 시기에 특히 눈에 띄는 활동을 보인 한 건축가가 있었다.

카를 프리드리히 싱켈

싱켈(Karl Friedrich Schinkel, 1781-1841)은 거의 모든 작품활동을 베를린과 그 인근지역에서만 했던, 프로이센 출신의 건축가이다. 이탈리아와 파리에서 공부한 그는 신고전주의 건축의 전통 속에서 성장했다. 그러나 그는 처음 회화와 무대 디자인을 통해 간접적으로 건축에 접근했으며, 극적이고 낭만적인 고전주의에 대한 그의 감각은 여기에서 비롯되었다. 그는 주문받지도 않은 루이제 여왕(Queen Luise)의 묘 설계를 통해 당시 수상이었던 훔볼트(Humboldt)의 주목을 받았고, 1810년에 공공시설국에 채용되었다. 여기에서 1830년까지 그는 운터 덴 린덴(Unter den Linden) 거리에 있는 신위병소(Neue Wache, 1816), 왕립극장(Schauspielhaus, 1812-1821), 테겔(Tegel)에 위치한 훔볼트의 컨트리 하우스(1822-1824), 그리고 구미술관(Altes Museum, 1823-1830) 등의 주요 작품들을 설계했다. 그의 표현방법은 엄격하고 신고전주의적이었으나 실내공간에서는 극적인 채광과 바닥 높이의 변화, 공간의 유동성 등의 효과를 통해 그만의 감각이 작동하고 있음을 보여주었다. 구미술관은 이를 잘 보여준다. 외관은 절제되고 아카데믹한 신고전주의 양식이지만, 주랑 현관에 결합되어 멋진 이중계단을 품고 있는 이층 높이의 입구 공간, 돔으로 덮인 찬란한 조각 홀, 그리고 최대한의 채광 효과를 위해 창문에 직각으로 달아 맨 칸막이들을 독창적으로 배치한 회화 전시실 등, 내부는 놀라운 공간 효과를 연출하고 있다.

싱켈은 프랑스와 이탈리아, 영국으로 여행을 다니면서 건축설계뿐 아니라 산업생산품까지도 조사하고 연구했다. 그것 역시 그의 임무였다. 1830년에 그는 공공시설국의 책임자가 되었는데, 이 즈음 그의 건축양식은 더욱 자유롭고 낭만적으로 되어 갔다. 포츠담에 건축한 샤를로텐호프 궁전(Schloss Charlottenhof, 1826), 같은 곳에 건축한 정원사의 주택(1829)과 찻집, 로마식 욕장(浴場) 등은 회화적이고 불규칙하여 레네(P. J. Lenné)[11]의 자연주의석 소경과 살 어울렸다.

싱켈의 제자와 후계자들은 그의 엄격한 신고전주의 양식보다는 후기 작품의 비정형적 경향을 따른 편이었다. 페르시우스(Ludwig Persius, 1803-1845)가 포츠담에 설계한 프리덴스 교회당(Friedenskirche, 1845-1848)은 미묘하고 세련된 디테일로 초기 기독교의 바실리카 교회를 연상케 하는 낭만적인 건물이다. 1840년대에는 건축설계에서 절충주의적 접근이 늘어났다. 룬트보겐슈틸과 초기 기독교식 설계가 성행했으며 중세 양식과 이슬람 양식이 그 뒤를 따랐다. 이러한 경향은 특히 젬퍼(Gottfried Semper, 1803-1879)의 작품에서 잘 살펴볼 수 있는데, 그는 드레스덴에 건축한 일련의 건물들―오페라 하우스(1838-1841), 유대교회(1839-1840), 빌라 로제(Villa Rose, 1839), 오펜하임 궁(Palais Oppenheim, 1845), 미술관(1847-1854), 알브레히츠부르크 저택(Albrechtsburg villa, 1850-1855)―에서 이탈리아 르네상스 양식, 비잔틴 양식, 이슬람 양식, 로마네스크 양식 들을 사용했다. 신고딕 양식은 이미 아카데믹한 건축가들의 관심을 끌고 있었는데, 싱켈 역시 두 건물을 신고딕 양식으로 설계한 바 있었다. 신고딕 양식은 1825년 미완성 상태였던 13세기의 쾰른 대성당 마무리 공사와 스콧이 현상설계에서 당선했던 함부르크의 니콜라이 교회당(Nikolaikirche, 1845-1863) 건축으로 다시 한번 기세를 올렸다. 독일로서는, 영국의 스콧을 통해 신고딕 양식을 수입했듯이 영국에서 산업혁명을 통째로 수입할 수 있었던 것이 다행이었다. 섬유산업은 이미 영국이 세계시장을 지배하고 있었으므로 이를 통해 산업화를 추진할 수는 없었지만 유용한 기술들은 도입할 수 있었다. 게다가 이제 시대에 뒤처진 산업이 되어 버린 섬유산업 투자에 묶이는 일 없이 ―영국에서는 결국 이 때문에 발전이 지체되었는데― 다음 발전단계인 중화학공업으로 직접 뛰어들 수 있었다.

프랑스의 상황

프랑스에서의 양상은 달랐다. 프랑스는 중공업에 필요한 석탄과 철이 부족했기 때문에 영국과 경쟁해야 하는 섬유산업에 매달렸는데, 여기에서 어느 정도 성공을 거두었다. 자카드(Jacquard)식 직조기의 발명으로 복잡하게 디자인된 직물을 생산할 수 있어서 영국이 지배하던 식민지 시장이 아니라 더욱 세련된 유럽 시장의 수요를 확보할 수 있었다. 유럽 시장을 겨냥한 표백과 염색, 인쇄 기술도 크게 발전했다. 프랑스의 뛰어난 화학 분야 지식이 산업에 적용되면서 종이제작용 펄프와 조명용 석탄가스 제조, 기계적 공정에 의한 사탕무 설탕 생산 등 몇몇 분야의 발전을 이끌었다. 금속공업에 필

프로이센 제국 1

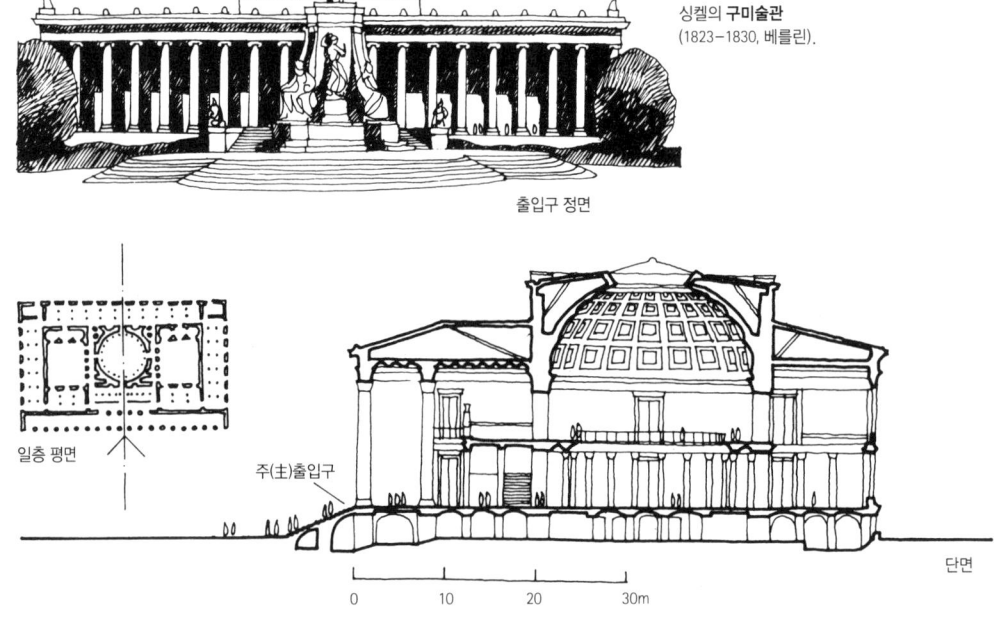

샤를로텐호프 궁전에 있는
싱켈의 **궁전 정원사 주택**
(1829, 포츠담).

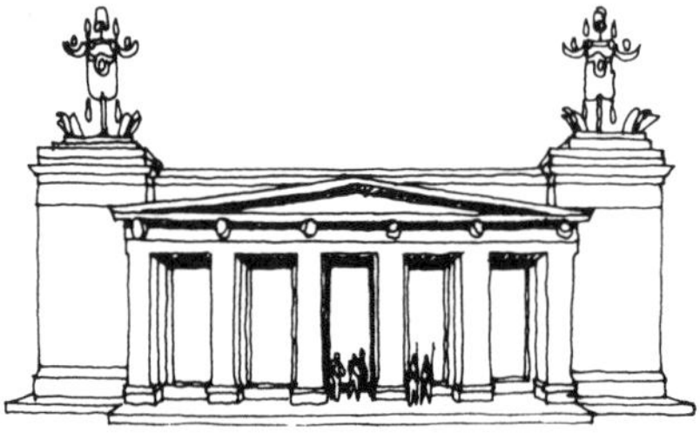

싱켈의 **신위병소** 계획안
(1816, 베를린).

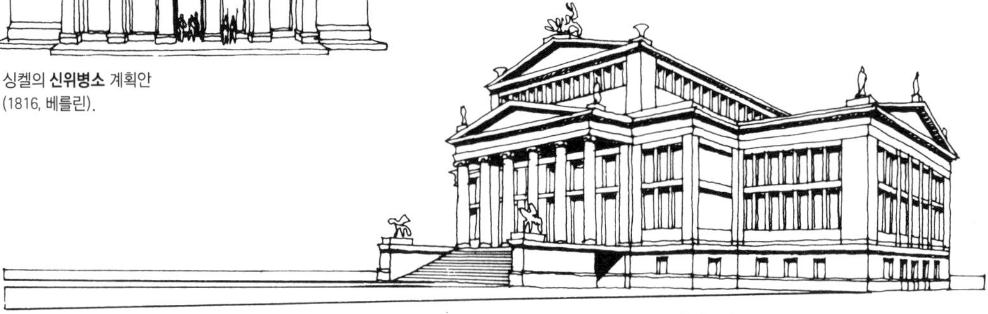

싱켈의 **왕립극장**
(1818-1821, 베를린).

싱켈의 **구미술관**
(1823-1830, 베를린).

출입구 정면

일층 평면

주(主)출입구

단면

프로이센 제국 2

페르시우스의 **프리덴스 교회당**(1845-1848, 포츠담)은 초기 기독교건축의 정신을 환기시킨 점에서 궁전 정원사 주택의 양식을 따른 것이다.

젬퍼가 설계한 **드레스덴 오페라 하우스**(1838-1841)의 평면. 이곳에서 「**방황하는 네덜란드인** (Der Fliegende Holländer)」과 「**탄호이저**(Tannhäuser)」가 초연되었다.

길버트 스콧은 독일 중세 전성기 양식을 소화하여 **니콜라이 교회당** (1845-1863)을 설계했다.

울름과 쾰른의 성당들을 비교해 보라.

쾰른에서는 사백 년간 중단되어 있던 대성당 건축을 원래 설계대로 완공했다.

1824년에 공사 재개하여 1880년에 헌공

1284년에서 중세 후기까지

요한 석탄이 부족했기 때문에 다른 독창적 방법들을 궁리했는데, 나무를 연료로 하는 용광로가 폭넓게 사용되었고 고열가스를 회수하여 재사용하는 기술, 터빈 엔진을 사용하는 기계류가 개발되었다. 최초의 철도인 생테티엔(St. Etienne)-루아르(Loire) 노선이 1827년에 개통되어 석탄 생산지를 운하망과 파리에 연결했다. 최초의 여객용 철도인 파리-생제르맹(St. Germain) 노선은 1837년에 개통되었다.

그러나 이러한 활동에도 불구하고 경제발전은 더뎠는데, 이는 무엇보다도 분산되고 소규모적인 프랑스 산업의 특성으로 인해 미국의 피츠버그나 영국의 클라이드사이드, 혹은 독일의 루르(Ruhr)에서와 같이 산업을 대규모로 집중하는 것이 곤란하기 때문이었다. 나폴레옹 시대 직후였던 탓에 자본이 부족했고 투자자들은 산업 분야에 투자하는 것보다는 안전한 토지와 재물을 선호했다. 대부분의 지역에서는 시골생활이 지속되었다. 산업은 대부분 가족단위 사업이었으므로 규모가 제한되었고 대규모 투자를 끌어내지도 못했다.

워털루 전쟁 이후 많은 유럽 국가들과 마찬가지로 프랑스의 정치는 우파 쪽으로 기울었다. 1824년 왕위에 오른 샤를 십세(Charles X)는 교회와 귀족의 특권, 무거운 세금과 검열 등 혁명 이전의 제도들을 복구하려 했다. 1829년 세계경제의 후퇴로 한계에 다다른 자유주의자들의 끈기와 노동자들의 인내는, 1830년 마침내 폭발하여 프랑스는 또다시 격변기에 빠져들었다. 왕은 도망갔고 대신이었던 탈레랑(Talleyrand)과 라파예트(Lafayette)가 '부르주아'라고 불리는 것을 자랑스러워했던 자칭 자유주의자 루이 필리프(Louis Philippe)를 왕위에 앉힘으로써 내전을 막는 데 성공했다. 루이 필리프의 '칠월 왕정'은 부르주아가 만족할 만한 많은 개혁을 했다. 도시 프롤레타리아의 곤궁을 해소하는 개혁은 이루어지지 않았지만, 이제 부르주아의 지지에 힘입어 노동자들의 산발적인 폭동을 무자비하게 진압할 수 있었다. 이후 이십 년 동안 프랑스는 상대적인 안정을 누렸으며 중간 계급은 폭발적인 경제활동 속에 성장할 수 있었다.

칠월 왕정

파리의 **리볼리 거리**(1811-1835)에 건축된 페르시에와 퐁텐의 상점과 아파트들.

베를리오즈(Berlioz). 그의 「**장송과 승리의 교향곡**(Symphonie funèbre et triomphale)」은 바스티유 칠월혁명 기념비(Colome de Juillet)의 낙성을 축하하고 1830년 칠월혁명의 희생자들을 추모한 것이다.

뒤랑의 「**건축학 강의 개요**」 (1802)에 실린 디자인.

'수직 조합'을 통해 다양한 방식으로 반복 처리하며 입면을 구성할 수 있다.

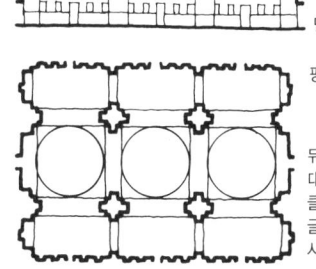

단면

평면

뒤랑의 조각전시실에 대한 이론적 개념은 클렌체에 의해 글립토테크 조각관에서 사용되었다.

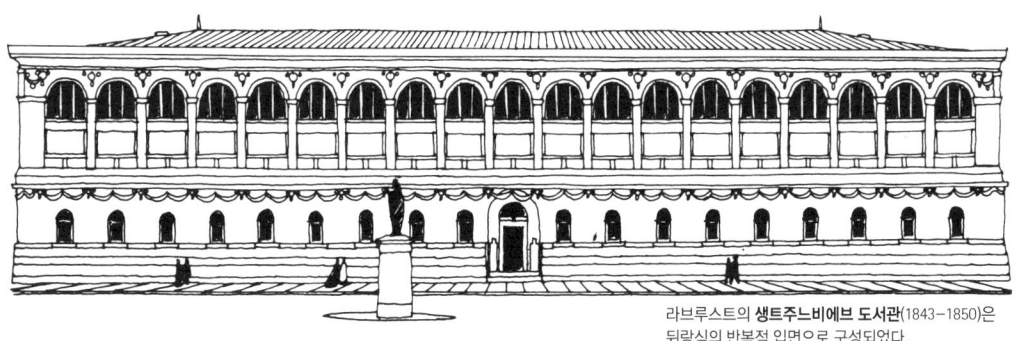

라브루스트의 **생트주느비에브 도서관**(1843-1850)은 뒤랑식의 반복적 입면으로 구성되었다.

뒤랑과 라브루스트

경제활동의 대부분은 나라의 경제를 전적으로 지배했던 파리에 집중되었다. 건물과 시설에 중간 계급의 투자가 집중되면서 공공건물과 철도역, 상점가와 부르주아 주택들이 들어선 파리는 관료정치와 상업활동의 거점으로 변모했다. 수많은 상업적 개발이 진행되면서 일층은 상점이고 상층부는 아파트인 건물이 규칙적으로 늘어선 가로들이 출현했다. 꼭대기 층은 대개 지붕창이 있는 만사드(mansard) 지붕으로, 일층은 우아한 아케이드로 설계되었다. 페르시에와 퐁텐이 설계한 리볼리 거리(Rue de Rivoli, 1811-1835)가 가장 잘 알려진 사례이지만, 이 밖에도 펠레셰(Pellechet)의 증권거래소 광장(Place de la Bourse, 1834) 등 여러 사례가 있었다. 퐁텐이 설계한 갈레리 도를레앙(Galeie d'Orléans, 1829-1831)은 유리로 지붕을 덮은 쇼핑 아케이드의 초기 사례로서, 유럽 곳곳의 비슷한 계획에 영향을 주었다. 파리의 새로운 건물들의 외관은, 신설된 에콜 폴리테크니크(Ecole Polytechnique)[12]에서 1795년부터 1830년까지 건축과 교수를 지낸 이론가 뒤랑(J.-N.-L. Durand, 1760-1834)이 거의 결정하다시피 했다. 그가 실제로 설계한 건물은 거의 없지만 그의 저서 두 권—『시대별 건축의 비교집성(Receuil et parallele des édifices en tout genre)』(1800), 『건축학 강의 개요(Précis et leçons d'architecture)』(1802)—은 그 학교에서 수련한 건축가 세대 전체에 영향을 주었을 뿐 아니라 싱켈·게르트너·클렌체·페르시우스·젬퍼의 설계에도 영향을 미쳤다. 뒤랑의 이론은 시대와 완전히 일치했다. 반복되는 모듈 단위로 건물을 설계함으로써 기능에 따라 혹은 기호에 따라 다른 건축양식들을 모듈 단위로 적용할 수 있어야 하며, 많은 장식은 건축적 효과에 필수적이지 않다는 그의 생각은, 도시개발을 위해 수많은 건물들을 빠르고 싸게 효과적으로 건축하는 데 매우 적절한 공식이었다. 그 공식은 최악의 경우라도 봐 줄 만한 표준적 건물설계를 보증했고, 운이 좋은 경우라면 싱켈과 같은 건축가로부터 품위있는 건축물을 얻어낼 수 있었다.

뒤랑 이후 시대에 가장 뛰어난 파리의 건물 중 하나는 라브루스트(Henri Labrouste, 1801-1875)가 설계한 생트주느비에브 도서관(Bibliothèque Ste.

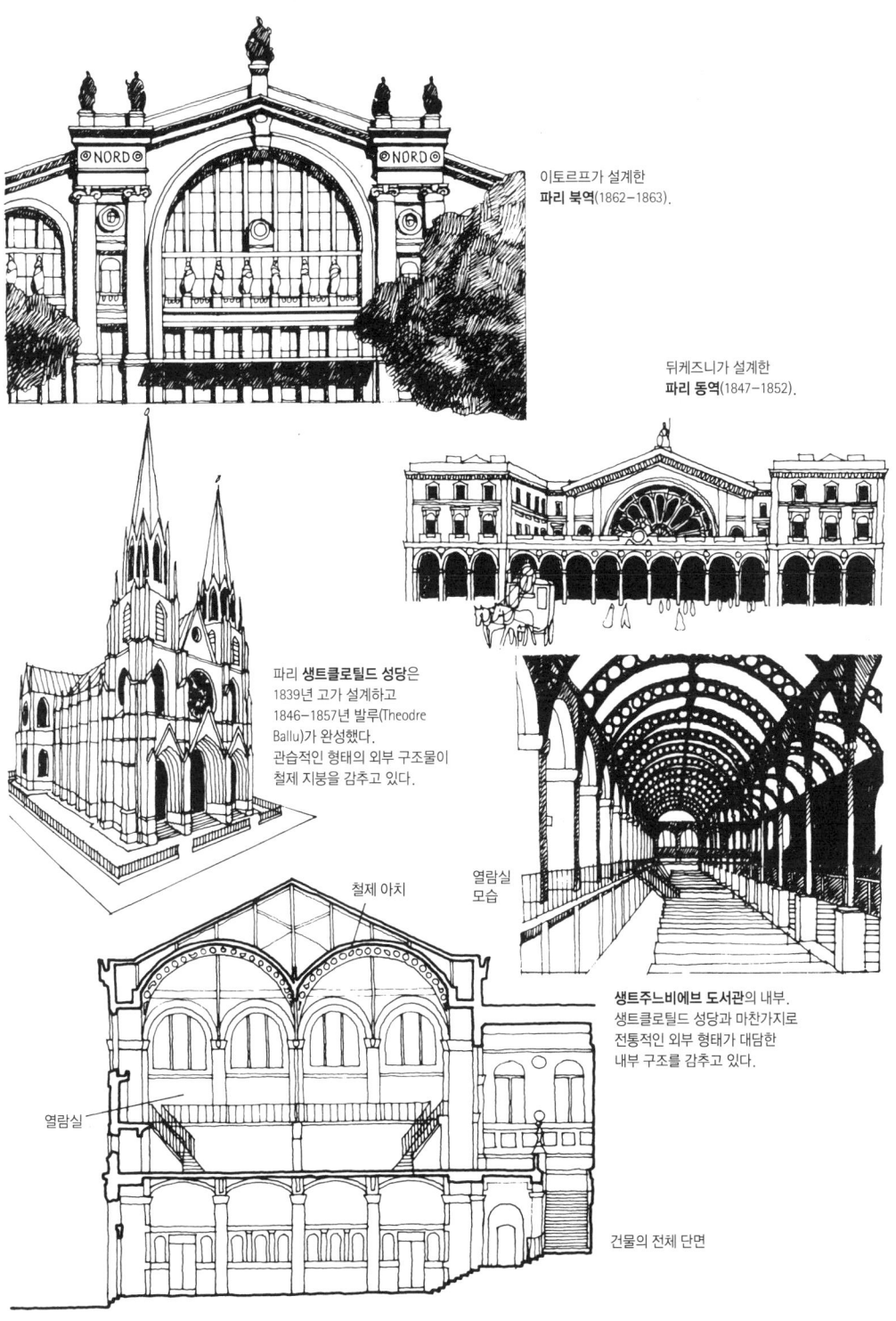

건축가-공학기술자

이토르프가 설계한 **파리 북역**(1862–1863).

뒤케즈니가 설계한 **파리 동역**(1847–1852).

파리 **생트클로틸드 성당**은 1839년 고가 설계하고 1846–1857년 발루(Theodre Ballu)가 완성했다. 관습적인 형태의 외부 구조물이 철제 지붕을 감추고 있다.

철제 아치

열람실

열람실 모습

생트주느비에브 도서관의 내부. 생트클로틸드 성당과 마찬가지로 전통적인 외부 형태가 대담한 내부 구조를 감추고 있다.

건물의 전체 단면

Geneviève, 1843-1850)이다. 이는 긴 장방형 건물로서 두 개의 단으로 된 입면이, 두 줄의 반원형 철제 볼트를 철기둥이 받치고 있는 내부 구조를 품고 있는데, 이 내부 구조는 철제 건축물의 뛰어난 초기 사례이기도 하다. 프랑스 건축가들은 단지 주철을 이용하는 데 그치지 않았다. 프랑스는 18세기부터 이어져 온 전통적 기술을 에콜 폴리테크니크에서 가르쳤기 때문에, 공학기술자와 거의 완전하게 분리되어 있었던 영국의 건축가들과는 달리 건축가들이 공학적 기술에 정통했다. 이 시기 프랑스의 주요한 건물들에서는 양식과 구조가 긴밀하게 통합된 사례를 종종 발견할 수 있는데, 이는 영국에서는 드문 일이었다. 특히 생트주느비에브 도서관이 그러했으며, 뒤케즈니(F.-A. Duquesney, 1790-1849)가 설계한 파리 동역(Gare de l'Est, 1847-1852)과 이토르프(Jacob Ignaz Hittorf, 1792-1867)가 설계한 파리 북역(Gare du Nord, 1862-1863) 역시 그러했다. 이 두 역사(驛舍)에서는 날아오르는 듯한 석조 아치를 통해 기차 격납고의 곡면 철제 지붕을 입구의 정면에 표현하고 있다. 라브루스트의 또 다른 대표작인 파리 국립도서관(Bibliothèque Nationale, 1862-1868)도 마찬가지다. 주(主)열람실 지붕은 세라믹 판을 붙인 돔 아홉 개를 결합한 것으로, 여기에는 내부 채광을 위해 원형 개구부가 뚫려 있다. 그리고 주철 지붕구조의 우아함이 외곽의 조적 벽체와 대조를 이루고 있다.

프랑스 신고딕 운동과 비올레 르 뒤크

여러 건축양식들에 대해 포용적이었던 뒤랑의 태도는, 당시 건축적 영감을 얻으려고 과거의 역사와 다른 나라들에서 참조 사례를 찾으려는 건축가들과 건축주들 사이에서 커 가던 절충주의를 반영한 것이었으며, 그런 절충주의를 촉진하는 데 기여하기도 했다. 영국에서 퓨진과 스콧이 그랬듯이 프랑스에서도 교회건축에 적합하다고 여겨진 고딕 양식에 대해 관심이 증가하고 있었다. 1834년 열렬한 중세주의자인 작가 메리메(Prosper Mérimée)가 국가기념물 감독관으로 임명되면서 대성당과 성곽 등 프랑스의 유수한 유산들을 복원하기 시작했으며, 이는 새로운 건물들의 설계에도 양식상 영향을 미쳤다. 이 시기에 건축된 프랑스 신고딕 양식의 건물들은 기둥이나 볼트에 주철을 사용하는 것이 보편적이었다. 많은 사례들 중 가장 뛰어난 것은 아마도 고(Franz Christian Gau, 1790-1854)가 설계한 파리의 생트클로틸드 성당(Basilique Ste. Clotilde, 1846-1857)과 부알로(Louis Auguste Boileau, 1812-1896)가 설계한 파리의 생퇴젠 교회(L'église St. Eugène, 1854-1855)를 꼽을 수 있을 것이다.

프랑스 신고딕 운동에서 가장 중요한 인물은 비올레 르 뒤크(Eugène-Emanuel Viollet-le-Duc, 1814-1879)로서, 퓨진이 그랬듯이 그는 중세 건축의 진가를 알리기 위해 많은 일을 했다. 유복한 가정에서 태어난 그는 메리메와 위고(Victor Hugo)의 중세 연구를 공부했으며, 1840년경부터 대성당과 성(城) 연구자이자 복원가로 활동했다. 그가 최초로 복원한 것은 베즐레(Vézelay)에 있는 생트 마리 마들렌 성당(Basilique Ste. Marie Madeleine)이었으며, 이후에도 랑 성당(Cathédrale de Laon), 생트 샤펠 성당(L'église St. Chapelle), 파리 노트르담 성당(Cathédrale Notre Dame de Paris) 등을 복원했다. 그는 고딕 양식에 대한 이론들을 두 권의 역저인『프랑스 중세 건축 사전(*Dictionnaire raisonné de l'architecture française*)』(1854-1868)과『건축 이야기(*Entretiens*)』(1863-1872)를 통해 전개했다.

1830년 혁명 당시 거리 투쟁에 가담했던 자유주의자이자 행동파 혁명주의자였던 그는 우선 사회적 맥락에서 고딕 양식을 이해했는데, 그가 보기에 중세의 고딕 양식은 교회가 지배하던 중세 초기를 탈피하며 성장하고 있던 현세적 세계의 양식이었다. 둘째로 그는 고딕 양식의 구조적 통합성이 갖는 진가를 강조했다. 볼트의 리브(rib)[13]를 통해 하중을 기둥과 버팀벽으로 집중시킴으로써 리브 사이의 공간은 석판이나 유리 같은 가벼운 비내력(非耐力) 부재로 채울 수 있도록 하는 구성방식을 명쾌하게 드러냈던 것이다.[14] 다시 말해서 그는 구조적 문제의 해결로부터 직접적으로 도출된 건축적 표현을 중요하게 평가했다. 셋째로 그는 당대의 철과 유리 건축을 확고히 지지하면서 여기에서 고딕 건축의 구조적 진실성에 비견되는 가치를 찾으려 했다. 건축가들이 양식 모방만을 목적으로 역사적 건물들을 연구하

비올레 르 뒤크

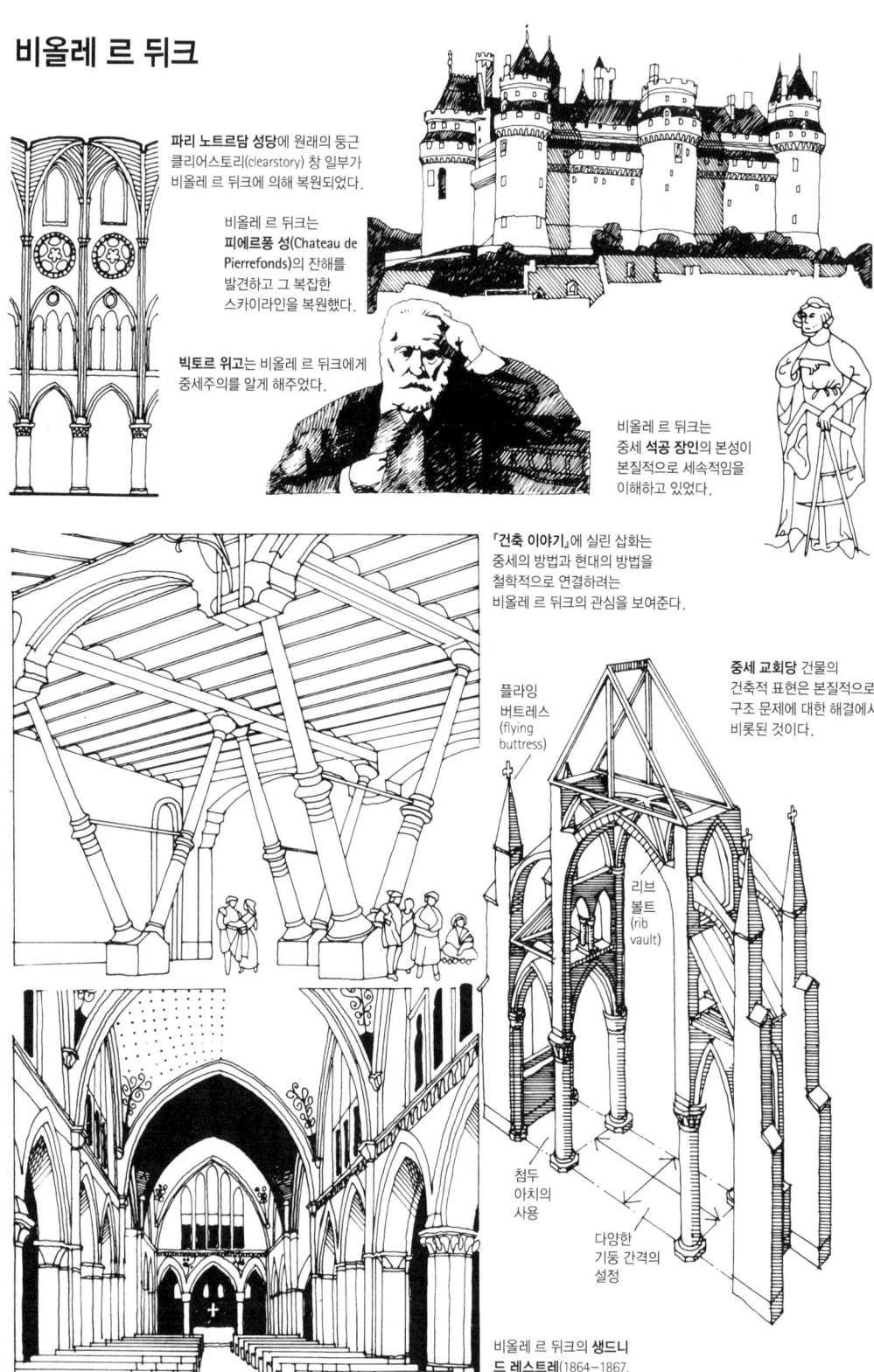

파리 노트르담 성당에 원래의 둥근 클리어스토리(clearstory) 창 일부가 비올레 르 뒤크에 의해 복원되었다.

비올레 르 뒤크는 피에르퐁 성(Chateau de Pierrefonds)의 잔해를 발견하고 그 복잡한 스카이라인을 복원했다.

빅토르 위고는 비올레 르 뒤크에게 중세주의를 알게 해주었다.

비올레 르 뒤크는 중세 석공 장인의 본성이 본질적으로 세속적임을 이해하고 있었다.

『건축 이야기』에 실린 삽화는 중세의 방법과 현대의 방법을 철학적으로 연결하려는 비올레 르 뒤크의 관심을 보여준다.

중세 교회당 건물의 건축적 표현은 본질적으로 구조 문제에 대한 해결에서 비롯된 것이다.

플라잉 버트레스 (flying buttress)

리브 볼트 (rib vault)

첨두 아치의 사용

다양한 기둥 간격의 설정

비올레 르 뒤크의 생드니 드 레스트레(1864-1867, 파리 근교) 내부.

고 있던 당시에, 비올레는 그 건물들을 태동시킨 사회적 요인을 더욱 예리하게 통찰하려 했던 것이다. 또한 과거를 현재에 접목함으로써 역사연구를 미래로의 도약을 위한 발판으로 삼았다. 그의 복원작업 중에는 단순한 학문의 차원을 넘어선 창의적이고 눈여겨볼 만한 것들이 포함되어 있었으며, 복원과는 별도로 그의 이론에는 그다지 어울리지 않는 몇몇 새로운 건물들도 건축했는데, 그 중 파리 근교의 생드니 드 레스트레(St. Denis-de-l'Estrée, 1864-1867)가 가장 잘 알려져 있다.

이탈리아와 오스트리아

이처럼 독일과 프랑스가 산업화를 통해 경제발전을 시작하고 있던 당시, 스칸디나비아, 동유럽, 발칸 지역, 그리고 지중해 국가 등 유럽의 다른 지역들은 여전히 소작농 경제를 벗어나지 못하고 있었다. 예를 들어 이탈리아에서는 산업화가 거의 불가능했다. 나폴레옹 점령기에 일시적인 통일을 이루었으나 빈 회의(Congress of Wien) 이후 여덟 개 군소 전제국가들로 분할되어 일부는 오스트리아에 의해, 나머지는 바티칸에 의해 지배되었다. 메테르니히(Metternich)와 로마 교황은 부르주아의 자유를 향한 모든 진보를 저지했다. 이탈리아의 주요 생산품은 질 좋은 실크 원사로서, 이는 피에몬테와 롬바르디아에서 생산되어 북유럽 섬유공업 지역으로 수출되었다. 이탈리아는 당시 면직물 직조 외에는 자체적인 직조산업을 발전시키지 못했으며, 그 밖의 다른 산업도 발전하지 못했다. 철도 역시 개발이 늦어서 1830년대에 롬바르디아 · 피에몬테 · 베네토에서 프랑스와 스위스를 연결하는 몇 개 노선이 개통되었을 뿐 남부지역으로의 노선은 건설되지 못했다.

그러나 건축적으로는 생산적인 시기였다. 비록 위대했던 시대는 지나가고 문화의 중심지가 파리와 베를린으로 바뀌었지만, 아직 명성을 잃지 않은 이탈리아 도시건축의 전통은 특권을 과시하고자 했던 군소 제국들에 의해 지속되었다. 로마에서 교황은 스테른(Raffaele Stern, 1774-1820)의 설계로 바티칸 미술관의 새로운 조각관(1817-1822)을 건축하기 시작했고, 여러 건축가들을 동원하여 초기 기독교회인 산 파올로 푸오리 레 무라 교회

이탈리아 제국(諸國)

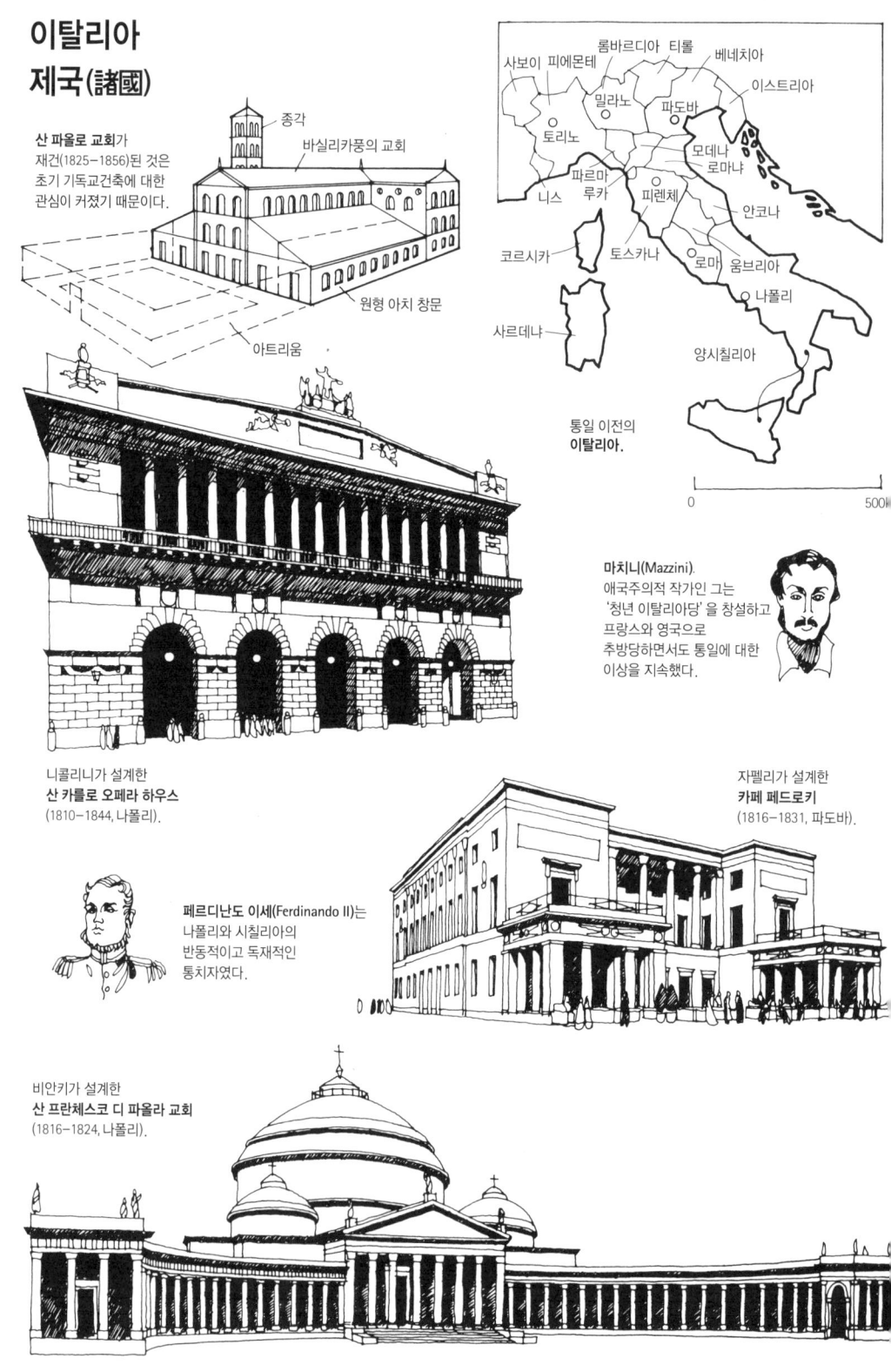

산 파올로 교회가 재건(1825-1856)된 것은 초기 기독교건축에 대한 관심이 커졌기 때문이다.

- 종각
- 바실리카풍의 교회
- 원형 아치 창문
- 아트리움

통일 이전의 **이탈리아**.

마치니(Mazzini). 애국주의적 작가인 그는 '청년 이탈리아당'을 창설하고 프랑스와 영국으로 추방당하면서도 통일에 대한 이상을 지속했다.

니콜리니가 설계한 **산 카를로 오페라 하우스** (1810-1844, 나폴리).

자펠리가 설계한 **카페 페드로키** (1816-1831, 파도바).

페르디난도 이세(Ferdinando II)는 나폴리와 시칠리아의 반동적이고 독재적인 통치자였다.

비안키가 설계한 **산 프란체스코 디 파올라 교회** (1816-1824, 나폴리).

(Basilica di San Paolo fuori le Mura, 1825-1856)의 재건에 착수했다. 봉건적이고 부패하고 낙후한 양시칠리아 왕국(Regno delle Due Sicilie)은 나폴리에 두 개의 걸작을 건축했다. 니콜리니(Antonio Niccolini, 1772-1850)의 산 카를로 오페라 하우스(San Carlo Opera House, 1810-1844)와 비안키(Pietro Bianchi, 1787-1849)의 산 프란체스코 디 파올라 교회(Bacilica di San Francesco di Paola, 1816-1824)가 그것인데, 둘 다 웅장함을 목적으로 했다. 두 건물 중 전자는 거친다듬된(rusticated) 높은 기단부에 열주로 된 파사드가 솟아 있는 기념비적 건물이고, 후자는 판테온류의 건물로서 거대하고 얇은 돔과 페디먼트를 씌운 주랑 현관을 갖춘 건물이 전면의 광장에 열주로 연결되어 있다.

피에몬테 주의 도시인 토리노(Torino)에서는 거창한 도시정비 계획의 일환으로 프리치(Giuseppe Frizzi, 1797-1831)가 비토리오 베네토 광장(Piazza Vittorio Veneto, 1818-1830)과 카를로 펠리체 광장(Piazza Carlo Felice, 1823-)을 설계했다. 이 두 광장은 프리치와 프로미스(Carlo Promis, 1808-1873)가 설계한 아케이드가 있는 파리 양식의 건물들과 함께 일렬로 배치되었는데, 다양한 공간효과를 포함한 전체적 구성개념은 역시 이탈리아 도시설계의 전통을 따른 것이었다. 자펠리(Giuseppe Japelli, 1783-1852)가 파도바 시내의 가로 모퉁이에 신고전주의 양식으로 설계한 레스토랑인 카페 페드로키(Caffè Pedrocchi, 1816-1831) 역시 이탈리아 양식의 독창성과 매력을 지니고 있다. 이 건물에서 싱켈의 엄숙함은 찾아볼 수 없다. 대신 단속적인 형태와 변화있는 평면, 불연속적인 장식들이 현존하여 신고전주의 건물 중 가장 활기찬 모습을 보여주고 있다.

당시 이탈리아 정치를 완전히 지배하던 오스트리아 제국 역시 산업화의 진전이 거의 없었다. 1815년부터 1848년까지 집권하며 억압적 정치를 펼쳤던 메테르니히는 위험한 프롤레타리아가 증가하는 것을 막기 위해 의도적으로 빈을 산업화시키지 않으려 했고 북부 국경 방향으로의 철도건설을 거부했다. 또한 관세동맹 가입을 끝까지 반대함으로써 오스트리아와 프로이센의 관계가 악화되어 더 이상 관세동맹 같은 통합이 불가능하게 만들어 버렸다. 산업화 단계가 일부 진행되기는 했는데, 브르노(Brno)와 리베레츠(Liberec)에서는 양모산업과 면화산업이, 보헤미아(Bohemia)·모라비아(Moravia)·슐레지엔(Schlesien)에서는 탄광산업이 발전했다. 합스부르크 왕가의 권력이 쇠퇴하던 이 시기에 빈은 부유하고 교양있는 제국의 수도로 다듬어지고 있었다. 코른호이젤(Josef Kornhäusel)의 쇼텐호프(Schottenhof, 1826-1832)는 빈 개발을 대표하는 것으로서, 일련의 사각형 중정을 둘러싸며 하부는 상점이고 상부는 오층 아파트로 구성된 대형 블록으로 건설되었다. 이 건물은 단순하면서도 장중한 1820년대의 비더마이어(Biedermeier) 가구와 1830년대에 토네트(Michael Thonet)가 개발한 굽은 목조 가구들로 채웠다. 공장에서 압축기로 성형된 너도밤나무 목재를 은못으로 맞추어 제작한 토네트의 '빈 의자(Viennese chair)'는 오스트리아가 19세기 디자인에 공헌한 주요한 업적 중 하나였다. 한정된 재료로 신속하고 저렴하게 생산해야 한다는 제약 속에서도 아름답게 고안된 이 의자는 유럽 도처에서 중간계급과 유복한 노동자 계급의 가정에서 사용되었으며, 그 명성은 오늘날까지 유지되고 있다.

스칸디나비아 국가들의 사회와 건축

북유럽에서는 또 다른 위대한 제국이 쇠퇴하고 있었다. 중세부터 스칸디나비아 전역을 지배해 왔던 덴마크가 마침내 스웨덴에게 노르웨이를 잃고 말았다. 한편 스웨덴과 밀접한 관계에 있었던 핀란드는 대공국(Grand Duchy)의 하나로 러시아 제국에 병합되었다. 19세기 동안 지속된 이러한 새로운 세력 판도는 경제적으로도 중요한 재편을 가져왔다. 오늘날 북유럽 국가들은 고도로 산업화했지만, 19세기가 시작할 무렵에는 아직 모두 농업국가였으며, 덴마크를 제외하고는 이들 모두 유럽에서 가장 가난한 축에 드는 나라들이었다. 노르웨이와 핀란드는 목재생산이 풍부했을 뿐 그 외에는 거의 생산되지 않았다. 스웨덴은 풍부한 철광석 자원을 바탕으로 18세기에 러시아와 함께 주요한 철 생산국이었으나 영국이 유럽시장을 장악한 이후로는 소규모 철강산업을 보유했을 뿐이었다. 덴마크는 몇 세기 동안 스웨덴과 경

합하면서 이 지역에 대한 경제적 정치적 지도력을 갖고 있긴 했지만 자원도 빈약하고 산업발전도 거의 없었다.

북유럽 국가들은 전형적인 구체제의 사회구조를 갖고 있었다. 지방 소작 농경제는 봉건귀족들이 지배했으며 경제발전의 관건인 성장하는 부르주아들은 아직 이렇다 할 만한 권력을 잡지 못하고 있었다. 코펜하겐과 스톡홀름이 주요한 도시였으며 예테보리(Göteborg)와 오슬로(Oslo), 투르쿠(Turku) 역시 경제적 사회적으로 중요한 도시들이었다. 스칸디나비아는 세계에서 가장 풍요롭고 세련된 목조 건축 전통을 갖고 있었으며, 모든 시골의 건물과 도시의 건물 대부분이 목조로 건축되었다. 그러나 이러한 전통은 귀족과 상위 중간 계급의 국제적이고 고전주의적인 문화에 가려졌다. 주요 도시들과 그 교외지역에 건축된 왕궁·성·공공건물들은 대부분 석조 건물이었다.

1814년 도래한 정치적 균열[15]이 건축과 도시계획에 미친 직접적 영향 중 하나는, 오랫동안 코펜하겐에 의해 지배되다가 스웨덴의 지배로 바뀐 오슬로의 새로운 활동이었다. 건축가 그로쉬(Christian Heinrich Grosch)가 설계한 여러 공공건물들은 오슬로의 새로운 경제적 독립을 과시하는 것들이었다. 싱켈과 공동으로 설계한 신고전주의 양식의 증권거래소(1826)와 대학교(1840), 좀더 절충주의적이고 낭만주의적인 마켓 홀(Market Hall, 1840) 등이 바로 그러한 건물들이었다. 또 하나의 중요한 영향은 헬싱키에 핀란드의 새로운 수도를 건설한 것으로서, 구스타프(Gustav) 왕의 친구인 에렌스트룀(Albert Ehrenström)은 야심찬 재건계획을 세웠다. 옛 수도인 투르쿠에서는 예르벨(Gjörwell)의 뒤를 이은 바시(Carlo Bassi)가 신아카데미(New Academy, 1823)를 건축하기도 했으나 1827년 스칸디나비아 역사상 최악의 화재로 이천오백 채의 목조 건물이 소실되면서 황폐해졌다. 투르쿠의 도시기능을 즉각 헬싱키로 옮기면서 헬싱키에서는 바시의 후계자인 건축가 엥겔(Carl Ludwig Engel, 1778-1840)의 지휘 아래 제법 활발한 건축활동이 벌어졌다.

독일 태생인 엥겔은 싱켈의 영향과 젊은 시절 상트페테르부르크에서 받

그로쉬가 설계한 **오슬로 증권거래소**(1826). 가장 인간적으로 표현된 신고전주의 양식의 건물이다.

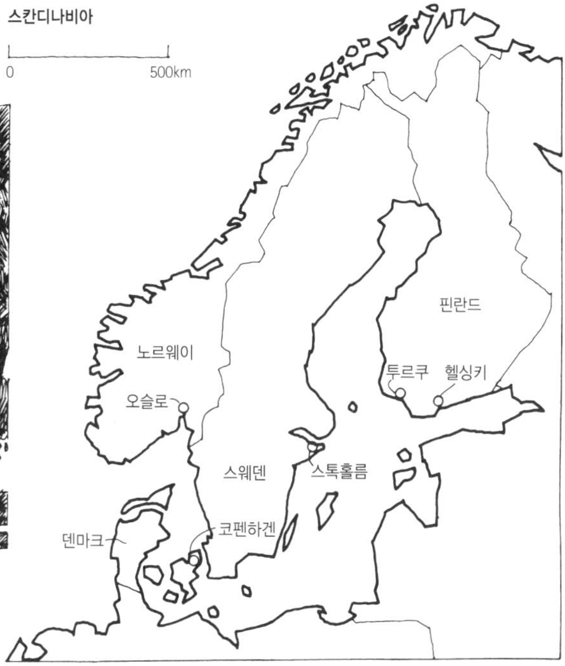

바시가 설계한 **신아카데미**(1823, 투르쿠).

엥겔의 니콜라이 성당(1826).

엥겔의 상원 건물.

헬싱키에 있는 **상원 광장**.

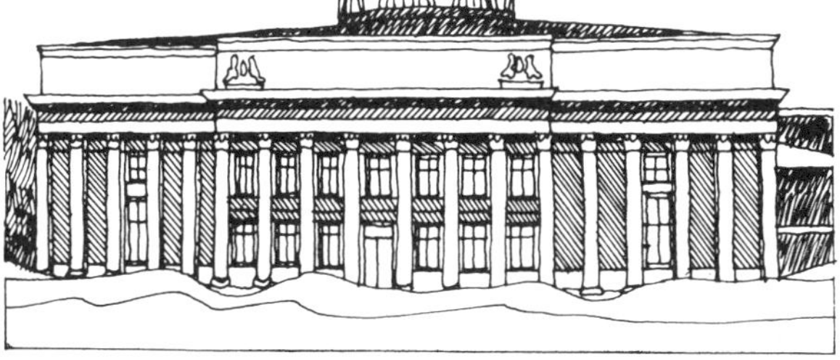

엥겔이 설계한 **대학 도서관**(1836, 헬싱키).

스칸디나비아의 신고전주의

은 훈련의 영향을 동시에 지니고 있던 건축가였다. 1815년 이래 헬싱키에서 그가 설계한 건물들은 이 두 가지 영향이 혼합된 것이다. 그의 건축양식은 처음에는 제국의 전통처럼 풍부하고 장식적이었으나 점차 절제되고 엄격하게 변화했다. 그는 에렌스트룀과 공동으로 기념비적인 상원 광장(Senate Square)과 그 주변의 공공건물들을 설계했는데, 여기에는 의사당(1818), 대학 건물(1828), 대학 도서관(1836) 등이 있으며, 그 중 가장 장관인 것은 높은 돔과 장대한 계단이 있는 대성당(1830)이었다. 엥겔의 비격식적인 양식은 교외저택과 교회건물에서 볼 수 있다. 교외저택으로는 초기에 카렐리야(Karelia)에서 목재로 건축한 알라 우르팔라(Ala-Urpala, 1815)가 있고, 이보다 좀더 큰 석조 주택으로 투르쿠 근교의 부유시(Vuojoki, 1836)와 부릴라(Viurila, 1840)가 있으며, 교회건축으로는 사후에 그가 설계한 돔을 부가한 헬싱키 인근의 중세식 교회(Hollola)와 오래 지속된 북유럽 전통 속에 집중형 평면으로 건축된 헬싱키의 매력적인 '옛' 교회('Old' Church, 1826)가 있다.

　스칸디나비아의 중세 교회건축은 여러 양식들의 영향을 받아 왔다. 외곽지역에 있는 수많은 교구교회들은 서구 기독교의 바실리카뿐 아니라 비잔틴 교회의 집중식 그리스 십자형(Greek cross) 등 매우 다양한 평면형식을 보여준다. 그리스 십자형 평면 중 최상의 것은 노르웨이의 목조 '통널(stave)' 교회들로서 이들은 베르겐(Bergen) 근처 송네(Sogne) 지역에서 12세기에 절정을 이루었던 풍부한 공간미와 장식미를 표현하고 있다. 이러한 토속적 목조 건축의 전통이 수세대 동안 시골지역에서 지속되었고 설계자를 겸한 목수 집안들이 19세기에 이르도록 스칸디나비아 전역에서 교구교회들을 건축하고 있었다. 이들의 사례는 장인건축가 하콜라(Antti Hakola)가 지은 18세기의 교회를 케우루(Keuruu)에서 볼 수 있으며, 18세기말에서 19세기초에 오스트로보트니아(Ostrobothnia)에서 홍카(Matti Honka)와 레이프(Jacob Rijf)가 건축한 교회건물들을 볼 수 있다. 그리고 무엇보다도 19세기초 카렐리야에 건축된 스무 개의 외벽 면을 갖는 '이중 십자형(double cruciform)' 교회들에서 그 사례를 볼 수 있는데, 이는 살로넨(Salonen)가문의 장인들이 개발한 것으로서, 대표적인 것이 시베나파(Kivennapa) 교구교회(1804)와 쉬르부(Kirvu) 교구교회(1815-1816)이다.

스칸디나비아 사회를 특징짓는 것은 소작농 경제로서, 이것이 스칸디나비아를 당시의 영국이나 미국과 다르게 만드는 요인이었다. 사회체제는 십여 세기에 걸쳐 매우 느리게 진전되었으며 19세기초의 생활양식은 중세 초기와 크게 다르지 않았다. 19세기 중엽까지도 도시화는 매우 부진하여, 가장 산업화한 나라인 덴마크의 도시화율이 이십 퍼센트 미만이었으며 산업화가 가장 낮은 핀란드의 도시화율은 오 퍼센트 수준이었다. 국가의 수입도 비슷한 수준으로 낮았다. 그러나 북유럽 국가들은 몇몇 측면에서는 낙후되었다고 할 수 없었으며, 고도로 산업화한 나라들에서 자본주의가 초래하는 심각한 모순들을 거의 겪지 않았다.

이처럼 느리게 발전하는 시골의 생활방식이 낳은 목조 건축의 견고한 전통은 노르웨이에서 가장 두드러졌다. 노르웨이의 중세 사회는 지배 계급인 덴마크 교회와 귀족들에게 보호되고 착취되는 소작농들로 이루어진 봉건적 사회였다. 중세 숙성기(high middle age)에 전염병이 계속되자 사회가 황폐화하면서 영주들의 수입원이 파괴되었고, 이는 봉건적 생산관계의 조정을 초래했다. 소작농들은 그들의 보호를 위해 농업 공동체인 '그라넬라그(grannelag)'를 조직하면서 경제적 문화적으로 외부의 영향을 거의 받지 않는 고립된 상태가 되었다. 교회와 귀족의 토지소유는 17-18세기까지 지속되었는데 덴마크와 스웨덴이 전쟁하던 중 큰 빚을 지게 되자 토지의 판매가 불가피해졌고, 이에 따라 소유농 계급뿐 아니라 산업화 과정에 필요한 무산 노동자 계급도 생겨났다. 1810년에서 1825년 사이에 농업생산의 증가와 함께 인구가 급증했으며, 이는 수요를 증가시키면서 경제발전을 자극했다. 다른 스칸디나비아 지역과 마찬가지로 노르웨이는 상대적으로 인간적이고 점진적인 방식으로 산업혁명기에 들어섰다. 공중위생 기준이 높았으며 교육수준도 크게 진전되어서 18세기 후반에는 사개국 모두 영국보다 백여 년이나 앞서서 의무교육 제도를 시작했다.

'라프테후스(laftehus)'라고 알려진 시골의 목조 건축은 노르웨이에서 발

목조 전통

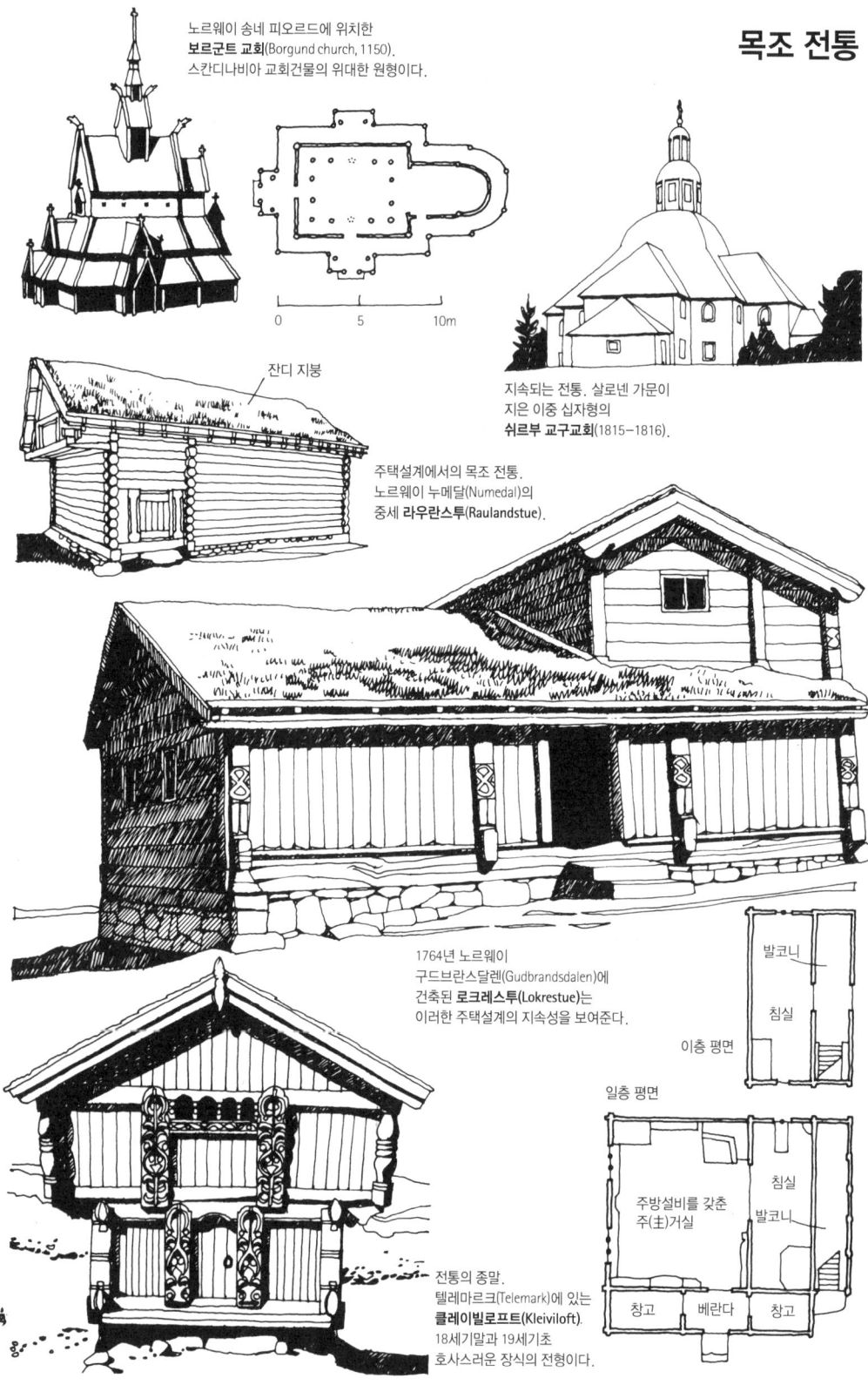

노르웨이 송네 피오르드에 위치한 **보르군트 교회**(Borgund church, 1150). 스칸디나비아 교회건물의 위대한 원형이다.

지속되는 전통. 살로넨 가문이 지은 이중 십자형의 **쉬르부 교구교회**(1815-1816).

잔디 지붕

주택설계에서의 목조 전통. 노르웨이 누메달(Numedal)의 중세 **라우란스투**(Raulandstue).

1764년 노르웨이 구드브란스달렌(Gudbrandsdalen)에 건축된 **로크레스투**(Lokrestue)는 이러한 주택설계의 지속성을 보여준다.

발코니 / 침실 / 이층 평면

일층 평면

주방설비를 갖춘 주(主)거실 / 침실 / 발코니 / 창고 / 베란다 / 창고

전통의 종말. 텔레마르크(Telemark)에 있는 **클레이빌로프트**(Kleiviloft). 18세기말과 19세기초 호사스러운 장식의 전형이다.

전된 토속적인 전통이다. 통널 교회가 프레임 구조에 경량 패널을 사용하는 것과 달리, 라프테후스는 모서리를 보통의 톱니 이음으로 접합하는 내력(耐力) 통나무 구조였다. 이러한 접합방법은 직각접합만 가능했고 목재는 두께가 균등하여 길이도 비슷했기 때문에 평면형태가 거의 모두 정사각형이었다. 농장은 거의 비슷하게 생긴 여러 건물들―주택·곡물창고·외양간·창고―이 중앙마당 주변에 배치되었고, 안전을 위해 울타리나 담장을 친 모습으로 만들어졌다. 가끔은 상당히 화려한 조각장식을 사용했지만 이는 주인주택의 문틀 등 특별히 중요한 부위에만 적용했다.

원래 단칸에 단층이었던 평면형태는 수세기에 걸쳐서 점차 변화하여 칸수가 늘어나고 이층이 부가되었으며, 18세기에는 조지 왕조풍의 타운하우스에서 유래된 것이 분명한 대칭형 평면형태가 출현했다. 18세기에서 19세기초에는 토지개혁, 농경방법 개선, 농업 및 수의과 대학 설립 등이 진행되었으며, 이 모든 것들이 라프테후스 건축 전통에 영향을 미쳤다. 시골장인들이 제공할 수 없는 새로운 건물과 다양하고 세련된 시공방식이 필요했던 것이다. 라프테후스 건축은 종말을 고하고 전문적인 디자이너가 설계한 좀 더 복잡한 건물들이 그 자리를 대신했다.

라프테후스를 포함한 지방건축 전통들, 즉 덧문이 달린 창문과 얕은 기와지붕을 가진 서부 지중해의 석조 농가에서부터, 참나무 격자 틀이 노출된 영국의 '블랙 앤드 화이트(black and white)' 건물[16]까지, 그리고 미늘판 외장으로 덮인 미국의 목구조(balloon-frame)[17] 주택에 이르기까지의 지방적 건축 전통이 당시 서구세계 전체에 남아 있었다. 그리고 라프테후스가 그랬듯이 이들 지방적 건축형태는 모두 산업화에 의해 심각한 영향을 받았다. 어떤 것은 새로운 기술에 접목되었으며, 어떤 것은 외딴 변방에서만 유지되었고 혹은 완전히 사라져 버린 것도 있었다. 이들 건물을 생산했던 지방의 기술들을 집단적으로 잃어버린 것은 산업화가 초래한 많은 사회적 재앙 중의 하나였다. 그렇다고 해서 전(前) 산업세계를 무제한적인 자아실현과 순전한 건축적 우수성을 갖는 세계로 상정하는 것은 공정치 못하다. 옛날이라고 해서 이들 건물들이 사회 하층 계급에 적용되는 것은 절대 아니었기 때문이다. 18-19세기 농업개혁은 한편으로는 농장 소유주와 상대적으로 부유한 소작농을 낳았지만, 다른 한편에서는 가진 것이 거의 없어 무주택과 실업에 시달리는 무산 노동자 계급을 낳으며 시골에서의 사회 계급 간 격차를 더욱 넓혔다. 대부분의 시골사람들은 너무 평이하고 너무 형편없는 환경의 건물에서 살았기 때문에 이것을 두고 건축적 순전미(純全美)나 정직성을 운위한다는 것 자체가 우스운 일이다. 농장주들은 시골의 전통에 따라 잘 지은 집에서 살았을는지 모르지만, 그리고 부유한 소작농들은 작지만 당시의 회화적 양식으로 설계된 집에서 살았을지도 모르지만, 무산자들은 자작나무 막대기와 잡목으로 대충 지은 오두막에서 살았다. 이러한 집들은 무단거주에 관한 법률의 혜택을 받기 위해 밤새 도로변에 급히 짓곤 했다.

노동자 계급의 실태와 1848년 혁명

빈 조약 이후 삼십 년간 유럽은 1789년 혁명이 재연될 것을 두려워한 통치자들의 정치적 악덕이 장악했다. 보수주의자들과 자유주의자들 모두 혁명이 점점 더 가까워 옴을 느끼고 있었다. 육십 년 동안의 산업화 과정에서 농촌의 무산자들뿐 아니라 도시 노동자 계급이 성립했으며 그들의 상황은 그들을 쉽게 혁명으로 몰아넣을 정도로 비참했다. 유럽의 어느 도시건 음울한 공장들과 누추한 빈민굴 같은 주거지가 있었다. 인간을 황폐화시킨 도시의 전형으로 악명 높았던 맨체스터는 이제 상상을 넘어설 정도로 팽창해 버린 많은 공업도시들 중의 하나일 뿐이었는데, 19세기 중엽 맨체스터는 더 이상 조지 왕조 시대 상업도시의 면모를 찾아볼 수 없는 모습으로 변해 버렸다.

1844년에 엥겔스가 쓴『영국 노동자 계급의 실태(*Die Lage der Arbeitenden Klasse in England*)』에서 생생히 묘사한 내용으로 판단컨대, 당시 맨체스터는 확실히 근대 도시가 되어 있었다. 대도시에서 전형적으로 나타난 건축특성과 공간특성들을 모두 보이고 있었으며, 산업화가 남긴 모든 고질적 공간문제들 ― 오늘날에조차 해결하지 못하고 있는 ― 을 안고 있었다. 옛 조지 왕조 시대 중심지는 일 평방킬로미터에 이르는 지역 거의 전체에 사무소 건물과 도매상점이 들어찬 새로운 상업중심지로 바뀌었다. "지구 거의 전역에서 주민들이 떠나 버려서 밤이면 적막하고 황량하다. 방범대와 경찰만이 침침한 손전등을 비추며 좁은 골목들을 지나다닌다. 이 지구는 많은 교통량이 집중되는 대로가 가로지르고 있는데, 그 도로변에는 화려한 상점들이 줄지어 서 있다." 도시 중심부 외곽에는 제조공장, 작업소, 가스공장, 철도 하역장 등 도시경제를 생성하는 기능들이 자리잡았으며, 그들 사이에 간간이 노동자들의 주택과 오두막이 엉켜 있었다. 중간 계급은 도시의 악취로부터 멀리 떨어진 치덤 힐(Cheetham Hill), 브로턴(Broughton), 펜들턴(Pendleton) 같은 서부 외곽지역에 거주했다. 이들 교외지역과 중심지를 연결하는 방사상의 간선도로변에는 세련된 모습의 상점들이 줄지어 서서 이 지역 배후에 있는 누추한 노동자 계급 주거지를 감추었다. 그들과 직접적인 접촉이 별로 없었던 중간 계급은 지독한 현실을 무시할 수 있었다. 비록 개스켈(Elizabeth Gaskell)이 그녀의 소설 『메리 바턴(*Mary Barton*)』(1848)에서 그랬던 것처럼 사회의식이 있는 작가들이 간접적으로나마 그들에게 현실을 주지시키려 했지만 말이다.

실내는 매우 어두웠다. 유리창은 여러 장이 깨져서 넝마조각으로 막아 놓았기 때문에 대낮에도 침침한 빛만이 비출 뿐이다. … 그들은 짙은 어둠 속을 뚫고 들어가기 시작해 … 축축한, 아니 젖어 있는 벽돌 바닥에서 구르며 노는 아이들 서너 명을 발견했다. 벽돌 바닥에는 도로에 괴어 있는 불결한 물기가 스며 올라오고 있었다. 난로는 검게 녹슨 채 비어 있었다. 아내는 남편의 의자에 앉아 축축함 속에서 외로이 울고 있었다.

맨체스터의 노동자 계급 주거에 대한 엥겔스의 조사는 이 주거용 건물들을 여러 독특한 유형들로 구분했다. 중심지 바로 북쪽에 있는 구도시(Old Town)에는 과거 상업도시 시절에 형성된 삼사백 채의 주택이 남아 있었는데, 이 주택들은 방 하나에 여섯 명, 여덟 명 혹은 열 명까지 사는 가난한 가

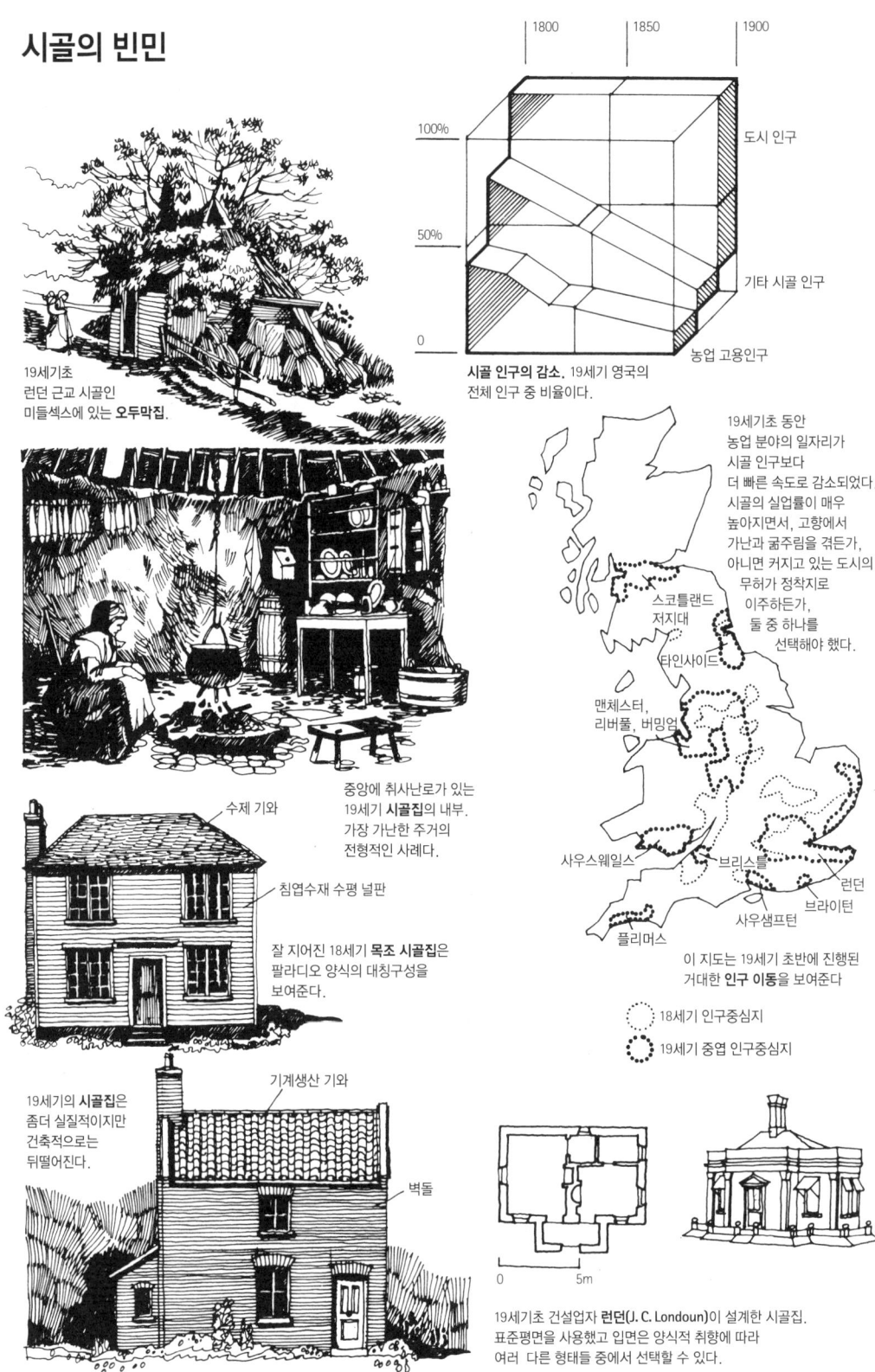

공업도시 맨체스터

엥겔스가 그린 맨체스터.
근대 공업도시의 원형이다.

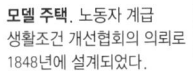

엥겔스.
『영국 노동자 계급의 실태』(1844)의 저자.

19세기 중엽 런던의 **노동자 계급 주거**는 대규모 공업도시들 대부분의 상황을 전형적으로 보여준다.

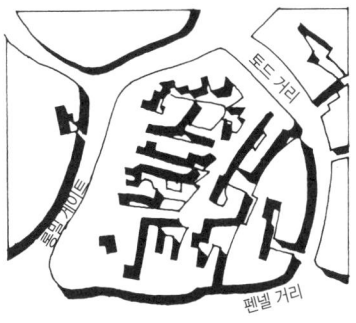

1844년 **맨체스터의 주거**. 구도시의 구부러진 길과 중정들, 그리고 조직화한 신시가지.

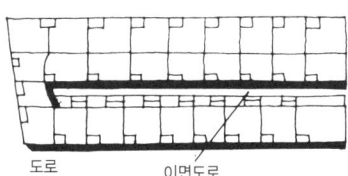

모델 주택. 노동자 계급 생활조건 개선협회의 의뢰로 1848년에 설계되었다.

에드윈 채드윅(Edwin Chadwick)은 억압적인 구빈법 행정관리였으며, 위생개혁을 주창하여 큰 기여를 했다.

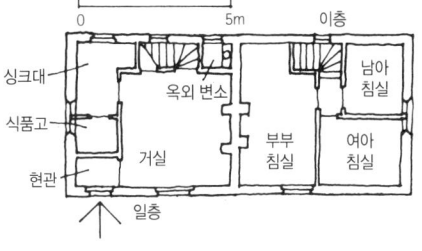

족들로 과밀 상태에 있었다. 불규칙하게 산재한 안뜰과 마당은 판잣집과 증축한 집들로 가득 찼다. 골목 이외에는 쓰레기를 버릴 곳이 없었고 그 쓰레기를 돼지들이 뒤적거리고 다녔다. '살찐 돼지들이 있는, 사방이 막힌 공간이 분비물과 부패물로 극심하게 더러워진' 그런 곳이었다. 이 지역 인근에 인구가 급속히 유입되자 투기 목적의 건설업자들이 신도시를 건설했다. 여기에서 엥겔스는 좀더 규칙적으로 배치되었지만 거주조건은 마찬가지로 열악한 주거지를 발견했다. 일단의 주택들이 작은 사각형 중정을 둘러싸고 건축되었는데, 주택들이 창문을 내고 있는 그 중정으로 모든 쓰레기를 버리도록 되어 있었다. 길게 이어서 뒷면과 측면을 서로 맞대고 집을 지어서 환기가 불가능한 주택유형도 있었다. 어떤 집은 벽돌벽 두께가 십 센티미터에 지나지 않아 빗물이 스며들었고, 거리의 오물이 스며드는 지하실까지 거주용 공간으로 지은 집들이 많았다.

19세기 중엽 영국에서는 산업 부문의 냉혹한 효율주의와 그것이 거둔 막대한 이익에도 불구하고, 그것이 확산시킨 도시에서의 삶은 붕괴점에 다다른 것으로 보였다. 노동자 계급의 주거와 마찬가지로 과밀한 작업장 역시 열악했다. 고작해야 고아원, 정신병자 보호시설, 비위생적이고 구식인 병원과 공중세탁장이 구빈구(救貧區) 세금이나 산발적인 자선활동에 의해 공급되었을 뿐이었다. 하수시설은 비위생적이었고 상수도는 오염되는 등 공중위생 수준은 끔찍할 정도로 낮았다. 1832년과 1848년에 창궐한 콜레라는 노동자 계급의 주거가 아니라 공중위생 부문에서 우선적인 진전을 가져왔다. 1848년 제정된 공중위생법(Public Health Act)은 모든 도시와 마을이 주요 하수시설을 갖추고 상수도를 오염으로부터 보호할 것을 규정했다.

사회 상류층 모두가 공중위생법에 찬성했던 것은 아니었다. 많은 이들이 납세자들의 부담 증가뿐 아니라 정책원리 자체에 의문을 제기했다. 유럽 어느 나라에서나 보수주의자들은 일반적으로 개혁을 매우 의심스러워하며 지켜보고 있었다. 그들은 노동자들의 힘이 커지면 사회를 전복할지 모른다는 두려움을 갖고 있었으며, 개혁을 지지하는 사람들조차 사회정의를 위해서라기보다는 혁명을 방지하는 대책으로서 양보의 필요를 느끼고 있었다. 그 동기가 회유책인지 아니면 박애정신인지 분명하지는 않았지만, 영국에서는 확실히 노동자들에게 더 나은 주거를 공급하는 것을 목적으로 삼은 자선단체들이 여럿 결성되었다. 1848년에 앨버트(Albert) 황태자를 의장으로 한 노동자 계급 환경개선협회가 육인 가족을 사십오 평방미터 공간에 거주하도록 하는 썩 괜찮은 수준의 주거모델 계획들을 공표했다. 그 모델들은 온당한 것이었지만 실제로는 거의 건설되지 못했다.

같은 해, 유럽에 퍼진 경제위기가 절정에 달했을 때 『공산당 선언』이 공표되었다. 그것을 신호로 삼기라도 한 듯이 프랑스에서 폭동이 시작되었고 루이 필리프가 폐위되었다. 이탈리아에서는 오스트리아인들이 북부 이탈리아로 쫓겨나면서 몇몇 이탈리아 국가들은 합법적인 자유를 얻었다. 오스트리아 내부에서는 메테르니히가 물러났고 헝가리인들이 봉기하여 오스트리아로부터 독립을 쟁취했다. 폴란드는 프로이센에 저항하며 봉기했고, 보헤미아는 오스트리아에 저항하며 봉기했다. 왕은 일시적이나마 프로이센의 통치권을 잃어버렸고 오스트리아 황제는 국외로 도피했다. 이 해 말에 프로이센의 프리드리히 빌헬름 사세(Friedrich Wilhelm Ⅳ)만이 왕위에 복귀했으며 모든 나라에서 부르주아 계급이 경제적 지배력에 한 걸음 더 다가서게 되었다.[18] 또한 마르크스가 예견했던 것처럼 모든 나라에서 노동자들과 그 지도자들은 자유사상에 익숙해지기도 전에 강력하게 억압당했다. 프랑스에서는 실업자들을 위해 르 블랑(Le Blanc)이 설립한 정부 작업장이 사실상 시작도 하기 전에 중단되었다. 루이 나폴레옹 보나파르트를 대통령으로 하여 부르주아의 자유를 보전하려는 제2공화정이 시작되었고, 사회주의 지도자들은 폐위되어 추방된 왕들과 같은 신세가 되고 말았다.

아이러니컬하게도 영국의 노동자 계급은 다른 어느 나라보다도 수가 많고 가장 잘 조직되어 있었음에도 불구하고, 혁명정신을 지속하는 데에 완전히 실패해 1848년 혁명의 대열에 동참하지 못했다. 1839년 웨일스의 뉴포트에서 일어난 인민헌장 지지자들의 봉기는 군대에 의해 진압되었으며, 이후로는 혁명적 폭동이 일어나지 않았다. 1848년 런던에서 이십만 명의 인민헌장 지지자들이 합법적 개혁을 위한 '대청원(monster petition)'을 제출한 유명한 시위는 강렬하긴 했지만 평화적이었다. 영국은 1842년 경제가 기울기 시작했으나, 1848년 유럽의 위기가 대륙에 혁명을 가져온 그때 영국은 이미 경제적 부흥기에 들어서서 철도 붐이 일어나고 고용이 증가하고 있었다는 사실이 중요하다. 마르크스와 엥겔스는 자본주의의 모순이 가장 첨예한 영국이 혁명의 최전선이 될 것이라고 예상했으나 나중에 이것이 틀렸음을 깨달았다. 일부 노동자들은 산업화의 주변적 혜택을 받으면서 싸워서 얻을 수 있는 것보다는 잃을 것이 많은 위치에 올라서게 되었던 것이다. 한 세기 동안의 착취체제가 지속되면서 상호협조라는 자율적이고 자립적인 태도와 교육열이 조성되었고, 그 결과 어떤 면에서는 부르주아 상인들보다 더 교양있는 노동자 계급이 생겨났다. 예컨대 셸리와 바이런, 프루동과 디드로, 벤담과 고드윈 같은 작가나 사상가들은 중간 계급 가정에게보다는 노동자 계급에게 더 유명했다. 차티스트 운동이라는 한 가지 사례를 제외한다면, 엥겔스가 말했듯이 '영국 노동자가 유럽 노동자 계급의 선두에 서서 나아간' 것은 노동자 계급의 힘을 정치적 행동을 통해서가 아니라 노동조합을 통해서 발휘하려는 경향이 강해졌던 때였다. 영국 노동자들의 주무기는 봉기가 아니라 파업이었다. 즉 그들이 주된 투쟁대상으로 삼은 것은 국가가 아니라 고용주였던 것이다.

1851년 만국박람회와 크리스털 팰리스

1848년 이후 영국은 상대적으로 양호한 사회적 화합 분위기 속에서 산업발전을 지속할 수 있었으며, 이후 이십오 년 동안 진행된 꾸준한 경제팽창과 노사관계의 패턴 변화로 부르주아 계급은 매우 강력한 지위를 확보하게 되었다. 이 번영기의 시작을 알리는 상징은 1851년 만국박람회였다. 이 박람회는 당시 모든 지배자들이 그랬듯이 산업주의를 지원하는 것이 군주에게도 이익이라고 생각했던 앨버트 황태자가 창안해낸 것이었다. '기계, 과학, 취미(Machinery, Science and Taste)'를 주제로 한 세계 최초의 이 국제박람회는 영국의 우수한 제조기술뿐 아니라 혁명으로 어수선한 세계에 영국의 평화와 번영을 과시하는 것이었다.

크리스털 팰리스

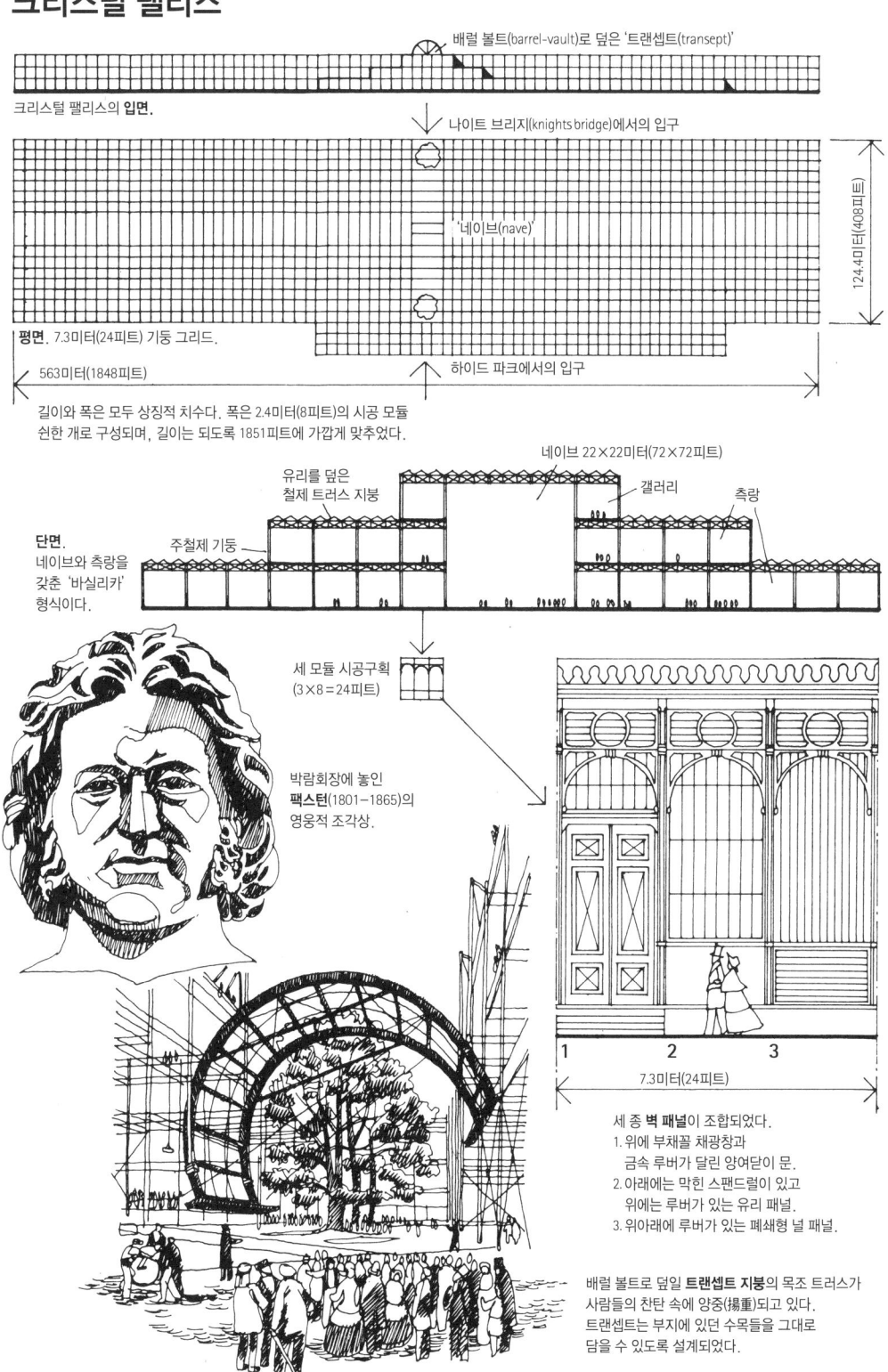

전시물들을 수용하기 위한 건물은 엄청나게 커야 했기 때문에 런던에서 이를 지을 만한 곳이라곤 하이드 파크밖에 없었다. 따라서 이 건물에 대한 설계경기에는 나중에 해체가 가능한 건물이어야 한다는 조건이 명시되었다. 수백 개의 응모안이 제출되었는데, 매우 창의적인 안들이 많았으며 그 중 몇몇은 철과 유리로 설계한 것이었다. 그러나 배리와 브루넬을 포함한 저명인사들이 포진한 심사위원단은 응모안 모두를 탈락시키고 그들 스스로 설계안을 만들었는데, 이것은 벽돌 및 석재와 주철을 혼합한 것으로 철거 비용이 건축 비용만큼이나 들어갈 비실용적인 건물이었다. 거의 마지막 순간에서야 팩스턴이 공학기술자인 폭스(Fox)와 헨더슨(Henderson)과 협력하여, 값싸고 빨리 지을 수 있으며 해체하기도 쉬운 건물에 대한 아이디어를 제시했다. 팩스턴은 앞에서 말했던 채스워스 하우스의 온실을 설계했던 사람이다. 앨버트 황태자의 주장으로 팩스턴이 설계자로 임명되었다. 구 일 만에 시공도면을 완성했으며, 팩스턴이 최초로 스케치를 한 이후 팔 개월 만에 길이 오백 미터에 달하는 건물이 완공되었다.

　박람회에는 중공업 기계에서부터 가구와 가정용 집기, 회화, 조각, 기타 예술 장식품에 이르기까지 엄청난 물품들이 전시되었다. 이를 고상한 18세기 예술취향과 비교해 경박하다고 경멸할 수도 있을 것이다. 그러나 빅토리아 시대의 중간 계급에게는 취향─디자인 자체를 위해 디자인의 이론적인 규칙을 준수한다는 의미에서─이 가장 중요한 것은 아니었다. 기술적인 전시품들은 기술적으로 우수하기 때문에 선정된 것이었다. 거대한 선반과 프레스기도 그러했고 셰필드산(産) 강철로 만든 수많은 날이 달린 신기한 포켓용 칼도 그러했다. 마찬가지로 예술작품들이 전시품으로 선정된 주된 목적은 예술 외적인 것에 있었다. 예술작품의 비유와 암시를 통해서 중간 계급의 정신을 훈육하고 개량하며 교정하고 창조하는 것이 그 목적이었던 것이다. 뉴펀들랜드종 개가 뱀 위에 서 있는 모습을 새긴 와이엇(Wyatt)의 그로테스크한 대리석 조각─'인간의 가장 충직한 친구인 바쇼(Bashaw)[19]가 교활한 적을 짓밟아 뭉개 버린다'는 의미의─은 아마도 빅토리아 시대의 부르주아 계급이 안고 있던 두려움, 즉 죄와 빈곤, 질병과 사회적 불안, 그

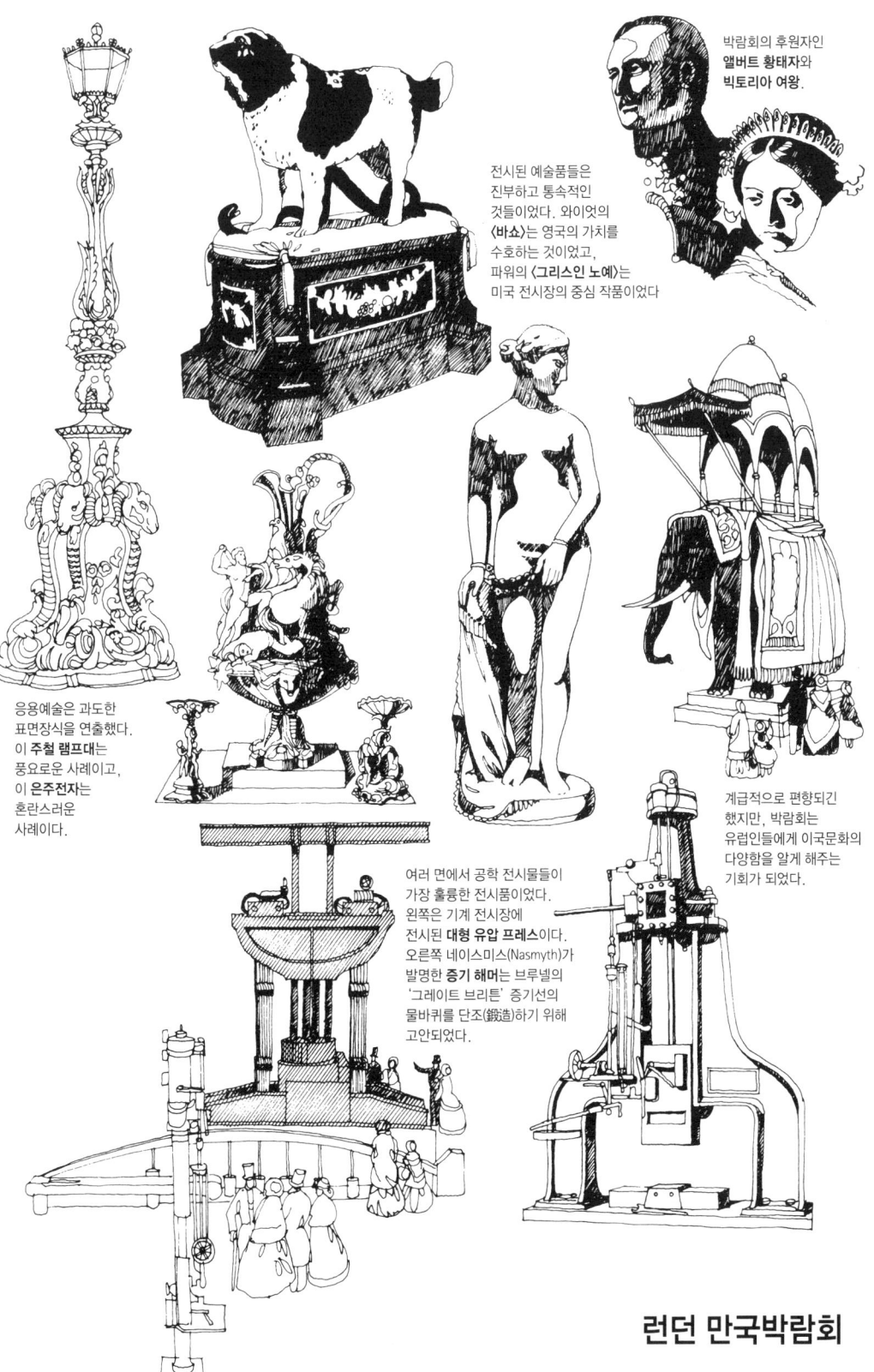

리고 노동자 계급 등에 대한 두려움을 은유적으로 경고하는 것으로 받아들여졌을 것이다.

박람회에는 러시아나 중국처럼 먼 나라의 전시품들도 전시되었다. 붉은 벨벳을 배경으로 세운 〈그리스인 노예(*Greek Slave*)〉라는 파워(Power)의 감상적인 조각품은, 미국 전시장의 가장 중요한 전시품이자 박람회에서 가장 인기있었던 전시품 중 하나였다.

만국박람회의 진정한 성과는 크리스털 팰리스(Crystal Palace) 안에 전시된 물품들이 아니라 그 건물 자체였다. 이것이야말로 산업주의가 제일의적으로 추구하는 '가장 우수한 것'이 무엇인가를 보여주었다. 크리스털 팰리스는 폭이 백이십오 미터에 달하고 길이가 오백육십삼 미터인 거대한 건물인데, 오백육십삼 미터라는 건물 길이는 팔 피트 모듈 부재를 사용하여 개최 연도를 상징하는 천팔백오십일 피트에 가까운 길이로 설계했기 때문에 나온 결과였다. 단일한 건물로서도, 분할되지 않은 단일 용적체로서도 이것은 유례가 없는 규모였다. 유럽의 고딕 대성당 중에서 가장 넓은 것보다도 폭이 두 배나 넓고, 가장 긴 것보다도 길이가 두 배나 긴 그런 규모였다. 그러나 극적이고 자기주장이 강한 구조 시스템을 갖는 고딕 성당과는 달리 크리스털 팰리스는 구조적으로 익명적인 것으로서, 섬세하게 설계된 반복하는 철제 격자가 가진 유일한 기능은 외벽 부재—구십 퍼센트가 유리로서 그 자체가 빛이며 실체가 없는—를 지지하는 것이었다. 그토록 유리를 많이 사용한 데에는 실용적인 이유가 있었다. 건물이 너무 커서 인공조명이 불가능했으므로 전시는 자연채광에 의존하여 이루어졌고 해가 질 무렵이면 폐장했던 것이다. 실내에는 가장 가벼워 보이는 경쾌함과 끝이 없어 보이는 넓이감이라는 공간효과를 주었다고 한다.

빠른 시공을 가능하게 해준 것은 조립식 공법이었다. 수천 개의 동일한 구조재들이 즉각 조립이 가능한 형태로 미리 제작되어 현장으로 반입되었다. 전통적인 건축방법과는 전혀 다른 이러한 방법이야말로 팩스턴과 폭스와 헨더슨이 건축설계의 역사에서 이룩한 혁명이었다. 기성부품을 현장에서 조립하는 일은 비숙련공도 할 수 있는 일이었으므로, 이러한 방식은 건물시공의 책임이 건축현장의 장인들로부터 제도판 위의 설계자와 공장의 부재 제작자에게로 이동함을 뜻했다. 이는 많은 경험을 중시하는 건축생산의 오래된 전통을 벗어던졌다는 점에서도 혁명적이었다.

박람회가 끝난 후 크리스털 팰리스는 해체되어 런던 남부지역에 변형된 형태로 다시 세워졌으나 1936년 화재로 소실되었다. 역사적으로 볼 때 이 건물은 주철을 사용한 건축기술의 절정을 보여준 것이었다. 19세기 중반 이후 주철은 깨지기 쉽다는 성질 때문에 점차 인장력이 더 강한 연철로 대체되었다. 이 건물은 1850년대와 1860년대의 대규모 철도 역사 등 장스팬을 이용한 철구조 건축물의 선구자이기도 했다. 런던 박람회 역시 이후 무역과 경제발전 촉진을 목적으로 파리 박람회부터 필라델피아 박람회에 이르기까지 계속된 국제박람회의 첫 테이프를 끊었다는 역사적 의미가 있었다. 해를 거듭하면서 놀랄 만한 구경거리였던 이들 박람회에는 훨씬 많은 돈과 전문가들을 쏟아 부었으며, 더욱 위대한 구조적 걸작을 만들어낼 것이 요구되었다. 오늘날도 마찬가지이지만 자본주의의 성장에는 유능한 기술자들의 충성이 필요했던 것이다.

우리는 어떻게 살고 있는가, 어떻게 살 수 있는가[20]
How we live and how we might live

19세기 중엽의 유럽

낙후한 러시아 제국

톨스토이가 『코사크(*The Cossacks*)』에서 묘사한 1850년대 코사크 마을의 모습은 이제껏 잘 알려지지 않았던 중세 초기 이래 서부 유럽의 봉건적 삶의 모습을 보여준다. "마을은 흙과 가시울타리로 만든 방어벽으로 둘러싸여 있고, 양쪽 끝에서 높은 문을 통해 출입하도록 되어 있다. … 주택들은 모두 기둥으로 받쳐서 지면으로부터 올라와 있다. 지붕에는 장식된 박공이 있으며 갈대를 주의 깊게 엮어서 이어 놓았다." 계속해서 톨스토이는 마을 사람들이 마을 밖에서 생활하는 모습을 묘사하고 있다. 낮에는 농사짓고 고기잡고 사냥하며, 밤이 되면 가축을 몰고 진흙길을 걸어 돌아와 모여들어서 불을 밝히고 비적(匪賊)이나 맹수가 침입하지 못하도록 문단속을 한다. 이러한 생활방식이 러시아의 다민족적이고 중세적인 경제의 기초를 이루고 있었으며, 차르 니콜라이 일세(Nikolai I)가 공업화한 유럽을 급습하면서[21] 전시체제로 결집하려 했던 것도 바로 이러한 모습의 러시아였다. 1854년에서 1856년까지의 크림전쟁에서 약체인 프랑스와 영국 병력에게 패배한 후 낙후된 국가제도들을 정비할 필요성을 절감했던 러시아의 새로운 차르 알렉산데르 이세(Alexander II)는 귀족들과 관료들의 반대 속에서 광범위한 개혁 프로그램을 시작했다. 게르첸(Gertsen)과 바쿠닌(Bakunin) 같은 진보적인 사회비평가들이 러시아의 사회적 불공평에 대해 공격했지만 —물론 대부분 추방 중에 했던 비평이지만— 봉건체제의 러시아가 당면한 또 다른 주요한 문제는 경제침체였다. 수천만 명의 소작농들은 지역

차원에서의 착취와 둔감한 중앙관료제의 폐해라는 견디기 힘든 이중고를 겪고 있었다.

경제문제를 해결하면서 부수적으로 사회문제를 완화하려는 일단의 개혁이 1861년에 실행되었다. 봉건제도는 폐지되고 새로운 조세제도와 금융제도가 시작되었으며, 교육기관의 재량권이 확대되고 지역의 요구에 대응하기 위해 지방자치회(zemstvos)가 만들어졌다. 이러한 것들은 근대적 산업경제의 기초이긴 했지만 기대했던 사회개혁을 이루기에는 아직 갈 길이 멀었다. 이천삼백만 명의 농노해방으로 소작농에는 두 계급, 즉 넓은 토지를 소유할 수 있었던 부농(kulaks) 계급과 촌락공동체(mir)에 속한 채 생산성을 증가시킬 능력도 생활조건을 개선할 능력도 없이 지주들의 끝없는 욕심에 희생될 뿐인 무산 노동자 계급이라는 두 계급이 형성되었다.

이 시기 지적 분야에서는 고골리·투르게네프·톨스토이·도스토에프스키 등 인간심리를 깊이 파고든 위대한 소설가들이 자기성찰의 활동을 펼쳤다. 민족적 자의식이 커져 가면서 문학에서, 음악—글린카와 차이코프스키—에서, 그리고 도시건축에서 러시아만의 개성적인 표현을 찾으려는 노력을 기울였다. 톤(Konstantin Thon)이 설계한, 모스크바 소재의 구세주성당(Cathedral of the Redeemer, 1839-1883)은 고전주의를 거부하고 지역적 전통으로 복귀한 것으로, 건축에 신비잔틴 양식으로 접근한 최초의 중요한 사례였다.

서유럽—제국의 세계

공업국가들은 모두 식민지 확장에 진력하고 있었다. 정치가이자 사업가였던 체임벌린(Joseph Chamberlain)은 전형적인 빅토리아 시대 기업가의 신뢰감있는 목소리로 "소국가들의 시대는 멀리 사라졌다. 제국의 시대가 왔다"고 했다. 19세기 중엽 유럽의 공업국가들은 자국에 필요한 물품들을 스스로 공급하지 못하게 되었다. 오스트레일리아·아르헨티나·인도·캐나다·미국 등에서 옥수수와 육류 등 기본 식료품을 수입했을 뿐 아니라 생활수준이 향상되면서 높아진 기대를 충족시키기 위해 여러 가지 새롭고 이국적인 식료품들을 수입했다. 공업 부문에서는 원자재를 수입했다. 미국·인도·이집트에서 면화를, 극동에서 명주를, 오스트레일리아와 남아프리카에서 양모를, 그리고 북유럽에서 목재와 철광석을 수입했다. 반대로 완성된 공산품들이 더 넓은 지역으로 수출되면서 경제성장을 촉진했다. 기계제작과 철도건설에 필요한 영국의 철과 강철은 새롭게 산업화한 나라들을 주요 대상으로 서구세계 전역에 수출되었다. 섬유류는 저개발 국가들로 수출했는데, 이 나라들은 군사적 정복과 이에 따른 사회경제적 붕괴와 재건이라는 식민화 과정을 통해서 공업국가들과 관계를 맺게 된 나라들이었다. 몇몇 주요 강대국들은 제국의 세계를 지배했으며, 이들은 시장확보를 위해 서로 우위를 다투며 무역항로를 점유하고 이를 지키기 위해 해군력을 양성했다.

제2제정 시대 프랑스와 파리의 건축

1850년대와 1860년대에 영국의 자본가들은 프랑스가 부르주아 국가로 변신해 그들의 가장 유력한 경쟁자로 나서는 모습을 근심스럽게 지켜보고 있었다. 1852년 루이 보나파르트(Louis Bonaparte)는 헌법을 파기하고 나폴레옹 삼세 황제로 등극하면서 프랑스 제국의 영광을 재현하고자 했다. 그러나 제국의 힘은 이미 부르주아 계급에게 달려 있다는 것을 황제도 알고 있었다. 그는 영민하게도 유력한 사회 세력들에게 많은 특권을 주었다. 장교계층에게는 군사적 영예를, 관료들에게는 높은 급료를, 그리고 부르주아 계급에게는 경제성장에 필요한 법과 질서를 보장했다. 황제는 소수 집단, 대학, 언론 등에는 억압적이었고 불공평하게 대했지만, 러시아에 대한 군사적 승리, 세네갈의 식민지화, 국내 개발계획 등 십 년간 이룩한 일들로 인기가 높아졌다. 그는 철도와 전신 설비의 건설, 은행·신용대출기관·공업·농업의 개발, 그리고 이들에게 도움이 될 만한 무역협상 조약들을 적극 지원했다.

제국에 걸맞은 수도를 간절히 원했던 새 황제는 오스망(Eugene Georges Haussmann, 1809-1891) 남작의 정력과 새로운 공업국가의 재력을 바탕으로 파리를 나폴레옹 일세 때보다 더욱 찬란한 도시로 만들었다. 1853년에서 1868년 사이에 파리 중심지는 새로운 가로와 광장 들로 이루어진 웅대한 설계에 따라 거침없이 그 모습을 바꾸었다. 베르사유와 워싱턴에서 적용했던 바로크식 계획을 다시 한번 적용했는데, 이는 웅장함을 위해서만이 아니라 노동자 계급의 소요를 저지한다는 실용적인 목적도 갖고 있었다. 방사상 가로망의 중심에 있는 원형광장(rond-point)에는 대포 몇 개만 배치해도 전체 지역을 통제할 수 있고, 군대와 경찰은 환상(環狀) 외곽도로(boulevards extérieurs)를 통해 신속하게 도시 전역으로 이동할 수 있을 터였다. 공공건물들이 위엄있게 들어설 수 있도록 조성된 새로운 행사용 공간들 역시 기습 공격으로부터 건물들을 방어할 수 있게 해주었다. 오스망의 계획으로 훌륭한 조망을 갖추게 된 오늘날의 파리에서는, 1848년 혁명 당시 폭동이 싹텄고 도망자들이 몸을 피했던 노동자 계급의 빈민굴이 들어찬 중세도시의 모습은 떠올리기조차 어렵게 되었다. 새로운 가로망은 소요 위험이 있는 지역들을 파괴했을 뿐 아니라 일부 남은 지역들을 서로 격리시켜 버렸다.

도시의 재건은 더 큰 도시개량 계획의 일부일 뿐이었다. 오스망은 파리 관내 지방정부 체제를 분해하여 수리하다시피 하면서 새로운 상하수도를 설치하고 공원들 ─ 볼로뉴의 숲(Bois de Boulongne)과 뱅센의 숲(Bois de Vincennes)을 포함하여 ─ 을 조성했으며, 새로운 교량과 분수, 그리고 공공건물들을 건설했다. 이들 중 하나가 뒤방(J.-F. Duban)이 설계한 에콜 데 보자르(Ecole des Beaux-Arts, 1860-1862)였는데, 이는 내부의 스튜디오와 전시실 공간을 표현한 커다란 창들, 그리고 생트주느비에브 도서관처럼 절제되고 우아한 외부 디테일을 갖춘 건물이다. 새로운 국가체제는 건축표현에서도 제2제정(Deuxième Empire) 양식이라고 알려진 새로운 형식을 만들어냈는데, 이 양식은 건축가 비스콩티(Visconti)와 르퓌엘(Lefuel)이 새로운 정부청사를 위해 루브르 궁을 증축한 루브르 신관(1852-1857)에서 처음 시작되었다. 이 루브르 신관은 기존의 루브르 궁과 르메르시에(Lemercier)가 17세기에 설계한 오를로주 별관(Pavillon de l'Horloge)에서 영감을 얻은 것으로서, 여기서 사용된 거칠게 다듬은 기둥과 풍부한 장식, 높은 만사드 지붕의 바로크풍 설계는 이후 프랑스 안팎에서 유행이 되었다. 오스망은, 그가

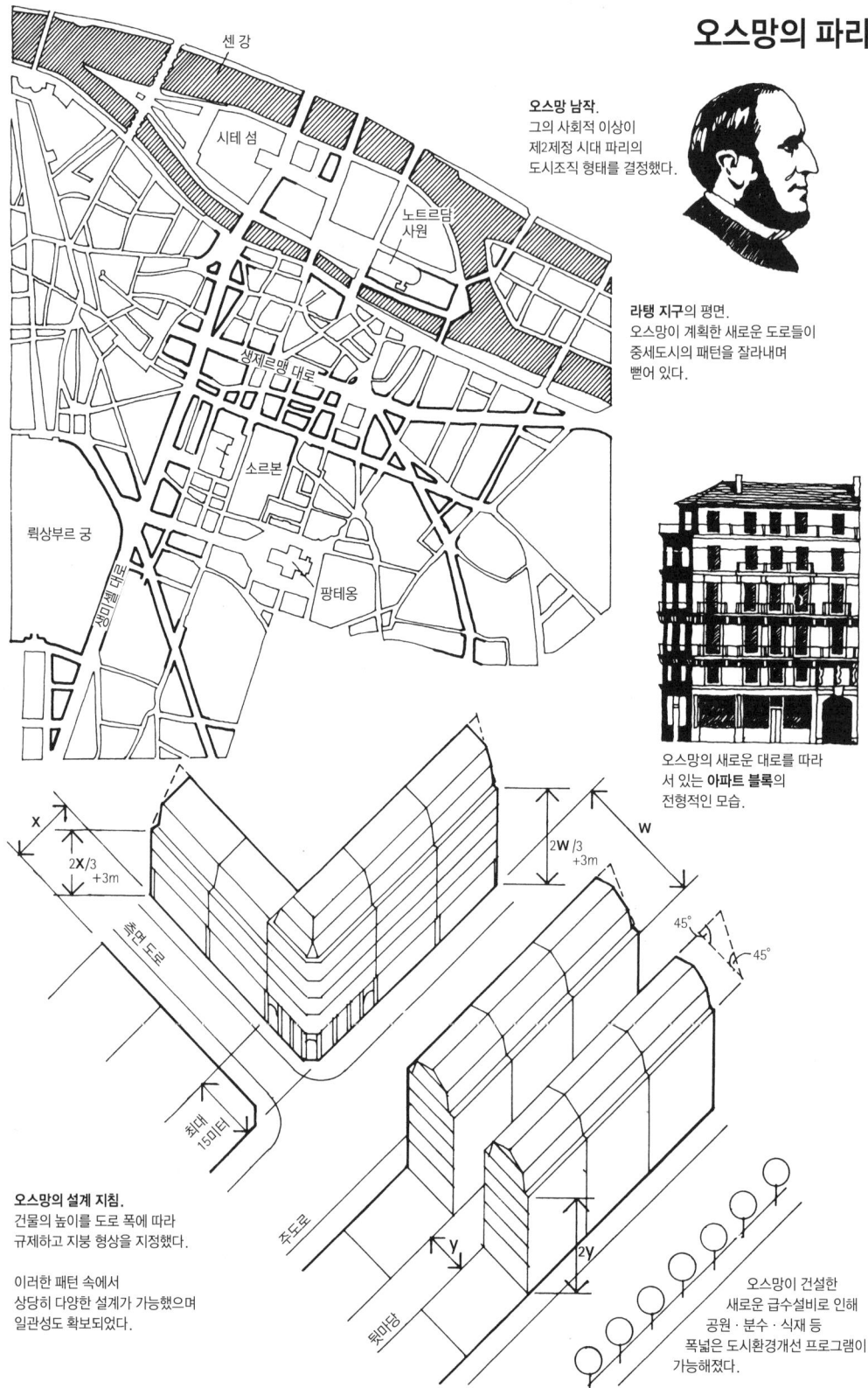

제2제정 시대

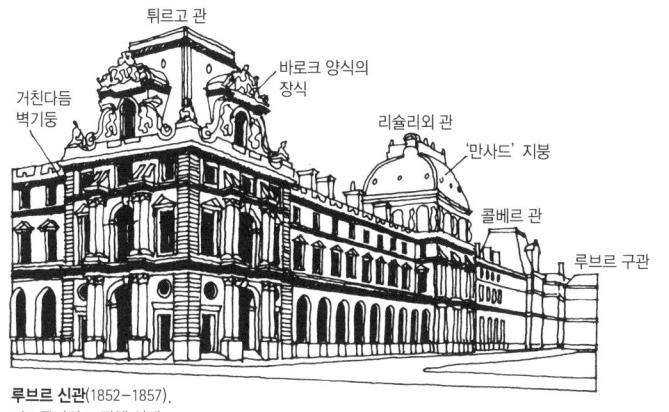

- 튀르고 관
- 바로크 양식의 장식
- 거친다듬 벽기둥
- 리슐리외 관
- '만사드' 지붕
- 콜베르 관
- 루브르 구관

루브르 신관(1852-1857). 비스콩티와 르퓌엘 설계.

17세기에 르메르시에가 설계한 **오를로주 관**. 이 패턴을 따라 제2제정 시대 증축이 이루어졌다.

루브르 궁. 비스콩티와 르퓌엘의 신관이 옛 루브르와 튈르리를 연결하고 있다.

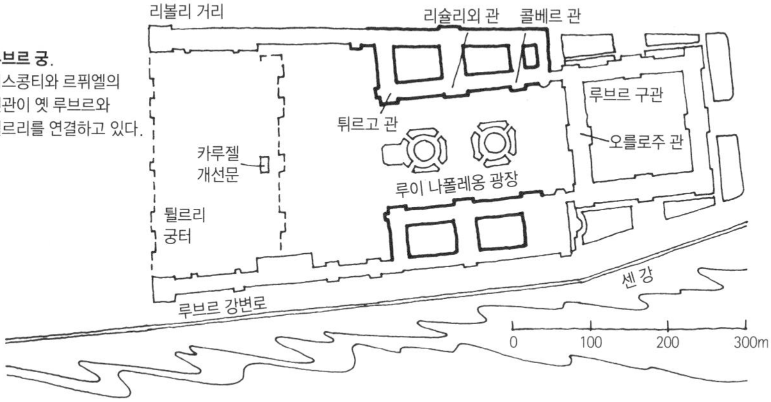

- 리볼리 거리
- 리슐리외 관
- 콜베르 관
- 카루젤 개선문
- 튀르고 관
- 루브르 구관
- 오를로주 관
- 튈르리 궁터
- 루이 나폴레옹 광장
- 루브르 강변로
- 센 강

0 100 200 300m

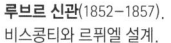

나폴레옹 삼세.

제2제정 시대의 계획. 1848년 혁명이 카퓌신 대로에서 시작되었으므로 이 대로를 재건하는 데에는 건축적인 이유 이상의 이유가 작용했다.

브롱델과 드 플뢰리가 계획한 **오페라 광장**은 1858년에서 1864년 사이에 건설되었다.

뤼드(F. Rude)의 작품인 나폴레옹 일세 시기의 장군 **마샬 네이**(Marchal Ney) 조각상 같은 기념물을 통해 과거의 영광을 회상했다.

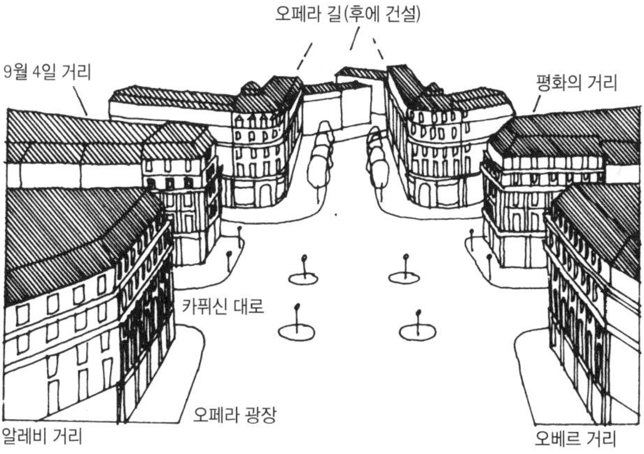

- 9월 4일 거리
- 오페라 길 (후에 건설)
- 평화의 거리
- 카퓌신 대로
- 알레비 거리
- 오페라 광장
- 오베르 거리

계획한 가로에 면해서 짓는 건물은 엄격한 설계기준을 따르도록 했다. 건물의 높이는 가로 폭에 따라 결정되었으며 처마장식(cornice)의 높이, 발코니의 위치, 지붕형태 등이 엄격히 규제되었다. 그러나 이러한 전체적 패턴 속에서 세부설계는 건축가들 자유에 맡김으로써 결과적으로 규칙적이지만 생동감있는 가로경관을 창출했다. 이 건물들은 주로 루브르 신관의 건축표현을 단순화하고 순화시킨 양식으로 설계되었다. 드 플뢰리(de Fleury)와 브롱델(Blondel)이 설계한 오페라 광장(Place de l'Opéra, 1858-1864), 세바스토폴 대로(Boulevard de Sébastopol, 1860), 모르티에(Mortier)의 밀라노 거리(Rue de Milan, 1860) 등의 건물들은 표준치수라는 틀 안에서 구사가 가능한 다양성을 대표적으로 보여준다.

파리 오페라 극장과 중간 계급의 문화

제2제정 시대의 가장 눈부신 기념물은 1861년 가르니에(Charles Garnier, 1825-1898)의 설계경기 당선작인 새로운 파리 오페라 극장(Opéra)이었다. 오페라는 당초 18세기 귀족들이 즐긴 풍속적인 희극에서 시작되었는데, 차츰 중간 계급의 문화로서 자유를 향한 자유주의의 투쟁을 상징하는 것이 되면서 19세기초를 전후로 폭넓은 인기를 누리고 있었다. 정치적인 주제를 다룬 오페라도 성행하여 베토벤의 「피델리오(Fidelio)」(1805)와 스폰티니(Spontini)의 「무녀(La Vestale)」(1807)를 시작으로, 오베르(Auber)의 「마사니엘로(Masaniello)」(1828), 로시니(Rossini)의 「빌헬름 텔(Wilhelm Tell)」(1829), 마이어베어(Meyerbeer)의 「위그노 교도(Les Huguenots)」(1836) 등이 잇달아 상연되었다. 검열을 피하기 위해 고대나 중세를 배경으로 했지만, 감옥을 탈출하거나 외국의 지배에서 벗어나는 억압받는 인민들을 다룬 줄거리는 명백히 당시 사회상황을 빗댄 것들이었다. 새로운 계급의 출현으로 더욱 많아진 관객들이 더 웅대하고 화려한 오페라를 선호함에 따라 무대배경에 더 많은 변화를 주기 위해 높은 플라이타워(fly-tower)[22]를 설치해야 했고, 승리의 행진이나 전투 장면, 혹은 발레 장면을 연출하기에 충분하도록 무대 크기도 훨씬 커야 했다. 가르니에는 맡은 바 소임을 훌륭히 해냈다. 부지는 루브르 근처 거대한 도시광장에서 교차하는 새 가로망의 초점에 위치한 중요한 자리였다. 가르니에는 루브르 신관의 바로크 형식을 따랐는데 정교함이나 장식적인 면에서는 오히려 이를 능가했다. 건물 자체도 거대했지만 무대와 무대 뒤 공간이 차지하는 면적이 무대 전면공간만큼이나 큰 그런 건물이었다. 건물 내부에서 가장 인상적인 장소는 입구 홀로서, 대계단실, 조각상, 화려한 조명등, 그림으로 장식된 천장이 어우러지면서 사교계의 고객들을 매혹할 만한 미장센을 연출했다.

중간 계급의 문화가 부유해지고 특권화해 감에 따라 이에 대한 반발도 증가했다. 낭만주의 운동 속에서 사실주의 작가들이 등장하여 부르주아 생활의 모순을 고발하는 데에 주력했다. 발자크(Balzac)의 『인간희극(*Comédie Humiane*)』, 스탕달의 『뤼시앙 뢰방(*Lucien Leuwen*)』 등의 소설은 칠월 왕정의 물질숭배 가치관을 비판했고, 플로베르의 『보바리 부인(*Madame Bovary*)』과 공쿠르(Goncourt)의 소설들은 제2제정의 방탕한 풍요로움을 비판했다. 사실주의 작가들은 삶을 있는 그대로 묘사함으로써 부르주아적 신비화에 빠지지 않고 삶을 표현하려고 했다. 비록 그 뒤에 깔린 경제적 원인이나 정치적 해결책들에 대해서는 거의 인식하지 못했지만 말이다.

공업화의 진전과 공학적 건축생산 기술의 발전

이 모든 풍요로움의 기초는 공업화의 꾸준한 진전이었다. 철도의 보급으로 내수시장은 확대되고 통합되었다. 섬유산업과 금속산업은 원자재 부족에도 불구하고 기술개량과 외국과의 경쟁을 통해 커다란 발전을 이룩했다. 1855년 베서머 제강법(Bessemer process)이 발명되면서 강철생산 역시 증가했다. 혁명 전부터 시작되었던 국가의 산업투자는 나폴레옹 삼세 치하 때에도 계속되었으며, 산업은 이제 탄갱·용광로·공장 등의 집단으로 서로 뭉치면서 프랑슈콩테 철공회사(Compagnie des Forges de Franche-Comté) 같은 연합체(consortium)들을 형성했다. 이로 인해 한 집단 내에서 매우 다각적인 생산활동—제련, 강판, 철제 들보, 레일, 철도 차량, 엔진, 기계류 등—이 가능해졌다.

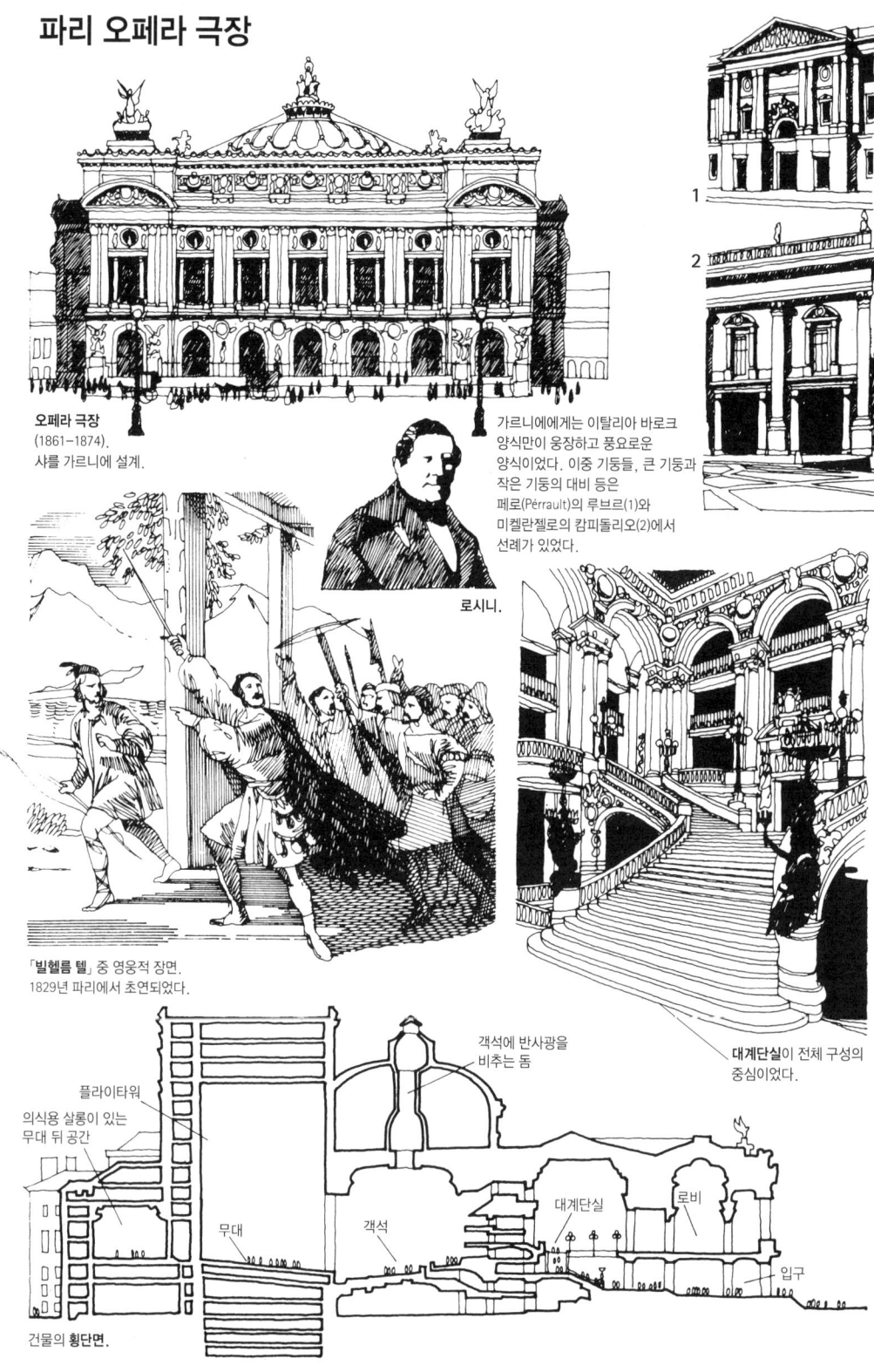

파리 오페라 극장

오페라 극장
(1861-1874).
샤를 가르니에 설계.

가르니에에게는 이탈리아 바로크 양식만이 웅장하고 풍요로운 양식이었다. 이중 기둥들, 큰 기둥과 작은 기둥의 대비 등은 페로(Pérrault)의 루브르(1)와 미켈란젤로의 캄피돌리오(2)에서 선례가 있었다.

로시니.

「빌헬름 텔」 중 영웅적 장면.
1829년 파리에서 초연되었다.

대계단실이 전체 구성의 중심이었다.

객석에 반사광을 비추는 돔

플라이타워

의식용 살롱이 있는 무대 뒤 공간

무대

객석

대계단실

로비

입구

건물의 **횡단면**.

그 결과 건축에서도 철과 강철의 사용이 급속히 확대되었다. 프랑스의 우수한 기술교육 전통은 19세기에도 에콜 폴리테크니크를 통해 지속되면서 여러 걸출한 건축-공학기술자들을 배출했다. 발타르(Victor Baltard, 1805-1874)는 오스망으로부터 파리 생퇴스타슈(St. Eustache) 근처 옛 부지에 들어설 새로운 도매식료품 시장의 설계를 의뢰받았다. 처음에 발타르는 견고한 석조 건물로 설계했으나 곧 철과 유리로 된 별관 열 개를 연결하여 구성한 건물로 바꾸어 1854년에서 1866년 사이에 완성시켰다. 광대한 지하실과 내부 가로들을 갖춘 파리 중앙도매시장(Les Halles)은 오만 평방미터에 이르는 규모로 1971년 철거될 때까지 '파리의 배(le ventre de Paris)'[23]로 사용되었다. 솔니에(Jules Saulnier)는 파리 근교인 세네마른(Seine-et-Marne)의 누아지엘(Noisiel)에서 므니에(Menier) 초콜릿 회사의 터빈공장을 설계했다. 강 위에 육중한 기둥을 세우고 건축된 이 건물은 프랑스 최초로 철제 골조로 설계한 석조 건축 사례로서, 구조에서 비롯한 형태가 화려하고 다채로운 외관과 결합했다는 점 때문에 비올레 르 뒤크로부터 구조와 장식에 대한 자신의 합리주의적 이론에 합치하는 건물이라는 평가를 받았다.

1860년 이후 나폴레옹 정권은 쇠퇴의 길로 접어들었다. 확대된 언론의 자유, 1864년 파업권을 포함한 자유주의적 노동법의 진전, 모로코·시리아·멕시코에서 계속된 군사작전들에 소모된 비용, 그리고 수에즈 운하 건설에 투여된 막대한 재정 등이 제국의 독재적 장악력과 대외적 입지를 약화시킨 요인으로 작용했다. 짧았지만 혹독했던 프랑스-프로이센 전쟁 중인 1870년에 나폴레옹 삼세가 폐위되었으며, 이 전쟁은 파리에 대한 포위공격 끝에 프랑스의 항복으로 끝났다. 그러나 인민들은 군사적 패배보다는 그 직후에 일어난 일로 더 큰 상처를 입었다. 1871년, 패전한 부르주아 정부를 추방하고 파리 혁명정부를 수립한 파리코뮌 시기가 몇 달간 지속되었다. 역사상 최초로 프롤레타리아와 이들을 지도한 사회주의자들이 그들의 새로운 적대 계급인 부르주아 계급에 대항하여 행동했던 것이다. 그들의 무모함으로 인해 그들은 곧 정부군에게 진압되었는데, 이때 정부군이 취한 잔인한 행동은 이후 오랫동안 노동자 계급에게 증오를 남겼다. 부르주아 계급은 독일에게 패배하는 것은 몰라도 노동자 계급에게 패배하는 것은 받아들일 수 없었다. 사실 부르주아와 부르주아 체제는 전쟁 기간과 파리코뮌 기간 중에도 온전히 유지되었으며 오히려 강화되기까지 했다. 이후 1870년대에 프랑스의 산업은 금융 집중, 통합 생산, 산업 고용 형태로 탈바꿈하면서 근대 시기로 진입해 나갔다.

위대한 두 공학기술자의 작품은 이러한 경제적 팽창을 예증하고 있다. 그 중 한 명은 이집트 태수[24]와 협상하여 수에즈 운하 건설권을 따낸 프랑스 영사 레셉스(Ferdinand de Lesseps, 1805-1894)였다. 수세기 동안 숙원사업이었던 수에즈 운하 건설이 19세기에야 비로소 실현할 수 있게 되었던 것이다. 수에즈 운하 건설로 가장 큰 이익을 볼 나라는 영국이었지만 — 영국이 침략하고 있었던 인도 제국과의 거리를 팔천 킬로미터나 단축시킬 수 있었으므로 — 영국 자본가들이 이에 대해 무관심했기 때문에 주로 이집트와 프랑스의 투자로 1858년에 수에즈 운하회사가 설립되었다. 이집트 태수는 강제로 노동력을 동원했고 레셉스는 근대적인 중장비를 조달했다. 레셉스는 기존의 호수들과 계곡을 연결하면서 수문을 설치할 필요가 없는 매우 평탄한 노선을 계획하여 운하를 십 년 만에 완공했다.

레셉스가 19세기 공학기술자의 사업적 수완을 보여준 대표적 인물이었다면, 공학기술자의 기술적 능력을 가장 훌륭히 보여준 사람은 에펠(Gustave Eiffel, 1832-1923)이었다. 그의 초기 작품에는 뷔소(Busseau)에 소재한 고가철도교(1864)와 두로(Douro)에 소재한 고가철도교(1876)가 있으며, 철과 유리로 지은 파리의 봉 마르셰 백화점(Bon Marché) — 이 건물의 건축가는 생 퇴젠 교회의 설계자인 부알로였다 — 의 구조설계 역시 그의 초기 작품이다. 에펠의 초기 걸작은 거대한 격자형 아치로 격자구조의 평데크를 지지하여 건설한 가라비 고가철도교(Garabit viaduc, 1880)였다. 에펠은 교량설계 기술을 계속 진전시켰다. 연철 교량에서 강철 교량으로의 전환, 설계 개선, 조립 부재를 사용한 건축기술 개발 등을 통해 얻은 경험은, 후에 19세기 공학기술의 걸작품을 건설하는 자신감을 낳게 된다.

영국에서와 마찬가지로 유럽 대륙의 국가들에서도 역시 상업 분야가 일

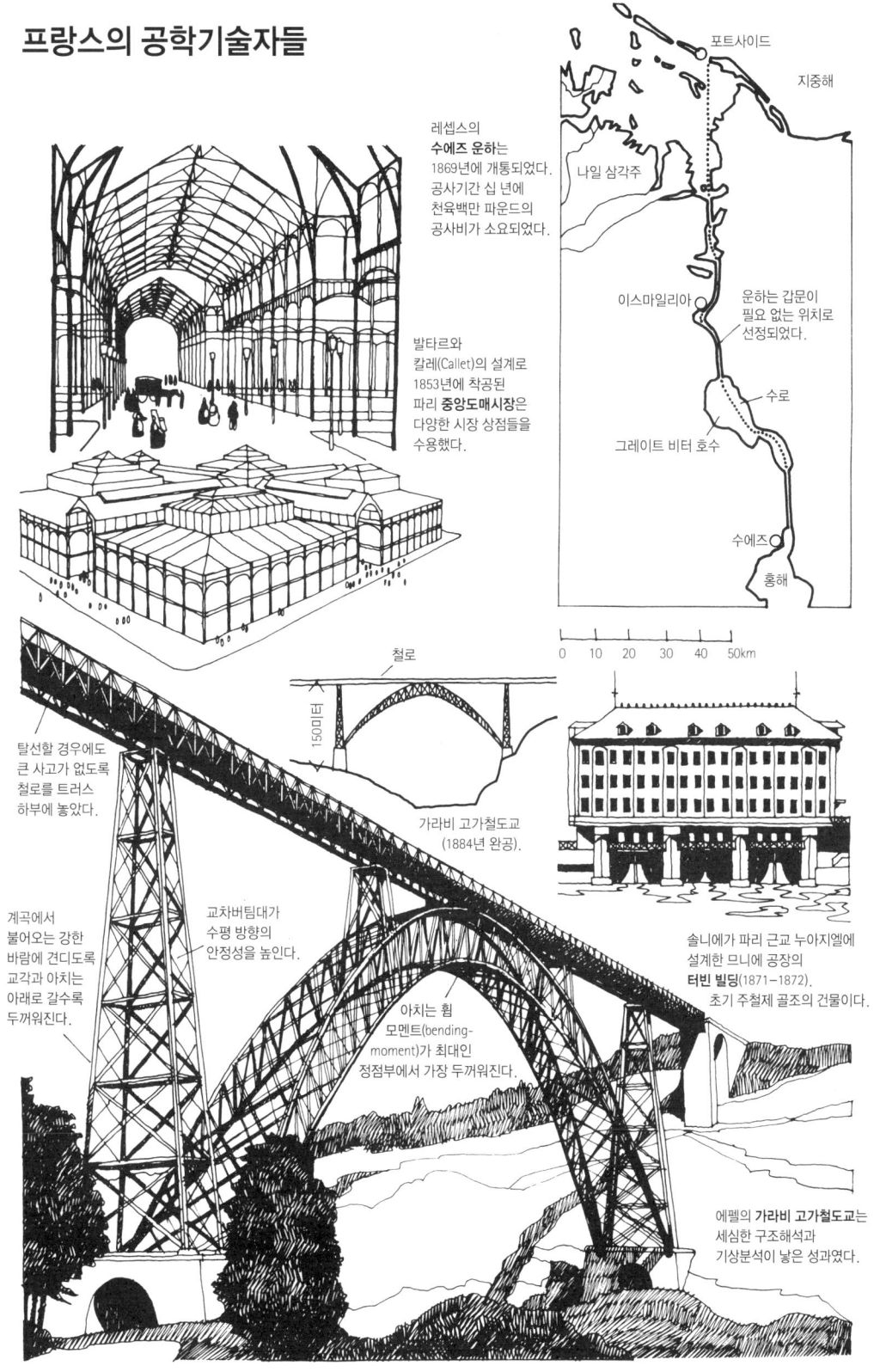

찌감치 철이 가진 가능성을 깨닫고 창고, 상점, 상점의 전면 장식 등에 철을 사용하기 시작했다. 프랑스에서는 이미 18세기부터 소규모 유리지붕 아케이드를 일반화했는데, 철을 점점 과감하게 사용하면서 더 큰 규모의 아케이드와 백화점 등의 건축이 가능해졌다. 파리에 퐁텐이 설계한 갈레리 도를레앙(1829)이 초기 사례이며, 이에 뒤이어 르롱(Lelong)이 설계한 공업 백화점(Bazaar de l'Industrie, 1830), 그리사르(Grisart)와 프롤리셔(Froelicher)가 설계한 상공업 전시관(Galeries du Commerce et de l'Industrie, 1838), 뷔롱(Buron)과 뒤랑-가슬랭(Durand-Gasselin)이 낭트(Nantes)에 설계한 파사주 포므라예(Passage Pomeraye, 1843) 등이 건축되었다. 롬바르디아의 수도 밀라노에서는 1831년 피찰라(Andrea Pizzala)가 프랑스 양식의 아케이드인 갈레리아 데 크리스토포리스(Galleria de Cristoforis)를 건축했는데, 이는 이후 건축된 19세기 아케이드 중 최고의 걸작 갈레리아 비토리오 에마누엘레(Galleria Vittorio Emanuele, 1865-1877)를 작은 규모로 미리 보여준 선례적 작품이었다. 멘고니(Giuseppe Mengoni, 1829-1877)의 설계로 건축된 갈레리아 비토리오 에마누엘레는 영국 회사가 영국 자본으로 건축했지만 설계는 장중한 이탈리아적인 것이었다. 두 개의 철제 볼트가 십자형으로 교차하면서 교차점에 돔을 씌운 구조물을 사층 높이의 신르네상스 양식 석조 파사드에 연결하여 맞춘 형태로 설계되었다. 이 아케이드는 거대한 중세 대성당인 밀라노 대성당과 그 앞의 큰 광장을, 18세기 오페라 하우스가 서 있는 스칼라 광장(Piazza della Scala)을 비롯한 다른 도시공간들과 연결하고 있다. 지붕의 화려한 철제 장식에서부터 로마 제국 개선문처럼 설계된 입구 파사드에 이르기까지 우아하고 풍요로운 장식으로 계획된 이 건물은 도시의 위엄과 교양, 그리고 부유함을 느끼게 해주는 그런 건물이었다.

이탈리아 부흥운동과 이탈리아 도시건축

갈레리아 데 크리스토포리스와 갈레리아 비토리오 에마누엘레가 건축되는 동안에 이탈리아는 극적인 변화를 겪었다. 1852년 피에몬테의 수상이 된 카보우르(Cavour)는, 이탈리아가 분열로 인해 경제발전이 낙후되었으

이탈리아 부흥운동

비토리오 에마누엘레 이세.
통일 이탈리아 최초의 왕.

가리발디.

1860년대 **통일 이탈리아**.

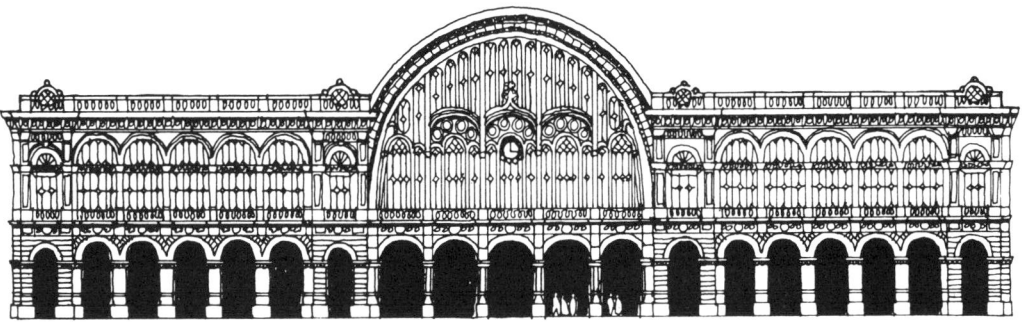

세피와 마추체티가 설계한
포르타 누오바 역
(1866-1868, 토리노).

만초니와 베르디.

VIVA VERDI!

정치 슬로건으로 사용된 베르디의 이름은 숨은 메시지를
갖고 있었다. Vittorio Emanuele, Rèd'Italia
(비토리오 에마누엘레, 이탈리아 재통일).
만초니의 위대한 근대 소설 『**약혼자**(*I Promessi Sposi*)』는
이탈리아의 부르주아가 성취할 것들을 상징적으로
표현했다.

코크가 설계한 **에세드라**(Esedra, 1880, 로마)는
로마가 통일 이탈리아의 수도가 된 것을 기념한
많은 건축물 중 하나였다.

갈레리아

에르콜레 로사(Ercole Rosa)가
만든 비토리오 에마누엘레
조각상(1896)

14세기 성당인 밀라노 대성당은
나폴레옹 시대에서야 완공되었다.
전면에 있는 두오모 광장은
이탈리아 부흥운동 이후 멘고니가 조성했다.
멘고니의 **갈레리아**(1865-1877)는 전체 설계를
통합하는 주요 부분이다. 쇼핑센터·집회장소·
보행로를 통해 대성당을 스칼라좌와 연결한다.
그러나 이 건물은 무엇보다도 이탈리아 부르주아의
자유를 축하하기 위한 것이었다.

입구는 개선문으로 설계되었다.
번영과 상업을 칭송하는
새로운 세속적 대성당의
현관임을 표현한 것이다.

내부는 건축과 공학기술의
비범한 통합체였다.
십자형 평면과 돔을 얹은
교차부는 종교적 이미지를
강조했다.

며 이러한 분열과 낙후는 외국 군주들과 교황, 그리고 무능한 통치자들 때문이라고 여겼다. 그는 피에몬테를 자유주의 국가로 개혁하여 부르주아의 사업을 촉진하고 무역조약 협상에 나섰으며, 철도를 건설해 프랑스와의 교류를 장려했다. 그리고 국제적 지위를 높이기 위해 크림전쟁에서 프랑스 · 영국과 동맹을 맺었으며, 나폴레옹의 지원 아래 오스트리아 전쟁을 일으켜서 롬바르디아와의 통합을 이루어냈다. 이러한 자유주의적 이탈리아 부흥운동(Risorgimento)은 급속히 확산되어 중부 각 주들이 오스트리아에 대한 봉기에 동참하여 새로운 이탈리아의 통합을 지지했다. 그리하여 가리발디(Garivaldi)의 의용대가 시칠리아와 나폴리 왕국을 점령하고 피에몬테 군대가 교황령의 일부를 포위공격하기에 이르렀다. 1861년 드디어 피에몬테의 비토리오 에마누엘레(Vittorio Emanuele)는 자신이 새로운 이탈리아 왕국의 왕임을 선언했으며, 헌법을 제정하고 피렌체를 수도로 정했다. 작곡가 베르디(Verdi)는 자신의 '혁명적' 오페라들—「시칠리아 섬의 저녁기도(I Vespri Siciliani)」(1855), 「시모네 보카네그라(Simone Boccanegra)」(1857), 「가면무도회(Un Ballo in Maschera)」(1859), 「운명의 힘(La Forza del Destino)」(1862)—에서 이 시기의 강렬한 포부를 보여주었는데, 1855년에서 1862년 사이에 작곡된 이들 작품은 모두 당시 부르주아의 이상을 표현한 것들이었다.

이탈리아 부흥운동 기간 중의 도시건축은 피에몬테의 토리노와 롬바르디아의 밀라노를 중심으로 이루어졌다. 토리노에서는 건축가 안토넬리(Alessandro Antonelli, 1798-1888)가 거대한 몰레 안토넬리아나(Mole Antonelliana, 1863)와 산 가우덴치오 교회(Basilica di San Gaudenzio, 1875)의 돔형 첨탑을 건축했다. 도시 중심부는 확장되어 새로운 도로와 볼라티(Giuseppe Bollati)가 설계한 스타투토 광장(Piazza del Statuto, 1864)이 건설되면서 면모를 일신했다. 새로운 철도 역사들—토리노에서는 마추체티(Mazzuchetti)와 세피(Ceppi)가 설계한 포르타 누오바(Porta Nuova, 1866-1868), 밀라노에서는 프랑스 건축가 부쇼(Bouchot)가 설계한 중앙역(1857)이 대표적이다—은 유럽의 산업화한 지역과 교류하려는 북부 이탈리아의 노력을 상징했다. 팽창은 계속되어서 1866년 프로이센이 오스트리아를 격파했을 때 이탈리아는 베네치아를 공격하여 오스트리아로부터 탈취하고 병합했다. 또한 1870년 나폴레옹 삼세가 프로이센에게 패전하여 더 이상 교황을 보호할 수 없게 되자 이탈리아는 교황령을 병합했다. 이로써 수세기 동안 지속된 교황령의 정치권력은 종언을 고했고, 로마는 통일 이탈리아의 수도가 되었다.

피렌체가 이탈리아의 수도였던 몇 년 동안에는 피렌체 도심의 북부지역을 재건하면서 포지(Giuseppe Poggi, 1811-1901)의 설계에 따라 격식을 갖춘 가로와 광장을 건설했지만, 1870년대와 1880년대초에는 새로운 수도 로마에서 더 큰 대규모 재건사업이 벌어졌다. 다시 한번 위대한 시대를 꿈꾸는 고대 도시가 가진 이념적 중요성을 살리며, 피아첸티니(Pio Piacentini, 1846-1928)가 설계한 9월 20일 거리(Via Venti Settembre, 1871)와 나치오날레 거리(Via Nazionale, 1871)와 벨레 아르티 궁(Palazzo delle Belle Arti, 1878-1882), 그리고 코크(Gaetano Koch, 1849-1910)가 설계한 에세드라(Esedra, 1880)와 본캄파니 궁(Palazzo Boncampagni, 1886-1890)과 이탈리아 은행(Banca d'Italia, 1889-1892) 등 새로운 건조물들이 기념비적인 규모와 전통적인 양식으로 설계되었다. 그러나 경제적 정치적 힘을 표현하려 했던 이들 모든 건축활동은 일종의 허세를 부린 것이었다. 비록 통일을 함으로써 경제발전의 계기를 마련하긴 했지만 정치적으로나 재정적으로 아직 이 나라는 쇠퇴 상태를 벗어나지 못하고 있었다. 1870년 이탈리아 국내 총생산은 1850년대와 1860년대에 이미 자본주의 발전의 '황금시대'를 거쳤던 영국의 일 퍼센트에도 못 미치는 수준이었다.

영국 공업도시의 건축과 런던의 철도 역사 건축

영국은 여전히 면공업 분야에서 선두를 달리고 있었으며, 전에 비해 증가율이 다소 낮아지긴 했지만 생산고가 계속 증가하고 있었다. 그러나 세계시장에서 영국의 면공업이 차지하는 비중은 점점 줄어들고 있었으며, 급속히 성장하여 수출시장을 지배하기 시작한 강철·토목·선박건조 분야에 선두 자리를 넘겨주고 있었다. 따라서 빅토리아 시대의 맨체스터를 드높인 일련의 찬란한 도시건축들—월터스(Edward Walters)가 설계한 팔라초 양식의 자유무역 홀(Free Trade Hall, 1853-1854), 워터하우스(Alfred Waterhouse, 1830-1905)가 설계한 신고딕 양식의 순회 재판소(Assize Courts, 1859-1864)와 신시청사(1868-1877)—은 이 도시의 산업적 우위를 찬양하려는 취지에서 본다면 약간 때늦은 것들이었다. 맨체스터가 독점했던 산업적 우위는 이제 버밍엄·글래스고·셰필드·리즈 등 자유당 정부의 오랜 집권 속에서 1850년대와 1860년대에 영국 정치에서 영향력을 발휘한 중북부의 여러 도시들이 나누어 갖고 있었기 때문이다. 브로드릭(Cuthbert Brodrick)이 설계한 신고전주의 양식의 리즈 시청사(Leeds Town Hall, 1853-1859)와 톰슨(Alexander 'Greek' Thomson)이 글래스고에 설계한 칼레도니아 로드 자유교회(Caledonia Road Free Church, 1856-1857)는 이 풍요의 시기에 건축된 공공건물 중 가장 빼어난 것이었다.

  어떻게 보면 면공업은 성공했던 탓에 희생되었다고도 할 수 있었다. 면공업의 경우 경쟁과 빠른 발전을 위해서는 기술이 빈번히 갱신되어야 했다. 건물과 기계 같은 자산은 금방 낙후된 것이 되어 버렸지만 투자자들은 재건축과 설비 교체에 투자하기를 꺼려 했고, 이는 곧 면공업을 장기적 쇠퇴에 빠지게 하는 원인의 하나가 되었다. 한편, 기술상의 근본적 변화 없이 한 세기 이상 지속된 탓에 이러한 문제에서 자유로웠던 철도산업 부문에는 막대한 투자가 계속되었다. 독일이나 미국과는 달리 영국은 미개척지의 개발을 위해 철도를 건설했던 것이 아니었다. 영국은 국토가 작고 이미 운하와 도로망이 잘 발달되어 있었다. 따라서 철도건설은 기능적 필요보다는 손쉬운 투기적 수단으로서의 성격이 짙었다. 너무 많은 노선이 건설되면서 막대한 자본을 흔적도 없이 삼켜 버렸다. 철도 일 마일을 건설하기 위한 투자로 회수되는 평균 이윤은 미국의 오분의 일밖에 되지 않았다.

  철도가 성공하기 위해서는 여행객들을 끌어모아야 했다. 빠른 속도와 저렴한 운임이 판촉 무기였지만, 불편하거나 위험하지는 않을까 하는 우려, 그리고 철도 여행 자체에 대해 낯설어 하는 문제를 해결해야만 했다. 모스

양식들의 전쟁

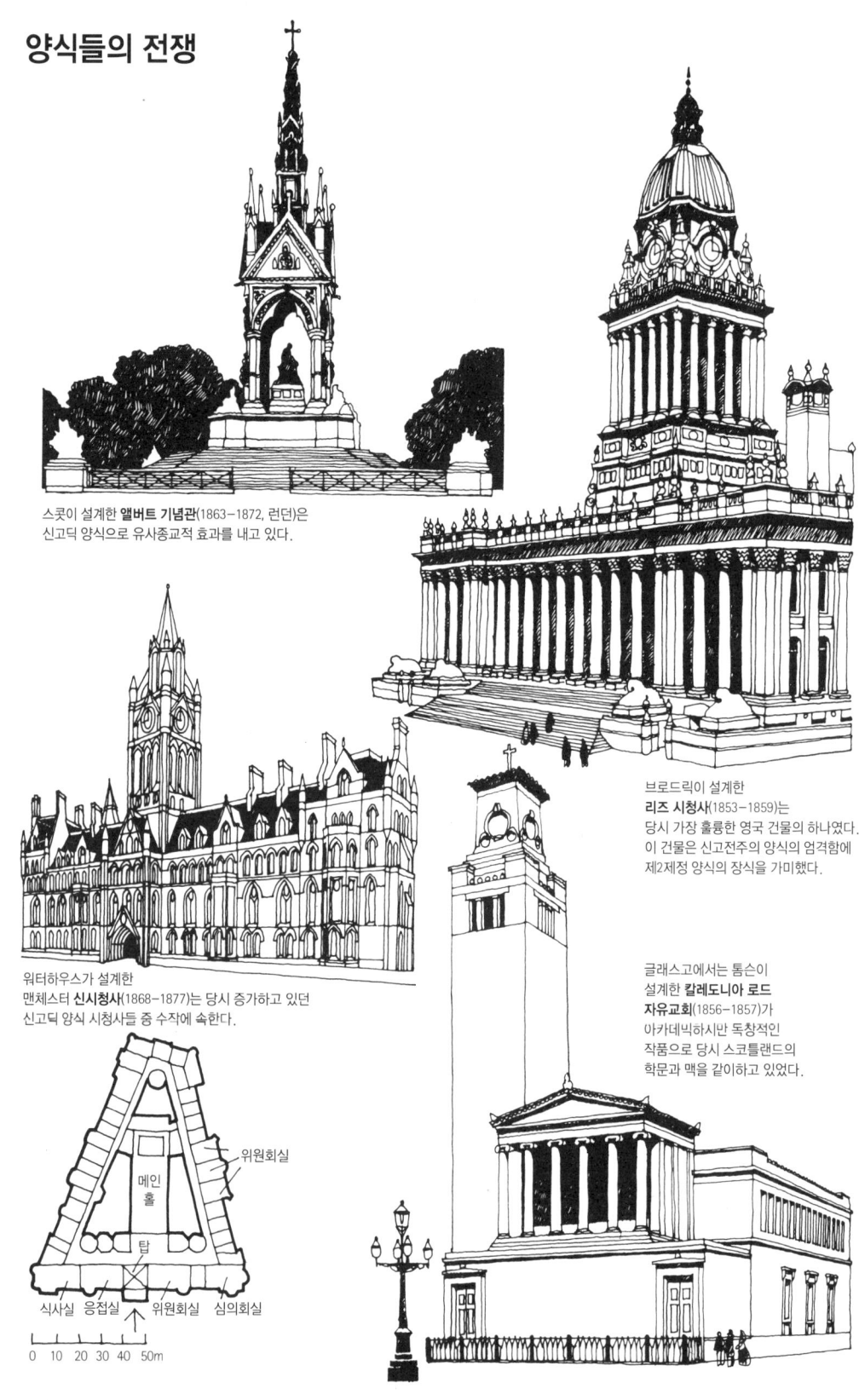

스콧이 설계한 **앨버트 기념관**(1863–1872, 런던)은 신고딕 양식으로 유사종교적 효과를 내고 있다.

브로드릭이 설계한 **리즈 시청사**(1853–1859)는 당시 가장 훌륭한 영국 건물의 하나였다. 이 건물은 신고전주의 양식의 엄격함에 제2제정 양식의 장식을 가미했다.

워터하우스가 설계한 **맨체스터 신시청사**(1868–1877)는 당시 증가하고 있던 신고딕 양식 시청사들 중 수작에 속한다.

글래스고에서는 톰슨이 설계한 **칼레도니아 로드 자유교회**(1856–1857)가 아카데믹하시만 독창적인 작품으로 당시 스코틀랜드의 학문과 맥을 같이하고 있었다.

(Samuel Morse)가 발명한 전신기술로 신호체계와 안전성이 개선되었으며, 철도 차량이 급속히 개선되어 승객들은 궂은 날씨와 증기기관차의 연기에 시달리지 않게 되었다. 게다가 빅토리아 시대를 열정적으로 암시하고 재현하며 훌륭히 설계된 철도 역사들은 승객들에게 안심해도 좋다는 이미지를 주기에 충분했다. 가장 뛰어난 초기 사례로 하드윅(Philip Hardwick)이 설계한 런던의 유스턴 역(Euston station)을 들 수 있는데, 이곳의 입구부 외벽면(1835-1837)과 큰 홀(1846-1849)은 여행객들에게 마치 호메로스의 서사시에 나오는 여행을 하는 듯한 흥분을 경험하도록 하는가 하면, 한편으로는 친근한 문화적 전통을 암시적으로 표현함으로써 소심하거나 비판적인 사람들을 진정시켜 주었다. 공학기술자 큐빗(Lewis Cubitt)이 설계한 킹스 크로스 역(King's Cross station, 1850-1852)에서는 폭 삼십 미터 주철제 배럴 볼트(barrel-vault)[25] 두 개를, 얇은 목재 판으로 만든 아치들과 결합하여 철도 차량 격납고를 구성했으며, 육중한 석조 벽으로 건축된 출입부의 파사드에는 거대한 아치 형상의 유리벽으로 후면의 볼트 구조를 표현했다. 역사에 붙어 있는 그레이트 노던 호텔(Great Northern Hotel) 역시 큐빗의 작품으로, 단순화한 이탈리아 양식으로 설계되었다. 와이엇(M. D. Wyatt)이 설계한 그레이트 웨스턴 호텔(Great Western Hotel, 1852-1854)은 위엄 있는 형태로 패딩턴 역(Paddington station) 철도 차량 격납고의 파사드를 형성하고 있다. 이 철도 차량 격납고는 브루넬의 걸작 중 하나로, 세 개의 평행한 철제 볼트에 보조적인 크로스 볼트를 직교시킨, 마치 성당건축과 같은 설계로 건축되었다.

철 건축의 확산

공업이 발전하면서 1850년에서 1880년 사이에는 철제 건물이 매우 보편화했다. 주목할 만한 철제 건물의 사례로는, 베어드(John Baird)가 글래스고에 설계한 자메이카 거리 도매점(Jamaica Street warehouse, 1855-1856), 그린(G. T. Greene)이 시어니스(Sheerness)에 설계한 해양보트 상점(1858-1860), 그리고 엘리스(Peter Ellis)가 리버풀에 설계한 오리엘 챔버스(Oriel

철도 여행

1860년대 동안에는 신호기와 전철기가 연결된 **블록 시스템** 같은 장치의 발전과, 푹신한 좌석을 갖춘 **일등석** 열차의 출현으로 철도 여행의 안전성과 호화로움이 증진되었다.

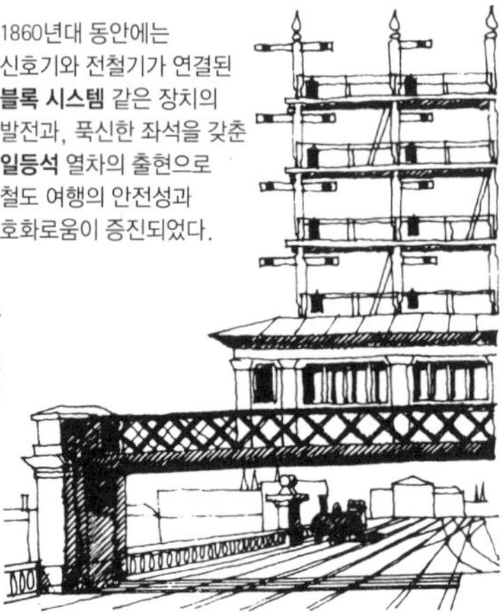

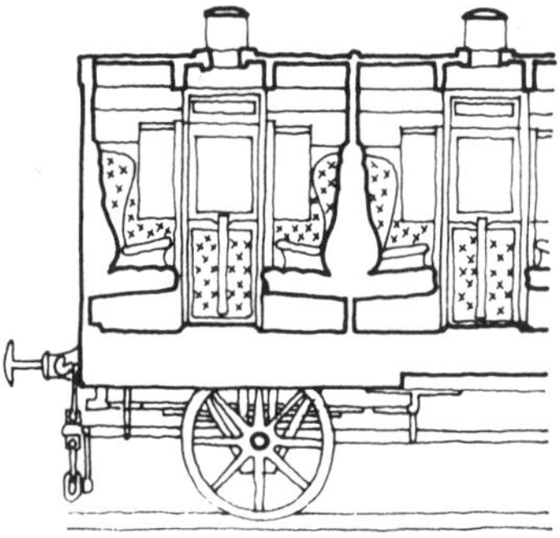

하드윅이 설계한 **유스턴 역**(1846-1849, 런던)의 대형 홀은 철도 여행을 일종의 의전행사로 전환했다고 할 만하다.

도브슨이 설계한 **뉴캐슬 중앙역**(1850)의 거대한 곡면 지붕이 그랬듯이, 열차 격납고도 이러한 전환에 일조했다. 그리고…

…브루넬이 설계한 런던 **패딩턴 역**(1852-1854)의 우아한 구조는 비올레 르 뒤크에 버금가는 방식으로 건축과 공학기술을 통합해낸 것이다.

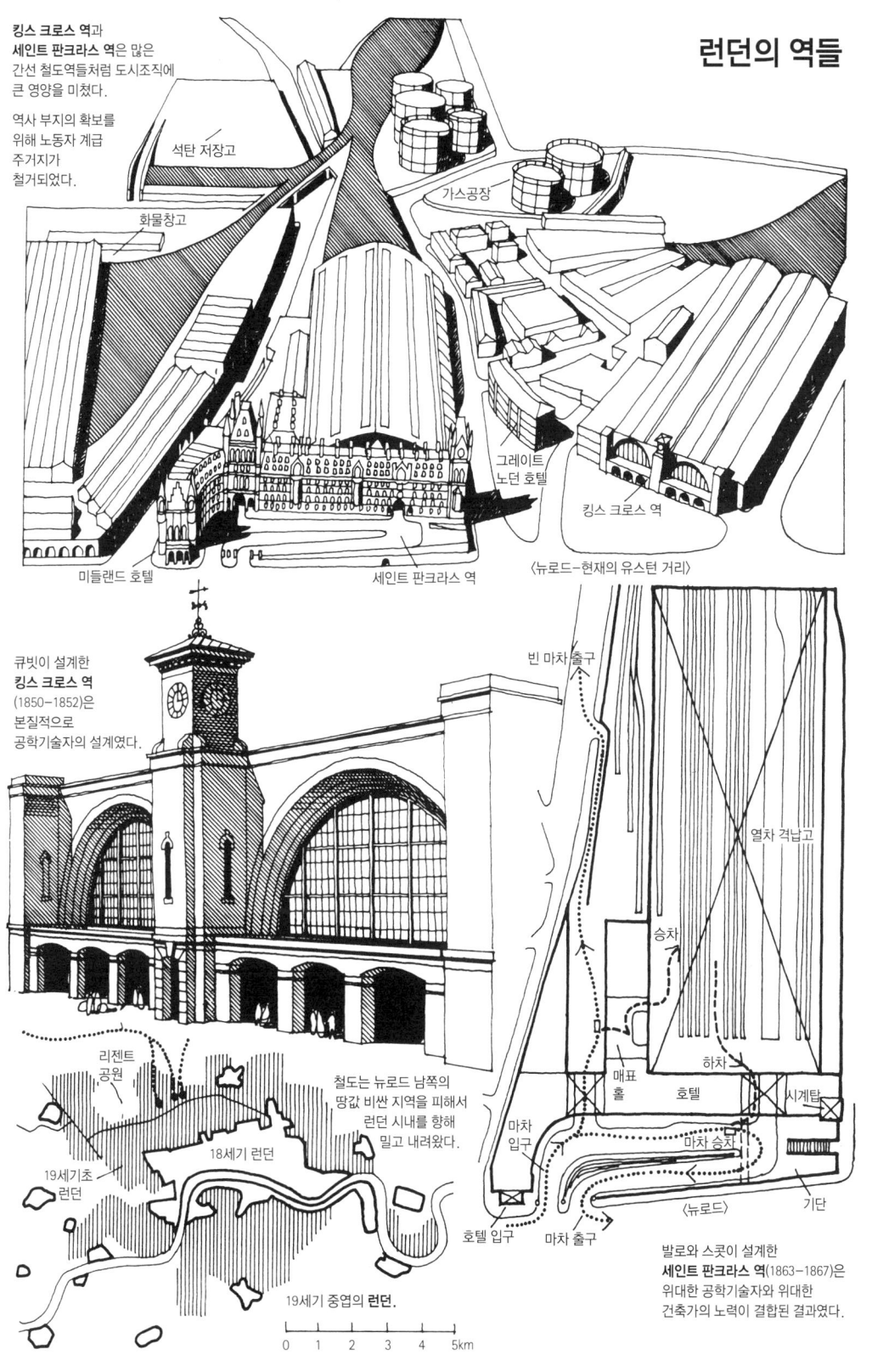

Chambers, 1864-1865) 등을 들 수 있다. 이러한 정도의 구조물에는 주철을 사용하는 것이 적절했지만, 1847년에 스티븐슨이 설계한 디 브리지(Dee Bridge)가 붕괴한 이후 높은 인장력을 받는 구조물에는 주철의 사용이 부적절하다는 인식이 널리 퍼졌다. 스티븐슨의 브리타니아교와 솔태시(Saltash)의 타마르(Tamar) 강에 있는 브루넬의 걸작 로열 앨버트교(Royal Albert bridge, 1859)는 거대한 연철 튜브를 사용함으로써 구조기술의 괄목할 만한 진전을 이룩했다. 패딩턴 역에서도, 도브슨(John Dobson)이 설계한 뉴캐슬 중앙역(Newcastle Central, 1850)의 거대한 곡면 지붕에서도, 그리고 발로(W. H. Barlow)가 설계한 런던 세인트 판크라스 역(St. Pancras station, 1863-1867)의 장대한 지붕에서도 더욱 강한 인장력을 갖는 연철을 사용했다.

발로의 지붕은 구조기술의 걸작으로, 높이 삼십 미터에 스팬이 칠십오 미터에 달하는 거대한 포물선형 볼트는 당시로서는 세계 최대의 것이었다. 그러나 이 구조물의 파사드인 미들랜드 호텔(Midland Hotel, 1865-1871)을 설계한 건축가 스콧은 이 구조물을 경멸했다. 1860년에서 1875년 사이에 스콧은 런던에 외국인 사무국을 건축하고 있었는데, 이 건물은 그의 의지와는 달리 르네상스 양식으로 설계한 것이었다. 그는 이 건물 역시 그가 나중에 미들랜드 호텔에서 사용한 형태—영국, 이탈리아, 플랑드르 고딕 양식의 화려한 혼합물로서 커다란 중앙 탑을 갖는—로 설계하고 싶었을 것이다. 그는 이러한 설계가 철도 역사에는 과분하며, 발로의 커다란 건물이 자신이 설계한 호텔에 비해 너무 볼품없다고 생각했음에 틀림없었다. 이 두 부분은 제각기 설계되었고 공학기술자와 건축가의 철학에 큰 차이가 있음을 직설적으로 보여줌에도 불구하고, 이 건물 전체는 비상한 걸작품으로 평가받고 있다. 광대한 규모와 낭만적인 외관, 그리고 구조적 역동성과 뛰어난 계획은 빅토리아 시대의 설계에서 최상의 것이 무엇인가를 웅변하고 있다.

스콧은 당시 가장 폭넓게 적극적으로 활동하며 수많은 신고딕 양식의 건물들을 설계했다. 언젠가 건축 중인 한 교회를 보고 있던 그가, 건축가가 누구인가를 물었다가 '조지 길버트 스콧'이라는 대답을 들었다는 얘기가 있을 정도였다. 그는 퓨진의 신성한 개혁운동을 상업적으로 가장 잘 표현한 건축가였다. 유능하고 다작을 만들어낸 건축가였던 그는 성공한 근대 건축가의 전형이었는데, 그에게 전문가 정신이라는 것은 어떠한 주문이라도 —그것이 신성한 것이든 세속적인 것이든, 상업적인 것이든 이념적인 것이든 간에— 쉽게 만족시킬 수 있는 그런 것이었다. 런던의 앨버트 황태자 기념관(London Memorial to Prince Albert, 1863-1872)에서 그는 종교적 효과를 내기 위해 화강암과 대리석, 모자이크와 브론즈로 커다란 제단 닫집을 만들고 그 안에 황태자의 동상을 배치했다. 기단 주위의 상징적 형상들은 영국이 지배력을 확장해 나가는 대륙들을 표현했으며, 소크라테스에서 멘델스존에 이르는 명사들을 새긴 장식 띠는 영국 왕정이 이천 년 문화 전통의 정점에 서 있음을 표현한 것이었다.

존 러스킨

고딕 부흥운동의 후반기는 예술비평가 러스킨(John Ruskin, 1819-1900)이 주도했다. 다른 많은 젊은 낭만주의자들처럼 그 역시 초기에는 자연을 중시하고 허위와 가식을 혐오하며 오로지 예술적 진리의 추구에 몰두했다. 다섯 권으로 된 그의 저서 『근대 화가론(Modern Painters)』(1836-1853)은 터너를 옹호한 것으로 유명한데, 러스킨은 터너의 그림에서 자신의 이념을 현실화한 '자연에 대한 진실성(truth to nature)'을 발견했던 것이다. 그는 1849년 저서 『건축의 일곱 등(The Seven Lamps of Architecture)』에서 자신의 사상을 발전시켜, 디자이너가 지켜야 할 일곱 개의 기본 계율을 제시했다. 탁월해지려는 노력에 따르는 '희생(sacrifice)', 재료의 정직한 사용에서 오는 '진실(truth)', 단순하고도 당당한 형태가 갖는 '힘(power)', 자연을 영감의 원천으로 사용함으로써 얻는 '아름다움(beauty)', 수공예를 통해 얻는 '생명(life)', 후세를 위해 만드는 예술작품이 미래 세대들에게 제시하는 '기억(memory)', 그리고 과거 양식 중 가장 훌륭한 양식들—러스킨이 보기에 이에 해당하는 것은 이탈리아 로마네스크, 이탈리아 고딕, 그리고 퓨진과 스콧의 생각처럼 13세기 후반에서 14세기 초반의 영국 고딕 양식이었다—만을 사용하도록 자신을 훈육하는 '복종(obedience)'이 그것이었다.

『베네치아의 돌(*The Stones of Venice*)』(1851-1853)에서 그는 베네치아 고딕 양식을 좀더 자세히 검토하면서 수공예 정신에 대한 자신의 사상을 발전시켰다. 중세의 예술적 성취는 중세 장인이 건축과정에 깊이 참여한 결과이고, 반대로 현대 세계의 추함은 현대의 장인들이 작업을 통해 자기창조를 할 기회를 잃어버린 결과라고 주장했다. 그는 라파엘 전파(Pre-Raphaelite)[26] 화가들과 교류하던 1850년대에 이러한 개념을 발전시켰으며, 이는 그가 가장 아낀 저서로서 자본주의 세계의 기존 윤리와 날카롭게 대립하는『최후의 사람에게(*Unto this Last*)』(1862)의 기초가 되었다. 그는 부유함보다는 명예가 중요하며 예술가에게 비창조적인 작품을 요구하는 것은 부도덕한 일이라고 주장했다.

오늘날도 그렇지만 당시 러스킨은 심오한 통찰력을 지닌 훌륭한 작가이자 뛰어난 인물로 인정받고 있었다. 그는 당대의 많은 건축가들과 장인들에게 피상적이긴 하지만 즉각적인 영향을 미쳤는데, 특히 그가 재발견한 베네치아와 롬바르디아는 그들에게 새롭고도 자극적인 것이었다. 러스킨 시대 이후에는 특히 총독 궁(Doge's Palace)에서 사용되었던 자연적인 식물 형상 장식을 새긴 평판 트레이서리(tracery)[27]와 같은 이탈리아 장식의 사용이 두드러졌으며, 다채로운 효과를 내기 위해 여러 재료를 혼합하여 사용하는 경우도 많아졌다. 그가 거주했고 교육활동을 했던 옥스퍼드에서는 그의 사상이 거의 한 세대 동안의 건축활동에 영향을 미치면서, 딘(Thomas Deane)과 우드워드(Benjamin Woodward)가 설계한 대학 박물관(1855-1859), 스트리트(George Edmund Street, 1824-1881)가 설계한 세인트 필립 앤드 세인트 제임스 교회(Church of St. Philip and St. James, 1860-1862), 그리고 버터필드(William Butterfield, 1814-1900)가 설계한 키블 대학 예배당(Keble College chapel, 1867-1883) 등 다양한 건물들을 낳았다. 스트리트와 버터필드는 튤론(Samuel Sanders Teulon, 1812-1873), 피어슨(John Pearson, 1817-1897)과 함께 고딕 부흥운동을 새로운 방향으로 진전시켜, 학구적인 성격은 덜했지만 좀더 독창적이고 극적이면서 야수적이기까지 한 건축적 효과를 추구했다. 스트리트는 수많은 교회를 설계했으며 런던의 왕립재판

존 러스킨

러스킨(1819-1900).

러스킨이 그린 그림 중에서.

러스킨의 『**건축의 일곱 등**』과 『**베네치아의 돌**』은 이탈리아 로마네스크와 고딕의 장인정신을 찬양했다.

루카에 있는 12세기 교회 산 미켈레(1)와 베네치아의 14세기 고딕 건축인 총독 궁(2)은 여러 가지 색의 벽돌쌓기와 단순한 기하학적 트레이서리의 사용, 자연 형태의 장식 사용의 예로 제시되었다.

딘과 우드워드가 설계한 **옥스퍼드 대학 박물관**(1855-1859)은 러스킨이 잠시 협력한 작품이다.

스트리트(1824-1881).

스트리트가 설계한 **세인트 필립 앤드 세인트 제임스 교회**(1860-1862, 옥스퍼드)는 러스킨류의 다색 벽돌이 풍부하게 구사되었다.

러스킨의 영향을 받은 19세기 후반의 전형적인 **노스옥스퍼드 주택**.

빅토리아 하이 고딕
(High Gothic)

튤론이 설계한 런던의 **세인트 스티븐 교회**(1869-1876, 로슬린 힐).

피어슨이 설계한 런던의
세인트 오거스틴 교회
(1870-1880, 킬번).

버터필드가 설계한 **올 세인츠 교회**(1849-1859, 런던 마거릿 거리)와
키블 대학 예배당(1867-1883, 옥스퍼드).

버터필드
(1814-1900).

소(Royal Courts of Justice, 1871-1882)로 가장 잘 알려져 있다. 버터필드는 런던 마거릿 거리(Margaret Street)에 있는 멋진 교회인 올 세인츠 교회(All Saints Chruch, 1849-1859), 부르주아 교육제도의 초석이 된 아널드 럭비 학교(Dr. Arnold's Rugby School)의 신관(1858-1884) 등을 설계했다. 튤론과 피어슨은 각각 런던에 설계한 교회로 잘 알려져 있는데, 튤론이 설계한 교회는 로슬린 힐(Rosslyn Hill)에 있는 세인트 스티븐 교회(St. Stephen's Church, 1869-1876)이며, 피어슨이 설계한 것은 킬번(Kilburn)에 있는 세인트 오거스틴 교회(St. Augustine's Church, 1870-1880)이다.

러스킨의 건축적 추종자들 중 다수가 고교회(高敎會) 국교주의(High Anglicanism)[28]에 경도되었지만 고딕에 대한 러스킨의 생각은 본질적으로 반기독교적인 것이었다. 그는 건축적 진실성에 대한 퓨진의 다분히 편협하고 종교적인 관점을 좀더 광범위한 세속적 이념으로 진전시켰으며, 바로 이것이 설계자들과 이론가들에게 괄목할 만한 영향을 미쳤다. 『건축의 일곱 등』에서 개진된 진실성과 힘의 개념은 근대 건축이론의 발전에 핵심적인 요소가 되었다. 그리고 더 넓은 차원에서의 사회적 개념들—특히 소외에 대한 그의 통찰력—은 오늘날에 더욱 참조할 가치가 있는 것들이다. 비록 그가 이러한 독특한 개념들을 논리적 결론으로 진전시키지는 않았지만 말이다. 러스킨과 동시대 인물이었던 칼라일(Carlyle)과 비교한다면, 자본주의에 대한 러스킨의 비판은 칼라일과 비슷한 정도로 격렬했고 좀더 날카로웠으며 조금 덜 부정적이었다. 그러나 칼라일과 마찬가지로 그 역시 궁극적으로는 부르주아적 역할 범위를 벗어나지 못했으며 자본주의 세계에 대한 진정한 대안을 제시하지 못했다.

중간 계급의 생활과 건축

신고딕 양식은 어찌되었든 여전히 중간 계급의 건축이었으며, 이제 산업혁명이 제도화하고 영속화했음을 가시적으로 보여주는 신호였다. 민족적 역사의식이 점증하는 가운데, 칼라일과 매콜리(Macaulay)의 저작은 중간 계급으로 하여금 자신들의 계급이 일시적으로 생겨난 현상이 아니라 인류의 발전에 없어서는 안 될 요체로서 19세기 계급구조의 가장 핵심을 이룬다는 것을 인식하도록 해주었다.[29] 왕정조차 문화적으로나 정신적으로는 이미 부르주아화했다. 노동자 계급의 주거상태는 여전히 형편없었고 임금 역시 전반적으로 개선되지 않았다. 그럼에도 불구하고 노동시간 제한, 상여금제 도입, 공장 노무검사관 제도의 진전 등 여러 개혁조치들을 통해 노동조건은 서서히 개선되었다. 토목산업과 조선산업이 성장하면서 숙련된 기능공들은 일반 노동자들에 비해 보수가 높아지고 좋은 조건의 주택에 거주하게 되면서 노동귀족 계층을 형성하기 시작했다. 이전에는 산업자본주의가 오래 가지 못하고 끝날 것이라는 생각이 지배적이었다. 그러나 이제 최소한 노동자 계급 중 일부에게는 자본주의 체제가 지속되는 것이 유리한 상황으로 변했으며 계급적 긴장관계도 전반적으로 느슨해졌다. 노동조합운동은 자립력을 높이고 협조적이고 우호적인 사회를 진전시키는 데 집중했다. 인민헌장주의자들과 혁명론자들은 지하로 숨거나 사라진 것처럼 보였다.

주식회사와 유한회사가 발전하면서 더욱 모험적인 투자가 성행했다. 과욕적인 투자를 한다 해도 종전처럼 전 재산을 잃는 것이 아니라 자신이 투자한 만큼의 손실만 감수하면 되기 때문이었다. 은행과 증권회사의 발달로 세계 어디에서나 자본의 유통이 쉬워졌다. 이러한 발달은 일하지 않고 생활할 수 있는 투자가 가능해졌음을 의미하는데, 실제로 철도시대의 과잉이윤에 기대어 금리나 배당금으로 살아가는 새로운 계급이 형성되었다. 레밍턴(Leamington)과 첼튼엄(Cheltenham)의 치장벽토를 바른 테라스 주택들, 스카버러(Scarborough)의 그랜드 호텔(Grand Hotel), 브라이턴의 메트로폴 호텔(Metropole Hotel), 런던의 세실 호텔(Cecil Hotel) 등 대규모 호텔들, 그리고 토머스 쿡(Thomas Cook) 회사의 이탈리아·이집트·알프스 등지로 떠나는 여행상품 등은 이들 유한 계층의 유복하고 다소 허례적인 생활양식을 보여주었다. 대도시 주변의 환경 좋은 곳에는 투기꾼들이 중간 계급 고객들의 다양한 구매력 수준에 맞춘 주택을 건설하면서 교외주거지가 발전했다. 일부는 신고딕 양식으로 주문했고, 1860년대와 1870년대에는 좀더 전통적인 사람들이 이탈리아 르네상스 양식을 선호했다. 러스킨의 사

건축에 나타난 사회적 허식

런던의 **세실 호텔**(1890). 기념비적인 제2제정 양식으로 설계된 많은 고급 호텔 중 하나이다.

첼튼엄에 있는 19세기 중엽의 주택. 온천으로 유명한 도시 이미지에 상응하는 품위있는 이탈리아풍 양식이다.

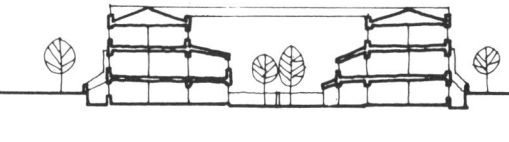

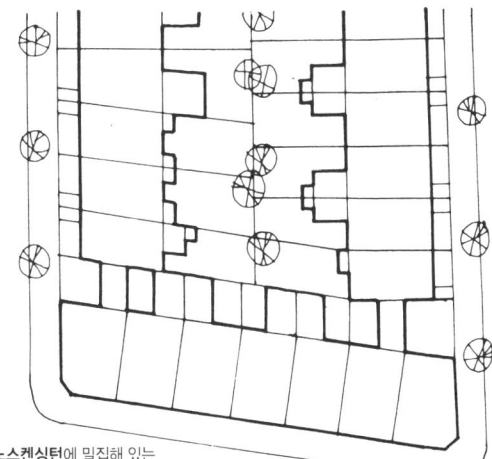

런던 **노스켄싱턴**에 밀집해 있는 테라스 주택. 1860년대에 중하위 주택소유 계층을 겨냥하여 투기 목적으로 건축된 것이다.

0   10m

첼튼엄과 노스켄싱턴, 그리고 다른 많은 곳들과 마찬가지로, 런던 **켄티시 타운**의 테라스 주택들 역시 이탈리아 양식이었다.

상을 주워들어 우드스톡(Woodstock)과 밴베리 로즈(Banbury Roads)에 지은 고딕풍의 주택들은 진보적인 옥스퍼드 신사들을 위한 주택이었으며, 런던의 벨사이즈 파크(Belsize Park)의 치장벽토로 꾸민 대형 빌라나 노스켄싱턴(North Kensington)에 밀집된 테라스 주택 같은 것들은 이탈리아풍 장식으로 치장하여 해외여행의 희미한 추억을 자극하며 증권거래인이나 은행 직원들에게 판매되었다. 발전된 철도수송으로 영국과 유럽 각지에서 유입된 건축재료들이 지역산 재료인 벽돌과 목재를 대체했다. 지역산 벽돌과 남부 잉글랜드산 수제 타일 대신에 유약을 바른 붉은색 벽돌, 황록색 벽돌, 유약을 바른 초록색 타일, 흔해빠진 웨일스산 지붕 슬레이트 등이 사용되었고, 이런 와중에 지방의 벽돌 제조장과 채석장들은 문을 닫았다.

  새로 건설된 지역들 중 대다수가 애초의 의도대로 중간 계급이 정주하지 않고 처음부터 노동자들의 하숙집 지역이 되었다는 사실은 투기적 과정이 시작되었음을 나타낸다. 마르크스의 가족은 켄티시 타운(Kentish Town)이라는 런던의 새로운 교외지역에 있는 그래프턴 테라스(Grafton Terrace)의 한 주택에서 살았는데, 도로는 아직 비포장 상태였고 가로등도 없는 그런 곳이었다. 일 년 집세로 칠십 파운드를 지불했지만 하위 중간 계급의 수준으로 생활하기 위해서는 대부분의 가구들을 저당잡혀야 했다. 평균적인 노동자는 그 정도의 생활도 꿈꿀 수 없었다. 1861년에 런던의 건축 장인은 일주일에 삼십이 실링을 벌었으며, 일 년 집세로 십 파운드도 지불할 능력이 없었다. 그가 선택할 수 있는 것은 자선단체가 운영하는 모델 주거(Model Dwelling)인 다세대 주택의 단칸방에서 일 주일에 삼 실링씩 내고 살든지, 아니면 길 옆 자투리땅에 헛간을 짓고 살든지 하는 것이었다.

붉은 집과 장인적 전통을 회복하려는 노력들

1859년, 빈곤에 시달리던 마르크스가 『정치경제학 요강(*Grundrisse*)』 집필을 끝낸 그 해에 런던 근교 벡슬리히스(Bexleyheath)에는 크고 안락한 중간 계급의 주택 한 채가 지어졌다. 설계자는 이 주택을 이탈리아 양식으로 꾸미지도 않았으며 러스킨 모방자들의 피상적인 고딕 장식도 사용하지 않았다. 대신에 산업화가 파괴해 버린 옛 수공예 전통에 따른 형태를 되살리려고 시도했다. 아카데믹한 견지에서 본다면 이것은 거의 양식이 없는 건물이었다. 약간 중세적인 듯이 보이는 이 주택의 형태는 사용된 재료의 특성으로부터 직접 도출된 것이며, 숙련되었지만 간소한 장인의 작품을 닮으려는 의도로 주의 깊고 솜씨있게 설계되었다. 벽돌로 된 간소한 벽체와 경사가 급한 점토 타일 지붕 때문에 이 주택은 '붉은 집(Red House)'이라고 불렸다. 건축가 필립 웨브(Philip Webb, 1831-1915)는 옥스퍼드에서 스트리트의 설계사무소에서 일했는데, 거기에서 러스킨의 이론들을 ─이론을 감싸고 있는 피상적인 것들이 아니라 바로 그 이론의 본질을─ 이해하게 되었으며, 이를 더욱 진전시키려는 뜻을 품게 되었다. 웨브는 강직하고 냉엄하기까지 한 설계자로서, 학문적 이력이 별로 없어서 양식이 갖는 원래의 맥락에 연연치 않았다. 다만 그 양식이 포함하는 주제가 기능적으로 적정한가만을 기준으로 삼아 어떠한 양식이든 사용하는, 혹은 여러 양식을 혼합하여 사용하는 그런 건축가였다. 거의 전적으로 주택만을 설계했던 웨브는 런던에 팰리스 그린 1호 주택(1 Palace Green, 1868)과 링컨스 인 필드 19호 주택(19 Lincoln's Inn Fields, 1868)을 설계했고, 이 외에도 서리(Surrey)에 있는 졸드윈스 주택(Joldwyns, 1873), 윌트셔(Wiltshire)에 있는 클라우즈 주택(Clouds, 1876), 요크셔의 스미턴 주택(Smeaton, 1878), 서리의 코니허스트 주택(Conyhurst, 1885) 등을 설계했다.

웨브의 뒤를 이어 스트리트 사무소의 실장이 된 사람은 쇼(Richard Norman Shaw, 1831-1912)였다. 그는 웨브와 비슷하게 장인정신과 전통재료의 정직한 사용에 관심을 가졌지만, 양식이라는 맥락에서 웨브보다 훨씬 매력적인 설계를 통해 크게 성공하면서 더욱 다양한 성과를 낳았다. 그는 대부분의 작업을 파트너인 네스필드(Eden Nesfield, 1835-1888)와의 협업 아래 진행하여, 서식스에 있는 레이스 우드 저택(Leys Wood, 1868)과 글렌 안드레드 저택(Glen Andred, 1868), 노섬벌랜드(Northumberland)에 있는 크랙사이드 저택(Cragside, 1870) 등의 컨트리 하우스들, 그리고 켄싱턴에 있는 로더 저택(Lowther Lodge, 1873), 햄스테드에 있는 쇼의 자택(1875),

필립 웨브

웨브(1831-1915).

웨브가 설계한 **붉은 집** (1859-1860, 벡슬리히스)은 토속적 건물로 돌아가려는 19세기의 시도 중에서 가장 의미있는 것이다.

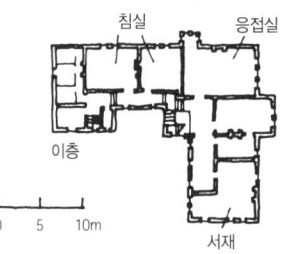

웨브가 설계한 **링컨스 인 필드 19호 주택**(1868)은 그의 접근방식을 잘 보여준다. 양식적 일관성을 거부하고 여러 건축요소들을 혼합하여 사용했다.

버터필드가 설계한 **콜핏히스 목사관**(1844-1845)은 토속적 전통 속에서 설계하려는 좀더 앞선 시도였다.

쇼와 네스필드

쇼(1831-1912).

쇼의 **크랙사이드 저택**(1870)은 노섬벌랜드의 공장주를 위해 '옛 영국' 양식으로 설계한 주택이다.

쇼가 설계한 **레이스 우드 저택** (1868, 서식스)의 자의적이고 비격식적인 평면.

쇼의 우아한 **스완 하우스** (1875, 첼시)는 앤 여왕 양식을 그가 개인적으로 번안한 것이다.

네스필드가 설계한 **킨멜 파크** (Kinmel Park, 1868-1874, 노스웨일스)와 런던 근교 큐에 소재한 작은 하숙집(1867). 경사가 심한 지붕, 높은 굴뚝과 지붕창은 렌(Wren) 시대를 연상시키며, 소위 '앤 여왕' 양식을 확립하는 데 일조했다.

첼시에 있는 스완 하우스(Swan House, 1876) 등 런던의 주택들을 설계했다. 그는 런던에 뉴질랜드 회관(New Zealand Chambers, 1872)과 뉴스코틀랜드 야드(New Scotland Yard, 1886) 같은 상업건물들도 설계했으며, 1870년대에 세계 최초의 전원교외로 개발된 런던 서부의 베드퍼드 파크(Bedford Park) 역시 그가 설계했다.

19세기 중반부터 육십여 년 간, 영국에서 시작하여 유럽 대륙 및 미국에서 진보적인 건축가들은 비격식적이고 유기적인 설계의 장점을 되살리고 산업화 이전의 전통적 형태들을 창조적으로 재사용하려는 노력을 기울이고 있었다. 붉은 집이 이러한 운동의 전개에서 상징물이었는데, 이는 비단 건축적 특징 때문만이 아니었다. 건축적으로 본다면 붉은 집은 최초의 것이 아니었다. 예를 들어 퓨진이 램스게이트(Ramsgate)에 지은 그의 자택(1841-1843)이나 버터필드가 콜핏히스(Coalpitheath)에 설계한 목사관(1844-1845)은 붉은 집보다 앞서 정직한 장인정신을 되살리려 했던 시도였다. 더욱더 중요하고 영향력이 있었던 것은 붉은 집이 출현하게 된 철학적 배경이었다. 이러한 철학을 만들고 발전시킨 것은, 붉은 집의 소유주였고 웨브의 친구였으며 쇼를 비롯한 여러 건축가들의 동료이면서 19세기의 가장 중요한 예술 및 건축 이론가였던 한 사람, 즉 윌리엄 모리스의 작업이었다.

윌리엄 모리스

윌리엄 모리스(William Morris, 1834-1896)는 유복한 중간 계급의 가정에서 태어났다. 말버러 학교(Marlborough public school)에서 수학했지만 여기에서는 시골과 낡은 교회를 사랑하게 된 것 외에는 별로 배운 것이 없었다. 이후 옥스퍼드에서 러스킨과 칼라일을 공부하고 화가 번-존스(Burne-Jones)와 우정을 쌓으며 1850년대의 윤리적 가치관을 극도로 혐오하게 되었다. 번-존스와 라파엘 전파 화가들, 그리고 젊은 모리스에게 이러한 혐오는 중세에 대한 매료로 표출되었다. 그러나 모리스는 곧 중세주의가 공허하고 부적절한 것임을 깨달았다. 퓨진과 신고딕주의 건축가들, 라파엘 전파 화가들에게는 영원한 목적지였던 것이 모리스에게는 출발점에 불과했다. 그들이 적으로 삼았던 것은 19세기 산업주의와 그것이 가져온 불결함과 추함이었지만, 모리스가 적으로 여긴 것은 착취와 소외를 통해 그러한 것들을 초래한 자본주의 자체였던 것이다.

1859년에 모리스가 버든(Jane Burden)과의 결혼생활을 위해 건축한 붉은 집은 그의 원칙에 따라 설계되었다. 붉은 집을 짓고 난 후, 가식적이거나 위선적—자본주의가 생산하는 모든 것이 그랬던 것처럼—이지 않은 가구와 장식을 원했던 그는, 자신과 다른 사람들을 위해 정직하고 솜씨있는 가구와 벽지, 직물을 생산하고자 1861년에 '모리스·마셜·포크너 상회(Morris, Marshall, Faulkner & co.)'를 설립했다. 나중에 그는 스테인드글라스·책·태피스트리·카펫 등도 생산했는데, 재료의 특성을 강조한 양식화한 이차원 디자인을 개성있게 사용하면서 당시 기계생산된 디자인의 과장된 명암대조법과는 뚜렷이 대비되는 제품들을 생산했다. 그는 디자이너로서 국제적인 명성을 얻었으며 이러한 명성은 「지상의 낙원(The Earthly Paradise)」(1868)처럼 대부분 역사적 주제를 다룬 그의 서사시에 의해서, 그리고 1877년 고대건축보존협회(Society for the Protection of Ancient Buildings)를 설립함으로써 더욱 높아졌다. 그러나 그는 이러한 성공들에 만족하지 못했다. 그는 특히 자본주의가 수제품을 비쌀 수밖에 없도록 만들면서, 자신의 상회를 부자들에게 매력적인 상품을 납품하는 업소로 만들어 버리고 있음에 분노했다.

이러한 그의 문제 제기는 이제까지 종종 오해되거나 잘못 설명되는 경우가 많았다. 모리스는 근대 자체를 증오한 사람으로서 중세적 유토피아 같은 사회를 만들려는 가당치 않은 일에 집착했으며, 더 많은 대중에게 예술을 향유케 하려는 그의 시도가 좌절된 것은 기계생산에 대한 그의 편파적인 증오 때문이었다고 보는 견해가 아직도 적지 않다. 그러나 이는 사실과 거리가 멀다. 그는 근대 자체를 증오한 것이 아니라 그 시대의 힘이 특권 계급에 의해 착취당하는 것을 증오했다. 그는 과거보다는 다가올 미래에 대해 고민했다. 그에게 중세는, 평범한 인간이 자신을 뭉개 버리는 자본주의 앞에서 할 수 있었던 것들을 보여준, 그리고 이 시대에 다시 한번 할 수 있는 것이 무엇인가를 보여주는 거대한 상징 같은 것이었다. 또한 기계를 증오하기는커녕 당대 유명한 사회비평가 중에서 거의 유일하게 기술이 인간을 고역으로부터 해방하고 더 나은 세상을 창조할 수 있는 잠재력을 갖고 있음을 인식했던 사람이었다. 그가 말했듯이 "우리 시대는 과거 사람들이 무모한 꿈으로밖에 생각하지 못했던 기계를 발명했지만, 아직 이들 기계를 제대로 사용하지 못하고 있는" 것이었다. 그에게 '사용'은 사회적 사용, 즉 소수의 이익을 위해 오용하는 것이 아니라 다수의 이익을 위해 사회적으로 활용하는 것을 의미했다.

사람들이 예술을 향유하도록 하기 위해서는 기계생산이 불가피하다는 생각은 자본주의자들의 생각일 뿐이다. 모리스에게 예술이란 엘리트만 추구하는 것이거나 기업가가 팔고 다니는 상품이 아니라 모든 인간에게 필수적인 자기개발 행위였다. 전체 공동체의 이익을 위해 의사결정이 이루어지는 사회에서만 보통사람들이 자신들의 잠재적 능력을 충분히 발휘하여 자기 자신의 솜씨를 개발할 기회를 가질 수 있는데, 자본주의는 이러한 사회를 만들어낼 수 없으리라는 것이 명백했다. 1878년에서 1883년 사이에 모리스는 정치적 활동의 필요성을 자각했는데, 처음에는 당시의 '동방 문제(Eastern Question)'[30]에 대한 분노 때문이었고, 그후에는 사회주의에 대한 관심이 급속히 깊어지면서 자유주의란 중간 계급만을 위한 윤리임을 인식하게 되면서부터였다. 비로소 그가 이제껏 지향해 온 일들을 이치에 맞게 이해할 수 있었다. 그는 칼라일과 러스킨의 전통을 더욱 역동적이고 적극적으로 진전시키면서 자신의 생각과 활동을 비판적 틀로 구성하기 시작했다. 지적 용기를 가진 사람들만이 끌어안을 수 있는, 말로 표현할 수 없는 삶의 풍요로움을 느끼면서 말이다. 그를 이러한 방향으로 이끈 것은 러스킨이었지만, 자신이 속한 부르주아 세계를 박차고 —그가 '불의 강(River of Fire)'이라고 불렀던 그 경계를 넘어서— 인류와 대중에게 다가가고자 했던 사람은 모리스뿐이었다. 그리고 이를 통해 모리스는 전적으로 노동자 계급의 이익을 대변하는 인물로서 국제적 입지를 획득한 최초의 위대한 창

윌리엄 모리스

모리스(1834–1896).

모리스의 창문 디자인. 브라이턴에 있는 세인트 미카엘 앤드 올 에인절스 교회(Church of St. Michael and All Angels)에 **성수태고지**를 디자인한 것이다.

성모 마리아에서 이졸트(Iseult)까지, **제이니 모리스**(Janey Morris)는 라파엘 전파 회화의 모델로 자주 등장했다.

'작은 나무'로 알려진 패턴으로 만든 모리스의 **해머스미스 카펫**.

모리스 상회의 가구. 웨브와 모리스가 디자인한 **동제 촛대**, **참나무 탁자**, 나무와 골풀줄기로 만든 의자.

모리스가 디자인한 민주연맹의 회원 카드, 그리고 공동설립자의 한 사람인 **엘리노어 마르크스**.

조적 예술가가 되었다. 1883년에 그는 하인드먼(Hyndman)이 이끈 영국사회민주연맹(British Social Democratic Federation)에 참여했으며, 같은 해에 마르크스의 『자본론(*Das Kapital*)』을 읽었다. 1885년 사회민주연맹이 분열되면서 마르크스(Eleanor Marx)·에이블링(Edward Bibbins Aveling)·백스(Belford Bax) 등과 함께 사회주의자동맹(Socialist League)을 결성했으며, 기관지인 『공공복지(*The Commonweal*)』에 글을 쓰기 시작했다. 이때부터 그의 모든 활동과 저작—그의 편지들, 정치적 저술과 연설, 그리고 두 편의 소설 『존 볼의 꿈(*A Dream of John Ball*)』(1886)과 『유토피아에서 온 소식(*News from Nowhere*)』(1891) 등—은 계급투쟁을 위한 것이었다.

『유토피아에서 온 소식』은 미래세계를 시각적 이미지로 표현한 것으로도 유명한데, 이는 시인으로서의 모리스가 억제할 수 없었던 이상을 표출한 것이었다. 여기에 표현된 이미지들은 편협한 유토피안적 감상으로 특정한 사회의 모습을 그린 것이 아니라 공산주의 사회의 다양하고 풍부한 가능태들을 예시하기 위해 선택된 것들이었다. 그는 생태적으로 조화로운 전원과 다양한 유형의 주택들, 그리고 누구에게나 열려 있는 학습장소를 묘사했다. 공동체 정신을 강조하고 있지만 이는 궁극적으로 개인의 성장을 북돋는 것을 목적으로 했다. 진정한 개인주의란 각 개인이 공동체 정신에 기여하는 것을 가치있게 여기는 사회에서만 가능하기 때문이다. 엥겔스의 공상적 사회주의와 과학적 사회주의의 구분에 따른다면 모리스는 의심할 여지 없이 과학적 사회주의자로서, 『자본론』의 역사분석이 갖는 힘에 탄복하며 그것이 제시한 방법론에 의지했다. 비록 "그 위대한 순수 경제학 저작을 읽느라 머리가 혼란스러웠던 고통"을 고백하긴 했지만 말이다. 그는 더 나은 미래로 가는 길은 계급투쟁과 혁명을 통해서만 열린다는 것을 확신하고 있었다.

그가 사회주의를 발견했던 시기는 1873년에서 1896년 사이의 대불황기로서, 세계 자본주의가 일찍이 겪어 보지 못했던 최악의 위기였으며 모든 노동자들이 실업과 곤궁에 시달렸던 시기였다. 경기후퇴는 정치적 경제적 긴축정책을 가져왔고 중간 계급을 원래의 진보적 역할에서 서둘러 멀어지게 만들었다. 중간 계급의 지지로 토리당이 집권하면서 정책은 급격히 우경화하여 강력한 반노동조합 법률들이 제정되는가 하면, 축소된 시장을 확대하기 위해 해외 식민지를 확보하려는 필사적인 노력이 진행되었다. 혁명의 시기가 무르익어 갔으며 모리스는 많은 사람들을 사회주의로 전향시키는 데 한몫을 담당했다. 1886년 런던 웨스트엔드에서의 폭동, 1887년 트라팔가 광장의 '피의 일요일', 1889년 부두 파업 등 혼란의 와중에 좌파는 모리스의 혁명적 철학과 하인드먼의 개혁주의로 양분되어 있었다. 이 중 세력이 커진 것은 후자였다. 경기후퇴는 가난한 노동자들에게 심한 타격을 주었지만 높은 보수를 받는 노동자들까지 혁명에 가담시킬 정도는 못 되었던 것이다.

당분간 노동운동의 주된 목표는 자본주의 체제 안에서 세력을 잡는 것으로 한정될 형국이었다. 그런 와중이라면 마르크스주의의 비판은 무시되고 모리스 역시 이상주의적 용기를 잃어버릴 만했다. 그러나 모리스가 말했듯이 새로운 사회를 창조하는 데에는 정치적 힘만큼이나 비판정신과 용기가 필요했다. 별로 놀랄 일도 아니지만 모리스의 건축적 추종자들은 그의 메시지 전부를 이해하지 못했으며, 그의 정치사상과 한데 얽혀 있는 그의 예술적 사상은 의도적으로 따로 분리되었다. 웨브는 그를 따라 사회주의자가 되려 했지만, 역설적이게도 그가 정립한 건축원리는 쇼와 다른 여러 건축가들에 의해 그가 경멸했던 바로 그 세계를 영속화시키려는 공공건축과 상업건물의 설계에 사용되었다. 오늘날에도 우리는 모리스의 저작 중 몇몇만을 다루면서 그의 사상의 핵심을 의도적으로 무시해 왔다. 우리는 그를 단순히 벽지나 커튼 디자이너로만 간주해 왔는데, 이는 그의 주장들이 우리를 너무 당혹스럽게 만들기 때문이다. 풍요롭고 불평등한 사회에 맞선 그의 영원한 싸움은 오늘날까지 계속되고 있다.

나는, 문명화한다는 것은 평화와 질서와 자유를, 사람과 사람 사이의 선의를, 진실성에 대한 사랑을, 그리고 불공평에 대한 증오를 달성하는 것, 그럼으로써 양육되는 삶을, 겁나고 공포를 느끼게 하는 일 없이 소소한 일들로만 가득 찬 삶을 달성하는 것을 뜻한다고 생각했다. 즉 문명화한다는 것은 더 많은 푹신한 의자와 쿠션, 더 많은 카펫과 가스, 더 많은 고기와 술을 뜻하는 것이 아니며, 더더구나 계급과 계급 사이에 더 큰 차이가 생기는 것을 뜻하는 것이 아니라고 생각했다. ─콜(G. D. H. Cole) 편, 「삶의 아름다움(The Beauty of Life)」『윌리엄 모리스 저작선(*William Morris: Selected Writings*)』, pp.560-561.

개인의 자유와 창조적 협동의 세계는 실제적으로 성취될 수 있다는 것, 그러나 그것은 사회혁명이라는 수단을 통해서만 가능하다는 것, 이것이 모리스가 이야기하고자 했던 핵심이다.

권력에의 의지[31]
The will to power

19세기 후반의 유럽과 미국

오스트리아와 프로이센

1858년 프란츠 요제프(Franz Josef) 황제는 나폴레옹 삼세를 본받아 빈 중심부 재건사업에 착수했다. 중세도시의 성벽은 환상 도로인 링슈트라세(Ringstrasse)로 대체되었는데, 이 환상 도로는 도시 중심부를 말발굽형으로 둘러싸는 방어 목적의 가로였다. 도시 중심부에 터져 있는 나머지 한쪽 면은 다뉴브 운하가 막고 있다. 노동자 계급의 주거지가 호프부르크 왕궁(Hofburg)을 비롯한 공공건물과 궁전에 인접해 있었던 이 도시는 1848년 혁명 당시 끊임없는 폭동으로 들끓었다. 이제 링슈트라세가 오픈 스페이스와 의사당, 대학, 시청, 증권거래소, 오페라 하우스 등의 공공건물들에 나란히 들어서면서 의전적인 도시 중심부와 새로운 교외주거지ㅡ바로 인근에는 중간 계급의 주거지가 들어서고 노동자 계급의 주거지는 또 다른 환상 도로로 분리되면서 더 멀리 들어선ㅡ의 경계를 형성했다.

  도시 안에 평화를 유지하려는 프란츠 요제프 황제의 노력은 오스트리아의 정치적 재건을 위한 강력한 기획의 일부분이었다. 분열되어 가는 제국을 결속시키려는 의도에서 그는 반항적인 헝가리인들에게 자율권을 증진시켜 주었으며 제국의 이름을 오스트리아-헝가리 제국으로 바꾸었다. 대외적으로는 아직 강력한 힘을 발휘하고 있던 그였지만, 그의 나라는 구체제적 사고와 태도에 묶여 있었다. 이와는 대조적으로 당시 프로이센은 군사적 힘을 실질적으로 좌우하는 요소인 산업화에 전념하고 있었다. 한센(Theophil von Hansen)이 설계한 하인리히쇼프(Heinrichshof, 1861-1863) 같은 호화로운 아파트를 건설하는 데에 열중했던 쾌락주의적인 빈의 상류 계급과는 달리, 프로이센은 철도와 강철, 그리고 군비 증강에 막대한 투자를 하고 있었다. 1866년 아주 짧은 전쟁 끝에 프로이센은 자도바(Sadowa)에서 오스트리아에게 결정적인 패배를 안기면서 새로운 독일을 이끄는 확고한 위치를 차지했다.

비스마르크의 독일

독일의 군사적 강성함을 거론할 때, 1862년에 재상으로 취임한 비스마르크(Otto von Bismarck, 1815-1898)를 빼놓을 수 없을 것이다. 하지만 그 강성함 자체의 기초가 된 것은 독일의 경제였다. 관세동맹·화폐개혁·철도 그리고 군사적 모험까지 이 모든 것이 독일의 경제적 통합을 겨냥한 것이었으며, 바로 그것이 비스마르크의 일차적 관심사였다. 과학 연구와 기술적 응용은 산업 시스템의 확대와 다양화를 가능하게 했다. 바이어(Friedrich Bayer)는 새로운 염색기술의 개발(1860)과 의약품·사진재료·플라스틱 제조기술의 발전에 기여했고, 지멘스(Werner von Siemens)는 가로등·공장·전차를 위한 전기 발전에 사용되는 발전기를 발명했다(1866). 인을 함유한 광석을 녹여 독일에 부족한 무인(無燐) 광석을 보충할 수 있도록 해준 길크리스트-토머스 처리법(Gilchrist-Thomas process, 1878)과 다임러(Gottlieb Daimler)의 자동차(1883) 역시 이 시기의 중요한 발명으로 꼽을 수 있다. 이들의 연구·설계·기술·산업생산이 연계하여 빚어낸 최종 성과는, 베를린의 에겔(Egell) 철강 및 토목회사와 보르지히(Borsig) 기관차 제조회사, 뉘른베르크의 클레트(Klett) 기관차 제조회사, 에센의 크루프(Krupp) 철강회사 등 거대 기업연합의 성장이었다. 그들은 모두 금속제조나 철도건설에서 구조용 강철재, 증기선, 무기 등의 생산으로 급격히 확대되고 다변화했다. 좀더 기능적인 방향으로 투자와 지적 노력을 집중함에 따라 건축양식이 평범하고 파생적으로 되어 갔다는 사실은 놀랄 일이 아니다. 하이제(Heise)가 드레스덴에 설계한 군인병원(1869)과 라슈도르프(Julius Raschdorf)가 설계한 쾰른의 오페라 하우스(1870-1872)로 대표되는 파리 제2제정 양식에서부터, 히치히(Hitzig)가 싱켈풍으로 설계한 베를린

빈과 베를린

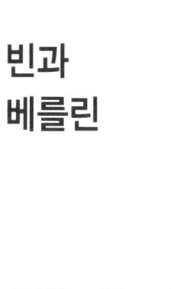

페르스텔(Ferstel)의 **포티프 성당** (Votivkirche, 1856–1879)과 한센의 **하인리히쇼프** (1861–1863)는 프란츠 요제프 치하의 빈을 특징짓는 건축물이었다.

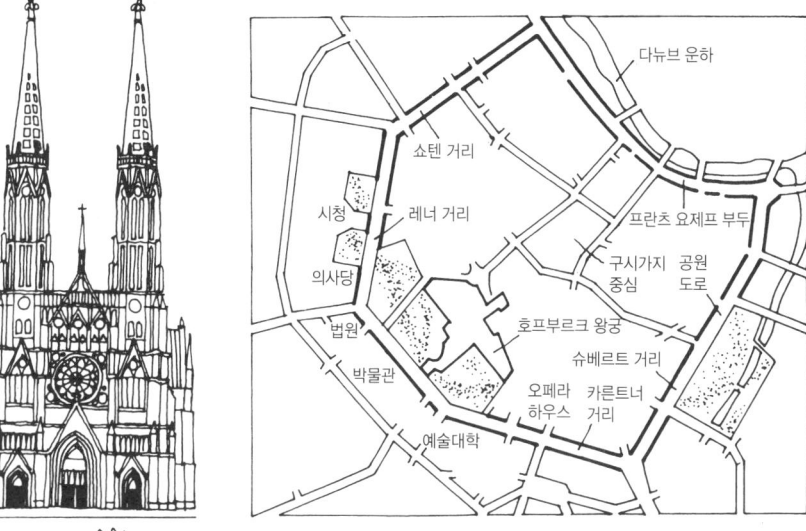

1858년에 시작된 환상 도로 건설 후의 **빈**.

비스마르크.

1860년대의 **관세동맹**.

라슈도르프가 제2제정 양식으로 설계한 **쾰른의 오페라 하우스** (1870–1872).

역시 제2제정 양식인, 히치히(Hitzig)가 설계한 **베를린 증권거래소** (1859–1863).

증권거래소(1859-1863)에 이르기까지 말이다. 그러나 양식보다 중요한 것은, 공업기술이 철제나 강철제 골조, 난방 시스템, 승객용 승강기 등의 형태로 전통적 외관의 건물들에 도입되었다는 것이다. 옛 양식과 신기술이 가장 성공적으로 결합한 사례는 슈베흐텐(Franz Schwechten, 1841-1924)이 설계한 베를린의 안할터 철도역(Anhalter Bahnhof, 1872-1880)이었다.

1875년 고타(Gotha)에서 독일사회민주당(Social Democratic Party, SPD)이 결성되었다. 독일사회민주당은 마르크스주의자인 리프크네히트(Liebknecht)보다는 라살(Lassalle) 일파의 온건한 정책에 의해 주도되었다. 마르크스는 새로운 정당이 전통 지주 계급에 저항하기보다는 이들과 연합하려 한다며 실망감을 토로했다. 영국에서처럼 급격히 성장한 도시에서는 가난한 주거지와 질병이 만연했으며, 긴 노동시간과 아동노동 등 노동조건 역시 열악했다. 착취에 대항한 투쟁을 통해 마르크스주의자들은 세력이 강해졌고 1890년에는 이들이 사회주의 운동의 주도권에 도전할 정도가 되었지만, 투쟁의 성과로 식량·의복·노동조건이 개선되면서 노동자들 속에서 혁명의 열기가 식어 버렸다.

비스마르크 정부가 노동자들에게 행한 양보는 산업의 개편을 지향한 커다란 정책 줄기의 일부분이었다. 발전을 제약하는 법률을 개혁했으며 수익성이 불안한 산업을 국유화하고, 장기대출을 장려하기 위해 은행제도를 발전시켰다. 여러 분야의 교육, 특히 기술교육을 촉진했으며 농업의 보호를 통해 독일 내에서 식량을 자급자족할 수 있도록 했고, 소모적 경쟁을 줄이기 위해 기업연합을 장려하여 대내적으로는 독점자본주의를 성립시키고 대외적으로는 수출경쟁력을 높였다. 이 모든 조치가 영국과는 대조적이었는데, 영국은 새로운 기술 채용에 소극적인 채 기업간 경쟁을 선호하며 국가의 개입에 저항한 결과, 대불황기 동안 산업기반이 쇠퇴하여 이후로는 더 이상 초창기의 강성함을 회복하지 못했다. 독일 산업혁명에서 가장 기이한 사회적 특징은 그것이 갖는 강력한 귀족주의적 성격이었다. 1848년 이후 오스트리아와 독일 모두 부르주아 계급이 정치적 주도권을 잡지 못한 채 지주 계급이 옛 권력을 다시 차지했는데, 특히 프로이센이 그러했다. 중간 계급이 공업국가를 이룩할 수 있었던 것은 지주 계급의 권능을 통해서였다. 공업 노동력의 공급원인 소작농을 지배함으로써 근로형식을 결정한 것이 바로 지주 계급이었던 것이다.

바이에른·바그너·니체

이 시기의 건축은, 크루프[32]와 다임러 벤츠의 세계에서 시대착오적인 루리타니아적(Ruritanian)[33] 생활을 지속하고 있던 권세있는 귀족들과 소공자들의 저택과 궁전으로 가득 찼다. 가장 볼 만한 사례는 프로이센이 아니라 바이에른에, 괴팍한 건축주였던 왕 루트비히 이세(1845-1886)를 위해 건축가 돌만(Georg von Dollman, 1830-1895)이 건축한 것이었다. 왕은 자신의 약동하는 건축 아이디어들을 실현하기 위해 막대한 돈을 쏟아부었고 돌만은 그것을 실현시키는 대리인에 지나지 않았다. 돌만의 설계로 오버아머가우(Oberammergau) 인근에 건축된 린더호프 궁(Schloss Linderhof, 1845-1886)은 노이만(Neumann)과 피셔(Fischer)[34]의 풍요로운 바이에른 바로크 양식에 따른 한 편의 수필과 같은 건물이었으며, 베르사유 양식으로 건축된 헤렌킴제(Herrenchiemsee, 1878-)는 루트비히 이세가 자신을 루이 십사세와 동일시하면서 건축한 것이었다. 가장 환상적인 건물은 퓌센(Füssen)의 노이슈반슈타인 성(Neuschwanstein, 1869-1881)으로, 산기슭에 건축된 중세 플랑부아양(flamboyant) 양식의 이 건물은 바그너의 오페라 「니벨룽의 반지(Der Ring des Nibelungen)」에 대한 루트비히의 낭만적인 응답이었다. 음악에 심취했던 루트비히는 1864년 바그너의 후원자가 되었는데, 그의 목적 중 하나는 거대한 음악극을 바그너의 생각대로 공연할 수 있도록 하는 것이었다. 뉘른베르크 인근 바이로이트(Bayreuth)에 건축된 축제극장(Festspielhaus)은 작곡가가 일부러 자신의 작품을 위해 설계했다는 점에서 유례가 없는 오페라 하우스였으며, 1876년 개관하여 「니벨룽의 반지」를 최초로 전막공연으로 상연했다.[35] 이 건물은 엄격하고 혁명적인 바그너의 예술철학을 구현한 것으로, 파리의 오페라 하우스가 장엄했던만큼이나 엄숙한 건물이었다. 모든 노력은 극에 집중했다. 실내는 검소하고 장식 없이 구

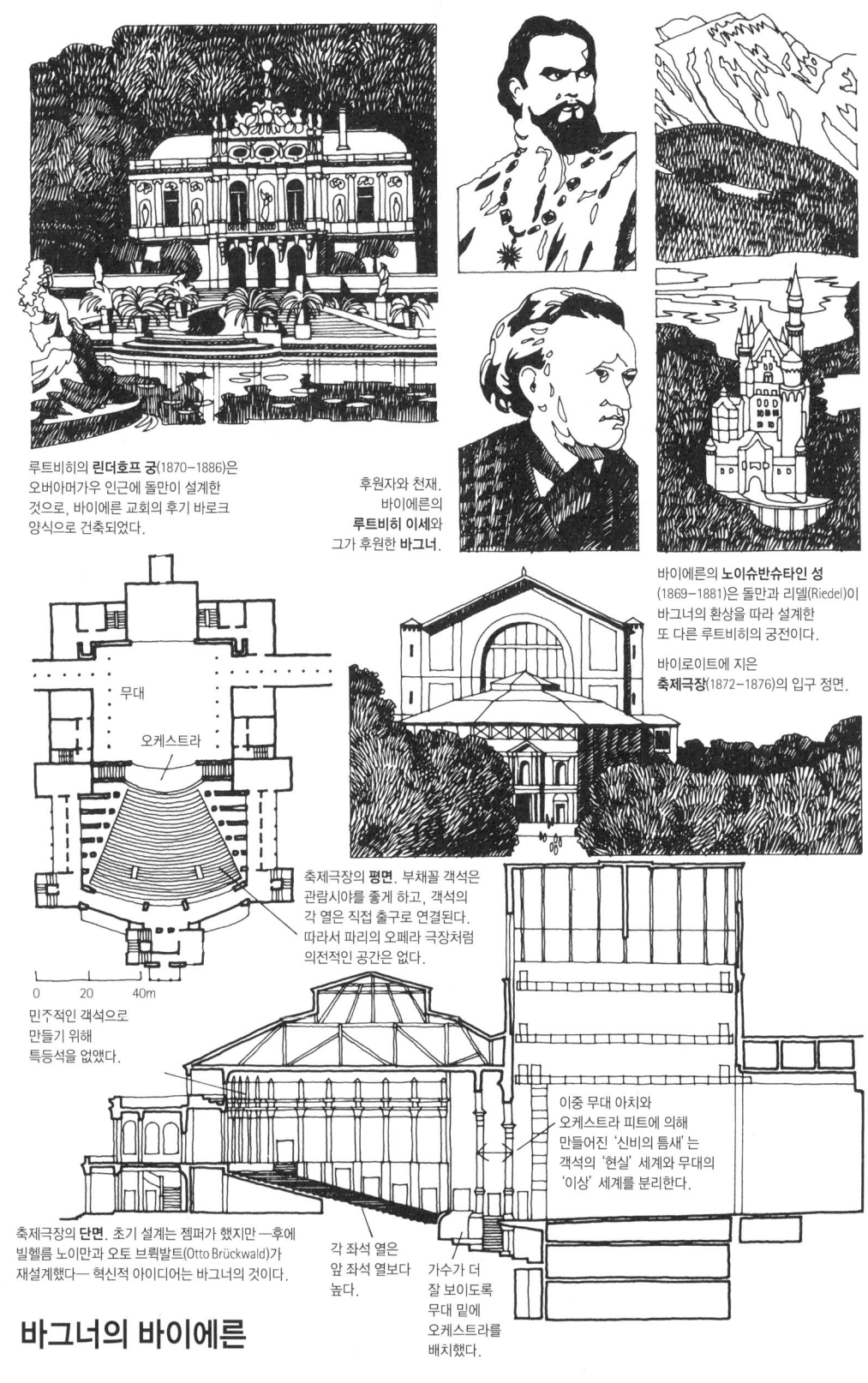

루트비히의 **린더호프 궁**(1870–1886)은 오버아머가우 인근에 돌만이 설계한 것으로, 바이에른 교회의 후기 바로크 양식으로 건축되었다.

후원자와 천재. 바이에른의 **루트비히 이세**와 그가 후원한 **바그너**.

바이에른의 **노이슈반슈타인 성** (1869–1881)은 돌만과 리델(Riedel)이 바그너의 환상을 따라 설계한 또 다른 루트비히의 궁전이다.

바이로이트에 지은 **축제극장**(1872–1876)의 입구 정면.

축제극장의 **평면**. 부채꼴 객석은 관람시야를 좋게 하고, 객석의 각 열은 직접 출구로 연결된다. 따라서 파리의 오페라 극장처럼 의전적인 공간은 없다.

민주적인 객석으로 만들기 위해 특등석을 없앴다.

이중 무대 아치와 오케스트라 피트에 의해 만들어진 '신비의 틈새'는 객석의 '현실' 세계와 무대의 '이상' 세계를 분리한다.

축제극장의 **단면**. 초기 설계는 젬퍼가 했지만 —후에 빌헬름 노이만과 오토 브뤽발트(Otto Brückwald)가 재설계했다— 혁신적 아이디어는 바그너의 것이다.

각 좌석 열은 앞 좌석 열보다 높다.

가수가 더 잘 보이도록 무대 밑에 오케스트라를 배치했다.

바그너의 바이에른

성되었다. 특등 칸막이 좌석을 없애 버리고 모든 좌석이 무대를 향하도록 했다. 늦게 입장하거나 공연 중에 대화하는 것을 금했으며, 극장으로서는 최초로 상연시간 중에 객석의 조명을 꺼서 어둡게 했다. 심지어 오케스트라도 바그너가 설계한 음향판(Schalldeckel) — 오케스트라의 음향을 확산시키고 무대를 돋보이게 하기 위해 설치한 곡면 목조 음향조절 장치 — 뒤에 숨겨서 보이지 않도록 했다.

극의 진행과 연출기법의 발전은 물론, 다른 여러 작곡가들과 작가들에게까지 미친 바그너의 지대한 영향은 서양철학에서 주요한 부분을 점했던 니체(Nietzsche)의 작업에도 배어들었다. 개인의 발전을 통해 새로운 사회를 창조한다는 니체의 개념은, 사회변혁을 통해 개인의 해방을 추구한 마르크스와 직접적으로 상반되었다. 니체는 사회주의에 전적으로 반대했다. 그에게 민주주의란 평범함을 뜻할 뿐이었으며, 그의 주된 관심사는 하나의 종(種)으로서의 인류를 더 높은 수준으로 향상시키는 것이었다. 그가 보기에 역사란 질투심 많은 대중이 그들 가운데 인간을 발전시킬 수 있는 유일한 존재인 위인을 파멸시키는 일을 반복하는, 유감스러운 줄거리를 갖는 이야기였다. 이는 열등한 자들의 질시와 탐욕으로 죽임을 당하는, 바그너의 영웅적이고 결백한 지그프리트(Siegfried) 이야기[36]와 완전히 일치했다. 니체의 해결책은 초인(Übermensch) 개념으로서, 이는 '권력에의 의지(will to power)'를 발휘하여 사회를 진전시킬 수 있는 엘리트 그룹을 유전학적으로, 그리고 지적으로 개발해야 한다는 것이다. 그는 의도적으로 윤리학을 종교의 금욕적 도덕으로부터 분리시킴으로써 초인이라는 개념에 의해 개인적 가치규범을 결단할 수 있도록 했다. 이러한 사상은 20세기까지 서양사상에 지속적으로 영향을 미쳤다. 야심가와 파렴치한이 왜곡하기 쉬운 이 사상은 엘리트주의와 귀족정치에 대한 지적 존경심을 강화하면서 유럽 독재자들의 승계를 은연중에 정당화했다.

강자의 세상과 엘리트주의 건축
그러나 기독교 교리를 믿는 자들에게는 그러한 자기 정당화가 쉽지 않았다.

서구문명은 종교를 기초로 형성되었다. 종교에 따르면 이 세상은 가난하고 온유한 자들의 것이어야 했지만, 서구의 경제체제는 오직 부자와 권력자만을 비호하고 있었다. 여기에 부합하는 한 가지 방법은 실제로 그렇게 하지 않으면서 이론상으로만 기독교적 가치를 고수하는 것이다. 착취체제 속에서 개인적 자유를 찬양하는 것, 소비사회에서 간소하고 소박한 생활을 숭상하는 것, 개인을 뭉개 버리는 독점경제 속에서 자기개발을 이상화하는 것 등이 그런 것이다. 스펜서(Herbert Spencer)와 다윈(Charles Darwin)의 저작은 이러한 정당화를 더욱 고무했다. 니체는 약자에 의해 파괴되는 강자의 모습을 보이려 하면서 개발해야 할 새로운 인종에 대한 그의 희망을 개진한 반면에, 다윈이 『종의 기원(*The Origin of Species*)』(1859)에서 서술한 자연도태의 원리는 강자가 세상의 자연적 승계자임을 보여주었다. 생물학적 주장을 도덕적 주장으로 바꾸어 한 집단이 다른 집단을 경제적으로 지배하는 것을 정당화함으로써, 자본주의가 자연적인 창조 질서의 한 부분인 것처럼 보이게 했던 것이다.

건축에서 이러한 철학적 주장들은 사회적으로 지적 엘리트주의를 지향하는 건축가 직업의 일반적 경향을 강화했고, 모리스가 칭했듯이 "주어진 목적에만 진력하기 위해 보통사람들의 흔한 문제 따위에는 신경을 빼앗기지 않게 조심스레 보호되는 그런 위대한 건축가"가 되기를 꿈꾸는 일을 장려하는 쪽으로 영향을 미쳤다. 계획·구조설계·기계설비, 그리고 계약관리 업무가 점점 더 복잡해지면서 건축은 보통사람들의 능력 밖에 있는, 전문성을 요하는 과업이 되었다. 더 규모가 크고 더 높은 건물을 경쟁자보다 빨리 값싸게 건축할 것을 요구하는 자본주의가 이러한 상황을 만들어낸 것이다. 자본주의는 또한 급속한 변화를 가져왔다. 성장을 위해서는 지속적인 재투자가 필요했고 따라서 기술은 금세 진부한 것이 되어 버렸다. 건물의 유효수명은 점점 짧아졌고 도시는 유례없는 속도로 모습을 바꾸었다. 성공한 건축가나 공학기술자는 그러한 무거운 부담 속에서도 과업을 잘 수행해 나가는 자신의 능력에 확신을 갖게 되었으며, 자신이 경제체제의 필수적인 부분이라는 사회적 자신감을 갖게 되었다. 기술은 자본주의의 성공을 보여주는 가시적인 신호로서, 사람들은 이에 매료되었다. 기술자에게는 자신의 거대한 꿈을 실현시킬 수 있게 해준다는 점에서 그러했으며, 보통 사람들에게는 마르크스와 엥겔스가 말했듯이 "이집트의 피라미드, 로마의 수도교, 고딕 대성당을 훨씬 능가하는 경이로움"을 보여준다는 점에서 그러했다.

미국 건축의 활력과 절충주의

미국에서는 구조개념이 더욱 모험적으로 전개되면서 매우 전통적인 외형을 가진 건물에서조차 새로운 재료와 기술을 사용했는데, 이는 영국에서는 아직 드문 일이었다. 월터(Thomas Walter)의 설계로 워싱턴에 있는 의사당에 부가된 거대한 신고전주의 돔(1855-1865)은 주철이 아니면 건설할 수 없는 건물이었다. 미국에서는 건축과 공학이 가진 철학의 차이가 영국보다 덜했다. 당시 미국의 가장 중요한 건축가 세 명은 공학 프로젝트도 똑같은 솜씨로 수행할 능력이 있는 건축가들이었다. 필라델피아의 증권거래소(1834)와 워싱턴의 미국 조폐국(1829-1833)을 설계한 스트릭랜드(William Strickland, 1788-1854)는 운하·철도, 그리고 델라웨어의 방파제 건설을 담당했던 엔지니어이기도 했다. 스트릭랜드처럼 엔지니어로서 러트로브의 수제자였던 밀스(Robert Mills, 1781-1855)는 미국 재무성(1836-1839)·특허청(1836-1840)·체신국(1836-1840)을 설계했는데, 모두 워싱턴에 신고전주의 양식으로 건축된 건물들이었다. 그는 워싱턴 기념탑(1836-1884)을 설계하기도 했으며, 이 기념탑은 백색 화강암으로 된 높이 백칠십 미터의 거대한 오벨리스크로서 한동안 세계에서 가장 높은 구조물이었다. 엔지니어의 아들인 렌윅(James Renwick, 1818-1895)은 워싱턴의 스미스소니언 재단 건물(1846), 뉴욕의 세인트 패트릭 성당(St. Patrick's Cathedral, 1853-1887), 그리고 배서 대학(Vassar College, 1865)을 설계했다. 컴벌랜드(W. C. Cumberland)가 설계한 토론토 대학 건물(1856-1858)은 스미스소니언 재단 건물의 낭만적인 로마네스크 양식에서 영감을 얻은 것이었다. 당시 캐나다에 건축된 건물 중에서 가장 찬란했던 것은 풀러(Thomas Fuller, 1822-

미국의 신고딕

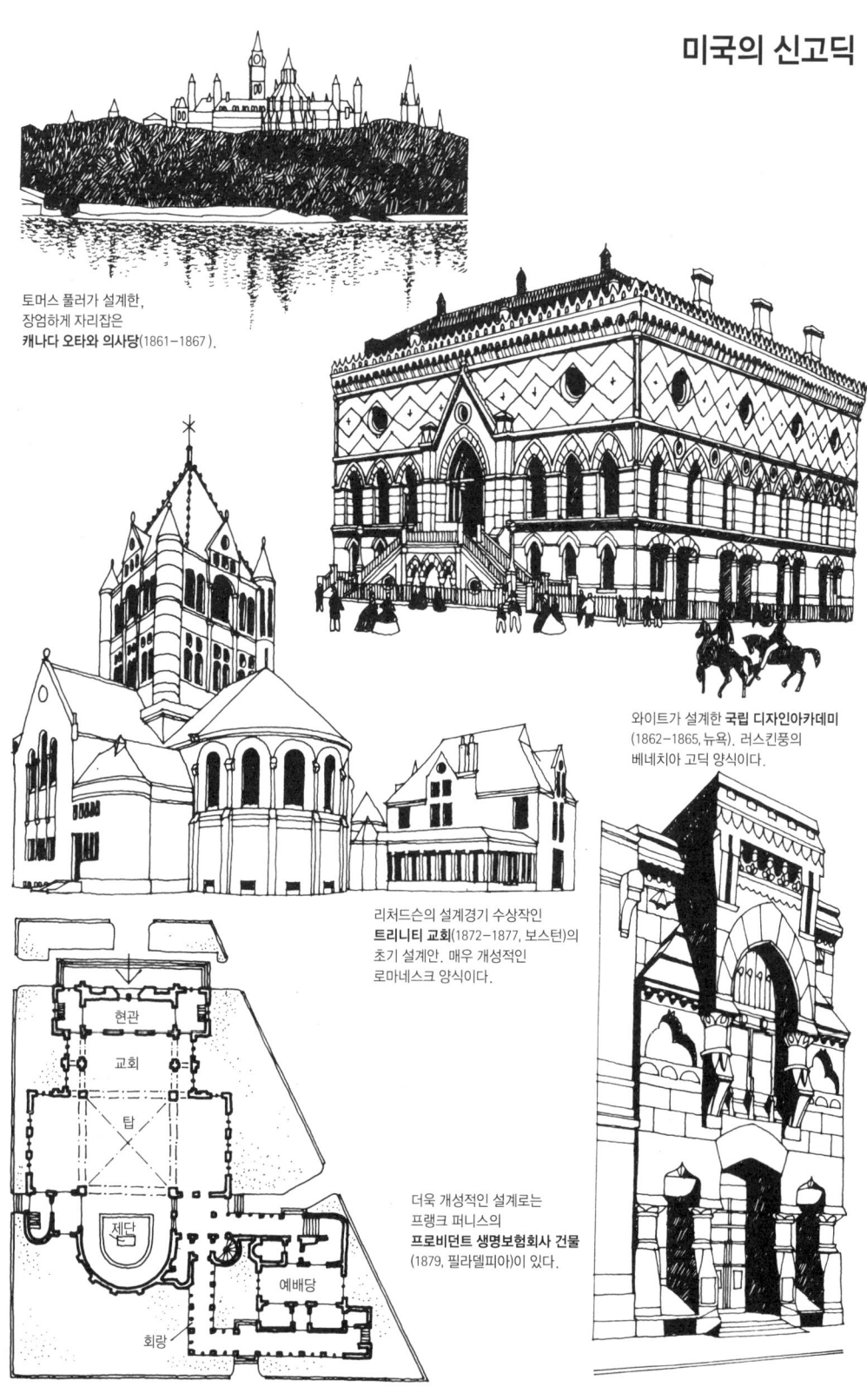

토머스 풀러가 설계한, 장엄하게 자리잡은 **캐나다 오타와 의사당**(1861-1867).

와이트가 설계한 **국립 디자인아카데미** (1862-1865, 뉴욕). 러스킨풍의 베네치아 고딕 양식이다.

리처드슨의 설계경기 수상작인 **트리니티 교회**(1872-1877, 보스턴)의 초기 설계안. 매우 개성적인 로마네스크 양식이다.

더욱 개성적인 설계로는 프랭크 퍼니스의 **프로비던트 생명보험회사 건물** (1879, 필라델피아)이 있다.

철 건축 예술

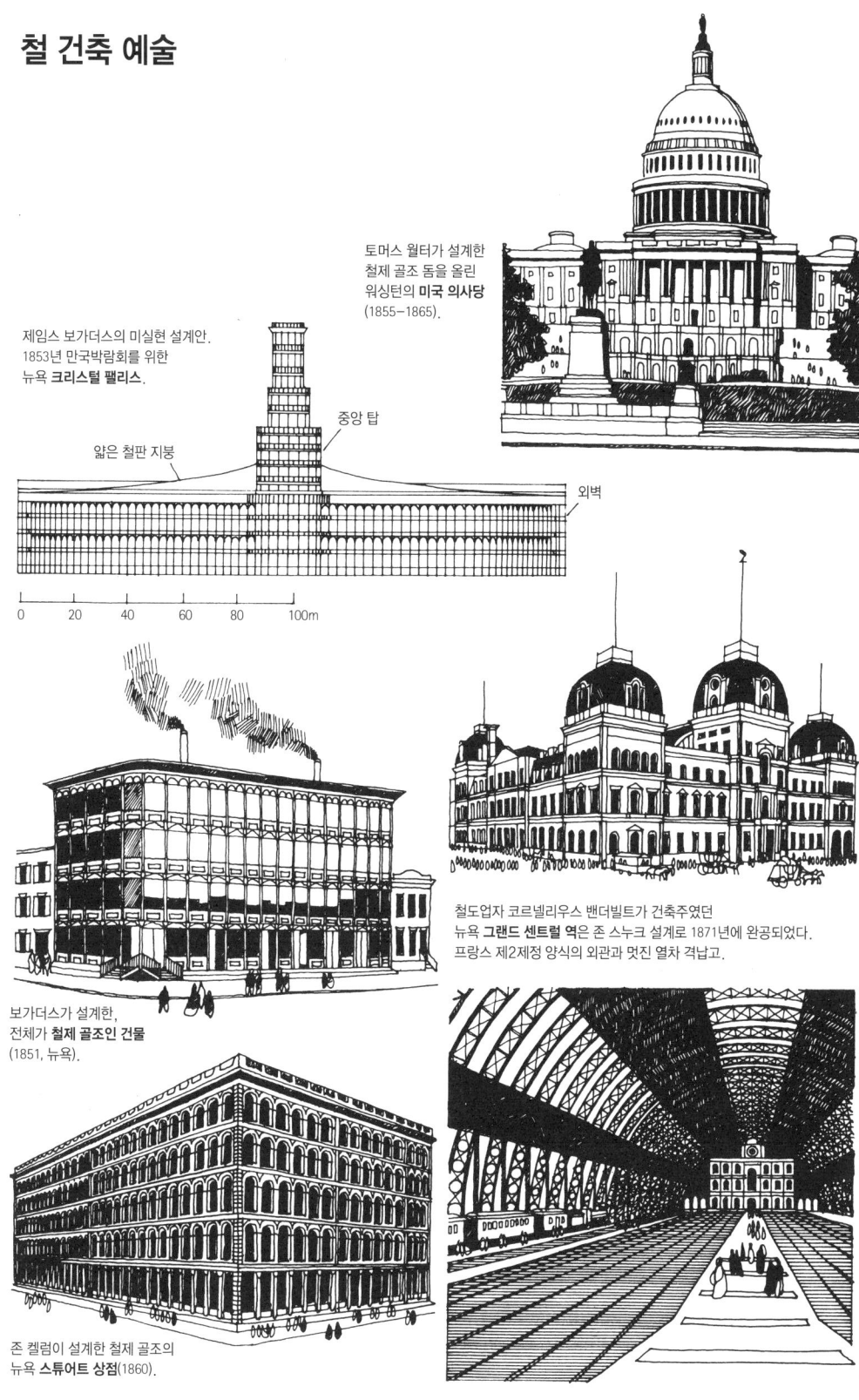

1898)가 설계한 오타와 의사당 건물(1861-1867)로서, 강변의 좋은 부지에 전성기 빅토리아 시대의 신고딕 양식을 열광적으로 구사했다. 점점 신고딕 양식 대신에 유럽에서 유입된 각종 양식들이 범람하기 시작했다. 와이트(P. B. Wight)가 뉴욕에 설계한 국립 디자인아카데미(1862-1865)는 베네치아 고딕 양식이었고, 리처드슨(Henry Hobson Richardson, 1838-1886)이 설계한 보스턴의 트리니티 교회(Trinity Church, 1872-1877)는 그가 로마네스크 양식을 독특하게 번안한 것이다. 맥아더(John McArthur)가 설계한 필라델피아 시청사(1874-1901)는 프랑스의 제2제정 양식이었고, 매킴(Charles McKim)·미드(William Rutherford Mead)·화이트(Stanford White)가 설계한 보스턴 공공도서관(1887-1893)은 라브루스트의 생트주느비에브 도서관처럼 이탈리아 르네상스 양식으로 설계되었다. 퍼니스(Frank Furness)가 설계한 필라델피아 소재 펜실베이니아 예술아카데미(1871-1876)는 특정한 양식을 사용하지 않고 다양한 양식들을 자유롭게 혼합했다.

미국의 철 건축

미국에서는 다른 어느 나라보다도 쇄신에 대한 경제적 압력이 저항할 수 없을 만큼 강해서 사업가들은 모든 종류의 자본재를 감가상각하고 교체하는 데에 열심이었다. 19세기 중엽 이후로는 주철이 새로운 상업건물에서 가장 많이 쓰이는 재료가 되었다. 해빌랜드(John Haviland, 1792-1852)는 필라델피아의 이스턴 주립 형무소(Eastern State Penitentiary, 1821-1829)와 뉴욕 묘지(1836-1838) 등을 설계한 감옥 설계자로 알려졌으나, 그가 포츠빌(Pottsville)에 설계한 농부-기계공 은행(1830)은 파사드 전체를 철재로 건축한 최초의 사례로서, 이는 영국보다 이십오 년 이상 앞선 것이었다. 보가더스(James Bogardus, 1800-1874)는 상업건물에서 철을 폭넓게 사용했는데, 그가 뉴욕에 설계한 레잉 상점(Laing Store, 1849)과 하퍼 형제(Harper Brother)의 인쇄공장(1854), 그리고 뉴욕 박람회 전시관의 설계경기 응모안이었던 크리스털 팰리스 등이 그 대표적 사례들이다. 그의 크리스털 팰리스 설계 응모안은 구십 미터 높이의 조립식 타워에 광대하고 얇은 철판 텐트를 덮은 구조로서, 런던 박람회의 크리스털 팰리스를 능가할 만한 건물이었다. 이보다 덜 창의적이고 덜 비쌌던 설계가 1853년 뉴욕 박람회를 위해 건축되었는데, 이는 카스텐슨(Carstenson)과 길더마이스터(Gildermeister)가 팩스턴의 크리스털 팰리스를 그대로 모방하여 설계한 것으로 1858년에 화재로 소실되었다. 이 시기에는 뛰어난 철제 건물이 많이 건축되었는데, 그 중에서도 커밍스(G. P. Cummings)가 필라델피아에 설계한 펜 상호생명보험 빌딩(Penn Mutual Life Insurance Building, 1850-1851), 켈럼(John Kellum)이 뉴욕에 설계하고 웨인마커(Wanermaker)가 소유한 스튜어트 상점(A. T. Stewart Store, 1860)을 꼽을 수 있다. 철제 건축 역사의 초창기인 이 시기에는 철의 사용방법이 상대적으로 초보적인 수준이었다. 주철은 조적조보다는 저렴하고 가벼웠지만 깨지기 쉬운 성질 때문에 제한된 높이의 건물과 인장력이 낮은 조건에서만 사용하기에 적당했다. 따라서 응력이 단순한 외부 벽체 등 주로 조적벽을 직접 대체하는 방식으로 사용되었다. 지멘스-마틴(Siemens-Martin)의 개방형 용광로 사용이 보편화하고, 그리고 19세기말에 길크리스트-토머스 처리법이 보편화하고 나서야 비로소 구조용 강철 부재가 실용화했으며 건물의 높이와 스팬이 좀더 대담해졌다.

미국의 공업발전과 독점자본주의

1857년의 금융공황에 이어 1860년 남북전쟁의 발발로 기술발전은 예기치 않았던 방향으로 극적인 자극을 받으며 전개되었다. 이념적으로는 노예문제를 둘러싸고 벌어진 전쟁이었지만 근본적으로는 경제적 우위 다툼이 원인이었으며, 산업기반이 우세한 북부가 이기게 되어 있었던 전쟁이었다. 전쟁은 무자비했고 현대식 무기들이 총동원된 최초의 전쟁이었다. 양측 모두 막대한 사상자를 냈으며 남부의 도시와 시골은 초토화되었다. 한편 전쟁은 철도건설업자와 무기제조업자, 특히 통신문제를 좌우하는 전신회사에게 막대한 이익을 가져다주었다. 북부가 승리함에 따른 장기적 영향은 산업혁명이 크게 진전했다는 것이다. 일단 합중국 체제가 다시 확립되면서 남부 역시 연방정부가 배상금 형식으로 제공한 농업개혁과 보호관세에 의해 이익을 볼 수 있었다. 공업화와 합중국 체제를 옹호하는 정치를 펴면서 전후 시기를 지배했던 공화당 정권 아래에서 미국은, 유럽의 많은 국가들이 공통으로 안고 있던 문제인 원자재 부족 문제가 없는 상태에서 급격하고도 부주의하며 착취적인 팽창 단계로 진입했다. 독일에서처럼 독점자본주의가 진전했으며, 경쟁은 최소화되었고 트러스트(기업합동)가 형성되면서 독점이 이루어졌다. 일단의 기업들은 자신들의 지분을 트러스트에 맡기고, 시장을 지배하는 데 성공한 트러스트가 지분 보유자들에게 배당금을 지불했다. 부패 역시 산업 팽창기의 주요한 특징이었으며 이는 특히 철도산업에서 심했다. 1867년에서 1873년 사이에는 삼만 마일 정도의 철로가 건설되었는데, 철도건설 과정에서 토지 소유주의 권리를 사들이고 물을 확보하고 우편 서비스 계약을 얻어내는 일이 중요해졌다. 1875년에서 1885년 사이에 센트럴 퍼시픽 철도회사(Central Pacific Railroad)는 뇌물로 일 년에 오십만 달러를 지출했다. 당시 투자가들 중 전형적인 인물은 굴드(Jay Gould)와 피스크(Jim Fisk) 같은 자들이었는데, 그들은 성장하는 주식시장을 상대로 했던 최초의 대규모 투기꾼들로서, 제조업자나 철도건설업자가 아니라 남의 돈으로 도박하는 도박꾼들이었다. 이 시대 전형적인 건물들 역시 신흥부자들의 저택이었는데, 뉴욕에서 헌트(Richard Hunt)가 프랑스 르네상스 시대의 성 양식으로 설계한 밴더빌트 저택(Vanderbilt Mansion, 1879-1881)과 매킴·미드·화이트가 설계한 갈색 석재의 이탈리아 양식 저택인 빌라드 주택(Villard houses, 1883-1885) 등이 그것이었다. 이 밖에 우드(J. A. Wood)가 뉴욕 주의 새러토가 스프링스(Saratoga Springs)에 설계한 그랜드 유니언 호텔(Grand Union Hotel, 1872) 같은 고급 호텔들이 철도로 인해 이동성이 확대된 부자 고객들을 위해 건축되었다. 철도 역사들도 지어졌는데, 그 중 뛰어난 것으로는 스누크(John Snook)가 격자 들보로 거대한 아치 지붕을 설계한 뉴욕의 그랜드 센트럴 역(1871)[37]을 꼽을 수 있다.

   이 시기 가장 위대한 기술적 성취는 아마도 뢰블링의 후기 작품일 것이다. 그는 고장력 강케이블을 사용한 설계를 계속하고 있었으며 1851년부터 그가 사망할 때까지 여러 개의 뛰어난 현수교를 건설했다. 이 중에서 나이

미국의 르네상스

매킴·미드·화이트가 설계한 **보스턴 공공도서관**(1887–1893). 알베르티와 브라만테의 전성기 르네상스 양식을 따랐다.

리처드 헌트는 **밴더빌트 저택**(1879–1881, 뉴욕)과 노스캐롤라이나의 **빌트모어 저택**(1890–1895, 애슈빌)을 프랑수아 일세 시기의 프랑스 성처럼 설계했다.

건축계 원로였던 헌트는 당시 유행하던 이탈리아 르네상스 양식에서 한 걸음 물러서 있었다.

빌라드 주택(1883–1885)은 매킴·미드·화이트가 미국의 철도왕인 헨리 빌라드(Henry Villard)를 건축주로 하여 르네상스 팔라초 양식으로 설계한 것이다.

헌트는 에콜 데 보자르에서 최초의 미국인 학생이었다.

미국의 회화와 조각에 대한 평판이 높아지면서 보편적인 르네상스가 도래한 듯했다.

오번가에 위치한 밴더빌트 저택의 미술전시관이 1884년에 일반에게 공개되었다.

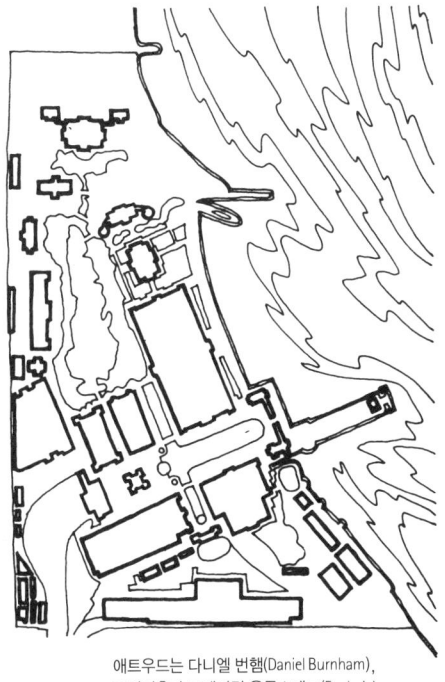

찰스 애트우드(Charles Atwood)와 존 스누크가 설계한 **밴더빌트 저택**(1879–1884).

애트우드는 다니엘 번햄(Daniel Burnham), 조경건축가 프레더릭 올름스테드(Frederick Olmstead)와 함께 보자르식으로 배치된 르네상스 양식의 건물들인 **시카고 세계박람회 단지**(1893) 설계에 참여했다.

아가라 철도 교량(1851-1855), 신시내티의 오하이오 강 교량(1856-1866), 그리고 가장 뛰어난 사례로 뉴욕의 브루클린교를 꼽을 수 있다. 뢰블링은 이 거대한 프로젝트인 브루클린교를 건설하기 시작할 때인 1867년에 사망했다. 그러나 그의 완벽한 설계, 케이블 제작 등 중요한 디테일에 대한 치밀함, 그리고 그 일을 승계한 그의 아들의 헌신적 노력으로 브루클린교는 1883년 완공되어 위용을 드러냈다. 이런 거대한 교량들은 대륙에 버금가는 광대한 땅에 도로와 철도를 건설해야 하는 토목공학의 거대한 과제 중 일부에 지나지 않았다. 접근조차 곤란한 외딴 지역의 부지가 수도 없이 많아 토목공사량이 엄청나게 늘어났으므로, 해결해야 할 문제들을 표준화하고 이에 대한 단순하고도 표준화된 해결책들을 마련할 필요가 있었다. 서부영화에 자주 등장하는 구각교(構脚橋, trestle bridge)는 원래 목재를 격자로 짜서 만들었는데, 나중에는 화재에 대비하기 위해 가능한 한 강철로 대체했다.

  미국의 정치적 통합과 경제체제의 성장은 양호한 교통수단에 기반하고 있었다. 종종 그 자체가 이익사업이 됨으로써 경제적 팽창에 기여하곤 했지만 말이다. 도로 · 철도 · 운하 · 강상로(江上路) 등 기본적인 물리적 교통수단 외에도 여러 가지 발전을 이루었다. 모스(Morse)의 전신과 벨(Bell)의 전화, 포드(Ford)의 자동차와 굿이어(Goodyear)의 고무타이어, 윤전기를 사용한 신문 인쇄, 타자기, 구술 녹음기 등이 상용화했으며, 통신사 · 광고업 · 통신판매업 등이 출현했다. 오티스(Otis) 승강기, 싱어(Singer) 재봉틀, 울워스(Woolworth) 소매점, 육류 가공, 과일 통조림, 바퀴형 섬유 방적기, 자동 베틀, 의류와 신발의 표준치수 생산 등 모든 상업 분야에서 발명과 개량이 생산을 가속화했으며 사람들의 생활에 영향을 미쳤다. 더욱 중요한 것은 공업생산 과정 자체가 급진적으로 변화하고 있었다는 것이다. 시카고의 육류 포장산업에서 생산라인 시스템이 최초로 도입되었는데, 그 효율성과 통제의 용이성으로 인해 기업가들은 정치적으로 매우 위험한 기능공 시스템보다 이를 훨씬 선호하게 되었다. 대부분의 산업에서 대량생산이 보편화했고, 자동차공장, 휘트니(Whitney)의 무기공장, 록펠러(Rockefeller)의

존 뢰블링

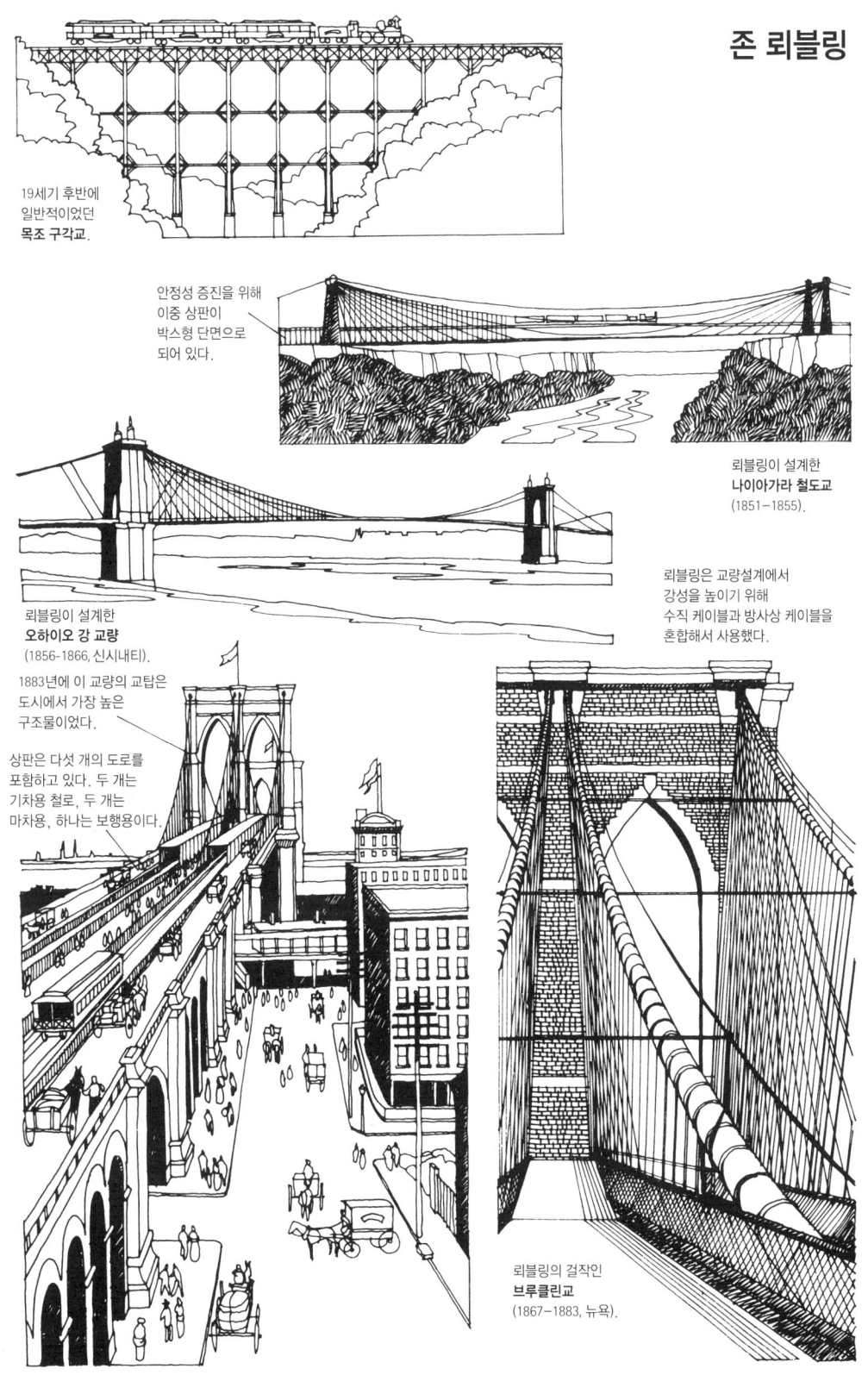

19세기 후반에 일반적이었던 **목조 구각교**.

안정성 증진을 위해 이중 상판이 박스형 단면으로 되어 있다.

뢰블링이 설계한 **나이아가라 철도교** (1851–1855).

뢰블링은 교량설계에서 강성을 높이기 위해 수직 케이블과 방사상 케이블을 혼합해서 사용했다.

뢰블링이 설계한 **오하이오 강 교량** (1856-1866, 신시내티).

1883년에 이 교량의 교탑은 도시에서 가장 높은 구조물이었다.

상판은 다섯 개의 도로를 포함하고 있다. 두 개는 기차용 철로, 두 개는 마차용, 하나는 보행용이다.

뢰블링의 걸작인 **브루클린교** (1867–1883, 뉴욕).

스탠더드 정유회사(Standard Oil Company), 밴더빌트(Cornelius Vanderbilt)의 철도공장, 그리고 카네기(Andrew Carnegie)의 펜실베이니아 철강회사 등 새로운 산업에서 더욱 그러했다. 이 시기 공장 건물의 전형은 피츠버그에 위치한 카네기 철강회사의 루시 용광로(Lucy Furnace, 1872)였는데, 거대한 창고 집단, 용광로, 냉각탑, 철도작업장, 연기를 내뿜는 굴뚝 들은 일종의 산업화한 미래의 비전을 보여준다고 할 만한 광경이었다. 소설가 벨러미(Edward Bellamy)가 자신의 소설 『회고(*Looking Backward*)』(1888)[38]에서 그랬듯이, 국가의 통제에 기초한 유토피아적 미래를 묘사하고픈 충동을 느낄 만했던 그런 광경이었다.

공업화의 소외 현상이 극렬히 강화되면서 노동자들은 엄청난 손실을 떠안았다. 이제 노동자는 자신의 고용주를 보지도 못한 채 대기업이나 공장에서 일하고, 자신이 무엇을 생산하고 있는지조차 이해하지 못한 채 책상 위에서 혹은 조립라인에서 일만 하는 존재가 되었다. 노동자는 체제에 의해 전방위적으로 착취당하고 있었다. 열악한 노동조건과 저임금에 시달렸으며, 과밀한 도시의 임대주택지 속에서 잔인할 정도로 비참한 수준의 주택에서 거주했다. 이민자 가족들이 가장 나쁜 처우를 받았는데, 그들은 임금인상을 투쟁할 가능성이 낮았기 때문에 의도적으로 가장 저급한 일을 하는 일터에 배치되었다. 계속되는 이민자 물결이 사회 최하위 계층으로 유입되었으며, 이들은 관습과 언어장벽 때문에 그들보다 약간 부유했던 동료 노동자들과 연대하지 못한 채 격리되었다.

1850년대와 1860년대에 노동조합은 상대적으로 왜소했으며 조직화도 잘 안 되었다. 대규모 산업의 노동자들보다는 오히려 인쇄공, 건축노동자, 모자 제조공, 제화공 등 쇠퇴해 가는 장인적 산업 노동자의 노조활동이 좀 더 강력했다. 그러나 1877년 대불황기의 첫번째 파고가 지날 즈음 철도산업가들이 노동자의 임금을 낮추면서 일련의 폭력적이고 혁명적인 파업이 일어났다. 이 파업은 동서부 주요 도시들에서 모든 노동조합들이 가세했던 대규모적인 것으로서, 겁 많은 부르주아라면 육 년 전의 파리코뮌을 연상할 만한 것이었다. 봉기는 주와 연방군에 의해 진압되었지만 노동자 계급의 통합을 강화했으며 1878년 사회주의자가 이끄는 노동기사단(Knight of Labor)의 결성으로 이어졌다. 이는 오언의 그랜드 내셔널(Grand National)[39]이 그랬던 것처럼 모든 산업 분야의 노동자들을 단일한 대규모 노동운동으로 이끌려는 시도였다.

장기적 관점에서 본다면 불황은 독점자본주의의 발전을 촉진하기도 했다. 작은 기업들은 파산하고 기업 연합이나 거대 기업에 흡수되었다. 당시 가장 거대한 독점자본가였던 록펠러는 이러한 경향을 경제원리에 따른 체제강화라며 옹호했다. "그것(기업 연합)이 올 시기가 무르익었었다. 당시 우리는 낭비적인 상황에서 벗어나야 한다는 것에만 몰두했었지만 사실은 그것이 와야만 했었다. … 이제 기업 연합의 시대이다. 개인주의는 지나갔고 다시는 돌아오지 않을 것이다."

그가 문제로 삼았던 개인주의란 물론 산업혁명 초기의 개인적 자본주의를 일컫는 것으로, 영국에서는 아직 지속되고 있었던 이데올로기지만 독일이나 미국에서는 이미 시대에 뒤떨어진 것으로 여기고 있었다. 자본주의가 점점 독점적으로 되어 가면서 사회주의에서도 이에 상응하는 견해가 출현하리라는 것은 짐작할 만한 일이었다. 마르크스·엥겔스·모리스의 혁명적 사고를 대신하는 교의가 출현했으니, 이에 따르면 적은 자본주의가 아니라 진부한 교조적 자유방임주의일 뿐이었다. 자본주의는 전복되어야 할 것이 아니라 선의의 국가가 적절한 방향으로 통제하고 유도하기만 하면 괜찮은 것이었다. 독일사회민주당이나 영국의 페이비어니즘(Fabianism)[40]은 국가가 통제하는 사회민주주의라는 또 다른 시나리오를 제시하며 혁명주의자들의 주장과 다른 길을 주장했다. 모리스의 『유토피아에서 온 소식』과 벨러미의 『회고』의 대비는 이러한 두 갈래 길을 표현한다. 한쪽은 국가라는 존재 자체가 소멸되어 버린 진정으로 자유로운 사회를, 다른 한쪽은 유토피아적 이상으로서 국가의 통제를 그리고 있다. 개인을 위협하는 것은 자본주의만이 아니었던 것이다.

꺼져 버린 불빛[41]
The light that failed

세기의 전환

건축산업의 근대화와 새로운 전문직의 출현

19세기 영국에서 성장한 자유경쟁적 자본주의는 건축산업의 발전에도 반영되었다. 도급 시스템은 경쟁을 제도화했으며, 수많은 군소회사들이 설립되어 도급공사 하나에 여섯 개 내지 여덟 개 회사가 입찰에 참가하여 경쟁했다. 제조업 부문과 달리 건축산업은 자본집약적이지 않아서 단순하고 기본적인 설비 이상의 자본재나 공장설비 투자가 불필요할 뿐 아니라 불리하기까지 했다. 제조업 부문은 인력절감 기술과 설비를 계속 확충하면서 숙련·비숙련 인력을 기계화 수준이 낮은 다른 산업으로 퇴출시키기 마련이었지만, 건축기술은 ― 적어도 자체적으로는 ― 그 정도의 실업발생 구조를 갖고 있지는 않았다. 따라서 건축산업은 광업, 부두 건설업, 벽돌 제조업, 철도 건설업, 가스산업 등과 함께 불완전하게 고용된 막대한 노동력 자원을 활용할 수 있었다. 인력이 남아돌았으므로 기계화를 회피하고 임금을 낮출 수도 있었다. 이들 산업이 국가경제에서 주변적 지위를 갖는 산업이었다는 점도 기계화 수준이 낮은 또 다른 이유였다. 건물은 경기 후퇴기에 상품가치를 보전하면서 과잉자본을 배출하는 편리한 수단이었다. 만일 건물이 이러한 배출 수단으로서의 성격이 없이 선적으로 시상원리에만 따른다면 건축회사들은 파산하기 십상이었다. 이를 알고 있었던 정부는 건축업의 유동성을 경제조절 수단으로 사용하려는 경향이 있었는데, 이는 경제 전반에서 투자와 고용 수준을 조절하는 가장 간단한 방법이었다. 결과적으로 건축업은 실업이 심각한 시기에 노동조건을 가장 나쁜 상황으로 만드는 산업 중의 하나였다.

자본주의 체제 자체가 건축산업에 부가했던 이러한 문제들은 당연한 귀결로 불확정성과 비효율성, 그리고 불완전 고용을 낳으며 건축산업을 괴롭히는 요인으로 작용했다. 그러나 부르주아가 보기에 효율을 저해하는 주된 요인은 노동자들이었다. 예를 들어 견습공들이 장인이 되기 위한 훈련을 열심히 하지 않는다거나, 건축산업 내부에서 다수의 직종별 장인 노동조합들이 자신들의 업종에 다른 노동자들이 진입하지 못하도록 장벽을 쌓는 문제 때문이라는 것이다. 견습공들이 '열심히 하지 않는' 것은 긴 노동시간과 열악한 노동조건, 저임금, 그리고 무엇보다도 불안정한 고용 탓이며, 건축산업 내부의 '노동분화'는 노동자들에게만 국한된 일이 아니었음에도 말이다.

19세기 후반 동안 중간 계급의 힘이 커지고 위상이 높아짐에 따라 건축산업 안에 새로운 전문직업이 증가하기 시작했다. 영국에서는 토목공학자·도급업자·건축가 이외에 전문측량가(1868)·도시공학자(1873)·난방환기공학자(1897)·구조공학자(1908) 등의 전문직종들이 출현했다. 1865년에는 도급업자 연맹인 종합건축업자협회(General Builder's Association)가 결성되었으며, 이는 1878년에 전국건축산업고용주연맹(National Federation of Building Trades Employers)으로 발전했다. 대부분의 전문직 조직들이 그렇듯이 이 단체의 목표는 회원들의 이익을 보호하는 것이었다. "사회에 봉사하는 건축산업의 훌륭한 전통을 유지하고, 건축산업 내 다양한 부문들간의 질서와 연대감을 조성하며, 회원 공동의 이익에 반하는 행위들로부터 회원을 보호한다"는 것을 목표로 제창했다. 여기에서 지적해야 할 중요한 점은, 고용주연맹이 자유로이 발전했던 것에 반해 육체노동자들의 노동조합은 19세기 내내 성장이 억압되었다는 것이다.

중간 계급의 주택건축

경제제도 역시 마찬가지로, 노동자 계급의 주택문제에 대한 정책이 시작되기 훨씬 전에 중간 계급을 위한 주택 재정지원이 시작되었다. 건축조합(building society)이라고 알려진 기구가 영국에서 처음 생겨난 것은 1775년

후기 빅토리아 시대의 저택

서식스 주 미스허스트에 있는 쇼의 **위스퍼스 저택**(Wispers, 1875)은 비격식적인 설계로서, 콤턴 위니트(Compton Wynyates) 같은 중세 후기 주택들의 분위기를 풍긴다.

170 퀸스 게이트(1888)는 쇼가 설계한 런던의 주택들 중 하나로, 좀더 격식적이고 고전적인 분위기가 17세기 원래의 '앤 여왕' 양식과 유사하다.

이 시기에 쇼는 **브라이언스턴**(1890, 도싯)을 설계했는데, 설계의 주요한 양식은 좀더 의식적인 고전풍에, 웅장하며 격식적인 것이 되어 가고 있었다.

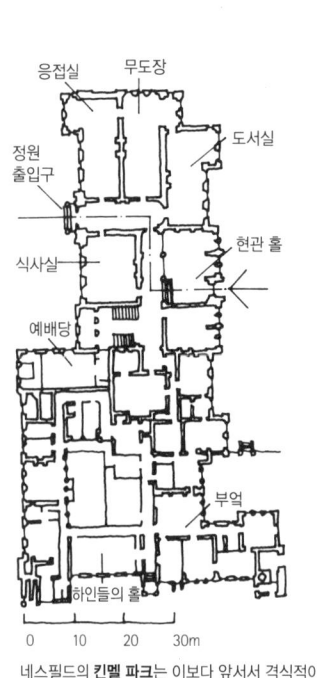

이는 쇼가 설계한 **체스터스**(1891, 노섬벌랜드)의 고전적인 증축 건물에서도 뚜렷이 나타난다. 여기서 그는 18세기 컨트리 하우스의 전통인 귀족주의를 참조했다.

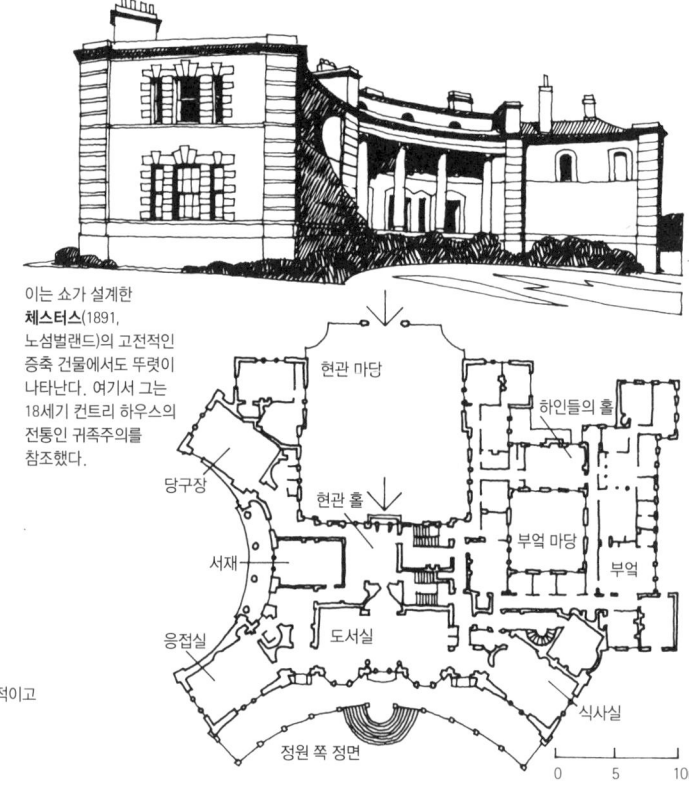

네스필드의 **킨멜 파크**는 이보다 앞서서 격식적이고 고전적인 설계에 대한 흥미를 보여주었지만, 평면에서는 절묘한 꺾인 축을 사용하는 등 비격식적인 독창적 요소들을 갖고 있었다.

이었다. 개인회원들이 정기적으로 기금을 출자하고 충분한 기금이 모이면 회원 중 한 사람에게 주택자금을 지원해 주는 방식으로, 회원 모두가 주택을 마련할 때까지 계속한 후 해산하는 모임이었다. 1825년에는 이러한 모임이 이백오십여 개 있었고 1836년에서 1856년 사이에는 사천 개 이상이 만들어졌다. 이러한 시한부 모임 이외에 투자와 융자를 목적으로 활동을 지속하는 영구적인 조합들도 설립되었다. 건축조합법(Building Society Act, 1874)이 제정되어 재정과 조직에 대한 기본적 규정들을 정했으며, 1900년까지 '시한부' 조합 천사백 개와 '영구' 조합 팔백오십 개가 만들어졌는데, 영구 조합들의 영향력이 점점 커지면서 이 분야를 독점하기 시작했다. 수년간에 걸쳐서 건축조합은 중하위 계층들 그리고 그 계급에 속하기를 꿈꾸는 사람들의 주택소유를 촉진하는 가장 큰 원동력이 되었다.

중상위 계층들은 그러한 보조를 필요로 하지 않았다. 영국에서나 미국에서나 공업주식회사들이 발전하면서 스스로 축적한 개인의 재산규모는 엄청났다. 네스필드가 설계한 킨멜 파크, 쇼가 설계한 로더 저택, 그리고 헌트가 설계한 빌트모어 저택(Biltmore) 등과 같은 대저택들은 그들이 누릴 수 있는 화려함을 한껏 과시했다. 건축가들은 이러한 대저택을 통해 자유롭게 설계할 기회를 가질 수 있었다. 빌트모어 저택은 16세기 프랑스 성채 형식으로 설계되었으며, 킨멜 파크와 로더 저택은 르네상스적 디테일에 약식 고딕 양식을 혼합하여 이후 '앤 여왕(Queen Anne)' 양식이라는 부적절한 이름을 갖게 된 양식으로 설계되었다. 쇼가 설계한 이 시기 또 하나의 중요한 런던 주택인 170 퀸스 게이트(170 Queen's Gate, 1888)는 '레네상스(Wrenaissance)'[42]의 디테일과 대칭적이고 고전주의적인 평면형을 지닌 건물로, 17세기 원래의 앤 여왕 양식에 좀더 가깝게 설계되었다. 그의 말기 작품인 도싯(Dorset)에 지은 브라이언스턴(Bryanston, 1890)과 노섬벌랜드에 지은 체스터스(Chesters, 1891) 같은 컨트리 하우스에서는 웅장한 고전주의 양식을 사용하면서 사회적으로나 건축적으로 모리스의 사상으로부터 멀어져 버렸다.

미술공예운동

모리스가 내걸었던 기치는 건축적으로는 —정치적으로는 아니더라도— 미술공예운동(Arts and Crafts movement)으로 이어졌는데, 이 운동은 1884년 예술노동자길드(Art Workers' Guild)가 결성되면서 공식적으로 시작되었다. 운동의 중심 역할을 했던 인물은 뛰어난 교사이자 이론가인 레더비(William Lethaby, 1857-1931)와, 데번 주 엑스머스(Exmouth)에 위치한 '헛간(The Barn)'이라고 불리는 주택(1895-1896)을 대표적 작품으로 갖고 있던 건축가 프라이어(E. S. Prior, 1852-1932)였다. 이 운동은 웨브의 엄격한 설계로부터 도출된 독특한 설계방식을 진전시켰다. 건물 배치는 대칭이라는 이론적 개념보다는 기능에 따라 결정해야 한다는 것, 지역의 재료를 정직하게 사용함으로써 그 지역 경관과 어울리는 건물을 설계해야 한다는 것, 특별히 중요한 경우 이외에는 장식의 사용을 절제하며, 역사적 양식을 사용하게 되더라도 그것이 연상시키는 관념을 겨냥해서가 아니라 기능과 부합함을 전제로 해야 한다는 것 등이다. 이러한 사상은 많은 건축가들에게 영향을 미쳤다. 그 중 첼시에 있는 휘슬러(James McNeill Whistler)의 저택인 화이트 하우스(White House, 1878-1879)의 설계자 고드윈(E. W. Godwin, 1833-1886), 가구 디자인으로 더 잘 알려진 맥머도(Arthur Mackmurdo, 1851-1942), 그리고 워윅셔 주 비숍스 이칭턴(Bishop's Itchington)에 있는 초기 주택작품인 오두막(Cottage, 1888-1889)에서 전통적 재료와 형태를 독창적 방법으로 사용했던 보이시(Charles F. Annesley Voysey, 1857-1941) 등을 꼽을 수 있다.

미술공예운동의 건축가들, 그리고 그들의 건축주들은, 비록 그들 역시 뻔뻔한 부르주아였지만 성공한 기업가들과 상업적 건축가들에게 보편적이었던 허식적인 세계와는 거리를 두고 있었다. 안락하고 부유했지만 정치적으로 자유주의적이고 문화적으로 진보적인 그들 일파는, 사회적으로는 중간 계급에 속하면서도 지적으로는 중간 계급 일반과 분리되어 있었다. 미국에서도 비슷한 움직임이 있었다. 미국의 교외지역에는 오랜 목조건축 전통 속에 여러 뛰어난 주택 건축사례들이 있었는데, 그 중 가장 주목할 만

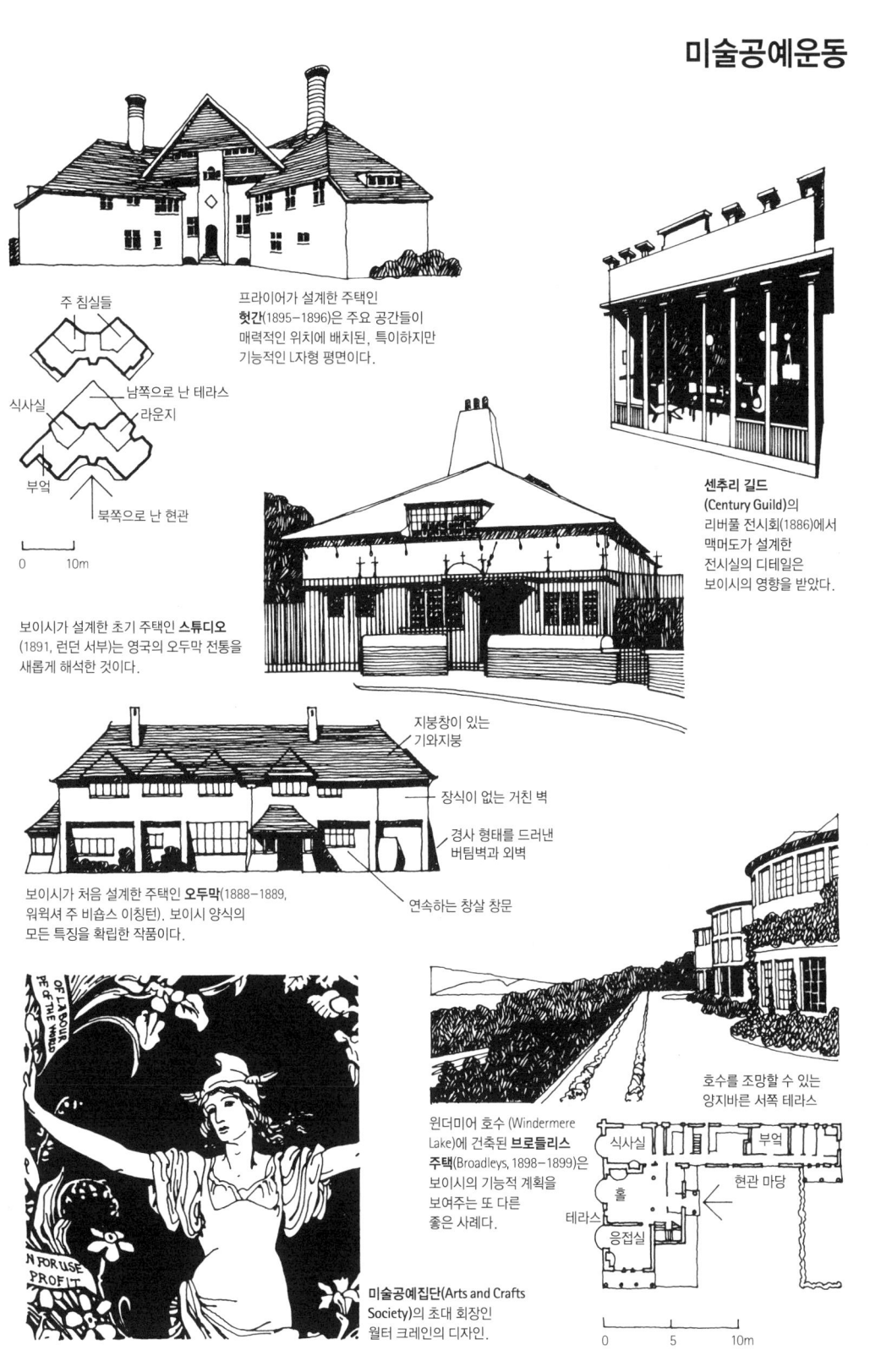

한 것으로는 매사추세츠 주 케임브리지에 있는 스타우턴 주택(Stoughton house, 1882-1883)과 로드아일랜드 주 브리스틀에 있는 로 주택(Low house, 1887)을 들 수 있다. 동부 해안지역의 전통적 재료인 널판을 입힌 목재 골조를 사용하여 자의식적인 역사 관념에 매이지 않고 건축된 이들 주택은, 미국의 디자인에서 미술공예운동에 상당하는 새로운 태도가 시작되었음을 알렸다. 주된 활동가는 건축가 리처드슨(Henry Hobson Richardson, 1838-1886)으로, 그는 파리의 보자르(Beaux Arts) 체제에서 수련한 후 라브루스트·이토르프와 함께 일했는데, 처음에는 육중한 로마네스크 양식으로 공공건물을 설계하는 건축가로 알려졌지만, 스타우턴 주택의 자유로운 평면형태와 간결한 디테일이 보여주었듯이 곧 기능적 설계에 매료되었다. 그는 시카고의 글레스너 주택(Glessner house, 1886)에서 목재 대신 석재를 사용했지만 비슷하게 자유로운 형태를 구사했다. 그의 생각은 미국 건축가들, 특히 라이트(Frank Lloyd Wright, 1869-1950)에게 큰 영향을 미쳤다. 라이트의 초기 작품인, 일리노이 주 리버 포레스트(River Forest)에 있는 윈슬로 주택(Winslow house, 1893)은 격식적인 대칭 형태였으나, 이후 그가 설계한 부르주아 주택들은 점차 자유로운 형태로 변했다. 리처드슨의 생각은 그의 제자인 매킴과 화이트에게도 영향을 미쳤는데, 그들이 미드와 함께 설계한 로 주택은 이들이 거물급 도시건축 전문가로 성공하기 전에 잠깐 동안 진력했던 비격식적 설계를 보여주는 사례이다.

공공건물의 건축과 양식의 다양화

헉슬리(Thomas Huxley, 1825-1895)[43]는 "이단으로 시작하여 미신적인 신앙으로 끝나는 것이 통상 새로운 진리가 처하는 운명이다"라고 했다. 헉슬리가 적절히 관찰했듯이, 처음에는 빅토리아 시대의 도덕률로부터 분노에 찬 비판을 받았던 다윈의 중요한 원리 『종의 기원』은 점차 당대의 보편적 지혜로 동화되어 갔다. 득의에 차 있던 19세기 중간 계급에게 다윈주의는 부르주아 이데올로기를 정당화시켜 주는 것이었다. 즉 진화의 관점에서 본다면 국가들과 기업들의 경쟁은 불가피하고 자연스러운 것인 반면에 계급투쟁은 옳지 못한 것이었다. 약자와 강자 사이에 균형을 회복하려는 노력은 결코 성공할 수 없는 일이며, 국가복지라는 것은 '자신을 위해 노력한다'는 인간의 본원적 자유에 저촉되는 일이었다. 이러한 이데올로기에도 불구하고 당시 국가는 필요하다고 판단되는 경우에 복지시책으로 개입하곤 했는데, 이는 복지시책이 다른 어떤 법률제도 못지않게 국가의 훌륭한 통제도구임을 인식하고 있었기 때문이었다. 복지국가를 향한 최초의 움직임을 보인 나라가 자유주의 정권이 아니라, 사회주의를 몹시 싫어했지만 사회공학(social engineering)의 논리를 강력히 주장했던 비스마르크의 독일이었다는 것은 의미심장하다. 독일은 1889년까지 강화된 소득세제와 재해보험·노령연금·질병보험 등을 도입했으며, 1890년대에는 프랑스와 러시아가 이를 모방하여 유사한 정책을 도입했다. 영국과 미국은 이들 나라보다 좀더 늦어서, 영국은 1911년에야 몇몇 사회적 법률들을 제정했으며 미국은 1930년까지 아무런 움직임이 없었다.

국가기관들이 확대됨에 따라, 1870년대와 1880년대의 경제불황에도 불구하고 공공건물의 건축사업이 지속되었다. 도시와 국가의 자부심을 내세우며 대중을 통제하기 위해서는 파리나 빈과 같이 도시 중심부를 재건하는 일이 필요했다. 의사당·시청사·박물관·교회당·재판소가 점점이 들어서고 아파트와 상점 건물들이 늘어선 격식적인 가로들이 새로 건설되면서, 기념비적인 것에서부터 비격식적인 것에 이르기까지 다양한 양식과 표현이 뒤섞인 새로운 도시 이미지를 만들어냈다.

격식적인 제2제정 양식은 —비록 이 양식은 고향인 프랑스에서 이제 더 이상 어떤 정치적 의미도 갖고 있지 않았지만— 1870년대와 1880년대까지도 유럽 전역에서 지속되었다. 네덜란드에서는 암스테르담에 철과 유리로 인민산업 궁전(Palais voor Volksvlijt, 1856)을 설계했던 건축가 아우추른(Cornelis Outshoorn, 1810-1875)이 암스테르담의 암스텔(Amstel, 1863-1867), 네이메겐(Nijmegen)의 베르겐달(Berg-en-Dal, 1867-1869), 스헤버닝언(Scheveningen)의 오랑제(Orange, 1872-1873) 등 여러 호텔 설계에 제2제정 양식을 사용했다. 재건사업으로 '작은 파리'라고 불리기 시작했던 브

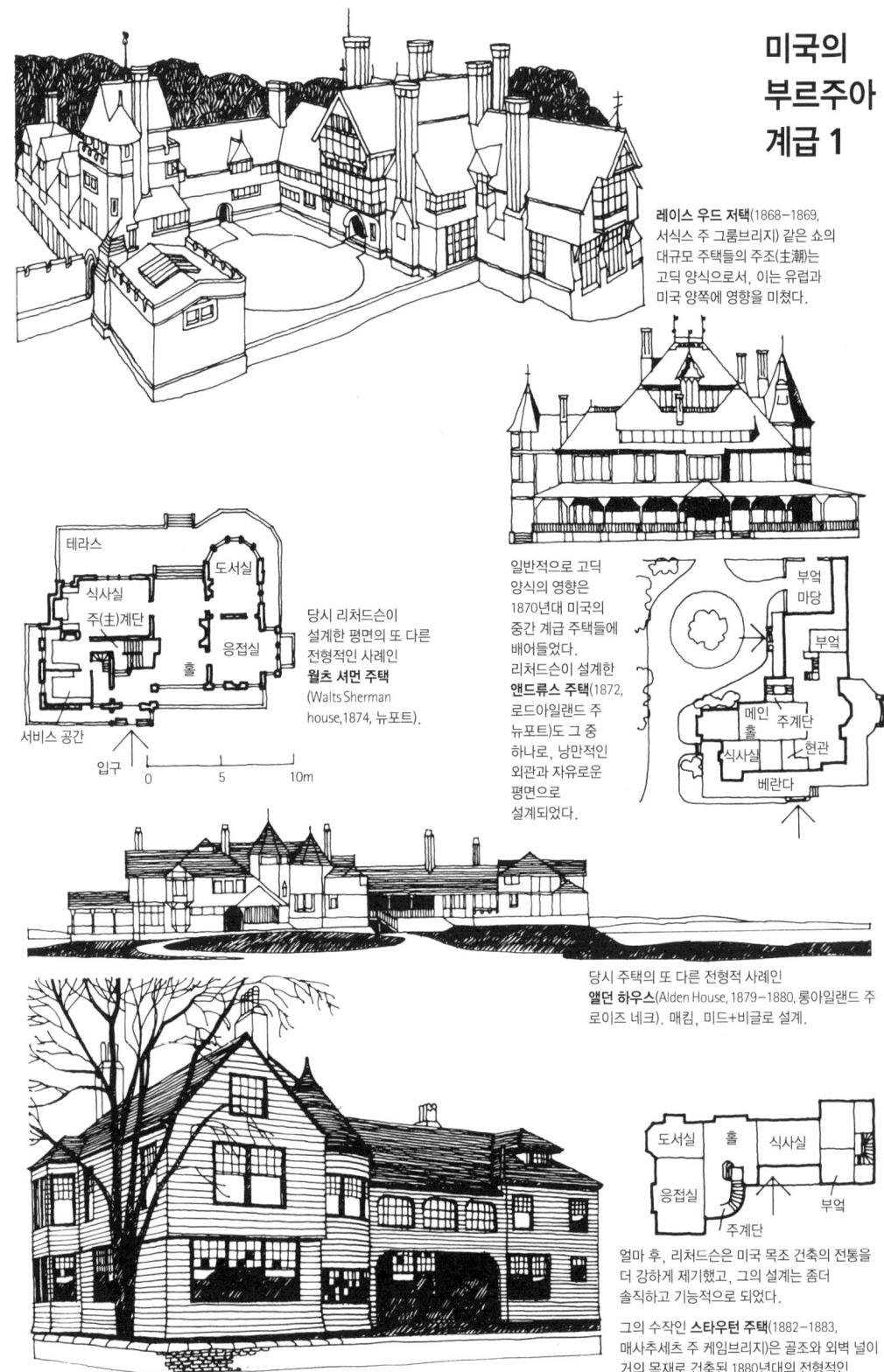

미국의 부르주아 계급 1

레이스 우드 저택(1868-1869, 서식스 주 그룸브리지) 같은 쇼의 대규모 주택들의 주조(主潮)는 고딕 양식으로서, 이는 유럽과 미국 양쪽에 영향을 미쳤다.

당시 리처드슨이 설계한 평면의 또 다른 전형적인 사례인 **월츠 셔먼 주택**(Walts Sherman house, 1874, 뉴포트).

일반적으로 고딕 양식의 영향은 1870년대 미국의 중간 계급 주택들에 배어들었다. 리처드슨이 설계한 **앤드류스 주택**(1872, 로드아일랜드 주 뉴포트)도 그 중 하나로, 낭만적인 외관과 자유로운 평면으로 설계되었다.

당시 주택의 또 다른 전형적 사례인 **앨던 하우스**(Alden House, 1879-1880, 롱아일랜드 주 로이즈 네크). 매킴, 미드+비글로 설계.

얼마 후, 리처드슨은 미국 목조 건축의 전통을 더 강하게 제기했고, 그의 설계는 좀더 솔직하고 기능적으로 되었다.

그의 수작인 **스타우턴 주택**(1882-1883, 매사추세츠 주 케임브리지)은 골조와 외벽 널이 거의 목재로 건축된 1880년대의 전형적인 '지붕널(shingle)' 주택이다.

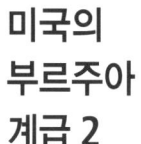

미국의 부르주아 계급 2

리처드슨의 독창적 계획은 조적식 주택에서도 볼 수 있다. 시카고 시내의 소규모 부지에 건축된 **글레스너 주택**(1886).

주계단

주택과 긴밀히 통합된 정원

식사실

부엌

마구간 마당

1880년대초, 매킴·미드·화이트의 '지붕널' 주택들 역시 매우 기능적인 성격을 갖고 있었다. **매코믹 주택** (McCormick house, 1880-1881, 뉴욕 주 리치필드 스프링스).

매킴·미드·화이트의 후기 주택들은 그들이 참여했던 미국 르네상스 운동에 영향을 받았다. 대칭으로 설계된 **로 주택**(1887, 로드아일랜드 주 브리스틀)과…

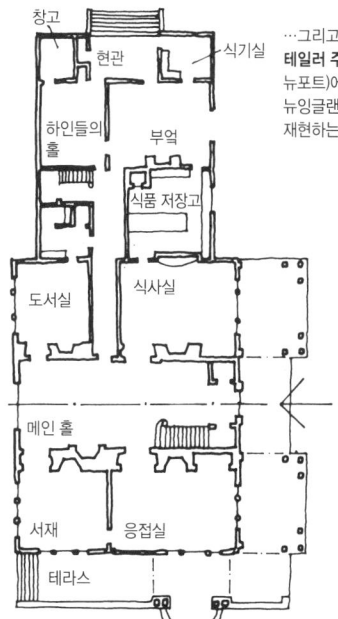

창고
현관
식기실
하인들의 홀
부엌
식품 저장고
도서실
식사실
메인 홀
서재
응접실
테라스

…그리고 축을 따라 계획된 **테일러 주택**(Taylor house, 1885-1886, 뉴포트에서 그들은 식민지 시대의 뉴잉글랜드 양식을 거의 그대로 재현하는 데까지 나아갔다.

이러한 고전주의적 영향은 라이트의 초기 주택들에 영향을 미쳤다. 축으로 계획된 **찬리 주택**(1891, 시카고)과…

…의식적으로 단순하고 세련된, 고전시대 신전의 정신을 담고 있는 주택인 **윈슬로 주택**(1893, 일리노이 주 리버 포레스트)을 예로 들 수 있다.

뤼셀에서는 수이스(L.-P. Suys, 1823-1887)가 증권거래소(1868-1873)에, 취리히에서는 가이거(Theodore Geiger, 1832-1882)가 블로일러 주택(Rütschi-Bleuler house, 1869-1870)에 이 양식을 사용했다. 파리의 영향은 유럽의 끝자락에까지 퍼졌다. 마드리드에서는 하레노 이 알라르콘(Francisco Jareño y Alarcón, 1818-1892)이 설계한 스페인 국립도서관 및 박물관(1866-1896)에서, 런던에서는 그로스베너 개발회사(Grosvenor Estate Office)가 그로스베너 플레이스(Grosvenor Place) 1-5번지에 지은 테라스 주택(1867)에서, 코펜하겐에서는 페터슨(Peterson)과 옌센(Jensen)이 설계한 네 건물로 구성된 부르주아 아파트 쇠토르베트(Søtorvet, 1873-1876)에서, 그리고 스톡홀름에서는 쿰리엔(Kumlien) 형제가 지은 옌콘토베츠 빌딩(Jenkontovets Building, 1873-1876)에서 프랑스 제2제정 양식의 영향을 찾아볼 수 있다. 이러한 관습적이고 엇비슷한 건물들이 건축되는 가운데 몇몇 설계자들의 대담한 설계가 주목받았다. 발로트(Paul Wallot, 1841-1912)의 베를린 국회의사당(1884-1892) 설계경기 당선안은 묵직하고 두드러지지 않는 바로크 양식이었던 반면, 풀라르트(Joseph Poelaert)의 설계로 1883년에 완공된 브뤼셀의 거대한 재판소 건물은 바로크의 또 다른 특징을 보여주는 극적이고 육중하면서 매우 개성적인 건물이었다. 이들의 무게있는 설계와 비슷한 정신은 당시 전형적인 이탈리아 공공건물인 로마의 비토리오 에마누엘레 이세 기념관(Monumento Nationale a Vittorio Emanuele II, 1885년 착공)에서도 볼 수 있다. 설계자인 사코니(Giuseppe Sacconi, 1854-1905)는 거대한 코린트 양식의 열주를 배경으로 높은 대좌 위에 왕의 기마상을 배치하면서 로마 제국풍으로 구성된 건물을 설계했다.

비격식적인 접근으로는 쇼가 설계한 스코틀랜드 귀족 양식의 런던 경찰 본부인 뉴 스코틀랜드 야드(New Scotland Yard, 1887-1888)와 카위퍼르스(P. J. H. Cuijpers, 1827-1921)가 암스테르담에 설계한 건물들을 꼽을 수 있다. 고딕 교회의 종교적 학문적 복원가이면서 마리아 막달레나 교회(Maria Magdalenakerk, 1887) 같은 신축 교회도 설계한 바 있었던 카위퍼르스는 19세기 암스테르담에서 가장 중요한 두 개의 공공건물, 즉 국립박물관

장엄한 세기말

페터슨과 옌센이 설계한
쇠토르베트(1873-1876, 코펜하겐)는
변형된 제2제정 양식이다.

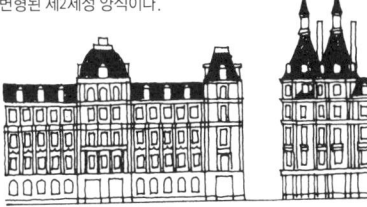

풀라르트가 설계한 비범한
재판소 건물(1866-1883, 브뤼셀)은
피라네시적인 위대한 활력에 찬
구성을 보여준다.

니로프가 설계한
우아한 고딕 양식의
코펜하겐 시청사(1892-1902).

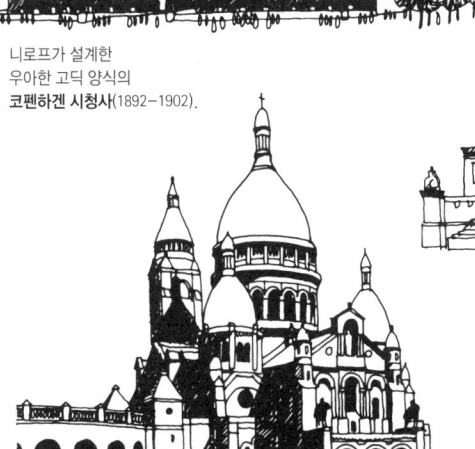

사코니의 거대한 로마식 기념물인
비토리오 에마누엘레 이세 기념관은
1885년에 착공하여 1922년에
다른 설계자들이 완공시켰다.

생 프롱 순례교회
(1120, 페리괴).

파리의 **사크레쾨르 대성당**은
1874년 아바디가 착공하여 1919년에 완공했다.

(Rijksmuseum, 1877-1885)과 중앙역(1881-1889)을 절충적인 후기 고딕 양식으로 설계했다. 코펜하겐 시청사(1892-1902)는 전체적으로 고딕 양식이었지만 디테일을 좀더 단순하게 설계한 것으로, 건축가 니로프(Martin Nyrop, 1849-1893)가 고딕 부흥주의적 형태에서 벗어나 좀더 직접적이고 강건한 양식을 발견하고 있음을 보여주었는데, 이는 리처드슨의 설계에 비견할 수 있을 만큼 당시의 기념비적인 도시건축에서는 이례적이었다. 이러한 기념비적인 도시건축 설계에서 당시 가장 특이한 것은 파리의 사크레쾨르 대성당(Basilique du Sacré-Coeur, 1874-1919)이었다. 이는 건축가 아바디(Paul Abadie)가 페리괴(Périgueux)에 있는 생 프롱 순례교회(Cathédrale St. Front)의 12세기 비잔틴 양식을 따라 설계한 것이다. 국가성심교회(Church of the National Vow)라고도 알려진 이 교회는 교회와 국가 간의 긴밀한 연계가 지속되고 있음을 보여주었다. 즉 이 교회는 1870년과 1871년의 참사[44]에 대한 속죄의 상징물로서 정부가 독실한 카톨릭 교도들의 기부금을 모아 건축한 것인데, 회개에 대한 표시 치고는 엄청난 금액인 사천만 프랑이라는 비용이 소요되었다.

철 건축의 발전

1876년 미국 독립의 발원지인 필라델피아에서 독립 후 백 년 동안 이룬 진보를 축하하는 국제박람회가 개최되었다. 런던의 크리스털 팰리스를 모방하여 철과 유리로 광대한 전시관을 건축했지만 크리스털 팰리스에 비하면 평범하고 조잡한 설계에 지나지 않았다. 뢰블링이 이룩한 구조기술의 발전을 건축가들이 아직 소화하지 못하고 있었던 것이다. 이러한 상황은 제니(William Le Baron Jenney, 1832-1907)가 시카고에 가정보험회사(Home Insurance Company) 건물을 건축한 1883년에 가서야 변화했다. 시카고에서 유명한 '마천루(skyscrapers)'의 최초 사례는 이보다 이 년 앞서 번햄(Burnham)과 루트(Root)가 설계한 몬톡 빌딩(Montauk Building)이었지만, 제니의 건물은 구조재를 최초로 연철 골조를 사용한 십층짜리 고층 건물이라는 점에서 달랐다. 제니는 이 새로운 재료—인장부재와 압축부재 모두에 사용할 수 있고, 리벳으로 접합이 가능하므로 신속하게 조립할 수도 있는 우수한 재료―가 가진 이론적인 문제와 실용적인 발전 가능성에 주저하지 않고 뛰어들었던 것이다.

연철을 사용한 설계를 기능적인 극한까지 진전시킨 사람은 에펠이었다. 가라비 고가철교를 뛰어난 설계로 성공시킨 것에 뒤이어 1889년 파리 박람회 ―이번에는 프랑스혁명 백 주년을 축하하기 위한― 공학기술자로 지명된 그는 높이 삼백 미터의 철제 탑 건축을 제안했다. 그는 세계 최고 높이의 구조물을 건축하는 실무적 문제를 해결해야 했을 뿐 아니라, 정치가들, 경쟁관계에 있던 공학기술자들과 건축가들, 그리고 모파상(Maupassant)에서 베를렌(Verlaine)에 이르는 파리 지식인들의 격렬한 반대에 직면했다. 그의 끈기와 재력은 정치적 문제를 극복했고, 그의 천재성과 경험은 구조기술적인 문제를 극복했다. 보강석재 받침대 위로 벌려진 네 개의 다리로 구성된 설계는 대부분 가라비에서 얻은 교훈에 따른 것이었다. 시공과정 자체도 철저하게 조직되어 모범적이었다. 에펠은 조립부재의 제작도(shop drawings)와 현장에서의 조립도(assembly drawings)를 준비했고 임시로 설치하는 비계까지도 상세하게 설계했으며, 시공과정의 각 단계를 사진촬영하여 면밀히 기록했다. 1889년 박람회용 구조물 중 지금까지 남아 있는 것은 에펠탑 뿐이지만, 공학기술자 콩타맹(Victor Contamin, 1843-1893)의 설계로 건축되어 1910년에 철거된 기계관(Galérie des Machines) 역시 이에 비견할 만한 장대한 구조물이었다. 에펠탑 높이의 반 정도 되는 길이에 폭 백십사 미터, 높이 사십오 미터였던 기계관은 거대한 강철 아치들을 연속시킨 구조물로서, 아치들은 기단과 정점에서 경첩으로 연결했고 횡방향의 강성을 위해 강철 리브로 보강했다. 기계관은 규모에서 크리스털 팰리스와 견줄 만했으며 구조적으로는 더욱 역동적인 것으로서, 철(iron)에 대한 강철(steel)의 우수성을 보여준 최초의 주요한 사례였다. 지금까지 남아 있는 주요한 강철 구조물 중 가장 오래된 것은 1883년에 착공하여 1890년 완공된 스코틀랜드의 포스(Forth) 강 하구 교량이다. 처음에는 현수교로 건설하려 했으나 부시(Thomas Bouch)가 테이(Tay) 강 하구에 설계한 것과 비슷한 현수교 교량이

1879년에 붕괴되자 설계를 변경했다. 베이커(Benjamin Baker)와 파울러(John Fowler)가 설계한 변경안은 세 개의 백 미터 높이 격자형 강철 타워 양단에 캔틸레버(cantilever)[45] 평판을 강접합하여 철로를 지지하도록 한 것이었다. 속이 빈 강철 튜브로 제작된 타워들은 수면 아래에서 강철 잠함기초(潛函基礎)[46]로 시공된 거대한 콘크리트 말뚝들로 지지했다.

시카고파의 건축

중요한 토목구조물들에 강철을 사용하면서 강철이라는 재료에 대한 설계자들의 이해가 증진되었고 보편적인 사용이 가능해졌다. 이는 시카고에서 가장 두드러졌는데, 시카고는 1871년의 대화재로 도시 대부분을 차지하던 목조 건물들이 거의 다 소실됨으로써 새로운 건축활동의 기회를 제공받았기 때문이었다. 시카고는 철도 건설업, 철강산업, 육류 가공업에서 중요한 위치를 차지하고 있었고, 동부 도시들과 중서부 평원지대의 관문으로서 매우 번성한 도시였다. 또한 철도왕 풀먼(Pullman)의 도시였으며 백만장자였던 육류 가공업자 아머(Armour)의 도시이기도 했다. 도시는 급속히 재건되면서 독창적이고도 품격있는 모습을 갖추어 나갔다. 중심업무지역인 루프(Loop) 지구는 오티스 승강기와 함께 강철 골조를 사용함으로써 전례 없이 높은 고층 상업건물 지구로 발전했는데, 이들은 건축적으로도 매우 높은 수준이었다. 이 지역에서 이들만이 고층 건물이었던 것은 아니었지만 — 중서부 농업지대에 산재한, 양곡기가 달린 곡물창고들 역시 매우 높았다 — 상업활동을 수용하는 층들을 십층 이상 반복적으로 쌓아 올린 것은 처음 있는 일이었다. 리처드슨이 설계한 칠층 건물인 마셜 필드 상회(Marshall Field warehouse, 1885-1887)는, 로마네스크 양식의 아치들과 거친다듬 처리된 육중한 벽체로 설계된 외부형태가 큰 영향력을 가졌던 것에 비해 구조적으로는 새로운 면이 없었다. 이는 견고한 내력 조적조 건물이었기 때문이다. 번햄과 루트가 설계한 십육층 건물인 모내드녹 빌딩(Monadnock Building, 1889-1891) 역시 마찬가지로 조적조였다. 자유로운 계획과 철제 프레임에 의한 입면 처리는 시공기간을 단축시킨 것은 물론 여러 측면에서 매우 값진

철과 강철 구조 건축의 걸작들

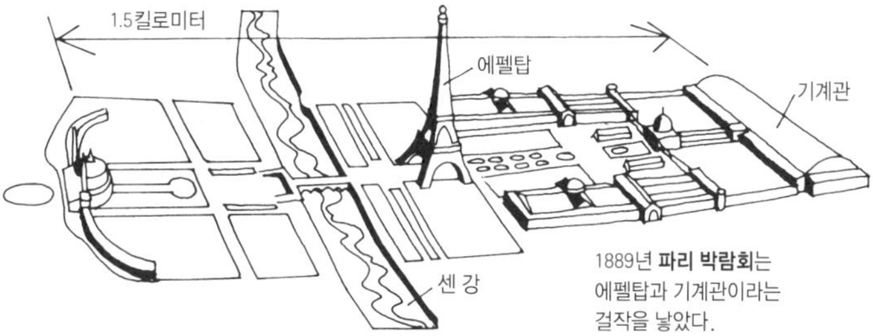

1889년 **파리 박람회**는 에펠탑과 기계관이라는 걸작을 낳았다. 이 두 건물은 강철 없이는 불가능했을 것이다. 당시 시카고에서 건축되던 마천루에 비해 이 건물들은 구조적으로 훨씬 모험적이었다. 놀라운 속도로 구조적 지식의 경계를 넘어서려 했던 이들의 시도는 박람회의 전체 분위기를 고무시키는 자극제로 작용했다.

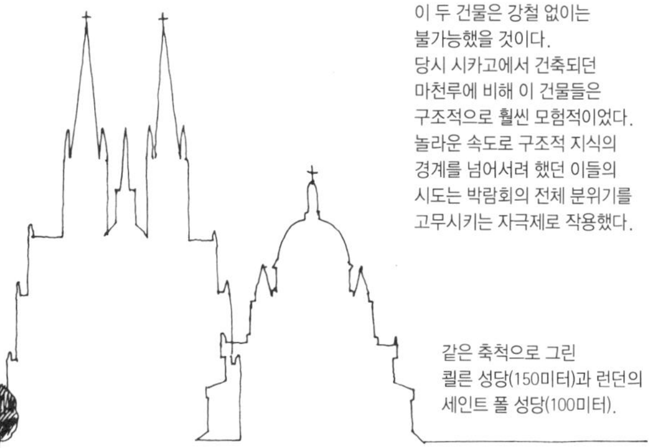

전체 높이는 삼백 미터로, 당시 세계에서 가장 높은 구조물이었다.

같은 축척으로 그린 쾰른 성당(150미터)과 런던의 세인트 폴 성당(100미터).

박람회의 중심 구조물인 **에펠탑**.

에펠은 강철보다 보수적인 재료인 연철을 사용했다. 그러나 그 사용방식은 매우 혁신적이었다.

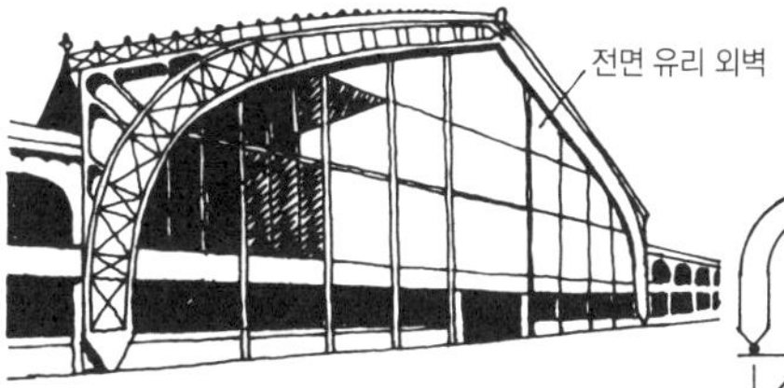

강철재로 만든 주요 아치들은 정점과 기단부가 경첩으로 접합되어 구조계산이 간명했다.

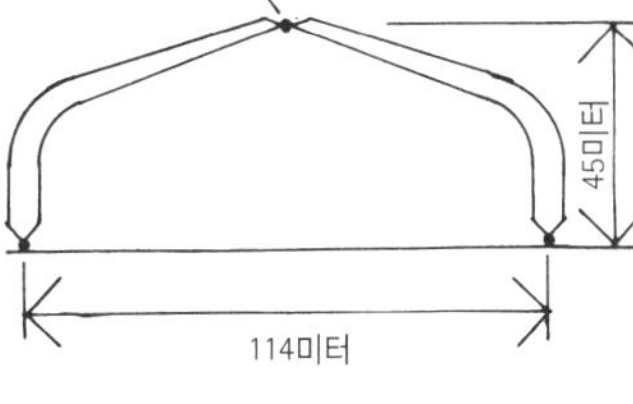

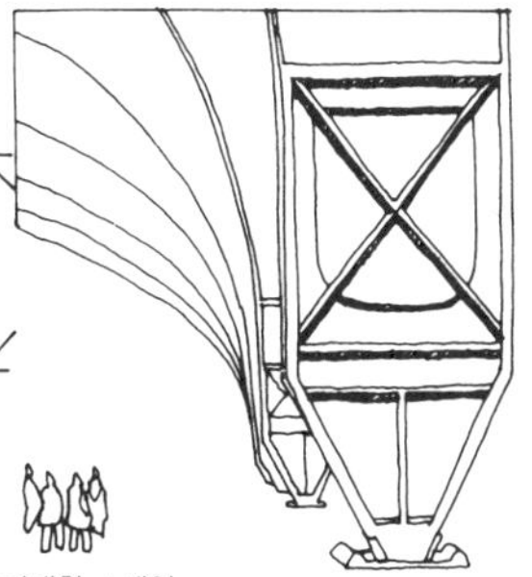

콩타맹과 뒤테르(Dutert)가 설계한 거대한 **기계관**.

거대한 스케일.

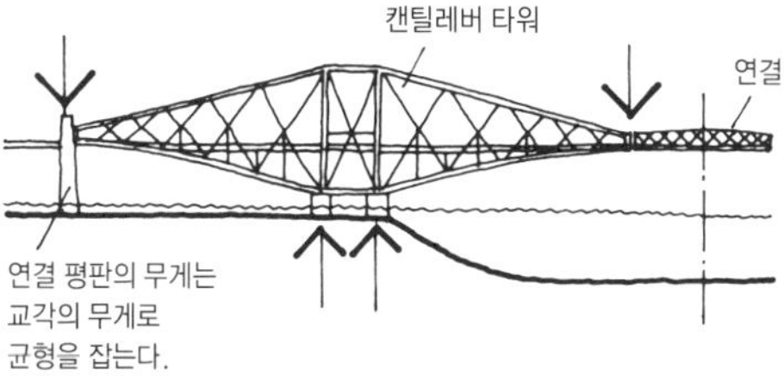

연결 평판의 무게는 교각의 무게로 균형을 잡는다.

현존하는 강철제 구조물 중에서 가장 최초의 것은 벤저민·베이커 등이 설계하여 1890년에 개통한 **포스교(Forth Bridge)**이다.

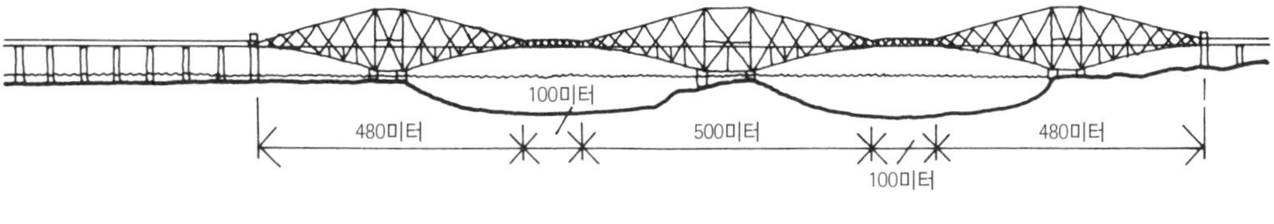

캔틸레버 타워

연결 평판

480미터 | 100미터 | 500미터 | 100미터 | 480미터

것으로서, 다른 건물에서도 자주 이용되었다. 홀라버드(Holabird)와 로치(Roche)가 설계한 타코마 빌딩(Tacoma Building, 1887-1888)은 앞에서 언급한 가정보험회사 빌딩처럼 강철 골조로 건축되었으며, 제니와 먼디가 설계한 세컨드 라이터 빌딩(Second Leiter Building, 1889-1891)과 번햄 사무소가 설계한 십육층의 릴라이언스 빌딩(Reliance Building, 1890-1895) 역시 강철 골조 건물이었다.

아들러와 설리번

1881년 이후 건축적으로 가장 큰 진전은 경험 많은 덴마크 건축가 아들러(Dankmar Adler, 1844-1900)와 재기 넘치는 젊은 건축가 설리번(Louis Sullivan, 1856-1924)의 협력으로 이룩되었다. 새로이 건설되고 있었고 별다른 건축적 전통이 없었던 시카고라는 여건 속에서 그들은 비정통적인 새로운 건축표현을 창조할 수 있었다. 처음에는 리처드슨의 영향이 그들의 작품에 반영되었다. 가장 잘 알려진 초기 사례는 오디토리엄 빌딩(Auditorium Building, 1886-1889)인데, 이는 사무실과 오페라 하우스라는 서로 어울리지 않는 용도를 십층 건물에 한데 섞은 것으로서, 견고한 내력벽 구조는 마셜 필드 상회와 매우 유사한 특징을 보여준다. 강철 골조 건축이 보편화하면서 설리번은 그의 유명한 경구인 '형태는 기능을 따른다(form follows function)'에 내포된 생각을 발전시키기 시작했다. 이 경구를 통해 그가 말하고자 했던 것은 용도와 구조의 정직한 표현이야말로 아름다운 건물의 설계에서 필수적 전제조건이라는 것이다. 이러한 생각은 세인트루이스에 있는 웨인라이트 빌딩(Wainwright Building, 1890-1891), 뉴욕 주 버펄로에 있는 개런티 빌딩(Guaranty Building, 1894-1895)에서 표현되기 시작했으며, 시카고에서는 설리번이 홀라버드·로치와 공동으로 설계한 게이지 빌딩(Gage Building, 1898-1899), 그리고 나중에 카슨·피리에·스콧 컴퍼니(Carson, Pirie, Scott and Company)라고 알려진 설리번 최고의 작품 슐레진저-메이어 상점(Schlesinger-Mayor store, 1899-1904)에서 표현되었다. 파사드는 좀더 평평하고 간결해져서 슐레진저-메이어 상점의 경우 기둥과 바닥

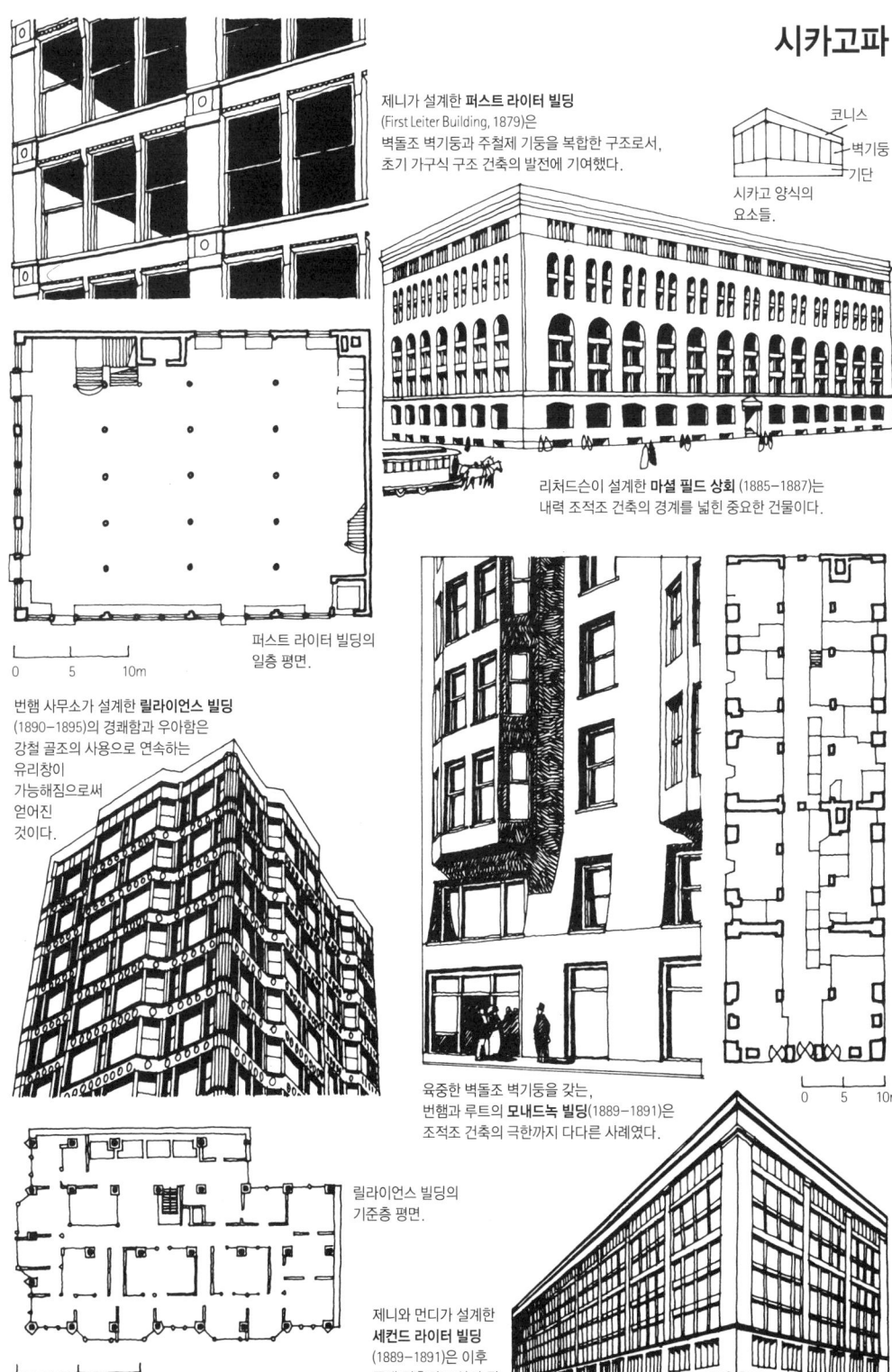

아들러와 설리번

1889년 시카고 호수변에 건축된 오디토리엄 빌딩.

루이스 설리번(1856-1924).

오디토리엄 빌딩의 출입구.

라이트는 1887년에 아들러와 설리번 사무소에 들어왔으므로, 아마도 오디토리엄 빌딩의 디테일 설계에 참여했을 것이다.

시카고 **오디토리엄 빌딩**(1886-1889)은 공연장을 호텔과 사무실에 복합시킨 건물이다. 건축가들은 리처드슨의 마셜 필드 상회 설계를 보고 원래의 입면설계를 수정했다.

타워 / 호텔 / 호수변 / 공연장 / 사무소

오디토리엄 빌딩의 단면.

마셜 필드 상회 건물과 마찬가지로 오디토리엄 빌딩도 내력 조적조 건축이다. 그러나 **개런티 빌딩**(1894-1895, 뉴욕 주 버펄로)과…

…웨인라이트 빌딩 (1890-1891, 세인트루이스)은 강철 골조에 조적조 외벽기둥으로 건축되었다.

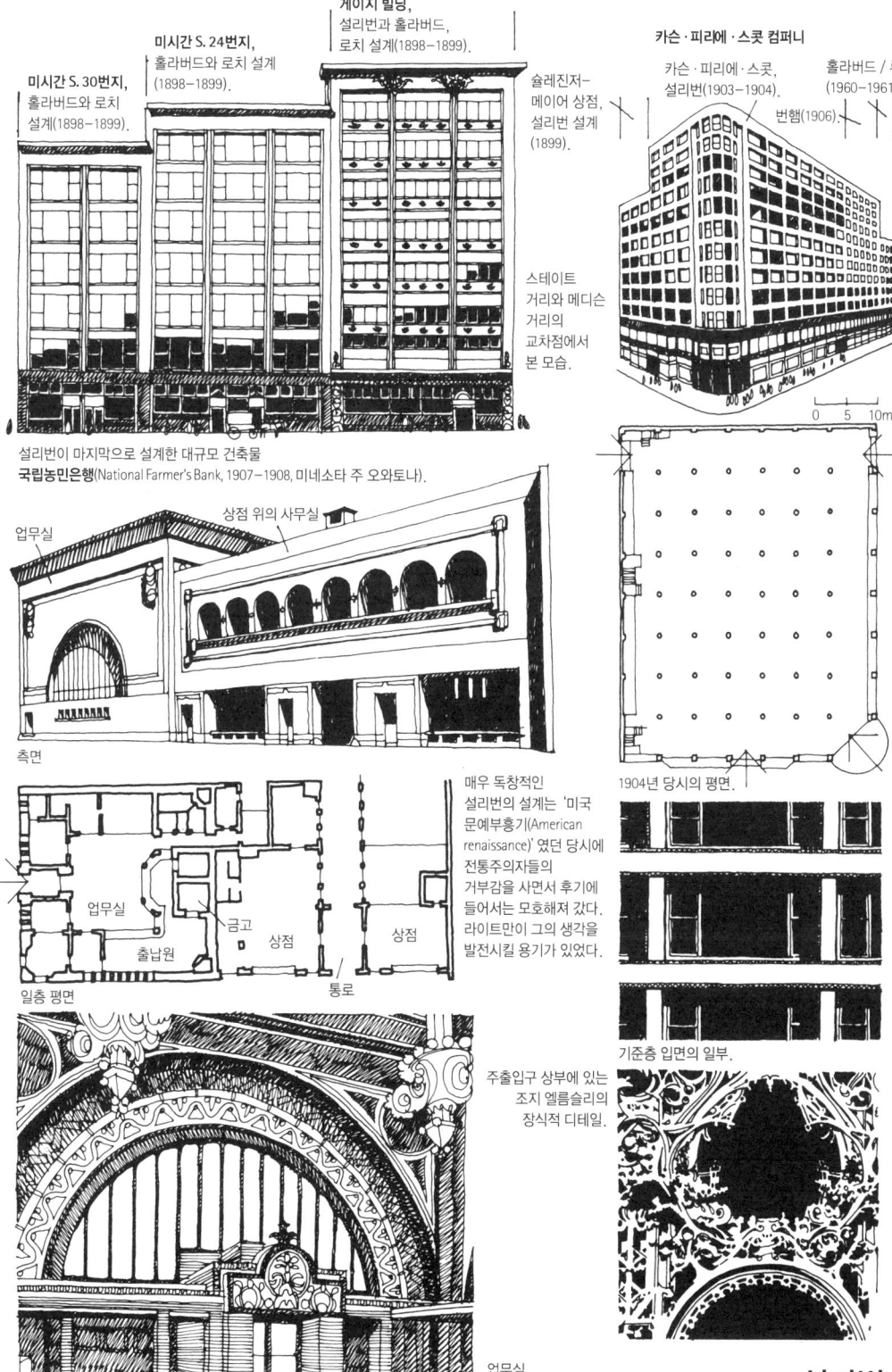

슬래브가 교차하며 생기는 반복적인 격자 사이로 일정한 크기의 창문을 내고 —이는 강철 골조에서만 가능했다— 격자 벽면을 파양스 도자기 장식(faience-work)으로 덮은 것이 전부였다. 또한 이 건물은 지붕에 매달린 무거운 코니스(지금은 제거되고 없다), 그리고 상점의 진열창과 주출입구를 돋보이게 하기 위해 동료 엘름슬리(George Elmslie)가 디자인한 철제 장식띠에서 표현된 것처럼, 전체적으로는 단순하게 처리하면서 장식된 일부 부위를 대조적으로 배치함으로써 주요한 건축적 특징에 주의를 집중시키는 설리번 특유의 수법을 잘 보여주었다.

동심원형 도시이론과 선형 도시이론

여느 대규모 도심들과 마찬가지로 새로운 마천루들로 이루어진 시카고 중심부의 물리적 형태는 높은 토지가격이 빚어낸 것이었는데, 이는 성장과 집중을 구가하는 상업 중심지들의 자연스러운 추세로서 가용 토지의 부족현상이 반영된 결과였다. 근대 도시의 역학이 가장 뚜렷한 도시였던 시카고가 20세기 도시사회학 이론 중 가장 영향력있는 이론의 하나를 일구어낸 무대였다는 것은 의미심장한 일이다. 학문 분야로서의 사회학은 사실상 마르크스가 자신의 주변 세계를 분석한 데에서 시작했지만, 뒤르켕(Emile Durkheim, 1858-1917)과 특히 베버(Max Weber, 1863-1920)에 의해 사회학은 부르주아적 관점의 학문으로 변화했다. 사회관계와 도시구조는 지속적으로 변화하는 역사적 패턴의 일부분이라는 마르크스주의적 관점이 아니라, 시간과 장소에 따라 특정하다는, 상대적으로 정적인 모델로서 다루어졌는데, 이는 각 시대가 저마다의 가치와 판단기준을 결정한다는 니체와 슈펭글러(Spengler)의 관점에 부합했다. 파크(Robert Park)가 주도한 시카고 학파 도시사회학자들은 도시형태의 동심원 이론을 개발하여, 도시의 각 지역별로 사회적 경제적 인자들이 다르며 중심업무지역을 중심으로 동심원 형태로 서로 다른 사회적 지대들을 형성한다고 보았다.

이러한 이론에는 근본적인 모순이 있었다. 자본주의의 역동성은 물리적 성장이 가능한 도시를 필요로 했지만, 이와 동시에 부르주아 이데올로그들

동심원형 도시와 선형 도시

1855년 **시카고** 중심지역의 계획. 당시 이미 중요한 산업도시로 성장했다.

지도 범례: 중서부, 해로(海路), 토론토, 보스턴, 시카고, 뉴욕, 0 500km

시카고 지도 범례: 급수 시설, 시카고 강, 부두, 중앙역, 미시간호, 록아일랜드 철도선

동심원형 도시 범례: 미시간호, 단독주택지, 가주용 호텔, 하숙주택, 환락가, 제2이민자 정착지, '작은 시칠리아', '도이칠란트', 차이나타운, 흑인 지역, 환락가, 저밀도 중산층 주택, 아파트 지역, 루프, 점이지역, 노동자 계급 임대아파트 주거지역, 중산층 주거지역, 통근자 지역

파크·버제스(Burgess)·매킨지(McKenzie)가 시카고 계획에 기초하여 분석한 **동심원형 도시**.

선형 도시 범례: 전차 노선, 푸에르타 델 솔, 선형 도시

마드리드의 푸에르타 델 솔(Puerta del Sol) 지역에 적용된 소리아 이 마타의 **선형 도시**(1894).

선형 도시의 중앙 간선도로인 사십 미터 폭의 넓은 도로가 **마드리드**에 적용되었다.

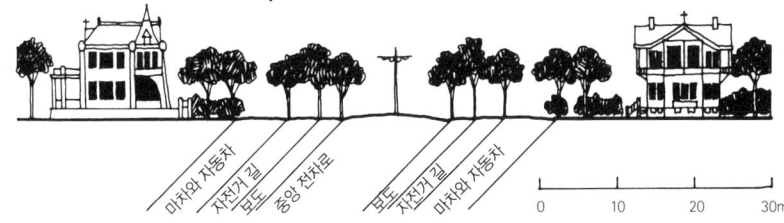

마차와 자동차 | 자전거 길 | 보도 | 중앙 전차로 | 보도 | 자전거 길 | 마차와 자동차

0 10 20 30m

은 안정되고 불변하는 정치·경제체제를 신봉할 필요가 있었다. 법과 질서로 도시를 통제할 수 있어야 했고, 도시의 형태는 국가권력의 지배력을 표현해야 했던 것이다. 동심원 이론은 당시 대부분의 사회이론과 마찬가지로 사회구조의 안정성을 뒷받침했다. 왜냐하면 그 이론은 일정한 순간의 도시를 묘사한 것으로, 대부분 사회의 변화와는 무관한 채 본질적으로 정적인 것이었기 때문이다. 또한 이 이론은 동심원적 형태가 모든 도시의 '자연적인(natural)' 형태라는 사이비 과학적 주장을 담고 있는데, 이는 오래 전부터 중앙집중적 도시계획이 갖는 정치적 장점들을 누려 온 국가의 필요에 부합하는 것이었다.

그러나 동심원 형태가 물리적 성장에 문제가 있다는 것은 명확했다. 특히 중심지역 전체가 교외지역으로 둘러싸인다면 팽창을 위해서는 밀도를 증가시킬 수밖에 없으며, 이는 건물의 높이와 건축비를 증가시키고 교통혼잡과 높은 토지가를 초래하는 것을 불가피하게 만들었다. 1882년 스페인 교통공학자 소리아 이 마타(Arturo Soria y Mata)는 이 문제를 해결하기 위해 전혀 다른 도시형태를 창안했다. 그의 선형 도시(Ciudad Lineal) 모델은 폭이 육백 미터에 불과하지만 길이를 무한정 길게 할 수 있었다. 양쪽 끝에서 간선도로나 전차 도로로 시작해 도로나 주변 농촌지대로부터 삼백 미터 이상 떨어진 곳에는 건물을 짓지 않도록 하는 이 선형 도시 모델은, 넓은 지역을 가로지르며 뻗어 나가 기존의 정주지들과 새로운 정주지들을 연속체로 결합하려는 의도를 가지고 있었다. 마드리드 외곽에 약 오 킬로미터 길이의 선형 도시가 건설되었지만(1894-1896), 그의 의도대로 전개되지는 못했다. 선적인 형태로써 팽창 문제는 해결되었다. 원하는 만큼 길이를 늘릴 수 있으니 말이다. 그러나 주(主)간선도로로 고안된 중앙도로에 교통량이 넘쳐 체증이 발생할 것이라는 점, 길이가 무한한 도시에서는 지역적 정체성이 부족하고 정신적 가치가 사라질 것이라는 점 등의 비판이 가해졌다. 정부 당국의 관점에서도 끝없이 팽창하는 괴물 같은 도시는 정치적으로 통제하기 곤란하다는 우려가 더해졌을 것이다.

박애주의와 노동자 계급의 주거

19세기 후반 동안에는 유토피아적 이론과 실험들이 만연했는데, 이를 제기하고 실행했던 개인이나 단체들은 도시문제를 그 원인이 아니라 결과를 변화시킴으로써 해결하려 했다. 미국에서는 가부장적인 로웰 시스템이 기업가들의 회의와 노동자들의 분개 속에 쇠퇴했다. 그러나 영국에서는 뉴래너크 전통이 솔트(Titus Salt) 같은 박애주의적 공장소유주들에 의해 ─사심이 전혀 없었던 것은 아니더라도─ 지속되었다. 솔트는 1853년 솔테어(Saltaire) 협동마을을 건설하여 인근 브래드퍼드(Bradford)로부터의 피난처를 제공했다.[47] 솔트가 새로운 모직 직조공장의 부지로 선택한 쾌적한 시골은 로웰이나 뉴래너크와 마찬가지로 외딴 지역이었기 때문에 전속 노동력 체제가 필요했으므로 시작할 때부터 공장과 마을을 동시에 건설했다. 건축가 록우드(Lockwood)와 모슨(Mawson)은 작은 집 팔백 채를 언덕 위에 규칙적인 테라스 주택으로 구성하여 고딕 양식으로 설계했다. 솔트는 교회·예배당·양로원·상점·목욕탕·마을회관·병원·학교 등 노동자들에게 정신적으로나 육체적으로 필요한 거의 모든 것을 제공했다. 다른 많은 기업가들과 마찬가지로 음주를 금하긴 했지만 말이다. 거대한 공장이 마을을 압도하면서 이 마을이 무엇 때문에 존재하는가를 일깨워 주고 있었다. 공장의 바닥면적은 세인트 폴 성당(St. Paul's Cathedral)의 규모인 사만 평방미터에 달했으며 상부에는 이탈리아 종탑 양식의 높이 팔십 미터 굴뚝이 솟아 있었다.

사실 솔트의 이념은 오언의 유토피아적 사회주의보다는 수년 전에 사회소설『시빌(*Sybil*)』을 출간한 디즈레일리(Disraeli)의 계몽적 보수주의에 가까웠다. 영국의 자본가들은 '원활히 경영되는 공장과 만족해 하는 노동자'가 경제적 의미에서 건전하다는 생각을 갖고 있었다. 이러한 경제적 의미가 기독교적 의무와 일치한다면 더 좋은 일이었다. 일반적으로 정부 당국이나 민간 주택시장이 양호한 노동자 주택의 공급에 소극적이었다는 것은 분명했다. 이 때문에 19세기 중엽부터 노동자 계급 임차 거주자들의 복지를 주된 목적으로 하는 비영리 단체인 '주택협회(housing association)' 들이 발전하기 시작했다. 이들 단체는 전적으로 자발적 기금에 의존했으므로 부르주아 투자자들을 모집하기 위해서는 낮은 이율이라도 이자를 지급해야 했다. 따라서 '적정한' 임대료를 부과할 수밖에 없었고, 이 때문에 극빈계층은 임차 대상에서 배제되었다. 그리고 세심하게 선정된 임차인들을 엄격히 감독하는 세심한 관리기법의 도입이 불가피했다. 주택협회가 제공하는 주택들은 말하자면 깨끗하고 건전하면서 '자격이 있는' 가난한 자를 위한 것이었다.

노동자 계급의 주거를 위한 최초의 공공규정은 1868년 '장인 및 노동자 주거법(Artisans' and Labourers' Dwellings Act)', 그리고 1875년 박애주의자 힐(Octavia Hill)의 노력으로 만들어진 '장인 및 노동자 주거개량법(Artisans' and Labourers' Dwellings Improvement Act)'이었다. 지방 당국에게는 슬럼을 철거하고 새로운 주택을 건설하는 책임이 부과되었다. 비록 이 과정에서 지방 당국은 주택협회를 처음부터 동등한 파트너로 인정했지만, 사실상 부유한 지주들과 기업가들에 의해 설립된 이들 단체 중 여럿은 지방 당국보다 부유하고 강력했다. 1889년에 기네스 트러스트(Guinness Trust)가 설립되었고 뒤이어 피바디 기부재단(Peabody Donnation Fund), 수턴 주거(Sutton Dwellings), 캐드버리(Cadbury) 가문의 번빌 단지(Bournville Estates), 그리고 론트리 트러스트(Rowntree Trust) 등이 잇달아 설립되었다.

버밍엄의 코코아 가공업자이자 프랑스풍 초콜릿 제과업자인 리처드 캐드버리(Richard Cadbury)와 조지 캐드버리(George Cadbury) 형제는 1878년 순도 높은 자신들의 제품에 걸맞은 공장부지를 찾아 시골로 옮기려는 사업적 이상주의를 실행했다. 우선적인 관심은 공장 자체를 건설하는 일과 노동조건에 두었기 때문에 처음에는 단지 몇 개의 두 채 연립주택(Semi-detached dwelling)만을 지었다. 그러나 신실한 퀘이커 교도였던 캐드버리 형제는 노동자 계급의 생활개선에 진정한 열정을 갖고 있었고, 1893년 조지 캐드버리는 "공장 노동자들에게 옥외 마을 생활의 풍요로움을 누리게 해주기 위해" 오십 헥타르의 부지에 시범마을을 건설하기 시작했다. 마을은 번(Bourn) 강의 이름을 따서 '번빌(Bournville)'이라는 이름을 붙였는

박애주의와 온정주의

벤저민 디즈레일리
(1804-1881).
영국 수상을 지낸
사회개혁가로서 사회소설
『시빌』의 저자이다.

솔트가 건설한 **솔테어 협동마을**의
조지 거리 풍경. 록우드와 모슨이 설계한,
절제력을 끊임없이 상기시키는 상징물인
조합 교회를 정점으로 구성되었다.

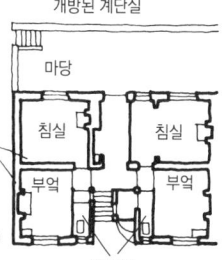

런던 남동부
머메이드 코트에 있는,
전형적인 19세기 후반
주택협회의 주거.

이들 주거는 공간 수준이
낮았고 설비도 최저 수준에
머물렀으나 빈민굴에
비한다면 엄청난
개선이었다.

레버가 건립한 **포트 선라이트** 마을의
잘 지은 튜더 양식 주택들.
다양하게 사용된 건축양식들의 일부이다.

캐드버리의 **번빌**에 개드(George Gadd)가
설계한 원래의 소주택들은 번빌 거리의
공장 건물 근처에 배치되었다.

포트 선라이트 마을과 달리 번빌은
가식 없이 비격식적으로 배치된 마을로,
근대 도시계획의 통칙이 되었던 인간미
넘치는 특징들을 많이 갖고 있었다.

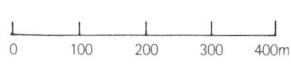

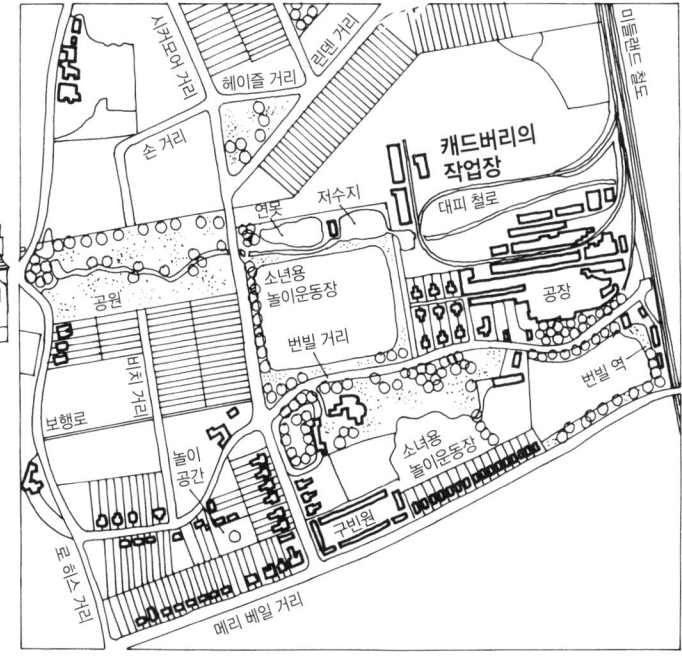

데, 프랑스어 접미사 'ville'은 이곳이 프랑스풍 제과업의 원조임을 표현한 것이었다. 번빌은 협동마을이 아니었다. 입주 수혜를 받는 범위를 가능한 한 넓혀서 캐드버리 노동자들이 전체 주민 중 소수만 차지하도록 했다. 최소한의 투자 수익을 얻기 위해서 극빈자들이 부담할 수 있는 범위를 넘어서는 임대료 책정이 불가피했지만, 적어도 이 임대료 부담이 가능한 사람들에게 조지 캐드버리의 전원적 이상주의는 이제껏 실제로 있어 본 적이 없는 중세 영국의 삶을 누리게 해주었다. 기와나 짚으로 이은 지붕과 장식적 박공, 튜더 양식 효과를 의도한 반(半)목조에 돌출창을 가진 이층집들이 과실수를 미리 심은 넓은 정원 속에 지어졌다. 솔테어의 밀집된 테라스 주택과는 대조적으로 번빌은 전원도시의 특징들을 모두 갖추고 있었다. 저밀도, 굴곡진 도로, 건물의 부정형적 배치, 그리고 무엇보다도 많은 나무들과 오픈 스페이스가 미적인 즐거움과 함께 사람들의 건강에 분명 이로움을 주었다.

리버풀 근처 워링턴(Warrington)의 비누공장 소유주인 레버(W. H. Lever)는 이상주의자는 아니었다. 그는 오언이나 디즈레일리보다 포드나 카네기에 가까웠다. 그가 공급한 주거는 자신의 상업적 미래를 위한 투자였으며 자신의 노동자들만을 위한 것이었다. 그는 자신이 거둔 이윤을 재투자하여 노동자주택을 건설했는데, 적어도 노동자들이 생산한 잉여가치의 일부는 노동자 자신들을 위해 쓰여야 한다는 것이 그의 생각이었다. 반드시 노동자들이 원하는 방식으로 써야 하는 것은 아니지만 말이다. 1888년에 윌리엄 오언(William Owen)의 설계로 머지(Mersey) 강 언덕에 착공된 새로운 마을 포트 선라이트(Port Sunlight)에는 파리의 대로들과 베르사유의 격식적인 가로들을 차용했는데, 이는 레버의 생각이 설계에 강하게 반영된 것이었다. 나무를 많이 심은 것은 번빌과 마찬가지였지만, 건축양식은 더욱 다양해서 영국의 튜더 양식, 고전 양식, 플랑드르 양식, 그리고 프랑스 제정 양식까지 사용되었다. 큰 교구교회와 레버 여사의 미술품 전시관은 마을의 대표적인 건축물이었다. 소장품 수집은 레버가 사업이윤을 사용하는 방법 중 하나였으며, 사업의 광고효과를 계산한 것이기도 했다.

어떤 방문자가 말했듯이 "마을 전체를 비누정신(spirit of soap)이 뒤덮고 있었다."[48]

노동자 계급의 주거를 향상시키려는 이러한 중간 계급의 노력들은, 숙련된 노동자들의 생활수준을 향상시켜서 불경기 때 그들이 최악의 상황에 빠지는 것을 막아 주었다는 점에서 적어도 부분적으로는 성공적이었다. 이는 영국 이외의 산업화한 나라들, 특히 독일과 미국에서도 일반적으로 전개된 일이었다. 아마도 러시아만이 도시 노동자 계급에게 아무것도 해주지 않은 나라였을 것이다. 그럼에도 불구하고 어느 나라 어느 도시에서나 극심한 빈곤층 인구들이 있었는데 ─영국의 경우 인구의 삼분의 일에 달했다─ 그들의 극심한 빈곤은 점점 더 부유해졌던 나머지 사람들과 완전히 대조적이었다.

부르주아 주택설계에서 역사주의의 탈피

19세기말에는 경제적으로나 문화적으로 중간 계급과 노동자 계급의 격차가 사상 유례없는 수준으로 벌어졌다. 불경기가 끝나고 국제경제가 팽창하면서 조야한 과학만능주의가 만연했는데, 이는 부분적으로는 니체 이후 점점 세속화한 철학─윌리엄 제임스(William James)의 실용주의가 그 전형을 보여주었다─에 의해서였고, 다른 한편으로는 플랑크·멘델·파스퇴르·퀴리·프로이트·아들러 및 다른 많은 과학자들을 포함한 과학계의 진정한 성과가 서서히 확산됨에 따른 것이었다. 이들의 과학적 성과는 다윈주의가 그랬듯이 유물론자의 이기주의적 철학을 그럴싸하게 정당화시키는 데에 사용되었다. 독일에서는 교회가 국가로부터 분리를 시도하며 반동적인 비판세력으로 나섰으며, 비록 독일처럼 심하지는 않았지만 바티칸 역시 정치활동과의 분리에 목소리를 높였다. 문학에서는 부르주아의 도덕적 타락에 대한 반항이 일었다. 입센처럼 강력하고도 공격적인 작품도 있었고 체호프나 카프카류의 절망적 염세주의, 혹은 와일드나 버나드 쇼처럼 풍자적인 것도 있었다.

건축 분야에서는 애슈비(Charles Ashbee, 1863-1942)에게서 모리스의 비판적 태도를 엿볼 수 있었다. 이론가이자 개혁가, 교사이자 미술공예운동에 동참한 실천적인 디자이너였던 그는 1888년에 런던의 노동자 계급 지역인 이스트엔드(East End)에 수공예 길드와 학교를 설립했다. 그가 설계한 건물 중 가장 뛰어난 것은 당시 노동자 계급의 교외주거지로서 점차 중간계급의 주거지로 변모해 가고 있던 첼시에 소재한 체인 워크(Cheyne Walk) 37번지 주택(1894)과 38-39번지 주택(1904)이었다. 대부분의 건축가들 중에서, 특히 부유층을 위해 우아한 주택을 설계하던 건축가들 사이에서 사회체제에 반감을 가진 자들은 거의 없었다. 산업자본주의를 향한 모리스의 불만에 대해 공감했다고 해도 그것은 대개 사회적인 측면이 아니라 예술적인 측면에서였으며, 이는 순전하고 형식에 구애되지 않는 건축을 탐구하는 ─ 예컨대 보이시처럼─ 방식으로 나타났다. 보이시의 순전성은 단순한 기술 탓이 아니라 깊은 궁리 끝에 나온 것이었다. 메를셰인저 주택(Merlshanger, 1896)과 패스처스 주택(Pastures, 1901)에서 보듯이, 그는 진보적이고 자유로운 사고를 가진 부유한 고객들의 생활에 특별히 호사스러운 청교도주의의 엄격함을 부여하는 것으로 대응했던 것이다. 그의 표현양식의 전형은 오처드 주택(Orchard, 1899)에서 볼 수 있다. 낮고 편안한 비례, 여닫이 창틀로 구획된 길고 수평적인 창문들, 어디에나 등장하는 흰색의 잔돌붙임 마감, 그리고 경사진 슬레이트 모임지붕, 이 모든 것들이 하위 중간계층의 교외주거지에 지은 그의 후기 작품들에서 지겹도록 반복되었다. 그는 모든 디테일을 직접 설계했는데, 그가 설계한 가구 역시 주택과 마찬가지로 과장된 표현 없이 단순하면서도 편안하고 세련된 것들이었다.

루티언스(Edwin Lutyens, 1869-1944)의 풍요로운 컨트리 하우스들은 지킬(Gertrude Jekyll)의 사뭇 시적인 정원 조경과 어우러지면서 귀족들과 성공한 자본가들에게 목가적인 환경을 제공했다. 미술공예운동의 디자이너로 시작하여 먼스테드 우드 주택(Munstead Wood, 1896), 오처즈 주택(Orchards, 1899)과 티그번 코트(Tigbourne Court, 1899), 디너리 가든(Deanery Gardens, 1901), 폴리 팜(Folly Farm, 1905) 등 형식에 구애받지 않는 여러 주택을 설계했던 루티언스는 건축가로 성공하면서부터 점차 과대

보이시와 루티언스

보이시가 설계한 **메를셰인저 주택**
(1896, 서리 주 길퍼드)의 수위실.

보이시의 자택 **오처드 주택**
(1899, 촐리 우드)의 입면.

보이시가 설계한 컨트리 하우스인
패스처스 주택(1901, 루틀랜드
노스 루펜햄).

루티언스 설계의 **오처즈 주택**
(1899, 고달밍)은 건물과
조경이 긴밀히 통합된
좋은 사례이다.

루티언스의 **디너리 가든**(1901, 소닝)은
오처즈 주택과 마찬가지로 보이시와
미술공예운동의 영향을 받은 건물이다.

망상적인 방향으로 나아갔다. 린디스판 성(Lindisfarne Castle, 1903), 내시돔(Nashdom, 1905), 히스코트(Heathcote, 1906), 드로고 성(Castle Drogo, 1910년 착공) 등은 그의 초기 설계에 비해 형식주의적이고 장식적이며 값비싼 것이었지만 독창성에서는 떨어졌다. 루티언스는 재능있는 건축가로서, 그의 초기 작업은 적어도 19세기 설계에 만연한 역사주의적 경향을 깨뜨리려는 ─ 예컨대 쇼가 결코 할 수 없었던 ─ 시도를 보여주었다. 그러나 사회적으로 본다면 그는 여전히 19세기를 벗어나지 못한 건축가였다. 그의 건축은 소귀족과 원시적 수공업 산업가의 세계에 의존하고 있었으며, 그 세계를 영속화시키려는 데에 완곡한 방식으로 일조하는 그런 것이었다. 하지만 이는 이미 시대착오적이었으며 곧 사라질 운명이었다.

프랭크 로이드 라이트

미국에서도 부르주아 주택 설계자들이 역사주의로부터 벗어나려는 비슷한 시도들을 하고 있었다. 설리번은 이제 활동이 뜸해졌지만 그의 동료인 엘름슬리는 1909년 퍼셀(William Purcell)과 협력관계를 맺으면서 중서부지역과 서부 해안지대를 주무대로 시카고의 전통을 이어 나갔다. 찰스 그린(Charles Greene)과 헨리 그린(Henry Greene)은 비슷한 지역에서 활동했지만 시카고파의 영향을 받지는 않았다. 그들은 일본의 전통적인 건축기술을 많이 사용했는데, 캘리포니아 주 패서디나(Pasadena)에 소재한 갬블 주택(D. B. Gamble, 1909)에서는 내부공간과 외부공간이 별 차이 없는 설계를 통해 밝고 가볍고 유연한 계획이 갖는 장점을 보여주었다. 이는 착실하게 유럽식 접근을 하고 있던 미 동부지역의 건축 경향과는 대조되는 것으로서, 오늘날 캘리포니아 교외주택의 전조가 되었다.

시카고 전통을 가장 성공적으로 구사한 것은 프랭크 로이드 라이트였다. 그는 젊은 시절 아들러와 설리번 밑에서 일하면서 설리번이 사무소 건축에 집중하는 동안 개인주택 설계를 담당했다. 삼층 주택으로 단순하면서 대칭으로 구성된 견고한 외관을 가진 찬리 주택(Charnley house, 1891)은 그가 이 설계사무소에서 맡은 첫번째 작업이었다. 그러나 1893년 일리노이 주에

라이트의 초기 작품들

갬블 주택(1909, 패서디나)은 라이트와 마찬가지로 찰스 그린과 헨리 그린이 일본 전통건축에 관심이 있었음을 보여준다.

유리 채광 지붕

지붕 덮인 테라스
상부 지붕선

하인들의 방
식기실
부엌
식사실
응접실
중앙 난로
홀
차 대는 곳
거실
테라스

윌리츠 주택(1902, 일리노이 주 하이랜드 파크)은 라이트의 초기 주택 중 가장 뛰어난 것으로서 자유로운 평면형태로 비범하게 구성되었다.

라킨 빌딩의 내부.

광정(光井)
개방된 사무실 갤러리
계단

라킨 본부 사옥(1904-1905, 뉴욕 주 버펄로)에서 라이트는 도시의 소음과 매연으로부터 보호된 사무실 환경을 만들어냈다.

로비 주택(1909)은 합리적인 계획과 우아한 비례, 그리고 '유기적' 설계가 어우러진 역작이었다.

교회
목사관

유니티 사원(1906, 일리노이 주 오크 파크)에서 라이트는 전통적인 교회 형태를 거부했다.

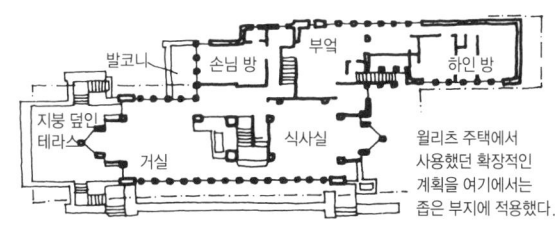

발코니
손님 방
부엌
하인 방
지붕 덮인 테라스
거실
식사실

윌리츠 주택에서 사용했던 확장적인 계획을 여기에서는 좁은 부지에 적용했다.

시카고 교외에서 재현된 '프레리' 주택의 모습.

자신의 사무실을 개업하면서부터 그가 '프레리(prairie)' 주택이라고 불렀던 주택작품들을 전개하기 시작했다. 1893년부터 1909년에 걸쳐 진행된 일련의 작품들에서는 라이트의 '프레리' 주택 개념이 진전된 과정을 명료하게 살펴볼 수 있다. 1893년작인 윈슬로 주택은 정사각형 평면으로, 낮고 수평적인 입면 처리를 통해 마치 대지에 안겨 있는 듯이 보이게 했다. 윌리츠 주택(Willitts house, 1902)에서 라이트는 평면을 십자형태로 확장하면서 주변 풍경을 향해 사방으로 연장되도록 했다. 유니티 사원(Unity Temple)과 패리시 주택(Parish house, 1906)에서는 자연채광에 대한 개념을 발전시켜 호박색 유리를 통해 유입된 빛으로 가득 찬 실내공간을 연출했다. 쿤리 주택(Avery Coonley house, 1908)은 외부 마당과 선큰 가든, 그리고 수영장을 엮어서 내부공간과 외부공간의 구분을 모호하게 만드는 방식으로 설계되었다. 로비 주택(Robie house, 1909)에서는 이 모든 요소들을 하나로 통합한 훌륭한 구성을 보여주고 있다. 교외의 좁은 필지조건 때문에 쿤리 주택과 같은 확장되는 평면이 불가능했지만, 라이트는 여기에서도 주변 풍경과의 밀접한 통합감을 이루어냈다. 로비 주택은 삼층이지만 낮고 평온하며 안정적인 외관을 갖고 있으며, 커다란 모임지붕은 이 집을 대지에 눌러 붙이는 듯한 효과를 주고 있다. 내부공간은 계단실과 벽난로로 구성된 견고한 중심 공간 주변으로 다른 공간들과 맞물려 있고 바닥 높이의 변화로 생동감을 주면서 자유롭게 계획했다.

이 시기 라이트의 또 다른 주요한 작품으로는 뉴욕 버펄로에 있는 라킨 본부 사옥(Larkin administrative building, 1904-1905)이 있다. 동일한 층을 반복하고 사각 창문으로 채광하는 당시 사무소 건물의 형태는 시카고 건축가들에 의해 이미 거의 정형화해 가고 있었다. 라이트는 이 모든 개념을 새롭게 사고하여, 유리 지붕을 가진 사층 높이의 중정을 내부에서 바라볼 수 있게 하고 외벽은 견고하게 처리하여 소음과 매연으로부터 사무공간을 보호했다. 이 건물은 전체 냉난방 설비를 갖춘 최초의 상업용 건물이었으며, 철제 장치물들을 특별히 설계하여 사용한 최초의 사례였다. 또한 계단실 '탑(tower)'을 중요한 설계요소로 다룬 최초의 건물이기도 했다. 유례가 없었던 흥미로운 내부공간과 육중하고 입체파적인 외부의 처리는 유럽 아방가르드 건축가들에게 커다란 영향을 미쳤다.

공간의 유동적 처리, 전통적 재료의 현대적 사용, 새로운 구조 시스템과 설비 시스템의 도입, 추상조각 효과를 빚어내는 건물형태의 구사 등, 디자인 측면에서만 본다면 라이트는 건축적 사고를 여러 방향으로 확장한 천재적인 혁신가였다. 그는 '프레리' 설계안들에서 그의 '유기적(organic)' 건축을 창조해내려 했다. 주변 자연풍경과 통합되고 건축재료에 정직하며 거주자들이 대지와 건물 구성요소들과 가능한 한 긴밀한 관계를 갖도록 설계된 그런 건축을 말이다. 그가 쓴 글들을 보면 이 유기적 건축이란 것이 부분적으로는 개척자에 대한 경외와 미개척지에 대한 동경을 표현한 것임을 확인할 수 있다. 이는 이주민 농경가족 출신인 그의 배경에서 비롯된 것으로서, 그의 부모가 남겨준 것을 기독교 개종자의 열정으로 재발견해냈던 것이다. 그러나 현실에서 그의 주택들은 대부분 시카고 교외지역의 중간 계급 가족들을 위한 것이었다. 비록 철학적으로 그는 자신의 주택들이, 사라져 가고 있는 더 온전하고 더 본질적인 가치들의 세계를, 그가 '진정한 문화의 진정한 기초'라고 불렀던 것을 이루는 그런 세계를 재건하는 길이라고 보았지만 말이다.

아르누보

새로운 형태의 건축을 통해 사회가 새로워질 수 있으리라고 단순하게 믿었던 근대의 건축가는 라이트뿐만이 아니었다. 이러한 태도는, 1890년에서 1910년 사이에 유럽과 미국 동부에서 활동하던 아르누보(Art Nouveau) 디자이너들과 건축가들 사이에서 많은 이들이 공유하고 있었다. 아르누보의 다채로운 예술적 근원지는 주로 영국이었다. 러스킨과 모리스, 그리고 예술적 통합에 대한 그들의 이론, 블레이크(William Blake)의 회화나 모리스의 섬유 디자인이 보여준 흐르는 듯한 선, 이들 모두 영국인들의 것이었다. 맥머도의 장식예술, 특히 1883년에 발표한 그의 저서 『렌의 도시 교회들(Wren's City Churches)』의 표지 디자인도 영국산이며, 무테지우스(Hermann

Muthesius, 1861-1927)의 저서 『영국 주택(*Das Englishe Haus*)』(1904)을 통해 유럽에 알려진 보이시 및 여타 건축가들의 순전하고 가식 없는 주택설계 역시 영국인의 것이었다. 벨기에와 프랑스에서는 아르누보의 영향이 광범위하고 다양하게 전개되었는데, 반 데 벨데(Henry van de Velde)의 초기 그래픽 디자인 중에서 특히 아플리케 패널화 〈천사의 바라봄(*The Angel's Watch*)〉이 여기에 포함되며, 심지어 공학작품인 에펠탑의 형상 역시 처음부터 의식한 것은 아니라 하더라도 결과적으로는 아르누보의 영향을 받은 것으로 볼 수 있다. 프랑스에서는 금속공예 같은 응용예술이 실용적으로 발전함에 따라 디자이너들이 기술과 미적 재능을 발휘할 수 있는 기회가 많아졌다.

이 모든 것들은 유럽과 미국의 진보적 디자이너들이 19세기의 진부한 역사주의를 거부하고 의식적으로 개혁을 추구하기 시작하면서 한꺼번에 쏟아져 나왔다. 이 운동의 이름과 독일의 유겐트슈틸(Jugendstil), 카탈루냐의 모데르니스메(El Modernisme) 같은 여러 지역적 변종들은 그것의 현대성을 말하고 있었다.[49] 건축에서 보석공예까지, 회화와 음악과 무용까지, 그리고 기하학적인 단순성에서부터 곡선적인 풍요로움에 이르기까지, 새로운 개념들이 모든 예술 분야에 걸쳐서 출현했다. 이러한 다양성은 이 운동의 항로를 예견케 해주었는데, 실제로 아르누보 운동 안에서는 서로 모순되는 개념들이 동시에 출현하곤 했다. 정직한 공예 솜씨가 갖는 덕목을 다시 찾으려 하면서 동시에 상업적인 동기로 현대적 재료와 생산기술을 사용한다든가, '현대성'을 추구하며 역사주의를 거부하는 동시에 중세 일본이나 고대 이집트, 켈트족 시대의 영국에서 시각적 영감을 얻으려 하는 것 등이 그러했다. 더욱 근본적인 모순은 그들이 문화적 부흥을 창조하겠다고 하면서 기존 사회를 작동시키는 경제규칙들을 순순히 인정했다는 것이다. 미술공예운동의 디자이너들 중에서 사회주의 예술가였던 크레인(Walter Crane)은 이 점을 간파하여 아르누보를 '저 장식적 질병(that decorative illness)'이라고 부르면서 사회적 목적의 빈곤함을 한탄했다. 몇몇 아르누보 디자이너들은 부르주아 사회를 거부했지만, 그것은 개혁이 아니라 충격을 주는 방식으로 진행되었다. 결국 이 운동은 무엇보다도 부르주아적인 것이었다. 건물은 중간계층의 거주용이었고 오페라와 연극은 그들의 오락용이었으며 공예품들은 그들에게 판매하기 위한 것이었다.

이 시기의 슬로건은 '예술을 위한 예술(art for art's sake)'이었다. 이는 모든 것을 상품으로 격하시켜 버린 이 사회를 위해서 예술상품을 생산하지 말자는 결의를 가리켰다. 그러나 그 개념 자체가 역설이었다. 마르크스는 '생산을 위한 생산(production for production's sake)'이 자본주의의 기반 중 하나임을 이미 언급한 바 있다. 이는 생산성이 인간의 필요를 충족시키는 것을 넘어서 그 자체를 목적으로 삼는 것을 말한다. 이를 예술에 대해서 말한다면, '예술을 위한 예술(l'art pour l'art)'을 창조하는 것은 예술 자체를 사회적으로는 무의미하며 오직 상품으로만 통용되는 것으로 정의하는 꼴이 된다. 보들레르(Baudelaire)와 위스망스(Huysmans) 같은 문학가들은 의도적으로 부르주아 세계에서 벗어나려 했지만 부르주아 계급에게 충격을 주고픈 그들의 바람이 그 세계와 긴밀한 접촉을 계속하도록 만들었다. 그러나 아르누보 디자이너들은 비록 부르주아적 가치에 대해 문학가들과 비슷한 혐오감을 갖고 있었다 하더라도, 여전히 그들의 상품을 부르주아 구매자들에게 판매해야만 했던 운명이라는 점에서 문학가들과 달랐다.

아르누보 디자이너들은 모리스의 사상과 직접적으로 반대되는 방향에서 예술을 상품으로 만드는 일을 진전시켰다. 상업주의는 이 운동의 토대가 되었으며, 주요 디자이너들 중 많은 이들이 티파니(Louis Comfort Tiffany)나 랄리크(René Lalique) 같이 예술가인 동시에 자신의 작품을 판매하는 상점의 주인이었다. 예술 분야간의 경계는 모호해졌다. 혼합매체 작품들은 예술가와 장인의 기술을 조합했고, 조각과 보석공예가 소비상품에 응용되었으며, '순수' 예술조차도 그림을 석판화로 제작하거나 조각품을 축소하여 대량생산하는 방법을 통해 쉽게 판매할 수 있는 상품으로 전환되었다. 백화점이 이러한 과정에서 중요한 역할을 했다. 파리에는 반 데 벨데의 '아르누보 예술품 백화점(Maison de l'Art Nouveau, 1883)'—이 예술품 백화점은 아르누보 운동에 명칭을 제공했다—과 '사마리텐 백화점(La Samaritaine,

1904-1905)'이 있었고, 브뤼셀에는 오르타(Victor Horta, 1861-1947) 남작의 '리노바시옹 백화점(L'Innovation, 1901)'이 있었다. 런던에서 가장 유명했던 백화점의 이름은 리버티 양식(Stile Liberty)이라는 이탈리아 아르누보 운동의 명칭이 되었다.

아르누보는 근대 최초의 진정한 국제적인 운동이었다. 그것은 프랑스·벨기에·독일·미국 같은 제이세대 산업국가들과 스페인·이탈리아·헝가리 같은 제삼세대 산업국가들에서 일어난 운동이었으며, 19세기말경에는 주요한 국제적 부르주아 공동체를 형성할 만큼 수많은 나라들로 번져 나갔다. 이 운동은 특히 도시자본주의에 귀속되었다. 예를 들어 스페인에서는 가장 산업화한 지역인 카탈루냐에서 번성했는데, 여기에서 이 운동은 카스티야(Castilla) 지방의 정치적 지배에 대항하는 민족적 자긍심의 중심이 되었다. 이탈리아에서도 역시 그것은 남부 농업지역보다는 밀라노·토리노·우디네(Udine) 같은 도시지역의 양식이었다.

벨기에와 프랑스의 아르누보

아르누보 건축은 벨기에에서 오르타 남작과 함께 시작되었다. 그가 설계한 브뤼셀의 타셀 저택(Hôtel Tassel, 1892)은 이국적인 취향의 비틀린 철제 계단으로 유명한데, 이는 반 데 벨데가 초기에 행한 실험적인 그래픽 디자인과 정확히 같은 시기의 작품이었다. 이 밖에 오르타의 주요 작품에는 '리노바시옹 백화점'과 슬로베이 저택(Hôtel Slovay, 1895-1900), 인민의 집(Maison du Peuple, 1896-1899) 등이 있는데, 이들은 철과 유리를 다채롭고 현대적인 방법으로 구사함으로써 프랑스 아르누보(Gallic Art Nouveau)의 고전적이고 불꽃 같은 선을 구현하는 데 한몫했다. 반 데 벨데는 비슷한 시기에 건축과 실내 디자인으로 전환했다. 그는 파리 '아르누보 예술품 백화점' 이후 드레스덴에서 가진 전시회로 유명해지고 나서는, 독일로 이주하여 하겐(Hagen)에 있는 폴크방 박물관(Museum Folkwang)의 실내 디자인(1901)과 드레스덴의 니체 문서보관소(Nietzsche Archive)의 실내 디자인(1903)을 담당했으며 예술학교(1904)를 재건축하기도 했다.

프랑스에서는 두 지역이 아르누보의 중심지였다. 로렌(Lorraine) 지방의 숲은 목재와 함께 시각적 영감을 제공했는데, 갈레(Emile Gallé)와 그의 제자들인 마요렐(Louis Majorelle)·프루베(Victor Prouvé) 등이 낭시(Nancy) 공방에서 제작한 가구들은 그 소산이었다. 그들은 나무의 재료적 한계를 무시하면서 매우 조소적인 방식으로 작업했다. 나무를 구부리고 결을 거슬러 깎기도 하면서 식물이나 초목 형상을 직접적으로 모방한 유동적 형상을 빚어냈다. 파리의 가구는 좀더 경쾌하고 호사스러웠다. 주된 작업가들은 콜로나(Eugène Colonna), 가야르(Eugène Gaillard), 드 푀레(Georges de Feure) 등과 건축가인 기마르(Hector Guimard, 1867-1942)를 꼽을 수 있는데, 기마르가 복잡한 철제 작업을 가미하여 설계한 카스텔 베랑제(Castel Béranger, 1894-1898)는 마치 오르타가 벨기에에서 그랬듯이 프랑스에서 아르누보를 확립시킨 작품이었다. 프랑스 아르누보의 절정은 1900년 파리에서 개최된 만국박람회였다. 러시아 황제가 파리에 건립한 알렉상드르 삼세 다리(Pont Alexandre III)[50]의 개통식 행사를 포함했던 그 전시회 자체가 그랬거니와, 기로(Charles Girault)가 설계한 전시관 건물들, 뮈샤(Alphonse Mucha)의 고급스러운 그래픽 디자인, 랄리크의 아름답고 퇴폐적인 보석공예 같은 전시 작품들은 사치스럽고도 약간은 충격적인 세기말의 부르주아 세계―오스카 와일드의 『살로메(Salomé)』와 페이도(Feydeau)의 희극들이, 뢰브르 극장(Théâtre de l'Oeuvre)과 물랭 루즈(Moulin Rouge)가, 그리고 사라 베르나르(Sarah Bernhardt)와 로이 풀러(Loïe Fuller) 등이 표현한 바로 그 부르주아 세계―를 그대로 보여주는 듯했다.

중부 유럽의 아르누보

독일에서는 이 양식이 공장생산 제품의 디자인으로 유행하게 되었다. 특히 슈트라우프(Daniel Straub)가 19세기 중엽에 설립한 주물공장인 뷔르템베르기슈 금속제품공장(Württembergische Metallwarenfabrik)[51]이 대표적인데, 19세기말에 이 공장은 독일에서 금속제품과 주물 조각품 생산을 지배하는 대기업으로 성장했다. 엔델(August Endell, 1871-1925)은 수많은 독일 아르

아르누보
벨기에·프랑스

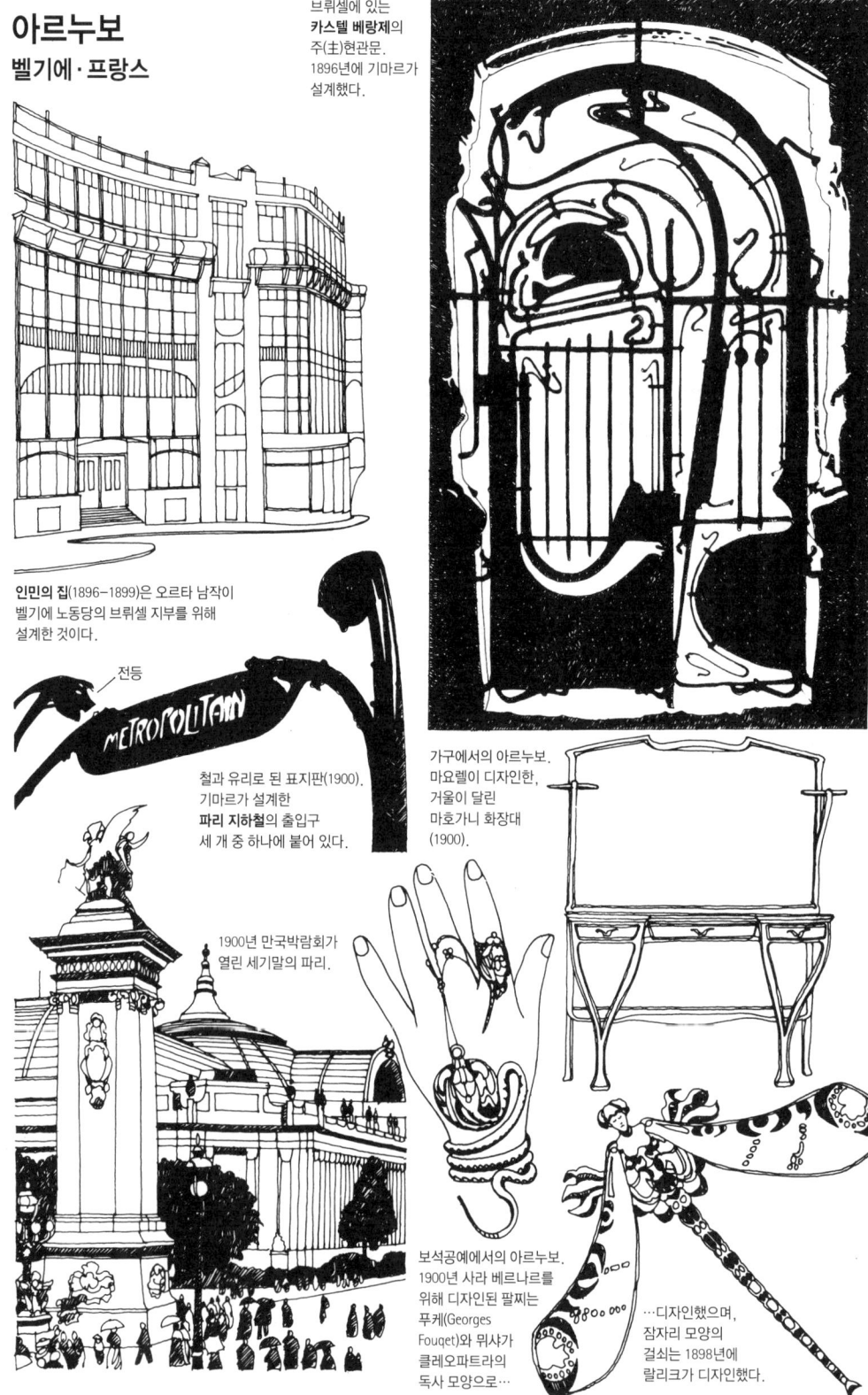

브뤼셀에 있는 **카스텔 베랑제**의 주(主)현관문. 1896년에 기마르가 설계했다.

인민의 집(1896–1899)은 오르타 남작이 벨기에 노동당의 브뤼셀 지부를 위해 설계한 것이다.

전등

철과 유리로 된 표지판(1900). 기마르가 설계한 **파리 지하철**의 출입구 세 개 중 하나에 붙어 있다.

가구에서의 아르누보. 마요렐이 디자인한, 거울이 달린 마호가니 화장대 (1900).

1900년 만국박람회가 열린 세기말의 파리.

보석공예에서의 아르누보. 1900년 사라 베르나르를 위해 디자인된 팔찌는 푸케(Georges Fouqet)와 뮈샤가 클레오파트라의 독사 모양으로…

…디자인했으며, 잠자리 모양의 걸쇠는 1898년에 랄리크가 디자인했다.

아르누보
중부 유럽

뮌헨의 아르누보. 엔델이 설계한 사진관인
아틀리에 엘비라(1897-1898).

레흐너가 설계한
세인트 엘리자베스 교회
(1906-1908, 슬로바키아
브라티슬라바).

아르케이가 설계한 **칼뱅파 교회**
(1911-1913, 부다페스트).
레흐너와 매킨토시처럼
아르케이 역시 지방 민속전통에
기반하여 설계했다.

레흐너의 걸작으로서 장식적
조적 건축물인 **우편저축은행**
(1906, 케치케메트).

리버티 양식의 우아한
주거건축인 솜마루가의
팔라초 살모이라기(Palazzo
Salmoiraghi, 1906, 밀라노).

1902년 토리노 장식미술
전시회에서 다론코가 설계한
전시관은 장식적이지만
구조적으로도 기능적이었다.

누보 건축가 중 한 사람이며, 그가 뮌헨에 설계한 사진관인 아틀리에 엘비라(Atelier Elvira, 1897-1898)와 베를린에 설계한 분테스 극장(Buntes theater, 1901)은 복잡한 표면장식으로 유명했다. 부다페스트에서는 레흐너(Ödön Lechner, 1845-1914)와 아르케이(Aladár Arkay, 1868-1932)가 그들의 헝가리 민속전통의 어휘로 아르누보를 재구성했다. 레흐너는 신고딕 건축가로 출발했지만 그의 최고 걸작인 케치케메트(Kecskemét)의 우편저축은행(1899-1902)은 많은 장식과 공간적 다양성을 가진 전적으로 아르누보 건축이었다. 아르케이의 가장 중요한 작품은 부다페스트의 칼뱅파 교회(1911-1913)로서, 이는 풍부한 장식으로 생동감을 준 강하고 단순한 건물이다. 리버티 양식으로 알려진 당시 이탈리아의 건축은 아르누보의 경쾌함과 이탈리아 바로크 전통의 묵직함이 결합된 것이었다. 대표적인 건축가들로는 토리노 장식미술 전시회(1902)를 위한 건물들로 이탈리아 아르누보를 국제무대에 각인시켰던 바실레(Ernesto Basile, 1857-1932)와 다론코(Raimondo d'Aronco, 1857-1932), 솜마루가(Giuseppe Sommaruga, 1867-1917) 등이 있다. 미국에서는 엘름슬리가 설리번의 건물들에 덧붙인 화려한 장식적 금속작품이 분명 아르누보 양식에 중요한 영향을 끼쳤다. 그러나 가장 중요한 작품은 의심할 여지 없이 티파니와 그의 회사인 예술가연합(Associated Artists)이 빚어낸 고급스럽고 다채로운 유리제품이었다.

카탈루냐의 아르누보—가우디와 도메네크

아르누보는 국제적인 조류였지만 여러 지역에서 국지적이고 분파적으로 전개되기도 했다. 카탈루냐에서의 아르누보는 국제적 양식이라기보다는 민족적 양식이었다. 이 양식은 스페인에서 가장 산업화한 이 지역에 성립해 있던 부르주아 계급이 문화적 정체성과 정치적 자의식을 쟁취하는 데 매우 중요한 의미로 작용했다. 그것은 마치 영국에서의 신고딕 양식과 비슷한, 아니 더욱 강력한 역할을 했다. 언어를 개혁하고 학술기관과 대학을 설립하며 새로운 헌법을 제정하면서 부르주아 르네상스(Renaixença)를 구가했던 당시 이 지역의 문화와 정치생활에서 아르누보가 그 한 부분을 차지했던 것이다. 모데르니스메는 바르셀로나·발렌시아·헤로나(Gerona)·마요르카(Mallorca) 등지에서 지역문화 전통의 폭넓은 다양성을 이끌어내면서 모든 예술에 영향을 미칠 만큼 보편적인 것이 되었다. 수많은 새로운 건물들이 이 양식으로 설계되었는데, 개중에는 건축적으로 커다란 중요성을 갖는 것들도 있었다.

가장 유명한 카탈루냐 건축가이자 근대기에 가장 의미있는 인물 중의 하나였던 사람이 가우디(Antoni Gaudí, 1852-1926)였다. 그는 초기에 설계한 부르주아 저택인 바르셀로나의 카사 비첸스(Casa Vicens, 1878-1880)와 코밀라스(Comillas)의 카프리초(Capricho, 1883-1885)에서, 장인이었던 부친으로부터 물려받은 금속 장식작업의 경험을 사용했다. 그리고 잘나가던 기업가인 구엘(Guell)의 후원 아래 구엘 궁(Palacio Guell, 1995-1999), 산타 콜로마 예배당(Santa Coloma de Cervelló, 1898), 구엘 공원(Parque Guell, 1900)을 건축했다. 처음에는 전통적인 아랍 건축과 고딕 건축에서 영향을 받았지만 가우디는 곧 개인적인 양식으로 진전했다. 그는 콘크리트로 만든 거대한 갑각류 동물 같은 자신의 기본적인 건축형태에 유리와 도자기 파편들을 박아 넣어 만든 산호세공이나 금속 묶음 등의 창조적이고 비범한 장식들을 덧붙였다. 이러한 형태는 바르셀로나의 성가족 교회(Temple de la Sagrada Familia)에서 정점을 이루었다. 이 건물은 신실한 신도였던 가우디가 기존의 신고딕 건물을 1884년에 증축하기 시작한 것으로서, 1903년부터 1923년까지 비범한 형태인 물병 모양의 수랑(transept) 탑 네 개를 건축했다. 이에 못지않은 창조성을 볼 수 있는 그의 다른 건물로는 바르셀로나의 호화로운 아파트 건물인 카사 밀라(Casa Milá, 1905)와 카사 바틀로(Casa Battló, 1905)가 있다.

가우디의 상상력은 조각적 맥락에서는 끝이 없을 정도였지만, 20세기의 새로운 구조적 가능성을 포괄하기에는 충분하지 못했다. 또한 그는 때때로 전통적인 건축수단의 범주를 넓히는 능력을 보여주었지만 그것을 극복하지는 못했다. 이러한 점에서 동시대의 위대한 건축가인 도메네크 이 몬타네르(Lluis Doménech y Montaner, 1850-1923)는 가우디와 달랐다. 도메네

카탈루냐 르네상스

시체스 인근의 라 가라프에 있는 **백화점과 예배당**(1888)은 베렝게르가 매우 합리주의적인 양식으로 설계한 건물이다.

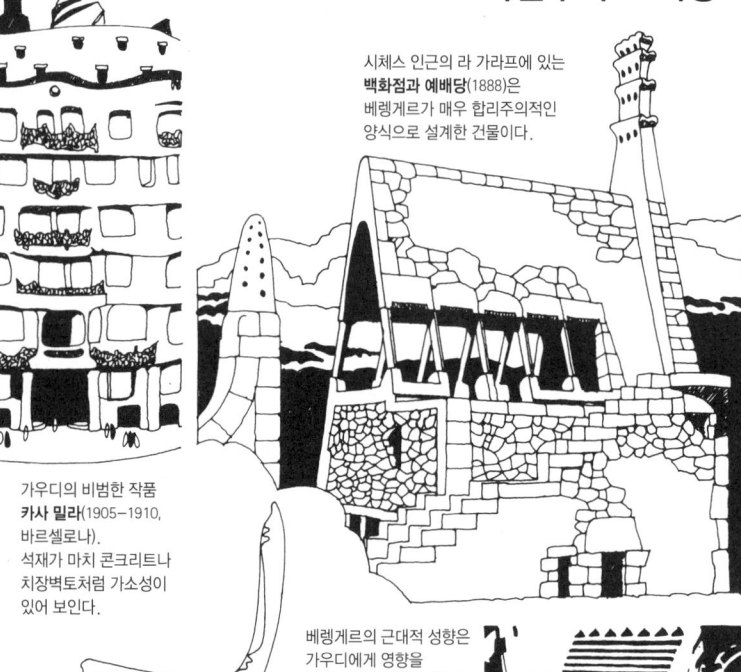

가우디의 비범한 작품 **카사 밀라**(1905-1910, 바르셀로나). 석재가 마치 콘크리트나 치장벽토처럼 가소성이 있어 보인다.

카사 밀라의 평면.

베렝게르의 근대적 성향은 가우디에게 영향을 미쳤으며, 이러한 영향이 **성가족 교회**(1903-1926, 바르셀로나)의 트랜셉트 세부 설계에서 전개되었다.

1888년에 도메네크가 바르셀로나 박람회용으로 설계한 **카페와 레스토랑**은 무어식 장식으로 설계되었다.

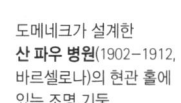

베렝게르의 **팔걸이 의자** 디자인.

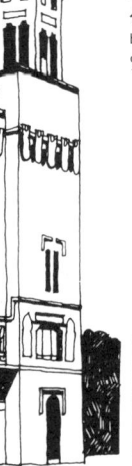

도메네크가 설계한 **산 파우 병원**(1902-1912, 바르셀로나)의 현관 홀에 있는 조명 기둥.

도메네크가 설계한 **카탈루냐 음악당**에는 유리로 벽을 친 객석이 있다.

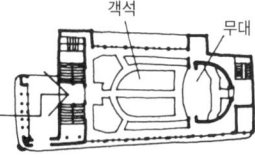

객석 / 무대

크는 새로운 재료와 기술을 사용하여 비올레 르 뒤크와 모리스의 정신 속에서 진정한 카탈루냐 모데르니스메의 근대주의적 면모를 보여주었다. 가우디가 매우 개인적인 자신의 종교적 표현주의를 통해 카탈루냐 사람들의 정신을 일깨우려 노력했던 신실한 건축광이었던 데 비해, 유력한 의회 의원이자 정치가이기도 했던 도메네크에게 건축은 더 나은 사회적 미래를 위한 수단일 뿐이었다. 적어도 부분적으로는 모리스의 사상에 영향을 받았던 그는 구조적 합리주의 이론과 수공예 기술의 통합을 비슷하게 전개했다. 그가 바르셀로나에 설계한 초기 작품들, 예를 들어 시몬 출판사 사옥(Montaner y Simón publisher's office, 1881-1885)과 1888년 카탈루냐 박람회를 위해 설계한 카페와 레스토랑 건물은 스페인 건축의 무어인(Moorish) 전통에 대한 경의를 표현한 것이었다. 출판사 건물의 추상기하학적 장식과 레스토랑 건물에서 레이스 모양의 총안(銃眼)을 설치한 스카이라인에서 이를 엿볼 수 있다. 그의 성숙기 작품으로는 페레 마타 병원(Institut Pere Mata, 1897-1899), 카사 토마스(Casa Thomas, 1899), 카사 나바스(Casa Navás, 1901) 등 레우스(Reus)에 소재한 건물들과 바르셀로나에 있는 세 개의 큰 건물인 산 파우 병원(San Pau hospital, 1902-1912), 카사 예오 모레라(Casa Lleó Morera, 1905), 카탈루냐 음악당(Palau de la Musica Catalana, 1905-1908) 등이 있다. 바르셀로나의 세 건물은 그의 작품의 절정을 보여주었다. 병원은 계획의 합리성에, 카사 예오 모레라는 건축적 처리의 엄격성에 주목할 만했다. 음악당은 무엇보다도 공간적 풍요로움이 뛰어났는데, 이는 부분적으로 철과 유리에 대한 도메네크의 독창적인 사용방법에서 기인했다. 가우디와 도메네크는 카탈루냐 모데르니스메의 대조적인 양면을 보여주었다. 가우디는 그의 제자들, 특히 라 가라프(La Garraf)에 소재한 백화점과 예배당(1888) 설계자인 베렝게르(Francesco Berenguer, 1866-1914)와 함께 건축사조 중 조각적이고 표현주의적인 조류의 한 부분을 차지했다. 이러한 조류와 도메네크의 엄격한 합리주의적 접근, 이 두 흐름은 20세기 건축에 지속적인 영향을 미쳐 왔다.

매킨토시와 제체시온

합리주의적 접근은 스코틀랜드의 매킨토시(Charles Rennie Mackintosh, 1868-1928)의 작품에 토대가 되었다. 그가 설계한 가장 위대하고 중요한 건물인 글래스고 미술학교(Glasgow School of Art)는 그의 초기 작품 중 하나로 1897년 설계경기에서 당선된 것이었다. 이 건물은 아르누보 그래픽 예술가이자 가구 디자이너로서의 그의 초기 경력에 걸맞은 경쾌한 장식요소들을 많이 포함하고 있지만, 이와 함께 더욱 근본적인 요소들을 제시한 건물이었다. 석재·목재·금속·유리 등 전통적인 재료와 새로운 재료의 절제된 사용, 표면처리의 단순성, 그리고 무엇보다도 공간과 빛의 복합적이고도 유동적인 처리 등은 20세기 합리적 건축의 본질이었던 특징들이다. 이러한 공간적 자각은 매킨토시를 다른 아르누보 예술가들과 구분하도록 해 주었고, 글래스고의 뷰캐넌 거리(Buchanan Street, 1897-1898), 아가일 거리(Argyle Street, 1897-1905), 잉그램 거리(Ingram Street, 1901-1911), 소치홀 거리(Sauchiehall Street, 1904) 등에 설계한 카페들, 킬맬컴(Kilmalcolm)에 있는 윈디 힐(Windy Hill, 1899-1901), 헬렌스버그(Helensburgh)에 있는 힐 하우스(Hill House, 1902-1903) 등의 교외 주택들, 그리고 글래스고 미술학교 증축 건물(1899-1901)에 이르기까지 그의 작품 속에 일관되게 지속되었다. 매킨토시는 비록 '글래스고 학파'라고 알려진 예술가 모임—마거릿 맥도널드(Margaret McDonald), 프랜시스 맥도널드(Frances McDonald), 맥네어(Herbert McNair) 등이 참여한 아르누보 디자이너들의 소모임—의 중심 인물이었으나 정작 영국에서 그의 영향력은 미미했다.[52] 영국에서 아르누보에 가장 근접한 작품은 화이트채플 미술관(Whitechapel Art Gallery, 1898-1899)과 호니먼 박물관(Horniman Museum, 1900-1901) 등인데, 런던에 소재한 이 건물들은 타운센드(Charles Harrison Townsend, 1850-1928)가 설계한 것이다. 표면의 단순성과 공간적 풍부함이라는 합리주의적 미래를 제시한 매킨토시의 개념을 진전시키는 일은 유럽 대륙으로 넘어갔다.

매킨토시의 작품을 유럽에 소개한 핵심 인물은 빈 건축가 오토 바그너(Otto Wagner, 1841-1918)인데, 그는 합스부르크 왕조 치하의 오스트리아

매킨토시와 제체시온

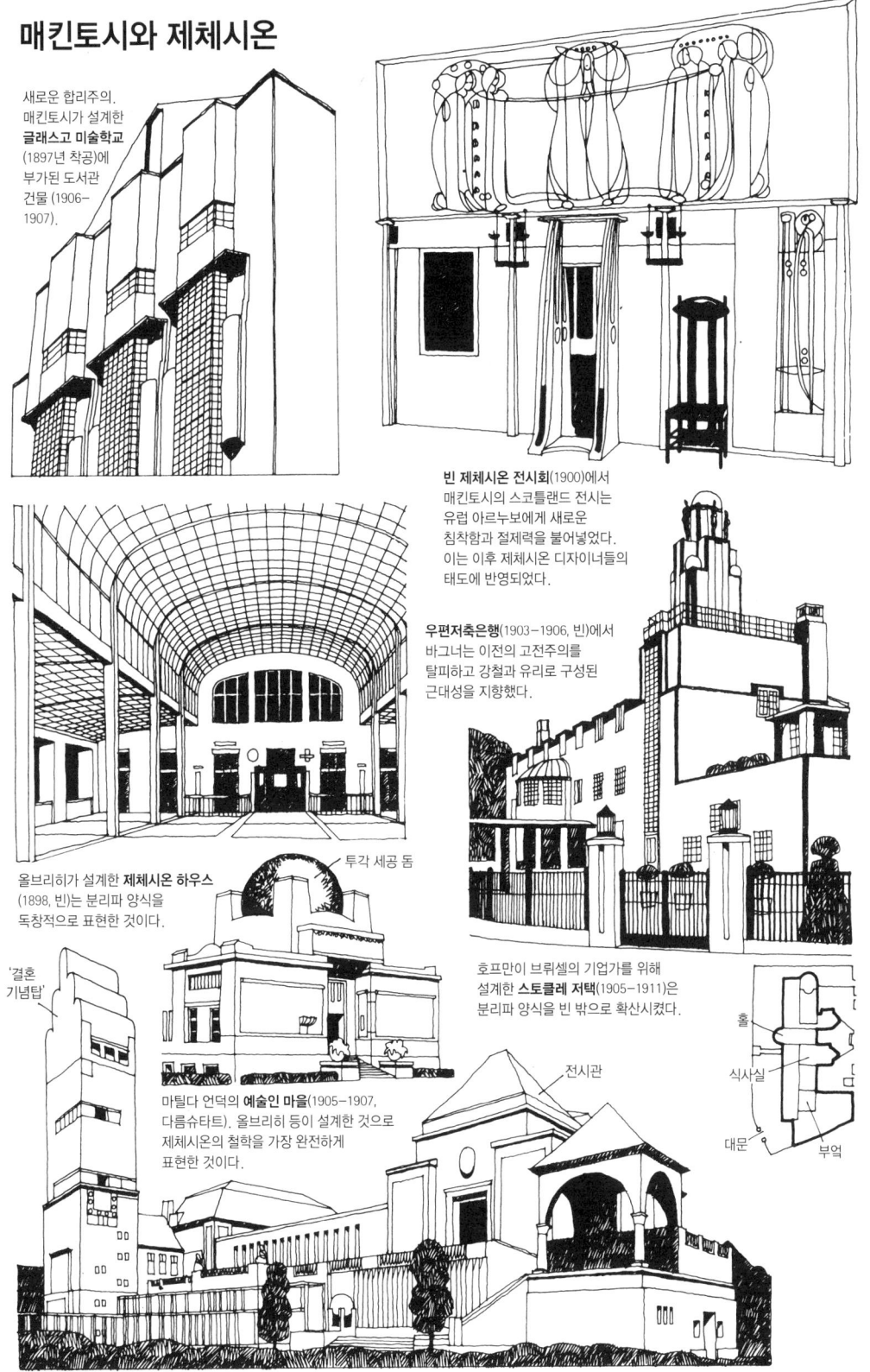

새로운 합리주의. 매킨토시가 설계한 **글래스고 미술학교**(1897년 착공)에 부가된 도서관 건물 (1906–1907).

빈 제체시온 전시회(1900)에서 매킨토시의 스코틀랜드 전시는 유럽 아르누보에게 새로운 침착함과 절제력을 불어넣었다. 이는 이후 제체시온 디자이너들의 태도에 반영되었다.

우편저축은행(1903–1906, 빈)에서 바그너는 이전의 고전주의를 탈피하고 강철과 유리로 구성된 근대성을 지향했다.

올브리히가 설계한 **제체시온 하우스**(1898, 빈)는 분리파 양식을 독창적으로 표현한 것이다.

투각 세공 돔

호프만이 브뤼셀의 기업가를 위해 설계한 **스토클레 저택**(1905–1911)은 분리파 양식을 빈 밖으로 확산시켰다.

'결혼 기념탑'

마틸다 언덕의 **예술인 마을**(1905–1907, 다름슈타트). 올브리히 등이 설계한 것으로 제체시온의 철학을 가장 완전하게 표현한 것이다.

전시관

홀
식사실
대문
부엌

전통 속에서 활동하며 링슈트라세에 위치한 기념비적인 건물들의 설계를 의뢰받을 정도로 유명한 인물이었다. 한편 그는 진보 사상을 신뢰하는 자유주의자였으며, 건축적으로는 제국적 빈의 감상적이고 파생적인 양식이 과연 미래의 건축에 적당한가를 고민하던 인물이었다. 그는 빈의 고귀한 역사에 합당한 경외감을 보내면서도 쉰베르크(Schönberg)와 코코슈카(Kokoschka)와 프로이트를 배출한 이 도시의 진보적인 지적 충동을 반영할 만한 그런 양식을 창출해내기를 원했다. "실용적이지 못한 것은 아름다울 수 없다"는 그의 말은 전통적인 건축적 가치들에 대한 도전이었으며, 그는 빈의 지하철 역사들(1894-1897) 설계에서 이를 실천에 옮겼다. 1894년부터 아카데미(The Academy) 건축교수로 활동하면서, 그리고 설계사무소를 운영하면서 그는 많은 젊은 건축가들을 가르치며 북돋웠는데, 이들 중 몇몇은 그를 넘어서는 수준으로 자신들의 사상을 발전시켰다. 올브리히(Josef Maria Olbrich, 1867-1908)와 호프만(Josef Hoffmann, 1810-1956)이 바로 그들이며, 이 두 사람이 회원으로 참가한 탈주 예술가들 모임의 명칭인 제체시온(Sezession, 분리파)은 과거의 양식을 전면 거부한다는 약속을 내걸었다. 올브리히는 빈에 있는 이 모임의 본부 건물인 제체시온 하우스(Sezession House, 1898)를 단순한 입방체에 경쾌한 투각 세공 돔을 얹은 형태로 설계했으며, 이 건물의 설계를 계기로 1899년 독일 헤센(Hessen) 지방의 영주로부터 프랑크푸르트 인근 다름슈타트(Darmstadt)에 있는 마틸다 언덕(Mathilden-höhe)의 예술인 마을 건설에 참여할 것을 요청받아 이곳에 스튜디오와 주택, 전시관들을 설계했다.

호프만은 모리스와 매킨토시의 영향을 동시에 받았다. 1903년에 그는 빈 공방(Wiener Werkstätte)을 설립하여 건축과 수공예 기술의 결합을 시도했다. 같은 해에 그는 푸르커스도르프(Purkersdorf)에 요양소를 건축했는데, 이 건물의 단순한 벽면과 평지붕, 규칙적인 사각형 창문들은 당시로서는 시대를 앞선 진취적인 것이었다. 1905년에 그는 브뤼셀에 스토클레 저택(Palais Stoclet)을 착공했으며, 크고 안락한 부르주아 주택인 이 건물은 우아하고 고급스럽게 설계된 공간에 빛이 충만한 주택이었다. 올브리히 역시 모리스와 매킨토시의 영향을 받았다. 그가 설계한 다름슈타트의 결혼기념탑(Hochzeitstrum, 1907)의 명료하고 부드러운 선들은 매킨토시의 영향을 보여주었다. 바그너조차 제자들이 몰고 온 새로운 개념의 돌풍에 휩싸여 빈의 우편저축은행(1903-1906)에서는 역사주의적인 개념을 일체 배제한 채 꾸밈없이 유리지붕으로 덮인 은행 홀을 설계했다. 암스테르담에서는 베를라허(Hendrikus Berlage, 1856-1934)가 비슷한 목표를 추구하면서 다이아몬드 직공조합 건물(Diamond Workers' Union building, 1899-1900)과 증권거래소(1897-1903)를 설계했다. 그 내부공간의 단순하고 기념비적인 처리는 리처드슨의 로마네스크를 연상케 하는 것이었지만, 이와 동시에 그 양식은 도메네크가 1888년에 설계한 카페 및 레스토랑과 명백한 유사성을 가지고 있었다. 이 두 건물에서 베를라허는 장인처럼 재료와 구조를 정직하게 사용함으로써 진지함과 엄숙함을 성취했다.

아르누보 비판과 아돌프 로스

산업세계에 대한 비판으로 시작한 아르누보 디자이너들의 수공예성에 대한 강조는 역설적이게도 그들에게 상업적 성공을 안겨 주었지만, 정작 사회적 맥락에서는 아무것도 이루지 못했다. 모리스—그는 1896년에 죽었다—와 제체시온 사이 어디에선가 사회주의로의 길이 사라져 버렸다. 수공예성은 좋게 말한다면 그 자체가 목적인 것이 되어 버렸고, 나쁘게 말한다면 개인의 자유를 존중하고 북돋는 사회를 진정으로 반영하는 것이 아닌 한낱 상품이 되어 버렸다. 모리스는 이러한 차이를 강조하며 명백히 밝힌 바 있다. 즉 중요한 것은 물질적 수준이 아니라 삶의 성격과 질이라는 것이다. 그는 '미래의 사회(The Society of the Future)'라는 강연(1887)에서 다음과 같이 말했다. "자유로운 인간이라면 소박한 삶과 소박한 즐거움을 영위할 수 있어야 한다고 확신한다. 우리가 지금 궁핍 때문에 두려워한다면 그것은 우리가 자유로운 인간이 아니기 때문이다. 우리를 연약하고 무력하게 만드는 의타성의 덩굴로 우리를 감싸 버렸기 때문이다." 한편 아르누보가 모리스의 사회주의적 주장을 방기했다는 점 때문이 아니라 오히려 산업자본주의의 생산방법과 충분히 결합하지 못했다는 점에서 수공예성에 대한 집착이 부적절했음을 지적한 사람들도 있었다. 체코 모라비아(Moravia) 출신의 건축가인 아돌프 로스(Adolf Loos, 1870-1933)는 모든 수공예성을 비난하며 현대 건축의 기계적 측면을 찬양했다. 이러한 접근방법은, 한편으로는 그가 미국에서 제니·번햄·루트, 그리고 아들러와 설리번의 작품을 직접 연구한 데서 비롯한 것이며, 다른 한편으로는 그가 빈으로 돌아온 후 바그너의 정직성에 대한 이론을 접하면서 비롯했다. 그는 아르누보의 장식적 접근방법을 거부했고, 이와 함께 올브리히와 호프만 그리고 빈 공방을 거부했다. 그는 자신의 주장을 거리낌없이 펼친 일련의 저서와 글을 통해 실질적이고 실용주의적인 디자인의 전도사이자 구조기술자와 설비기술자에 대한 옹호자로서의 입지를 확고히 했다. 그의 건물들은 그의 주장에 걸맞게 엄격하고 간소했다. 몽트뢰(Montreux)의 빌라 카르마(Villa Karma, 1904), 빈의 슈타이너 주택(Steinerhaus, 1911)과 골드만 사무소(Goldman office, 1910) 등은 직선·사각형·입방체들로 구성된 한 편의 수필이라 할 만한 것들이었다. 슈타이너 주택은 아마도 철근 콘크리트로 설계된 최초의 개인주택일 것이다.

철근 콘크리트—페레와 마야르

철근 콘크리트. 다른 어떤 재료보다도 20세기 건축방법을 근본적으로 규정하게 된 이 재료는 이미 반세기 이상의 발전을 거쳐 왔다. 이것은 1820년대에 포틀랜드 시멘트가 발명됨으로써 실용화가 가능해졌으며 맨체스터의 페어베언 섬유공장(Fairbairn's textile mill, 1845)의 바닥공사에서 초보적인 형태로 사용되었다. 1861년 프랑스 건설업자인 쿠아네(François Coignet)가 오늘날과 같은 형태의 철근 콘크리트를 소개했는데, 그는 콘크리트에 철망을 묻음으로써 하나의 부재에서 두 개의 구조적 성능 즉 콘크리트의 압축 강도와 철의 인장 강도를 이끌어냈다. 엔비크(François Hennebique)는 튀르쿠앵(Turcoing)에 있는 샤를 육세 공장(1895)에서 이러한 원리를 하나의 건축체계로 진전시켰는데, 이는 철골 건축에서 이미 보편화했던 기둥과 들

콘크리트의 사용

아돌프 로스 설계의 **슈타이너 주택**(1911, 빈)은 철근 콘크리트 주택건축 중 아마도 최초로 온전히 근대적인 건축사례일 것이다.

평지붕과 단순한 벽면으로 이루어진 입체파적인 외관과 자유로운 평면형태는 콘크리트라는 재료가 갖는 특징들이다.

정원에서 본 슈타이너 주택.

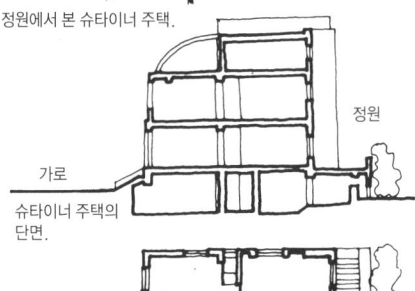

슈타이너 주택의 단면.

로스.

페레는 철근 콘크리트 가구식 구조방식의 장점을 활용하여 평면과 입면의 디자인을 자유롭게 했다.

슈타이너 주택의 주층 평면도.

페레.

페레가 설계한 **퐁티외 거리**의 주차 건물(1905-1906, 파리). 콘크리트 가구식 구조에 전면 유리벽으로 설계되었다.

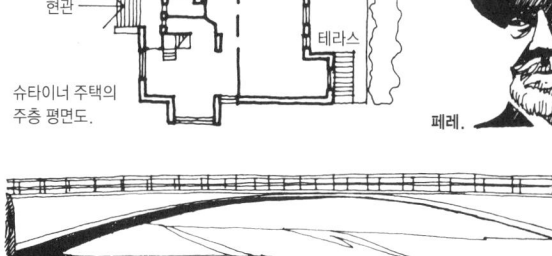

마야르의 초기작 **추오츠 다리**(1901).

마야르의 공로는 교량 설계에서 포물선의 상판을 개발한 데 있다.

페레가 설계한 **프랑클랭 거리 25번지** 아파트(1902-1903, 파리). 평면형태가 자유롭고 창문의 폭이 넓으며 이층 바닥에 캔틸레버 들보를 두어 일층을 약간 후퇴시켰다.

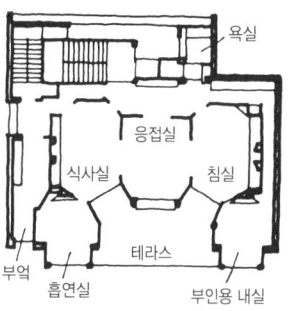

마야르의 걸작인 **살기나 고르게**의 도로 연결용 다리(1929-1930).

보의 반복적인 격자체계를 그대로 사용한 것이었다. 그러나 콘크리트는 이 보다 훨씬 다양한 성능을 가진 재료로서 거푸집의 형상에 따라 어떤 형상으로도 만들 수 있었다. 사각형의 반복적인 거푸집은 경제성이 중요한 건물들에 계속 사용되었지만, 얼마 지나지 않아 건축적 효과를 위해 콘크리트의 가소성을 이용하는 사례도 나타나기 시작했다. 드 보도(Anatole de Baudot, 1834-1915)가 공학기술자인 콩타맹과 협력하여 설계한 파리의 생장 드 몽마르트 교회(L'église St. Jean-de-Montmartre, 1894-1897)는 그 초기 사례였다. 건축과 공학기술의 가장 성공적인 결합은 페레(August Perret, 1874-1954)에 의해 이루어졌다. 그의 건물들은 우아하고 고전적으로, 그리고 후년에는 정말로 신고전주의적으로 느껴지지만, 동시에 철근 콘크리트 골조의 단순한 실용성을 드러내도록 설계되었다. 파리에 소재한 그의 초기 설계들인 프랑클랭 거리(Rue Franklin) 25번지에 있는 아파트(1902-1903), 퐁티외 거리(Rue Ponthieu)의 주차 건물(1905-1906), 샹젤리제 극장(1902-1903) 등은 철근 콘크리트의 보편적 사용방법을 확립했다. 즉 사각형 거푸집에 타설된 규칙적인 격자형 기둥들을 한 층씩 올라가면서 반복하는 것이다. 프랑클랭 거리의 아파트는 이층 바닥에서 약간의 캔틸레버를 두어 일층 외벽면이 뒤로 약간 후퇴하도록 했는데, 이 역시 보편적인 콘크리트 건축의 요소가 되었다. 극적이고 특수한 사례는 스위스 엔지니어인 마야르(Robert Maillart, 1872-1940)의 순수한 공학작품들에서 찾을 수 있다. 반복적인 거푸집이 갖는 경제성이 아니라 구조물 내부에서 계산된 응력의 특성에서 출발한 그는, 재료의 가소성을 잘 살린 역동적인 포물선형의 철근 콘크리트 교량들을 설계했다. 그는 초기작인 추오츠(Zuoz)의 다리(1901)와 타베나사(Tavenasa)의 다리(1929-1930)에서 기술을 진전시켜 살기나 고르게(Salgina Gorge)의 다리(1929-1930)에서 절정을 보여주었는데, 이 다리는 상판과 이를 받치는 아치를 하나로 통합하여 상판의 고정 하중을 줄이고 그 자체가 구조 시스템의 일부가 되도록 했다. 그의 '버섯' 구조(1910)는 이러한 원리를 다층 건물에 도입한 것으로, 기둥의 윗부분을 넓게 만듦으로써 기둥이 바닥 슬래브의 일부가 되도록 했다.

독일공작연맹

20세기초에 건설된 가장 극적인 콘크리트 건물은 1813년 나폴레옹에 대한 저항 백 주년을 기념하기 위해 브레슬라우(Breslau)에 건축한 백 주년 기념관(Jahrhundert-halle, 1911-1913)이었다. 외관은 침착한 신고전주의적 형태이지만 건축가 베르크(Max Berg, 1870-1947)는 내부공간을 순수한 구조적 형태로 구상하면서, 철근 콘크리트로 만든 거대한 아치 리브가 육십오 미터의 원형 강당을 덮은 유리 돔을 떠받치는 형태로 설계했다. 새로운 재료들은 새로운 건축방법들을 불러왔고 강접합, 용접, 리벳 이음, 콘크리트 타설 등 새로운 기술을 익히게 만들었다. 건물이 점점 복잡해지면서 건축산업 내 노동분화도 더욱 진전되었으며, 이에 따라 생산라인 원리가 성장했다. 즉 각각의 노동자는 완성품의 극히 일부만을 볼 뿐 자신의 노동이 제품을 완성시키는 데 어떤 기여를 하는지조차 모르는 그런 상황이 되어 갔다.

많은 디자이너들은 이러한 분리를 우려했는데, 특히 국가와 산업이 강하게 연결되어 기업가들이 그들의 민족적 역할을 강하게 의식하고 있었던 독일에서 그러했다. 생산적인 산업의 다양한 측면들, 즉 관리 · 디자인 · 제조 · 마케팅 등을 서로 강하게 연결시키는 것은 매우 바람직한 과제로 여겨졌다. 통합된 노력을 창조하기 위한 많은 궁리가 이루어졌으며, 그 중 당시 상무부에서 미술공예학교들의 개혁을 위한 조정 역할을 맡고 있던 무테지우스의 노력이 주목할 만하다. 1903년에 그는 아방가르드 건축가 세 명을 주요한 예술학교의 교장으로 임명했는데, 브레슬라우의 푈치히(Hans Poelzig, 1869-1936), 베를린의 파울(Bruno Paul, 1874-1954), 뒤셀도르프의 베렌스(Peter Behrens)가 그들이다.

푈치히는 총명한 개인주의자로서 극적이고 매우 표현주의적인 건물들을 많이 설계했는데, 그 중에는 포츠난(Poznan)의 수조탑(1911), 브레슬라우의 사무소 건물(1911-1912), 루반(Luban)의 화학 공장(1911-1912), 그리고 막스 라인하르트(Max Reinhardt)를 위해 서커스 극장을 개조하여 건축한 베를린 대극장(Grosses Schauspielhaus, 1918-1919) 등이 있다. 이와는 대조적으로 파울과 베렌스는 합리주의자들이었다. 파울은 가구 디자이너로

베르크와 공작연맹

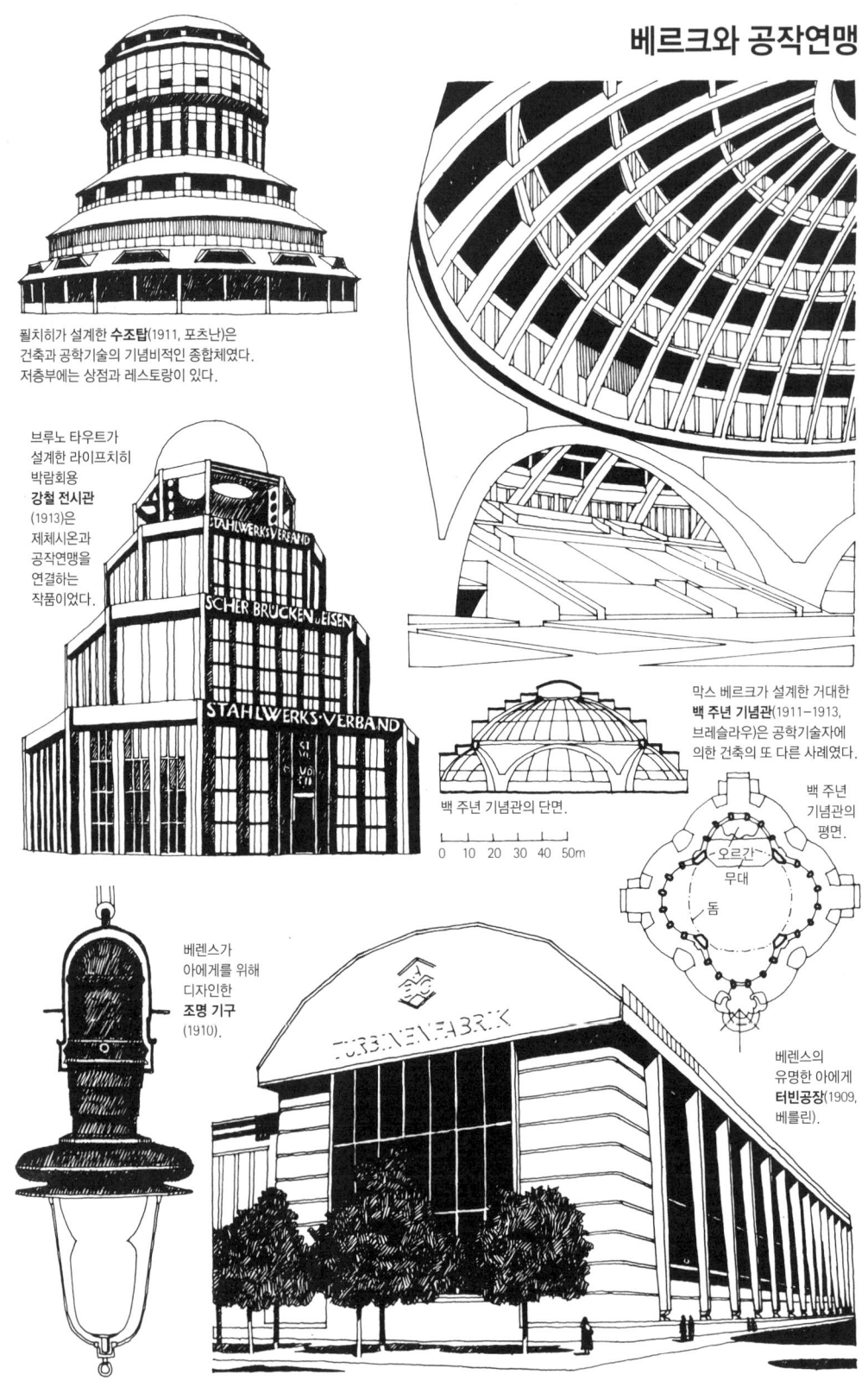

푈치히가 설계한 **수조탑**(1911, 포츠난)은 건축과 공학기술의 기념비적인 종합체였다. 저층부에는 상점과 레스토랑이 있다.

브루노 타우트가 설계한 라이프치히 박람회용 **강철 전시관**(1913)은 제체시온과 공작연맹을 연결하는 작품이었다.

백 주년 기념관의 단면.
0 10 20 30 40 50m

막스 베르크가 설계한 거대한 **백 주년 기념관**(1911–1913, 브레슬라우)은 공학기술자에 의한 건축의 또 다른 사례였다.

백 주년 기념관의 평면.

베렌스가 아에게를 위해 디자인한 **조명 기구**(1910).

베렌스의 유명한 아에게 **터빈공장**(1909, 베를린).

알려져 있었고, 베렌스는 일련의 의미있는 건물들의 설계로 잘 알려져 있었다. 베렌스는 1901년에 다름슈타트 예술인 마을에서 낭만적이고 활력에 찬 자신의 집을 설계한 것을 시작으로 1907년부터는 베를린 아에게(AEG) 전기회사의 주임 디자이너로 설계활동을 계속했다.

그 해에 무테지우스는 독일공작연맹(Deutscher Werkbund)을 결성했는데, 이는 기업가·디자이너·건축가 및 장인들의 연합체로서 산업과 디자인을 좀더 가깝게 하는 것을 목적으로 하는 단체였다. 파울과 베렌스 그리고 반 데 벨데가 회원이었으며 이때부터 공작연맹의 사상이 그들의 태도에 영향을 미치기 시작했다. 예를 들어 베렌스는 아에게를 위해 디자인의 표준을 만들어 건물에서부터 전기제품이나 편지지·인쇄문구에 이르기까지 모든 것에 회사의 이미지를 부여했다. 그의 설계 중 가장 기억할 만한 것은 베를린의 터빈공장(1909)인데, 이것은 엄격하고 강렬한 설계로서 세부적으로는 근대적이었지만 전체적인 분위기는 신고전주의적인 건물이었으며, 산업용 건물로는 이례적으로 진지하게 설계되었다. 그러나 아마도 가장 중요한 것은 그가 익명으로 디자인한 전기제품들로서, 이들 제품으로 새로운 산업규범을 확립했을 정도였다.

디자이너의 개성을 지킬 것을 주장한 반 데 벨데의 저항이 있었지만, 생산라인을 디자인하는 일은 공작연맹의 철학에서 기본이 되었다. 그리고 표준을 설정하고 적정한 성능의 수준과 규모의 경제를 달성하는 일이 중요하게 여겨졌다. 처음에 제조업에서 적용되었던 '표준화' 개념이 건축으로 파급된 것이다. 표준화 이론이 내세운 것은 수요자에게 낮은 가격으로 더 좋은 질의 상품을 제공해 준다는 것이었다. 이를 두고 공작연맹 옹호자들은, 숙련된 산업 디자이너가 기술을 인간화하며 모든 가정에 아름답게 제작된 소비상품을 제공함으로써 좋은 디자인을 민주화하는 것이라고 주장했다. 그러나 이것은 당시 독일의 독점자본주의 맥락 속에서 살펴보아야 한다.

새로운 산업기술은 더 많은 자본의 투자를 필요로 했으며 노동을 더욱 세분화했다. 대규모이면서도 다양한 성격의 생산단위들을 형성하는 것이 필수적인 일이 됨에 따라 기업들은 서로 모여서 주식회사나 기업연합을 형성했다. 이들은 그 큰 규모를 이용해 시장을 지배하거나 자신들끼리 분점할 수 있었다. 특별한 생산물을 고안하여 광고나 판매술로 판촉활동을 함으로써 시장을 조작하고, 혹은 정치인들을 매수하여 얻은 정책지원을 통해 시장을 조절할 수도 있었다. 권력은 이윤을 늘리는 것이 본질적인 목표였던 몇몇 독점 기업들의 손에 모이게 되었다. 초기 자본주의 시절에 경쟁을 통해 이윤을 얻으려 했던 것과 대조적으로 이제는 생산을 늘리기보다는 제한함으로써, 인위적으로 가격을 높게 유지함으로써 이윤을 늘리는 상황이 되었다. 이는 재투자 문제를 초래했는데, 왜냐하면 엄격한 생산통제는 종종 자본의 재투자를 불필요하게 만들었기 때문이다. 독점자본주의는 본질적으로 통제적인 경제 시스템이기 때문에 일정한 수준을 넘어서 발전할 필요가 없었다. 기술발달은 그 경제 시스템이 요구해서라기보다는 그러한 경제 시스템에도 불구하고 이루어진 것이다. 자체적인 재투자가 제한됨에 따라서 다른 투자처를 찾아야만 했는데, 그것이 바로 소규모 산업 혹은 저개발 국가들의 산업이었다. 결과적으로 독점자본주의는 가격을 인위적으로 조작하여 노동자와 소비자를 착취했을 뿐 아니라, 고임금을 받을 수 없도록 만든다는 점에서 중간 계급 역시 착취했으며, 심지어는 더욱 허약한 산업의 자본가들조차 착취했던 것이다. 물론 무엇보다도 식민지 민중들을 가장 심하게 착취했지만 말이다.

   국내에서의 경쟁이 감소하면서 국가간의 경쟁이 더욱 첨예해졌다. 그 주요한 국면 중 하나가 1914년 일차대전을 초래하게 된 유럽에서의 군비 경쟁으로, 여기에는 에센의 크루프 철강 그룹뿐 아니라 다른 많은 기업들이 연루되어 있었고, 아에게와 이 회사의 공작연맹 디자이너들 역시 예외가 아니었다. 합리적인 디자인과 표준화가 사회적 이익을 낳는다는 그들의 주장은 매우 좁은 의미에서는 아마도 사실일 것이다. 그러나 그와 동시에, 그들이 기꺼이 그 일부로서 기능하고자 했던 바로 그 사회체제가 온갖 사회적 부정과 죄악을 저지르고 있었던 것이다.

전통적 양식의 지속

미국에서는 자본주의가 장족의 발전을 이루면서 공업과 상업이 팽창했다. 20세기의 처음 일이십 년은 공식적인 건축적 의미에서는 별로 주목할 만하지 못한 기간이었지만 이미 보편화한 건축적 어휘들은 크게 강화된 기간이었다. 모든 도시의 도심지역에서 철 골조를 사용했고, 엘리베이터와 공조설비가 널리 이용되었으며 초고층 건물들은 그 높이를 더해 갔다. 카스 길버트(Cass Gilbert, 1859-1934)가 뉴욕에 설계한 울워스 빌딩(Woolworth Building, 1911-1913)은 신고딕 양식의 석재를 입힌 건물로서, 건축적으로는 평범하지만 높이 이백사십 미터에 오십이층이라는 것만으로도 대단한 기술적 성과를 이룬 건물이었다. 대체로 공공건물들의 설계는 1893년 시카고 만국박람회로 야기된 고전주의 양식에 대한 관심을 반영하고 있었다. 뉴욕 그랜드 센트럴 역(1903-1913)을 설계한 건축가 리드(Reed)와 스템(Stem), 펜실베이니아 역(1906-1910)을 설계한 매킴과 미드와 화이트 등은 로마 제국에서 영감을 얻으려 했던 많은 건축가들 중 일부였다. 프랭크 로이드 라이트조차 시카고에 있는 미드웨이 가든(Midway Gardens)의 오락센터 건물(1913)에서 절충적이고 장식적인 태도를 나타내기 시작했다. 비록 그가 '바로크'를 언급했던 것은 양식보다는 태도를 뜻했지만 말이다.

당시 영국에서는 '바로크'가 진짜로 받아들여졌다. 세계 무역량이 감소하면서 거대한 제조산업이 상대적으로 쇠퇴 상태에 빠진 영국—여기에는 캐나다와 오스트레일리아가 각각 1867년과 1901년에 독립정부를 쟁취하는 등 과거 식민지 국가들이 하나 둘 독립하기 시작한 탓도 있었다—은 새로운 시장을 개척하기 위해 무모한 제국주의적 모험들을 감행했다. 이러한 때늦은 식민지주의에 대한 시도는 일련의 군사적 재앙들을 초래했지만 자국 내에서는 지속적인 지지를 받았는데, 이는 영국은 신이 내린 불변의 제국이라는 대중적 신화가 작용했기 때문이었다. 이 시기의 공공건축과 함께 키플링(Kipling)과 엘가(Elgar)[53] 같은 예술가들의 작품이 제국주의에 신뢰를 주었고, 로크스 드리프트(Rorke's Drift),[54] 카르툼(Khartoum),[55] 스피온 콥(Spion Kop)[56] 등을 정당화하는 데 도움이 되었다. 벨처(John Belcher)의

전통의 가치

미국에서의 **상업적 아카데미즘**. 매킴·미드·화이트가 설계한 **펜실베이니아 역**(1906-1910, 뉴욕)은 고전주의를 학구적으로 적용한 건물이었고, 메디슨 스퀘어에 면해 있는 르브룅(Napoleon LeBrun) 설계의 **메트로폴리탄 타워**(1909)는 이탈리아 종탑을 확대한 양식이었으며…

…카스 길버트가 설계한 **울워스 빌딩**(1911-1913, 뉴욕)은 15세기 고딕 성당 양식이다.

스칸디나비아의 **민족적 낭만주의**. 클린트가 설계한 **그룬트비 교회**(1913-1926, 코펜하겐)와 외스트베리가 설계한 **스톡홀름 시청사**(1911-1923)는 스칸디나비아 문화의 전통적 근원에 대한 낭만적 탐구를 반영한 것들이다.

영국의 후기 **제국주의 바로크 양식**. 제국의 말기는 제국의 영원성을 선언하는 건물들로 장식되었다. 란체스터와 릭커즈가 설계한 웨스트민스터 중앙 홀(1906-1912)과 루티언스가 설계한 총독 궁(1913-1930, 뉴델리) 등이 그 예이다.

콜체스터 시청사(Colchester Town Hall, 1898-1902)는 제국적인 신바로크 양식을 공공건물에 적용한 사례였다. 또한 란체스터(Lanchester)와 릭커즈(Rickards)가 함께 설계한 카디프 시빅 센터(Cardiff Civic Centre, 1897-1906)와 웨스트민스터의 중앙 홀(1906-1912), 그리고 홀덴(Charles Holden)이 설계한 런던 법률협회 건물(1902-1904) 역시 마찬가지였다. 잘 나가던 건축가들 대다수가 이 양식을 채용했는데, 버넷(John Burnet)·쿠퍼(Edwin Cooper)·베이커(Herbert Baker)·블롬필드(Reginald Blomfield) 등이 이에 속했다. 그 중 가장 많은 작품을 남긴 인물은 애스턴 웨브(Aston Webb)로서 그는 런던의 빅토리아 앤드 앨버트 미술관(Victoria and Albert Museum, 1899-1910)과 버킹엄 궁의 새로운 동쪽 정면부(1913)를 설계했다. 이 양식의 부유한 분위기는 상업건물에도 적당해서 미웨스(Mewès)와 데이비스(Davis)가 설계한 런던의 리츠 호텔(Ritz Hotel, 1905), 그 인근에 쇼가 설계한 피카딜리 호텔(Piccadilly Hotel, 1905) 등에도 사용되었다. 이 양식이 웅장함의 극치를 보여준 것은 인도 뉴델리에서였는데, 영국 제국주의의 주된 전초기지였던 이곳에서 루티언스와 베이커는 루티언스가 설계한 총독 궁(Palace of Viceroy)을 중심으로 거대한 공공건물들의 가로를 건설했다. 델리는 이러한 후기 제국주의 건축의 선전행위가 정치적으로 공허했음을 가장 잘 보여주는 곳이다. 델리 건설은 1913년에 시작되어 이십여 년 동안 계속되었는데, 이때쯤에는 이미 헌법개혁을 외치는 지역적 동요로 인해 인도의 독립이 거의 완성되어 가고 있었다.

노동자 계급의 상황

영국에서 정부는 법률이 허용한 역할만 하고 사기업 활동에 지나친 간섭을 하지 않도록 되어 있었지만 인도에서는 그 반대였다. 인도의 시 행정청은 거대한 중앙집권적 관료조직으로서 군대와 법이 이를 떠받치고 있었다. 식민지 경제학은 인도가 서양 공장들의 원자재 생산기지 역할을 하도록 요구했다. 예를 들어 군대·관리인·원자재 등을 항구로 운송하는 일은 중요한 일로 강조했지만, 생활수준을 향상시키는 데에는 공식적인 관심을 거의 주지 않았다. 이 때문에 광막하고 무계획적으로 확산되던 농민경제 속에서, 즉 1880년대의 느슨한 농업개혁과 기아구제 정책이 극히 부분적인 성과에 그친 채 여전히 인구과밀과 빈곤과 기아에 허덕이던 그런 농민경제 속에서 세계 정상급의 철도 시스템 건설이라는 고도의 기술이 구사되는 상황이 빚어졌다. 영국에서 산업혁명 초기에 그랬듯이 노동자들을 향한 관심사는 풍부한 노동력 공급을 확보하는 일과 기기 판매시장을 확보하는 일에 국한되었다. 서구의 노동조건은 서서히 개선되었지만 그악한 착취는 사라진 것이 아니라 단지 국경을 넘어 다른 노동자들에게로 옮겨 갔을 뿐이었다.

러시아 제국은 그 내부에서 비슷한 종류의 식민지주의가 성행했다. 구체제와 새로운 자본주의가 우열을 다투는 와중에 소수의 공업 노동자 계급과 다수의 다인종 농민들 양쪽 모두를 저임금과 가혹한 세금으로 억압하는 상황이 벌어지고 있었다. 1905년에는 지극히 비효율적이고 불공평한 사회체제에 반발하는 혁명이 일어났다. 비록 실패했지만 이는 후일을 예견케 하는 그런 혁명이었다. 사정이야 달랐지만 서구 국가들 역시 산업적 불안 상태에 놓여 있었다. 팽창 정책으로 불경기가 해소되어도 노동자들에게 돌아가는 것은 없었다. 이윤이 증가하고 군비 경쟁이 가속화하면서 실질적인 임금은 하락했다. 군산복합기계(military-industrial machine)인 국가는 중간 계급의 난폭한 애국심과 점증하는 노동자 계급 단체들의 반발 속에서 전쟁으로 치달았다. 미국에서는 헤이우드(William Haywood)가 주도한 '워블리스(Wobblies, 세계산업노동자연맹)'가, 영국에서는 틸레트(Ben Tillett)와 만(Tom Mann)의 지도 아래 부두 노동자와 철도 노동자들이 대규모 파업을 일으켜 군대와 맞서는 상황이 벌어졌다.

개혁주의와 하우징 설계이론의 발전

호전적인 산업지도자들의 혁명사회주의 노선과는 대조적으로 노동정당과 정치가들 속에서는 개혁주의적 태도가 점증했는데, 독일에서는 카우츠키(Kautsky), 프랑스에서는 조레(Jaurès), 영국에서는 웨브 부부(Webbs)[57] 같은 '수정주의자들'이 이를 선도했다. 그들의 중심이 된 이론가는 『사회주의의 전제와 사회주의의 임무(*Die Voraussetzungen des Sozialismus und die Aufgaben der Sozialdemokratie*)』(1899)를 쓴 베른슈타인(Eduard Bernstein)이었다. 그는 계급투쟁이 점차 심해지면서 혁명이 일어날 것이라는 마르크스의 시나리오를 '수정'하여 갈등이 감소되어 나아가는 각본을 제시했다. 즉 자본가와 지주들은 점차 분별력을 갖게 될 것이고 타협적인 노동운동은 사회를 단결시키며 비정치적인 사회주의를 창출해내리라는 것이었다. 세기의 전환기 무렵에 이러한 생각과 궤를 같이하는 도시설계 이론들이 많이 등장했는데, 이는 당시 건축가와 계획가들이 개혁주의 유토피아를 지향하는 물리적 형태들을 창안해낸 데에 따른 것이었다.

하우징 설계에 대한 많은 궁리들이 이루어졌다. 뉴욕 브루클린의 화이트 임대주택(White tenements)[58]이나 런던의 피바디 단지(Peabody estates) 등 기능공들을 위한 몇몇 주거지들이 새로 건축되었지만 이로써 불결한 도시의 생활환경 문제를 해소하기에는 역부족이었다. 건축된 건물들 자체는 막사라고 할 정도로 삭막했고, 위생 상태가 개선되기는 했지만 빈민가에 비해 쾌적하지 않았으며, 금방 퇴락해 버리기 십상이었다. 민간기업만으로는 해결할 수 없을 정도로 문제가 크다는 것이 점차 명확해지자 1890년에 영국은 빈민가 철거지역을 재건하는 책임을 지방정부에게 부여하는 법률을 제정했다. 이는 매우 중요한 진전이었다. 시드니 웨브(Sidney Webb)와 같은 개혁주의자들이 다수 참여한 새로운 런던 시의회(LCC, London County Council)가 이러한 진전의 선구였는데, 여기에는 레더비[59]의 사상에 열정적으로 동조하는 일부 이상주의적인 젊은 건축가들이 결집해 있었다.

개혁주의 사상가들이 그렇듯이 그들의 태도는 건축적 '결정론자'의 그것이었다. 즉 더 나은 환경이 더 나은 사회체제를 만들어낸다는 것이다. 그들의 쇄신책, 특히 베스날 그린에 지은 바운더리 스트리트 단지(Boundary Street estate)와 핌리코(Pimlico)에 있는 밀뱅크 단지(Millbank estate)에서 표출된 그들의 쇄신책이란 다음과 같은 것들이었다. 시각적 초점들을 배려한 배치계획을 통해 피바디 단지나 기네스 단지(Guinness estate)에서와 같은 특징 없는 경관이 반복되지 않도록 하는 것, 좀더 풍요로운 디테일, 특히 쇼의 부르주아 주택들에서처럼 '앤 여왕' 양식을 사용하여 노동자 계급 아파트의 질을 높이려 했다는 것, 그리고 건축과 수공예성을 통합하려고 노력했다는 것 등이다. 이러한 통합 노력은 이미 미술공예운동이나 아르누보 디자이너들의 기본적인 목표였지만, 이 경우는 건축 장인들에게 그들의 계급을 위한 주택에 자신들을 표현하라고 독려했다는 점에서 런던 시의회 건축가들에게는 각별한 의미를 가졌다.

런던 시의회 아파트들은 피바디 단지처럼 개방된 공용 계단실을 설치한 오륙층 높이의 아파트였다. 배치계획은 뛰어났지만 헥타르 당 오백 명 이상에 달하는 밀도는 아직 상당히 높은 수준이었다. 1890년의 잡지『더 빌더(The Builder)』에서는 다음과 같이 언급하고 있다.

…건물들간의 간격이 좁은 고층 건물에 이 정도 인구의 사람들이 산다면, 더욱 밀집된 저층 주택에서 같은 인구의 사람들이 북적이는 것과 거의 비슷하게 비위생적일 것이다. 수직적으로 과밀한 것이 평면적으로 과밀한 것보다 나을 것은 없다. 이는 좁은 땅에 같은 수의 거주자들을 배치하는 또 다른 방법일 뿐이다.

하워드와 전원도시

1898년, 런던 시의 서기였던 하워드(Ebenezer Howard, 1850-1928)는 유토피아적인 내용을 담은 그의 논문「내일(Tomorrow)」에서 이 문제에 대한 답을 제시했다. 벨러미의『회고』에서 영감을 얻은 그는, 기성 시가지 안에서 매우 부족한 공간·빛·공기를 모든 거주자들에게 확보해 줄 수 있을 정도의 낮은 밀도로 건설한다는 전원도시 개념을 제안했다. 모(母)도시에 의존하는 교외주거지와 달리 전원도시는 물리적으로나 경제적으로 자족적인 도시로 구상되었다. 경제가 자립되고 토지가 공공소유였으므로, 이제까지의 도시에서 개인 지주에게 귀속하던 가치들이 여기에서는 공동체에게 귀속하도록 되어 있었다. 이 개념은 본질적으로 균형 또는 조화의 개념이었다. 도시와 시골 양쪽에서 장점은 취하고 단점은 취하지 않는다는 점

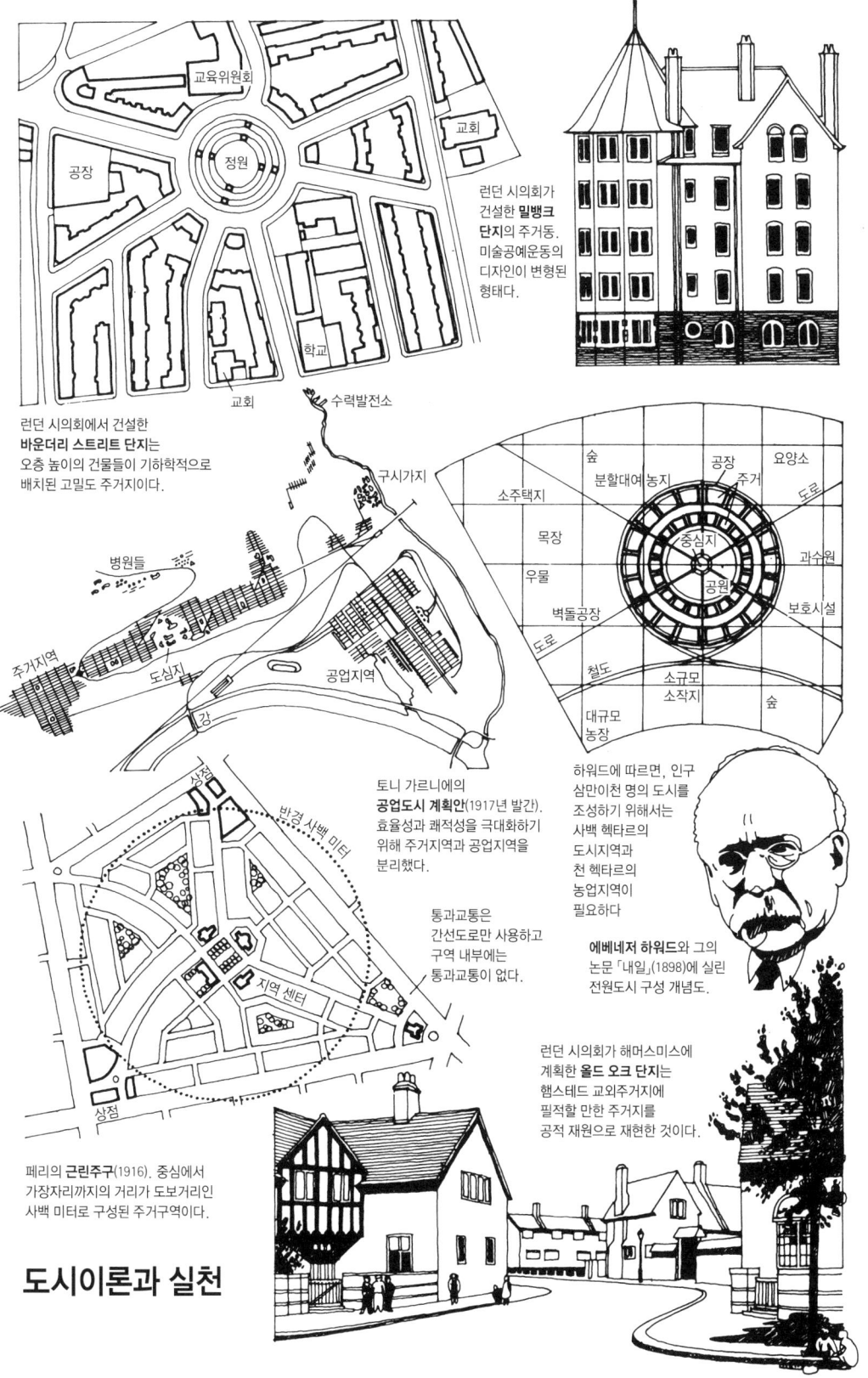

도시이론과 실천

에서 도시와 농촌 간의 조화이고, 주거·공장·학교가 인구수에 부합한다는 점에서 토지의 여러 용도 사이에서의 균형이며, 도시의 규모를 항상 삼만 명이라는 적정 수준으로 유지한다는 점에서 성장과 쇠퇴 사이의 균형이었다. 또한 자유방임적인 시장의 자유와 자선적인 정부의 통제 사이의 조화이기도 했다. 1899년에 전원도시협회(Garden City Association)가 결성되고, 어느 정도 투자자본을 모은 다음인 1903년에 최초의 전원도시인 레치워스(Letchworth)가 파커(Barry Parker)와 언윈(Raymond Unwin)의 설계로 건설되기 시작했다. 그러나 재원의 조달이 매우 느렸고, 따라서 진척되는 속도도 매우 느렸다. 이 때문에 전원도시 계획의 물리적인 형상은, 바넷(Henrietta Barnett)이 재단을 설립하여 재정을 댄 런던 근교의 햄스테드 교외주거지(Hampstead Garden Suburb, 1907)에서 먼저 실현되면서 훨씬 큰 반향을 불러일으켰다. 언윈의 배치계획과 낭만적인 주택설계, 그리고 풍부한 초목은 이 교외주거지의 특징을 이루었다. 햄스테드에서의 원래 의도는 폭넓은 사회계층을 수용하는 것이었지만, 민간 부문에 의존한 재정의 한계로 시작부터 끝까지 중간 계급의 주거지로 개발되었다. 그러나 1898년 이후 런던 시의회는 1890년의 입법[60]에 부응하는 또 다른 사업을 시작했다. 빈민가를 철거하고 재건하는 일과 더불어 새로운 주거지를 건설하기 위해 런던 외곽의 저렴한 빈 땅을 확보하기 시작했던 것이다. 좀더 밀도가 낮은 주거지를 설계할 기회를 확보한 그들은 토튼엄(Tottenham)·킬번(Kilburn)·완즈워스(Wandsworth) 등지에 '소주택 단지(cottage estates)'를 건설했는데, 이는 최초의 노동자 계급용 교외주거지이자 공공자금으로 건설된 최초의 주거지였다. 웜우드 스크럽스(Wormwood Scrubbs)에 건설된 올드 오크 단지(Old Oak estate)가 가장 뛰어난 사례로서, 이는 몇 가지 점에서 햄스테드에 필적할 만했다.

근린주구론(近隣住區論)

주거지 설계가 한 단계 더 진전한 것은 대략 1910년에서 1929년 사이에 시카고와 뉴욕에서 활동하던 페리(Clarence Perry)와 다른 몇몇 계획가들이

'근린주구(neighbourhood unit)' 개념을 발전시키면서였다. 여기에서 문제가 된 것은 '정체성(identity)'이었다. 그들은 전형적인 미국 도시의 익명적인 격자형 도로망에서는 상점과 학교와 오픈 스페이스가 아무렇게나 배치되는 일을 피할 수 없다고 비판했다. 도시는 동네 구역(근린주구)들이 엮인 형태로 설계되어야 하고, 각각의 동네는 전체 도시를 구성함과 동시에 자체의 정체성을 가져야 하며, 가족생활과 사회생활의 중심인 초등학교가 동네의 중심에 있어야 한다고 주장했던 것이다. 각 동네는 학교 한 개에 적당한 가구 수인 약 천 개 가구로 구성하고 가장자리에서 중심부까지의 거리는 최대 도보거리인 사백 미터를 기준으로 설정해야 한다는 것, 그리고 각 지역은 지역상점과 공원과 오픈 스페이스를 갖추어야 하며, 무엇보다도 도로망은 위험한 통과교통을 배제하도록 설계해야 한다는 것을 제안했다.

가르니에와 공업도시

이 시기에 나온 가장 완전한 도시이론은 프랑스 건축가인 토니 가르니에(Tony Garnier, 1869-1948)가 1901년에서 1904년 사이에 제안한 '공업도시(Cité Industrielle)' 모델이었다. 이 모델 프로젝트는 리옹(Lyon) 인근의 부지에 설계되었는데, 매우 다양하고 실현 가능한 건축적 디테일로 이루어졌다. 이 제안은 세계대전 때문에 완성되지 못했지만 여기에 포함된 많은 개념들은 이후에 그가 설계한 건물들에서 사용되었다. 그는 로스의 절제된 건축어휘를 사용하여 주로 철근 콘크리트로 설계했으며, 단순하고 입체파적인 주택들, 경간이 넓은 산업용 건물들, 그리고 우아한 탑과 교량들에서 이 재료의 다양한 강점들을 보여주었다. 그의 건축적 통찰력은 본질적으로 이차원적이었던 하워드의 제안과는 다른 종류의 제안을 만들어냈다. 그의 제안이 하워드의 것과 다른 또 하나의 중요한 점은 그의 도시계획 전체가 사회주의적 관점을 중심으로 조직되었다는 것이다. 그것은 마르크스의 사회주의가 아니라 프루동(Proudhon)의 사회주의로서 계급투쟁 이념을 거부했으며, 그 대신 사유재산을 폐기함으로써 유토피아를 창조하려는 사상이었다. 이에 따라 가르니에의 도시는 여러 중요한 특징들을 갖고 있었다.

토지와 건물들은 공동소유로 하여 산업과 교통의 흐름 등 주거환경을 위협하는 요소들에 대해 강력한 통제가 가능하도록 했다. 공동생활을 강조하여 주거형식은 아파트였고 개인정원이 아닌 공동마당을 설계했으며, 지역 센터, 운동경기장 등 공동체 정신을 함양하는 시설들이 강조되었다. 이렇듯 생생하게 표현된 가르니에의 개념과 설계가 창출한 이미지는 20세기의 사회적 건축(social architecture) 속에서 지속되어 많은 도시계획 이론가들에게 영향을 미쳤다.

도시문제의 현실과 추상적 형식주의

하워드와 가르니에는 모두 당시의 생활에 필수적인 사항들을 예견하고 이를 충족시키려 했으며, 이를 논리적이고 물리적인 형태로 끌고 나아갔다. 특히 하워드는 자신의 이론에 자신만만했다. 그의 아이디어를 실제로 실현하는 데에는 어느 정도 변용과 적응이 필요하리라는 것까지 전적으로 수긍했다. 그러나 모든 유토피아적 사고가 본질적으로 그렇듯이 이 두 사람의 제안 역시 실패라는 것은 너무도 명백했다. 맨체스터에서 시카고에 이르는 빅토리아 시대의 도시들이 질리도록 보여준 교훈은, 도시가 사회문제들을 악화시키는 것은 사실이지만 그 원인이 도시 자체는 아니라는 것이다. 오히려 그것은 결과로서의 현상이었다. 그러한 도시 상황 자체는, 토지와 자원을 놓고 갈등하고 경쟁하는 사회가 낳은 결과물이었던 것이다. 자본주의는 물리적이고 물질적인 것이 성공의 유일한 척도인 사회를 만들어냈다. 사회문제들에 대한 해결책 역시 물질적인 수단 이외에는 생각하기 어려웠다. 자본주의 아래에서는 사회비판이 쉽지 않으며 정치적 경제적 변화란 전혀 불가능했다. 따라서 도시의 숱한 문제들에 내한 진정한 해결책보다는 추상적 개념들에 매달리도록 하는 압력이 작동했다.

추상을 지향하는 이러한 경향은 당대의 예술과 건축에서도 나타났다. 예를 들어 인상파 화가들은 그들의 총명함과 독창성에도 불구하고, 그리고 일상적인 주제를 선택함으로써 과장된 예술에서 벗어났음에도 불구하고, 회화를 인간적 의미에서 다루기보다는 색채와 빛과 형태의 문제로 취급함으로써 회화의 객관성만을 증진시켰을 뿐이었다. 건축에서도 역시 설리번류의 기능주의가 성장하면서 보자르 고전주의와 제국적 바로크 양식의 과도한 수식에 빠져 있던 건축설계를 순화(purifying)시키긴 했지만, 건물을 공간과 덩어리, 채움(solid)과 비움(void), 빛과 그림자로 구성하는 추상적인 수필로 만들어 버리는 결과를 가져왔다. 건축과 공학기술이 결합하여 성장하면서 기능과 구조는 건축의 핵심으로 여겨졌다. 추상적 형식주의(abstract formalism)를 향해 오래 지속된 이러한 경향은 부르주아 세계에 대해 예술가들이 보여준 역사상 가장 퇴행적인 반응이었다. 이는 예술가들의 이런저런 노력에도 불구하고 그들이 결코 사회체제에는 도전하지 않으리라는 것, 결코 사회 속의 갈등을 해결하려 들지는 않으리라는 것을 웅변해 주었다. 그것은 좀더 급진적인 수단을 필요로 하는 일이었던 것이다.

국가와 혁명[61]
The state and revolution

제일차세계대전 그리고 이후

새로운 예술—모더니즘 예술과 건축의 성립

20세기가 시작되는 시기에 벌어진 예술 분야의 대혼란은 본질적으로 세기 말(fin-de-siècle) 유럽의 총체적 모순에서 야기된 것이었다. 부유층만 이득을 보는 정체된 경제, 경찰국가라는 체제를 통해 지배권력이 좌지우지하는 낡은 정치체제, 도시의 지저분함과 농촌의 빈곤함을 가져다주며 만연해 버린 산업주의, 파괴적이기만 할 뿐 의미를 찾을 수 없는 외국과의 전쟁 등, 이 모든 것들이 바로크 양식의 건물들과 심금을 울리는 시, 그리고 역사주의적인 회화와 조각 등 제국주의적 장식물들로 치장되고 있었다. 따라서 20세기 예술가들이 과거의 예술에 대해 전쟁을 선포한 것, 즉 낭만주의와 신고전주의 그리고 인상주의나 아르누보에 대해 전쟁을 선포한 것은 분명 사회적 의미를 갖는 발언이었다.

그러나 이를 정치적 맥락에서 이해한 것은 이들 예술가 중 일부에 지나지 않았다. 독일의 경우 표현주의자들은 매우 개인적이고 감성적인 예술양식으로 침잠해 버렸다. 프랑스 입체파 화가들은 새로운 예술언어의 창조를 추구했는데, 그들은 부르주아들이 회화예술을 이념적 정치적 목적으로 사용하는 것을 거부하고 예술과정을 순수하게 만드는 수단으로서 추상을 지향해 나갔다. 브라크(Braque)·피카소(Picasso)·레제(Léger) 등 초기 입체파를 필두로 다수의 특징적인 운동들이 성장했고, 이 가운데에서 예술가들은 자신들의 사상을 진전시켰다. 즉 입체파 화가들의 원칙을 보다 엄격하게 추구한 오장팡(Amédée Ozenfant)의 순수주의, 〈흰 바탕의 흰 사각형(*White rectangle on a white ground*)〉 등의 작품으로 극단적인 '최상의(supreme)' 억제를 예증하며『절대주의 선언(*Suprematist Manifesto*)』(1915)을 한 바 있는 러시아 화가 말레비치(Kazimir Malevich)의 활동, 그리고 순수한 직선의 추상작품들을 창조한 네덜란드의 몬드리안(Piet Mondrian)과 반 두스부르흐(Theo van Doesburg)의 신조형주의(neo-plasticism) 등이 그것이다. 1917년에 몬드리안과 반 두스부르흐는 데 스틸(De Stijl)이라는 이름의 디자이너 협회를 결성하여 같은 이름의 유력 잡지를 출간하기도 했다. 신조형주의는 직선과 직선으로 둘러싼 형상들, 일부러 몇몇 종류로 억제한 색상, 그리고 맞물리고 중첩된 평면들을 이용해 초기 데 스틸에 주요한 영향을 미쳤다. 이러한 영향은 리트펠트(Gerrit Rietveld, 1888-1964)의 빨강-파랑 의자(Red-Blue chair, 1917)와 반트호프(Robert van't Hoff)가 위트레흐트(Utrecht)에 디자인한 하이데 저택(Huis ter Heide, 1916)에서 볼 수 있다.

이에 반해 미래파 예술가들은 이런 유의 자기반성을 경멸했다. 자본주의 세계의 폭력성이 이에 반발하는 또 다른 폭력성을 키워냈던 것이다.

우리는 우리의 현대 도시를 격정적인 선박 제작소와 같은 것으로 새롭게 창조하고 재건해야 한다. …시멘트와 철·유리로 지은 주택은… 자체의 선과 형상에 내재된 아름다움으로만 충만하고 그 기계적 단순성으로 비범한 야만성을 가지며… 혼돈의 나락 끝에서 솟아올라야 한다. …도로는 몇 층 깊이의 땅속으로 꺼져 들어갈 것이다. …

이 글은 1914년 밀라노에서 발표된『미래파 건축선언(*Manifesto dell' Archittetura Futurista*)』의 일부분이다. 예술가 마리네티(Marinetti)와 보초니(Boccioni)가 선도한 미래파에는 건축가인 산텔리아(Antonio Sant'Elia, 1888-1916)와 키아토네(Mario Chiattone, 1891-1957)도 가담했다. 산텔리아는 전쟁으로 일찍 죽었고 미래파 건축가들이 실제로 남긴 건물은 거의 없다. 그러나 그들이 발표한 설계들은 미래의 도시를 생생하게 묘사한 영향력있는 것들이었다. 건축적으로 본다면, 그들은 이탈리아 아르누보의 바로크적인 무절제를 거부하고 제체시온의 기념비적인 단순성을 선호했다.

1914년 독일공작연맹 전시회

브루노 타우트의 **유리 산업관**.
다면체 유리 지붕을 가진 이 건물은
아마도 전시회에서 가장 독창적인
건물이었을 것이다.

발터 그로피우스
(1883-1969).

그로피우스와 마이어의 초기작인
파구스 공장(1911)은…

…그들이 공작연맹 전시회에 출품했던
모델 공장의 전범이 되었다. 파구스 공장에
비해 조금 덜 합리적이며 조금 더 파생적이다.

반 데 벨데가 전시회에
출품한 **모델 극장**.

정확하고 기하학적인 극장의 계획은
길리와 싱켈로부터 지속된 프로이센의
격식적인 전통이었다.

반 데 벨데는 공예 디자인에서
여전히 아르누보의 영향을 강하게
지속하고 있었다.

익부 / 무대 / 오케스트라 / 객석 / 로비
0 5 10m

그들의 가장 중요하고 독창적인 공헌은 현대 도시의 기술적 역동성을 열렬히 깨우쳤다는 것이다. 이는 고층 사무소 건물, 비행기 격납고, 발전소, 교통시설의 인터체인지 등을 여러 높이의 보도·차로·철도로 구성한 계획안들로 표현했는데, 강력하고 냉담하면서도 유혹적인 유토피아의 이미지로 다음 세대들에게 지속되었다.

쾰른에서 열린 공작연맹 전시회(Werkbund Exhibition, 1914)는 다른 종류의 이미지를 제시했다. 이번에는 실제 건물들로 제시된 이미지였다. 브루노 타우트(Bruno Taut)가 설계한 다면체 유리 돔을 가진 유리 산업관(Glass Industries pavilion), 반 데 벨데의 혁신적인 모델 극장 건물, 그리고 아돌프 마이어(Adolf Meyer, 1881-1929)와 그로피우스(Walter Gropius, 1883-1969)가 설계한 모델 공장 등, 다시 한번 기술이, 그리고 새로운 재료로써 가능해진 새로운 형태들이 강조되었다. 모델 공장의 행정동은 라이트에게 큰 영향을 받아 절충적인 분위기로 설계되었지만, 직선으로 둘러싸인 형상과 철제 프레임으로 지지하는 커다란 유리면의 구성은 합리주의적 요소를 갖고 있었다. 그들이 알펠트(Alfeld)에 설계했던 파구스 공장(Fagus factory, 1911)에서 그랬듯이 말이다. 이 두 건물 모두에서 그로피우스와 마이어는 외부 유리벽이 비내력 벽임을 강조라도 하려는 듯 모서리에 구조 기둥이 오지 않도록 하는 근대주의자들의 특징적인 수법을 사용했다.

러시아혁명과 러시아 구성주의

유럽의 다른 많은 기관들이 그랬듯이 공작연맹도 1914년 제일차세계대전에 휩싸였는데, 이는 상상을 초월할 만큼 유럽을 뒤바꿔 놓은 전쟁이었다. 이 전쟁으로 구체제가 완전히 와해되면서 유럽의 정치권력은 기반이 바뀌어 버렸을 뿐 아니라 한 세대의 젊은이들이 대부분 죽음으로써 유럽의 사회구조도 바뀌어 버렸다. 살아남은 노동자들과 지식인들, 그리고 예술가들은 전쟁의 상처에서 받은 깊은 충격으로 배신감과 분노, 그리고 반란의 기운에 휩싸였다. 가장 중요한 사건은 1917년 세계 최초로 사회주의 국가가 탄생한 일이었는데, 이는 인종이나 민족간의 투쟁이 아니라 계급투쟁이 중요하다는 관점을 가졌던 사람들에게 미래에 대한 중요한 지침이 되었다. 1917년 2월 러시아혁명은 차르를 폐위하고 자유주의적 정부를 수립했으며, 사회복지를 위한 법률을 만들기 시작하면서 전쟁이 끝나면 농민들에게 토지를 분배할 것을 약속했다. 그러나 '평화와 땅과 빵'을 요구하는 노동자평의회(Soviet)의 힘이 강해지면서 온건한 사회주의 노선의 케렌스키(Kerensky) 정부가 권력을 잡았고, 그후 1917년 시월혁명의 봉기로 권력은 볼셰비키(Bolsheviki)로 넘어갔다. 레닌은 우선 독일과의 평화를 확보하고, 다음으로는 땅과 빵에 대한 요구를 충족시키기 위해 거대한 사회재건 프로그램을 시작했다. 생계용이 아닌 사유지는 모두 몰수하고 은행과 대기업을 국유화했으며, 소규모 공장과 농장을 노동자와 농민에게 분배해 한 개인이 다른 개인을 고용하는 일을 금지했다. 노예 상태에 있던 민중들에게 갑자기 주어진 자유의 영향은 엄청났다. 정치와 사회구조를 아래에서부터 재구축하는 과업이 불안과 전율 속에서, 그러나 강력한 목적의식 아래 진행되었다.

지식인·예술가·시인 그리고 건축가들은 주요한 사회적 과업에 자신들이 중요한 기여를 할 수 있으리라는 것을 갑자기 깨달았다. 차르 체제 아래에서 그들이 할 수 있었던 것이라곤 국가에 봉사하거나 자유분방한 사교계에서 목적 없는 삶을 보내는 것뿐이었다. 그러던 차에 갑자기 전적인 자유를 얻은 그들은 구성주의(constructivism)라고 알려진 예술운동을 창조하는 것으로 반응했다. 존 버거(John Berger)의 말에 의하면 그것은 "창조성·자신감·삶을 향한 관심과 권력의 종합이라는 점에서, 근대 예술의 역사 속에서 오늘날까지 독특한 것으로 남아 있는" 그런 예술운동이었다.

새로운 혁명의 지도원리는, 레닌이 1917년 시월혁명 직전에 저술하여 다음 해에 출간한 『국가와 혁명(*The State and Revolution*)』이었다. 레닌은 국가를 "권력의 특별한 조직, 즉 어떤 계급을 억압하기 위해 폭력을 조직한 것"으로 정의했다. 역사상 국가기구는 지배 계급이 노동자 계급을 억압할 목적으로 고안된 것이었다. 따라서 프롤레타리아 혁명이 단순히 국가를 접수한다는 것은 불가능한 일이었으며, 낡은 장치들은 새로운 것으로 대체해야

시월혁명

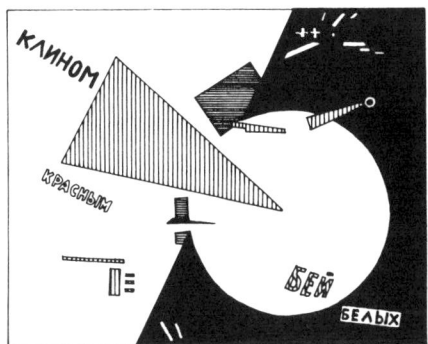

내전 당시 리시츠키가 디자인한 볼셰비키당의 거리 포스터 **〈붉은색의 쐐기로 흰색을 타격하라〉**(1919).

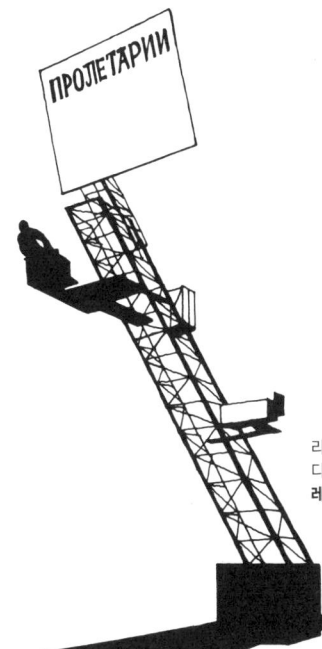

> 거리는 우리의 붓
> 광장은 우리의 팔레트
> —마야코프스키.

리시츠키가 우노비스 시절에 디자인한 구성주의적인 **레닌의 연단**.

1919년 비테프스크에서 결성된 **우노비스**의 구성원들.

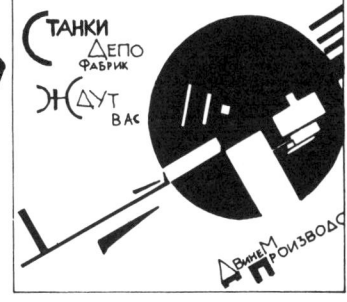

우노비스가 디자인한 비테프스크 공장의 선전 게시판.

1920년 탑을 계획하고 있을 당시의 **타틀린**.

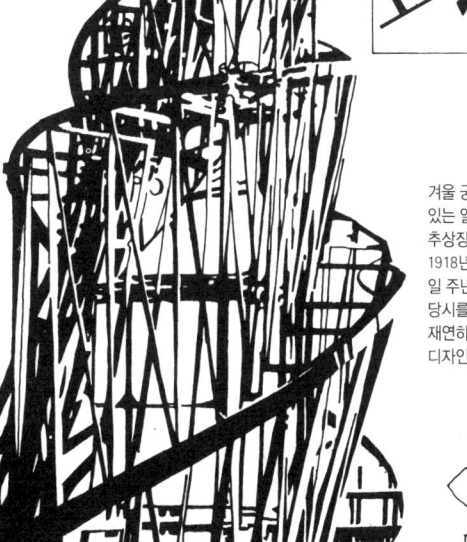

제삼 인터내셔널을 위해 설계한 기념비인 타틀린의 **강철탑**(1920).

겨울 궁전의 외부에 있는 알트만의 추상장식 중 일부. 1918년 혁명 일 주년을 맞아 혁명 당시를 상징적으로 재연하면서 디자인한 것이다.

만 했다. 은행이나 재정기구 같은 유용한 기능들은 공동의 이익을 위해 사용하도록 변형해야 했다. 그리고 경찰·상비군·관료조직 등 강압적인 기능들은 인민들이 스스로 통제할 수 있도록 재편해야 했다. 이러한 일은 설득해서 될 일이 아니었다. 기성 제도들, 지배 계급이 독점한 선전 수단들, 인민들 자체의 타성 등 모든 것들이 민주적 변화를 불가능하게 했다. 따라서 그것은 오직 '프롤레타리아의 독재'를 통해 과거 압제자들 진영의 권력을 의식적으로 파괴하기 시작함으로써만 가능해질 것이었다. 그 과정은 '전 역사상 신기원'을 이룰 것이며 궁극적으로 국가는 소멸될 것이었다. 민주주의 역시 소수가 다수의 의지에 굽혀야 한다는 점에서 부정해야 하며, 다수를 위한 사회가 아니라 모두를 위한 사회 즉 합리적인 토론과 동의를 거쳐 결정을 내리고 강제성 없이도 기본적인 규칙들을 준수하는 그런 사회로 대체해야 했다.

볼셰비키당은 이러한 새로운 사회를 창조하는 중추였지만 홀로는 이 일을 이룰 수 없었다. 혁명은 국제적인 것이 되어야만 했고 발전한 자본주의 국가들의 노동자들로부터 지원을 받아야만 했다. 레닌은 사회주의의 불가피성을 확신했지만 그것이 어느 곳에서나 동일한 노력으로 성취되지 않으리라는 것을 알았다. 러시아에서조차 성공은 아직 멀리 있었다.

1918년에는 영국·프랑스·미국·일본으로부터 군사력을 지원받던 반혁명주의자들에 의해 수백만 명의 혁명가들이 목숨을 잃었다. 재건에 쏟아야 할 노력들은 엉뚱한 곳에서 소모되었고, 유럽 전역으로 혁명을 파급시킬 기회가 줄어들고 있었다. 당은 큰 타격을 입었지만, 혁명을 지속시키고 인민들에게 새로운 사회의 현실을 보여주는 일은 여전히 해야만 했다. 이는 궁극적으로 정치와 경제적 수단으로만 이룰 수 있는 일이었다. 그러나 예술가들이 그 과정에서 중심적 역할을 맡았다. 선전과 통신 그리고 교육은 예술의 우선적 관심사가 되었다. 메이어홀드(Meyerhold)는 군중 축제를 조직했으며, 알트만(Altman)은 페트로그라드(Petrograd)[62]에서 겨울 궁전의 습격을 재연했다.[63] 선동·선전용 기차와 기선들이 러시아 전역에 혁명의 메시지를 전파했고, 마야코프스키(Mayakovsky)[64]는 야외에서 청중들을 향해 시를 낭독했다.

  시인들이 더럽혀 버린
  장미꽃과 꿈이
  새로운 빛 속에
  나래를 펴리라
  우리들, 다 커 버린 어린이들의 눈에
  즐거움을 주리라
  우리 새로운 장미꽃을 만들리라
  광장을 꽃잎 삼은 도시라는 장미꽃을.

절대주의(suprematism)의 색채와 기법은 포스터와 인쇄물에 쉽게 적용되었다. 특히 문자 디자인(typography)을 강조했는데, 이는 문자가 그래픽적 표현가능성이 풍부하다는 것뿐 아니라 글로써 전달하는 메시지 기능 또한 중요했기 때문이었다. 프롤레타리아 독재라는 대의가 시각적으로 가장 잘 표현된 것은 추상 포스터인 〈붉은색의 쐐기로 흰색을 타격하라(*Beat the Whites with the Red Wedge*)〉(1919)였는데, 이는 디자이너이자 조각가이고 건축가였던 리시츠키(El Lissitzky, 1890-1941)가 디자인한 것이었다. 혁명을 국제적으로 파급시키려는 야망은 예술가들이 자신들의 작품을 다른 나라에 보급하려는 노력으로도 나타났다. 그러나 주된 과업은 여전히 조국에서 의식화를 진척시키고 혁명이 아직 도달하지 못한 이상적 사회에 대한 전망을 창조해내는 것이었다.

이 초기 시절에 가장 중요했던 작품은 조각가 타틀린(Vladimir Tatlin, 1885-1953)이 1920년 공산주의자들의 제삼 인터내셔널을 축하하기 위해 제안한 강철탑이었다. 이 탑은 에펠탑의 이분의 일 높이로 광대한 나선형의 골조 속에 회의장과 라디오 방송국, 각종 통신설비를 담도록 구상되었다. 확성기를 통해 탑 밑의 군중들에게 연설을 하고, 구름 낀 날이면 그날의 슬로건을 하늘에 투사하며, 거대한 장치가 시간과 계절에 맞추어 회전하도록 되어 있었다. 그 계획안은 너무 대담하고 불가능한 착상으로서, 브레히트(Brecht)라면 '거지들이 꿈에서나 볼 수 있는 찬란함'[65]이라고 했을 법한 것이었다. 당시에는 쇠못이 없어서 정치 포스터를 나무못으로 벽에 붙여야 했고, 풀을 만들 밀가루조차 빵을 만드는 데 써야 했던 어려운 시기였다. 타틀린의 탑은 공학기술적인 측면에서는 낙제인 조각가의 구상으로서, 비록 건축될 수 없었지만 문예부흥에 대한 강력한 상징으로 남아 있다.

러시아 구성주의 건축

1918년부터 1921년까지는 '전시 공산주의(war communism)' 시기였다. 정부는 소비에트 중앙위원회가 장악했고, 새로 조직된 붉은 군대(Red Army)와 볼셰비키 산하의 경찰로부터 지원을 받는 공산당 정치국(Politburo)은 그 집행기구였다. 레닌은 이러한 강력한 중앙집권이 자신의 원래 목적에서 벗어난 것임을 인식하고 있었지만 여건이 워낙 어려웠기 때문에 불가피하다고 여겼다. 예술에 대한 검열도 없었다. 레닌은 그가 "혼돈스러운 소란, 새로운 해결책과 새로운 슬로건에 대한 열광적인 탐색"이라고 불렀던 상황 역시 당시 여건이 빚어낸 것으로 여기며 참고 견뎠다.

한편 예술가 그룹들이 생겨나기 시작했는데, 이들은 혁명이념을 창작의 중심으로 삼는 사람들이었다. 1919년 에르몰라에바(Ermolaeva)가 말레비치·리시츠키와 함께 비테프스크(Vitebsk)에서 우노비스(UNOVIS)[66]를 결성했다. 같은 해 리시츠키는 회화예술과 건축을 연결하려는 활동을 시작했다. 그는 이 개념을 '새로운 예술을 위하여(for the new art)'라는 뜻의 러시아어에서 앞 글자를 따 '프로운(PROUN)'이라고 불렀다. 우노비스가 1920년에 네덜란드와 독일에서 발표한 초기 작품들은 데 스틸의 개념에 상당한 영향을 주었다. 1918년에는 이미 자유국가 예술 스튜디오(Free State Art Studios)가 모스크바에 설립되었는데, 이는 1920년에 예술과 기술연구를 위한 학교로 바뀌었으며 이것이 브후테마스(VKHUTEMAS, 고등예술기술공방)라고 알려진 기관이다. 사회 참여, 보편성, 입학의 개방성이라는 특징을 가진 이 기관은 건축·회화·조각·그래픽·공예 등 모든 조형예술

브후테마스

기초과정의 주임 교수인 **알렉산더 로드첸코**. 그의 아내 스테파노바가 디자인한 작업복을 입고 있다.

브후테마스의 강사들.

구성주의자 **알렉산더 베스닌**.

합리주의자 **니콜라이 라도프스키**.

이론가이자 역사가 **모이세이 긴즈부르크**.

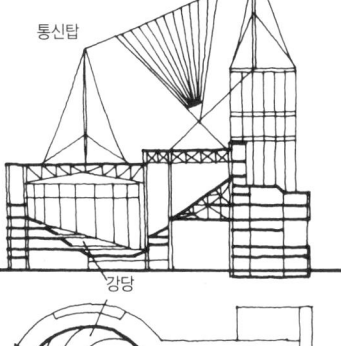

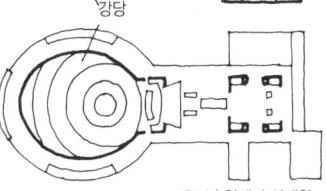

베스닌 형제가 설계한 **인민 궁전** (1922-1923, 모스크바).

이즈베스티아 빌딩의 설계안(1926). 알렉산더 베스닌의 지도학생인 레오니도프의 설계이다.

라도프스키에게 지도를 받은 람코프(Lamkov)가 설계한 **급수탑**(1921).

코차르(Kotchar)가 설계한 브후테마스 **독신자 아파트**.

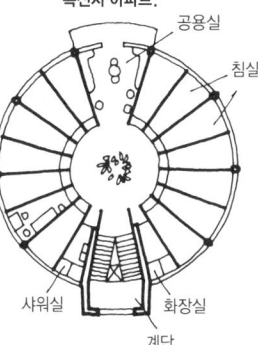

공용실
침실
샤워실
화장실
계단

화학공장탑의 설계안(1922). 라도프스키의 지도학생 그루스첸코 (Gruschenko)의 설계이다.

예술학교 설계안(1927). 도쿠차예프(Dokuchaev)의 지도학생 헬펠트(Helfeld)의 설계이다.

베스닌 형제의 **프라우다 사옥** 설계안(1923, 모스크바).

들을 연합하여 공동체에 이바지하려 했으며, 강의와 세미나를 모든 이들에게 개방했다. 여기에는 여러 주요 건축가들, 즉 베스닌(Alexander Vesnin)·골로소프(Ilya Golossov)·긴즈부르크(Moisei Ginsburg)·라도프스키(Nikolai Ladovsky)·멜니코프(Konstantin Melnikov)·세메노프(Vladimir Semenov) 등의 인물이 참여했다. 같은 해에 인쿠크(INKHUK, 예술문화협회)도 결성되었는데, 예술가들의 협회였던 이 단체에는 칸딘스키(Kandinsky)와 로드첸코(Rodchenko)·스테파노바(Varvara Stepanova)·포포바(Liubov Popova) 그리고 이론가인 브리크(Ossip Brik) 등이 참여했다. 이러한 인물들을 중심으로 브후테마스와 인쿠크는 혁명기 건축사상의 양대 흐름을 이루었다.

1923년 라도프스키와 멜니코프는 '합리주의(rationalism)'에 철저할 것을 지향하며 아스노바(ASNOVA, 새건축가협회)를 결성했다. 그들이 내건 합리주의란 새로운 재료와 기술의 채용, 구조의 '합리적' 표현, 그리고 건축공간의 분석 등을 말했다. 같은 시기에 베스닌은 다수의 '구성주의자들'이 모인 집단의 지도자가 되었는데, 이들이 우선적으로 관심을 가지면서 그 자체를 하나의 목적으로 여겼던 것은 표현의 순수성—그들은 이를 통해 재현주의(representationalism)로부터 해방된다고 여겼다—과 '강화된' 구조 표현이었다. 여기에는 가보(Gabo)·페브스너(Pevsner)·로드첸코·스테파노바·브리크 그리고 바르시(Mikhail Barsch)와 부로프(Andrei Burov) 같은 브후테마스 학생들이 참여했다. 마야코프스키와 브리크, 그리고 그들이 새로 결성한 레프(LEF, 좌파예술전선)가 이 운동에 참여했으며, 메이어홀드와 에이젠슈테인(Eisenstein)도 여기에 참여하여 이들의 연극작품과 영화에 구성주의 건축을 최초로 선보였다. 주요한 구성주의 건물의 설계 중 최초의 것은 알렉산더 베스닌과 그의 동생 레오니드 베스닌(Leonid Vesnin)이 설계한 인민 궁전(Palace of the People, 1922-1923)으로서, 도열한 탑 뒤로 큰 타원형 강당을 두고 그 사이에 통신용 건축의 필수요소인 무선 통신탑과 안테나선을 걸어 놓은 설계였다.

유럽의 표현주의와 러시아 구성주의의 전파

유럽은 일차대전이 끝날 무렵에야 러시아혁명의 본보기를 따라가기 시작했다. 독일에서는 실망과 불만에 찬 군인들과 노동자들이 혁명의 주역을 담당했다. 황제가 폐위되고 베를린과 바이에른에 노동자평의회가 구성되었다. 부다페스트에서는 벨라 쿤(Bela Kun)[67]의 혁명당원들이 정권을 잡았으며, 영국에서조차 경찰과 군대가 파업과 항명에 직면할 정도였다. 러시아에서 내전이 발발하여 볼셰비즘의 파급이 주춤해지자 유럽 전역에서는 온건사회주의자들이 우파와 결속하여 반란을 분쇄했다. 독일에서는 에베르트(Ebert) 대통령의 수정주의적 바이마르 공화국(Weimar Republic, 1919)이 온건한 개혁을 추진했지만, 결국 우파와 좌파 그 누구도 설득하지 못하고 실패하고 말았다. 유럽 전체에 정치적 불안정이 계속되었는데, 이는 무엇보다도 불확실한 경제상황이 초래한 것이었다. 전쟁 후 잠시 분출했던 경제적 자신감은 1922년에 붕괴되었고, 이후 점진적인 경기회복이 진행되었지만 실업과 불경기 문제가 임박해 있었다.

열기를 띤 사회 분위기는 왕성한 예술활동을 촉발했다. 1921년 3월 러시아에서 레닌의 신경제정책(NEP)이 도입되어 잠시 서구와의 연계를 적극적으로 장려하기 시작하면서 유럽의 예술활동은 더욱 자극을 받았다. 혁명 전 한때는 파리가 디아길레프(Diaghilev) 발레단을 비롯해 스트라빈스키(Stravinsky)·박스트(Bakst)·수틴(Soutine) 등 러시아 망명자들의 거점이었지만, 1921년 이후에는 새로운 러시아 아방가르드의 이동으로 인해 독일이 구성주의적 사상을 서구에 전파하는 관문이 되었다. 혁명은 비록 도시 노동자들이 이룩했지만 농민들의 지지가 있어야만 가능했다. 당에 대한 농민들의 충성이야말로 반드시 확보해야 하는 것이었다. 레닌은 농민들에게 소득향상에 대한 동기를 부여함으로써 당장의 식량생산을 늘리고 지독히 낮은 삶의 수준을 높일 수 있을 것이라 기대했다. 상거래와 몇몇 사적 소유권이 복구되었고, 일부 공장들이 국가소유에서 조합소유로 전환되었으며, 서구와의 친선외교 노력이 이루어졌다. 그러자 서구 열강들이 혁명 이후에 취했던 경제봉쇄를 해제하기 시작했고, 많은 마르크스주의자들은 레닌이

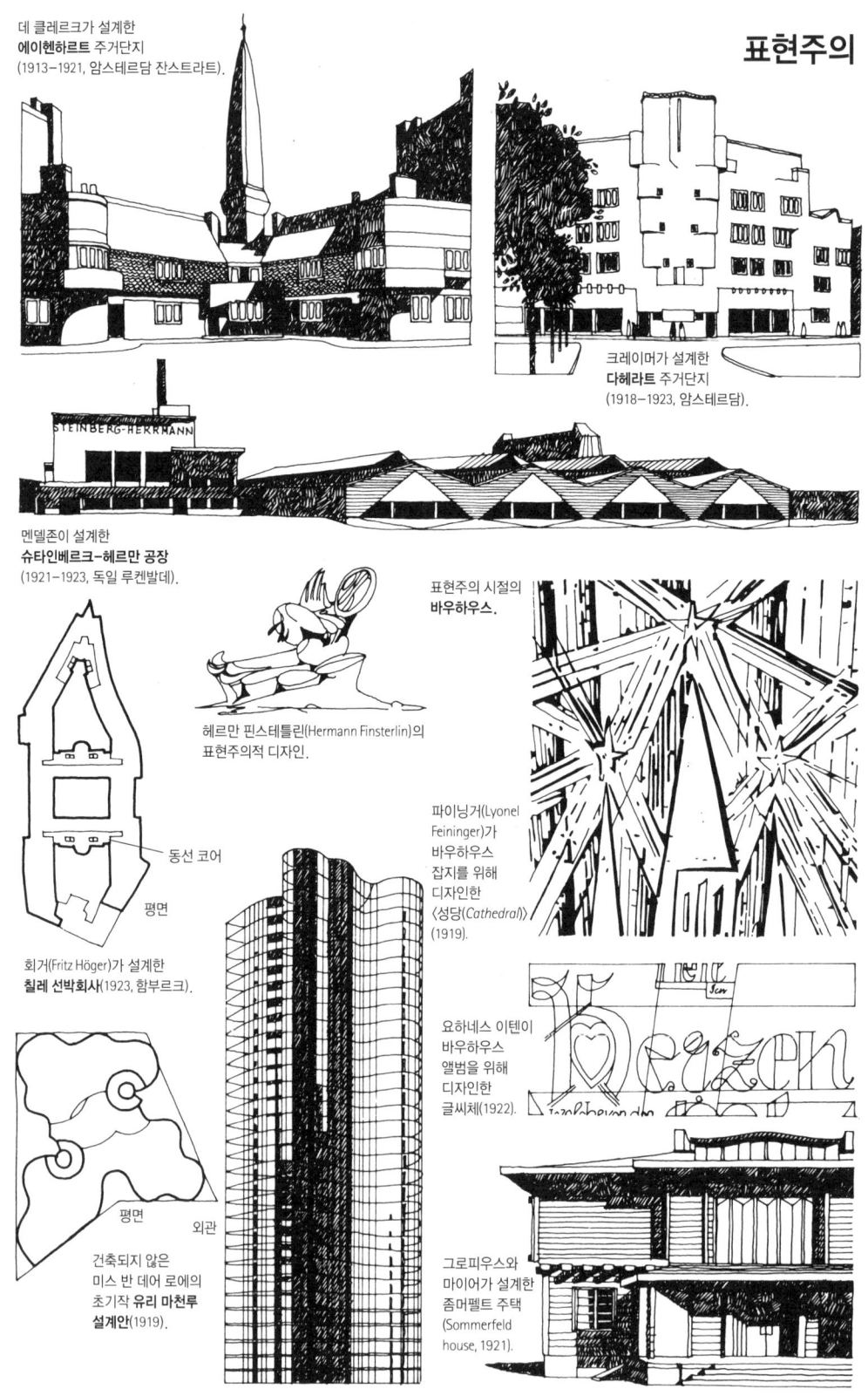

자본주의에 항복했다고 비난했다. 그러나 레닌은 신경제정책의 한계를 몰랐던 것이 아니라 이를 임시수단으로 간주하고 있었다. 동시에 좀더 장기적인 안목에서 사회주의의 진전을 위한 제안들, 중공업과 전기생산, 그리고 조합소유권에 기반한 공동농업 체제를 위해 국가적 계획들을 준비하고 있었다.

이러한 사정으로 칸딘스키 · 가보 · 페브스너 · 샤갈 · 말레비치 · 리시츠키 등이 부르주아 서구사회로 오게 되었다. 유럽 아방가르드는 전쟁과 실패한 혁명의 여파 속에서 표현주의(expressionism)라는 신경쇠약증에 묻혀 있었다. 베허(Becher)와 베르펠(Werfel)의 시, 카이저(Kaiser)와 톨러(Toller)의 연극이 그러했고, 카프카(Kafka)의 소설이 그러했으며, 이에 영향을 받은 건축들도 마찬가지였다. 네덜란드에서는 이러한 경향이 공동 주택단지들에서 풍요로운 형식주의로 표출되었는데, 이 주거단지들을 설계한 주요 인물인 '암스테르담 학파(Amsterdame School)'의 건축가 데 클레르크(Michel de Klerk, 1883-1923)와 크레이머(Piet Kramer, 1881-1961)는, 잔스트라트(Zaanstraat)에 있는 에이헨하르트 주거단지(Eigenhaard housing, 1913-1921)와 주택협회 다헤라트(Dageraad)가 의뢰한 암스테르담의 헨리트 로너플레인 아파트(Henriette Ronnerplein apartments, 1921-1922) 및 암스테르담 남부의 아파트(1918-1923) 등에서 베를라허의 표현주의적 조적식 건축의 전통을 지속했다. 독일에서는 여러 개의 공장과 비행기 격납고 건축, 그리고 포츠담에 아인슈타인 기념관(Einsteinturm, 1921)을 설계한 멘델존(Erick Mendelsohn, 1887-1969)과 여러 '유리 마천루 설계안(1919-1921)'을 발표한 미스 반 데어 로에(Ludwig Mies van der Rohe, 1886-1969)의 곡선적 표현주의에서 이러한 경향을 읽을 수 있다. 그로피우스조차 이전에 그가 머뭇거리며 시작했던 합리주의를 잠깐 포기하고 바이마르에 삼월혁명 기념비(1919년 착공)를 톱니 모양의 표현주의적 형태로 설계했다.

바우하우스─표현주의의 극복

같은 해, 그로피우스는 반 데 벨데로부터 바이마르 미술공예학교 교장 자리를 넘겨받았다. 그는 학교 이름을 '바우하우스(Bauhaus)'로 바꾸었는데, 이름에 포함된 '바우(Bau)'[68]는 '건물을 짓는다'는 의미보다는 유능한 디자이너들을 '육성한다'는 의미로 사용되었다. 교과과정은 처음부터 수공예 지향으로 편중되었는데, 이는 공작연맹보다는 아르누보 전통에 따른 것이었다. 기초과정 주임 교수였던 신비주의적 경향을 지닌 요하네스 이텐(Johannes Itten)의 영향 속에서 디자인에 대한 태도는 유사종교적이었다. 또한 당시 그로피우스의 분위기에 따라 표현주의적인 경향이 강했는데, 초빙교수였던 반 두스부르흐로 인해 표현주의적 경향이 더욱 두드러졌다.

그러나 1922년 두 개의 중요한 예술적 사건이 바우하우스를 변화시켰다. 하나는 뒤셀도르프에서 열린 아방가르드 예술가들의 국제회의로서, 여기에서 반 두스부르흐와 리시츠키는 형태의 순수성과 건축의 정직성에 대한 각자의 생각을 발표하면서 새로운 '구성주의자 인터내셔널'을 확립했다. 다른 하나는 러시아의 문화부 장관 루나차르스키(Lunacharsky)가 베를린에 소비에트 디자인 전시회를 개최했던 것인데, 이로 인해 구성주의 자체뿐 아니라 그것을 형성하게 한 사회적 목적에 대해 즉각적인 관심과 이목이 집중되었다.

그로피우스는 자신의 견해를 수정하고 바우하우스의 교육방향을 철저히 점검하여, 표현주의를 배격하고 합리적 디자인을 강조하는 교과과정으로 재구성했다. 이때 내건 슬로건은 '대성당이 아니라 삶을 위한 기계를'이었다. 비록 브후테마스와 달리 바우하우스는 1927년까지 건축과정을 갖추고 있지 않았지만, 러시아에서처럼 목표는 모든 생산적 예술들 간에 연대를 구축하는 것이었다. 교수진으로 임명된 많은 중요 인물들 중에는 칸딘스키, 그리고 이텐을 대신해서 초빙된 헝가리 엔지니어 모홀리-나기(László Moholy-Nagy)가 포함되어 있었다. 열광적인 구성주의자인 모홀리-나기는 기초과정을 정력적으로 운영했는데, 이는 브후테마스에서 로드첸코가 했던 교육에 비견할 만한 것이었다. 이후 몇 년간 러시아와 독일의 디자인은 서로 긴밀한 관계 속에서 전개되었다. 로드첸코·스테파노바·타틀린·포포바가 순수예술에서 가구·난방기기·의류 등 대량생산 물품의 디자인으로 방향을 바꾸었듯이, 모홀리-나기 역시 바이마르에서 바우하우스 디자이너들과 독일 산업 사이의 적극적인 협업을 위한 기초를 닦고 있었다.

순수하게 예술적 의미에서 구성주의는 혁신적이고 영향력있는 것이었다. 에이젠슈테인의 몽타주 기법은 영화제작에 혁명을 일으켰고, 메이어홀드의 연극은 피스카토어(Piscator)와 브레히트에게 영향을 주었으며, 로드첸코와 리시츠키의 그래픽 디자인은 인쇄와 사진에 널리 활용되면서 많은 유럽 디자이너들이 더욱 발전시켰다. 바우하우스의 모홀리-나기도 그들 중 하나였다. 독일 건축가들은 표현주의에서 구성주의로 분위기가 돌변했다. 그로피우스와 마이어가 『시카고 트리뷴(*Chicago Tribune*)』 사무소의 설계경기 응모안(1922)에서 그러했으며, 미스 반 데어 로에는 '철근 콘크리트 사무소 건물안' (1923)과 '벽돌조 컨트리 하우스 계획안' (1923)에서 그러했다.

구성주의와 참여예술

러시아 구성주의자들이 구조를 건축표현의 출발점으로 삼으며 이에 일관된 관심을 쏟았던 것은 이제 근대 건축운동에서 기초적인 것이 되었다. 미래파와 마찬가지로 구성주의자들은 기술을 찬양했다. 그러나 미래파가 자본주의 맥락 안에서 자신들의 개념을 전개하며 기술적 효과를 강화하기 위한 방법을 찾았던 것에 반해, 구성주의자들은 기술의 대안적 역할, 즉 기술의 상업적 가치보다 사회적 가치가 우선하는 그런 역할을 찾았다. 그들의 사회 참여에 대한 감각은, 말하자면 공작연맹 디자이너들이 그들 작품이 초래하는 정치적 결과를 의도적으로 회피하려 했던 것과는 대조적이었다. 또한 데 스틸처럼 '순수화(purifying)' 운동의 도덕적 고매함과도 대조되었다. 러시아 구성주의는 서구 디자이너들로 하여금 진보적인 사회적 목적을 갖고 예술의 현실에 맞닥뜨리도록 했다. 그러나 그러한 접근이 보편적인 지지를 받았던 것은 아니었다. 예를 들어 구성주의의 시각적 측면만을 수용했던 반 두스부르흐는 "우리가 바라는 예술은 프롤레타리아적인 것도,

부르주아적인 것도 아니다. 예술이 발휘하는 힘은 매우 강력해서 문화 전반에 영향을 미친다. 그것은 사회의 상황에 따라 영향받을 정도로 허약한 것이 아니다"라고 하며, 예술은 계급문제를 초월한 것이라는 소신을 바탕으로 '참여예술'을 비난했다. 모홀리-나기 역시 "구성주의는 프롤레타리아적이지도 자본가적이지도 않다. 구성주의는 원초적이고 기본적이며 정확하고 보편적이다"라는 거의 똑같은 말을 하면서, 구성주의 자체가 계급투쟁을 초월하는 보편이어야 함을 주장했다.

러시아에서도 근대 예술과 진보적인 사회정책을 동일시하는 생각에 약간의 이견이 있었다. 슈세프(Alexey Schussev)와 같은 몇몇 전통주의적 디자이너들은 새로운 방식에 적응하려 노력했지만, 그 밖에 포민(Ivan Fomin)이나 졸토프스키(Ivan Zholtovsky) 같은 인물들은 신고전주의가 모든 우수함의 원천이라고 주장하며 이를 고수했다. 몇몇 근대주의자들, 특히 시인 슈클로프스키(Viktor Shklovsky)를 비롯한 형식주의 일파는 반 두스부르흐가 그랬듯이 예술에서 정치적 메시지를 배제할 것을 강조하면서 이 둘을 분리했다.

그러나 볼셰비키파 구성주의자들에게 계급투쟁은 예술적 과정의 기본이었다. 비록 미래파와는 달리 그들의 태도가 폭력적이지는 않았지만 말이다. 실질적으로 필요한 폭력행위는 혁명 그 자체로 족했다. 혁명 이후에는 사회를 재건하고 노동자 계급과의 대화를 창조하는 일이 중요했다. 교양있고 대개는 중간 계급인 구성주의 운동의 인텔리겐치아가 노동자·농민과 자신들을 동일시하며 그들의 삶을 공유하려 했던 것 자체가 유럽의 경험에서는 유례없는 것이었다. 물론 세련된 근대 예술이 굶주리는 농민들과 형편없는 주거환경에 시달리는 공장 노동자들의 사회와 무슨 연관성이 있느냐는 비판과 문제제기가 가능하다. 그러나 예술은, 적어도 그 자체가 평범한 과거 경험과는 전적으로 다른 범주의 일이었던 혁명만큼은 그들의 사회와 연관성이 있었다. 혁명이나 예술이나 그것의 목표는 새로운 사회의 창조를 '지향하며 일하는' 것이지 이미 존재하는 그런 방식의 사회를 만드는 것은 아니었다. 레닌은 이렇게 말했다. "이제 역사상 처음으로 비부르주아적인 국가 형태가 등장했다. 우리 국가는 매우 나쁜 것일 수도 있다. 그러나 최초로 발명된 증기기관 역시 나쁘다고들 했었다. … 요점은 이제 우리가 증기기관을 갖게 되었다는 것이다." 레닌이 말했듯이, 수많은 부르주아 신문들은 "소비에트에서 노동자들이 겪는 공포와 빈곤과 고통에 관한 뉴스를 전했다. 하지만 여전히 전 세계 모든 노동자들은 소비에트 국가를 동경하고 있었다."

이후 몇 년간 서구 건축가들과 비평가들 대부분에게 근대 건축은 사회주의와 연관성있는 것이 되었다. 모더니즘이나 마르크스주의에 반대하는 자들은 이 둘 중 하나를 비판하기 위해 다른 하나를 사용하곤 했다. 그러나 사회주의를 미래에 대한 희망으로 간주하는 사람들에게는, 근대 건축이 전진을 위한 길이 되었다. 정작 위험은 하나가 다른 하나를 대신할 수 있으리라고 상상한 데에 있었다. 즉 도시를 재건하는 것만으로 공평한 사회를 만들 수 있을 것이며, 혁명적인 건축을 통해 사회혁명의 필요성을 회피할 수 있을 것이라고 상상하는 그런 위험 말이다.

르 코르뷔지에

프랑스 건축가인 잔레(Charles-Edouard Jeanneret, 1887-1965)가 갖고 있던 태도가 바로 그랬다. 순수주의 화가였던 잔레는 오장팡과 긴밀히 교류했으며, 그와 함께 잡지 『레스프리 누보(*L'Esprit Nouveau*)』(1920)을 발행했는데, 이를 통해 그들은 디자인 철학에 대한 일련의 멋진 글들을 발표했다. 과거 양식의 전적인 부정, 형태의 순수성에 대한 그들의 후기 입체파적인 태도, 조화로운 비례에 대한 고대 그리스인들의 이론들, 근대 구조공학자와 기계공학자들의 성취에 대한 열광, 인간의 진보에 대한 유토피아적 감각 등, 그들은 여러 별개의 사상들을 종합했다. 르 코르뷔지에(Le Corbusier)라는 필명으로 잔레가 이 잡지에 기고한 것들은 1923년에 『건축을 향하여(*Vers une Architecture*)』라는 책으로 발간되었다. 이것은 근대 건축을 새로운 사회질서의 결정자로 지지하는 선언서였다. 당시의 사회적 불안을, 근대 기술이 위대한 잠재력을 갖고 있음에도 불구하고 그것으로부터 혜택을 받는 사람들이 너무 적은 현실의 모순에서 기인하는 것으로 돌리면서, 르 코르뷔지에는 새로운 건물의 형태를 통해 새로운 삶의 방식을 창조할 수 있으며, 품질 좋은 주택의 표준화와 대량생산으로 사회적 불화를 해소할 수 있음을 보여주려고 노력했다. 이것이 그가 말한 "혁명은 피할 수 있다(revolution can be avoided)"는 것이었다.

르 코르뷔지에가 전쟁 전에 설계한 부르주아 주택들은 흥미롭긴 하지만 베렌스를 떠올리게 하는 신고전주의적인 분위기였다. 그러나 전쟁 직후, 혁명기 이후에 그의 새로운 사상들은 이론적 작품들 속에서 점점 명확해졌다. 이 이론적인 작품들은 그의 사상의 대부분을 보여주고 있다. 한편으로는 삼백만 명의 거주자를 위한 도시계획을 보여주었으며 다른 한편으로는 개인주거의 세부 설계를 보여주었는데, 무엇보다도 이 두 스케일 사이의 관계에 대한 그의 인식, 즉 "작은 것은 큰 것의 구성요소이며 큰 것은 작은 것으로부터 생산된다"는 인식을 보여주었다. 1922년 파리의 살롱 도톤(Salon d'Automne) 전시회에서는 '오늘의 도시(Ville contemporaine)'를 위한 계획안들을 전시했다. 이는 고층 고밀도 중심지와 세련된 교통망 체계, 그리고 공간과 녹지에 대한 강조를 통해 전원도시의 개념과 역동적인 대도시의 개념을 결합한 것으로, 일부는 하워드와 가르니에 그리고 산텔리아로부터 나온 것이었지만 그들 누구보다도 종합적인 상상력을 보여주었다.

동시에 그는 주택설계를 진행하고 있었는데, 그것들은 현대 기술을 사용하여 당시 도시생활에 부족했던 '햇빛·공간·녹지'에 대한 기본 요구를 충족시켰다. 그가 '시트로앙 주택(Maison Citrohan)'이라 불렀던 설계는 단순한 입체파적 주택에 커다란 창과 이층 높이의 거실공간, 그리고 내부 공간의 자유로운 계획을 담은 것으로서, 이들은 모두 철근 콘크리트 건축을 통해 달성되었다. 이 주택은 콘크리트 기둥인 필로티(pilotis)로 받쳐서 주변 경관이 건물 밑을 관통하여 흐를 수 있도록 했다. 그가 르 코르뷔지에로 새로이 태어난 후 처음 설계한 건물은 파리에 있는 오장팡의 스튜디오(1922)와 라 로슈-잔레 주택(La Roche-Jeanneret house, 1923)인데, 이 둘 모두 시트로앙 주택의 축조(construction) 개념과 공간 개념을 예시하면서 전

새로운 정신

구성주의 이전: 잔레가 르 코르뷔지에로 이름을 바꾸기 전에 설계한 **빌라 슈보브**(Villa Schwob, 1916, 라 쇼드퐁).

오장팡과 **르 코르뷔지에**. 1923년 에펠탑에서.

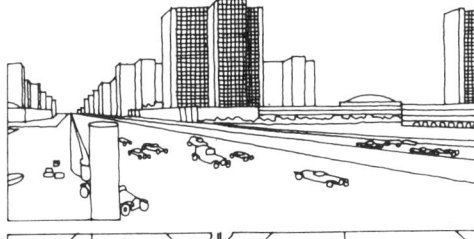

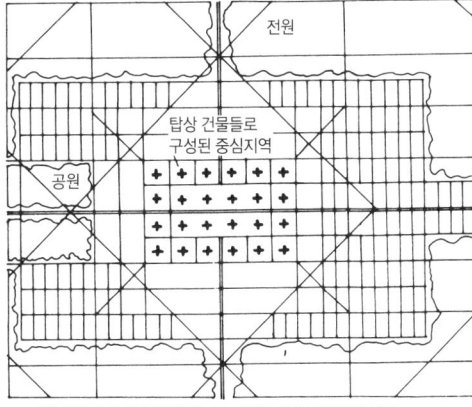

1922년 살롱 도톤 전시회에서는 르 코르뷔지에의 도시에 대한 개념도 발표했다. 탑상 건물들과 고속도로로 구성된 강력한 제안인 **삼백만 명을 위한 오늘의 도시**.

'백색 주택'의 출현: 살롱 도톤 전시회에서 발표했던 초기작 **시트로앙 주택**(1922)과 이를 최초로 실현한 **오장팡의 스튜디오** (1922, 파리).

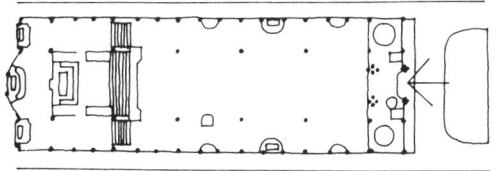

에스프리 누보 디자이너들을 사로잡았던 공학기술의 미학: 르 코르뷔지에의 스승이었던 페레가 설계한 **랭시 노트르담 교회**(1922)의 평면과, 마테 트루코가 설계한 다이내믹한 **피아트 공장 옥상 시험용 트랙**(1920-1923, 토리노)의 한 부분, 그리고 프레시네가 설계한 거대한 **비행선 격납고**(1926-1923, 오를리).

적으로 새로운 관념의 건축어휘를 사용한 주거건축을 제시했다.

르 코르뷔지에는 철근 콘크리트의 커다란 잠재력을 깨달았다. 그는 당시 공학기술자들의 작품에 찬탄을 보냈는데, 특히 그가 한동안 함께 일했던 페레가 콘크리트 교회인 랭시 노트르담 교회(Notre Dame du Raincy, 1922)에서 콘크리트였기에 가능한 위대한 우아함을 보여준 것에 대해 커다란 찬탄을 보냈다. 『건축을 향하여』에서 그는 자동차와 비행기 엔지니어들이 기능적인 문제에 직접적으로 접근하는 것을 칭찬했으며, 구조공학자들이야말로 이러한 유의 일을 건축에서 해내는 사람들이라고 했다. 마테 트루코(Giacomo Matté-Trucco)가 피아트(Fiat) 자동차회사를 위해 토리노에 설계한 옥상 시험용 트랙(1920-1923)이나, 프레시네(Eugine Freyssinet)가 리무쟁사(社)와 함께 오를리에 설계한 비행선 격납고(1916-1923)를 예로 들면서 말이다. 그러나 르 코르뷔지에는 구성주의자가 아니었다. 조각가이자 화가로서 그는 형태주의적 관점으로 건축에 접근했으며, 절대적인 구조의 정직성에 관한 이론들에 심취한 적은 없었다. 그로서는 근대성의 외관을 만들어내는 것으로 충분했다. 만일 적절한 공간과 형태를 벽돌이나 블록 같은 전통적인 재료로도 똑같이 만들 수 있었다면 그런 재료를 사용하는 것도 나쁠 것이 없었다.

역사주의 건축의 지속

러시아에서는 구성주의자들과 합리주의자들이 혁명을 위해 일하는 유일한 예술가들이었다. 근대 예술이 국가를 위해 봉사하는 유례없는 상황이 빚어졌던 것이다. 서구에서는 그 반대였다. 역사주의 디자이너들이 국가에 대한 봉사를 지속했으며, 아방가르드는 의심에 찬 눈초리를 받았다. 이는 공공건물이 요구하는 관념을 창출하기에 추상적 건축이 양식적으로 모호하다는 점 때문이었고, 혹은 볼셰비키로 간주되었기 때문이기도 했다. 그러나 비록 아직은 극히 소수에 지나지 않았지만 모더니즘에는 투사들이 있었다. 1920년 레더비가 "우리의 비행기와 자동차 그리고 자전거들도 제 갈 길을 완벽하게 가고 있다. 우리는 이러한 야망으로 모든 주거건축의 문제를 해결해야 한다. … 양식 모방에 관심을 갖는 것은… 그 자체로서 비합리적일 뿐 아니라 진정한 발전 가능성을 향한 길을 가로막는 짓이다"라고 한 말은 『레스프리 누보』에 실릴 만했다. 그는 당시 상업적 건축가들이 마치 빅토리아 시대가 지금도 계속되고 있다는 듯이 아직도 바로크 양식의 아류와 단순화한 고전주의적 설계를 계속하고 있음을 비판했던 것이다. 그러한 설계는 미웨스와 데이비스가 이탈리아 궁전 양식으로 설계한 여러 호텔들(1922-1929), 루티언스가 미들랜드 은행을 위해 설계한 여러 건물들(1922-1929)과 거대한 사무소 건물인 브리태닉 하우스(Britannic House, 1920-1926)에서 볼 수 있다. 또한 일차세계대전에 대한 국가의 공식적인 반응으로서 아카데믹하게 설계된 많은 전쟁기념물들, 예컨대 루티언스가 런던에 설계한 일차대전 전사자 기념비(Cenotaph, 1919-1920)나, 블롬필드가 이프르(Ypres)에 설계한 메넌게이트(Menin Gate, 1923-1926)[69] 등에서도 그러한 설계들을 엿볼 수 있다.

영국에서는 이제 고딕 양식이 공공건물에 적절치 못하다고 간주되었지만 교회당만은 예외였다. 그 중 가장 확실한 사례는 거대한 리버풀 대성당(1903년 착공)으로서, 이는 고딕 부흥주의의 원조인 스콧의 손자 자일스 길버트 스콧(Giles Gilbert Scott)이 설계했다. 아마도 당시 유럽에서 고딕 전통에 따른 건물 중 최고의 작품은 외스트베리(Ragnar Östberg)가 설계한 스톡홀름 시청사(1911-1923)로서, 이는 아름다운 부지에 전통적인 재료로 단순하게 설계되어 벽돌조 외벽과 구리판 지붕, 그리고 모자이크로 풍부하게 장식된 실내공간을 갖는 그런 건물이었다.

미국에서는 고딕 양식이 초고층 사무소 건물을 꾸미는 데 계속 사용되었다. 그레이엄(Graham)·앤더슨(Anderson)·프로프스트(Probst) 및 화이트가 시카고에 설계한 리글리 빌딩(Wrigley Building, 1921-1924)은 바로크 장식을 사용했으며, 『시카고 트리뷴』 사옥의 설계경기에서 로스·그로피우스·마이어의 응모안들을 물리치고 당선된 것은 후드(Hood)와 하웰스(Howells)가 설계한 고딕 양식의 설계안이었다. 르 코르뷔지에는 차라리 시카고 곡물창고의 단순한 웅장함이 더 낫다고 하면서 이러한 건물들을 혹평했다. "미국 공학기술자들의 조언에는 귀를 기울입시다. 그러나 미국 건축가들은 경계합시다."

그의 혹평은 아마도 아직 '바로크' 시기에 머물러 있었던 라이트까지 포함했을 것이다. 그의 풍부한 장식은 비록 건물의 구조와 긴밀히 통합되어 있었지만, 확실히 순수주의와는 부합하지 않았다. 1922년 라이트는 도쿄에 기념비적인 임페리얼 호텔(Imperial Hotel)을 설계했으며, 다음 해에는 캘리포니아 주 패서디나에 아름답고 장식적인 밀러드 주택(Millard houses)을 설계했다. 르 코르뷔지에의 기호에 좀더 맞는 것은 아마도 건축가이자 엔지니어인 앨버트 칸(Albert Kahn)이 포드 자동차회사를 위해 미시간 주 디어본(Dearborn)에 설계한 유리공장 건물(1922), 즉 철 골조에 유리를 붙인 대규모이면서도 단순한 매우 기능적인 조립공장이었을 것이다.

미국에서의 교외개발

미국에서는 유럽에 비해 산업이 덜 침체돼 있었으며 실업률도 일반적으로 낮아서, 1923년에서 1929년 사이에 영국의 실업률이 평균 11퍼센트였던 데 비해 미국은 3.9퍼센트에 머물렀다. 그 결과 노동조합을 결성할 여건이 마련되었다. 대량생산이 확산됨에 따라, 장인과 건설노동자 중심의 직능을 기반으로 곰퍼스(Samuel Gompers)의 미국노동총연맹(AFL, American Federation of Labor)이 조직되었고, 이 연맹이 지배하던 노동조합은 제조업의 작업장 조직을 기반으로 한 시스템으로 전환되었다. 이들의 중심인물 중 한 사람이 포스터(William Foster)였는데, '워블리스' 출신인 그는 시카고 노동자들을 조직하여 가축 사육장 파업(1917)과 철강산업 파업(1919)을 이끌었다. 러시아혁명이 있고 나서는 노동조합을 반대하는 활동이 더욱 강화되었다. 파업을 분쇄하기 위해 사설 군대가 고용되었으며 주모자들이 희생되었다. 온건 노선이었던 미국노동총연맹조차 '볼셰비키'로 낙인이 찍혔다.

산업의 생산성은 계속 팽창했으며, 특히 자동차산업은 유례없는 급성장을 했다. 자동차가 건축환경에 영향을 미치기 시작했는데, 가장 즉각적인

역사주의의 사용

루티언스가 설계한 **일차대전 전사자 기념비** (1919-1920, 런던).

스콧이 설계한 **리버풀 대성당**. 세계 최대의 고딕 양식 교회로 1903년에 착공하여 1978년에야 완공되었다.

루티언스가 설계한 기념비적인 바로크 양식의 **브리태닉 하우스**(1920-1926, 런던).

그레이엄·앤더슨·프로프스트·화이트가 설계한 **리글리 빌딩** (1921-1924, 시카고).

미웨스와 데이비스가 설계한 **리츠 호텔**의 내부에 있는 겨울 정원 (1903-1906, 런던).

라이트의 **밀러드 주택** (1923, 패서디나)는 미국 토착 디자인에 영향을 받은 것이 명확하지만 구조적으로 혁신적이었다. 라이트는 역사주의자의 범주에 속하지 않는다.

후드와 하월스가 고딕 양식으로 설계한 **「시카고 트리뷴」 사옥**(1925)은 1922년 설계경기에서 수많은 혁신적 설계안들을 제치고 당선되었다.

영향은 교외주거지가 널리 확산되었다는 것이다. 빅토리아 시대의 교외개발은 철도역 주변에 집중되었으나, 일차대전과 이차대전 사이에는 자동차의 보급으로 접근성이 향상되면서 교외주거지가 저밀도로 분산되는 양상을 보였다. 포드의 목적이 자동차를 소유할 수 있는 사회계층의 범위를 넓혀서 시장을 확대하려는 것이었듯이, 부동산 업자들은 주택소유 계층을 사회 전체 계층으로 넓히려 했다. 개발업자인 레빗(Abraham Levitt)[70]은 일차대전과 이차대전 사이에 롱아일랜드에 중간 계급 주거지를 건설하는 소규모 개발사업으로 시작했으나, 시장이 확대되고 저렴한 주택을 대량생산하는 것이 가능해지면서 개발규모와 사회계층의 대상 범위를 늘려 나갔다.

고급 주거지조차도 공공시설과 오픈 스페이스의 공급이 빈약했는데, 왜냐하면 이러한 시설들이 사회적으로는 가치있었지만 개발업자에게는 이익이 남지 않았기 때문이었다. 그러나 계획적으로 개발된 이 주거지들보다 더 불량했던 것은 무계획적인 '띠 모양의 개발(ribbon development)'로, 이들이 주간선 고속도로를 따라 산재하여 매달리기 시작하면서 교통이 혼잡해지고, 매연과 소음이 심해졌으며, 안전하지 못한 주거환경과 노동환경이 초래되었다. 1920년대에 스타인(Clarence Stein)과 헨리 라이트(Henry Wright)가 이러한 문제들에 해결책을 제시했는데, 그것은 뉴욕도시주택재단(City Housing Corporation of New York)이 뉴저지 주에 발주한 래드번(Radburn) 마을의 설계였다. 그들은 페리의 근린주구 이론을 기반으로 삼백 미터 간격의 간선도로 격자체계를 계획하고 그 안에 자족적인 주거영역들을 계획했다. 통과교통은 간선도로가 담당했고 분산교통은 쿨데삭(cul-de-sac, 막다른 길)을 통해 각 주거영역으로 들어가도록 했다. 쿨데삭들은 외곽도로에서 주거영역 속으로 일부만 들어가도록 했으므로, 주거영역의 중앙 부분을 자동차가 없는 영역으로 남겨서 녹지·놀이공간·보행통로로 구성했다. 보행통로는 간선도로 밑에서 입체적으로 분리되어 인접한 주거영역의 보행통로와 연결되었다. 모든 주택은 간선도로에 직접 면하지 않도록 배치되었으며, 마을의 어느 곳이라도 자동차 도로를 만나지 않고 걸어서 갈 수 있도록 계획되었다. 래드번의 일부만이 실제로 건설되었지만

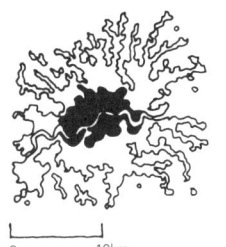

1860년대 런던과 1920년대 런던의 **교외의 성장**. 교외 철도노선과 간선도로를 따라 확장되었다.

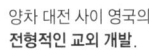

양차 대전 사이 영국의 **전형적인 교외 개발**.

교외 철도역에서 걸어갈 수 있는 거리 내에 촘촘히 배치된 주택들.

철도 이용을 전제로 개발된 전형적인 초기 교외주거지.

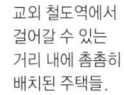

자동차 이용을 전제로 개발된 전형적인 후기 교외주거지. 주차공간을 가진 주택들이 널찍이 떨어져 배치되어 있다.

런던 '**지하철**' 포스터(1912).

개인 정원 / 가로 / 개인 정원

전형적인 교외주거지의 배치. 각 주택의 한쪽은 '공적 공간', 다른 한쪽은 '사적 공간'에 면해 있다.

뉴저지의 래드번. 스타인과 라이트의 설계로 1929년에 착공했다.

래드번 쿨데삭. 각 주택은 두 방향에서 접근이 가능하다.

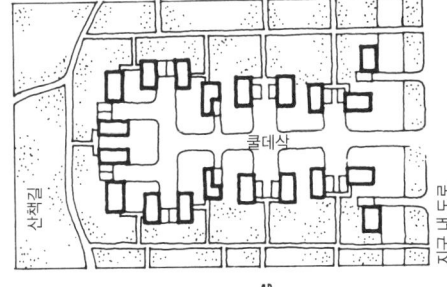

차량용 쿨데삭 / 보행자용 산책길 / 차량용 쿨데삭

전형적인 래드번 방식의 주거배치. 차량과 보행이 분리되어 있다.

교외 개발과 래드번

그것이 확립한 계획원리는 이후 모든 계획에서 주거지역 내 자동차 처리방식을 구상하는 데 출발점이 되었다.

교외주거 신드롬은 자본주의가 초래하는 일들을 예시했다. 자본주의는 자동차를 만들어냈으며, 이는 접근성을 제공하는 새로운 편리한 수단으로 대중에게 판매되었다. 이것이 이제 교외주거지를 만들어냈고 그에 따른 문제들을 초래했으며, 래드번 설계자들로 하여금 그 문제를 극복하도록 했던 것이다. 또한 구(舊)도심에도 영향을 미쳐서 광범위한 재건축 없이는 교통량을 처리할 수 없도록 만들었다. 어쨌든 자동차는 건물과 토지에 많은 자본을 투자하도록 수요를 발생시켰으며, 이제 생존을 위해서는 자동차가 없어서는 안 되는 그런 물리적 환경을 만들어냈다. 더 넓은 의미에서 자동차는 서구경제 자체에 필수불가결한 것이 되었는데, 서구경제는 이제 생산라인을 계속 가동하고 연료인 기름을 계속 소비해야만 하는 체제가 되기 시작한 것이다. 자본주의는 마치 달리는 자전거가 멈추면 쓰러지듯이 무한히 계속해야만 하는 결과를 낳기 마련이었으며, 이는 끊임없는 성장이 있어야만 가능했다. 급진적인 처방만이 이러한 악순환을 깰 수 있을 터였다.

러시아 구성주의 건축의 전개

1923년 레닌은 짧은 논문 「협동에 관하여(On Co-operation)」를 발표했는데, 이 글은 결국 사회주의의 미래를 위한 세 가지 과업을 제시한 것이었다. 첫째는 관료주의화를 경계해야 한다는 것으로서, 관료주의는 기껏해야 인민을 '대신하는' 체제를 만들어낼 뿐 인민에 '의한' 체제를 만들지 못한다는 것이다. 둘째는 농민협동체와 노동자들에 의한 산업의 통제를 발전시켜서 인민이 자신들의 삶을 통제할 수 있도록 해야 한다는 것으로서, 이것만으로도 사회주의를 성취해낼 수 있으리라는 내용이었다. 셋째는 협동적 노동이 기반을 다질 수 있는 사회적 기초를 만들어야 한다는 것, 즉 진정한 문화적 혁명을 이루어야 한다는 것이었다. 이러한 과업들의 수행이 어려우리라는 여러 불온한 징후들 중의 하나가 스탈린(Stalin)의 권력이 커져 간다는 점이었다. 그는 레닌을 민주주의에 위험한 인물로 간주하고 제거하려 했으나 실패했던 자였다. 1924년 레닌이 죽고 나자 스탈린은 급속히 자신의 개인권력을 구축했다. 그런 와중에도 몇 년 동안은 신경제정책이 추진되었으며 여전히 재건과업의 달성을 위한 요소들을 제공하는 역할을 지속했다.

1925년 모스크바와 레닌그라드에서 몇몇 구성주의 건축가들은 레프와 함께 현대건축가연맹(OSA, Union of Contemporary Architecture)이라는 또 다른 단체를 결성했다. 알렉산더 베스닌이 회장이 되었으며 회원에는 그의 동생들인 레오니드 베스닌과 빅토르 베스닌, 그리고 바르시·부로프·멜니코프·골로소프와 젊고 총명한 레오니도프(Ivan Ilich Leonidov, 1902-1959) 등이 참여했다. 긴즈부르크는 단체의 기관지인 『현대 건축(Contemporary Architecture)』의 주간이 되었으며 르 코르뷔지에가 여기에 기고했다. 현대건축가연맹은 러시아와 유럽 두 곳 모두에 구성주의 사상을 성공적으로 전파했는데, 특히 모스크바에서 개최되었던 여러 주요한 설계경기에 출품한 회원들의 설계안을 이 잡지에 발표함으로써 각별한 영향을 미쳤다. 베스닌 형제와 멜니코프·골로소프의 프라우다 사옥 설계안(1924), 베스닌 형제와 멜니코프의 아크로스(Acros) 상점 설계안(1924), 긴즈부르크와 골로소프의 섬유 회관 설계안(1925), 그리고 베스닌 형제의 국가전신국 설계안(1925) 등이 그것이었다. 리시츠키는 유럽 건축가들과의 연계를 계속했고, 특히 1924년에는 네덜란드 합리주의자인 스탐(Mart Stam)과 공동으로 진행한 '볼켄부겔(Wolkenbugel)' 프로젝트에서 도시의 가로에 캔틸레버 형태로 걸친 거대한 수평적 초고층 건물을 설계했다. 브후테마스에서의 로드첸코의 활동과 바우하우스에서의 브로이어의 활동은 궤를 같이하기 시작하여, 1925년에 두 사람은 도금한 강관틀(tubular-steel-frame) 가구의 초기 사례를 디자인했다. 러시아 영화제작자들의 작품은 서구에 큰 영향을 미쳤는데, 특히 그들이 보여준 다큐멘터리 기법이 그러했다. 미국의 공산주의자인 리드(John Reed)가 시월혁명을 생생하게 설명한 『세계를 뒤흔든 열흘(Ten Days that Shook the World)』이라는 책은 모든 매체들에서 르포르타주(reportage, 보고문학) 기법에 대한 흥미를 유발했다. 영화에서는 지가-베르토프(Dziga-Vertov)의 '키노 아이(Kino-Eye)'[71] 개념과 그의 영화 〈카메

구성주의

로드첸코가 지가-베르토프의 **키노 아이**(1925) 개념을 위해 디자인한 포스터와, 잡지 **『레프(LEF)』**를 위해 디자인한 로고타이프(1923).

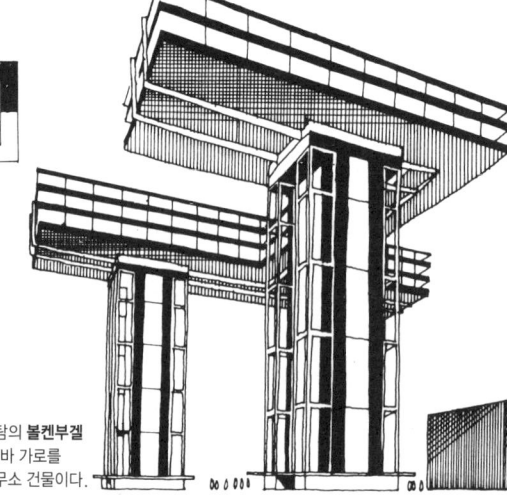

리시츠키와 스탐의 볼켄부겔 설계안. 모스크바 가로를 가로지르는 사무소 건물이다.

긴즈부르크의 모스크바 **섬유 회관** 설계경기 제출안(1925).

에이젠슈테인의 몽타주 기법. 〈전함 포템킨〉(1925)의 '오데사 계단' 장면에서는 서로 관련 없는 이미지들을 조합하여 의미심장하고 드라마틱한 영상을 만들어냈다.

레오니도프의 구성주의 걸작. 브후테마스에 몸담았던 마지막 해에 작성한 **레닌 재단**의 설계안(1927).

학생들은 즉각 그를 교수로 임명하기를 요청했다.

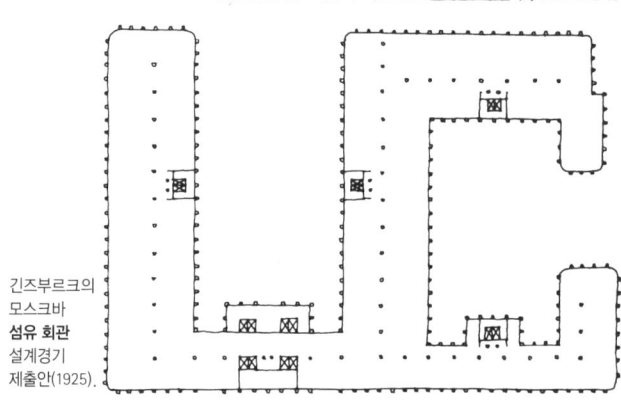

레오니도프(1902-1959).

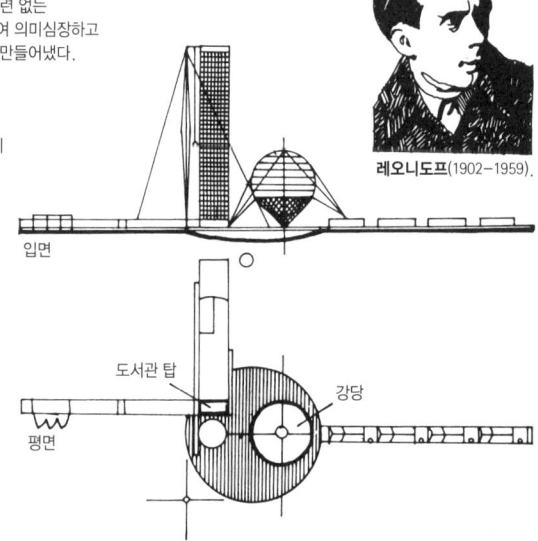

입면

도서관 탑   강당

평면

모형.

라를 든 사나이(*The Man with the Movie Camera*)〉에서 이 기법을 활용했으며, 에이젠슈테인이 실제 장소에서 아마추어 배우와 다큐멘터리 기법의 편집을 사용하여 제작한 〈전함 포템킨(*Potemkin*)〉 같은 장편영화는 당시 베를린과 할리우드 영화의 부자연스러움에 날카롭게 대비되었다.

 러시아 좌파는 그들이 거대한 재건 프로그램에 직면해 있다는 것을 명백히 알고 있었다. 긴즈부르크의 각별한 영향을 통해 현대건축가연맹은, '합리주의' 혹은 '구성주의'를 독립된 철학으로 간주하며 그 상대적인 장점에 대해 엉뚱한 주장을 펴는 건축가들, 그리고 모더니즘을 준수해야 할 하나의 '양식(style)'으로 취급하는 좀더 주변적인 디자이너들에 대해 비판적으로 되어 갔다. 과업의 심각함은 엄격한 접근태도를 요구했다. 긴즈부르크는, 근대 건축은 '양식'에 대한 모든 겉치레를 버려야 한다고 말했다. 근대 건축이란 '기능주의(functionalism)'의 문제였다. 즉 합리적인 계획과 근대적인 시공기술과 표준화의 문제, 부품의 조립과 건축과정의 산업화 문제였다. 당시 레오니도프가 보여준 기술의 가능성에 대한 상상력은 세계 어떤 건축가의 그것보다도 흥미진진했다. 그가 브후테마스에서 활동했던 마지막 해에 설계한 모스크바의 레닌 재단 설계안(1927)은 전형적인 구성주의 건물이었다. 그것은 거대한 구형 강당에 가느다란 탑상 도서관이 붙어 있으며 부대건물들이 측면에 도열해 있는 형태로 설계되었다. 그 발상의 기하학적 순수성, 다양한 요소들의 교묘한 배치, 강철 케이블의 인장력에 기초한 구조개념 등은 당대 최고로 진보된 설계였으며, 관습적인 건축사상과 극렬한 대조를 이루었다.

1925년 파리 장식미술박람회

최초의 구성주의 건물이 실제로 지어진 것은 역설적이게도 서구에서였다. 즉 1925년 파리 장식미술박람회(Paris Exposition des Arts Décoratifs)에서 멜니코프가 설계한 소비에트 전시관(Soviet Pavilion)이 그것이었다. 평벽과 커다란 유리면을 채용한 단순하고 기하학적인 설계의 이 건물은, 르 코르뷔지에가 시트로앙 주택에 기초하여 설계한 좀더 단순하고 입체주의적인

1925년 파리 박람회

멜니코프가 설계한 구성주의적 **소비에트 전시관**. 액소노메트릭(축측투상도)과 상층부의 평면.

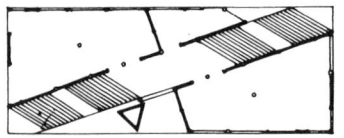

르 코르뷔지에가 설계한 순수파적인 **에스프리 누보 전시관**. 이는 사실상 하우징 설계를 위한 하나의 실험이었다.

스탈(Stael)과 베렌스가 설계한 전시관 같은 한두 개를 제외하고는, 1925년 박람회는 아르데코 양식의 **장식예술품**들로 채워졌다.

당시의 전형적인 아르데코 공예품들. 번개 무늬로 햇살을 디자인한 **파이 라디오**(Pye radio)와 투탕카멘 왕묘의 발견(1923)에 영향을 받아 고대 이집트 양식으로 디자인한 **마이어로위츠 시계**(Meyrowitz clock).

디자이너 룰만(Ruhlmann)의 작품으로, 박람회에 전시된 호사스러운 응접실.

아르데코는 곧 근대 건물에서 유행하는 양식이 되었다.

전형적인 아르데코 건물로, 윌리엄 밴 앨런이 설계한 **크라이슬러 빌딩** (1929, 뉴욕).

매터(Mather)와 위던(Weedon)이 설계한 아르데코 양식의 대형 영화관인 **오데온 극장** (런던 레스터 스퀘어).

건물인 '에스프리 누보 전시관(Pavillon de l'Esprit Nouveau)'과 더불어 박람회 건물 중 유일하게 합리주의적인 것이었다. 대부분의 다른 전시관들과 전시물들은 1920년대에 유행하던 근대적인 분위기로 디자인되었는데, 이 박람회에서는 이러한 경향을 '아르데코(Arts Deco)'라고 명명했다. 아르데코는 경제적으로 최상류층의 패션 디자이너들과 영화제작자들의 양식이었으며, 현대식의 호화로운 호텔과 정기선 노르망디호의 객실을 장식했다. 좀더 대중적인 수준에서도 아르데코는 참신한 이미지를 찾는 모든 것들—대작 영화와 교외주택에서부터 보석·시계·라디오세트에 이르기까지—의 디자인에 영향을 미쳤다. 가구에서는 부드러운 마감과 아름다운 나뭇결을 가진 마호가니나 백단목 같은 이국적 목재를 사용하는 등 수공예의 질이 매우 높은 것들이 많았다. 이 외에도 박스트가 러시아 발레단을 위해 디자인한 번쩍이는 색상과 문양, 1923년에 발굴된 투탕카멘 왕묘로 유행이 된 이집트풍, 1926년에 출간한 로렌스(D. H. Lawrence)의 『날개 달린 뱀(The Plumed Serpent)』에서 영감을 얻은 아즈텍(Aztec) 상징물 등 다양한 기원을 갖는 다양한 양식들이 출현했다.

'에스프리 누보 전시관'은 국제 심사위원회에 의해 수상작으로 선정되었지만, 이후에 수구적인 프랑스 박람회 당국의 주장으로 수상이 철회되었다. 르 코르뷔지에는 그 전시관을 통해 장식적 예술에 일격을 가하려 했던 것이 사실이었으므로, 부분적으로는 그가 이러한 반동을 야기한 당사자였다. 그러나 일반적으로 근대 건축은 점점 더 많은 반대에 부딪히고 있었고, 이러한 반대는 주로 전통적인 건축재료와 기술에 재정적인 이해관계가 얽힌 기업가들로부터 나온 것이었다. 르 코르뷔지에의 전시관과 멜니코프의 전시관이 양식적으로 닮았다는 사실, 그리고 그 건물들이 다른 전시물들과는 매우 이질적이었다는 사실로 인해 비평가들은 거리낌없이 그들을 볼셰비즘으로 몰아붙였다. 비록 르 코르뷔지에는 그러한 비평을 받을 만하지 못했지만 말이다. 어쨌든 그의 작업에는 1920년대 동안 줄곧 강한 비평이 따라다녔다. 사촌인 피에르 잔레(Pierre Jeanneret)와 함께 보르도 인근 페삭(Pessac)에서 노동자들의 가족을 위해 구상한 소규모 하우징 계획안(1925)

르 코르뷔지에의 백색 주택

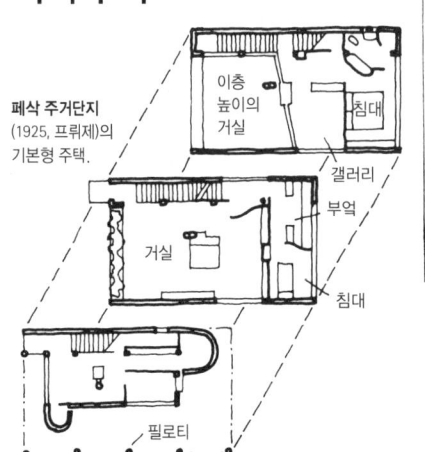

페삭 주거단지 (1925, 프뤼제)의 기본형 주택.

이층 높이의 거실 / 침대 / 갤러리 / 부엌 / 거실 / 침대 / 필로티

라 로슈 주택 (1923, 오퇴이유)의 현관 홀.

쿡 저택 (1926, 불로뉴)의 정면.

밝은 시간(Les Heures Claires), 혹은 **사보아 저택**(1929, 푸아시)의 전경.
르 코르뷔지에가 순수주의 주택을 건축하던 시기의
마지막 작품이자 최고의 걸작이다.

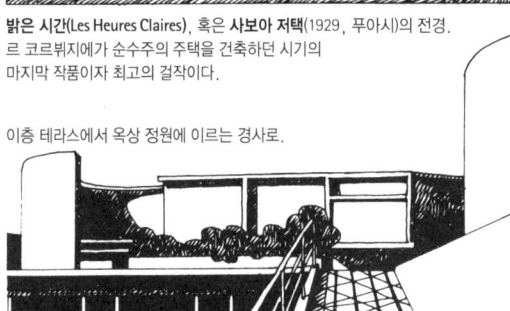

이층 테라스에서 옥상 정원에 이르는 경사로.

이층 높이의 외부 테라스가 있는 **스타인 저택**(1927, 가르슈).

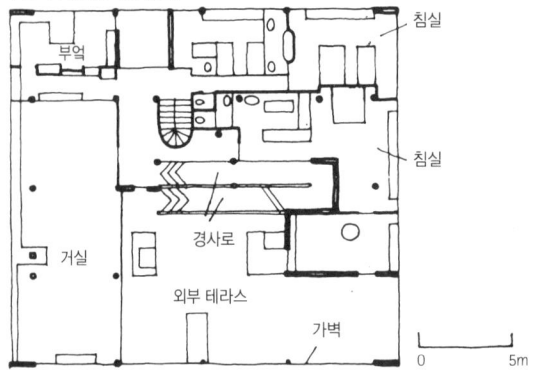

주된 거주공간인 이층 평면.

부엌 / 침실 / 침실 / 경사로 / 거실 / 외부 테라스 / 가벽

0 5m

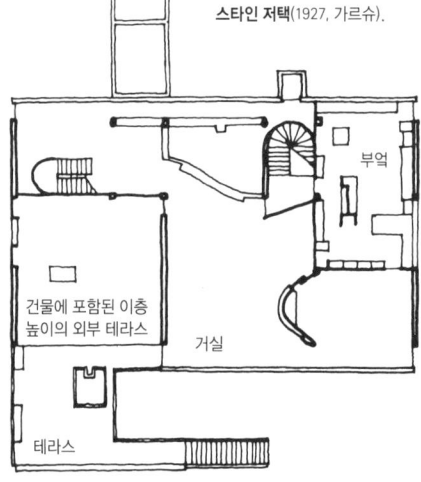

부엌 / 건물에 포함된 이층 높이의 외부 테라스 / 거실 / 테라스

데 스틸

합리적이고 인간적인 두 모습을 띤, 아우트가 설계한 **노동자 주택단지**(1924-1927, 후크 반 홀란트).

리트펠트가 설계한, 아름다운 질서로 구성된 **슈뢰더 주택** (1923-1924, 위트레흐트).

리트펠트가 설계한 **차고와 공동주택** (1927-1928, 위트레흐트).

스튜디오에서의 **몬드리안**.

바위스가 설계한 **폴하딩 협동상점**(1928, 헤이그).

아우트가 설계한 **위니에 카페** (1924-1925, 로테르담).

은 그 지역의 거센 반대에 부딪혔다. 또한 그의 1920년대 삼대 주요작품인 불로뉴(Boulogne)에 있는 쿡 저택(Maison Cook, 1926), 가르슈(Garches)에 있는 스타인 저택(Maison Stein, 1927), 푸아시(Poissy)에 있는 사보아 저택(Villa Savoye, 1929) 역시 전통적인 가치를 훼손한다는 비난을 받았다. 이들 주택은 근대 건축이 제공할 수 있는 온갖 공간적 호사스러움으로 르 코르뷔지에의 부르주아 고객들을 즐겁게 해준 우아한 주택들이었음에도 말이다.

네덜란드의 데 스틸과 영국의 합리주의

네덜란드에서는 1920년대 내내 암스테르담 학파가 활동을 계속했지만, 로테르담에서는 데 스틸이라 불리는 소규모 합리주의자 그룹이 국제적인 중요성을 얻어 가고 있었다. 이들의 가장 중요한 작품은 위트레흐트(Utrecht) 교외에 리트펠트가 설계한 소규모 주택인 슈뢰더 주택(Schroeder house, 1923-1924)으로, 이는 근대 건축의 온갖 형태적 가능성을 요약한 듯했다. 슈뢰더 주택은 몬드리안의 회화를 삼차원으로 투영한 듯, 벽과 바닥, 칸막이 벽, 창문이 마치 단순한 평판들처럼 다루어졌다. 신조형주의적 색채를 칠한 불투명한 판들과 투명한 판들이 서로 겹치고 직각으로 맞물리면서 내부공간들이 상호 관입했고, 캐노피나 발코니를 통해 바깥의 거리로 확장되었다. 로테르담에 아우트(Oud)가 설계한 위니에 카페(Café de Unie, 1924-1925)의 입면 역시 추상회화에서 영향을 받았다. 그러나 아우트가 후크 반 홀란트(Hoek van Holland)에 설계한 노동자 주택단지(1924-1927)는 추상적 형태뿐 아니라 기능을 중시하며 구상된 것이었다.

1920년대 중엽에는 기업가인 바셋 로크(Basset-Lowke)를 건축주로 하여 노샘프턴에 베렌스가 설계한 단순한 입체파적 주택인 뉴 웨이즈(New Ways)를 통해 합리주의가 영국에 진출하게 되었다. 이 주택은 1926년에 건축되었는데, 이 해는 영국의 경제가 어려웠던 시기로 정부와 기업은 노동자의 생활수준을 저하시킴으로써 재정적인 위기를 해결하려 했던 때였다. 노동세력은 영국 역사상 최초의 총파업으로 맞섰다. 영국의 경제는 붕괴되었고 생산은 저하되었다. 임금과 공공지출 삭감이라는 영국 정부의 정책은 서구 자본주의가 전반적으로 겪고 있었던 위기의 심각성에 대해 이해가 부족했음을 드러낸 것이었다.

이탈리아 파시즘과 그루포 세테

이탈리아에서는 로코(Rocco)와 젠틸레(Gentile)가 퍼뜨린 파시즘(fasciam) 이데올로기가 1922년에 권력을 장악한 무솔리니에 의해 채택되었다. 파시즘은 법과 도덕에서 국가의 절대지배권을 주장했고, 국가의 의지를 그 지도자의 의지와 동일시했다. 그리고 사회안정과 민족적 원리를 성취하기 위해서는 국가를 중앙집권적으로 조직해야 한다고 주장했다. 공공사업들도 갑자기 중요해졌는데, 이는 고용창출을 위해서였고 국가의 이데올로기를 표현하기 위해서이기도 했다. 무솔리니는 개인적으로 신고전주의적이고 기념비적인 것을 선호했다. 로마를 관통하는 행렬용 도로를 만들거나 파시스트 젊은이들의 건강과 체육활동을 위해 운동경기장을 건축하는 따위의 그의 구상에 전통적 건축가들이 즉각적으로 호응했는데, 이 중 중요한 인물이 로마의 피아첸티니(Piacentini)와 델 데비오(Del Debbio)였으며, 밀라노의 '900'이라고 알려진 그룹 역시 한몫을 담당했다.

그러나 마테 트루코의 피아트 공장 설계가 이탈리아에 합리주의를 도입한 이래 또 하나의 흐름이 이루어지고 있었다. 1926년에 밀라노와 코모(Como)를 기반으로 한 합리주의 건축가들의 협회인 그루포 세테(Gruppo Sette, Group Seven)가 결성되었는데, 여기에서 가장 중요한 인물은 피기니(Luigi Figini, 1903-1984)와 폴리니(Gino Pollini, 1903-1991), 그리고 테라니(Giuseppe Terragni, 1904-1942)였다. 이 단체는 바로크 전통의 풍요로운 조형성과 20세기의 기술을 결합하려는 건축운동인 이탈리아 노베첸토(Novecento)의 개념에 집착했다. 설립 선언문에서 그들은 미래파의 '공허한 파괴적 분노'를 공격하면서 대신에 '명석하고 현명한' 건축, '전통이 스스로를 변화시켜 새로운 면모를 갖도록 하는, 소수 사람들만이 그것을 인지할 수 있는' 그런 건축을 제안했다. 그들의 영감은 소비에트 구성주의와 르 코르뷔지에의 『건축을 향하여』 등의 다양한 원천에서 나왔지만, 그

이탈리아 파시즘

"세상에서 유일하게 번영을 가져다주는 전쟁, 우리는 전쟁을 위한 군국주의와 애국주의를 찬양하고자 한다. …제거해 버릴 수 있는 이 아름다운 사상들을…"

마리네티(Marinetti) 그리고 그가 1909년에 발표한 **미래주의 창립 선언서**의 한 구절.

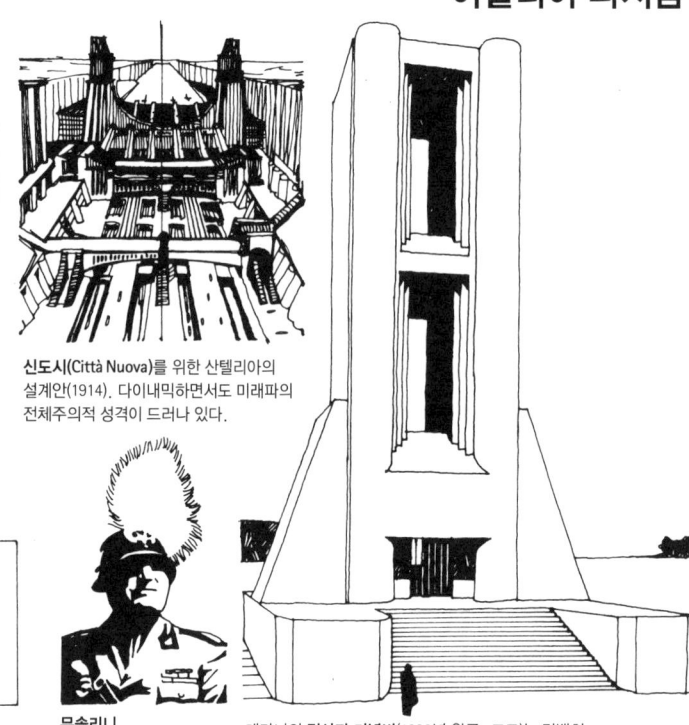

신도시(Città Nuova)를 위한 산텔리아의 설계안(1914). 다이내믹하면서도 미래파의 전체주의적 성격이 드러나 있다.

테라니가 설계한 아름다운 **파시스트의 집**(1932-1936, 코모).

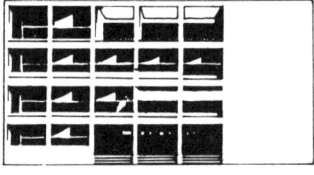

무솔리니.

테라니의 **전사자 기념비**(1930년 완공, 코모)는 명백히 산텔리아의 영향을 받았다.

테라니의 첫번째 주요 작품인 **노보코뭄 아파트**(1928, 코모).

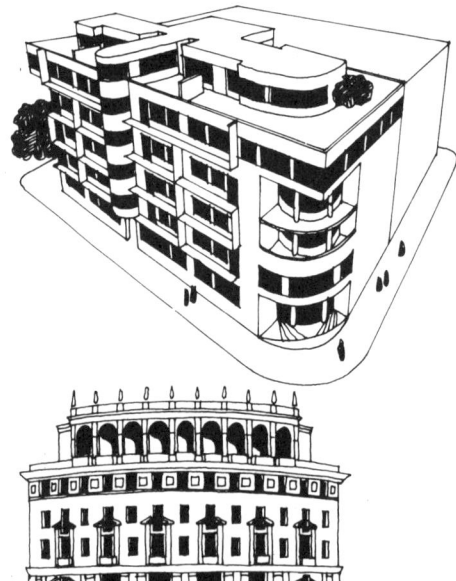

무솔리니는 1942년에 **로마 국제전시회**(EUR, Esposizione Universale di Roma)를 개최하여 파시스트의 업적을 세계에 알리고, 로마를 오스티아(Ostia)와 해안 방향으로 확장하는 기초를 다지려 했다. 로시(Rossi)·피아첸티니·비에티(Vieti)·파가노(Pagano)가 계획안을 만들었는데, 그 일부만 건설되었다.

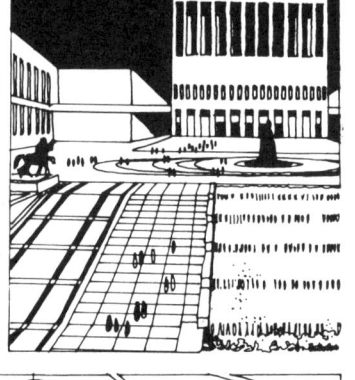

피아첸티니가 설계한 로마의 **암바치아토리 호텔**(Albergo degl'Ambasciatori)에서 무솔리니의 공식적인 아카데미즘을 엿볼 수 있다.

들의 개인적 이상은 파시즘에 더욱 가까웠다. 선전 목적으로 공식적인 건축가들을 선정하고 특정 양식을 공식적으로 채택하는 일을 둘러싸고 논쟁과 음모가 벌어지는 속에서, 그루포 세테는 정부로부터 몇몇 일을 따내는 데에 성공했다. 테라니가 최초로 설계한 건물은 코모에 지은 노보코뭄 아파트(Novocomum, 1928)였는데, 이는 입방체와 원통형, 채움과 비움을 풍요롭게 구성한 것으로서, 한 해 전에 모스크바에 건축된, 골로소프가 설계한 노동자 클럽과 매우 흡사했다.

독일 나치즘

독일에서도 파시즘의 힘이 커 가고 있었다. 실패로 끝났던 1923년 맥주홀 사건(Bierkeller Putsch)[72]은 나치 방식의 맛보기였을 뿐이었다. 그들의 이데올로기는 1925년 히틀러가 쓴 『나의 투쟁(*Mein Kampf*)』 첫번째 권의 발간과 함께 전개되었는데, 이는 인종적 난센스와 정치적 통찰력이 묘하게 혼합되어 있었다. 이 책에서 밝힌 그들의 목적은 '아리안(Aryan)' 인종의 우월성, 그 최상의 표본인 독일 민중에 바탕을 둔 체제를 만들어내는 것이었다. 그 방법은 히틀러 총통의 힘을 통해 독일 민족이 발전해 나갈 수 있는 국민생활권(Lebensraum)과 그들이 지배할 수 있는 제국을 제공함으로써 이 우월한 인종이 최고임을 역설한다는 내용이었다. 기독교인·공산주의자·러시아인·슬라브인 그리고 특히 유태인이 이러한 계획을 방해하므로 제거해야 할 대상으로 간주했다. 같은 해 나치즘의 성공을 향한 의미있는 진전이 이루어졌는데, 에베르트의 대통령 임기가 끝나고 보수주의자인 힌덴부르크(Hindenburg)가 그 자리에 앉은 것이었다. 그는 융커(Junker)[73] 시대로의 복귀를 지향하는 우익 편향 정치를 펼치며 히틀러가 합법적으로 권력을 떠안을 수 있는 여건을 조성하는 데 일조했다. 우익이 조장하는 볼셰비즘에 대한 공포가 컸던 탓에 부르주아 계급도 히틀러의 지지세력이 되었다. 히틀러가 자신들에게 그토록 명백히 제시하던 것을 애써 인식하지 않으려 하면서 말이다. 정치가 공산주의와 나치즘으로 양극화하면서 중간 입장을 취하기가 곤란해졌다. 좌익 저항예술은 새로운 최전선을 개척했는데, 대표적인 것들이 그로스(Georg Grosz)의 풍자화, 하트필드(John Heartfield)의 신랄한 포토 몽타주, 그리고 브레히트와 바일(Weill)이 만든 일련의 걸작 오페라인 「서푼짜리 오페라(Dreigroschenoper)」(1928), 「작은 마하고니(Kleine Mahagonny)」(1927), 「베를린 진혼곡(Berliner Requiem)」(1928) 등이었다. 이 모든 것에 반대하면서 인종적으로 순수한 예술에 대한 이론들, 한편으로는 영웅적이고 기념비적인 것에 대해 찬양하며 다른 한편으로는 키치(Kitsch)와 민속예술에 대해 찬양하는 예술이론들이 전개되었는데, 이를 담당했던 것은 나치의 미학이론가인 나움베르크(Paul Schultz-Naumberg)와 그들의 선전지인 『민족의 관찰자(*Volkscher Beobachter*)』였다.

신즉물주의

바이마르 공화국과 공화국의 주요 지지자였던 온건 노선의 사회민주당(SPD), 그리고 바우하우스의 합리주의 건축가들의 지향점은 좌익 저항예술과 나치즘 예술이라는 이 양극단의 중간에 있었다. 그들은 혁명 없는 사회 진보(social-progress-without-revolution)를 가장 바람직한 것으로 여기고 이를 성취하기 위해 모든 노력을 기울였다. 베를린과 첼레(Celle)에서의 정부 출자 주거단지 계획들, 그리고 특히 시 건축가 에른스트 메이(Ernst May, 1886-1970)의 지도 아래 있었던 프랑크푸르트에서의 계획들은 노동자 계급에게 합리적인 주거 조건을 제공함으로써 당시 극명했던 사회문제들을 해결하고자 했다. 근대건축국제회의(CIAM, Congrès Internationaux d'Architecture Moderne)의 결성과 스위스 라 사라(La Sarraz)에서의 모임(1928), 그리고 프랑크푸르트 모임(1929)은 건축의 국제주의를, 그리고 그 국제주의 건축이 편협한 정치적 태도를 초월하여 사회적 진보에 대한 관심을 갖고 있음을 천명하고자 했다. 1927년 미스 반 데어 로에가 슈투트가르트 바이센호프(Weissenhof)에서 조직한 공작연맹의 전시회는 대중에게 근대 건축의 실체를 보여주려는 진지한 시도였다. 작은 공원 부지에 모아놓은 여러 채의 공동주택들은 드물게 함께 모인 일군의 재능있는 건축가들이 설계한 것들로서, 여기에는 베렌스, 푈치히, 막스 타우트, 브루노 타우트, 아우트, 스탐, 미스 반 데어 로에, 그로피우스, 르 코르뷔지에 등의 작품이 포함되어 있었다. 당시 이들 중 여럿이 표현주의적 태도를 보이고 있었지만 바이센호프에서는 표현주의를 찾아볼 수 없었다. 멘델존조차 그가 쇼켄(Schocken) 회사를 위해 슈투트가르트에 설계한 백화점(1927)과 켐니츠 백화점(Chemnitz, 1928)에서 단순한 형태와 풍부한 디테일을 결합하여 보여주었던 만큼 합리주의에 근접한 설계를 했다. 신즉물주의(neue sachlichkeit)[74]는 원래 당시 기록영화 기법과 관련해 만들어진 용어였는데, 건축에서도 역시 이 새로운 객관성의 교리가 특징인 듯했다.

데사우 바우하우스와 합리주의

1924년 바이마르 바우하우스는 보수적인 시 당국과 지방 당국의 달갑지 않은 주목을 끌게 되었다. 작품의 공산주의적 경향을 용인할 수 없다는 것이 주된 이유였는데, 이로 인해 1924년말에는 학교 문을 닫는 지경에 이르렀다. 좀더 진보적인 몇몇 시 당국에서 학교를 유치하기 위해 그로피우스에게 접근했고, 결국 데사우(Dessau)로 학교를 옮기는 결정을 내렸다. 여기에서 그로피우스는 바우하우스의 철학을 표현할 새로운 교사(校舍)를 설계하는 흔치 않은 기회를 얻었는데, 이것이 바로 근대 운동에서 중요한 건물 중 하나인 데사우 바우하우스(1925-1926)였다. 그로피우스는 작업장과 디자인 교육관, 학생숙소 등 세 건물을 세심하지만 자유로운 방식으로 배치하면서 논리적인 연결관계를 갖는 다양한 공간들을 계획했고, 내부공간들의 기능에 적합한 형태로 유리 면과 콘크리트 면을 구사하면서 입면을 구성했다. 그로피우스의 사고는 그가 일찍이 알펠트와 쾰른에서 합리주의를 시도한 이래로 크게 진전해 나갔다. 건물의 거의 모든 부분이 러시아 구성주의의 영향을 받은 것은 사실이지만, 동서양을 통틀어 근대 합리주의 건축에서 최초로 중요한 사례를 실제로 건축하는 업적을 이루었다는 점 또한 사실이다. 바우하우스의 교과과정도 재편되었다. 이텐이 만든 기초과정은 모홀리-나기와 요제프 알버스(Josef Albers)가 이어받았는데, 그들은 수공예성에서 기계생산으로 주안점을 바꾸었다. 바우하우스에서 교육받은

신즉물주의

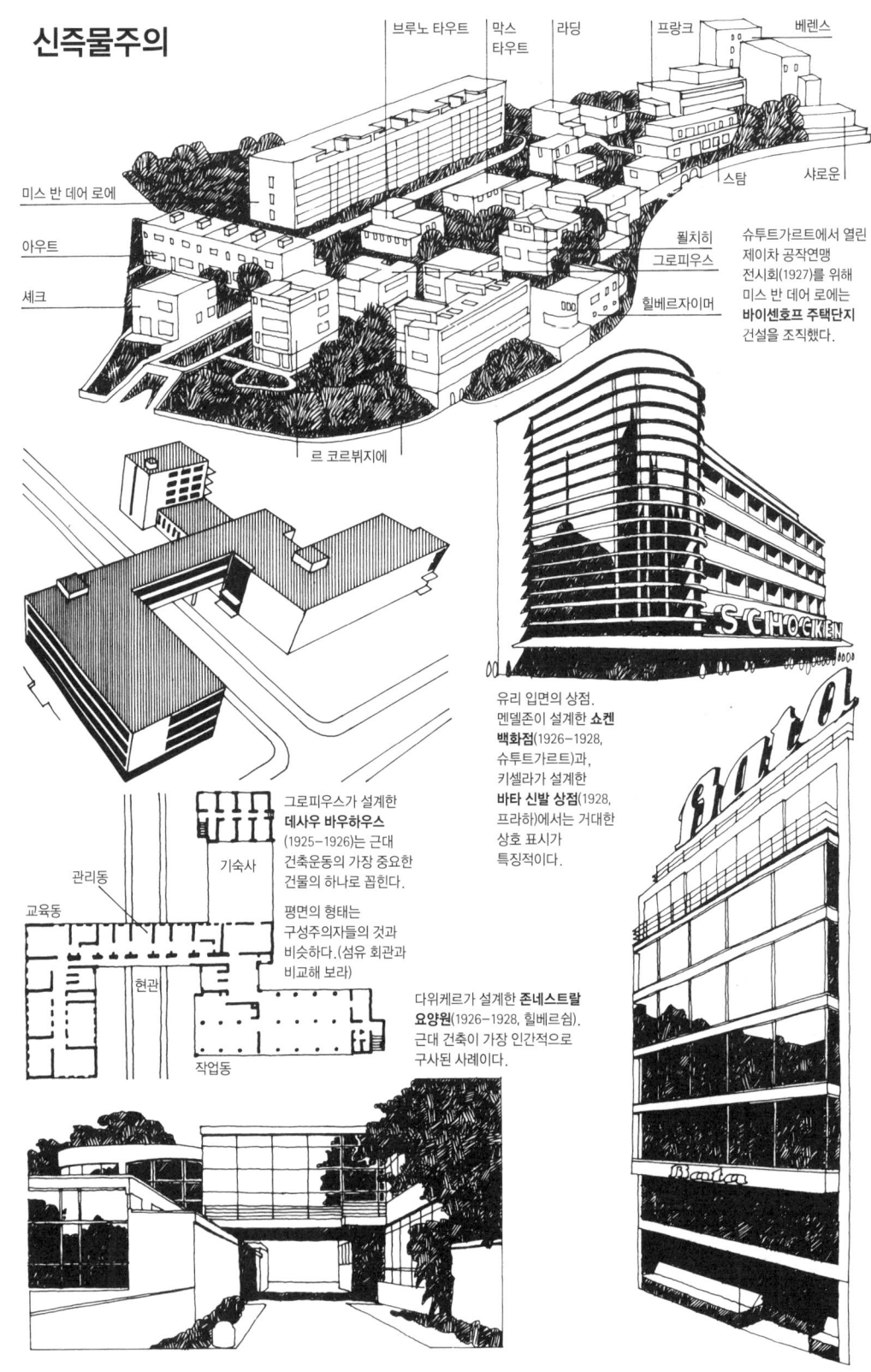

브루노 타우트 / 막스 타우트 / 라딩 / 프랑크 / 베렌스 / 미스 반 데어 로에 / 아우트 / 셰크 / 스탐 / 샤로운 / 푈치히 / 그로피우스 / 힐베르자이머 / 르 코르뷔지에

슈투트가르트에서 열린 제이차 공작연맹 전시회(1927)를 위해 미스 반 데어 로에는 **바이센호프 주택단지** 건설을 조직했다.

유리 입면의 상점. 멘델존이 설계한 **쇼켄 백화점**(1926–1928, 슈투트가르트)과, 키셀라가 설계한 **바타 신발 상점**(1928, 프라하)에서는 거대한 상호 표시가 특징적이다.

그로피우스가 설계한 **데사우 바우하우스** (1925–1926)는 근대 건축운동의 가장 중요한 건물의 하나로 꼽힌다.

평면의 형태는 구성주의자들의 것과 비슷하다.(섬유 회관과 비교해 보라)

관리동 / 기숙사 / 교육동 / 현관 / 작업동

다워케르가 설계한 **존네스트랄 요양원**(1926–1928, 힐베르쉼). 근대 건축이 가장 인간적으로 구사된 사례이다.

브후테마스와 바우하우스

1920년대와 1930년대의 러시아와 독일의 교류.

선전을 위한 디자인.
간(Alexis Gan)이 디자인한 정치선전 광고탑(1923)과 바이어가 디자인한 치약 광고(1924).

대량생산을 위한 도자기 디자인.
린디그(Lindig)가 디자인한 바우하우스 커피용품(1922–1925)과 말레비치가 로모노소프(Lomonosov) 공장에서의 생산을 위해 디자인한 컵(1923).

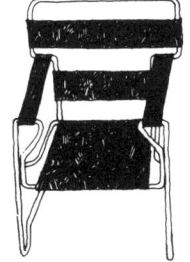
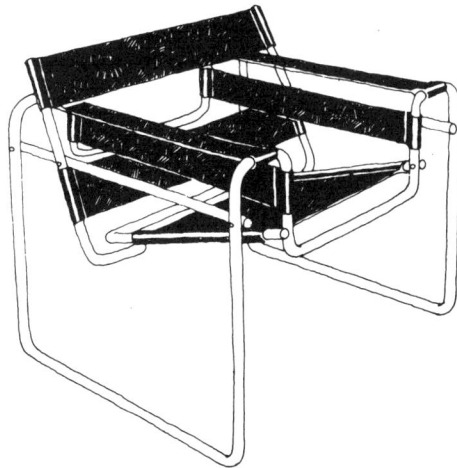

가죽과 강철 파이프로 만든 의자.
로드첸코의 지휘로 디자인된 의자와 브로이어가 디자인한 '바실리(Wassily)' 의자.

캔틸레버 의자.
타틀린이 디자인한 캔틸레버 의자의 원형(1927)과 미스 반 데어 로에가 디자인한 'MR' 캔틸레버 의자(1926).

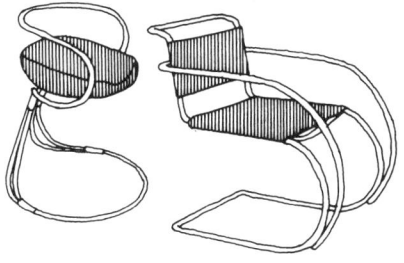

활자체 예술.
리시츠키가 디자인한 『브후테마스 연감』의 표지(1927)와 바이어가 디자인한 '유니버설' 활자체(1925).

학생들 중 활자 디자이너인 바이어(Herbert Bayer)와 가구 디자이너인 브로이어(Marcel Breuer) 등이 교육에 참가하여, 그들이 익혔던 바우하우스 양식을 발전시키는 데 기여했다. 1927년 그로피우스가 스위스 건축가 한네스 마이어(Hannes Meyer, 1889-1954)를 건축과정의 새로운 주임 교수로 임명하면서, 바우하우스 양식을 둘러싸고 학교 내부에서 의견충돌이 일어났다. 공산주의자였던 마이어는 문제해결에 대해 과학적 입장을 취했다. 그는 바우하우스가 비과학적이고 너무 형태주의적이고 내향적이어서 사회와 연관성이 부족하다고 생각했다. 사실 그로피우스가 그를 최고 책임자 자리에 임명한 것도 학교 작품의 과학적 측면을 강화하려는 취지에서였다.

바우하우스의 영향 속에서 합리주의는 입지를 다져 나갔다. 다위케르(Johannes Duiker, 1890-1935)는 힐베르쉼(Hilversum)에 지은 존네스트랄 요양원(Zonnestraal sanatorium, 1926-1928)을 통해 중요한 근대 건축가로 등장했으며, 데 스틸의 구성주의는 위트레흐트에 리트펠트가 설계한 차고와 공동주택(1927-1928)으로, 그리고 헤이그에 바위스(A. W. E. Buys)가 설계한 폴하딩 협동상점(De Volharding co-operative store, 1927-1928) 등으로 전개되었다. 상점 건축은 근대적 재료인 유리를 창조적인 방식으로 사용할 수 있는 특별한 기회를 제공했는데, 멘델존이 설계한 상점들이나 프라하에 키셀라(Ludvík Kysela)가 설계한 바타 상점(Bata store, 1928)과 상업주택(1928) 등에서 이를 발견할 수 있다.

스탈린 치하의 러시아 구성주의

레닌 사후에는 트로츠키와 스탈린이 지도자 위치를 두고 경합했다. 트로츠키는 지역적 민주주의와 국제 사회주의의 '영구 혁명' 노선을 강화하고자 했으며, 스탈린은 관료제와 '일국(一國) 사회주의'의 중앙집중화를 강화할 것을 주장했다. 1929년 트로츠키의 추방은 혁명적 러시아가 끝났음을, 사회주의가 이름만 남은 채 끝났음을 알렸다. 스탈린은 제일차 오개년 계획(1928-1932)을 시작하면서 신경제정책을 중단했다. 스탈린의 계획은 국가의 지하자원 이용과 낙후 지역의 활성화, 그리고 여러 산업들의 조화를 목표로 한 대규모 개발 프로그램이었다. 이것의 기초를 이루는 것이 집단 농장이었는데, 이는 국가가 소유하고 국가가 정한 협약에 의해 운영되었다. 이 체제를 위해서는 농민들의 농토를 몰수하고 부농 계층이라는 계급 자체를 없애 버려야 했다. 또한 여전히 마르크스와 레닌의 사상을 간직하고 있던 혁명당원들인 '구(舊)볼셰비키' 당을 제거하고 대신에 전문적인 관료들, 스탈린에게 충성을 맹세하고 그가 완전히 통제 가능한 관료들로 대체하는 것이 필요했다.

현대건축가연맹은 모든 건축가 단체들이 합병하여 공동 과업에 결집할 것을 제안했지만 목적과 방법에 대한 이견들로 인해 합병에 이르지 못했다. 이러한 의견 대립은 1929년 포프라[VOPRA, 전(全)러시아 프롤레타리아 건축가연맹]의 성립으로 증폭되었는데, 그들은 구성주의자들이 너무 좌익적이고 기술과 실험에 경도되어서 '프롤레타리아적'이지 못하다고 공격했다. 오개년 계획 기간 동안에도 실험적인 건축이 계속되긴 했지만 그들의 시대는 끝나 가고 있었다. 레오니도프는 모스크바 센트로소유스(Centrosoyus, 조합) 설계경기에 응모하는 등 뛰어났지만 실현되지 못한 설계들을 계속했다. 이 설계경기의 당선작은 르 코르뷔지에의 설계안으로서, 우아하고 구성주의적인 그의 설계안은 모스크바 건축가에 의해 실현되었다. 건설은 1929년부터 1934년에 걸쳐 이루어졌는데, 이렇게 오랜 기간이 걸렸던 것은, 르 코르뷔지에가 비꼬아서 술회했듯이 "오개년 계획의 달성으로 야기된 재료의 부족" 때문이었다. 멜니코프는 모스크바에 루사코프 클럽(Russakov Club, 1928-1929)과 자신의 집(1929)을 건축했다. 바르시와 시나프스키(Sinavsky)는 천문관(1929)을 건축했고, 바르힌(Barkhin)이 설계한 이즈베스티아 빌딩(Izbestia Building, 1927)과 골로소프의 프라우다 사옥(1930-1934)도 건축되었다. 그러고 나서 1930년에 브후테마스는 폐쇄되었다. 같은 해, 붉은 광장에는 레닌 영묘가 건설되었다. 레닌이 경계했던 개인숭배가 스탈린에 의해 레닌 자신에게 바쳐지는 일이 벌어졌던 것이다. 육중하고 기념비적이며 공허한 신고주의적인 슈세프의 설계는 이제부터 다가올 건축의 향방을 알렸다.

개발 프로그램으로 인해 건축가들은 갑작스럽게 대규모 건축을 구상하는 일에 매달리게 되었다. 광산, 공장, 가공설비 공장, 발전소뿐 아니라 황무지에 새로운 거주지를 조성하는 일까지 맡았다. 예전에 그랬듯이 시급한 과업과 실험의 기회가 결합되면서 생기 넘치는 결과들을 생산했다. 도시이론이 서구와는 비교할 수 없는 속도로, 그리고 자신감에 차서 전개되었다. 유럽과 미국이 혼란 속에서 방향감을 상실하고 있었고, 서구에서 경제적 달성목표라는 개념이 거의 알려져 있지 않았던 당시에 러시아의 계획경제는, 물리적 계획의 접근을 발전시킬 기회와 필요성을 모두 제공했다.

러시아의 도시계획 이론

러시아의 도시계획은 여러 가지 뚜렷한 특징들이 있었다. 첫째는 성장과 변화를 강조한 점으로, 이는 서구에서 출현했지만 적어도 불경기 동안은 아직 실제 계획에서 중요한 요소로 다루어지지 못하고 있던 개념이었다. 1912년 엔지니어이자 계획가인 세메노프(Vladimir Semenov, 1874-1960)는 『도시 복지 계획(*The Welfare Planning of Towns*)』을 발표했는데, 그것은 성장과 변화의 개념을 새로운 도시와 기존의 도시라는 각각의 관점에서 검토한 내용을 담고 있었다. 당시에는 이 개념이 주목을 받지 못했지만 혁명 이후에 밀류틴(Nikolai Miliutin, 1889-1942)이 이를 발전시키면서 소비에트 도시계획 이론의 본체가 되었다. 밀류틴은 긴즈부르크의 동료이자 친구이며, 그의 영향 아래 『소츠고로드(*Sotsgorod*)』(1933)[75]와 『소련 건축이론의 본질적 문제들(*Essential Questions of Theory in Soviet Architecture*)』(1933)을 저술한 인물이다. '사회주의 도시 건설의 문제'라는 부제가 달린 『소츠고로드』에서 밀류틴은 성장을 위한 계획에 관한 개념, 특히 선형 도시로 유명한 그의 이론을 제시했다. 소리아 이 마타의 선형 도시는 팽창이 가능하긴 했지만 토지이용을 구분하는 개념은 포함하지 않았고, 가르니에와 르 코르뷔지에의 도시는 토지이용의 구분을 포함하고 있지만 팽창의 문제를 충분히 다루지 않았다. 밀류틴은 이 두 가지 개념을 하나의 계획에 단순하고도 효과적으로 결합했다. 그는 수백 미터의 폭에 끝없는 길이로 된 끈 모양의 개

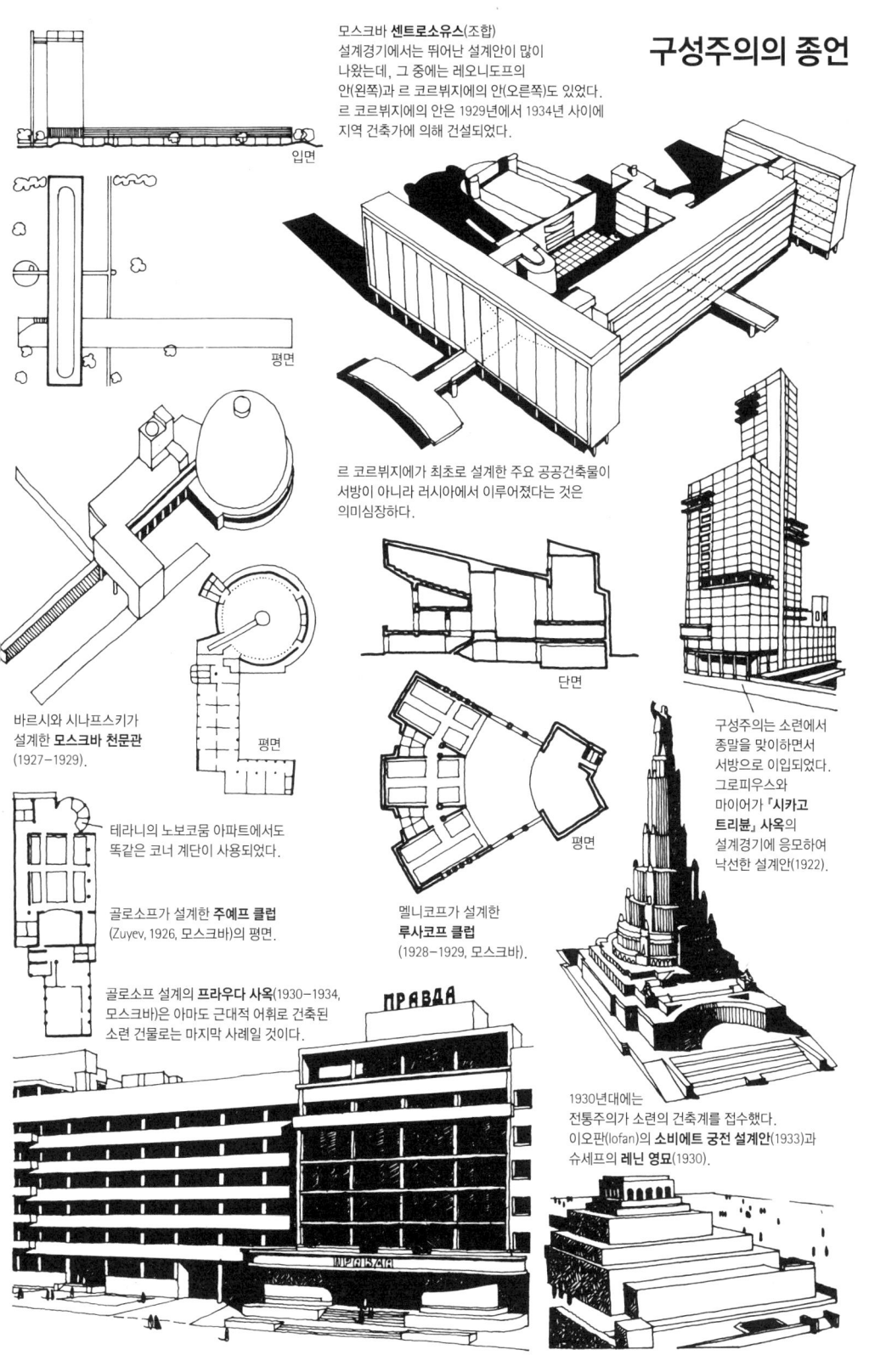

발지에 여섯 가지 용도를 가진 지역을 제안했다. 첫째는 철도지역이고, 둘째는 공장·작업장·상점·연구개발기관을 수용하는 지역, 셋째는 도시의 축을 따라 달리는 주간선 고속도로가 통과하는 녹지지역, 넷째는 공공건물과 지방자치 행정청, 병원·유아원·보육원을 갖춘 주거지역, 다섯째는 공원과 운동시설, 그리고 여가와 교통을 위해 호수와 강을 끼고 있는 여가지역, 마지막으로 여섯째는 과수원과 경작지·낙농장이 있는 농업지역이었다. 선형 계획원리는 마그니토고르스크(Magnitogorsk)와 스탈린그라드 그리고 다른 몇몇 새로운 정주지들에서 전개되었다. 그러나 기존의 도시, 특히 1917년에 백칠십만 명에서 1935년에 삼백칠십만 명으로 인구가 증가한 모스크바와 같이 이미 엄청난 인구를 가지고 있던 도시에서는 다른 접근이 필요했다. 1931년에는 기존에 있던 대도시의 성장을 제한하는 결정을 내렸으며, 1935년 세메노프가 수립한 모스크바 기본계획은 '그린벨트'를 두어 도시의 팽창을 막는 대신에 위성도시 스푸트니키(sputniki)로 이를 흡수하는 방식을 세계 최초로 제안했다.

    소비에트 도시계획의 두번째 특징은 도시지역과 농촌지역의 관계에 대한 배려이다. 이는 일찍이 1846년에 마르크스와 엥겔스가 『독일 이데올로기』에서 '도시와 시골의 적대관계'를 지적하면서 제기했던 쟁점이었다. 마르크스와 엥겔스는 "이것이 주민을 크게 두 계급으로 분리시키며", "이는 사유재산 제도로 인해 생겨나는 적대관계이다. 이것은 각 개인들이 노동 분업에 예속되어 있다는 사실, 그들에게 강요되는 어떤 한정적 활동에 예속되어 있다는 사실을 가장 잘 표현해 준다. 이 예속으로 인해 한 사람은 도시동물(town-animal)로 갇혀 지내고, 다른 사람은 농촌동물(country-animal)로 갇혀 지내게 되며, 그들간의 이해관계를 놓고 매일 새로운 갈등이 벌어진다"고 서술했다. 이데올로기적으로 대안을 제시하는 일은 중요해졌다. 두 가지 주요한 서구식의 접근방법은 거부되었다. 그 중 하나는 도시의 착취효과를 강화하여 도시와 시골 간의 긴장을 증가시키는 '집중' 정책이고, 다른 하나는 전원도시라는 현실 도피적이고 자유로운 유토피아를 제안하면서 절망적인 도시와 착취당하는 시골이라는 이중 문제를 미해결 상태로 남겨

두는 '분산' 정책이다. 밀류틴의 제안은 마르크스와 엥겔스를 좇으면서, '산업화한 시골' 개념에 입각하여 일종의 인구 확산을 지향하며 노력하자는 것이었다. 이는 시골의 전반적인 경제구조를 점진적으로 변환시켜서, 궁극적으로는 시대에 뒤처진 자본가처럼 도시가 소멸되도록 한다는 오개년 계획의 목표에 부합했다. 레오니도프의 마그니토고르스크 계획안이나 밀류틴의 스탈린그라드 트랙터 공장 계획안은 산업생산과 농업생산 사이의 긴밀한 통합을 의도한 사례들이었다.

세번째 특징은, 아마도 이것이 가장 중요한 것일 텐데, 사회주의 이데올로기가 그리는 완전히 새로운 사회적 관계로서, 이는 공동생활과 노동을 건축의 출발점으로 삼았다. 주거의 기본단위는 '거주단위(living-cell)'로서, 이는 잠을 자고 사적 소유물들을 보관하는 곳이다. 음식점·세탁소·육아시설·회관·도서관·수선소·운동시설 등, 효율성과 사회적 상호작용을 위해 집단화한 온갖 서비스들이 이것을 지지한다. 공동생활은 여성을 가사노동으로부터 해방시켜 줄 것이고 어린이들의 건강과 교육에 특별히 신경을 쓸 것이다. 일찍이 1924년에 베스닌은 공동생활을 위한 주택들을 설계한 바 있으며 마그니토고르스크에서 바르시 등(1929)이, 스탈린그라드에서 세메노프(1929)가 비슷한 주거설계를 실험한 바 있었다. 그러나 진정한 원형은 긴즈부르크가 모스크바에 정부 노동자 주거로 설계한 나르콤핀(Narkomfin) 공동주택(1928)인데, 긴 판상 장방형 블록의 단순한 입면은 그 안에 반복적으로 자리잡은 거주단위들을 표현했다. 단순하고 꾸밈없는 미학은 그로피우스가 데사우 바우하우스에서 보여준 것이었다. 소련과 서구 사이에는 많은 사상의 교환이 이루어졌다. 르 코르뷔지에가 긴즈부르크와 맺은 친분과 그의 센트로소유스 건물이 미친 영향이 그러했고, 브로이어, 한네스 마이어, 브루노 타우트가 러시아를 방문한 점이나 에른스트 메이와 스탐이 프랑크푸르트에서의 경험을 살려 마그니토고르스크에서 한 작업에서 이러한 사상의 교환을 엿볼 수 있다. 심지어 전형적인 자본가인 헨리 포드의 생산라인 원리조차 소비에트 산업에 영향을 미쳤다. 그러나 그렇다고 해서 그들의 건축적 의도가 같으리라고 생각한다면 잘못일 것

소비에트 도시계획의 원리

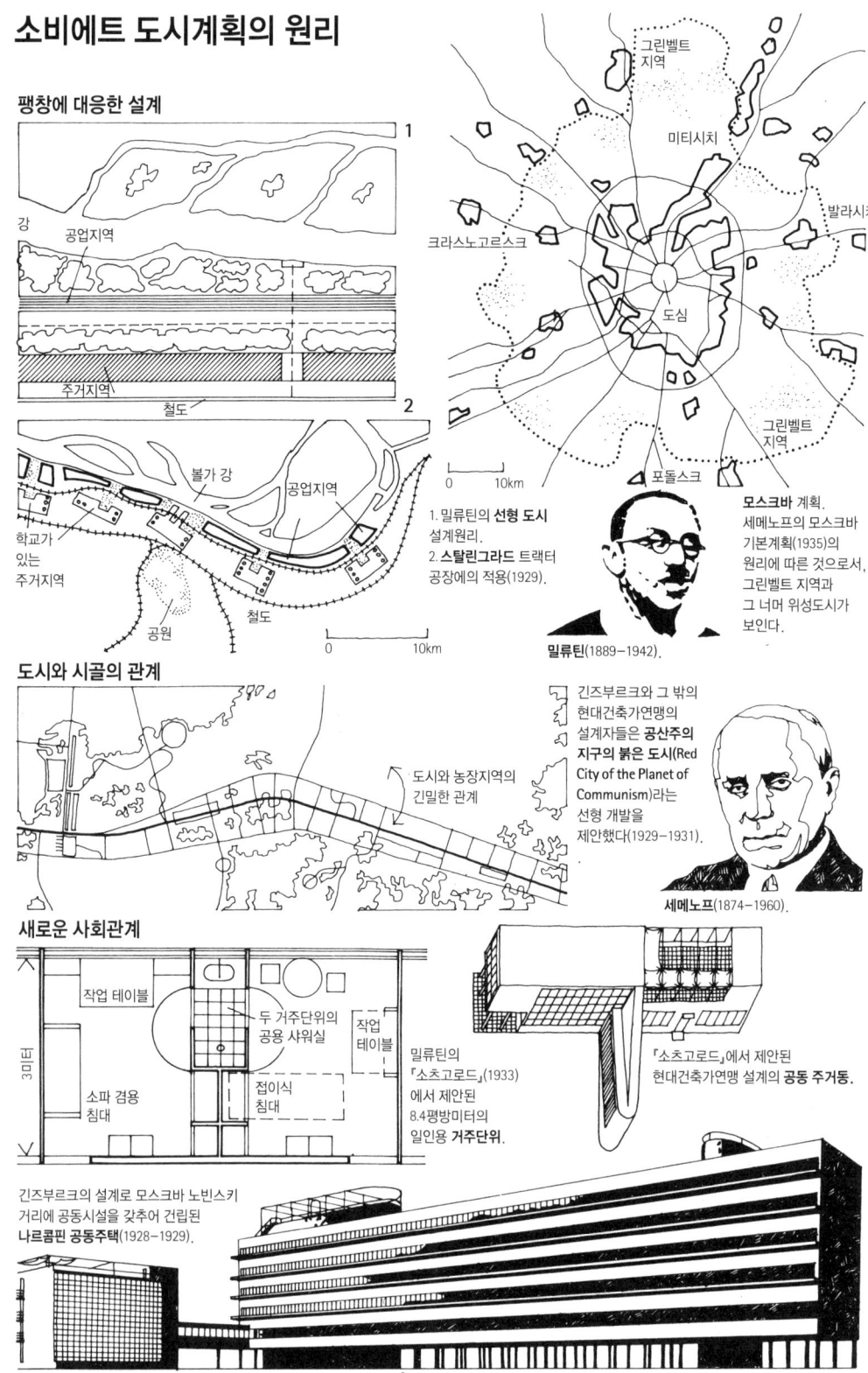

이다. 일반적으로 서구 건축가들은 형태를 기술적 발언을 위해 사용하고 있었고 소비에트 건축가들은 사회적 발언을 위해 사용하고 있었다. 바우하우스 교사동은 그것의 기능을 표현하기 위해 반복적인 패턴으로 설계했지만, 나르콤핀 공동주택의 반복적인 설계는 새로운 소비에트 사회의 공동성을 표현하기 위한 것이었다.

경제 공황

서구 경제가 붕괴되면서 소련과 서구의 또 다른 차이점들이 부각되었다. 1920년대초 비교적 순조로웠던 시기에 산업투자가 늘어나면서 확대되던 생산능력은 시장의 수요를 넘어서는 잉여생산 단계에 이르렀다. 가격의 거품이 꺼지자 1929년 월 스트리트 증권시장이 붕괴되었다. 자본주의의 성장 역사에서 이탈한 현상이라고밖에는 설명할 길이 없는 상황을 접하며 서구 경제학자들은 놀라움과 충격에 휩싸였다. 몇몇은 이를 투자 기회의 소멸이라는 관점에서 해석하려 했다. 감소하는 인구, 새로운 기술 도입에 따른 자본의 절감, 혹은 미국 개척자 정신의 소멸에서 그 원인을 찾으려 했다. 경제학자인 슘페터(Schumpeter)나 당시 미국 대통령이었던 쿨리지(Coolidge) · 후버(Hoover) 등은 이러한 상황을 급진주의자들과 복지국가 체제의 '반자본주의적' 편향 탓으로 돌렸다. 공화주의자이자 보수주의자이며 성공한 사업가이기도 했던 후버는 자신의 대통령 임기(1929-1933) 안에 사업세계의 합리주의를 사회원리에 도입할 수 있으리라고 믿었다. 그는 자본주의의 꿈을 신봉했다. "우리는 행복한 사람들이다. 통계가 이를 입증한다. 우리는 지구상의 어떤 국민들보다 더 많은 자동차와 욕조, 석유난로, 실크 스타킹, 은행계좌를 갖고 있다." 이러한 태도는 비어드(Beard)나 베블런(Veblen) 그리고 듀이(Dewey) 같은 사회평론가들의 강력한 지지를 받았는데, 그들은 '산업 진보주의(industrial progressivism)'를 설교하면서 노동자들이 공장 기계의 작동원리에 예속되는 것을 정당화했다. 포드는 "잘 조직된 공장은 노동자가 생각할 필요를 줄여 주며 노동자의 작업 동작을 최소화시켜 준다"고 했다. 위기가 닥치자 후버는 유럽의 불건전한 경제가 미국의 경제 침체에 책임이 있다고 주장하면서 미국을 유럽으로부터 분리하는 정책을 추진했다. 비록 그가 미국의 신식민주의 정책에서 유럽을 좋은 사냥감으로 믿고 있었지만 말이다. 그는 복지를 악으로 간주했다. 자선을 베푸는 것은 미국인들의 도덕적 기질을 약화시키므로 차라리 굶주리도록 —1929년에서 1931년 사이에는 일부 사람들이 정말 굶주렸다— 하는 편이 낫다고 생각했다. 실제로 그는 경제위기 시절 대부분의 서구 통치자들이 취했던 노선을 답습하여 최빈곤층에 대한 사회의 지원을 철회함으로써 기업의 평균적인 이윤을 유지시키려 했다.

불황의 영향은 고르지 못했다. 빈민층은 굶주리고 소규모 자본가는 망했지만 대자본가들은 계속해서 이윤을 쌓아 갔다. 뉴욕과 시카고에서는 경제가 최악이었던 기간에도 초고층 건축이 만발했다. 윌리엄 밴 앨런(William van Alen)이 설계한 크라이슬러 빌딩(Chrysler Building, 1929), 홀라버드와 루트가 설계한 팔몰리브 빌딩(Palmolive Building, 1929-1930), 슈레브(Shreve)·램(Lamb)·하몬(Harmon)이 설계한 엠파이어 스테이트 빌딩(Empire State Building, 1930-1932), 그리고 해리슨(Harrison)과 아브라모비츠(Abramovitz)가 계획한 록펠러 센터(Rockefeller Center, 1930년 착공) — RCA 빌딩과 인터내셔널 빌딩, 타임 라이프 빌딩을 포함하는— 등이 이 시기에 건축되었다. 상부 층들을 연속적으로 후퇴시켜 꼭대기로 갈수록 가늘어지는 독특한 건물형태는 도시 용도지역 규제(City Zoning Ordinance)의 결과였다. 『시카고 트리뷴』 사옥의 설계를 두고 벌어진 양식 논쟁 이후 모더니즘은 점차 초고층 건물에 수용되었다. 그러나 그것은 합리주의적 모더니즘보다는 아르데코류의 모더니즘으로서, 크라이슬러 빌딩의 유선형 금속 첨탑이나 엠파이어 스테이트 빌딩의 '햇살(sunburst)' 디자인, 그리고 록펠러 센터 라디오시티 뮤직홀의 휘감아 도는 곡선 등에서 그 전형을 볼 수 있다.

영국에서는 아르데코의 우아한 풍요로움이 일류 상업 건물들에서 출현했는데, 길버트(Wallace Gilbert)가 설계한 런던의 후버 공장(Hoover factory, 1932-1935), 플레처(Banister Fletcher)가 설계한 질레트 공장(Gillette factory,

1936) 등이 그 예이다. 또한 이 양식은 사보이(Savoy)·에솔도(Essoldo)·리알토(Rialto)·오데온(Odeon) 등 대형 영화관들의 양식으로 채택되었으며, 이 영화관들은 환상적인 할리우드 영화를 통해 잠시나마 현실 생활에서 벗어날 수 있는 그런 장소였다.

현실 도피가 불황에 대한 공통적인 반응이었는데, 이는 자칭 사회주의자라는 사람들 사이에서도 마찬가지였다. 이미 1900년에 웨브 부부는, 자본주의가 생산의 문제를 해결했으며 사회주의에게 남겨진 것은 그것이 가져오는 이익을 공평하게 분배하는 것이라고 공언하고 있었다. 그러나 경기가 침체되자 노동당은 생산을 자극하는 것을 그들의 역할로 삼았다. 노동자들의 정당한 분노를 다잡아 국가를 분쇄하고 대체한다는 레닌주의적 목표는 무시되었다. '사회주의'는 사람들 사이의 협의와 선의를 통해 성취될 것처럼 기대되었다. 온갖 징후들이 그와는 정반대였음에도 불구하고 말이다. 말하자면 사회주의는, 자본주의 체제를 유지하기 위해 필요한 것을 다 찾아먹고 남는 것이 있을 때에나 가능한 셈이었다. 광범위한 자선을 통해 더 좋은 사회로 점진적으로 변해 가리라는 이러한 생각은 영국 근대 운동의 성장에 바탕이 되었던 사고방식이었다. 1932년에 건축가 코츠(Wells Coates)는 "우리는 새로운 질서가 포함해야 할 궁극적인 인간적 물질적 국면을 다루는 건축가들로서, '양식'이라는 형태적 문제보다는 오늘날의 사회적 경제적 문제들에 대한 건축적 해결책에 더 많은 관심을 쏟아야 한다"고 했다. 그는 '물리적' 변화를 통해 '사회적' 변화를 이룰 수 있다는 진보적인 부르주아 사상가들의 보편적 견해를 되뇌고 있었던 것이다.

근대 건축의 성장

근대적 건축물은 서서히 그 수가 증가했다. 로버트슨(Robertson)과 이스턴(Easton)이 곡선 철근 콘크리트 지붕으로 설계한 원예 홀(Horticultural Hall, 1928), 크리탈 제조회사(Crittall manufacturing company)의 의뢰로 테이트(Thomas Tait)가 에식스 주 실버 엔드(Silver End)에 설계한 입체파적인 주택들(1927-1928), 코넬(Amyas Connell)이 버킹엄셔에 설계한 멋진 르 코르

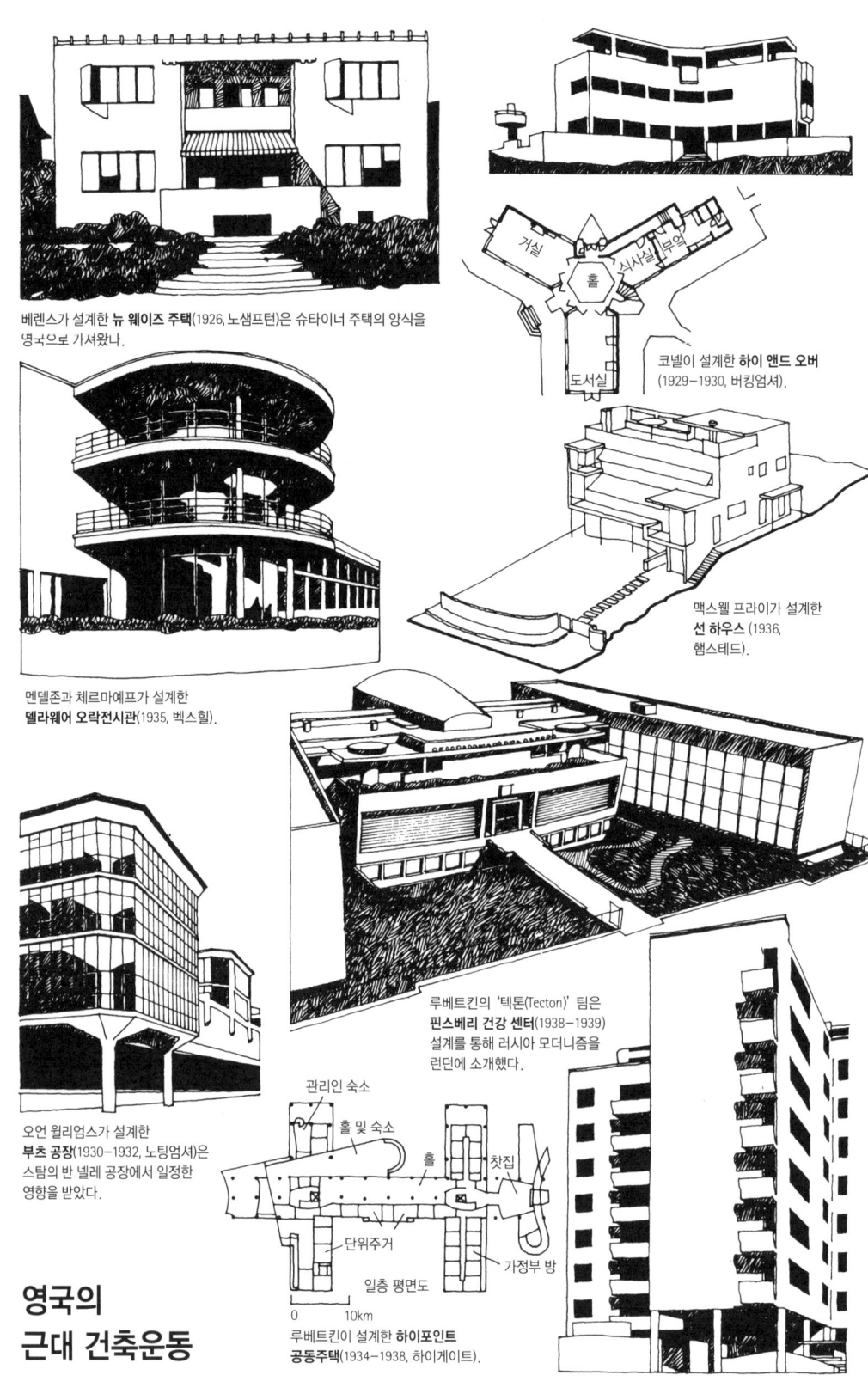

런던의 대중교통

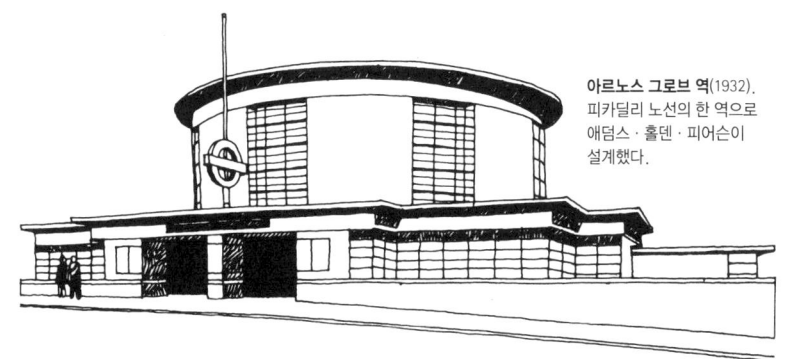

아르노스 그로브 역(1932).
피카딜리 노선의 한 역으로
애덤스 · 홀덴 · 피어슨이
설계했다.

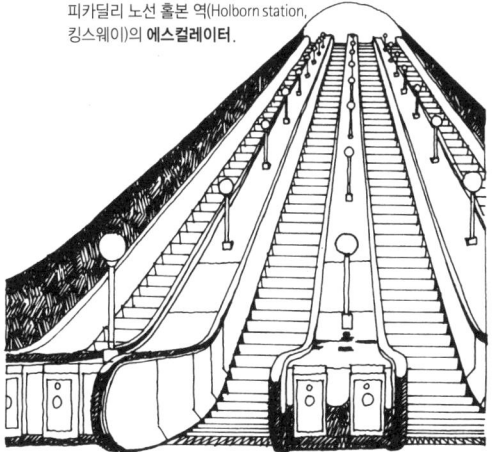

피카딜리 노선 홀본 역(Holborn station,
킹스웨이)의 **에스컬레이터**.

지하철 '튜브'의
객차 내부(1937).

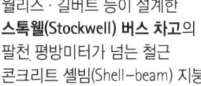

런던 교통국의 상징과 교통국을 위해
특별히 디자인된 **길 산스**(Gill Sans) 활자체.

엡스타인(Jacob Epstein)의 작품
〈**밤**(Night)〉은
런던 교통국
본부 건물
외부에
놓여
있다.

STL형 버스의 변형 모델.
1933년에 처음 디자인되었다.

월리스 · 길버트 등이 설계한
스톡웰(Stockwell) **버스 차고**의
팔천 평방미터가 넘는 철근
콘크리트 셸빔(Shell-beam) 지붕.

공공주택

쿼리 힐 아파트(1935-1938, 리즈)의 한 부분.

카를 엔이 설계한 **카를 마르크스 호프**(1930, 빈).

그로피우스가 설계한 **지멘슈타트**(1929-1930, 베를린).

에른스트 메이가 설계한, 프랑크푸르트 주거단지에 건설된 **한 가족용 단위주거**.

메이의 설계팀이 설계한 **프랑크푸르트 부엌**(Frankfurter Küche)은 합리적으로 계획 시공되었다.

단면

평면

일층 평면

침실동(상부)

'필로티'

침실

부엌

사감 사무실

관리실

주(主)현관 홀

식당

주 계단실

학생용 침실

상층부 평면(부분)

르 코르뷔지가 설계한 **스위스 학생기숙사**(1930-1932, 파리 대학촌).

뷔지에 스타일의 주택 하이 앤드 오버(High and Over, 1929-1930), 엘리스(Ellis) · 클라크(Clarke) · 윌리엄스(Williams)가 함께 설계한 유리벽 건물인 런던의 『데일리 익스프레스(*Daily Express*)』 사옥(1930-1932), 그리고 윌리엄스가 부츠(Boots) 제약회사의 의뢰로 노팅엄셔에 설계한 뛰어난 공학기술 작품인 콘크리트 공장 건물(1930-1932) 등이 당시 건축된 근대 건축물들이었다. 1932년에는 애덤스(Adams)와 홀덴 그리고 피어슨이 런던 지하철역 중 뛰어난 사례인 아르노스 그로브 역(Arnos Grove station, 북런던 역)을 건축했다. 1933년 대중교통 체계를 통합하여 설립된, 프랭크 픽(Frank Pick)이 국장으로 있던 런던 교통국은 계몽 건축주로 명성이 높았다. 새 역사 건축에 전통적인 런던 풍경을 배려하면서 근대적인 건축기술을 사용하도록 했을 뿐 아니라 근대적인 활자체를 사용하게 하고 뛰어난 포스터 디자이너들을 고용했으며, 에스티엘(STL)[76] 모델의 런던 버스 디자인(1933)과 런던의 지하철인 튜브(Tube)의 객차 디자인(1937)을 지휘하기도 했다. 런던 교통국의 진보성은 건축가들과 비평가들의 찬사를 받았다. 그러나 잘 표준화한 물리적 디자인을 사회적 진보와 동일시하며 찬사를 보내느라, 1930년대 교외주거지를 팽창시키는 데 런던 교통국이 큰 몫을 했다는 것을 인식하지 못하는 경향이 있었다. 바로 그들 비평가 대부분이 당시 교외주거지의 확산 현상에 대해서 격렬하게 비판하고 있었으면서도 말이다.

교외주거지의 확산 문제가 도마 위에 오르면서 진보적인 서구 건축가들은 르 코르뷔지에의 노선을 따르며 도심 하우징에 관심을 기울였다. 그들로서는 도심 하우징이 수용 가능한 유일한 대안으로 여겨졌다. 유럽 전역에서 사회주의적 성향의 시 당국들이 주거단지를 건설했는데, 이들 대부분은 시 소속의 무명 건축가나 엔지니어들이 런던 시의회의 전통에 따라 설계한, 장방형 블록에 공용 계단실을 둔 '걸어 올라가는(walk-up)' 아파트들이었다. 영국에서 가장 야심 찬 계획은 리즈(Leeds)에 건설된 쿼리 힐 아파트(Quarry Hill flats, 1935-1938)인데, 이는 십 헥타르 부지에 천 세대를 수용하는 규모의 단지였다. 건축적으로 가장 뛰어났던 것은 그 큰 규모뿐 아니라 위엄있는 분위기를 성공적으로 연출한 빈의 카를 마르크스 호프(Karl-

Marx-Hof, 1929-1930)로서, 이는 시 건축가 엔(Karl Ehn)이 설계한 공공주택이었다. 그러나 주요한 주거단지들 중 합리주의적 계획원리에 따라 설계된 것은 아직 많지 않았고, 이에 속한 몇몇 사례들은 설계자들에게 순례 대상이 되었다. 메이가 프랑크푸르트에 설계한 단지들을 비롯해, 아우트의 로테르담 키에프후크 단지(Kiefhoek estate, 1925-1929), 그로피우스와 샤로운(Hans Scharoun)의 베를린 지멘슈타트(Siemenstadt, 1929-1930), 마르켈리우스(Sven Markelius)가 '공동체(collective)' 원리에 입각하여 공동시설들을 설계한 스톡홀름의 주거단지 등이 여기에 해당하는 사례들이었다. 또한 파리 대학촌(Cité Universitaire)에 르 코르뷔지에가 스위스 학생 주거용으로 설계한 스위스 학생기숙사(Pavillon Suisse, 1930-1932)도 여기에 포함되는데, 이 건물은 근대 건축의 여러 특징들을 하나의 통합된 설계로 제시하고 있다. 동일한 단위실을 반복하여 구성한 침실동은, 전면은 유리창으로, 측벽은 장식 없는 맨벽으로 처리했고, 지면에서 필로티가 건물을 받치고 있으며, 유리 계단실 탑을 통해 필로티 밑에 자유로운 형태로 들어앉은 공동시설과 연결되었다. 사 년 먼저 건축된 긴즈부르크의 나르콤핀 공동주택과 마찬가지로 스위스 학생기숙사는 공동생활을 명료하게 상징했다. 비록 학생 기숙사와 노동자 하우징의 사회적 전제가 반드시 일치하지는 않을지라도 이는 노동자 계급 하우징 설계에 상당한 영향을 미쳤음 직하다.

중요한 국제적인 전시회들이 많이 개최된 것도 열광이었든 조롱이었든 간에 근대 건축을 보편적인 대중의 관심과 논쟁의 대상으로 만드는 데 일조했다. 1929년 바르셀로나 전시회는 미스 반 데어 로에의 독일관(German pavilion)으로 유명했는데, 크롬 도금한 강철과 광택이 나는 대리석 같은 호화로운 재료를 사용해 극도로 단순하고 우아한 형태를 빚어낸 이 건물은 모더니즘의 걸작으로 꼽힌다. 마르켈리우스와 파울손(Paulsson) 박사가 기획한 1930년 스톡홀름 전시회는 아스플룬트(Erik Gunnar Asplund, 1885-1940)가 설계의 대부분을 맡았는데, 우아한 철제 구조물과 유리로 설계한 파라디세트(Paradiset) 레스토랑은 근대 건축가들이 시도하고 있던 모든 것을 요약해 보여주는 건물이었다. 미래의 도시를 보여준 이 전시회에는 완

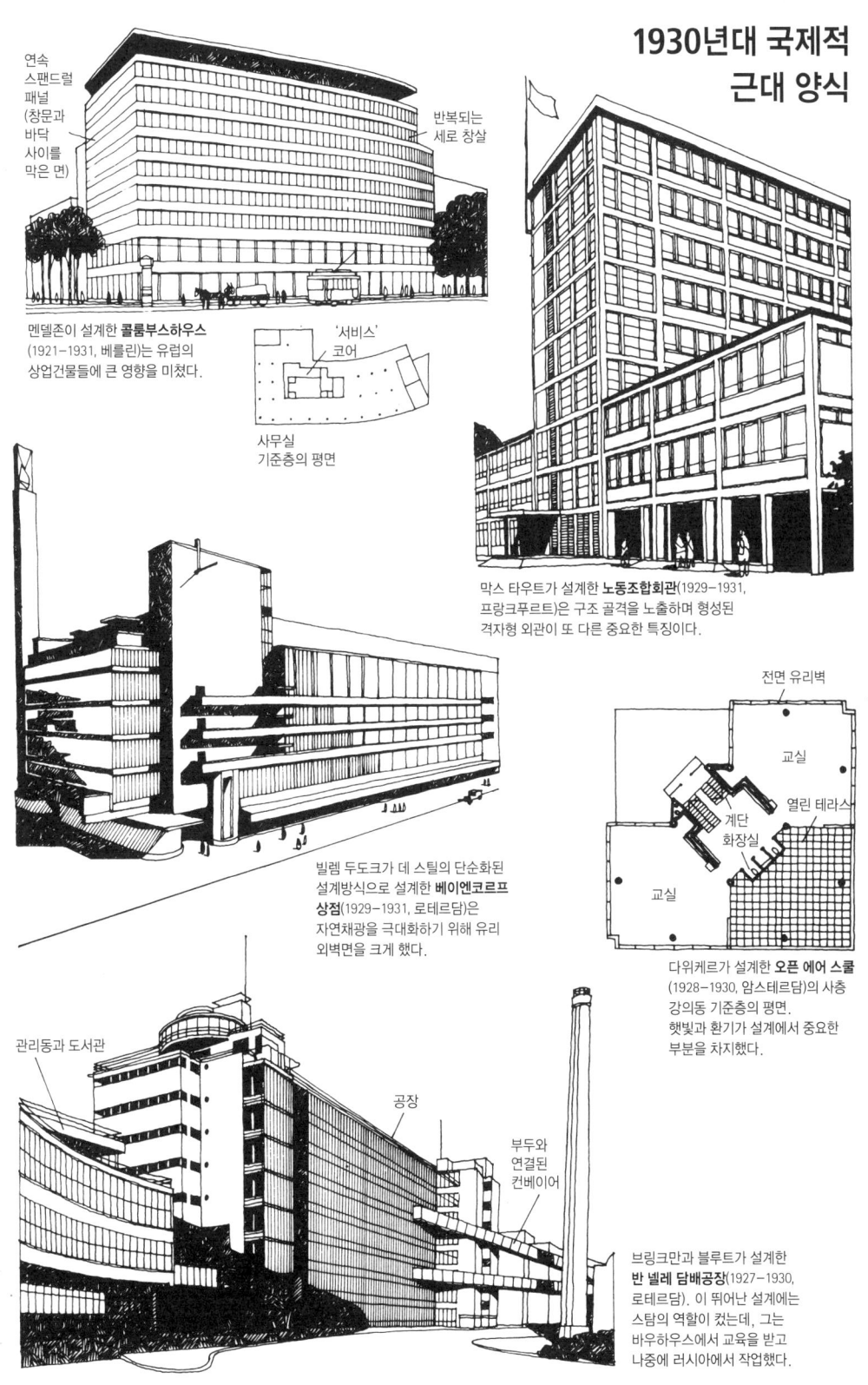

전히 도시적 공간으로 구성된 몇몇 지역에 근대적 재료와 근대적 방식으로 고안된 온갖 다양한 형태와 질감과 색채가 전시되었다. 1931년의 뉴욕 전시회는 많은 미국인 관람객들에게 근대 건축운동을 소개하면서 큰 관심을 끌었는데, 특히 동부지역에서 그러했다. 히치콕(Henry Russel Hitchcock)과 존슨(Philip Johnson)이 함께 출간한 책에서는 근대 건축을 국제주의 양식(international style)이라는 새로운 이름을 붙여 부르기까지 했다.

이 책의 저자들은 국제주의 양식을 과거 양식들과 구분짓는 몇몇 특징들을 정리해냈다. 공간의 위요(圍繞, enclosure of space)에 대한 관심, 매스보다는 볼륨에 대한 관심, 대칭보다는 규칙성을 통해 설계에 질서를 부여하려는 것, 그리고 임의적인 표면 장식을 배제하는 것 등이 이러한 특징들이었다. 유럽에서는 1930년대초에 여러 주요 건물들이 이러한 원리를 예증했다. 상당히 큰 규모에 복잡하게 구성된 이 건물들은 외벽 전체를 유리로 처리하여 외부에서도 내부공간 전체를 볼 수 있도록 했으며, 구조 자체를 명확히 드러내어 규칙성과 질서를 부여하는 방식으로 설계되었다. 독일의 경우 베를린에 있는 멘델존의 콜롬부스하우스 사옥(Columbushaus offices, 1921-1931)과 프랑크푸르트에 있는 막스 타우트의 노동조합회관(1929-1931)이 이러한 예에 해당했다. 그리고 네덜란드에는 다위케르가 암스테르담에 설계한 오픈 에어 스쿨(Open Air School, 1928-1930)[77]과 두도크(Willem Marinus Dudok, 1884-1974)가 로테르담에 설계한 베이엔코르프 상점(Bijenkorf store, 1929-1931), 그리고 브링크만(Johannes Brinkmann)과 블루트(L. C. van der Vlugt)가 스탐과 협력하여 로테르담에 설계한 반 넬레(Van Nelle) 담배공장(1927-1930)이 있다. 네덜란드에서의 이같은 건축 흐름의 변화는 국제주의 양식의 국제성이 확산되고 있음을 확인시켜 주었다. 1929년경에 암스테르담 학파는 사실상 공식적인 모임으로서의 활동이 끝났으며, 데 스틸은 반 두스부르흐가 파리로 떠나면서 해산되었다. 이후 네덜란드 모더니즘은 합리주의자들이 지배하면서 근대 건축운동의 주류에 동화했다.

전체주의와 구성주의의 충돌

1930년대초 파시즘과 스탈린주의의 승리는 예술과 건축에서 국제주의에 지대한 영향을 미쳤다. 단체들은 해산되었고 운동은 분산되어 버렸으며 이에 따른 공백은 정치가들이 믿을 만한 그런 예술가들로 채워졌다. 근대 운동이 확산된 데에는 아이러니하게도 히틀러가 중요한 공헌을 했음을 꼽아야 한다. 소수인종과 체제 저항자, 그리고 좌파에 대한 그의 광적인 탄압이 결과적으로 근대 운동의 확산을 초래했던 것이다.

나치의 권력이 커지면서 사회의 진보적인 부분들은 점점 고립되어 갔다. 그러나 유독 브레히트만은 히틀러 친위대가 그의 연극을 방해하고 지원자들을 박해하기 시작하면서 오히려 생명력과 저항을 담은 새로운 차원으로 올라섰다. 나치는 줄곧 근대 운동을 의심하며 지켜보고 있었다. 바이센호프 전시회는 그들의 인종적 순수성을 선전하는 데 이용되었다. 평지붕과 흰 벽들은 아랍인과 낙타를 곁들인 합성사진을 통해 '무어인 마을'로 패러디하기에 안성맞춤이었다.

바우하우스 역시 곤란한 지경에 빠졌다. 1928년에 그로피우스가 물러나고 후임으로 한네스 마이어가 왔는데, 그의 사회주의적 관점은 데사우 당국이 용인할 만한 것이 아니었다. 특히 그가 학생들에게 정치적 활동을 부추긴 것이 문제가 되었다. 1930년 그는 사직 권고를 받았고 그 후임은 미스 반 데어 로에였다. 미스의 목표는 나치와 정치적 타협점을 찾는 것이었다. 근대적 디자인, 특히 바우하우스에 대한 나치들의 반감에도 불구하고, 그리고 1926년 미스가 공산주의자로 순교한 룩셈부르크(Luxemburg)와 리프크네히트(Liebknecht)를 위한 기념비를 디자인했던 사실—비록 정치적 동기에서라기보다는 건축적이고 인도주의적인 견지에서 한 일이었지만—에도 불구하고, 그는 나치에게 자신의 건축이 정치와 무관하다는 것을 설득하고 그들과 공존할 토대를 쌓을 수 있기를 기대했다. 그러나 1932년 나치가 독일 최대 정당이 되고 데사우가 그들의 통제하에 놓이자 그들은 학교를 베를린으로 이전할 것을 강요했다. 1933년 수상이 된 히틀러는 의회를 협박하여 그에게 국가수반과 군 통수권자를 겸한 절대권력을 부여하는 개

헌에 동의하도록 했다. 게슈타포가 창설되고 다카우(Dachau) 유태인 수용소가 설치된 그 해에 바우하우스는 영원히 폐쇄되고 말았다. 히틀러가 반대파 당들을 제거하고 유태인을 박해하며 시민들의 권리를 일시 정지시키면서 좌파로 의심받을 만한 사람이 독일에 머무는 것은 불가능하게 되었다. 1933년 브레히트는 프라하로 이주했고 —후에 미국으로 이주한다— 바일과 레냐(Lotte Lenja)는 파리로, 그로스는 뉴욕으로 이주했다. 브로이어와 멘델존은 런던으로 갔으며, 그로피우스도 그 다음해에 런던으로 갔다. 미스는 독일에 머무르려 했으나 1937년 시카고에서 교육을 맡아 달라는 존슨의 초청을 수락했다. 그로피우스와 브로이어도 미스와 함께 대서양을 건넜으며, 멘델존은 팔레스타인으로 이주했다. 독일에 계속 머무를 수 있었던 사람들은 그들의 예술적 지조를 꺾어야 했고 개인의 자유를 포기해야 했으며, 심지어 목숨을 잃는 경우도 있었다.

소련에서 활동하던 서구인들 역시 독일로 돌아갈 수는 없었다. 강화된 스탈린 체제가 인권과 표현의 자유, 그리고 진보적 사고를 억압하는 속에서 소련에 오래 남아 있을 수도 없었다. 메이는 케냐에서, 마이어는 스위스에서, 그리고 스탐은 네덜란드에서 생을 마쳤다. 독일에서와 마찬가지로 국가의 공식 노선은, 한편으로는 '사회주의적 사실주의(social realism)'의 전통과 기념성을 강조하며 애국주의와 삶의 긍정적인 면을 표현하도록 했고, 다른 한편으로는 농민 양식 예술의 '꾸며낸 순진함(faux-naïveté)'을 강조했다. 구성주의는 지나치게 추상적이고 형태주의적이라는 이유로 급진세력이라 비난받았으며, 혁명기 수년간 재야 시절을 보냈던 전통적 예술가들은 환호하며 신고전주의의 품으로 복귀했다. 전통파인 포민 · 졸토프스키 · 타마니안(A. Tamanian) 등이 이끄는 새로운 건축가 그룹이 전면에 등장했으며, 부로프나 골로소프 같은 몇몇 구성주의자들도 전통적인 양식의 설계를 시작했다. 전통적 양식을 따를 수 없었던 레오니도프 같은 이들은 잊혀져 버렸다. 그 외에 긴즈부르크와 리시츠키 그리고 베스닌 형제 같은 이들은 작업을 계속했지만 자신을 드러내지 않았으며, 일부는 가르치는 일이나 저술활동, 혹은 가구 디자인 정도만 했을 뿐 주요한 작품은 내놓지 못했다. 리시츠키가 쓴『러시아: 세계 혁명을 향한 건축(*Russia: An Architecture for World Revolution*)』(1930)은 1920년대의 성과를 정리하고 모더니즘의 상황을 서술하려 한 것이다. 그러나 같은 해, 혁명당원이자 헌신적인 공산주의자였던 마야코프스키가 '소부르주아적 급진주의자'라는 공개적인 비난을 받고 자살하는 사건이 벌어지면서 근대 운동은 대단원의 막을 내리게 되었다. 그의 죽음은 미래와 국가를 대신할 대안 창출에 헌신했던 한 문화가 사실상 끝났음을 알렸으며, 그 자리를 국가기구의 위엄과 영속에 봉사하는 낡은 전통주의가 대신하게 되었음을 알렸다.

1929년과 1930년에는 농민들이 집단화와 박해에 저항하여 파업을 일으키고 농토를 방기했다. 부농 계층의 해체로 유수한 기능인력들이 농업을 떠나 버렸고, 이는 농업에 기근과 피폐를 초래했다. 제이차 오개년 계획(1933-1937)도 도시생활에 중점을 두었다. 산업화는 프롤레타리아를 낳았지만 이에 상응하는 노동자들의 권력 증진은 없었다. 스탈린의 관료들이 새로운 지배 계급이 되면서 자본주의 사회와 유사한 상황을 지속시키고 있었다. 노동자들은 착취당하면서 점점 더 낮은 임금을 받았으며, 파업할 권리를 잃어버렸음은 물론 허가 없이는 직업을 바꿀 수도 없었다. 1929년에는 내전의 여파 속에서도 정치범이 삼만 명 수준이었는데, 1933년에는 오백만 명, 1942년에는 천오백만 명으로 늘어났다. 세메노프는 모스크바에서 도시계획 일을 계속했지만, 밀류틴의 개념은 별로 지지를 받지 못했다. 아마도 그는 긴즈부르크와 함께 근대 운동에 관여했다는 것 때문에 비난받았을 것이고, 그의 선형 도시 개념이 필연적으로 포함하는 유동성은 중앙집중적인 관료제에 불리했을 것이며, 그것이 갖는 평등주의는 현 체제가 추구하고 있던 왜곡된 사회주의와 양립하기 곤란했을 것이다. 몰로토프(Molotov)는 "볼셰비키의 정책은, 계급의 적대자와 공범이며 사회주의에 적대적인 요소인 평등주의자들과 투쟁할 것을 단호히 요구한다"고 말한 바 있다. 그러나 스탈린 체제는 혁명 원리와 정반대되는 입장에서 평등주의를 거부했던 것이다.

해외의 공산주의 정당들은 이제 스탈린주의 노선을 따르도록, 세계 혁명을 창출하기보다는 러시아를 지지하도록 촉구되었다. 스페인 내란(1936)의 비극적 사태[78]에서도 그들은 공화국의 이익에 반하여 행동했으며 프랑코의 팔랑헤당(Falange)이 승리하게 된 데에 부분적인 책임이 있었다. 이 일로 인해 스페인은 수십 년간 사회적 퇴보를 겪었고 카탈루냐의 정치적 문화적 부흥이 분쇄되어 버렸다. 하지만 러시아 공산주의는 여전히 유럽 지식인들의 지지를 받고 있었다. 이들 지식인들은 러시아가 이미 반동세력이 되었다는 것을 인정하지 않으려 했으며, 결과적으로 세계 혁명을 방해하면서 파시즘에 힘을 실어 주고 있었다.

1930년대 서유럽과 스칸디나비아—사회민주주의와 근대 건축

1930년대 동안, 러시아혁명의 사회주의적 이상과 독일 사회민주주의의 이타주의는 거의 빈사 상태에 있었음에도 불구하고 여전히 진보적인 유럽 건축가들이 사상을 형성하는 데 영향을 미치고 있었다. 영국에서는 러시아인인 루베트킨(Berthold Lubetkin)과 체르마예프(Serge Chermayeff)가 브후테마스와 독일 디자이너들의 경험을 결합했으나, 사회적 조건이 전적으로 달랐던 탓에 진정한 사회주의 건축을 창조하는 것은 불가능했다. 몇몇 공공사업들이 진행되긴 했다. 코넬·워드(Ward)·루카스(Lucas) 등이 세인트 판크라스(St. Pancras) 주택협회의 의뢰로 설계한 런던의 켄트 하우스(Kent House, 1935), 멘델존과 체르마예프가 벡스힐(Bexhill)에 설계한 델라웨어(De La Warr) 오락전시관(1935), 그로피우스와 프라이(Maxwell Fry)가 케임브리지 교육 당국의 의뢰로 설계한 임핑턴 빌리지 대학(Impington Village college, 1936), 그리고 루베트킨이 사회주의적인 핀스베리(Finsbury) 자치구의 의뢰로 설계한 건강센터(1938-1939) 등이 건설되었다. 그러나 대부분의 일거리들은 개인 건축주가 의뢰한 주거시설이었다. 첼시에서 멘델존과 체르마예프가 설계한 주택들(1936), 그로피우스와 프라이가 설계한 주택들(1936), 햄스테드에 있는 프라이의 선 하우스(Sun House, 1936), 코넬·워드·루카스의 프로고널(Frognal) 66번지 주택(1938) 등의 개인주택들, 그리고 코츠가 설계한 론 로드 아파트(Lawn Road flats, 1934)와 브라이

1930년대 스칸디나비아

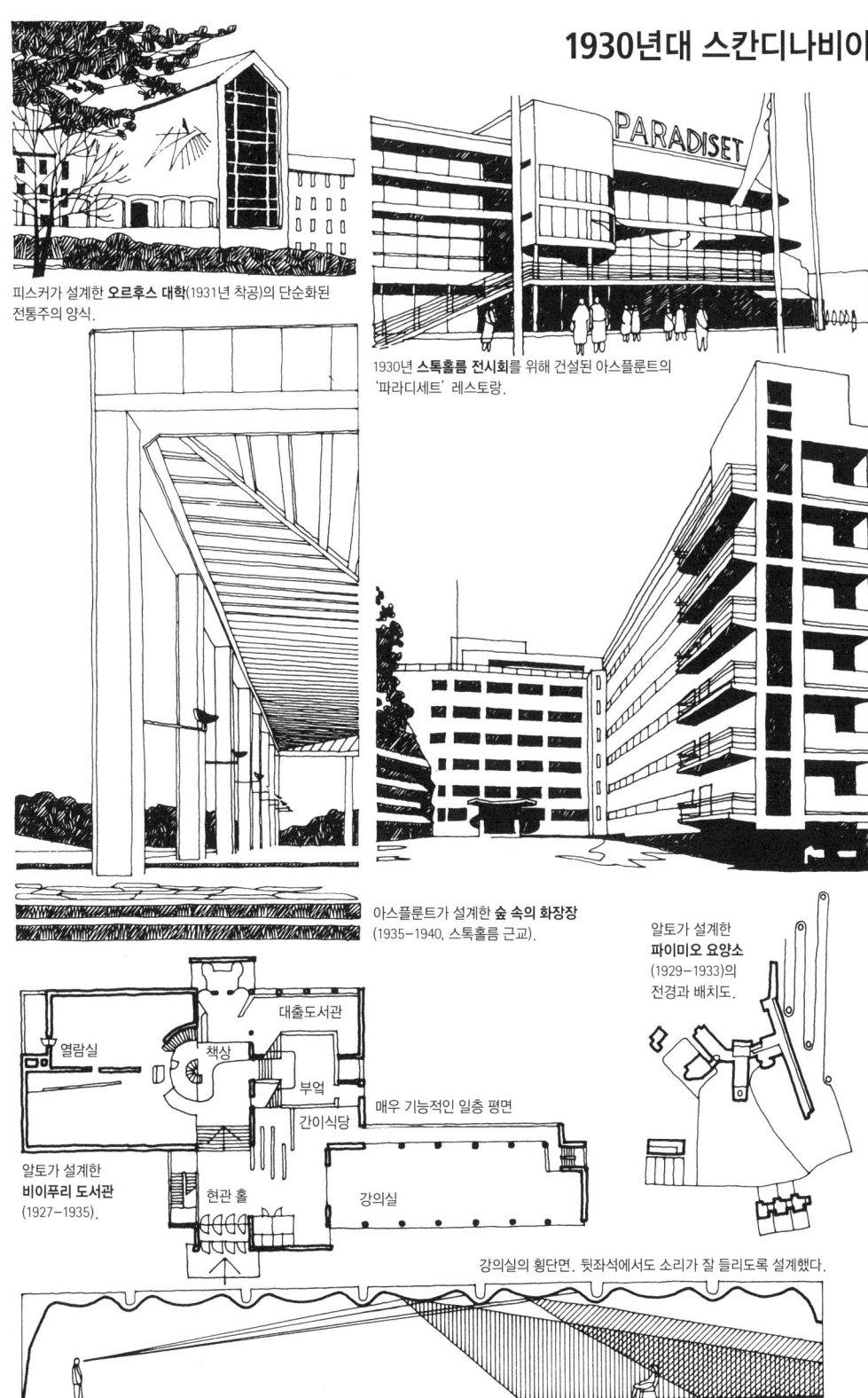

피스커가 설계한 **오르후스 대학**(1931년 착공)의 단순화된 전통주의 양식.

1930년 **스톡홀름 전시회**를 위해 건설된 아스플룬트의 '파라디세트' 레스토랑.

아스플룬트가 설계한 **숲 속의 화장장** (1935–1940, 스톡홀름 근교).

알토가 설계한 **파이미오 요양소** (1929–1933)의 전경과 배치도.

알토가 설계한 **비이푸리 도서관** (1927–1935).

매우 기능적인 일층 평면

강의실의 횡단면. 뒷좌석에서도 소리가 잘 들리도록 설계했다.

알토와 핀란드의 디자인

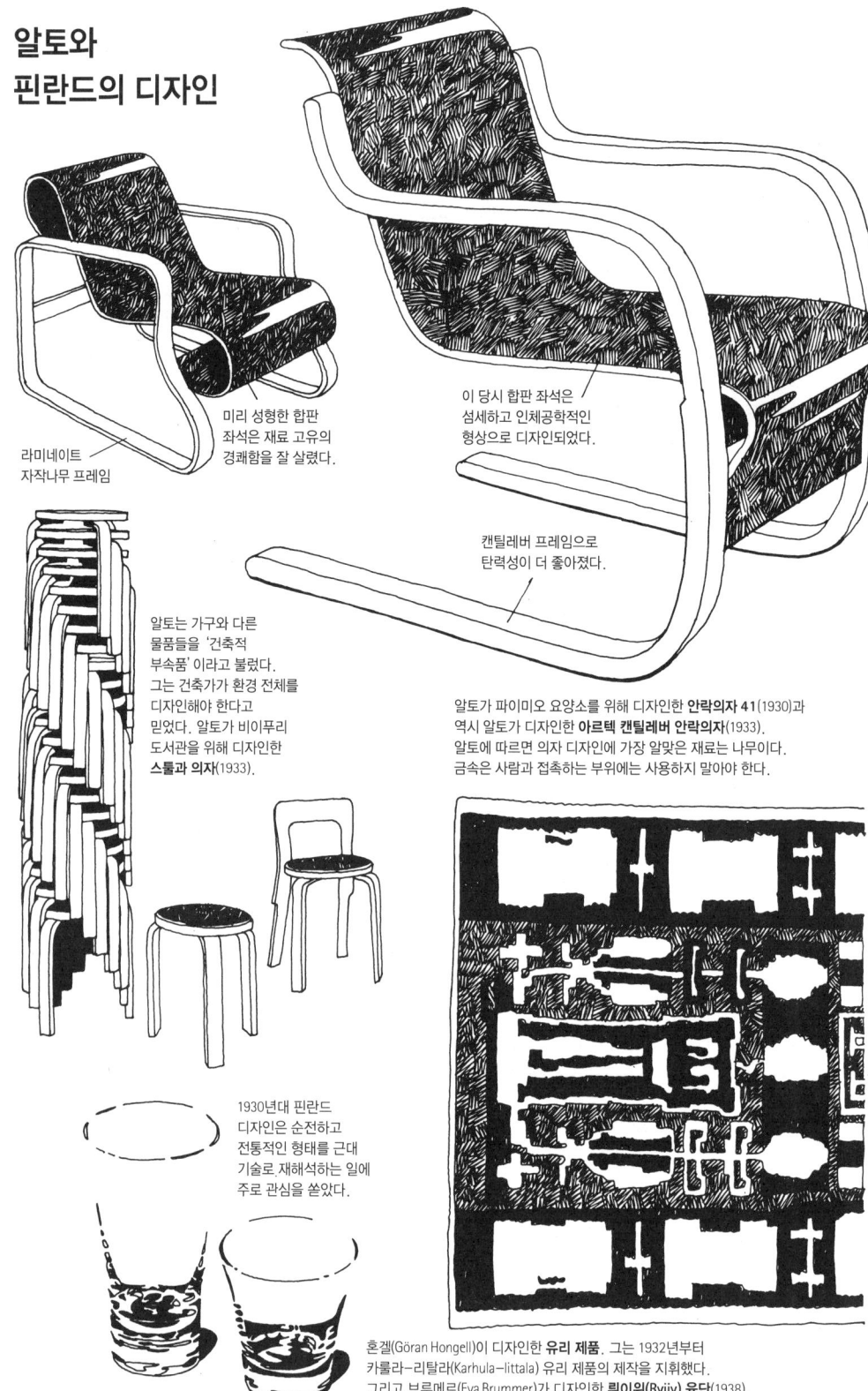

라미네이트 자작나무 프레임

미리 성형한 합판 좌석은 재료 고유의 경쾌함을 잘 살렸다.

이 당시 합판 좌석은 섬세하고 인체공학적인 형상으로 디자인되었다.

캔틸레버 프레임으로 탄력성이 더 좋아졌다.

알토는 가구와 다른 물건들을 '건축적 부속품'이라고 불렀다. 그는 건축가가 환경 전체를 디자인해야 한다고 믿었다. 알토가 비이푸리 도서관을 위해 디자인한 **스툴과 의자**(1933).

알토가 파이미오 요양소를 위해 디자인한 **안락의자 41**(1930)과 역시 알토가 디자인한 **아르텍 캔틸레버 안락의자**(1933). 알토에 따르면 의자 디자인에 가장 알맞은 재료는 나무이다. 금속은 사람과 접촉하는 부위에는 사용하지 말아야 한다.

1930년대 핀란드 디자인은 순전하고 전통적인 형태를 근대 기술로 재해석하는 일에 주로 관심을 쏟았다.

혼겔(Göran Hongell)이 디자인한 **유리 제품**. 그는 1932년부터 카훌라-리탈라(Karhula-Iittala) 유리 제품의 제작을 지휘했다. 그리고 브루메르(Eva Brummer)가 디자인한 **뤼이위(Ryijy) 융단**(1938).

턴에 있는 대사관 주택(Embassy Court, 1935), 루베트킨이 하이게이트 (Highgate)에 설계한 하이포인트(Highpoint, 1934-1938) 같은 고급 아파트들이 그것이었다. 이러한 방식으로 좀더 공정한 사회를 만들어내겠다는 생각 자체에는 자기기만적인 요소가 있었다.

한편, 스칸디나비아 국가들은 사회민주주의적 유토피아를 향해 꾸준히 전진하고 있었다. 이들 나라는 대체로 자유와 안정의 시기에 접어들어 있었다. 1905년에는 노르웨이와 스웨덴이 독립에 동의했으며,[79] 핀란드는 1917년에 러시아로부터 독립을 얻어내고 러시아혁명 이후의 새로운 사회주의 체제로부터도 이에 대한 승인을 받았다. 덴마크는 일차대전 이후 독일로부터 슐레스비히(Schleswig) 지방을 되찾았다. 양차 대전 사이에 이들 나라의 경제는 번성했다. 스웨덴은 농업과 제조업, 노르웨이는 무역업, 핀란드는 임산물, 덴마크는 낙농업이 각각 발전했다. 각 나라에서 계몽된 자유주의적 부르주아 계급은 강한 사회적 책임감을 가지고 노동자들을 만족시키면서 생산성을 촉진시켜 나갔다. 높은 복지수준과 교육수준은 노동자 주거와 공공건물·학교 등을 건축하는 데 반영되었다. 스웨덴에서는 1932년 이래 줄곧 사회민주주의자들이 정치를 지배했는데, 비슷한 시기에 근대건축운동이 사회 진보에 대한 시각적 표현으로서 확립되었다. 각국의 옛 건축양식들은 새로운 요구에 적응하여 존속되기도 했고 대체되어 사라지기도 했다. 덴마크에서는 벤스텐(Ivar Bensten)과 피스커(Kay Fisker, 1893-1965)의 전통적인 벽돌조 건축―클린트(Peter Klint)가 코펜하겐에 설계한 고도의 표현주의적 작품인 그룬트비 교회(Grundtvig church, 1920-1940)에서 그 절정에 달했던―이, 1931년 피스커가 오르후스(Aarhus) 대학을 설계하기 시작하면서 새로운 차원으로 올라섰는데, ―후에 묄러(Møller)와 스테그만(Stegman)이 이어받았다― 여기에서 그는 전통적인 벽돌 조적기술에 새로운 순전성과 활력을 부가했다. 스웨덴에서는 1930년 전시회와 더불어 시작된 아스플룬트의 근대적 작품이 예테보리에서의 법정 증축안 (1934-1937)과 스톡홀름 근교의 아름다운 작품인 숲 속의 화장장(Forest Crematorium, 1935-1940)을 통해 더욱더 강력하게 성장해 갔다.

이들 중 가장 중요한 인물은 핀란드 건축가인 알바르 알토(Alvar Aalto, 1898-1976)였다. 아스플룬트나 다른 여러 건축가들과 마찬가지로 그는 고전적인 교육을 받았으며 1920년대 후반에서야 모더니즘을 채용했다. 그의 초기 '백색(white)' 시대에서 가장 중요한 작품은 비이푸리 도서관(Viipuri library, 1927-1935), 『투룬 사노마트(*Turun Sanomat*)』 신문사(1929-1930), 파이미오 요양소(Paimio sanatorium, 1929-1933), 그리고 수닐라(Sunila) 섬유공장 및 부속 주거시설(1936-1939) 등이었다. 알토는 그의 활동 초기에 단호하고도 자신있게 국제주의 양식을 채용했다. 핀란드는 대규모 생산에 익숙치 않은 고도로 지방화한 경제체제를 가진 데다가 전통적으로 건축에 목재를 사용하던 탓에 스칸디나비아 국가들 중 가장 국제주의 양식을 받아들이지 않을 것 같은 나라였음에도 불구하고 말이다.

미국의 뉴딜 정책과 근대 건축

미국의 상황은 정반대였다. 불황에도 불구하고 독점자본주의가 성장하며 규모를 키워 갔으며 산업의 합리화와 독점자본가에 의한 중앙집중적 통제가 더해 갔다. 경제의 모든 부분들, 특히 낙후된 농촌과 도시 내부 지역에는 잉여 노동력이 넘쳤는데 불황으로 인한 높은 실업률로 문제가 더욱 악화되었다. 1933년 대통령이 된 루스벨트는 자본주의 구제를 위한 결단을 내렸다. 그의 방법은 영국 경제학자 케인스(Keynes)의 이론에 근거했다. 케인즈의 『고용, 이윤 및 재화에 관한 일반이론(*General Theory of Employment, Interest and Money*)』(1936)이 루스벨트의 '뉴딜(New Deal)' 정책의 교본이 되었으며, 연방정부가 산업에 개입하는 거대한 프로그램이 매우 대담한 실험정신으로 추진되었다. 뉴딜 정책은 보수주의자들로부터 공산주의자들이나 하는 짓이라는 비판을 받았다. 노동자 계급과의 갈등 역시 완화되기보다는 오히려 격화되었다. 실업자와 극빈층을 국가재정으로 구제하려는 연방긴급구호법(FERA, Federal Emergency Relief Act) 계획이 추진되었지만, 반노조 입법은 여전히 가혹했고 실업률은 높았다. 노조는 '자선이 아니라 정의를' 요구했고, 건축과 장인들의 노조로 이루어진 온건 노선의 미국노동총연맹

(AFL)은 새로이 구성된 강경 노선의 산업별노조회의(Congress of Industrial Organisations, 1936)에 소속되었는데, 이들은 자동차·섬유·고무 등 주요 산업에서 공산주의자가 주도하는 파업을 이끌어냈으며, 이에 자극받은 고용주 측은 대응 수단을 강구하기 시작했다. 제너럴모터스(General Motors)는 파업을 분쇄하기 위한 첩자들과 사설 군대의 고용에 연간 백만 불을 지출했다.

1920년대말에는 상대적인 건축 붐 속에서도 빈곤층의 어려움이 무시되었던 데에 반해, 1930년대 동안에는 건축활동이 전반적으로 위축되었음에도 불구하고 뉴딜 정책이 몇몇 분야에서 중요한 진보를 이루어냈다. 시민자원보존단(Civilian Conservation Corps)이 결성되어(1933) 새로운 일자리들을 창출하면서 수많은 재조림사업과 홍수방지사업을 수행했다. 메릴랜드에 위치한 그린벨트 주거지(1935)는 연방재정착국(Federal Resettlement Administration)이 건설한 삼대 초창기 교외주거지들 중 하나였다. 전력회사들의 강한 반대 속에서도 국영 테네시유역개발공단(Tenessee Valley Authority)이 설립되어(1933), 낙후되고 황폐한 이 지역의 땅 구만 평방킬로미터를 생산적인 산업부지와 농토로 바꾸는 사업을 시작했다. 이에 따른 긴급한 건축 프로그램에 대응하여 설계자들은 단기간에 건축 가능한 주거 유형들, 예를 들어 적당한 장소에 끌어다 놓으면 되는 트레일러 주택(tralier-home)이나 공장제 부재들을 현장에 반입하여 몇 시간 만에 조립해 건축하는 주택 등을 개발하기 시작했다.

공업 생산라인의 기술을 주택건축에 적용한다는 것은 매력적인 생각이었다. 건설자들은 당시 고도로 세련되어 가고 있던 자동차와 비행기 제조업으로부터 배울 것이 많았다. 보잉사(社)와 더글라스사는 1935년에 DC-3 모델의 생산에 성공했는데, 이는 이전의 비행기 설계가 골조와 받침대로 이루어진 것과는 달리 강화피막 구조로 제작된 것이었다. 크라이슬러와 제너럴모터스는 포드의 절대권력에 도전하기 시작했다. 풀러(Buckminster Fuller)와 게디스(Norman Bel Geddes)가 개발한 유선형 디자인이 대량생산용 자동차 디자인에 적용되었다. 1934년에 풀러가 디자인한 다이맥슨

(Dymaxon) 자동차가 연료를 오십 퍼센트 절감했다고 주장했던 사례가 말해주듯이, 이 유선형 디자인은 주로 기능적 이유로 개발되었지만 점차 참신하고 속도감있는 외관을 위해 표피적인 '스타일링' 기술로서 보편적으로 적용되었다.

필립 존슨이나 스톤(Edward Stone)같이 재능있는 건축가들은 넓게 보면 근대 디자인의 주류에 속해 있긴 했지만 유럽의 진지한 기능주의자들보다는 양식주의 쪽으로 기우는 편이었다. 그들의 건물은 좋게 말하면 덜 교조적이었고, 나쁘게 말하면 피상적이고 자의적이었다. 게디스가 설계한 제너럴모터스의 사옥 하이웨이즈 엔드 호라이즌스(Highways and Horizons)는 1939년 뉴욕 세계박람회의 성공작이었다. 그것이 보여준 매끄럽고 세련된 미래도시의 모습은 알토의 진지하고 교훈적인 핀란드 전시관—핀란드의 목재산업과 생활방식 장려를 위해 설계한—과 대조를 이루었다.

산업화를 향한 이러한 질주 속에서도 여전히 개척시대의 신화는 지속되고 있었다. 라이트는 개척시대의 신화를 옹호하면서 건축적으로 이를 가장 설득력있게 전개한 인물이었다. 카우프만(Edgar Kaufmann)의 의뢰로 그가 펜실베이니아 주 베어 런(Bear Run)에 설계한 낙수장(Falling Water, 1935-1937)은 폭포 위에 캔틸레버로 건축된, 극적이고 교묘한 구조의 주택으로서, 그의 가장 뛰어난 작품에 속한다. 애리조나 사막의 끝자락 피닉스(Phoenix) 인근에 건축된 탈레신 웨스트(Talesin West, 1934-1938)는 라이트의 겨울용 주택이자 스튜디오이며, 제자들을 모아들일 수 있는 작업장이자 공동숙소였다. 저 멀리 펼쳐진 풍경 속에 붉은 목재로 만든 들보와 천막 차양, 그리고 둔중한 석조 벽기둥으로 구성된 유기적인 건물은 라이트가 직접 전수했던 교육에 어울리는 모세적인(Mosaic) 장소를 형성했다. 고프(Bruce Goff, 1904-1982)는 그의 제자 중 한 사람이었다. 그는 일리노이 주 글렌뷰(Glenview)에 있는 콜모건 주택(Colmorgan house, 1937)에서 돌출된 지붕과 석조 벽기둥이 조합된 라이트적 개념의 설계를 선보였지만, 이후 자유로운 형태의 계획과 '자연 그대로의' 재료를 사용하면서 자신의 독특한 유기적 양식을 진전시켰다.

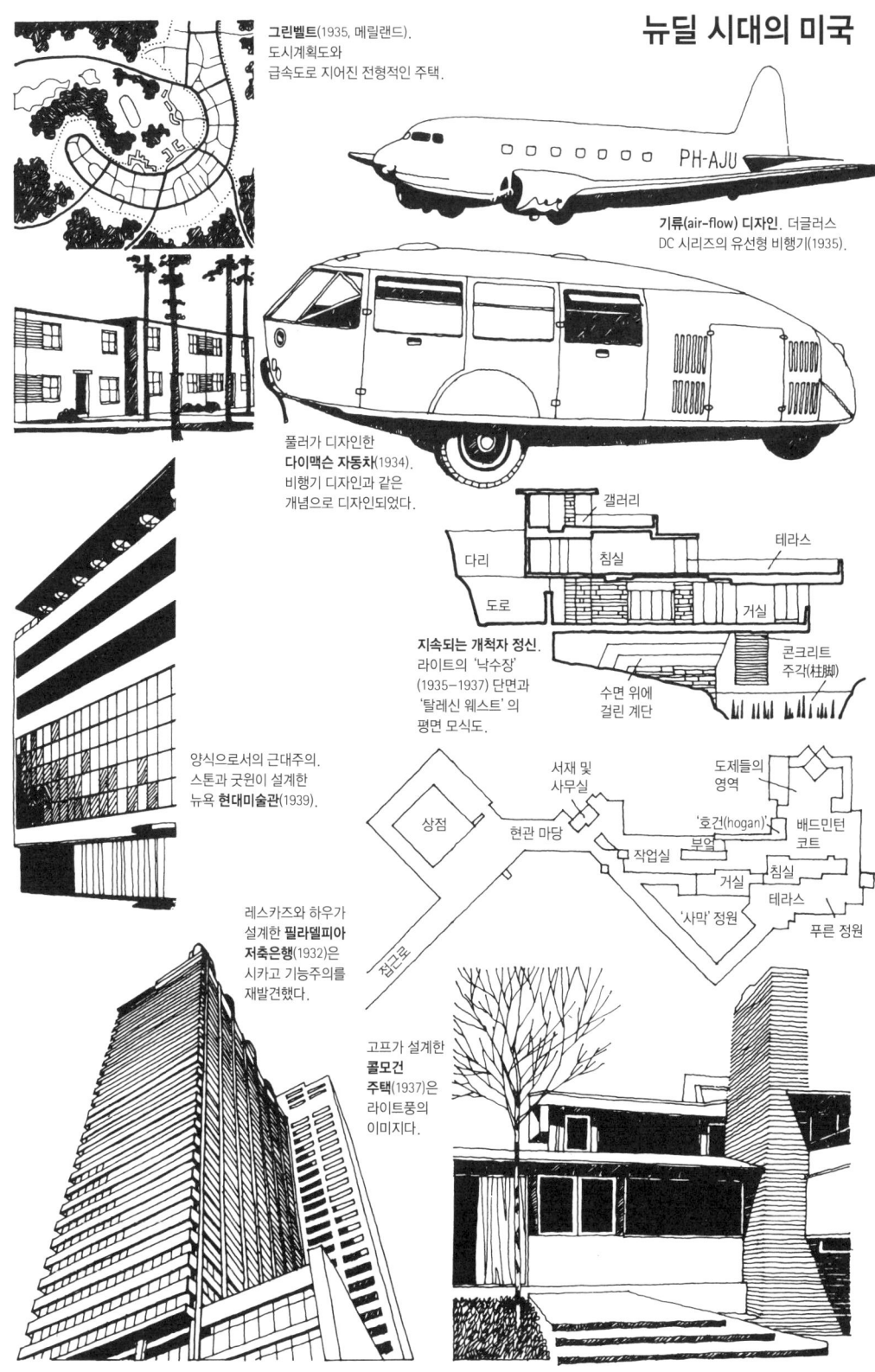

1930년대말과 1940년대초 미스 반 데어 로에, 그로피우스, 멘델존, 브로이어, 그리고 체르마예프와 카탈루냐 근대주의자인 서트(José Luis Sert, 1902-1983) 등이 미국에 도착하면서 국제주의 양식에 큰 자극을 주었다. 그로피우스·브로이어·서트는 매사추세츠 주 케임브리지에서 활동했고, 미스 반 데어 로에는 시카고에서 아머 인스티튜트(Armour Institute) 캠퍼스를 설계하기 시작했다. 이 학교는 후에 일리노이 공과대학이 되었다. 이 시기 이전에 미국 건축가들이 유럽의 근대 건축양식을 좇았던 사례로는 레스카즈(William Lescaze)와 하우(George Howe)가 설계한 필라델피아 저축은행 사옥(1932)을 꼽을 수 있는데, 이는 당시 뉴욕의 아르데코 양식의 초고층 건물과는 달리 구조를 명료하게 표현한 건물이었다. 라이트의 낙수장 역시 그가 국제주의 양식에 가장 근접했던 또 다른 사례의 건물이었다. 그러나 진정으로 유럽적인 근대 건축이라 할 만한 최초의 사례는 유럽 건축가들의 도미(渡美) 이후에 출현했다. 스톤과 굿윈이 합리적인 계획과 단순한 입면으로 내부기능을 표현한 뉴욕 현대미술관(Museum of Modern Art, 1939)이 바로 그것이다.

나치즘의 건축

독일에서는 근대주의자들이 떠난 공백을 히틀러의 건축가들인 트로스트(Paul Ludwig Troost)와 슈페어(Albert Speer)가 메웠다. 나치의 공식적인 건축 노선은, 테라니가 코모에 설계한 아름답고 합리주의적인 파시스트의 집(Casa del Fascio)에 필적할 만한 것을 낳지 못했다. 대신에, 육중하고 파생적인 신고전주의를 채용하여 제삼제국(Drittes Reich)을 로마 제국과 연결시키려 했다. 나치즘의 발원지인 바이에른에 건축된 초기 사례들로는, 트로스트가 싱켈의 구미술관(Altes Museum)에 기초하여 설계한 뮌헨의 독일미술관(House of German Art), 트로스트가 뉘른베르크에 설계했으나 미완성에 그친 콜로세움 형상의 의사당, 1932년 폭동에서 죽은 열여섯 명의 '영웅들'을 추모하기 위해 역시 트로스트가 설계한 뮌헨의 명예의 전당, 그리고 슈페어가 정당 집회를 위한 행사용으로 뉘른베르크에 설계한 체펠린 경

나치 독일

트로스트가 설계한 뮌헨 **독일 미술관**은 싱켈의 구미술관에 기초한 것이다.

히틀러와 계획을 상의하고 있는 **슈페어**.

트로스트가 설계했지만 미완성으로 끝난 뉘른베르크의 **의사당**은 로마의 콜로세움에 기초한 것이다.

트로스트가 설계한 뮌헨의 **명예의 전당**.

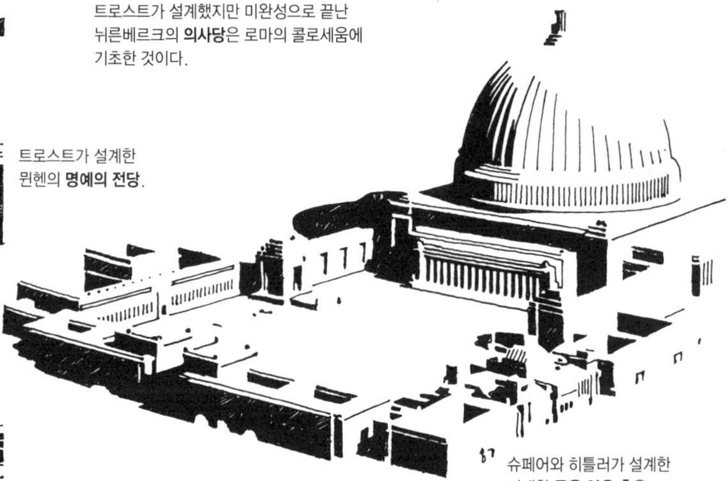

슈페어와 히틀러가 설계한 거대한 **돔**을 얹은 홀은 베를린에 건립할 계획이었으나 실현되지 않았다.

쾰른에 건설된 당원 노동자용 주택.

슈페어가 설계한 뉘른베르크 행사용 **체펠린 경기장**.

제이차세계대전

웰링턴 폭격기(Wellington bombor)의 측지학적 골조와 **스피트파이어 전투기** 등 비행기의 공기역학적 구조가 전쟁 이후 구조 개념의 발전을 자극했다.

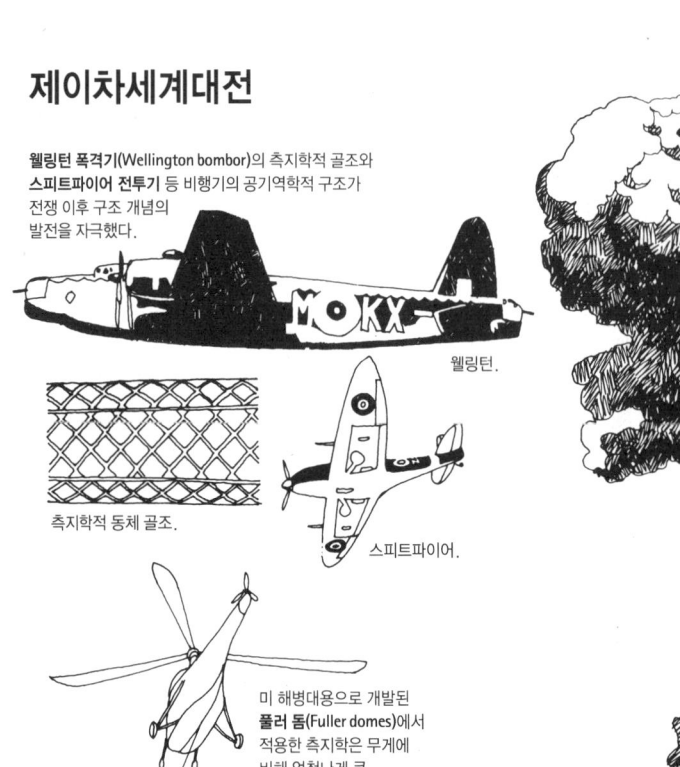

웰링턴.

측지학적 동체 골조.

스피트파이어.

미 해병대용으로 개발된 **풀러 돔**(Fuller domes)에서 적용한 측지학은 무게에 비해 엄청나게 큰 구조강도를 가능케 함으로써 건물의 개념을 바꾸었다.

건물을 들어 올린다는 발상은 전혀 새로운 것이었다.

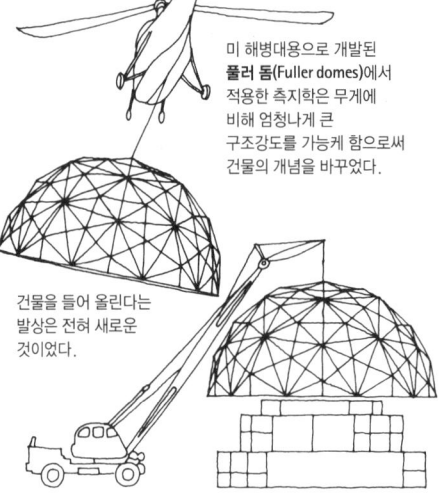

무기제조에 사용된 대량생산 체제는 미 국방성의 전시(戰時) 건축 프로그램에서 주택건축에 도입되었다. 이 유형은 표준 유니트를 연결하여 여러 규모의 주택을 구성할 수 있는 시스템이다.

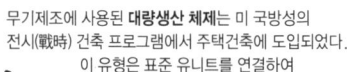

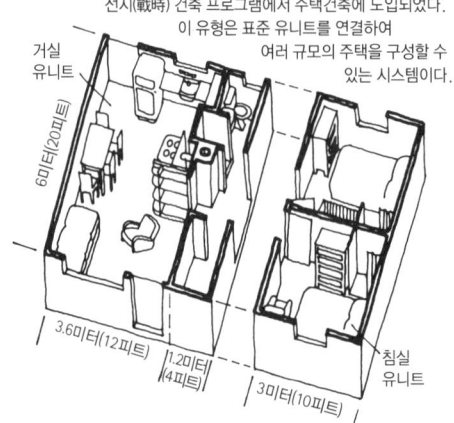

거실 유니트

6미터(20피트)

3.6미터(12피트) 1.2미터(4피트) 3미터(10피트)

침실 유니트

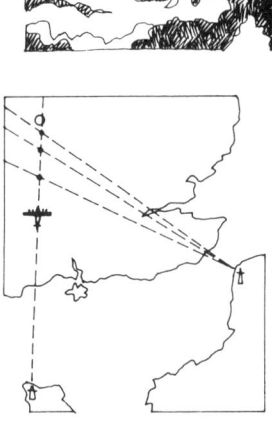

파괴의 기술:
1945년 8월 히로시마 원폭.
1940년 11월 코번트리 공격에 신호전파 사용. 1943년 페네뮌데 연구기지의 V2 로켓.

로켓·통신기술·핵분열 등 군사기술의 무제한적인 발전은 전후 세계의 평화로운 재건을 크게 위협했다.

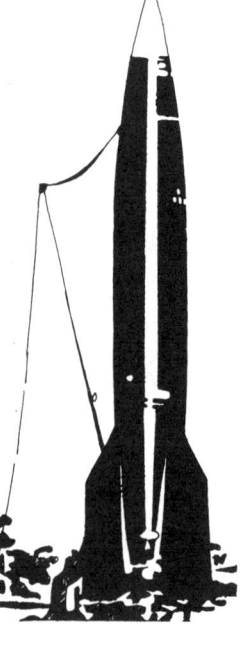

기장(Zeppelin Field) 등이 있다. 또한 히틀러도 1936년 베를린 올림픽을 위해 특별히 기념비적인 경기장을 건설했다. 리펜슈탈(Leni Riefenstahl)의 선전영화인 〈의지의 승리(*Triumph des Willens*)〉와 〈베를린 올림픽(*Berlin Olympia*)〉에는 군중 집회와 올림픽에 깔려 있는 정신을 담았는데, 이들 영화는 슈페어가 1934년 뉘른베르크 집회에서 연출했던 장관인 서치라이트 장면과 함께 나치 체제가 낳은 몇 안 되는 걸작에 속했으며, 대중선동과 집단광기의 공포스러운 미학이 무엇인가를 보여주고 있다. 일반적으로 나치 예술은 강한 민속적 요소와 함께 의도적인 진부함을 띠고 있는데, 건축형태 역시 마찬가지여서 독일 전역에 있는 당원들의 노동자용 주택은 『헨젤과 그레텔』에 나옴 직한 주택형태로 건축되었다. 슈페어의 주력 프로젝트는 히틀러와 함께 구상한 베를린 재건계획이었으며, 여기에는 넓은 행진용 도로들, 개선문들, 그리고 폭이 이백 미터에 이르는 거대한 돔을 가진 홀 등이 포함되어 있었다. 그러나 이 계획은 1939년 히틀러가 체코슬로바키아와 폴란드를 침공하면서 보류되었다.

전시체제와 국가개입 사상의 확산

제이차세계대전은 기술의 발달을 크게 자극했다. 이는 주로 파괴수단을 만들기 위한 것이었지만 그 부산물로서 문명세계에 유익한 것들을 낳기도 했다. 예를 들어 풀러와 월리스(Barnes Wallis)는 '측지학(geodetics)'에 대한 연구를 통해 구조과학의 성과를 이끌어냈는데, 풀러는 이를 가벼운 돔 건축에, 월리스는 비행기 동체 디자인에 응용했다. 미첼(Mitchell)이 개발한 전투기 스피트파이어(Spitfire)는 공기역학 설계에 새로운 표준을 가져왔으며, 휘틀(Whittle)의 제트엔진(1930)은 전쟁의 압력으로 생산되었지만 후세에 커다란 영향을 미칠 만큼 발전했다. 전쟁은 통신기술의 발전, 특히 레이더에도 큰 자극을 주었고, 결국 핵분열이라는 초유의 끔찍한 결과를 보여주는 지경에 이르렀다. 제트 추진력과 핵에너지가 갖는 사회적 유익성을 인정한다 치더라도 전쟁을 목적으로 그 개발에 쏟아부은 재정적 인적 비용은 사회적으로나 경제적으로나 결코 '할 만한 가치가 있는' 일이 못 되었다. 이로써 덕을 본 것은 군산복합체 그들뿐이었다.

그러나 여기에서 주지해야 할 것은 그러한 기술적 발전이 전쟁 기간에 이루어졌다는 사실, 즉 국가적인 규모로 산업을 동원하고 경제를 중앙통제하는 일이 정치적으로 용인되었던 전쟁 시기에 이루어졌다는 사실이다. 각국의 정부는 평화로운 시기에 엄두도 내지 못했던 막대한 양의 지출이 가능하다는 것과 이를 통해 실업을 극적으로 줄일 수도 있음을 느끼게 되었다. 이에 힘입어 이차대전 초기에는, 평화로운 시기에도 고도의 중앙통제와 고도의 투자와 고용, 그리고 고도의 사회적 응집을 이룰 수 있으리라 생각하게 되었다. 그리고 이것이 바로 사회를 재건하는 방법, 즉 열악하고 빈곤한 삶과 혜택받지 못한 사람들이 들끓는 불황의 시기를 두 번 다시 맞지 않도록 하는 방법일 수도 있으리라 생각했던 것이다.

멋진 신세계[80]
Brave new world

제이차세계대전 그리고 이후

도시의 팽창과 교외도시의 개발

이차대전으로 파괴된 대도시들에서는 과거에 대한 사회적 집단적 죄의식과 미래에 대한 희망이 공존하고 있었다. 로테르담·바르샤바·드레스덴·코번트리[81]·스탈린그라드·히로시마 등을 가능한 한 빠르고 효과적으로 재건하는 일이 중요했지만, 동시에 이들 도시를 수많은 전사자들을 애도하는 성지로 만드는 일도 병행되었다. 마치 과거에 대한 기억을 통해 좀더 분별력있는 미래를 보장받으려는 듯이 말이다. 코번트리에서는 불타 버린 중세 성당의 잔해가, 히로시마에서는 불가사의하게도 폭격을 견디고 남은 과학산업 박물관 돔의 철제 골조가 기념물로 보존되었다. 독일과 폴란드에서는 집단수용소가 통렬한 상징물로 남았다. 다카우 유태인 수용소에는 죽은 이들을 기리는 속죄 예배당이 지어졌고, 추하고 더러운 수용소 건물들은 트로스트나 슈페어의 웅장한 작품들보다도 나치즘을 상기시키는 데에 적합한 기념물로 남았다.

재건계획은 전쟁 초기부터 준비되고 있었다. 재건이란 단순히 엄청난 파괴를 만회하는 재건축 행위가 아니라, 전쟁 전 시기의 불황에 대한 기억으로 가득 차 있는 도시를 오히려 더욱 아름답고 정연하게 만들 기회를 가져다준다는 것이 상식처럼 되어 버렸다. 애버크롬비(Patrick Abercrombie)의 대런던계획(County of London Plan)은 1943년에 일찌감치 수립되었다. 독일군의 전격전(Blitzkreig)으로 폐허가 된 노동자 계급 주거지 이스트엔드는 애버크롬비 재건계획안의 중심이 되었다. 수많은 공원과 광장, 그리고 합리적으로 계획된 주거구역들은 불황기에 빈민가였던 이 지역을 판이한

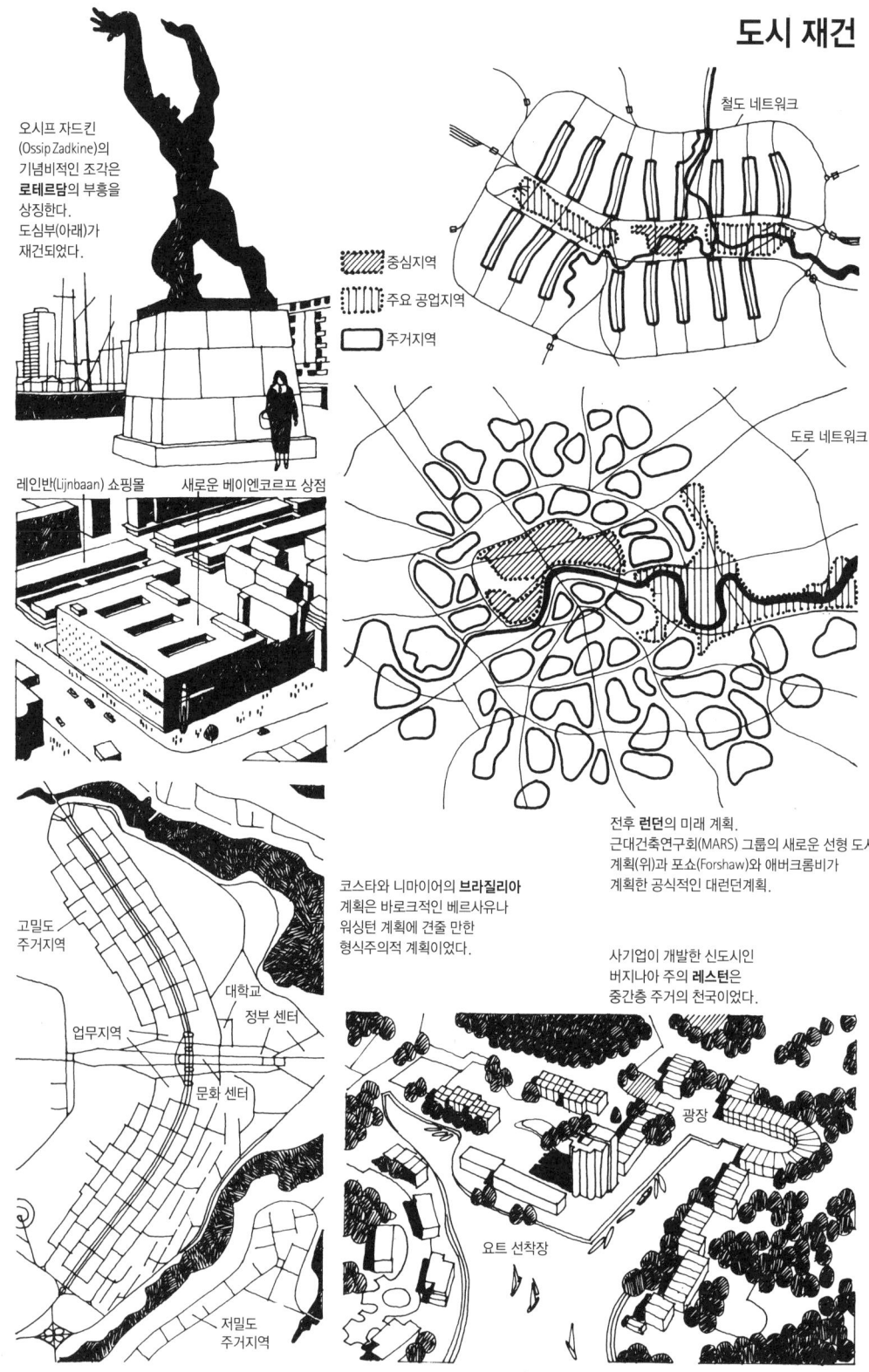

면모로 다시 태어나게 할 만했다. 이 계획의 주요한 특징은 그린벨트였는데, 이는 도시의 외연적 성장을 억제하고 증가하는 인구를 도심에서 오십 킬로미터 정도 떨어진 신도시들로 분산시키기 위한 것이었다.

애버크롬비의 계획은 개발 편의성을 감안하여 런던의 옛 도시구조를 유지하고자 했다. 이와는 달리 1941년 건축가와 도시계획가 그룹인 근대건축연구회(MARS, Modern Architectural Research Society)에 의해 런던을 전혀 다른 모습으로 바꾸어 버리려는 훨씬 급진적인 계획이 제안된 바 있었는데, 근대건축국제회의(CIAM)의 영국 지회였던 이 그룹은 기존의 동심원적 도시구조를 선형 구조로 전환하자고 제안했다. 중심 축은 공업과 교통의 기능을 담아 템스 강을 따라 동서로 배치했으며, 이 축에 직교하는 형태로 선형의 주거지역과 오픈 스페이스를 번갈아 배치함으로써 도시 중심에 녹지와 함께 성장을 위한 개발용 토지를 제공하도록 했다. 선형 개념, 그리고 도시와 시골을 긴밀하게 연결한다는 개념은 러시아 도시계획의 개념이었다. 도시구조를 전환하는 데 소요되는 막대한 비용은 교통비용과 토지가격의 절감으로 상쇄하고도 남는다는 계산이 있었지만, 근대건축연구회의 계획은 학문적 실험에 머물고 말았다. 다른 모든 도시에서와 마찬가지로, 런던의 옛 구조가 유지되기를 바라는 경제적 세력들이 너무 강했기 때문이었다.

도시개발의 방향은 국제금융의 필요에 따라 정해졌다. 전후 서구경제의 가장 중요한 특징은, 국제적 기업이 등장하여 경제적 정치적 영향력에서 단일 국가와 맞먹거나 능가할 만한 정도로 성장했다는 것이다. 거대 다국적 기업들은 어떤 나라에도 종속되지 않은 채 국경을 넘나들며 자신들의 목적을 추구했다. 지역경제의 영향은 아랑곳하지 않고 오로지 이윤을 유지하기 위한 필요에 따라 국제적 노동력과 시장을 이용하거나 폐기해 가면서 말이다. 국제적 기업은 자동화를 통해 인건비를 절감하고자 전후기(戰後期)의 기술 '혁명'을 추진했다. 다국적 기업은 원활한 활동을 위해 정치적 안정을 필요로 하면서 동서양 여러 국가들에서 벌어진 반혁명[82]에 깊이 연루되었다. 또한 국제적인 '군산복합체'가 성장하여 통신과 감시 및 파괴에 필요한 첨단기술을 개발하고 판매했다. 자본주의의 팽창을 위해서는 첨단기술이 필요했으므로 달 로켓 발사와 콩코드기 그리고 원자력을 바람직한 것으로서 공공연히 찬양했고, 우리가 '기술 시대(technological age)'에 살고 있음을 과시했다. 하지만 전 지구적 맥락에서 본다면 대부분의 사람들은 첨단기술의 혜택을 볼 수 없었다. 그것은 '적정 기술(appropriate technology)'의 발전을 가로막았고, 더 나쁘게는 산업 부문에서 오용됨으로써 폐해를 끼칠 뿐이었다.

선진국의 자본주의와 기술의 영향을 가장 심각하게 느낀 것은 이로 인해 도시와 시골의 경제가 판이하게 변해 버린 제삼세계였다. 19세기에 선진 자본주의 국가들에서 그랬던 것처럼, 농업 노동인력의 감소로 많은 사람들이 다른 산업의 일거리를 찾아 대도시로 모여들었다. 그러나 19세기 공장 체제와 달리 현대 산업은 고도기술에 대한 의존도를 늘리면서 일자리가 점점 줄어들고 있었다. 그 결과 제삼세계 도시들에서는 고질적인 실업, 빈곤, 열악한 주거환경이 만연한 가운데 무질서한 도시화가 진행되고 있었다.

선진국들에서는 금융을 집중시키려는 압력이 점점 커지면서 도시의 성장 억제와 지방 분산을 위한 정책들이 전쟁 직후부터 실패하기 시작했다. 도시는 국가적 혹은 국제적 거래 중심지로 팽창을 계속했고, 이에 필요한 막대한 사무직 고용인들과 서비스 산업 노동자들을 고용하기 시작했다. 시 당국의 분산정책으로 인해 대다수 노동인구는 그들의 거주지인 위성도시나 교외주거지에서 일터인 도심 사이에 놓여 있는 그린벨트를 매일 통과하면서 점점 더 먼 곳으로 통근해야 했다. 대도시들은 이제 전체 인근 지역의 경제 중심지가 되었고, 심지어는 보스턴·뉴욕·필라델피아·워싱턴을 잇는 육백 킬로미터에 달하는 도시복합체처럼 광대한 광역 도시권으로 팽창하기 시작했다.

이차대전 이후 도시의 경제적 기능은 공업중심이라기보다는 상업중심이었다. 도로교통의 속도와 효율이 향상되면서, 땅값 비싸고 혼잡한 도시 중심지역에 공업이 입지하는 것은 비경제적인 일이 되었다. 그 대신 공업은 외곽 교외지역이나 신도시 쪽으로 확장해 나갔다. 많은 나라들이 전쟁 직후에 거대한 도시건설 프로그램을 추진했다. 코스타(Costa)와 니마이어(Niemeyer)가 계획한 브라질리아(Brasilia)나 르 코르뷔지에의 찬디가르(Chandigarh)같이 행정도시로 구상된 특수한 사례를 제외하고, 또한 워싱턴과 스톡홀름의 주거용 교외로 계획된 미국 버지니아 주 레스턴(Reston)이나 스웨덴의 파르스타(Farsta) 같은 경우를 제외하면, 대부분의 신도시들은 공업 입지를 위해 개발되었다. 자금의 출처는 다양했다. 캐나다 브리티시컬럼비아 주의 기업도시 키티메트(Kitimat)는 민간기업이, 프랑스 오트가론(Haute Garonne)의 툴루즈 르 미라이유(Toulouse-le-Mirail)는 모도시인 툴루즈가, 호주 사우스오스트레일리아 주의 엘리자베스(Elizabeth)는 주정부가, 그리고 네덜란드·이스라엘·일본·영국의 여러 신도시들은 중앙정부가 출자하여 개발했다. 신도시는 근대적인 공업 용도의 적절한 부지와 서비스 시설들을 낮은 가격에 제공할 수 있었다. 그리고 젊은 기능공들과 그 가족들에게 근대적 주택과 매력있고 호화스럽기까지 한 주변 환경을 보장해 주었다. 스티버니지(Stevenage)에서 밀턴 케인스(Milton Keynes)에 이르는 수많은 영국 신도시들이 성공적으로 개발되면서, 기존 대도시에서 공업과 직장, 그리고 숙련되고 활동력있는 노동자들이 빠져나갔다. 사회는 안락한 교외주거지의 중간 계급과 대도시 내부의 빈민층으로 점점 더 양극화해 갔다. 그리고 신도시 노동자들이 '부르주아화(bourgeoisification)' 하면서 대도시 빈민층과의 격차가 더욱 커져 갔다. 주로 비숙련 이민자들이거나 고령자들로서 대부분 주거상태가 불량했던 빈민층들은 순환되는 궁핍 속에 방치되었으며, 이러한 궁핍함은 교외지역의 풍요로움과 대조되면서 더욱 부각되었다.

미국 교외지역의 단독주택 건축

풍요로운 교외지역의 전형은 영화와 책과 방송매체를 통해 잘 알려진 로스앤젤레스였다. 온화한 기후, 해변과 산이 어우러진 풍경 속에서의 생활, 호화스러운 주택들, 우아한 생활양식, 그리고 무엇보다도 자동차 사용에 편리한 이 도시의 속도와 이동성 등 1940년대에 이곳은 교외생활이 약속한 것들―사실상 로스앤젤레스가 아니고서는 누리기 힘든 것들이었지만―을 보여주는 모범이 되었다. 로스앤젤레스는 유럽인들이 도시에 대해 갖고 있던 전통적인 개념을 뛰어넘는 도시였다. 광대하게 펼쳐진 로스앤젤레스는 면적이 이백 평방킬로미터에 달했다. 전통적인 감각에 부합하는 일관된 건축형태란 찾아볼 수 없었으며, 토지의 삼분의 이가 도로와 주차장인 중심지역은 유럽의 고밀도 도심과는 정반대였다. 대신에 이 도시는 고속도로 체계라는 자체의 고유한 구조논리를 갖고 있었다. 건축양식에는 아무런 일관성이 없었다. 개인주의는 끝없는 새로움과 다양성을 요구했고, 자기만족을 추구하는 사회는 여러 재능있는 건축가들로 하여금 새로운 방식의 주거환경을 개발하도록 부추겼다. 노이트라(Richard Neutra)가 샌타바버라에 설계한 트레메인 주택(Tremaine house, 1947-1948)과 실버 레이크 대로(Silver Lake Boulevard)에 지은 자신의 집(1932), 그리고 임스(Charles Eames, 1907-1978)가 공업화 부재를 사용하여 샌타모니카에 지은 자신의 집(1949) 등이 그 사례들이다.

급경사의 언덕바지에 건축하는 문제를 해결한 사례로는, 라우트너(John Lautner)가 버섯 형상의 구조물을 중앙 기둥에서 캔틸레버로 내걸은 형태로 설계한 키모스피어 주택(Chemosphere house, 1960), 그리고 엘우드(Craig Ellwood)의 주택들 중에서 철제 프레임으로 이층을 쌓고 그 위에 단층 주택을 올려 앉힌 비벌리 힐스의 헤일 주택(Hale house, 1951)과 웨스트로스앤젤레스의 스미스 주택(Smith house, 1955)을 꼽을 수 있다. 이들 주택은 캘리포니아의 기후와 풍경이라는 맥락에서 구상되었지만, 그 건축양식의 원천은 유럽에서 이주해 온 건축가들이 미국이라는 새로운 환경에서 근대 건축운동의 사상을 전개하고 있었던 동부지역에서 온 것들이 많았다. 미스 반 데어 로에는 일리노이 공과대학 캠퍼스에서 아름답게 디자인한 강철 유리 상자를 훌륭한 건축형태의 하나로 수용되도록 한 작품을 설계했다. 이 개념은 필립 존슨이 코네티컷 주 뉴케이넌(New Canaan)에 설계한 자신의 집(1949), 그리고 미스가 일리노이 주 플래노(Plano)에 설계한 판즈워스 주택(Farnsworth house, 1950)에서 진전되었다. 그로피우스와 브로이어는 코네티컷과 매사추세츠에서 설계한 주택들에서 합리주의를 진척시키는 일을 계속했다. 그들은 요한센(John Johansen) 같은 미국의 젊은 설계자들을 훈련시키기도 했는데, 요한센은 코네티컷에 설계한 자신의 집에서 그로피우스와 브로이어의 건축어휘를 채용했다.

이와는 대조적으로 중서부에서는 라이트의 영향력이 크게 작용했다. 슈바이커(Paul Schweikher)가 스코츠데일(Scottsdale)에 설계한 업튼 주택(Upton house)은 라이트의 초기작인 탈레신 웨스트에서 영감을 받았다. 한편 라이트의 문하생이었던 고프는 독자적인 양식을 진전시켰는데, 오클라호마 주 노먼(Norman)에 지은 바빙어 주택(Bavinger house, 1950-1955)에서 그 진수를 볼 수 있다. 솔레리(Paolo Soleri)와 밀스(Mark Mills)도 애리조나 주 케이브 크릭(Cave Creek)의 사막 주택(Desert house, 1951-1952)에서 비슷한 목표를 추구했으며, 고프의 팬이었던 그린(Herb Greene)은 웅크리고 있는 듯한 외관이 마치 평원의 커다란 갈가마귀를 괴상하게 표현한 것 같은 자신의 집(1960-1961)을 노먼에 설계했다.

도심의 고밀도 개발과 고층 건축의 붐

보편화한 자동차 판매로 모든 도시 외곽에 형성된 광대한 교외지역에는 많은 주택들이 지어졌지만, 사실 단독주택들 중 이러한 고매한 질과 특징을 가진 것은 별로 많지 않았다. 로스앤젤레스와는 달리 대부분의 대도시들은 자동차 운행에 편리한 여건을 갖추고 있지 못했다. 따라서 도시 중심에서는 교외주거지에서처럼 자동차를 몰고 다닐 수 있도록 계획하는 것이 불가능했으며, 통근자들을 업무지역으로 출퇴근시키기 위해서 교외지역의 철도를 연장하거나 새로 건설하는 일이 필요했다. 런던 · 파리 · 뉴욕의 옛 철도와 더불어 모스크바 · 몬트리올 · 밀라노에 지하철 '메트로(metro)'가 도입되었으며, 샌프란시스코와 홍콩에서는 '고속 대중교통(rapid transit)' 시스템이 도입되었다. 대부분의 대도시에서 구십 퍼센트에 달하는 통근자들이 대중교통 수단을 이용했지만, 상업 분야에서 도로수송 수단에 대한 필요와 '필수적으로' 승용차를 이용하는 사람들을 위해 도심지역을 정비해

미국의 단독주택 1

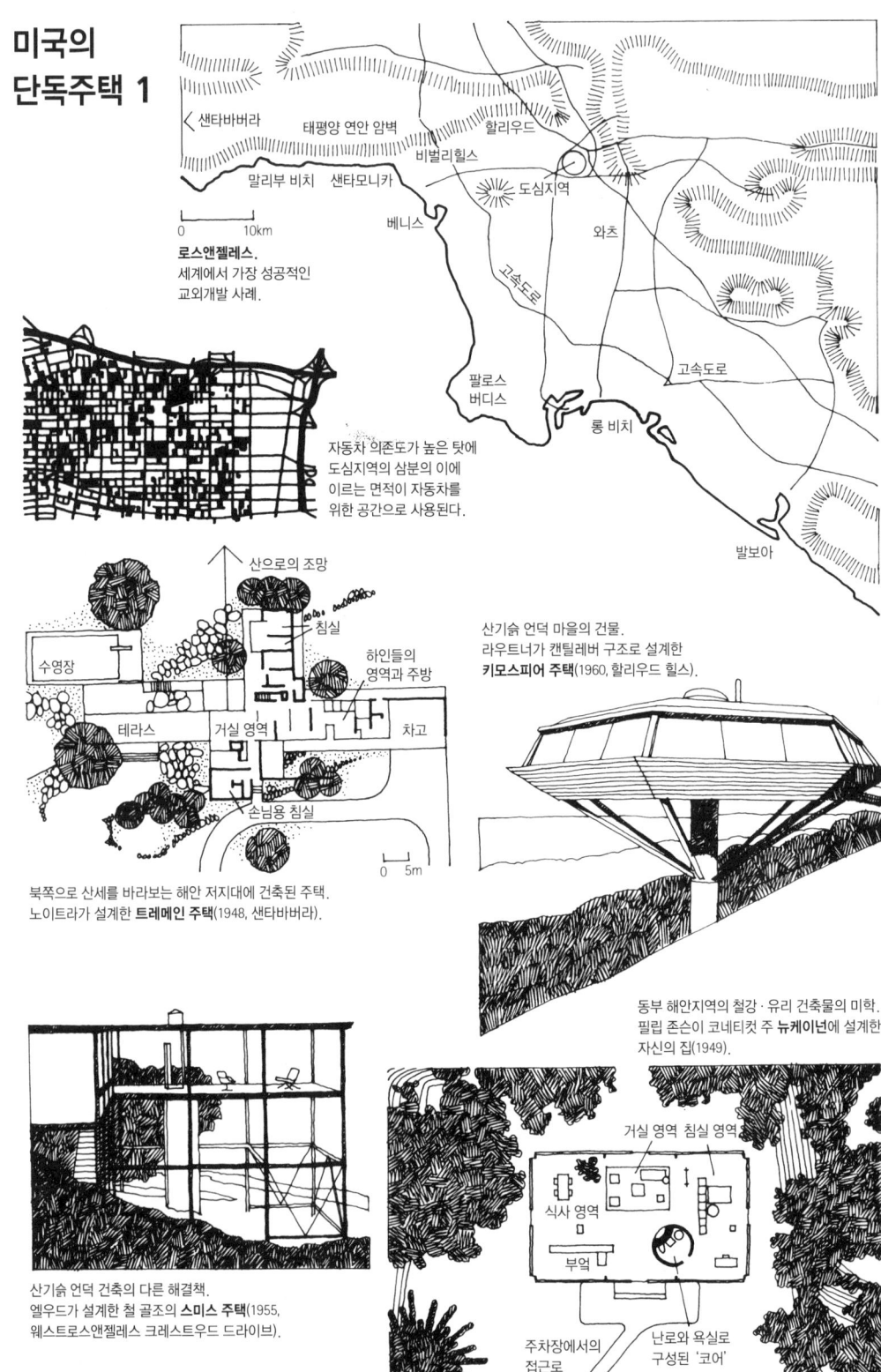

로스앤젤레스. 세계에서 가장 성공적인 교외개발 사례.

자동차 의존도가 높은 탓에 도심지역의 삼분의 이에 이르는 면적이 자동차를 위한 공간으로 사용된다.

북쪽으로 산세를 바라보는 해안 저지대에 건축된 주택. 노이트라가 설계한 **트레메인 주택**(1948, 샌타바버라).

산기슭 언덕 마을의 건물. 라우트너가 캔틸레버 구조로 설계한 **키모스피어 주택**(1960, 할리우드 힐스).

동부 해안지역의 철강·유리 건축물의 미학. 필립 존슨이 코네티컷 주 **뉴케이넌**에 설계한 자신의 집(1949).

산기슭 언덕 건축의 다른 해결책. 엘우드가 설계한 철 골조의 **스미스 주택**(1955, 웨스트로스앤젤레스 크레스트우드 드라이브).

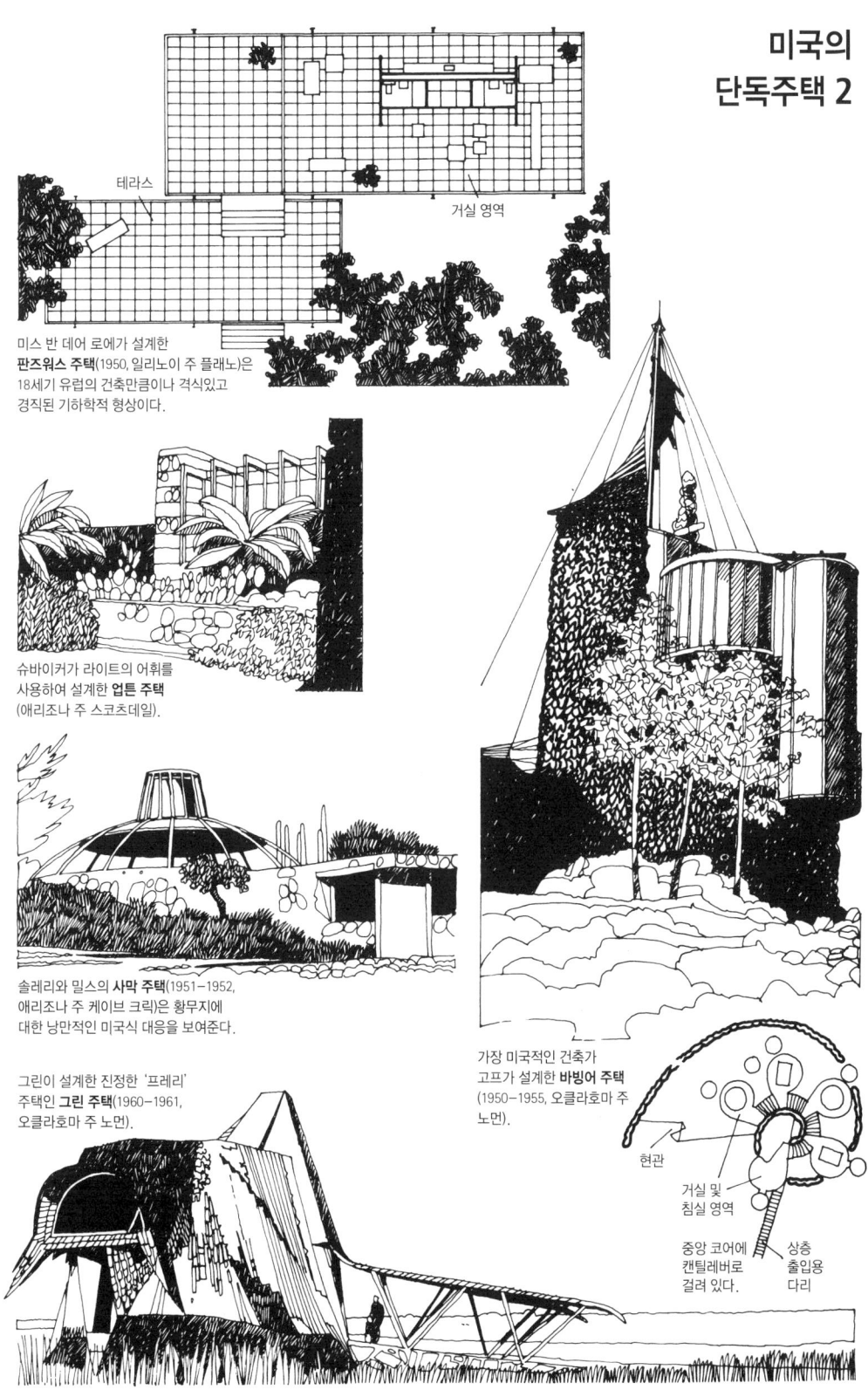

야 할 필요는 여전했다. 그러한 복잡한 교통체제를 유지하는 데에는 엄청난 비용이 소요되었는데, 이는 비단 금전적인 비용뿐 아니라 그것이 갖는 비효율성, 환경과 도시경관에 미치는 악영향이라는 면에서도 그러했다.

도시들의 면모를 변화시킨 또 다른 요인은 전후 상업의 성장으로 발생하기 시작한 엄청난 금전적 이윤이었는데, 이는 여러 도시의 형태에 역사상 가장 급진적인 변화를 초래했다. 도심은 투자자본의 매력적인 배출구였다. 중심지역에서 토지는 희소자원이었다. 노동공간을 위해서, 교외지역에 거주하면서 통근할 만한 여유가 없는 저임금 노동자용 주거공간을 위해서, 그리고 학교·병원·여가시설을 위해서도 토지가 필요했다. 이 모든 입지 경쟁을 하는 용도들의 상대적인 사회적 중요성을 결정하기 위해 대부분의 나라들이 토지이용계획 시스템을 개발했다. 그 중 가장 종합적이고 빈번히 인용되던 사례는 1947년에 공포된 영국의 도시농촌계획법(Town and Country Planning Act)이었다. 이러한 계획 시스템은 표면상으로는 이해중립적인 것처럼 만들어졌지만 실제로는 국가가 보유한 또 하나의 무기였다. 자본주의 경제 속에서 투자논리가 사회적 필요라는 윤리를 지배하기 시작한 것이다. 계획 시스템은, 재개발이 토지의 가격을 통제가 불가능할 정도로 상승시킨다는 사실을 고려하지 않은 채 재개발 원리를 무턱대고 받아들였다. 새로운 개발이 미칠 사회적 영향보다도 물리적 결과물에 관심이 편향되었다. 입지 경쟁에서 이긴 자는 거대 투자자였다. 호화 주택들, 쇼핑구역, 그리고 특히 사무실 건물들이 도심지역에 건설되었는데, 자신들의 도시에 투자를 하겠다는 제안과 이를 통해 세원(稅源)을 확대할 수 있는 반가운 제안들에 대해 각 지방 당국은 밀도의 규제를 완화해 주고 건물 높이의 규제를 폐지해 주는 경향이 있었다. 그리하여 새로운 초고층 건물 세대가 출현했다. 1930년대 뉴욕 초고층 건물의 특징적인 형태는 사각형의 판상 블록에 별 특징 없는 유리피막을 덮은 건물로 대체되었는데, 무한히 반복되는 듯한 이들 건물의 외부 형태 디자인은, 사무소나 아파트의 반복적인 수많은 층들을 논리적이고 경제적인 방법으로 제공할 필요가 낳은 필연적인 결과물이었다. 유리피막은 겨울철 열손실과 여름철 열부하를 받기 쉬워서, 건물은 난방과 환기에 많은 에너지를 소비하는 대량의 설비를 갖추어야 했다. 도로로부터 깊게 들어간 부지를 경제적으로 사용하느라 건물의 깊이 역시 커지면서 많은 노동자들은 창문에서 멀어진 채 항상 인공조명 아래에서 일해야 하는 상황이 초래되었다.

    많은 고층 건물들의 전반적인 개념은 맥 없이 평범했지만 디테일과 비례감에서는 매우 우아하고 값비싼 것이었다. 벨루시(Pietro Belluschi)가 에퀴터블 저축대출협회(Equitable Savings and Loan Association)의 의뢰로 오리건 주 포틀랜드(Portland)에 설계한 건물(1948)은 유리피막을 사용한 초기 사례였다. 라이트가 와이오밍 주 레이신(Racine)에 설계한 존슨 왁스사(社)의 실험동 타워(1947-1950)는 고도로 개인적인 표현이 구사된 변종으로서, 여기서 사용된 유리는 박판 유리가 아니라 내열 유리관(Pyrex tubing)이었다. 미스 반 데어 로에가 시카고에 지은 레이크 쇼어 드라이브(Lake Shore Drive) 860번지와 880번지 고급 아파트들(1948-1951)은 자신의 우아한 강철 유리 미학을 발전시킨 것이었다. 한편 담배갑 형상의 판상 건물이 보편적인 형태가 되었는데, 르 코르뷔지에는 뉴욕의 국제연합(United Nations, 1947-1952)을 이런 형태로 설계했으며, 솜(SOM, Skidmore, Owings and Merrill)은 뉴욕의 레버 사옥(Lever Company, 1952)을, 미스와 필립 존슨은 시그램 사옥(Seagram Company, 1958)을 역시 이런 형태로 설계했다. 판상형 건물인 시그램 사옥은 아름다우면서 보란듯이 사치스럽게 설계되었다. 이는 대리석과 청동, 빛깔을 입힌 유리 등으로 싸 발랐기 때문만이 아니라, 값비싼 파크 애버뉴(Park Avenue) 부지의 상당 부분을 공공광장으로 할애했다는 사실 때문이기도 했다. 이러한 종류의 통 큰 씀씀이는 이후 다른 많은 사무소 건축의 특징이 되었는데, 솜이 뉴욕에 설계한 유니언 카바이드 빌딩(Union Carbide Building, 1957-1960)과 체이스 맨해튼 빌딩(Chase Manhattan Building, 1957-1960), 앨리슨 스미슨(Alison Smithon)과 피터 스미슨(Peter Smithon) 부부가 설계한 런던의 『디 이코노미스트(*The Economist*)』 사옥(1962-1964)이 이러한 사례에 해당한다.

부동산 붐 1

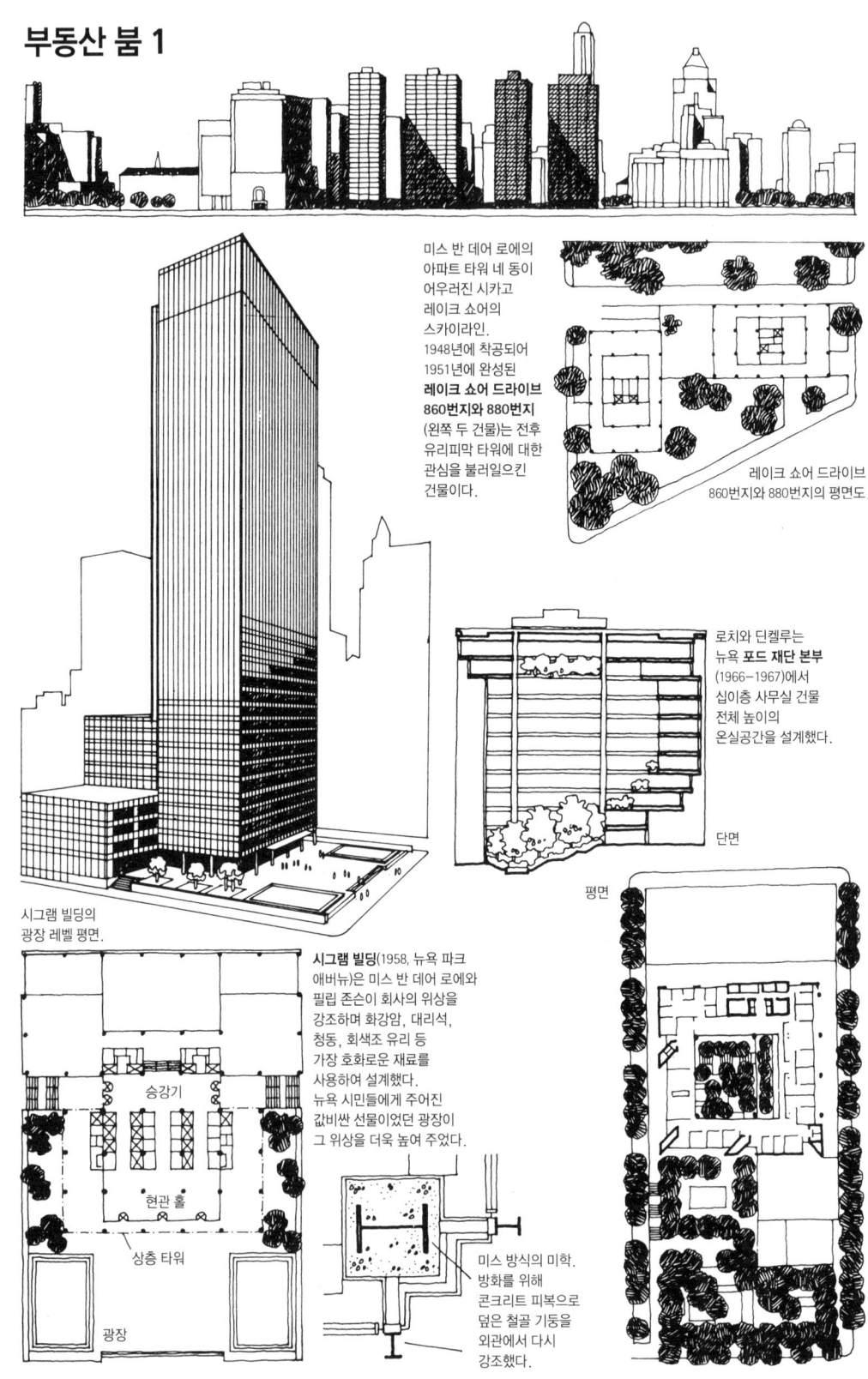

미스 반 데어 로에의 아파트 타워 네 동이 어우러진 시카고 레이크 쇼어의 스카이라인. 1948년에 착공되어 1951년에 완성된 **레이크 쇼어 드라이브 860번지와 880번지**(왼쪽 두 건물)는 전후 유리피막 타워에 대한 관심을 불러일으킨 건물이다.

레이크 쇼어 드라이브 860번지와 880번지의 평면도.

로치와 딘켈루는 뉴욕 **포드 재단 본부** (1966–1967)에서 십이층 사무실 건물 전체 높이의 온실공간을 설계했다.

단면

평면

시그램 빌딩의 광장 레벨 평면.

시그램 빌딩(1958, 뉴욕 파크 애버뉴)은 미스 반 데어 로에와 필립 존슨이 회사의 위상을 강조하며 화강암, 대리석, 청동, 회색조 유리 등 가장 호화로운 재료를 사용하여 설계했다. 뉴욕 시민들에게 주어진 값비싼 선물이었던 광장이 그 위상을 더욱 높여 주었다.

미스 방식의 미학. 방화를 위해 콘크리트 피복으로 덮은 철골 기둥을 외관에서 다시 강조했다.

부동산 붐 2

헨트리히와 페치니히가 설계한
피닉스 타워(1957-1960, 뒤셀도르프).

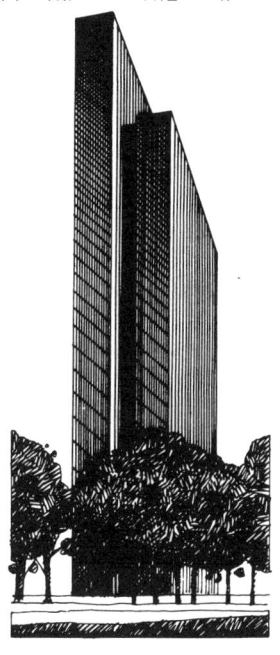

레벨과 파킨의
토론토 시청사(1958-1965).

회의실

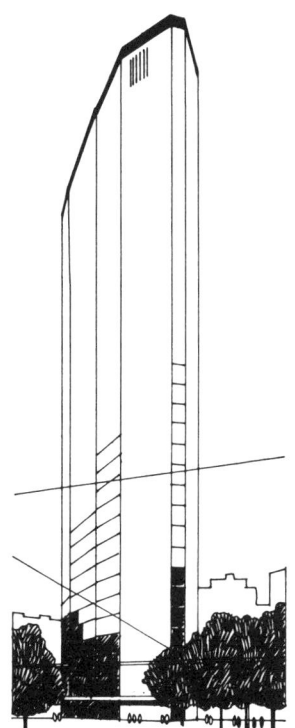

주기둥

밀라노의 **피렐리 빌딩**은 건축가 지오 폰티와 구조공학자 네르비가 긴밀히 협력하여 설계한 것이다.

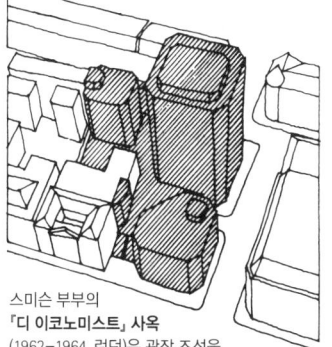

스미슨 부부의
『**디 이코노미스트**』 사옥
(1962-1964, 런던)은 광장 조성을
이유로 전통적인 도로 경관을 깨뜨리고 있다.

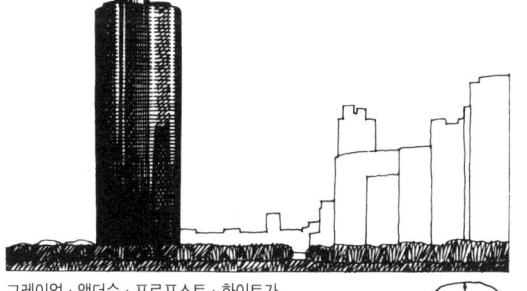

그레이엄 · 앤더슨 · 프로프스트 · 화이트가
설계한 시카고의 **레이크 포인트 타워**(1968)는
고급 아파트와 상업적 사무실을 포함한
건물이다.

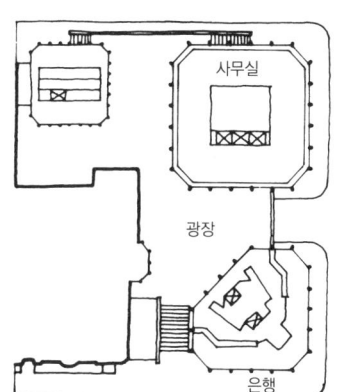

사무실

광장

은행

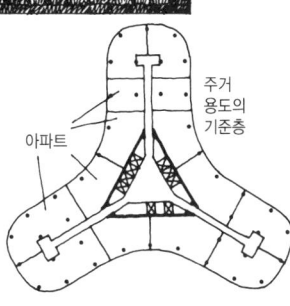

주거
용도의
기준층

아파트

이탈리아의 예술부흥

밀라노에서는 건축가 지오 폰티(Gio Ponti, 1891-1979)가 피렐리사(社)의 의뢰로 우아한 사무소 건물을 설계했다. 여기에서는 유리피막 외벽의 끝없는 반복에서 벗어나려는 의도로 한정적이면서도 만족할 만한 형상의 창출을 시도했다. 이 건물의 형태는 부분적으로는 폰티의 합리주의적 계획에서 나왔고 부분적으로는 네르비(Pier Luigi Nervi, 1891-1979)의 창조적인 구조로부터 나온 것이다. 근처에 있는 'BBPR'[83] 설계의 토레 벨라스카(Torre Velasca, 1956-1957)는 초고층 건축 설계의 새로운 출발이었다. 건축적 익명성으로 인해 얼굴 없는 다국적주의에 적합했던 미스류의 접근과는 대조적으로, 밀라노 건축가들의 철학은 좀더 초기의 자본주의 단계, 즉 도시의 자부심을 표현하기 위해 역사적인 참조물을 의도적으로 사용하곤 했던 그 시대에 속했다. 전쟁 후 로마·토리노·밀라노 부르주아 계급의 부유함에 힘입어 영화·문학·디자인 분야에서 약간의 예술부흥이 일어났다. 가구 디자인은 창조적이면서 조금은 엉뚱했다. 밀라노의 자노타사(社)에서 생산한 투명하고 부풀어 오르는 의자와 유동성있는 '자루형(sacco)' 의자, 그리고 마지스트레티(Vico Magistretti)의 다소 퇴폐적이고 역사주의적인 가구 등, 이 모든 것들은 근대 운동의 합리주의적 원리를 뒤엎어 버리는 듯했다. 건축에서도 역사주의에 대한 관심을 나타내기 시작했다. 가르델라(Ignazio Gardella, 1905-1999)가 베네치아 자테레(Zattere)에 지은 그의 집(1957), 그리고 알비니(Franco Albini, 1905-1977)와 헬그(Franca Helg)가 설계한 로마의 리나센테 백화점(La Rinascente, 1961) 같은 작품들은 아르누보 시기의 '리버티 양식'에 대한 몇몇 비평을 떠올리게 한다. 토레 벨라스카의 역사주의는 중세 말기에 해당하며, 캔틸레버로 돌출된 상층부와 성곽 모양을 낸 지붕선은 피렌체의 팔라초 베키오(Palazzo Vecchio)를 연상시킨다.

초고층 건축의 형태 탐구

중세에 그랬듯이 높은 탑은 그것을 소유한 자의 자부심과 특권을 과시하는 것이었다. 따라서 주변보다 돋보여야 했다. 디테일 설계가 아름다운 판상

네오리버티 양식

아킬리(Achilli)·브리기디니(Brigidini)·카넬라(Canella)가 설계한 **주택**(1965, 이탈리아 세베소 인근).

가르델라가 설계한 **주택** (1957, 베네치아 자테레).

스튜디오 BBPR이 설계한 **토레 벨라스카**(1956-1957, 밀라노)는 네오리버티 양식의 전형이다.

가티(Gatti)·파올리니(Paolini)·테오도로(Teodoro)가 디자인한 밀라노 자노타사(社)의 **자루형(sacco) 의자**(1967).

데 파스(De Pas), 두르비노(D'Urbino), 로마치(Lomazzi), 숄란(Scholan)이 디자인하고 역시 자노타사가 제조한, 부풀어오르는 플라스틱으로 만든 의자 **블로**(Blow, 1967).

알비니와 헬그가 설계한 **리나센테 백화점**(1961, 로마).

마지스트레티가 디자인하고 카시나사(社)가 제조한, 붉은 래커 칠한 **의자**(1960).

형 건물이 더욱 보편화하면서 건축가들은 경제적으로 필수적인 요소인 규모와 반복을 그대로 유지하면서 건물의 정체성을 높이기 위해 기본 형상에서 변화를 추구했다. 헨트리히(Hentrich)와 페치니히(Petschnigg)가 설계한 뒤셀도르프의 피닉스 타워(Phoenix Tower, 1957-1960)는 크고 작은 두 개의 판상형 건물을 나란히 배치한 형태로 구성되었다. 레벨(Revell)과 파킨(Parkin)의 토론토 시청사(1958-1965)도 역시 두 개의 판상형 건물로 이루어졌지만 중앙에 있는 원형의 의사당 주위로 굽은 곡선 형상으로 설계되었다. 시카고의 레이크 포인트 타워(Lake Point Tower, 1968)에서 그레이엄·앤더슨·프로프스트·화이트는 미스의 초기 작품인 '유리 마천루 설계안'으로 돌아가서 구불구불한 유리 외벽을 가진 고층 타워를 설계했다. 더욱 대규모인 것으로는 솜이 시카고에 설계한 존 핸콕 타워(John Hancock Tower, 1969)가 있는데, 이는 외벽에 설치된 대형 대각선 버팀대로 사각 형상을 지탱하는 거대한 단일체 기둥 같은 건물이었다. 그러나 야마사키 미노루(山崎實)가 설계한 뉴욕 세계무역센터(World Trade Center)의 쌍둥이 타워(1962-1977)가 이보다 높게 건축되었고, 솜이 시카고에 설계한 거대한 시어스 타워(Sears Tower, 1968-1970)는 쌍둥이 타워보다도 높게 건축되었다. 이 건물은 현재 세계에서 가장 높은 건물이다.[84]

일류 사옥 건물 중에서 흥미로운 것으로는 뉴욕의 포드 재단 본부(1966-1967)를 꼽을 수 있는데, 설계자인 로치·딘켈루 건축사무소(Roche, Dinkeloo and association)는 이 건물을 넓은 십이층 건물 내부에 십이층 높이의 온실을 두어 각 층의 사무실이 이곳으로 개방되도록 설계했다. 복잡한 가로의 소음과 오염에 대한 처방으로서 이런 양호한 내부적 환경을 만드는 일은 사옥 설계에서 인기를 얻게 되었다. 예를 들어 노먼 포스터(Norman Foster)의 작품 속에서도 이러한 요소가 보이는데, 그가 입스위치(Ipswich)에 설계한 윌리스 페이버 듀마스 사옥(Willis Faber Dumas offices, 1973)이 그러했고, 상하이 홍콩 은행의 설계에서 제안한 유리 타워는 외부의 공공장소와 차단하여 내부에 풍부한 공간을 연출했다.

도심지의 상업적 재개발

1960년대 동안 서구 도시들에서는 중심지역 재개발 계획들이 절정에 이르렀다. 몬트리올에서 애플렉(Affleck)·데스바라(Desbarats)·디마코풀로스(Dimakopoulos)·레벤솔트(Lebensold)·지제(Sise) 등이 계획한 플레이스 보나벤처(Place Bonaventure, 1967)는 십만 평방미터에 달하는 상업용 면적을 담는 다층 복합 건축물이었다. 런던에서는 피카딜리 서커스(Piccadilly Circus)에 있는 '모니코(Monico)' 부지에 건축가 코튼(Cotton)·발라드(Ballard)·블로(Blow)가 설계한 제안을 시작으로, 지주들에 의한 투기 성향의 상업적 제안들이 1960년대까지 성행했다. 개별적이지만 서로 연결된 개발사업들이 코번트 가든(Covent Garden) 지역 일대와 레스터 스퀘어(Leicester Square)의 일부, 피카딜리 서커스 일대, 리젠트 거리의 대부분, 그리고 옥스퍼드 거리와 메이페어(Mayfair)의 넓은 지역에 걸쳐서 진행되었다. 이들 개발사업은 고가(高架) 데크와 보도, 가동(可動) 보도, 지하도로, 그리고 수백만 평방미터에 이르는 새로운 상업용 건물들을 포함하고 있었다. 파리에서도 역시 대부분의 새로운 개발이 개선문 바로 서쪽에 위치한 라데팡스(La Défense)의 칠백 헥타르 규모의 광대한 교외지역을 겨냥하고 있었지만, 중앙도매시장(Les Halles)이 폐쇄되면서 중심부 지역 재개발이라는 흔치 않은 기회가 제공되었다.

수많은 계획들이 야심에 찬 색다른 내용으로 준비되었지만 해당 지역에서는 이들에 대한 반감이 커져 갔다. 파리와 런던, 그리고 다른 어디에서나 재개발 원리에 대한 우려가 커져 가고 있었는데, 옛 건물들의 보존을 바라는 중간 계급 보존주의자들과 중심지역의 기존 사회구조를 지키려고 노심초사하는 지역 노동자 계급 사회가 그 중심 세력이었다. 많은 계획안들 자체가 지나치게 야심적이고 실질적이지 못하다는 점이 보존주의자들에게 유리하게 작용했다. 코번트 가든에서는 보존주의자들이 승리하여, 옛 건물들의 대부분을 남겨서 개보수하는 방식으로 개발되었다. 중앙도매시장에서는 보존주의자들이 패배했다. 발타르의 건물들을 철거하고 새로운 상업적 개발로 대치했는데, 그 중심적인 건물이 피아노(Piano)와 로저스

(Rogers)가 설계한 첨단기술의 보부르 센터(Centre Beaubourg, 1976)[85]였다. 두 경우 모두 과거의 사회구조는 파괴되었다. 낮은 토지가치를 기반으로 하고 있는 불안정한 지역경제에 값비싼 개보수는 값비싼 재개발만큼이나 불리했던 것이다.

투기적인 부동산개발은 자본주의 사회에서 자행되던 것 중 가장 극악한 것이었다. 이러한 개발이 만들어낸 건물들은 인간의 필요를 충족시키기 위해서가 아니라 금전적인 자산으로 기능하기 위해 설계되었다. 세이퍼트(Richard Seifert)가 설계한 런던의 사무소 건물인 센터 포인트(Center Point, 1959-1963)가 십오 년 동안이나 비어 있었다는 사실은 별 문제가 되지 않았다. 노동자를 수용한 것도 아니고 임대료를 번 것도 아니었지만 건물의 가치와 담보능력은 계속 증가하고 있었다. 다국적 기업과 마찬가지로 부동산 투기업자는 더 많은 금전적 수익을 찾아 국경을 넘나들기 시작했다. 미국인들은 유럽에, 유럽인들은 미국에 투자했다. 또한 이들은, 착취당하면서 인위적인 부동산 붐이 일고 있는 제삼세계 도시들에도 투자했다.

대부분의 건축가들은 자신의 역할에 대해 아무런 의심도 없었다. 비평가로부터의 갈채나 직업적인 성공을 얻기 위해서라면 상업적 재개발이 갖는 사회적 영향은 무시할 수 있었다. 심지어는 재개발이 '낡은' 지역에 '새로운 생활'을 가져다준다는 이유로, 혹은 자본주의를 '이용'해 공공의 이익을 창출할 수 있다는 이유를 들어, 재개발이 갖는 사회적 가치를 자신들과 남들에게 설득하기까지 했다. 예컨대 타워 앞에 확보된 광장은, 재개발로 인해 기업 소유주가 차지한 엄청난 경제적 이득을 사회 공익을 위해 환원하는 적절한 보상물인 양 여겨졌다. 최고의 질적 수준을 가진 건축의 배후에 사회적 경제적 부정의가 깔려 있는 경우가 적지 않았던 것이다.

공공건축

전후 시기는 다양성과 독창성 그리고 기술의 질적 측면에서 빅토리아 시대를 뛰어넘는 비상한 공공건물들로도 주목할 만한 시기였다. 전쟁 전 오십 년에 걸친 불황과 정치적 소요와 전쟁은 근대 건축운동의 이론을 위해서는 기름진 토양을 제공했지만, 그 이론들의 실현 가능성은 거의 제공하지 못했었다. 그러나 이제 풍요로워진 전후 사회가 경제적 정치적 기회를 제공했다. 더 이상 근대 건축을 사회주의와 연관지을 아무런 이유가 없었다. 동양에서는 국가가 통제하는 자본주의가, 서양에서는 국가가 지원하는 독점 자본주의가 사회를 지배하면서 혁명적 정치노선은 대중의 생활과 멀어지게 되었다. 공공 부문과 민간 부문은 더욱 복잡한 경제적 관계망 속에 함께 연결되어 있었고, 케인스가 제안했듯이 이 속에서 국가의 개입은 자본주의의 힘을 감소시키기보다는 증가시키는 쪽으로 작동했다. 이러한 힘에 대한 건축적 표현이었던 공공건축은, 정부에서 의뢰한 것이든 민간에서 의뢰한 것이든 간에 통 큰 씀씀이와 넘치는 상상력으로 근대 디자인의 온갖 구조적 공간적 가능성들을 탐구해 나갔다.

전후 부르주아의 예술형식들이 상업적으로 이용되면서 —특히 축음기와 라디오로 인해 대중화된 고전음악, 그리고 출판과 텔레비전으로 인해 대중화된 시각예술이 그랬는데— 콘서트홀이나 전시관, 예술 센터 등의 건축이 늘어났다. 런던의 로열 페스티벌 홀(Royal Festival Hall, 1948-1951)은 런던 만국박람회(Great Exhibition) 백 주년을 기념해 영국 제품을 전시하는 박람회의 일환으로 건축되었다. 이 건물은 매튜(Robert Matthew)가 이끄는 런던 시의회 건축가 그룹이 설계했는데, 여기에는 마틴(Leslie Martin)·윌리엄스(Edwin Williams)·모로(Peter Moro)가 참여했다. 이 건물은 음향설계 면에서 기술적 성과를 거두었으며, 1960년대의 대대적인 개조로 그 주요한 부분들이 훼손되기 전까지만 해도 국제주의 양식의 온갖 공간적 기술의 표본이 되었던 건물이다. 뉴욕의 구겐하임 미술관(Guggenheim Museum, 1943-1959)은 프랭크 로이드 라이트가 전시관 설계에 대해 독특한 방법을 보여준 사례로서, 중앙에 돔을 씌운 공간 주위를 커다란 나선형의 경사로가 감싼 형태로 계획되었다. 마에가와 구니오(前川國男)가 설계한 도쿄 페스티벌 홀(1959-1961)과 단게 겐조(丹下健三)가 설계한 니치난(日南) 문화 센터(1961-1963)는 극적이고 기념비적인 콘크리트 건물로서, 르 코르뷔지에의 영향과 일본의 전통적인 구성주의적 목조건물의 영향을 함께 받은 것이었다. 샤로운이 설계한 베를린 필하모니 홀(1960-1963)은 화려한 표현주의적 건물로서 특정 지휘자와 오케스트라[86]의 요구에 맞추어 설계된 것이다. 뉴욕의 링컨 센터(Lincoln Center, 1957-1966)는 아브라모비츠와 해리슨이 필립 존슨과 에로 사리넨(Eero Saarinen)과 협력하여 설계한 것으로, 정교하고 전문화된 문화적 '게토'를 형성한 이 건물들은 마치 순수예술이 도시의 일상생활로부터 떨어져 있음을 강조하는 듯했다. 런던판 링컨 센터인 사우스 뱅크 센터(South Bank complex)는 음울한 콘크리트 건물들로 건축되어 훨씬 덜 화려한 편인데, 런던 시의회가 로열 페스티벌 홀에 퀸 엘리자베스 홀(Queen Elizabeth Hall)과 퍼셀 관(Purcell Room), 그리고 헤이워드 갤러리(Hayward Gallery, 1961-1963)를 증축하고, 후에 라스던(Denys Lasdun)이 설계한 국립극장을 추가하여 조성된 복합 예술 센터이다. 아마도 가장 극적인 것은 외른 웃존(Jørn Utzon)이 설계한 시드니 오페라 하우스(Sydney Opera House, 1956-1973)로서, 애럽(Over Arup)이 구조설계를 담당한 돛 모양의 아름다운 콘크리트 지붕이 항구 전면을 압도하고 있다. 포스터(Norman Foster)가 설계한 이스트 앵글리아 대학(University of East Anglia)의 세인스버리 갤러리(Sainsbury Gallery, 1978)에서도 다른 종류의 호화로움을 엿볼 수 있다. 이는 첨단과학 기술을 이용한 우아한 건물로서 센서를 장치하여 경량 외피막이 날씨에 따라 변화하도록 했다. 이런 유형의 건물들이 대개 그렇듯이, 이 건물은 성공한 기업가들 일가가 공공에게 베푸는 보상물로서, 이타주의를 광고효과와 영악하게 결합시킨 건축적 기념비들의 계보를 이었다.

국제 스포츠는 국가적 위신을 이유로, 그리고 텔레비전 중계권과 광고로 벌어들이는 이익을 기대하며 장려되었다. 특히 축구와 육상 경기의 인기가 높아졌다. 라틴아메리카 국가들에서 축구는, 포부에 찬 젊은 선수들에게는 빈곤으로부터의 탈출구를 제공했고 관중들에게는 빈곤을 잠시 잊게 해주었는데, 이런 가운데 축구 경기가 일종의 종교처럼 되어 갔다. 이십만 명의 관중을 수용하는 리오의 마라카냐 경기장(Maracaña Stadium)은 세계 최대의 규모였고, 1968년에 건설된 멕시코시티의 아즈텍 경기장(Aztec Stadium)

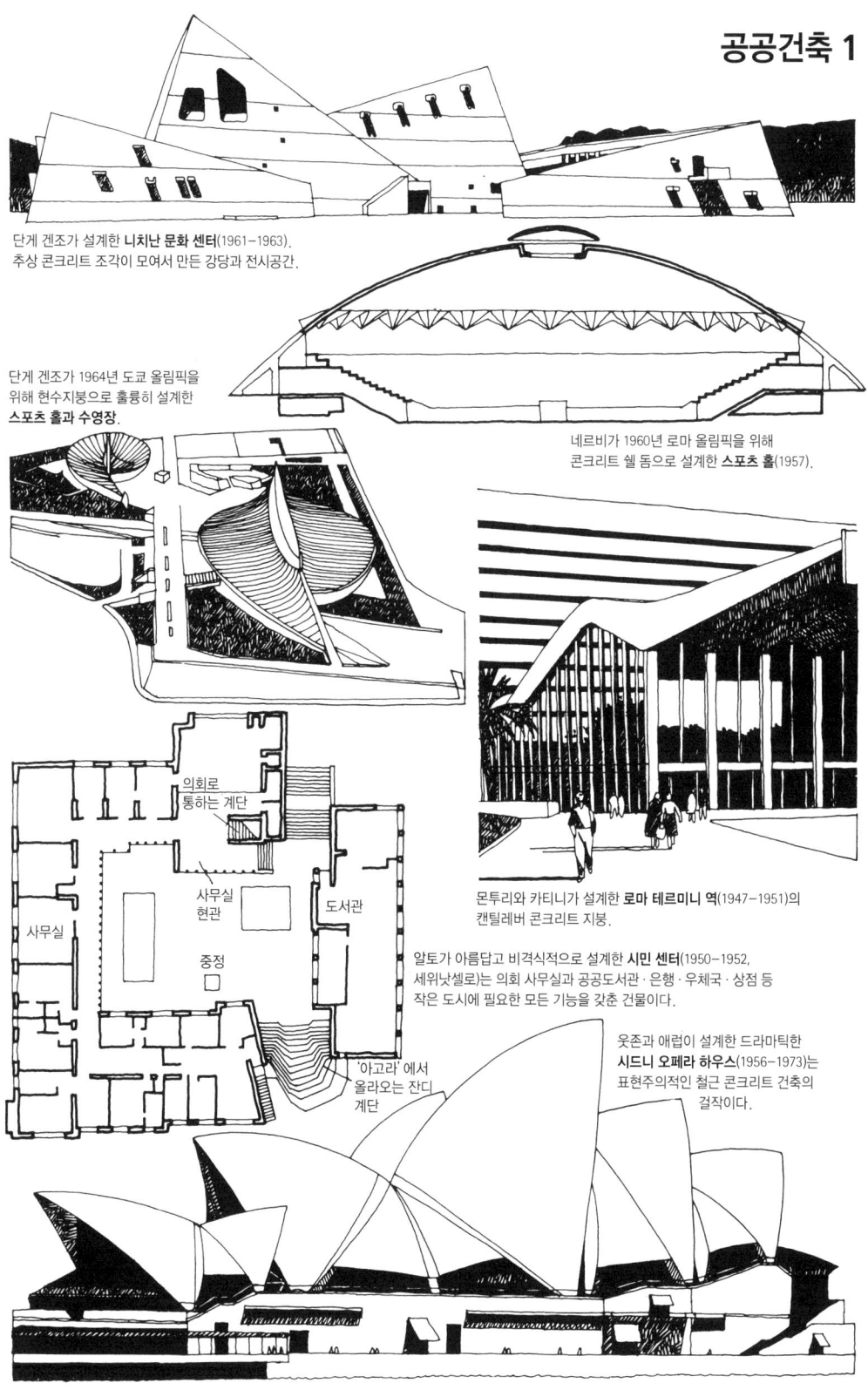

은 가장 훌륭한 시설을 갖춘 경기장 중의 하나였다. 국가 정부와 시 자치 당국은 월드컵 경기나 올림픽 게임을 유치하기 위해 막대한 비용을 지출하여 유치 과정에서 파산에 이르는 경우도 있었다. 1948년 런던 올림픽은 기존 건물들을 활용했으며, 1952년 헬싱키 올림픽에서는 린데그렌(Lindegren)과 엔티(Jäntti)의 설계로 1933년에 착공한 소규모 비공식적 경기장으로 충당했다. 그러나 1960년 로마 올림픽에서는 네르비가 설계한 돔을 올린 우아한 스포츠 홀(Palazzetto dello Sport, 1957)과 스포츠 궁전(Palazzo del Sport, 1958-1960)을 건설했고, 1964년 도쿄 올림픽에서는 단게 겐조가 설계한 멋진 포물선형 지붕을 가진 경기장을 건축했으며, 1972년 뮌헨 올림픽에서는 프라이 오토(Frei Otto)가 돛대와 강철 케이블로 만든 구만 평방미터에 이르는 천막 지붕 경기장을 건축했다. 1976년 몬트리올 올림픽에서는 비용이 너무 많이 지출되어 그 지역의 정치가 위기에 빠졌으며, 올림픽의 장래에 대한 의구심이 확산되었다.

빅토리아 시대의 공공건물은 그것의 메시지를 문학적 역사적 연상관념을 통해 전달했다. 예를 들어 빌라드 주택(Villard houses)[87]에서는 이를 보고 메디치 가문을 떠올릴 수 있을 정도로 상당한 수준의 교양이 필요했다. 반면에 근대의 공공건물은 기능주의를 통해 표현하거나, 그 의미를 모호하게 만들어 거의 프로이트적인 수준으로 실마리만을 전달할 뿐인 표현주의적인 추상을 통해 표현했다. 토리노에 건축된 네르비의 전시장(1947-1949)과 노동 궁전(Palazzo del Lavoro, 1959-1961)은 순수한 구조물로서 기하학적 추상으로 전개된 작품이다. 몬투리(Montouri)와 카티니(Catini)의 로마 철도역(1947-1951)은 곡선의 캔틸레버 지붕으로 설계되었고, 사리넨이 뉴욕 케네디 공항에 설계한 TWA 청사(1961)는 새가 내려앉는 형상의 지붕으로 건설되었다. 그리고 역시 사리넨이 설계한 덜레스 공항(Dulles airport) 터미널 건물(1958-1962)은 유리벽체 위에 육중한 콘크리트 지붕이 떠 있는 형태였다. 이 건물들은 각기 다른 방식으로 여행의 들뜬 분위기를 추상적으로 표현한 것이었는데, 이는 낭만적인 고풍스러움을 표현했던 펜실베이니아 역 같은 과거시대 표현양식에 대한 참조를 완전히 탈피한 설계였다.

명백히 정치적 목적을 띤 건물들, 예를 들어 사리넨이 설계한 런던의 미국 대사관(1956-1960), 단게 겐조가 설계한 구라시키(倉敷) 시청사(1958-1960), 칼만(Kallmann)·매킨넬(McKinnell)·놀레스(Knowles)가 설계한 보스턴 시청사(1962-1969) 같은 건물들은 모두 격식있고 기념비적인, 결과적으로 가까이하기 어려운 근엄함을 표현했다. 이는 근대 관료제가 시민들의 손쉬운 접근과 민주주의를 자임했음에도 불구하고 계속해서 자신의 주위를 둘러쌌던 그런 근엄함이었다. 오직 알토가 세위낫셀로(Säynatsälo)에 설계한 작은 시민 센터(1950-1952)만이 토착적인 재료와 아름답고 비격식적인 계획을 통해, 모든 정부가 주창할 뿐 실행하지 못했던 인간적 이상을 건물형태에 표현했다. 격식있고 기념비적이면서도 인간적인 공공건물을 창조하는 것은 자기 모순적이며 해결하기 곤란한 문제였던 것이다.

이는 건축적 어휘로 우주적 장대함이라는 개념을 표현해야 할 뿐 아니라, 극히 개인적인 심리상의 필요까지 충족시켜야 하는 것으로 여겨졌던 교회설계에서 특히 그러했다. 중세 설계자들은 이를 해결했지만, 이제는 이미 잊혀져 버린 복합적이고 상징적인 고딕 건축의 어휘를 사용하는 것은 불가능했다. 이를 시도하는 일이 위험하다는 것은 고딕 부흥주의의 건물들이 원래의 고딕 정신을 포착하는 데 실패한 것으로 충분히 입증된 일이다. 스콧(Giles Gilbert Scott)이 설계한 리버풀 대성당(1903-1980)은 고딕 양식을 모방하는 데 따르는 시대착오적인 공허함을 예증했으며, 스펜스(Basil Spence)가 설계한 새로운 코번트리 성당(Coventry Cathedral, 1951-1962)은 고딕의 형태를 근대적 재료와 기술로 소화하려는 시도가 부적절하다는 것을 보여주었다. 근대 건축가가 제시할 수 있는 것은 당연히 합리적 접근으로 계획하는 것이었고, 실제로 가장 성공적인 교회들은 예배의식의 공간적 필요와 역동성에 대한 필요를 기능주의적 어휘로 해결한 것들이었다. 가장 뛰어난 사례로 알토가 핀란드의 이마트라(Imatra)에 설계한 부오크세니스카 교회(Vuoksenniska Church, 1956-1958)와 르 코르뷔지에가 보주(Vosges)의 브장송 인근 롱샹(Ronchamp)에 설계한 순례성당(Notre Dame du Haut, 1950-1955)을 꼽을 수 있는데, 이들은 다목적 건물로 설계된 것이었다.

알토의 건물은 스크린을 사용하여 전체 공간을 세 개의 독립된 공간으로 분할했고, 교회와 마을회관으로 동시에 사용할 수 있도록 설계되었다. 르 코르뷔지에의 예배당은 내부에는 개인적인 신앙을 위한 제단을, 외부에는 순례자들 수천 명이 모일 수 있는 야외 제단을 갖추고 있다. 합리적인 계획이 부분적으로는 답을 주었지만 여전히 상징적인 언어를 전개할 필요가 있었다. 이 두 건물은 각 건축가의 성격을 반영한 만큼이나 각각의 문화적 배경을 반영하고 있다. 하나는 북부의 프로테스탄트 교회이고 다른 하나는 남부의 카톨릭 교회였다. 알토의 접근은 아폴론적으로서, 그의 건물은 침착하고 합리적이며 커다란 고창(高窓)에서 들어오는 빛으로 충만해 있다. 비범하고 상세하게 처리된 복잡한 건축언어는 지적이고 강렬한 건물로 귀결되었다. 이에 비해 르 코르뷔지에의 접근은 디오니소스적으로, 형태와 질감, 빛의 색채와 빛줄기를 혼합하여 신비로운 극장 같은 효과를 창출했다. 두꺼운 조적 벽체 속에 끼워 넣은 도색 유리창들, 동굴 속의 보석처럼 타오르는 불빛, 그리고 벽체 위에 좁은 햇빛 채광 틈을 두고 떠 있는 고래등 형상의 거대한 지붕 등으로 그런 효과를 만들어낸 것이다.

대학 캠퍼스 건축

가장 중요한 건축적 노력을 기울인 분야의 하나는, 커져 가는 산업국가의 행정적 기술적 지도자들을 육성하기 위해 급격히 팽창한 대학 캠퍼스 계획에서 이루어졌다. 토지를 많이 보유했던 여러 옛 대학들은 전후 미친 듯한 부동산 붐 속에서 커다란 재정적 이익을 보았다. 또한 돈은 다른 곳에서도 유입되었다. 기술의 미래, 혹은 특권에 투자하는 정부로부터도 유입되었고, 대학과 교수진에게 기부함으로써 불후의 명성을 얻으려 하는 잘나가는 기업들로부터도 유입되었다. 산업이 가장 발달한 몇몇 나라를 포함해 대부분의 나라에서 초등교육은 자원부족에 시달렸지만, 대학은 가장 뛰어난 근대 건축가들이 관대한 고객으로부터 두툼한 보수를 받으며 일할 수 있는 명소 중의 명소가 되었다. 일을 처리하는 데 적합하다고만 생각된다면 외국의 유수한 건축가들을 고용하는 것도 가능할 만큼 재정이 넉넉했다. 알

공공건축 2

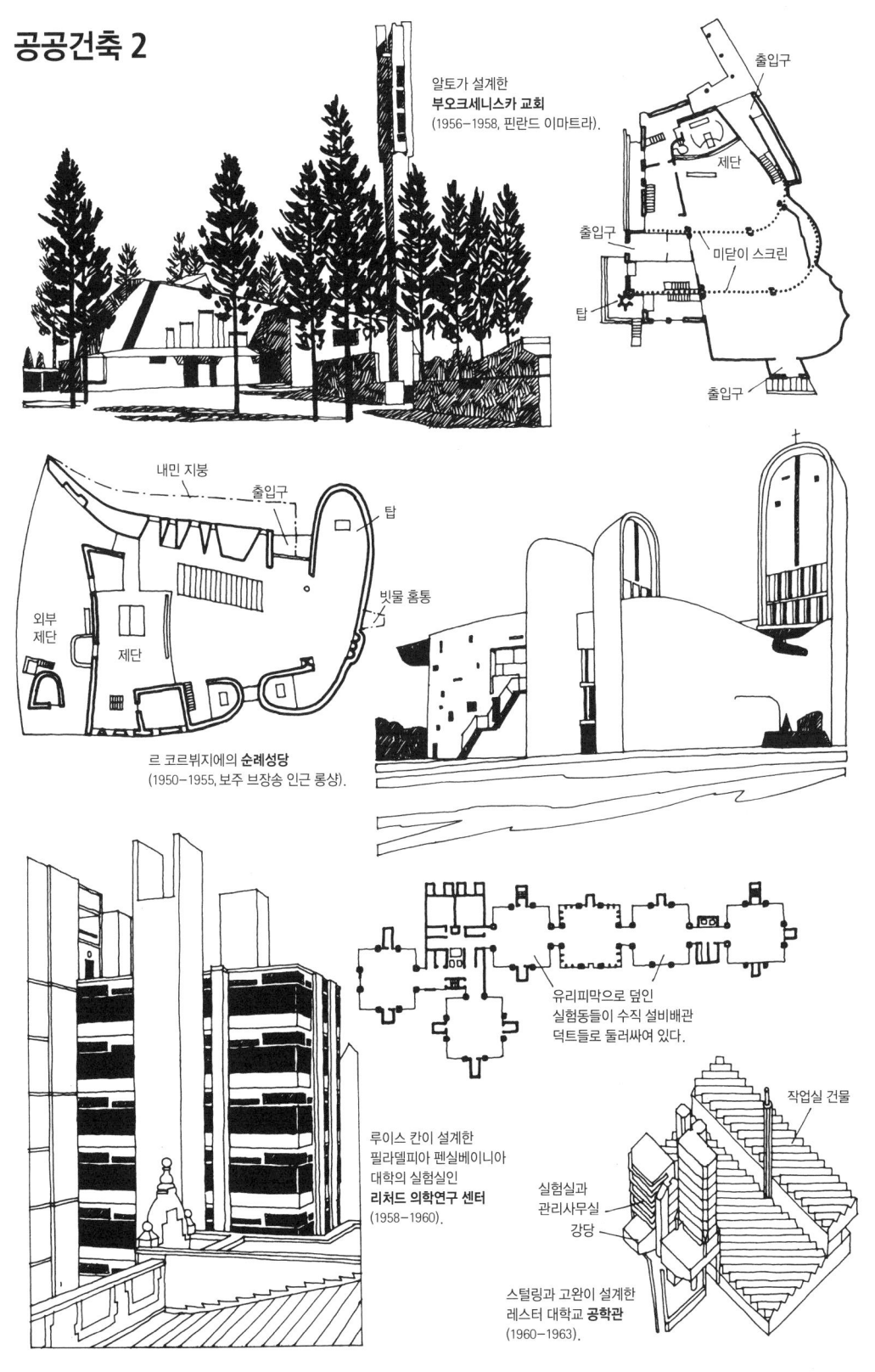

알토가 설계한 **부오크세니스카 교회** (1956–1958, 핀란드 이마트라).

르 코르뷔지에의 **순례성당** (1950–1955, 보주 브장송 인근 롱샹).

루이스 칸이 설계한 필라델피아 펜실베이니아 대학의 실험실인 **리처드 의학연구 센터** (1958–1960).

스털링과 고완이 설계한 레스터 대학교 **공학관** (1960–1963).

토는 매사추세츠 공대 기숙사(1947-1949) 설계에, 르 코르뷔지에는 서트와 함께 하버드 대학 카펜터 센터(Carpenter Center, 1961-1963) 설계에, 그리고 네덜란드 최고의 건축가인 야콥슨(Arne Jacobson)은 옥스퍼드 대학교의 새로운 세인트 캐서린 대학(St. Catherine's College, 1959-) 설계에 각각 초빙되었다. 또한 미스 반 데어 로에는 일리노이 공대에서 지배적인 영향력을 구가하며 일관된 설계를 진행했다. 어디에서든 대학교는 근대적 양식의 이국적 다채로움이 전시되는 건축의 동물원이 되었다. 예일 대학교에서는, 칸(Louis Kahn)과 오르(Douglas Orr)가 사층 콘크리트 상자 형태로 아트 갤러리와 디자인 센터(1954)를, 사리넨은 장엄한 포물선형 지붕이 있는 스케이트장(1958)을, 루돌프(Paul Rudolph)는 후기 구성주의 경향을 띤 기념비적인 분위기의 예술건축관(1959-1963)을 각각 설계했다. 케임브리지 대학교에서는 새로운 단과대학의 신축과 기존 단과대학의 증축이 진행되었는데, 셰퍼드(Richard Sheppard)가 설계한 처칠 대학 신축과 파월(Powell)과 모야(Moya)가 설계한 세인트 존 대학 증축이 그 예이다. 이 밖에도 케임브리지 대학교에는, 마틴(Leslie Martin)과 윌슨(Colin St. John Wilson)이 곤빌 앤드 카이우스 대학(Gonville and Caius Collage)에 설계한 침착하고 격식적인 하비 코트(Harvey Court, 1959-1962)와, 스털링(James Stirling)이 벽돌과 유리로 비범하게 설계한 역사학부 도서관(1966-1968) 등 유수한 건물들이 많이 건축되었다. 어느 대학교에서나 훌륭한 새로운 건물들이 건축되었다. 야마사키 미노루가 설계한 우아한 맥그리거 회의 센터(McGregor Conference Center, 1958)는 디트로이트의 웨인 주립대학에, 루이스 칸이 설계한 강력한 기능주의적인 리처드 의학연구 센터(Richards Medical Research Center, 1958-1960)는 펜실베이니아 대학에, 거친 산업재료들이 그 기능을 표현해 주는, 스털링과 고완(Gowan)이 설계한 공학관(1960-1963)은 레스터 대학에, 건축가연대(Architects' Co-Partnership)가 설계한 더넬름 하우스(Dunelm House, 1966)는 더럼 대학에, 알토의 훌륭한 강당 건물(1963-1965)은 헬싱키 공과대학에 각각 건축되었다.

산업건축

대학 캠퍼스들이 가진 이 모든 환경의 특권은 지적 엘리트, 특히 산업적 번영을 떠맡을 엘리트들의 배출을 장려하기 위한 것이었다. 1970년대쯤이면 산업국가이든 산업화하고 있는 나라이든 간에 과학 · 공학기술 · 행정 · 상업학과 졸업생들이 매년 대학 졸업생의 삼분의 이 이상을 차지했다. 그러나 19세기에도 그랬듯이, 정작 산업용 건물 설계에 주요한 건축가가 ─혹은 어떤 건축가이든─ 참여하는 경우는 거의 없었다. 거기에 위세를 부여하거나 특별히 환경적 감수성이 필요한 경우, 예컨대 롱비치 근해의 유정(油井) 굴착장치에 대한 반대를 무마하기 위해 건축적인 위장이 필요했던 경우가 아니고서는 말이다.

사리넨이 미네소타 주의 워렌(Warren)에 설계한 제너럴모터스 기술 센터(1949-1955)는 확실히 '위세'를 부여한 범주에 들어간다. 미스류로 설계된 몇몇 우아한 건물들은 방문객에게는 감동을, 직원들에게는 기업에 대한 자부심을 심어 주기 위한 것이었다. 풀러가 포드사의 의뢰로 디어본에 설계한, 돔을 얹은 '원형(rotunda)' 건물(1953)과 유니언 탱크 차량회사의 의뢰로 루이지애나 주 배턴 루지(Baton Rouge)에 설계한, 거대한 백 미터짜리 돔을 얹은 수리공장(1958)은 시공 기간이 매우 짧다는 이점까지 가져다 준 설계였다. 숙련된 설계자들은 시공과정과 설계의 합리성에 대해 면밀히 분석함으로써 경제성과 효율성을 확보할 수 있었다. 건축가연대는 브린모어 고무공장(Brynmawr rubber factory, 1945-1952) 설계에서, 아이어만(Egon Eiermann)은 블룸버그(Blumberg)의 면화공장(1951)에서, 피기니와 폴리니는 이브레아(Ivrea)의 올리베티사(社) 의뢰로 여러 단계의 프로젝트로 설계한 행정 및 기술 센터(1934-1957)에서 이를 획득할 수 있었고, 역시 올리베티사의 의뢰로 자누소(Marco Zanuso)가 설계한 부에노스아이레스 공장(1964)에서, 포스터와 로저스가 스윈던(Swindon)에 설계한 릴라이언스 전자공장(Reliance Electronics factory, 1964-1965)에서도 그러했다. 필립 존슨이 이스라엘의 레호보트(Rehovot)에 설계한 원자로(1961)는 육중한 콘크리트 요새를 고풍스러운 양식으로 설계하고 벽으로 둘러싸인 마당

산업건축

1930년대 자동차공장의 생산라인.

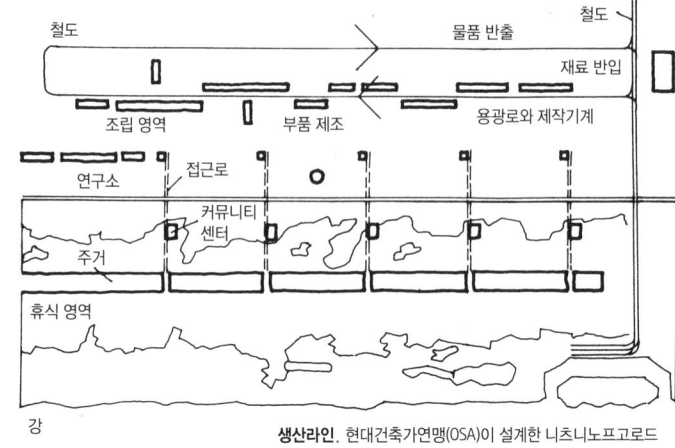

생산라인. 현대건축가연맹(OSA)이 설계한 니츠니노프고로드 (Nizhninovgorod) 자동차공장(1930)의 논리적인 배치.

기능적 설계로부터 도출된 **산업적 미학**.
앨버트 칸이 설계한 포드 유리공장(1922, 미시간 주 디어본).

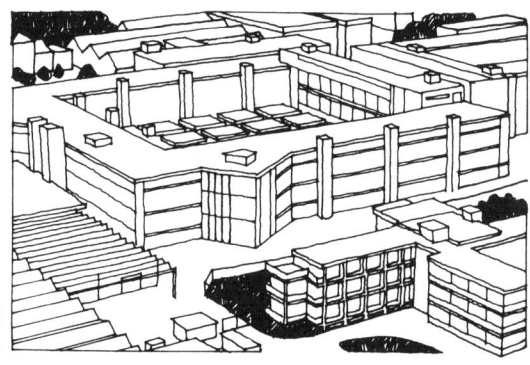

피기니와 폴리니의 **합리적 설계**가 산업과정을 보조했다. 올리베티 행정기술 센터 (1934-1957, 이브레아).

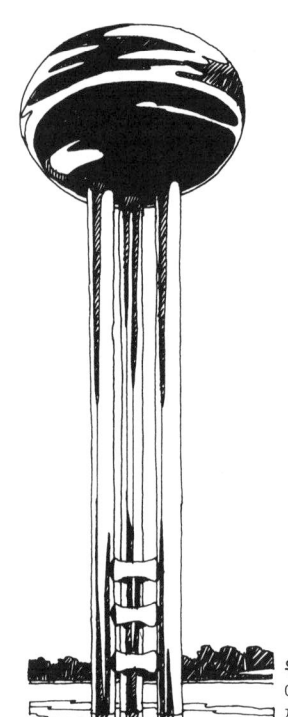

건축적 효과에 대한 고려 없이 설계된 기능적 건물의 **단순한 실용성**. 우르반이 설계한 나사 우주선 조립공장(1962-1966).

위상을 뽐내는 설계. 에로 사리넨이 설계한 제너럴모터스 기술 센터(1949-1955, 미시간 주 워렌)의 수조탑.

처럼 만든 것으로서, 이는 '미화(beautification)'라는 범주로 구분해야 될 만한 것이었다. 이와 정반대의 경우에 해당하는 것으로는 플로리다 주의 케이프 케네디(Cape Kennedy)에서 우르반(Max Urbahn)이 설계하고 로버츠(Roberts)와 섀퍼(Schaefer)가 기술을 맡은 우주선 조립공장(1962-1966)을 들 수 있다. 높이 이백 미터로 네 개의 새턴(Saturn) 로켓을 담을 수 있는 이 건물은 세계에서 가장 크고 비싼 격납고로서, 전적으로 실용적인 목적으로 설계되었으며 그 엄청난 규모 탓에 건축적으로 강한 인상을 받게 된 건물이었다.

전후 황금시대의 종언과 1970년대말의 위기

전쟁이 끝난 시점으로부터 사십 년에 걸쳐서 한 바퀴 경제순환이 이루어졌다. 전쟁 직후에는 긴축과 회복에서 시작하여 1960년대 격렬한 호황기를 누렸으며, 1970년대초부터는 불안감이 커져 가다가 1970년대말에는 역사상 최악으로 꼽을 만한 위기에 돌입하고 있음이 명백해졌다. 이 위기는 산업화한 세계가 스스로 자초한 것이었는데, 유연하고 다양한 정책으로 기민하게 대응한 다국적 기업들은 대체로 최악의 결과를 피할 수 있었지만, 그들이 취한 정책들은 지방경제를 심각한 영향 속에 몰아넣었다. 각국의 정부들은 속수무책이었는데, 이는 위기가 너무 심각했기 때문이기도 했지만 모든 국가의 경제들이 상호의존적이며 동시적인 영향권 안에 있었기 때문이기도 했다. 정부가 경제조절 정책을 펼 수 있는 것은 자신이 직접 통제하고 있는 부분, 즉 공공지출과 복지 분야에서뿐이었다. 복지국가 정책은 자본주의가 성공적으로 작동하는 시기에만 부산물로서 지속되었을 뿐 경기후퇴기에는 민간 부문의 이윤수준을 유지하기 위해 재원의 공급을 중단하면서 급속히 쇠퇴했다.

이 시기의 건축 역시 이러한 경향을 반영했다. 주요한 상업적 건축과 공업적 건축은 별다른 영향 없이 지속된 반면에 학교·병원·공공주택 건축은 국가의 경제상황에 크게 좌우되어 급격히 줄어들었다. 자본가는 늘 자신만이 부를 창출하는 유일한 존재라고 자기정당화를 해 왔다. 1960년대와

1970년대초만 해도 '자유주의적인(liberal)' 보수주의자들, 그리고 북미의 케네디 · 존슨 · 트뤼도(Trudeau)와 유럽의 브란트(Brandt) · 윌슨 · 히드 (Heath) 등의 사회민주주의자들은 이러한 부가 사회 전체의 이익을 위한 것이며, 자본주의는 공평한 방식으로 사용되어 왔고 앞으로도 그럴 것이라 주장했다. 크로스랜드(Anthony Crosland)는 『사회주의의 미래(*The Future of Socialism*)』(1956)에서 사회 진보는 건강한 자본주의 체제의 유지에 달려 있다는 당시의 보편적인 믿음을 말하고 있었다. 그러나 1970년대말이 되면, 가장 발전된 산업국가들에서조차 부가 사회 전체에 뻗쳤던 것은 과거 한때의 일일 뿐 이제는 그렇지 않다는 것이 명백해졌다. 이데올로기 역시 심각하게 변화했다. 자본주의는 절대로 평등주의가 아니며 그랬던 적도 없다는 것이다. 이제 사회는 엘리트주의와 불평등으로 가득 찼다. 불평등을 통해서만 사회의 부를, 평등 실현에 필요한 바로 그 부를 회복할 수 있기 때문이었다. 복지국가를 만들어 준 자본주의 체제를 살리기 위해서 복지국가를 포기해야 하는 상황이 벌어진 것이다.

주거건축 설계

이차대전 후 상업적 건물과 공업용 건물에의 대규모 투자문제와 함께 빈민주거건축과 무주택자 문제도 해결할 필요가 있었다. 주택문제가 악화된 데에는 전쟁으로 인한 대규모 파괴와 양차대전 사이에 추진한 슬럼 일소 정책의 탓이 컸지만, 갑작스레 부각된 '인구문제'에 대한 인식 역시 주택에 대한 문제의식을 심화시키는 데 한몫했다. 계획이론의 많은 부분이 인구문제를 기본적인 문제로 다루기 시작했는데, 이는 제삼세계 국가들에서 인구증가가 초래했던 명백한 문제를 근거로 한 것이었다. 이러한 이론은 비슷한 수준으로 인구증가가 예견되었던 부유한 산업국가들의 인구문제에까지 암묵적으로 연장되었다.

건축이론 역시 많은 부분이 이런 실제적이고도 가상적인 문제에 대응하기 위해 전개되었다. 근대적으로 공업화한 건축방법들, 합리적인 건물설계, 그리고 당시 출현하고 있었던 토지이용계획 시스템으로 만들어질 '적절한' 도시계획 등을 통해 더 높은 기준의 바람직한 주거를 만들어낼 수 있으리라고 여겼다. '더 높은 기준'을 위해서는 토지의 용도지역제를 도입하여, 빅토리아 시대 도시들의 주요 문제였던 더럽고 오염된 공업지역과 주거지가 혼재하는 문제를 해결해야 했다. 또 햇빛과 공간과 녹지를 도입하여 침울하고 비참한 환경을 개선해야 했다. 그리하여 하나의 이상적인 도시 이미지가 출현했다. 하얀 평지붕과 햇빛이 쏟아져 들어오는 많은 창문들을 가진 합리주의적 건물들이 넓은 공공녹지 속에 배치되어 있는 그런 이미지가 수많은 투시도 그림들에 표현되었다.

건물들의 외관은 차치하고라도, 이러한 종류의 기준은 대부분 교외지역이나 신도시에서 이루어졌을 뿐 경제체제의 논리 속에서 도시 내부에 이러한 기준을 달성하기란 불가능했다. 높은 토지가격, 상업적 이익을 지향하는 건설업체들이 대규모로 투자할 만한 가능성 등을 고려할 때 도시 내부의 노동자 계급 주거에는 다른 종류의 기준이 적용되어야 한다는 것을 당연하게 받아들였다. 노동자 계급 주거건축이 공공연하게 기술적 실험의 장이 되었다는 점도 이러한 차별적 기준을 당연시하는 데 일조했다. 미래파와 르 코르뷔지에가 도심생활의 북적대는 역동성을 표현한 이미지들은 '인구문제'에 대응해야 한다는 필요성에 대한 인식과 결합하면서 고밀도 고층건물이 건축적 모범답안으로 부각되었다. 1950년대와 1960년대에 각국의 정부와 시 당국들은 더욱 높은 주거밀도를 요구했고, 이에 대해 건축가들은 실제로는 적은 토지에 많은 사람들을 수용하는 것을 의미하는 '근린성(neighbourliness)'과 '공동체(community)' 이론들로 자기선전을 해대며 고층 주거동과 고층 복도에 대한 시각적 선호를 정당화하는 것으로 화답했다.

이들 고층 주거에 대해 사회적 쟁점들이 논의되고 주목할 만한 철학적 중요성까지 부여되었지만, 이를 경제적 현실이라는 맥락으로 따지는 일은 매우 드물었다. 전후 디자인 이론은 본질적으로 시각적이고 건축적인 것에 지적으로 편향되어 있었다. 이는 주로 페브스너나 기디온(Giedion) 같은 거물 예술사가들이 만들어낸 현상으로서, 이들은 근대 건축이야말로 "건축가가 대답해야 할 책무가 있는 진지한 질문들"에 답할 수 있는 유일한 건축이라고 믿어 의심치 않았다.

르 코르뷔지에의 주거건축 설계 개념

이 진지한 모색에서 보편적으로 인정받았던 영웅들은 바우하우스와 근대건축국제회의의 건축가들인 그로피우스, 미스 반 데어 로에, 그리고 누구보다도 르 코르뷔지에였다. 르 코르뷔지에는 주거건축 설계에 대한 당대의 모든 개념들을 전후 세계에서 가장 중요한 건물의 하나인 위니테 다비타시옹(Unité d'Habitation, 1945-1952)에서 집대성했다. 이는 단층 및 복층 아파트를 담은 십칠층의 거대한 콘크리트 판상 주거건물로, 마르세유 외곽의 널찍한 부지에 건축되었다. 옥상에는 자유로운 형태의 콘크리트 구조물로 만든 운동시설과 세탁실, 탁아소가 배치되었고, 건물 중간에는 상점 층이 있으며, 지반층은 코끼리 다리 같은 필로티로 들어 올려 주변 자연경관이 건물 밑을 관통하여 흐르도록 되어 있다. 인공조명을 비춘 '내부 가로(internal street)'를 통해 출입하는 단위주거들은 교묘하게 맞물려 건물의 양쪽 면에서 개구부를 갖도록 만들었고, 르 코르뷔지에의 초기 실험적 주거설계에서 자주 등장한 이층 높이의 거실공간이 있으며, 외부공간과 햇빛, 녹음(綠陰)에 연결하려는 듯한 발코니를 두었다. 각 단위주거는 조립부재들로 설계했으며, 이들 조립부재는 방음을 위해 납 충전재를 사용하여 철근콘크리트 골조에 부착했다. 조립부재에 필요한 척도 조정은 르 코르뷔지에의 기하학적 비례체계인 '모듈러(Modulor)'에 따랐다. 위니테는 낭트(Nantes, 1952-1955), 베를린(1956-1957), 브리에 라 포레(Briey-la-Fôret, 1957-1959)에도 건축되었으며, 1970년대까지 주거설계에 많은 영향을 미쳤다.

가능한 한 많은 경관의 조망을 향유하기 위해 높이 건축한다는 르 코르뷔지에의 개념은, 런던 시의회 건축가인 루카스·하월·킬릭(Killick)이 런던 교외의 로햄프턴(Roehampton)에 설계한 앨턴 웨스트 단지(Alton West estate, 1955-1959)에서 발전되었다. 여기에서는 위니테에서 영향을 받은 것이 분명한 판상형 주거동과 타워 들이 리치먼드 공원의 낭만적 풍경 속에 다른 저층 주거들과 함께 어우러져 배치되었다. 파월과 모야가 런던의 핌리코에 설계한 처칠 가든(Churchill Garden) 주거단지는 1951년 설계경기에서 당선된 것으로서, 낭만적인 풍경은 아니지만 훌륭한 강변 부지에 고층 판상형 주거동들을 규칙적으로 배열한 또 다른 사례이다. 라스던은 유사사회학적 이유에 근거하여 베스날 그린(1954-1960)에서 판상형태를 버리고 '클러스터 주거동(1954-1960)'을 사용했는데, 이는 다양한 단위주거들 사이에 공중 공간들을 설계하여 주민들의 우연한 접촉과 '근린성'을 장려하고자 한 것이었다. 슈투트가르트에서는 한스 샤로운이 한 걸음 더 나아갔다. 그가 언덕 위 개방된 부지에 설계한 두 개의 타워형 주거동인 '로미오와 줄리엣(Romeo and Julia, 1954-1959)'은 형태 면에서 화려하고도 표현주의적이며 프로이트적인 이미지로 가득 차 있다.

르 코르뷔지에가 고안한 또 하나의 개념은 대형 주거동에 단순히 주거뿐만 아니라 구매시설과 커뮤니티 시설, 그리고 우연한 접촉을 유도하는 내부 동선의 공간 패턴을 부가한 것이다. 1950년대와 1960년대 건축가들은 건축가가 '전체' 환경을 통제하는 것을 당연하다고 생각했다. 가능한 한 많은 생활 측면들을 건축적으로 통제하는 한 가지 방법은 하나의 건물에 다양한 용도를 통합하는 것이었다. 셰필드(Sheffield)의 거대한 경사지 개발 프로젝트인 파크 힐 앤드 하이드 파크(Park Hill and Hyde Park, 1955-1965)는 정말로 전체적인 환경을 설계했다. 시 소속 건축가인 워머슬리(Lewis Womersley)와 그의 보조였던 린(Jack Lynn)과 스미스(Ivor Smith)가 설계한 이 단지는 높이가 다른 판상형 주거동들이 연속된 단지로서, 주거동들은 넓은 공중 '가로(街路)'로 연결되었고 주변을 둘러싸듯이 배치된 주거동 사이 공간은 조경지와 놀이공간, 커뮤니티 시설, 학교, 주점, 상점들을 품고 있다. 그것은 전통적인 도시 노동자 계급 생활의 복합성을 근대적 맥락으로 재창조하려는 시도 중의 하나였다. 이와 비슷하지만 좀더 전원적인 계획이 프리츠(Fritz)·거버(Gerber)·헤스터베르크(Hesterberg)·호스테틀러(Hostettler)·모르겐탈러(Morgenthaler)·피니(Pini), 그리고 토

하우징 디자인 1

하늘
창문
없음
1 2 3m

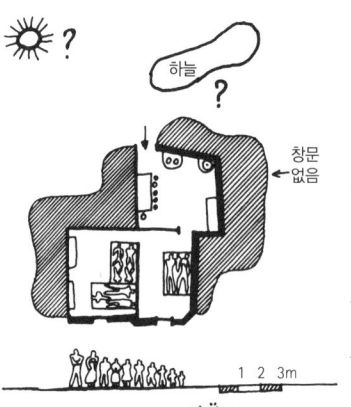

전통적인 주거기준이
부적절함을 지적한
르 코르뷔지에의 비평.

고층

르 코르뷔지에의 첫번째
위니테 다비타시옹인
위니테 마르세유-미셸레
(Unité Marseille-Michelet,
1945–1952)는 단일한 고층
건물에 교외주거지를 담은
계획이었다.

상점층
지상층의 필로티

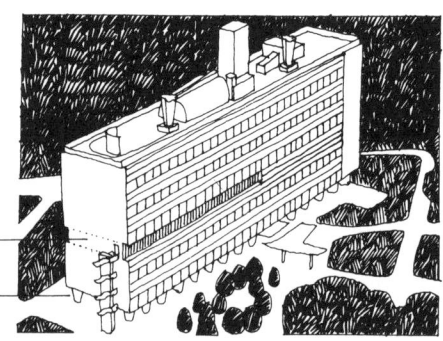

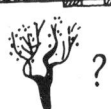

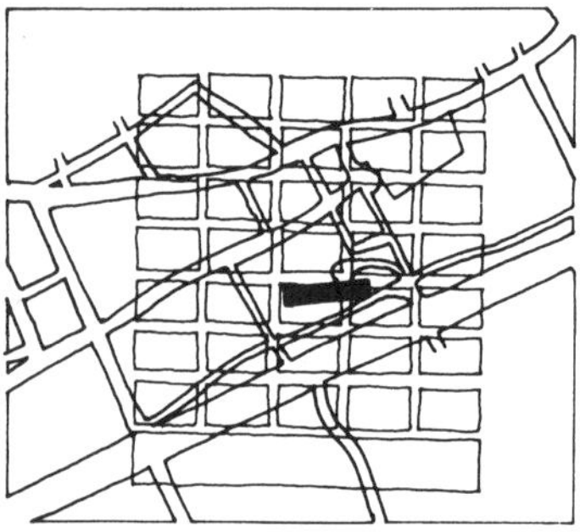

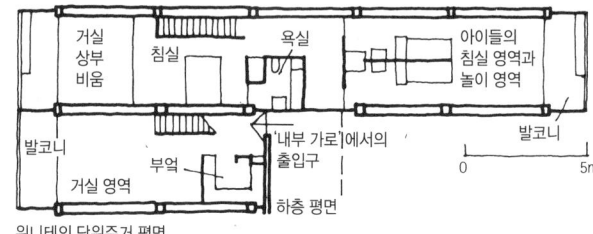

상층 평면
거실
상부
비움
침실
욕실
아이들의
침실 영역과
놀이 영역
발코니
발코니
'내부 가로'에서의
출입구
부엌
거실 영역
하층 평면
0
5m

위니테의 단위주거 평면.

마르세유 위니테의 배치도.
겹쳐 그린 그림은 같은 인구를
이층 교외주택으로 수용할
경우 필요한 토지의 면적이다.

맞물려 조합된 두 단위주거의 단면.

차양
발코니
이층 높이의 거실 영역
'내부 가로' 에서의 출입구

공동체

복도
배관 덕트

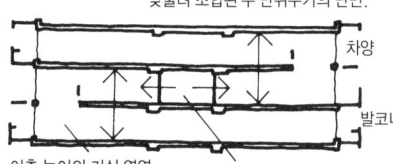

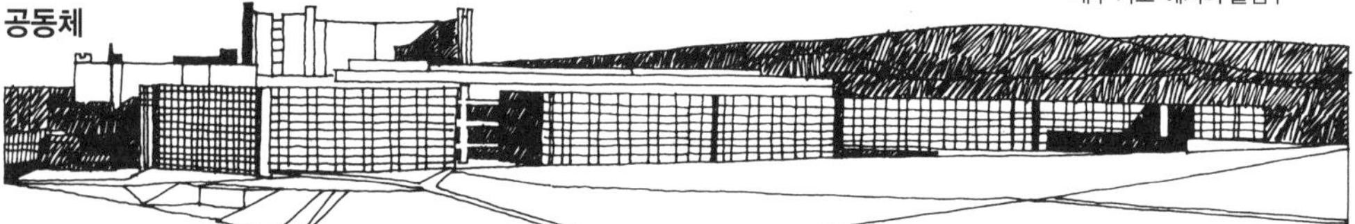

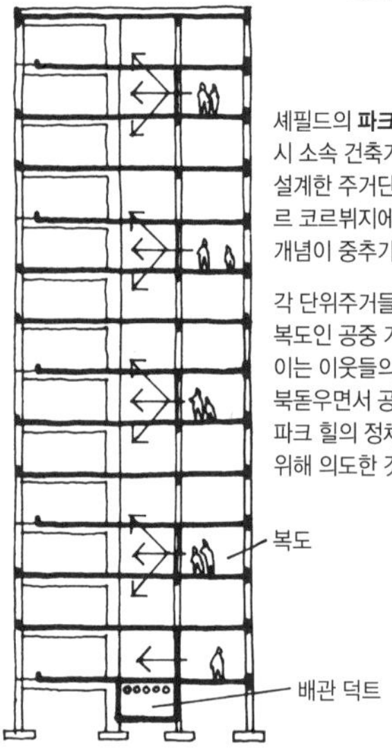

셰필드의 **파크 힐**(1955–1965).
시 소속 건축가가 도시 중심부에
설계한 주거단지 계획으로서
르 코르뷔지에의 '내부 가로'
개념이 중추가 되었던 설계안이다.

각 단위주거들의 현관은 연속된
복도인 공중 가로로 연결된다.
이는 이웃들의 우연한 마주침을
북돋우면서 공동체로서
파크 힐의 정체성을 강화하기
위해 의도한 것이다.

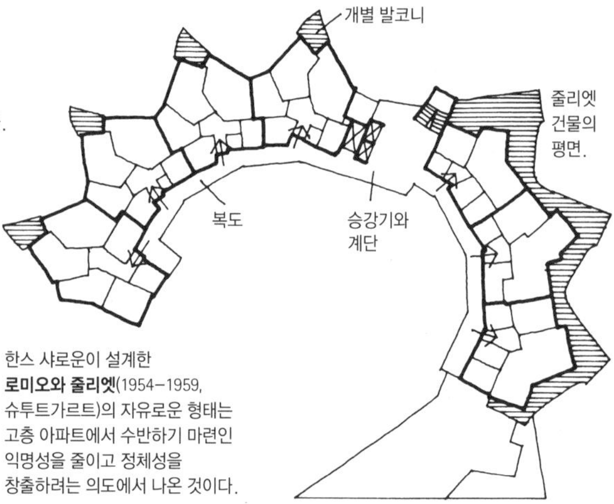

개별 발코니
줄리엣
건물의
평면.
복도
승강기와
계단

한스 샤로운이 설계한
로미오와 줄리엣(1954–1959,
슈투트가르트)의 자유로운 형태는
고층 아파트에서 수반하기 마련인
익명성을 줄이고 정체성을
창출하려는 의도에서 나온 것이다.

하우징 디자인 2

영국 노동부가 긴급 주택재건 용도로 개발한 '포털(Portal)' 주택(1944).

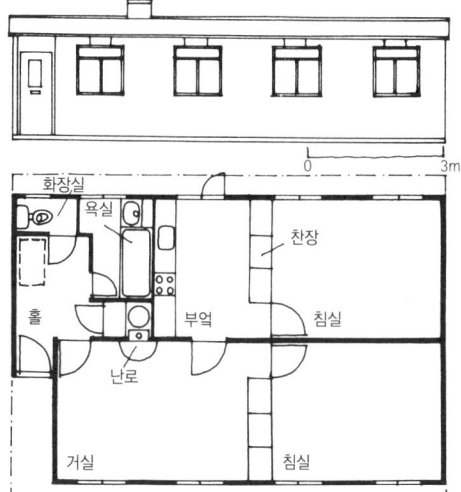

조립식 공법

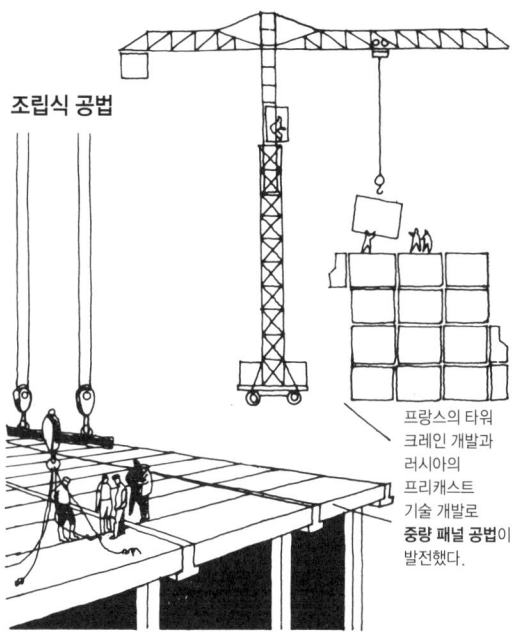

프랑스의 타워 크레인 개발과 러시아의 프리캐스트 기술 개발로 **중량 패널 공법**이 발전했다.

재생(Rehabilitation)

비판에 부딪힌 재개발 방식. 이 양호한 빅토리아 양식의 주택들은 재개발하기보다는 보수해야 하는 게 아닐까.

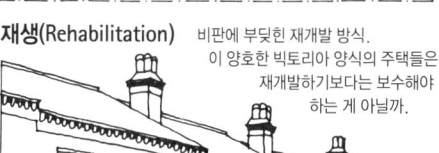

19세기말 버밍엄 스파크브룩(Sparkbrook)에 건축된 테라스 주택. 프라이버시와 공동체 그리고 정체성이라는 측면에서 매우 우수한 주거유형이다.

신토속주의 디자인

사회적 문제에 대한 시각적 대응.

스털링과 고완이 설계한 **애번햄 거리의 주거**(1959, 프레스턴)는 빅토리아 양식 테라스 주택의 (질적 특성은 재현하지 못했지만) 외관적 특성을 재현했다.

다르번과 다르크가 설계한 **릴링턴 거리의 주거**(1964).

지역주민의 참여

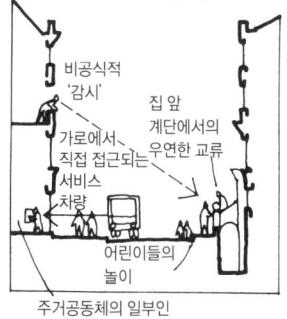

비공식적 '감시'
가로에서 직접 접근되는 서비스 차량
집 앞 계단에서의 우연한 교류
어린이들의 놀이
주거공동체의 일부인 상점과 소규모 공장

제인 제이콥스는 기성 시가지 가로에 대한 연구에서 용도지역제와 재개발 계획으로 잃어버린 사회적 활력을 전통적인 가로 공간의 계획을 통해 북돋울 수 있다고 제안했다.

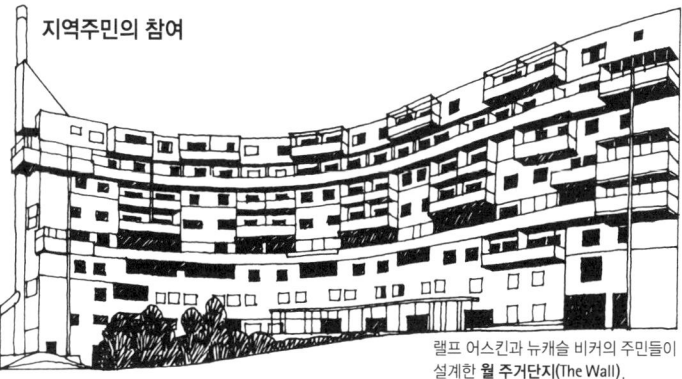

랠프 어스킨과 뉴캐슬 비커의 주민들이 설계한 **월 주거단지**(The Wall).

르만(Thormann)으로 구성된 아틀리에 5(Atelier 5)에 의해 베른 근교의 할렌(Halen)에 건축되었다(1960). 경사지에는 저층의 개인주택들이 레스토랑·상점·차고·운동시설 등과 함께 촘촘히 배치되었다. 호지킨슨(Patrick Hodgkinson)과 마틴이 설계한 런던의 브룬스윅 센터(Brunswick Center, 1967-1970)는 계단형으로 후퇴시킨 판상형 주거동 두 개가 긴 보행 광장을 둘러싸고 있으며 상점·주점·음식점·영화관 등이 이 보행 광장에 면해서 들어섰다. 블룸스베리의 조용한 모퉁이에 위치한 부지는 미래파의 역동성을 따라잡기에는 턱도 없었지만, 주거동의 육중하고 대칭적인 형식성과 강렬한 타워는 르 코르뷔지에보다는 산텔리아의 영향을 받은 것이었다.

조립식·공업화 건축

르 코르뷔지에가 품었던 생각에서 세번째로 주요한 것은, 그의 동시대 건축가들이 대부분 그랬던 것처럼 조립식 공법에 대한 관심이었다. 전쟁 중 짧은 시간에 병참 문제를 해결하기 위해 비슷한 방법이 사용되면서 이 개념에 상당한 영향을 미쳤다. 무기 제조기술에서 배운 새로운 구조적 기법과는 별개로 군용 건축 프로그램이 긴급히 요청되었는데, 골판형 곡면 철판으로 건설하는 영국의 '니슨(Nissen)' 막사와 이에 상응하는 미국식 막사인 '퀀셋(Quonset)'이 여기에 괄목할 만한 기여를 했다. 루스벨트는 공장 노동자와 군수품 제조 노동자를 위한 전시(戰時) 주택공급 프로그램을 추진했으며, 그로피우스와 브로이어를 포함한 많은 건축가들이 빠른 건축과 조립식 공법에 관한 새로운 아이디어들을 궁리해냈다. 영국 역시 전후 긴급 주택재건 프로그램을 추진했는데, 여기에서는 수명이 짧았던 '아르콘(Arcon)'이라는 단층 '조립식(prefab)' 주택이 매우 중요한 역할을 했다.

전후 학교건축 붐에서는 영국이 모범적인 성과를 거두었는데, 특히 하트퍼드셔와 노팅엄셔 주의회와 그 건축가인 애슬린(Charles Aslin)과 깁슨(Donald Gibson)의 작품이 그러했다. 하트퍼드셔의 체스헌트 초등학교(Cheshunt primary school, 1947)는 인간적이고 비격식적인 건물로서, 준군사적 방식으로 체계적인 설계와 시공이 이루어진 많은 학교들 중 최초의 것이었다. 막스 빌(Max Bill) 역시 바우하우스의 계승을 자임했던 학교인 울름(Ulm)의 조형대학(Hochschule für Gestaltung, 1950-1955) 건물들에 조립식 공법을 사용했다. 그러나 가장 평가할 만한 사례는 영국의 지방당국연합 특별프로그램(CLASP, Consortium of Local Authorities Special Programme)으로 구상된 시스템으로서, 영국 중부지방에서 학교 건설에 많이 사용되었으며 1960년 밀라노 트리엔날레(Milano Triennale)에서 대상을 수상했다.

조립식 공법은 잘 설계된 건물을 단기간에 대량으로 건설하고자 할 때 유용했지만 장기적인 프로그램에는 부적합할 수도 있었다. 조립식 공법은 노동 패턴을 변화시켜 많은 기능공들을 현장보다는 공장에서 일하도록 만들었는데, 이는 겨울철이 길어서 현장작업에 애로가 많은 북유럽 지역과는 달리 기후가 온화한 나라들에서는 덜 중요한 사항이었다. 가장 큰 수혜를 받는 계층은 부재 제작업체들과 새로운 생산방식에 투자할 능력이 있는 대형 건설업체들이었다. 가장 피해를 많이 본 계층은 소규모 건설업체들과 그 노동자들, 특히 공공 부문 건설노동자들이었는데, 대형 건설업체들이 최대 이윤을 찾아 공공 부문을 들락거릴 때마다 공공 부문 노동자들의 일거리가 큰 영향을 받았기 때문이다. 극소수의 업체들만이 이윤을 얻을 수 있었는데, 특히 이차대전 후 많은 유럽 국가들이 그랬듯이, 정부가 제공하는 공업화 건축 지원 보조금의 덕택이 컸다. 그러나 보조가 있든 없든 간에 지방당국연합 특별프로그램(CLASP) 같은 예외적 경우를 제외하고는 공업화 건축 공법이 저렴한 경우는 거의 없었으며, 건축된 건물 역시 자산가치가 낮은 경우가 많았다.

공업화 건축은 연간 주택공급 실적을 높이기 위한 싸움의 정치적 수단이 되었다. 덴마크의 라르센(Larsen)과 닐센(Neilsen), 프랑스의 카뮈(Camus)와 영국의 리마(Reema) 공법 등 여러 공업화 시스템들이 오래 전부터 활용되고 있었는데, 1960년대에 공업화가 공식적으로 장려되고 그 제조업자들이 이윤을 남긴다는 것이 알려지면서 수백 개의 새로운 시스템들이 국제시장에 등장했다. 1960년대 주거단지들은, 반은 정치적이고 반은 경제적이었던 이러한 장려활동들이 남겨준 유산이었다. 샘 번튼 조합(Sam Bunton

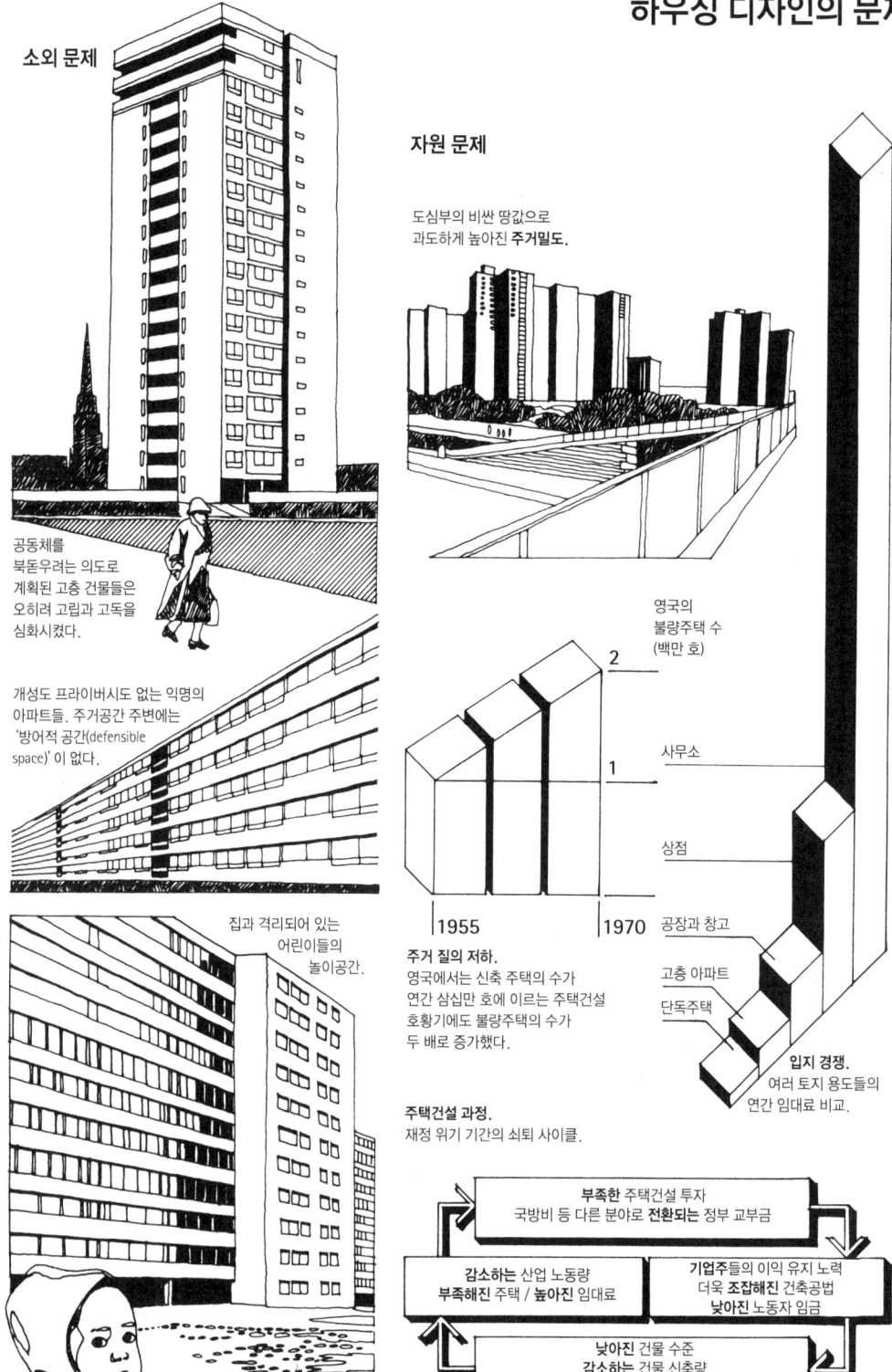

Associates)이 글래스고에 설계한 레드 로드 단지(Red Road estate, 1964-1968)의 음울한 삼십일층 타워들과 판상 건물들은 특별히 설계된 시스템에 따라 철골 구조에 석면 패널을 붙인 것이고, 영국 주택성(住宅省)이 올드햄(Oldham)에 건설한 세인트 메리 단지(St. Mary's estate, 1967-1967)의 반복되는 테라스는 12M-예스퍼르센 시스템(12M-Jespersen system)에 따른 프리캐스트(pre-cast) 콘크리트[88] 패널로 건축된 것이다. 사우스워크(Southwark) 당국이 건설한 에일스베리 단지(Aylesbury estate, 1965-1970)는 익명성과 광대함에서 이들 단지를 능가했다. 유럽 각지에서 중량 프리캐스트 콘크리트 공법을 사용한 비슷한 단지들이 건설되었는데, 파리 교외의 보비니(Bobigny)에서는 이 공법으로 세계에서 가장 길고 구불구불한 주거동이 건설되었으며, 하루에 오백 호씩 건설할 만큼의 붐이 일었던 모스크바 교외지역에서도 역시 이 공법을 사용했다.

공업화 건축은 정치적 경제적 이유로 투자를 끌어들였다. 그러나 전문가들이 여기에 매달린 것은 그들이 어떤 문제라도 예측하고 정량화하고 분석하여 최적해를 도출할 능력이 있다고 믿었기 때문이었다. 정치적 고려와는 관계없이 독립된 문제로서 말이다. 이러한 견해는 도시계획에서도 있었다. 도시계획에서는 의사결정을 체계화해야 할 필요성이 요구되었고 이 때문에 여러 가지 수량적인 기법들이 채용되었다. 프로그램을 도식화하기 위한 주공정 분석(critical path analysis)[89]에서부터 '대차대조표'나 '목표달성 매트릭스', 혹은 비용-편익 분석기법을 사용하여 문제에 대한 최선의 해법을 선택하는 등 다양한 기법들이 동원되었는데, 이러한 기법들이 가장 야심만만하게 적용된 사례는 아마도 런던의 제삼 공항 후보지 네 곳을 놓고 이루어진 로스킬 위원회(Roskill Commission)의 검토였을 것이다. 이렇듯 최적화를 검토하는 업무를 객관적이고도 독립적으로 행할 수 있다고 믿는 것, 즉 과학적 인간의 독립성, 그리고 건축과 도시계획의 독립성에 대한 믿음은 1960년대의 건축적 성과들이 검증되기 시작하면서부터 큰 타격을 받았다. 그것들은 가능한 대안들 중 최적의 것이 아니었음이 밝혀졌던 것이다.

주거환경에 대한 비판과 주거·도시계획 원리의 변화

19세기에 그랬듯이 의심과 의문을 품은 건축적 초점은 도시의 내부환경 문제로 모였다. 온갖 새로운 투자와 건축이론들에도 불구하고 빈민가는 예상처럼 빨리 없어지지 않는다는 것이 점점 명백해져 갔다. 일부는 대체되었지만 일부 낡은 주택들은 더욱 황폐해져 노후한 주택재고를 형성했다. 이 주택들은 비록 제값보다 비쌌음에도 불구하고 도시 내부 빈민들 중에서 특히 이민온 지 얼마 안 된 사람들이 구입하거나 임대할 수 있는 유일한 주거지였다. 그러나 또 하나 분명한 것은 새로 건축된 건물들 중 많은 부분, 특히나 아직 검증되지 않은 공업화 공법으로 건축된 주거동들이 빠르게 노후된다는 사실이었다. 더욱이 그들이 제공하는 환경에 대해서도 의문이 늘어나기 시작했다. 르 코르뷔지에의 비전은 단지 비전이었을 뿐, 광대한 콘크리트 숲이 발코니도 없고 오픈 스페이스도 없으며 커뮤니티 홀이나 상점도 없는 상태로 건설되었다. 타워형 주거동에서 사는 사람들이 느끼는 불안감, 고장난 승강기에 갇힌 임차 거주자, 안전한 감시 아래 놀기에는 집에서 너무 먼 어린이 놀이터, 그리고 아무도 모르게 죽어 가는 외로운 노인들 등에 대한 보고가 들어왔다. 반달리즘(vandalism)의 문제는 특히 당국을 골치 아프게 했다. 쾌적하고 널찍한 로햄프턴에서조차 반달리즘이 성행할 정도였으니 글래스고에 있는 허치스타운-고벌스(Hutchestown-Gorbals)의 황량한 타워들이나, 세인트루이스의 거대한 프루이트-이고(Pruitt-Igoe) 아파트, 혹은 뉴욕의 로어 이스트 사이드(Lower East Side)의 과밀한 다인종 단지들은 말할 것도 없었다.

특히 재개발 원리에 대해 커다란 의문이 제기되었다. 물량만을 추구하는 가운데 질적으로 특별한 것들을 잃어버린다는 사실을 인식했던 것이다. 예컨대 기존 커뮤니티가 와해되고 분산되어 버렸으며, 간혹 리버풀처럼 잔존한 몇몇 경우에 그들의 옛 동네들은 황폐해진 채 도시 한복판에 유기된 섬처럼 남겨졌다. 영(Young)과 윌모트(Willmott)가 쓴 『동부 런던의 가족과 혈족관계(*Family and Kinship in East London*)』(1957)나 제이콥스(Jane Jacobs)가 쓴 『미국 대도시의 죽음과 삶(*The Death and Life of Great American Cities*)』

(1961)은 1960년대 옛 노동자 계급 지역을 재개발하기보다는 수복해야 한다는 데에 관심이 커져 가고 있던 와중에 도시계획 전문가들이 발견해낸 개척자적 연구서였다. 이미 1959년에 라이언스(Lyons)·이스라엘(Israel)·엘리스(Ellis)가 스털링·고완과 함께 애번햄 거리(Avenham Street)에 건축한 테라스 주택에서 빅토리아 시대 프레스턴(Preston)의 특성을 재현해내는 시도를 했다. 다르번(Darbourne)과 다르크(Darke)가 설계한 런던의 릴링턴 거리 일단계 지구(Lillington Street Phase 1, 1964-1968)는 분절된 형상에 따뜻한 붉은 벽돌조로 건축된 것으로서, '신토속주의(neo-vernacular)' 양식이라는 적절치 못한 이름으로 알려지면서 새로운 조류를 열었다. 이 양식은 작은 스케일, 공간의 친밀성, 그리고 '자연적' 재료인 벽돌의 사용을 통해 대규모 주거단지들의 메마른 과대망상증을 치유하고자 했다. 비록 이것이 강조한 것은 사회적인 것이 아니라 시각적이고 건축적인 것이었지만, 이러한 접근방식은 이후 십 년 이상 지속되었고 주거 디자인의 통상적인 기법이 되어 갔다.

주민들의 저항운동

그러나 도시가 작동되는 과정에 대한 좀더 근본적인 비평들이 있었다. 토지이용 계획상의 전제들은 점차 의문시되었고, 용도지역구분(zoning)은 메마르고 반사회적인 환경을 초래하며 개발은 공동체보다 개발업자에게만 이익이 되는 것으로 비쳐졌다. 그리고 물리적 환경과 정량화에 중점을 둔 도시계획이 사회적인 가치와 비정형적인 삶의 가치들을 무시한다는 여론이 일었다. 특히 모든 계획문제에는 '최선의' 해답이 있게 마련이며 이는 논리를 통해 밝혀지는 것임을 전제로 하는 '체계적 접근방법'에 대한 반발이 일었다. 급진적 비평가들 사이에서는, 도시문제에는 '맞는' 해답이란 없으며 다만 한 계층의 희생을 대가로 다른 한 계층이 유리해지는 해결책들이 있을 뿐, 이 해결책들 사이에서의 선택은 과학적 행위가 아니라 정치적 행위라는 인식이 점점 자라나고 있었다.

사회학이라는 '과학'은 건축가들이 해 왔던 것보다 훨씬 엄격하게 도시를 분석했다. 역동적인 도시문제들의 전모를 더욱 온전히 그려 나갔을 뿐 아니라, 건축가들이 이제껏 해결책으로 제시해 온 것은 단순논리인 '환경결정주의(environmental determinism)'라고 비판했다. 도시계획가와 건축가 모두는 사용자들의 필요를 가상적으로 전제하기보다는 그들이 실제 필요로 하는 것이 무엇인가에 대해 좀더 진지하게 고려하기 시작했다. 리버풀에서 근린주거환경 정비사업(S.N.A.P., Shelter Neighborhood Action Project)이 한 일,[90] 노스켄싱턴 스윈브룩(Swinbrook)에서 대런던의회(GLC, Greater London Council) 건축가들이 한 일,[91] 그리고 뉴캐슬 비커(Byker)에서 랠프 어스킨(Ralph Erskine)이 한 일[92]은 사용자들의 필요에 적합한 설계를 추구했던 정직한 시도를 보여준 주요 사례들이다. 다소 모순된 일이긴 하지만 여러 정부가 도시 프로그램을 조직하기 시작했다. 그러나 충분히 예상할 수 있듯이 이들 중에서 이렇다 할 진척을 본 것은 없었다. 미국경제기회사무국(American Office of Economic Opportunity)[93]은 엄격한 통제 아래 놓였고, 영국의 커뮤니티 개발(Community Development) 계획은 너무 급진적으로 되기 시작하면서 해산해 버렸다.

그러나 건축과 도시계획 그리고 사회학은 결국 부르주아 과학이었고, 문제를 완화하려는 그들의 온갖 시도에도 불구하고 그 문제를 최초로 야기한 상황을 지속시키는 데 봉사했다. 1960년대말과 1970년대에 거대 기업체제에 대한 주민들의 저항운동이 거세지자 전문가들은 비록 선량한 의도로 그랬을지라도 확실하게 주민들의 반대 진영에서 활동했다. 이 저항운동의 한 가지 특징은 비공식적 환경에 대한 관심이 좀더 커졌다는 것이었다. 애리조나 드롭 시티(Drop City)[94] 고물 집하장의 지오데식(geodesic) 돔[95]에서부터 버클리의 시민공원(People's Park)[96]에 이르기까지, 그리고 보스턴의 텐트 시티(Tent City)[97]에 이르는 사례들에서 지역주민 단체들이 보여준 환경적 발언들은 공식적 환경건설 시스템에 대한 불만, 그리고 그 시스템의 대리인인 건축가와 도시계획가가 만들어낸 억압적인 환경에 대해 불만을 토로하는 것들이었다.

더욱 거센 비판은 제삼세계의 수많은 도시거주자들에게서 나왔다. 시 당

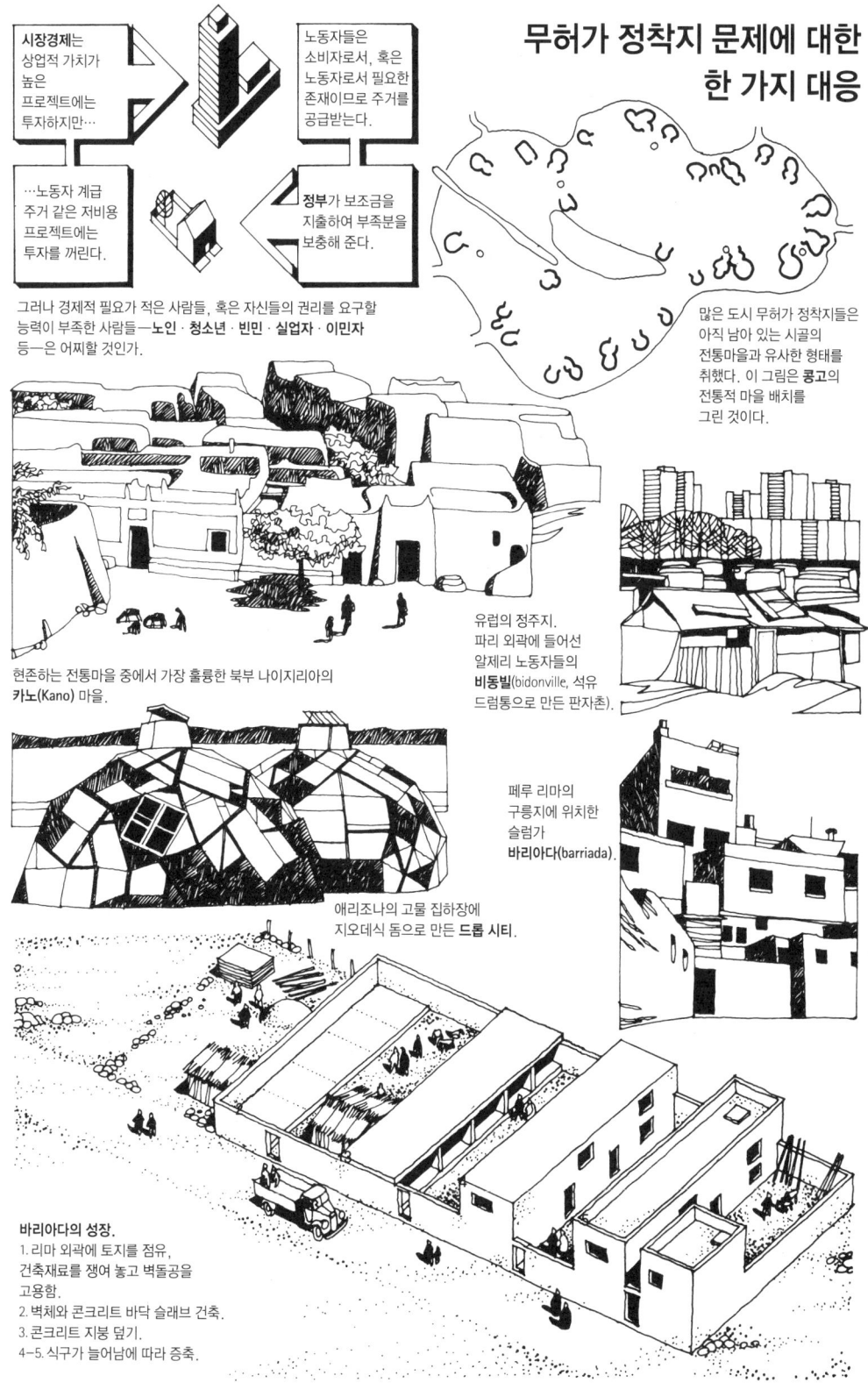

국이 그들의 궁핍함에 대한 대책을 제시해 주지 않는 절망적 상황에서, 그들은 극적이고 자발적인 자조 운동(self-help movement)을 일으켰다. 무허가 정착은 파리에서 이스탄불까지, 런던에서 콩고-킨샤사(Congo-Kinshasa)까지 걸친 범세계적인 현상이었지만, 특히 남아메리카에서 성행했다. 남아메리카는 억압적인 우익체제와 급진화한 빈민계층이 양극을 이루고 있었다. 칠레의 산티아고에서는 1970년 목재와 판지로 만든 판잣집인 '포블리아치오네(pobliaciones)'가 들어찬 교외의 공터를 시 당국이 강제 압류하면서 이 판잣집들을 철거했다. 그러나 삼사 년 만에 이 판잣집이 도시 전체 인구의 육분의 일을 수용할 정도로 증가하면서 도시구조의 주요한 부분을 차지하게 되었다. 이러한 무허가 정착민들의 자조 운동 외에도 세계 곳곳에서는 관료주의적 의사결정에 저항하고 그 개선을 요구하는 커뮤니티 활동들이 많이 진행되었다. 동서양을 막론하고 무산 노동자 계급은 1968년에 벌어진 실패한 혁명들에서, 그리고 자본주의 세계의 가치와 방식에 대해 이들 혁명이 제기한 도전으로 자극을 받았다. 그들은 연대와 결속의 미덕을 배워 가고 있었다.

경제위기와 새로운 패러다임, 그리고 모순의 심화

그러던 1970년대초, 세계경제에는 또 다른 결정적 위기가 닥쳤다. 과잉생산의 거품이 터져 버린 것이다. 갑작스런 화석연료의 부족 사태, 그리고 지구의 자원이 유한하다는 로마 클럽(Club of Rome)[98]의 경고를 심각하게 받아들여야 한다는 자각이 일면서 각종 문제의식들이 서구인들의 머릿속에 자리잡기 시작했다. 강력한 대체 에너지원을 찾아서 성장수준을 유지하자는 입장과, 성장원리 자체에 의문을 제기하며 대안적인 삶을 모색하자는 입장으로 상반되는 두 개의 관점이 양립했다. 『작은 것이 아름답다(*Small is Beautiful*)』(1973)의 저자 슈마허(E. F. Schumacher)가 그 중심인물이었던 후자의 노선은 여러 개인들과 소규모 단체들이 독자적으로 도달하고자 했던 결론들과 맥을 같이했는데, 이들은 공식적 정책들을 비판하면서 에너지와 다른 자원들을 보존하는 문제에 대해 스스로 실천적인 해결책을 찾아

나서고 있었다. 과잉소비 문제가 가장 첨예했던 미국과 캐나다에서 이러한 움직임이 활발했다. 많은 실용적 프로젝트들 중 하나로 토론토의 '생태 주택(Ecology house, 1980)' 을 꼽을 수 있는데, 이는 공해조사재단(Pollution Probe Foundation)이 주체가 된 프로젝트로서 낡은 주택을 개조하여 열에너지의 보존, 폐기물의 재생과 태양열 주택에 관한 기술들을 시범적으로 보여주었다. 이 프로젝트는 열렬한 자원봉사자들이 이루어낸 일이었지만, 여러 기업들이 이를 후원했다는 사실은 공식적 기구들도 보존문제에 관심을 갖기 시작했음을 보여준다. 심지어 기업가들은 보존문제를 잠재력있는 상품으로 보기에 이르렀다. 이런저런 걱정이 많은 소비자들이 환경 관련 상품들을 살 것이라고 생각했던 것이다. 프랑스와 캐나다 정부의 조력발전 실험, 스웨덴과 러시아에서 지속된 수력발전, 그리고 파도와 해양 온도차를 이용한 발전, 풍력기계와 태양열 집열기에 대한 단편적인 실험 등 몇몇 예외들이 있긴 했지만, 대부분의 정부에서는 보존을 진지하게 받아들이지 않았다. 대신에 이들은 군산복합체가 만들어내는 단기적 이익에 눈이 멀어 여기에 잠재되어 있는 장기적 악영향을 무시하면서 생태적으로 위험한 핵산업의 거대한 발전에 희망을 걸었다.

　위기가 깊어지면서 자본주의의 온갖 모순들이 더욱 분명하게 드러났다. 산업화한 국가들에서는 인플레이션과 실업률 증가가 동시에 진행되었다. 미국과 유럽경제공동체(EEC)에서는 과잉생산된 식량을 덤핑 처리하는 반면에 제삼세계에서는 많은 사람들이 기아에 허덕였다. 국제은행들과 투자회사들은 막대한 이익을 거두었지만 생산적인 산업은 급속히 쇠퇴했고, 다국적 기업들은 계속 번성했지만 저개발 국가에 대한 원조는 철회되었다. 군비 지출 역시 급속히 증가했지만 병원·학교·공공주택을 위한 지출은 삭감되었다.

　건축가와 도시계획가는 이러한 위기에 대해 다양한 방식으로 반응했다. 기업과 밀접히 연결된 자들에게 경제위기란, 자본주의가 그 힘을 회복하기를 바라면서 견뎌내야 하는 것을 의미했다. 혹은 가능하다면 위기 상황을 이용해 이윤을 얻어낼 수도 있는 그런 것이었다. 방사성 낙진 대피소를 설계하고 판매하는 자들은 이러한 것이 필요하도록 만든 체제의 타당성에 의문을 품기보다는, 이로부터 단기적 이익을 얻는 일에만 급급했다. 그리고 서구에서 더 이상 통용되지 않는 방식의 투자자본이 여전히 유효했던 석유부국 중동국가들에게 관심이 집중되었다. 십 년 전에는 도시의 빈민문제를 놓고 씨름했음 직한 서구 건축가들은 이제 오만이나 사우디아라비아에서 궁전과 고급 호텔들 그리고 문화 센터를 설계하기 위해 경쟁했다. 그렇다고 이제 도시빈민 문제가 사라진 것은 아니었다. 고질적인 실업이 증가하고 사람들의 희망이 사그라지면서 서구의 도시 내부에서는 긴장이 높아졌다. 경기가 좋았던 시절의 처방들로는 약효가 제대로 나지 않았던 것이다.

건축이론의 동향과 현실 도피

건축이론 역시 실제 세계에서 더욱 멀어지고 있었다. 건축사가인 젠크스(Charles Jencks)는 '포스트모더니즘(post-modernism)'이라는 용어를 만들어 새로 출현하는 경향들을 설명했다. 근대 운동의 진지하고 엄격한 원리에 대한 관심이 줄어들고 제멋대로인 표현주의와, 윤택함, 경박함, 그리고 이상야릇한 것에 대한 관심이 커진 그런 경향 말이다. 기반이 되는 이론은 없었다. 케네디 공항 터미널 같은 사리넨의 초기 설계들, 길드 하우스 아파트(Guild House apartment, 1960) 같은 벤투리(Robert Venturi)의 설계들, 무어(Charles Moore) · 고프 · 어스킨 · 보필(Ricardo Bofill) · 스컬리(Vincent Scully) · 크롤(Lucien Kroll) 등의 설계가 여기에 포함되었는데, 이들을 한데 묶어 주는 것은 단지 이들이 국제주의 양식의 원리를 명백히 거부한다는 것뿐이었다. 1970년대 중반까지 포스트모던 운동은 신고전주의 양식에 대한 다소 장난스러운 관심을 진전시켰고, 주로 건축학교 스튜디오 작품이나 설계경기 응모안 등 실제로 지어지지 않은 설계안 형태로 전개되었음에도 불구하고 진보적인 디자인 잡지들로부터 상당한 주목을 받으며 나름대로의 성가를 높여 갔다. 스털링의 후기 작품, 그리고 쿨롯(Maurice Culot), 웅거스(Oswald Ungers), 레온 크리어(Leon Krier)와 롭 크리어(Rob Krier) 형제 같은 도시설계자들의 이론화 작업은 점차 보자르(Beaux-Arts)풍의 형

생태 건축 문제에 대한 또 다른 대응

대안 에너지 운동은 생태적으로 위험한 화석연료와 핵 에너지를 안전하고 재생 가능한 자원으로 바꾸려는 모색이다.
자치 주택(autonomous house)은 낭비적인 고급 기술에 의존하지 않고 필요한 에너지를 스스로 조달하도록 설계된 주택이다.

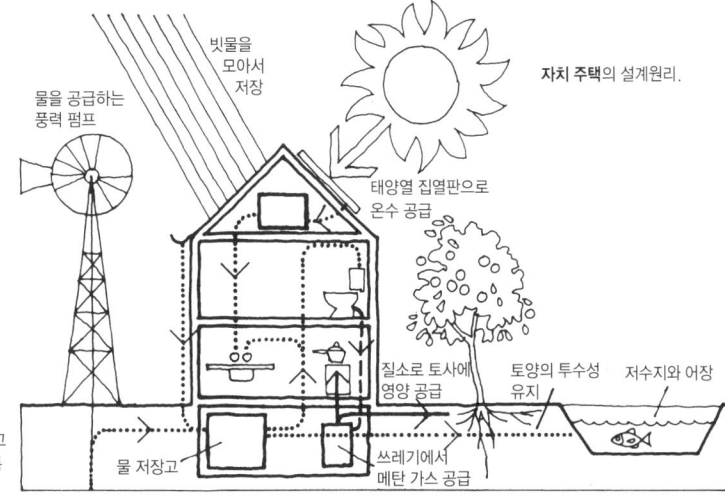

자치 주택의 설계원리.
- 물을 공급하는 풍력 펌프
- 빗물을 모아서 저장
- 태양열 집열판으로 온수 공급
- 질소로 토사에 영양 공급
- 토양의 투수성 유지
- 저수지와 어장
- 쓰레기에서 메탄 가스 공급
- 물 저장고

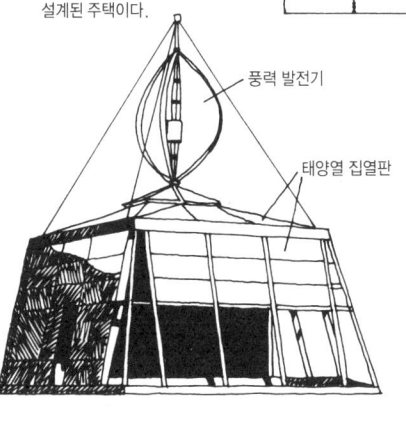

- 풍력 발전기
- 태양열 집열판
- 고단열 북쪽 벽체
- 거실 영역
- 부엌
- 식사실
- 난방효율을 위해 거실 영역을 이 선에서 닫아 버릴 수 있도록 했다.
- 온실 영역에서는 채소류를 키울 수 있다.

일층 평면 / 남쪽 면

알렉산더 파이크(Alexander Pike)가 설계한 실험주택 **케임브리지 하우스**. 케임브리지 대학 자치주택연구회와 협력하여 건설했다.

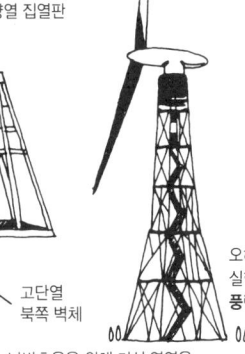

오하이오에서 나사가 실험적으로 건설한 **풍력 발전기**.

프랑스 랑스의 **조력 발전 댐**. 비용을 거의 들이지 않은 채 이백사십 메가와트를 공급한다.

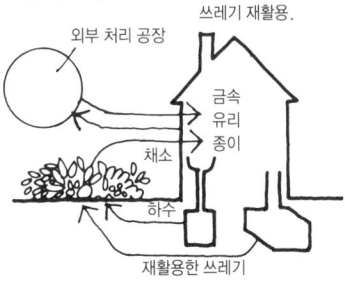

생태 주택의 쓰레기 재활용.
- 외부 처리 공장
- 금속 / 유리 / 종이
- 채소
- 하수
- 재활용한 쓰레기

공해조사재단이 토론토에 실험적으로 건축한 **생태 주택**. 빅토리아 양식의 주택이 에너지 절약과 자원 재활용기술 전시관으로 변모했다.

생태 주택의 후면에서는 유리와 검은 벽돌로 만든 축열벽이 열을 모아 복사한다.

식주의로 기우는 경향을 보였다. 원래 신고전주의는 부르주아적 특권에 대한 궁극적인 표현이었고, 교양있는 자들과 특권층만이 읽을 수 있는 메시지를 함축한 건축이었다. 그러한 양식을 오늘날 선택하는 것은 과거와 똑같은 엘리트주의적 태도이며, 재치있는 역사적 참조를 이해할 만큼 예술에 조예가 깊은 사람들에게나 통하는 건축을 하겠다는 얘기일 뿐이다. 부르주아 건축가는 근대 도시의 사회적 문제들을 다루는 데에 실패했고 지금도 여전히 실패하고 있을지언정, 적어도 재치있는 역사적 참조를 하는 데는 매우 뛰어남을 부인할 수 없을 것이다. 오늘날 부르주아 건축가의 작품은 근대적 소외가 갖는 복잡한 모든 것들을 보여주고 있다. 산업시대 이전에 사용자와 장인 사이에 형성되었던 소박한 개인적 관계가 있던 자리는 이제 비인격적인 상품생산이 차지했다. 인간성으로 충만했던 것들이 협소하고 개인적인 지식이나 기능에 의존하는 상품생산으로 인해 손상되어 갔다. 인간의 과학적 기술적 성취가 대단했지만, 자신을 둘러싼 사회적 관계—주관적인 것에서 점점 객관적인 것으로 바뀌어 가고, 사람들 사이의 관계가 상품관계로 바뀌어 가는 그런 관계—를 이해하는 일은 점점 더 어려워졌다. 예술과 건축은 '신화화(mystification)'로 빠져들었다. 현실은 무시되었고 사회참여적 태도는 거부되었으며, 예술가를 사회현실과 유리시키고 예술가에게는 사회적 책임을 묻지 않는 가치중립적 태도가 득세했다.

    세상의 복잡한 현실로부터의 도피는 20세기말 광범위한 경제위기에 직면하여 빚어진 집단적 혼수상태의 일부였을 뿐이다. 정치가들은 사회문제에 대한 건설적인 해결책을 거부하고 억압과 폭력을 선호했다. 산업은 사회적으로 유용한 대안적인 투자처를 찾지 못했고, 노조 관료들은 창조적인 대안을 제시하기보다는 자본주의 체제로부터 얻어낼 수 있는 것에만 집착했다. 민중들의 삶과 이상은 점점 더 착취되었다. 지방의 문화와 솜씨는 점점 더 뿌리를 잃어 갔으며 기업의 기술로 대체되었다. 이 과정에서 많은 기술자와 건축가·도시계획가가 기업 측 입장에 서서 개입했는데, 이는 파우스트의 계약과 같은 것으로 단기적인 직업적 이익을 위해 자신과 다른 이들의 자유를 파는 행위였다.

건축 분야에서는 새로이 출현한 역사가와 이론가 그룹들이 이러한 태도를 고무했다. 이들은 페브스너를 비롯한 다른 모든 근대 운동의 옹호자들, 그리고 근대 운동이 갖는 사회적 역할을 강조하는 사람들의 영향에서 벗어나고자 했다. 합리주의는 받아들일 만하지 못한 엉뚱한 것으로 치부되었으며, 건축사는 근대 운동 자체를 덜 중요하게 다루는 내용으로, 그리고 빅토리아 시대의 공학기술자들과 윌리엄 모리스 같은 근대 운동의 직접적인 선구자들을 될 수 있는 한 언급하지 않는 내용으로 다시 씌어졌다. 대신에 과거 부르주아 시대에서 새로운 영웅들과 기념비적인 작품들을 다시 찾아냈다. 싱켈과 루티언스가 추앙받기 시작했고 빅토리아 시대의 저택과 리츠 호텔[99]이 의미있는 작품으로 평가되었다. 건축은 주로 양식의 문제로 간주되었으며, 수수한 건물보다는 기념비적인 건물을 설계하는 것으로, 그리고 협동적인 노력을 요하는 일이 아니라 개인적인 영감에 좌우되는 일로 간주되었다. 역사는 '역사를 위한 역사'로서, 공동생활과는 별개인 소수화된 전문 분야로서, 비정치적이고 비참여적이며 '가치중립적'인 교의로서 연구되었다. 그리고 그 뒤에는 정치적으로 편향된 태도가 감춰져 있기 마련이었다. 무엇보다도 역사는 오직 과거에만 매달렸다. 과거를 이해하기 위해서는 현재를 더욱더 연구해야 하며, 과거에 대한 연구는 미래의 방향을 가늠하기 위한 것이라는 태도는 온데간데없었다.

요컨대, 건축이론과 실무는 환경문제들을 바라보는 관습적 방식들에 대해 아무런 의문도 제기하지 않고 기존의 사회질서에 대해 아무런 도전도 하지 않게 되었다. 이는 브레히트의 시 「책 읽는 노동자의 질문(Fragen eines lesenden Arbeiters)」(1935)에서 제기한 질문들을 무시해 버린 것이었다.

누가 테베(Thebes)의 일곱 문을 건설했는가?
책에는 왕들의 이름이 적혀 있을지니
정녕 왕들이 돌덩이들을 져 날랐단 말인가?

무허가 정착지들, 황폐화된 도심지역, 유해한 신도심지, 교통혼잡, 줄어

새로운 역사주의

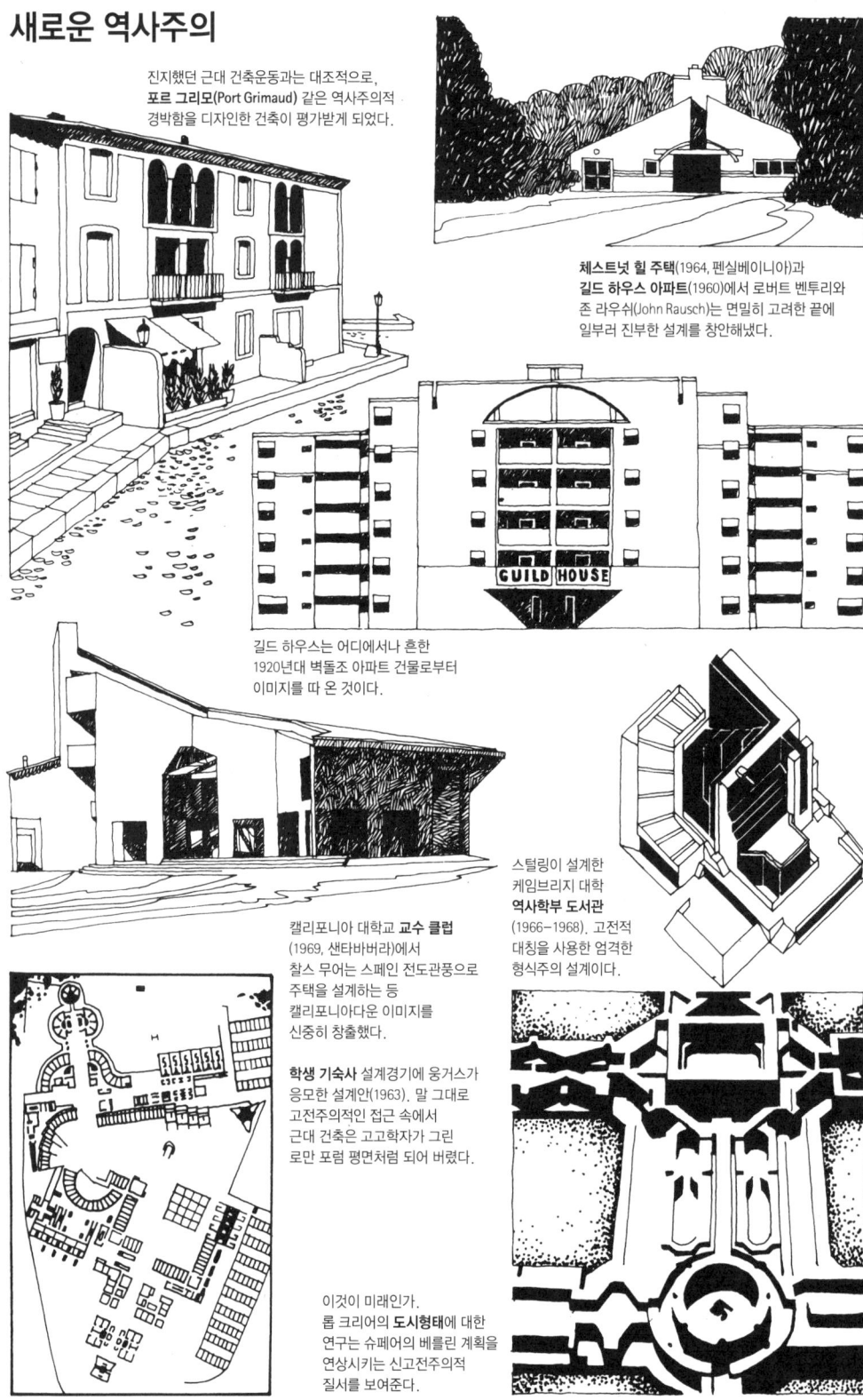

진지했던 근대 건축운동과는 대조적으로, **포르 그리모**(Port Grimaud) 같은 역사주의적 경박함을 디자인한 건축이 평가받게 되었다.

체스트넛 힐 주택(1964, 펜실베이니아)과 **길드 하우스 아파트**(1960)에서 로버트 벤투리와 존 라우쉬(John Rausch)는 면밀히 고려한 끝에 일부러 진부한 설계를 창안해냈다.

길드 하우스는 어디에서나 흔한 1920년대 벽돌조 아파트 건물로부터 이미지를 따 온 것이다.

캘리포니아 대학교 **교수 클럽**(1969, 샌타바버라)에서 찰스 무어는 스페인 전도관풍으로 주택을 설계하는 등 캘리포니아다운 이미지를 신중히 창출했다.

스털링이 설계한 케임브리지 대학 **역사학부 도서관**(1966-1968). 고전적 대칭을 사용한 엄격한 형식주의 설계이다.

학생 기숙사 설계경기에 웅거스가 응모한 설계안(1963). 말 그대로 고전주의적인 접근 속에서 근대 건축은 고고학자가 그린 로만 포럼 평면처럼 되어 버렸다.

이것이 미래인가. 롭 크리어의 **도시형태**에 대한 연구는 슈페어의 베를린 계획을 연상시키는 신고전주의적 질서를 보여준다.

드는 서비스, 사회적 투자보다는 무기생산에 대한 강조 등, 오늘날의 사회는 여전히 커다란 환경문제들에 직면해 있다. 이러한 문제들은 관습적인 부르주아적 수단으로는 해결할 수 없음이 분명하다. 자본주의가 환경문제를 해결하리라는 —야기하는 것이 아니라— 생각이 허망한 것임은 이제껏 줄곧 증명되어 온 일이다.

무엇을 할 것인가

그럼에도 불구하고 우리 앞에는 대안적인 길들이 있다. 초기의 건설노조들은 자신들의 체제를 파괴하려는 세력에 맞서 싸웠으며, 마르크스가 그랬듯이 모리스는 개인의 자율성과 창조성을 되찾기 위해서 엘리트주의 국가기구를 분쇄해야 한다는 절체절명의 필요성을 인식했다. 구성주의자들은 이러한 목적을 위해 기존의 소유관계를 다시 들여다보려 했고, 건물을 상품이 아니라 '생활에 필요한 것'으로서 다루려 했으며, 민중이 진정으로 필요로 하는 것을 최우선에 두려고 했다. 또한 바우하우스의 디자이너들과 그 후계자들은 적어도 이러한 사회적 이상주의에 동참했다. 비록 자본주의 체제 속에서 작업했던 탓에 그 성공 가능성이 훨씬 희박했지만 말이다. 오늘날 더 나은 물리적 환경을 창조하기 위해서는 디자이너의 솜씨뿐만 아니라 정치적 행동이 필요하다는 것이 점점 분명해지고 있다. 무허가 정착 마을의 도시빈민들은 그들만의 대안적인 지역경제를 창출하면서, 도심지의 공동체 활동가들은 정부 당국에 저항하면서, 어퍼 클라이드 조선소(Upper Clyde Shipbuilder)[100]나 루카스 항공(Lucas Aerospace)의 노조 간부들[101] 같은 노동조합원들은 자신들의 기술이 오용되는 것에 대한 창조적 대안을 제시하면서 정치적 행동의 필요성을 보여주었다. 현재의 건축이론 경향이 이러한 방향에 별 도움이 안 된다면 참조할 만한 다른 이론들도 찾아볼 수 있다. 프랑스 도시사회학파의 작업은 그러한 가능성을 보여주는 하나의 예이다. 1968년 혁명에서 자극을 받고, 그람시(Gramsci)와 알튀세(Althusser)의 고전적 마르크스주의 이론을 철학적 배경으로 삼으면서 진행된 프랑스의 로지킨(Lojkine)과 카스텔(Castells) 그리고 영국의 픽번스(Pickvance)의 작업은, '새로운 소부르주아(new petit bourgeois)'인 전문가들에게 사회 속에서 자신들이 차지하는 진정한 위치를 인식할 책무를 부여했다. 공장 노동자나 도심 내 빈민들과 똑같이 그들 역시 체제에 의해 착취당하고 있음을 인식해야 할 책무를 말이다. 전문가들이 더 나은 세상을 만드는 일에 진실로 관여하고자 한다면, 카스텔이 지적했듯이 "자본주의를 넘어서는 데에 '객관적으로 관여하는' 대중 계급 조직"의 일원이 되어야만 하며, "그렇게 해야 할 필요성과 가능성을 '주관적으로 인식해야'"만 할 것이다.

이론적 건축가이든 실무적 건축가이든 간에 건축가들은 아마도 스스로에게 이러한 질문을 계속 던져야 할 것이다. 예컨대 '사람들이 필요로 하는 것으로부터 시작하는 일이 더욱 합당하지 않은가' '건축과정이 인간생활의 근본이 되는 부분을 대상으로 한다는 것을 인식하면서, 기능적인 필요뿐만 아니라 더 진화된 필요에까지 대응하면서, 타고난 솜씨와 영성(靈性)을 계발하도록 사람들을 도와주는 일이 더욱 합당하지 않은가' 하는 질문들을 말이다. 땅과 건물을 상품으로 다루는 것, 그리고 건축과정 자체에 소외가 내재되어 있는 것은 현재 우리의 체제가 실패했음을 보여주는 사례일 것이다. 모든 분석의 출발점은 허약한 정치적 교조나 건축설계의 교의들이 아니라 바로 사회의 경제구조임을 인정해야 하지 않을까. 기술적 진보가 자동적으로 사회적 진보로 연결되지 않음을 인정해야 하지 않을까. 부르주아 이데올로기는 마치 이 둘이 연결되는 것인 양하고 있지만 말이다. 오히려 역사는 우발적이어서 우리의 준비 여하에 따라서 잡을 수도 있고 놓칠 수도 있는 기회들을 제공한다. 사회란 본질적으로 역동적이고 변증법적이라는 것을 인정해야 하는 것 아닌가. 부르주아 문화는 계급갈등이 현존함을 은폐한다. 이러한 사실을 인정한다면 모리스가 그랬듯이, 현실적인 계급투쟁을 재창출할 수 있을 것이고 이를 통해서야 비로소 더 나은 미래의 가능성을 다시 창조해낼 수 있을 것이다. '건축'과 '건축 역사'는 좀더 넓게 정의해야 하지 않을까. 엘리트주의와 아카데미즘에 경도된 부르주아적 비평의 경향에 저항하면서, 기념비적인 건물들과 양식에 치우친 비평이 묘사하는 것들을 넘어 좀더 기본적인 문화, 좀더 일반적인 문화를 찾아내는 일을 계속해야 할 것이다. 무엇보다도 과거와 현재와 미래에 똑같이 관심을 가져야 하지 않겠는가. 무엇이 역사적으로 중요한지를 아는 것은 현재의 문제에 대해 얼마나 숙지하고 있느냐에 달려 있다는 사실을 알아야 한다. 과거가 우리와는 먼 일처럼 여겨진다면, 그것은 아마도 우리가 과거 중에서 현재와 관계없는 것들에만 매달려 있기 때문일 것이다. 우리는, 자본주의가 우리에게 강요하는 전통이 아닌, 우리가 계승해야 할 진정한 전통들을 깨달아야 한다. 우리가 미래를 창조하기 위해 공부해야 할 것은 부르주아 체제가 일구어 놓은 비속하고 위험한 사상들이 아니라 바로 그 진정한 전통 속에 있는 것이다.

역사의 종언[102]
The end of history

동아시아의 근대 건축

동아시아의 공예적 건축 전통

일본의 이세진구(伊勢神宮)는 7세기에 건축된 이래 매 이십 년마다 처음 사용했던 건축방식으로 원래 모습과 똑같은 건물을 건축하는 일을 계속해 왔다.[103] 이를 통해 살아남은 것은 건축물뿐만이 아니다. 지속적인 재건축 덕에, 다른 지역에서는 거의 소멸해 버린 공예 기술의 전통이 여기서는 지금도 살아 숨쉬고 있다.

역사 속에서 대부분의 건물들은 이러한 공예 전통에 따라 건축되어 왔다. 지역마다 아버지가 아들에게, 혹은 장인이 도제에게 가르친 건축방법으로 그 지역의 목재, 풀, 골풀, 대나무, 동물 가죽, 진흙 벽돌, 얼음, 흙 등 그들이 속한 세상의 일부인 그런 재료들을 사용하여 수수하고 토착적인 건물들을 지었다. 이런 전통적 건물들은 추위와 비를 피하고, 빛과 공기를 잘 들게 하거나 햇빛으로부터 거주자를 보호하는 등 가장 자연스럽고 에너지 보전적인 방식으로 지역의 기후에 대응했다.

지난 오천여 년 간 계급사회가 진전되면서 보다 거창한 건물들이 필요하게 되었다. 궁전·사원·성·방어벽은 세습 지배가문들, 귀족, 성직자들의 힘과 부를 과시했다. 하지만 그 건물들은 지역마다 공예 기술로 지어진 것들과 본질적으로 동일한 재료와 기술을 사용하면서 더욱 웅장하게 건축되었다고 할 수 있을 것이다. 아니면 문화적인 이유에서 좀더 내구적인 재료로 건축된 것이라 할 수도 있을 것이고, 규모가 큰 건물들이므로 좀더 야심 찬 구조 시스템을 사용했다고도 할 수 있을 것이다. 이러한 건물들은 이름 높은 건축가들이 설계하면서 종종 높은 수준의 세련됨과 풍부한 표현에 도달하기도 했다. 그러나 크든 작든 간에, 기념비적이든 평범하든 간에, 공예 전통이 유지되는 한 그러한 건물들은 지역적 특성을 주된 특징으로 유지해 왔다.

그러나 이 책에서 시작 시기로 삼은 산업혁명은 사회적 경제적 변화가 엄청난 시기였다. 새로이 등장한 도시 부르주아 계급이 경제적 생활을 지배하기 시작하면서 전혀 다른 건축사업들이 요구되었다. 자본주의적 건축이 봉건주의적 건축을 대체했던 것이다. 건축재료가 공장에서 만들어지고 원거리로 운송되기 시작한 모든 곳에서, 건축에 관한 정보가 세계적 차원으로 출판되고 건축기술이 수출되기 시작하면서 지역의 공예 전통은 소멸해 버렸다. 자본주의 자체가 국제화한 것과 똑같이 자본주의의 건물들 역시 국제화했다.

동아시아에는 전(前)자본주의적 전통과 기술의 사례들이 풍부하다. 기원전 5세기에 시작되어 진(秦)과 한(漢) 왕조의 야심을 반영하며 거대한 스케일로 건축된 중국의 만리장성이 이러한 역사적인 건축 전통을 가장 극적으로 보여준다. 수세기 동안 중국은 동아시아 지역의 정치적 문화적 영향력의 중심이었다. 중국의 도시와 사찰, 탑과 궁전은 주변 세계 어디에서나 건축의 참조 대상이었다. 탑사(塔寺)나 파이루(Pai-lou)[104] 같은 건물의 형태는 동아시아 지역에 넓게 퍼졌다. 당(唐) 왕조가 베이징에 건축한 잠자는 붓다 사원(Temple of the Sleeping Buddha), 명(明) 왕조 후기의 천단(天壇, Temple of Heaven), 명·청(淸) 왕조의 자금성(紫禁城) 등을 비롯해 중국 황제들은 대규모 건물들을 건축했다. 8-9세기 자바 섬의 초기 스투파(stupa), 미얀마의 12세기 사원들, 같은 시기 캄보디아의 앙코르와트(Angkor Wat)와 앙코르톰(Angkor Thom)에 건축된 거대한 사원들 역시 또 다른 궁정 건물의 전통이 낳은 것들이다.

중국 북부의 동굴 주거, 다짐 흙(rammed-earth)과 목재로 지은 집, 말레이시아나 인도네시아 같은 남부 활엽수림 지역의 목조 건물 등 평범한 건물들에서도 다양한 지역적 공예의 전통을 볼 수 있다. 중국에서는 내부 중정이 있는 단층집이 보편적으로 지어졌는데, 이러한 주거형식은 복잡한 도시나

마을에서 사적인 가족공간을 확보할 수 있게 해주며, 중정에 방이 면해 있어 환기가 가능했다. 충분한 일조량을 확보하기 위해 집을 남향으로 짓는 관습은 풍수라고 알려진 복잡한 환경사상으로 진전했다. 일본에서는 목재가 주된 건축재료였다. 급한 물매의 초가지붕을 올린 단독주택인 '갓쇼 츠쿠리(合掌造り)'는 원시적인 시골지역의 전형적인 집이었다. 교토 같은 역사 깊은 도시에서는 집들이 좁은 필지에 밀집했고, 부자들의 집은 세심하게 설계된 정원으로 도시환경 속에 자연을 양식화해 끌어들이기도 했다. 집뿐 아니라 사원, 공중 욕장, 찻집 등 평범한 건물유형들이 수세기에 걸친 발전과 세련화 과정을 거치면서 위대한 건축의 영역으로 들어섰다. 이세진구는 이러한 풍요로운 전통의 일부분에 불과하다.

동아시아 지역의 문화적 역사와 정치·지리가 복합되어 형성된 이러한 다양한 전통은 서양 세계보다 발전 수준이 높았던 선진문명이 반영된 것이었다. 당시 동양은 낮은 문화 수준에 머물러 있던 유럽에게 문명화한 가치를 전하는 전달자였다. 예를 들어 이탈리아 여행가로서 몽고의 칸을 만났던 마르코 폴로(Marco Polo)는, 서양이 동양에 대한 인식을 새롭게 하는 데 큰 역할을 했다. 남아시아를 가로지르는 중세 실크로드는 새로운 생각과 호사스러운 물건들을 유럽에 전하면서 베네치아 같은 도시들을 크게 번성하도록 했다. 그리고 10-11세기경에 바로 이들 도시에서 자본주의의 원시적 형태가 성립되었으며, 이는 결국 산업혁명이 성립하는 기초를 낳았다.

서양의 침략과 식민건축 양식의 이입

수세기 동안 서양에게 '동양'은 부유하고 이국적이며 신비한 곳으로 인식되었다. 동양의 예술과 건축형태는 종종 불완전하게 이해되면서 특별히 호화로운 효과가 필요한 경우에 모방되곤 했다. 이 책 앞부분에서 서술한, 브라이턴에 건축된 내시의 로열 파빌리온은 18세기에 유행했던 '중국풍'의 끝자락에 건축된 것이다. 최근 팔레스타인 작가 에드워드 사이드(Edward Said)가 제기한 '오리엔탈리즘'이라는 개념도 19세기 대부분과 20세기초의 서양 예술과 건축에서 일관되게 이어지고 있다.

그러나 동양과 서양의 가장 강력한 연결은, 우리가 알고 있듯이 수많은 승리와 비극으로 점철된 동양의 식민지화라는 형태로 다가왔다. 18세기 영국에서 시작하여 유럽과 미국으로 파급된 산업혁명이 이러한 과정의 주역이었다. 공장생산 체제는 동양이 풍부하게 갖고 있던 원료인 목재·광물·고무·비단·면 등을 필요로 했다. 서양 각국의 경쟁이 치열해지면서 세계시장과 무역망을 확보하고 유지하기 위한 경쟁의 필요성 역시 강해졌고, 이런 과정에서 종종 무력행사는 필연적이었다.

동아시아는 군사적 정복, 지역경제 구조의 전면적 개조와 이식, 서양 제국간의 식민지전쟁 등 모든 식민지화 과정의 핵심이 되었다. 오스트레일리아와 뉴질랜드는 아예 나라 전체가 새로운 주민들로 재구성되었다. 1934년 독일의 시인이자 극작가인 브레히트는 키플링의 유명한 시 구절을 개작하여 다음과 같이 썼다.

오, 동양은 동양이고 서양은 서양이지요, 싸구려 가수가 울부짖었습니다.
그러나 나는 커다랗게 갈라진 둘 사이를 가로지르며 놓인 다리들을 흥미롭게 지켜보았지요.
그리곤 거대한 총들이 동양을 뒤흔듭니다. 흥에 겨워 하는 군사들은 그 시체들을 치웠고요.
그런 속에서 동양에서 서양으로 굴러가는 것들이란, 피로 물든 차(茶), 전상자들, 금붙이…

식민주의는 내륙으로 진출하기 위한 항구와 철도를 필요로 했다. 몇몇 구도시들은 식민지의 수도나 중계항으로 개조되었다. 가장 잘 알려진 사례인 쿠알라룸푸르가 보여주듯이, 다른 식민지 도시들은 그런 목적을 위해 새로 건설되기도 했다. 식민지 건축양식의 건물들은 그 지역 건물들 곁에 자리잡았다. 양식적으로 그것들은 식민 모국에 뿌리를 두었지만 새로운 나라의 기후와 가용한 건축기술에 맞추어서 변용되었다. 아마도 가장 장대한 식민건축은 루티언스가 설계한 뉴델리이겠지만 영국 건축의 영향은 말레이시아에서도 볼 수 있으며 —페낭(Penang)이 가장 유명한 사례 중 하나이다— 프랑스 식민건축은 베트남과 캄보디아에서, 네덜란드 건축은 인도네시아에서, 미국 건축은 필리핀에서, 그리고 포르투갈 건축은 마카오와 동티모르에서 찾을 수 있다.

식민권력은 식민화 과정의 출발에서부터 독립을 향한 투쟁에 맞닥뜨렸다. 이미 1857년에 영국이 점령한 인도에서 군사들의 폭동이 일어났으며, 모든 식민세계에서 소요가 계속되었다. 1917년 러시아 볼셰비키 혁명은 자본주의적 식민주의 사회경영 방식에 근본적인 대안을 제공하는 것으로 비쳤졌다. 사 년 후 중국 공산당이 결성되었고 공산주의는 동아시아 전역의 독립운동에 영향을 미치기 시작했다.

이차세계대전과 신식민주의, 그리고 근대 건축
이차세계대전이 분수령이었다. 이는 동아시아 국가제도에 붕괴를 가져왔을 뿐 아니라 전쟁으로 많은 인구가 죽었고, 도쿄·히로시마·나가사키 같은 곳이 크게 파괴되었다. 전쟁은 식민 모국과 식민지의 관계를 느슨하게 만들었는데, 전쟁 후에는 여러 나라들이 완전한 독립을 이루었다. 한국과 필리핀이 1945년에 독립했으며, 인도는 1947년에, 인도네시아는 1949년, 말레이시아는 1957년, 그리고 베트남이 1976년에 독립했다. 그들 중 몇몇은 독립 이후 사회적 경제적 안정을 얻기까지 많은 세월이 지나야 했다.

이차세계대전은 항공우주과학, 로켓공학, 핵분열, 통신기술, 경량재료와 합성재료의 생산, 공장생산 등의 분야에서 기술발전에 큰 자극을 주었다. 또한 전쟁은 여러 국가 경제에 정부가 개입하는 상황을 불러왔다. 케인스는 새로이 확대된 공공부문과 정부 지원을 받는 사적부문이 나란히 작동하는 '혼합경제'를 제시했는데, 이러한 케인스의 경제학과 결합된 이 기술들은 세계 경제가 유례 없는 호황을 구가하는 데 기초가 되었다. 도시 재건은 정부의 주력 사업의 하나가 되었으며, 이는 단지 전쟁으로 인한 파괴 때문만이 아니라 자본 축적에 불가피한 경제적 필요성 때문이기도 했다.

세계 자본주의가 자신감에 찬 단계에 진입하면서 선진 산업국가들은 이제 공공연한 제국주의적 태도를 누그러뜨리고 정치적 수단보다는 경제를 통해 세계시장을 지배하려는 신식민주의 정책으로 신속히 전환했다. 과거에 식민지였던 도시들에 많은 국제적 투자가 이루어지는 가운데 서양의 문화적 주도권이 중요한 역할을 했고, 식민지 건축은 당시의 자본주의 건축인 국제적 모더니즘으로 대체되었다. 외른 웃존의 시드니 오페라 하우스가 한 지역의 건축적 상징으로는 더 유명하긴 하지만, 당시 진행되던 과정을 보다 직설적으로 보여주는 것은 아마도 홍콩의 상하이 은행(Shanghai Bank, 1986) 건물일 것이다. 이 건물은 원래 영국 소유의 다국적 기업을 위해 영국 건축가와 덴마크 엔지니어가 중국적 토양에 국제주의적 근대 양식으로 설계한 것이다.

일본 근대 건축과 디자인의 성장

전후 미국과 일본의 공생적 관계는 창조적인 근대 상업 디자인의 발전을 위한 자양분이 되었다. 초기 일본의 제조업은 미국의 기술을 기반으로 했지만, 1950년대 초반에 일본에서 트랜지스터 기술이 발전하면서 혁신적이고 첨단기술을 적용한 소비상품이 급속히 개발되었다. 처음에는 값싸고 열악한 디자인으로 연상되었던 일본은 재빠르게 이 단계를 통과하면서 세계 굴지의 제조업 국가가 되었다.

일본의 건축설계 역시 처음에는 서양에 의존했다. 예컨대, 일본의 위대한 근대주의 건축가인 단게 겐조가 초기에 설계한 구라시키 시청사 같은 작품은 육중한 콘크리트 형태를 모듈로 반복 배열하면서 르 코르뷔지에의 영향을 그대로 드러냈다. 그러나 단게는 곧 니치난 문화 센터에서 톱니형의 요소를 통해 특징있는 건축적 접근으로 진전했다. 또한 치솟는 타원형 지붕으로 설계된 그의 도쿄 올림픽 경기장은 근대 세계의 위대한 독창적 건물의 하나이다.

동양이 식민적 문화과정을 멋지게 역전시키면서 공산품뿐 아니라 디자인에 관한 아이디어를 서양에 수출하는 시기가 금방 다가왔다. 일본은 여전

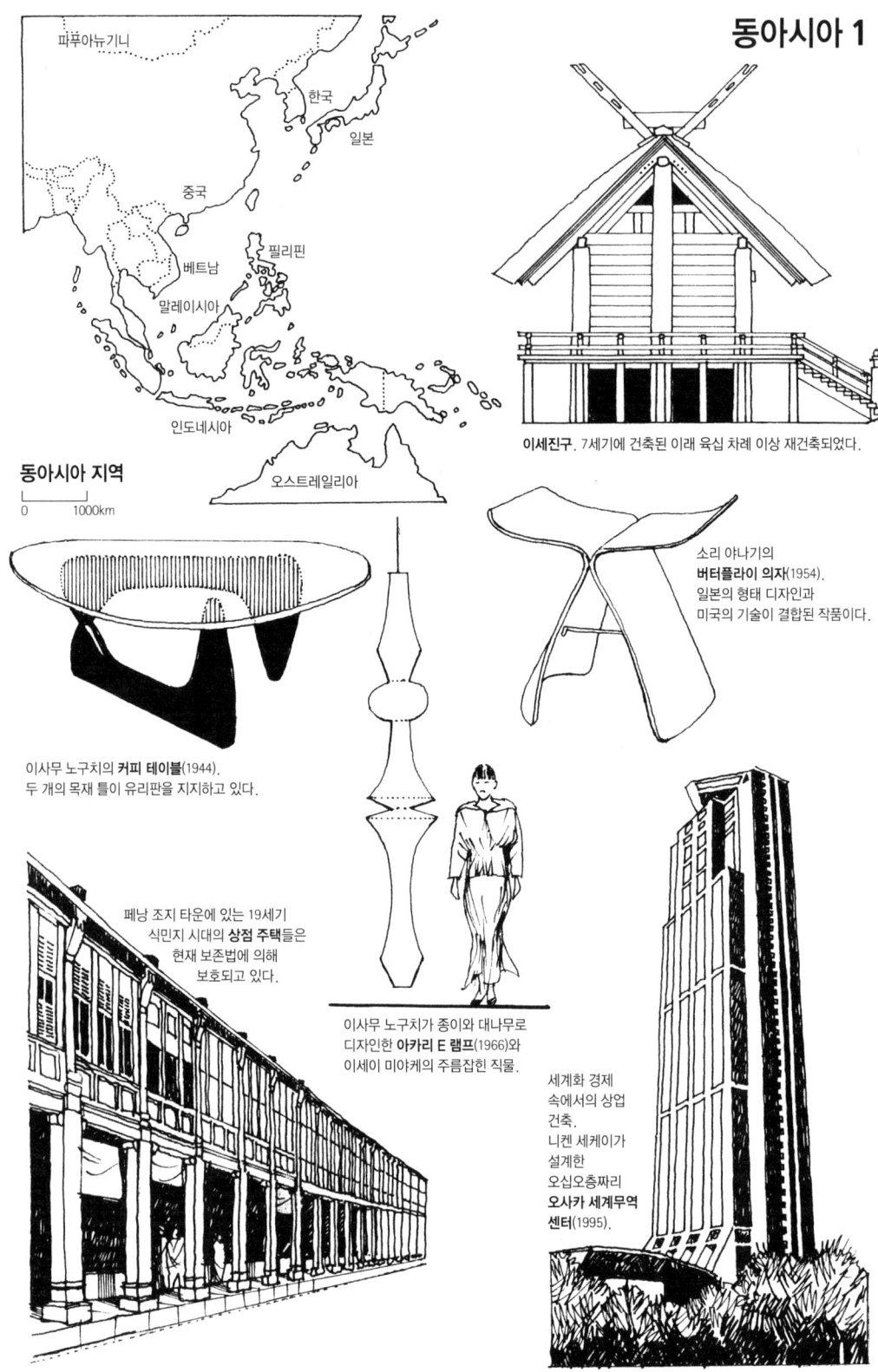

히 소비상품을 앞세워 선두에 서 있다. 닷선(Datsun)·미츠비시·혼다의 자동차, 이사무 노구치(Isamu Noguchi)의 아카리 램프(Akari Lamp)류의 잘 디자인된 가정집기들, 이세이 미야케(Issey Miyake)의 혁신적인 'A-POC' 의류 같은 기성복 패션 등이 대표적인 것들이다. 일본의 그래픽 디자인은 세계적으로 유명해졌고 구로사와 아키라(黑澤明) 감독에서부터 영화 〈고질라(Godzilla)〉에 이르기까지 영화산업 역시 유명해졌다. 서양의 구매자들은 점점 동아시아의 문화 전체를 감지하게 되었으며 선(禪), 풍수, 브루스 리, 중국 약재, 일본의 주택 디자인, 분재, 다다미, 요(futon) 등을 알게 되었다.

서양의 탈산업화와 동아시아의 산업화

1973년 석유 파동과 이에 따른 세계 경제위기는 서양에서 정치·경제의 방향에 큰 전환을 가져왔다. 위기가 닥치자 자본주의는 자본이 붕괴되도록 놔두는 수밖에 없었다. 1979년 이후 대처와 레이건을 본보기로 삼아서, 서양 각국의 정부는 자본을 공공부문에서 사적부문으로 이전하고 산업자본보다 금융자본을 보호하는 정책을 추구했다. 결과는 서양의 급속한 탈산업화였다. 이러한 상황은, 현대 사회의 사회적 가치는 과거에서 찾아야한다고 주장하는 포스트모더니즘 이념으로부터 지지를 받았다.

동아시아 국가들을 필두로 새롭게 산업화한 나라들은 세계의 새로운 공장이 되었다. 정치가 점점 민주화하면서 일본·한국 등 대부분의 아세안(ASEAN, 동남아시아국가연합) 국가들은 교육수준이 높아졌고, 이는 효율적인 노동력 창출로 이어졌다. 투자자들은 상대적으로 낮은 임금과 허약한 고용보호 제도로 생산원가를 낮출 수 있다는 것을 더 큰 매력으로 꼽았다. 동아시아는 유력한 경제력을 갖게 되었다. 1980년대 동안 침체를 겪었던 오스트레일리아와 뉴질랜드조차 서양과의 전통적인 연계를 줄이고 이웃 국가들과의 관계를 강화하기 시작했다.

1967년 아세안의 결성은 동남아시아 국가들이 세계시장에서 자리를 잡는 계기가 되었다. 아세안 국가들은 강력한 농업국으로서 이들 농산물의 잉여 생산량은 이 지역 일대의 필요 식량을 조달하기에 충분했다. 일본·

한국·캄보디아 정도를 제외하면 동아시아는 식량을 자급자족할 수 있으며, 남부지역 국가들에서는 인구가 급속히 성장하고 있다.

남부지역 국가들이 아직 산업적 기초를 발전시키고 있는 한편, 일본과 한국 그리고 중국은 산업의 중심지를 이루고 있다. 이들 나라는 강력한 제조업 경제와 해운 능력에 기초하여 세계무역에서 큰 비중을 차지하고 있다. 일본은 이 방면에서 세계의 중심이다. 금융서비스 산업 역시 동반 성장하여 도쿄는 런던·뉴욕과 함께 세계 삼대 금융 중심의 하나이다. 도요타·닛산·현대·대우 등 일본과 한국의 자동차는 이제 세계시장을 지배하고 있으며, 세계의 컴퓨터와 아이티(IT) 기기들의 대부분은 이 두 나라에서 생산된다. 가정용 기기들은 여전히 주된 수출 품목이며, 소리 야나기(Sori Yanagi)의 '버터플라이(Butterfly)' 의자 같은 혁신적인 가구 상품은 디자인의 고전이 되었다. 그래픽 디자인은 문화 수출에서도 한몫을 차지했는데, 여기에는 만화―심각한 주제를 다룬 『맨발의 겐(はだしのゲン)』[105] 등 다수―와 애니메이션, 컴퓨터 게임, 그리고 하지메 소라야마(Hajime Sorayama) 같은 예술가들의 작품이 포함된다.

도시화와 환경문제

도시화는 이 지역 전체에서, 특히 남부지역에서 급속히 진전되고 있다. 한국과 일본은 이미 도시 인구비율이 매우 높으며, 이들을 포함해 황해 연안과 중국 동부 해안 지역의 인구밀도는 세계적으로도 가장 높다. 동티모르나 파푸아뉴기니 같은 가장 빈곤한 지역을 제외하고는 도시화와 함께 평균수명도 증가하고 있다. 그러나 도시가 팽창하면서 중심지의 개발 압력이 가난한 자들을 주변부로 밀어내고 있으며, 많은 도시들이 최저 주거수준으로 살아가는 비공식적 판자촌들로 둘러싸여 있다. 비록 한국을 포함한 몇몇 나라들은 슬럼 철거와 재입주에 주목할 만한 노력을 보이고 있긴 하지만, 세계에서 가장 많은 슬럼 거주인구를 갖는 스무 개 나라 중 다섯 개가 동아시아에 있다.

증가하는 공해, 특히 바다의 오염도 문제가 되었다. 전체적으로 동아시아는 일인당 이산화탄소 배출량에서 아직 미국에 비해 훨씬 낮은 수준이지만, 중국은 그 양이 급속히 증가하고 있다. 또 다른 문제는 개발과정이 전통 세계의 인간적 문화와 동식물 종들에게 준 커다란 충격이다. 아마존 분지를 떠올리게 하는 이 전 지구적 문제는 동남아시아에도 그대로 해당된다. 아직 인도네시아는 세계에서 가장 높다고 할 만한 생물다양성 수준을 유지하고 있으며, 보르네오와 뉴기니에는 여전히 대규모 열대림이 남아 있긴 하지만 말이다.

신자유주의와 포스트모더니즘 건축

서양에서는 건축이 새로운 상황을 반영하기 시작했다. 그것은 세계화와 미국이 주도하는 상황, 공공부문으로부터 멀어지고 사회적 책임감을 갖는 모더니즘으로부터 멀어져서 자유시장 자본주의에 더욱 가까워지는 그런 상황을 말한다. 도심부의 명망있는 사무소 건물들이 주류 건물유형이 되었으며, 로저스가 런던에 설계한 첨단기술의 로이드 빌딩(Lloyd Building, 1986)과 포스터가 런던에 설계한 우아한 스위스 리 빌딩(Swiss Re Building, 2004)이 그렇듯이 그들 중 많은 건물들이 아름답게 설계되었다. 이러한 새로운 '후기산업적' 상황 속에서 잠재적 투자자 유치와 시장 활성화를 열망하는 서구 도시들은 '문화 정책'을 개발했고 걸출한 문화시설 건축물들이 그 주역을 담당했다. 아마도 가장 유명한 예가 파리의 옛 도살장 자리에 버나드 추미(Bernard Tschumi)가 설계한 라 빌레트 공원(Parc de La Villette, 1993)과 스페인 북부의 버려진 공업지대에 프랭크 게리(Frank Gehry)가 설계한 구겐하임 빌바오 미술관(Guggenheim Bilbao Museum, 1997)일 것이다. 1980년대와 1990년대에는 시장 주도의 '도시재생' 계획이 많은 도시들의 특징이 되었는데, 이는 공업용지였던 지역을 포스트모던 양식의 거대한 사무소 위주로 재개발하는 것이었다. 주된 사례로는 뉴욕 시의 해안개발인 배터리 파크 시티(Battery Park City)와 카나리 워프(Canary Wharf)를 중심으로 한 런던의 도크랜드(Docklands) 개발을 꼽을 수 있다.

그러나 도시계획을 이런 식으로 접근한 데에는 강한 비판도 있었다. 민주적인 지역적 계획을 회복하고 생태계에 더욱 책임있는 태도를 보이고자 하는 대중적 도시운동이 늘어나면서, 이러한 비판은 대안적 생활양식의 장려, 정치가들에 대한 교섭, 혹은 직접적인 행동과 도시 폭력(urban violence)으로까지 표현되었다. 샤론 비더(Sharon Beder) 같은 작가는 다국적 기업들이 환경을 백안시하는 태도 속에 명목뿐인 양보를 하면서 실제로는 '환경주의'를 상품으로 마케팅하고 있다며 비판했다. 때로는 정치가들도 유권자들의 압력에 밀려 마지못해 이 쟁점을 좀더 진지하게 받아들이기 시작했다. 예컨대, 1997년 교토 의정서는 온실 가스 배출을 줄여서 지구 온난화를 억제하기 위한 최초의 의미있는 발걸음이었다.

유엔이 주도한 이 일이 일본에서 합의된 것은 적절하다. 동아시아는 이제 문화적 교차로에 서 있다. 동아시아는 매우 다양한 지역으로서 한쪽으로는 급속한 도시화와 산업화, 개발과 오염 문제를, 다른 한쪽으로는 도시 빈민과 토착 농촌인구의 궁핍, 그리고 급속히 사라져 가는 생물종과 자연 서식지 문제 등 현대의 모든 환경적 쟁점을 안고 있다. 동아시아가 이 두 문제 사이에서 어떻게 균형을 이룰 것인가는 세계의 다른 지역에도 중요한 교훈이 될 것이다.

동아시아 건축시장의 세계화

세계화한 경제와 자유시장 자본주의는 이 지역을 덮은 고층 고밀도 도시경관 속에서 뚜렷이 표상된다. 이러한 현상은 공업화한 일본 북부, 한국, 중국 동부, 홍콩, 싱가폴 등에서 특히 두드러졌다. 땅값 상승으로 점점 높아지는 상업적 고층 건물들의 독특한 형상은 경쟁사회에서 자신의 정체성을 찾으려는 건축주들의 욕망을 만족시키기 위해 고안된 것들이다. 니켄 세케이(日建計設)의 오십오층짜리 오사카 세계무역센터(1995), 히로시 하라(原廣司)가 하이테크 양식의 고층 건물 두 개를 나란히 세우고 상부를 브리지로 연결한 오사카의 우메다(梅田) 스카이 빌딩(1993), 그리고 윌리엄 림(William Lim)과 탕관비(Tang Guan-Bee)가 설계한 싱가포르의 갤러리 호텔(Gallery Hotel, 2000) 등이 전형적인 예이다.

동아시아 2

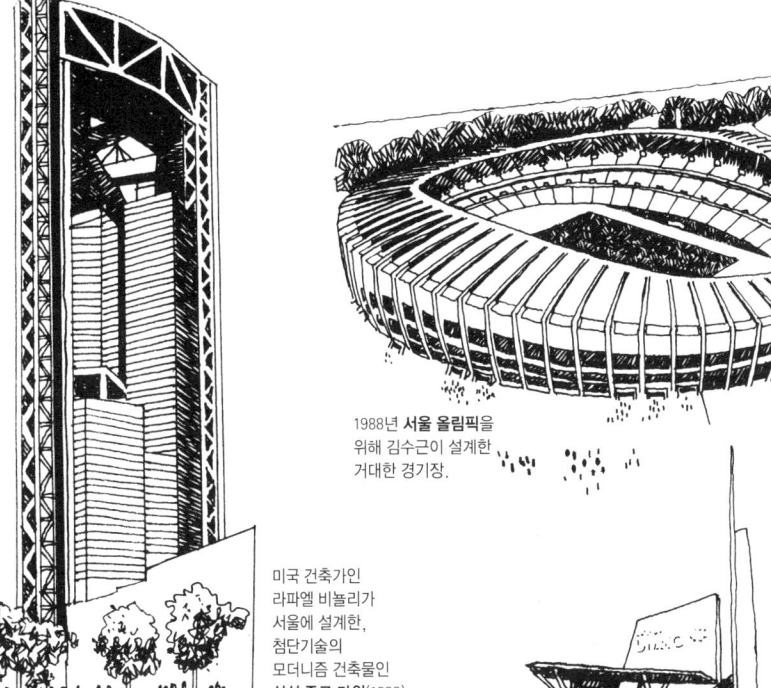

1988년 **서울 올림픽**을 위해 김수근이 설계한 거대한 경기장.

미국 건축가인 라파엘 비뇰리가 서울에 설계한, 첨단기술의 모더니즘 건축물인 **삼성 종로 타워**(1999).

그린 디자인. 켄 양이 페낭에 설계한 **말레이 민족연합기구 타워**(1998). 고층 건물에서 늘 문제가 되는 바람을 끌어들여 환기 시스템이 작동하도록 했다.

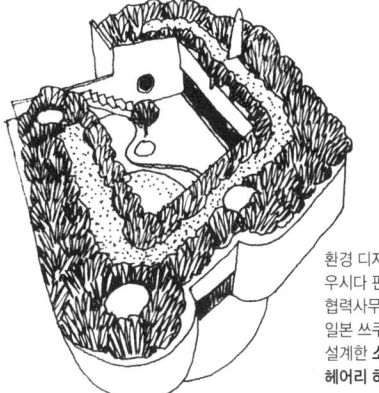

환경 디자인. 우시다 핀들레이 협력사무실이 일본 쓰쿠바 시에 설계한 **소프트 앤드 헤어리 하우스**(1994).

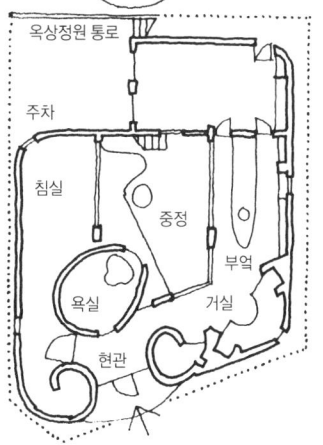

옥상정원 통로
주차
침실
중정
부엌
욕실
거실
현관

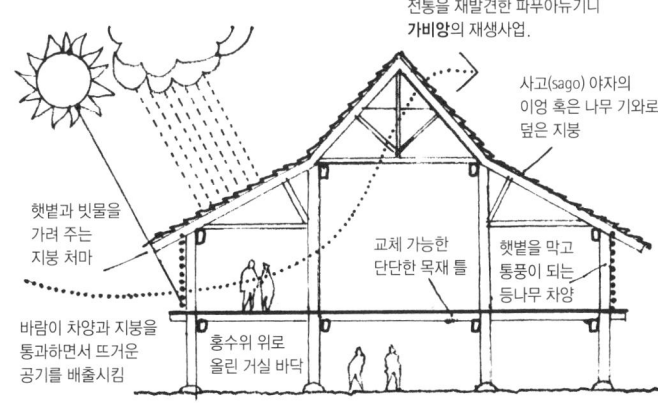

전통을 재발견한 파푸아뉴기니 **가비앙**의 재생사업.

사고(sago) 야자의 이엉 혹은 나무 기와로 덮은 지붕

햇볕과 빗물을 가려 주는 지붕 처마

교체 가능한 단단한 목재 틀

햇볕을 막고 통풍이 되는 등나무 차양

바람이 차양과 지붕을 통과하면서 뜨거운 공기를 배출시킴

홍수위 위로 올린 거실 바닥

세계화는 문화의 국제화를 북돋웠다. 일본 건축가 구로가와 기쇼(黑川紀章)가 설계한 거대한 멜버른 중심지 개발(1991)은 오스트레일리아와 동아시아 국가의 증진된 협력관계와 함께 시장을 지원하는 측면에서 현대 디자인이 갖는 전도자 역할을 보여준다. 서울에는 라파엘 비놀리(Rafael Viñoly)의 삼성 본사 사옥(1999), 콘 페더슨 폭스(Kohn Pedersen Fox)의 동부 파이낸스 센터(2002), 그리고 테리 패럴(Terry Farrell)의 인천 교통 센터(2002) 등 국제적으로 유명한 건축가들이 설계한 상업적 건물들이 지어졌다.

동아시아의 많은 도시들은 경제적으로 공업과 해운에 의존하고 있으며 많은 지역이 항구와 공업지대로 할애되어 있다. 공업지대는 첨단 자동화 공장에서부터 작고 밀집된 공작소에 이르기까지 여러 부류가 분포한다. 물론 대부분의 공장 건물들은 매우 실용적이지만 기업의 정책이나 위신 때문에, 노동자들에게 더 좋은 작업환경을 제공하기 위해서뿐만 아니라 기업주의 이미지를 높이기 위해서 보다 거창한 건물들을 짓곤 했다. 기타쿠슈(北九州)에 시라카와 나오유키(白川直行)의 설계로 우아하게 건축된 토토 팩토리(Toto Factory, 1994)는 영문으로 쓴 거대한 회사 이름이 계속해서 그 모습을 바꾸는 조명을 전시하는 것이 주된 목적이었다.

문화 정체성과 건축 표현

그러나 서양이 그랬듯이 많은 동아시아의 도시들 역시 국제적인 것보다는 지역적 문화를 강조하려는 정책을 진전시키기 시작했다. 빌바오에서처럼 '랜드마크'적인 문화시설은 한 도시의 새로운 자신감을, 혹은 기존의 자신감을 강하게 보여주는 데 큰 역할을 할 수 있으며, 지역 건축가들은 이를 표현하는 일을 실현할 수 있다. 고베 지진 참사 이후에 전개된 도시재생을 위한 계획안들 중에는 안도 다다오(安藤忠雄)가 새로이 해변에 설계한 미술관(1998)이 있었고, 가나가와(神奈川) 시 개선계획 중에는 하세가와 이츠코(長谷川逸子)가 설계한 거창한 형태의 쇼논다이(湘南台) 문화 센터(1990)가 있었다. 서울에서도 마찬가지로, 두 개의 주요한 문화시설—엄덕문(嚴德紋)이 설계한 세종문화회관(1978)과 김석철(金錫哲)이 설계한 거대한 예술의 전당(1993)—이 각각 한국의 문화적 정체성 확립을 시도하면서 건축되었다. 공원·정원·공공조각물 또한 도시의 이미지를 개선하는 데 한몫 했다. 거대한 환기 샤프트를, 반쯤은 건물이고 반쯤은 동역학적 조각이라고 할 만한 형상으로 요코하마에 설계한 이토 토요(伊東豊雄)의 바람의 탑(Tower of Wind, 1986)이 유명한 사례라고 하겠다.

대규모 국제 스포츠 행사는 투자를 유치하고 도시재생을 지원해 가면서 도시의 이미지를 선전하는 또 다른 방법이다. 1964년 도쿄 올림픽, 1988년 서울 올림픽, 2000년 시드니 올림픽, 2008년 베이징 올림픽, 그리고 2002년에는 한일 월드컵이 있었다. 이들 행사는 거대한 스포츠 시설을 필요로 했으며, 이 과정에서 김수근(金壽根)이 설계한 기념비적인 잠실종합운동장(1984), 니드(Bligh Voller Nied)가 설계한 시드니 올림픽경기장(2000) 등이 건축되었다. 이러한 기술 역시 수출될 만한 것이었는데, 일본 건축가 이소자키 아라타(磯崎新)가 1992년 바르셀로나 올림픽 시설인 팔라우 산트 호르디(Palau Sant Jordi, 1990) 경기장을 설계한 것이 그 좋은 예이다.

올림픽 개최 여부와는 별개 문제로 공항 개발은 투자 유치에 필수적인 요건으로서, 동아시아는 현재 세계 최대 공항들을 보유하고 있다. 홍콩의 신공항인 첵랍콕(Chek Lap Kok, 1998)에서 노먼 포스터가 설계한 터미널 건물은 오 헥타르에 이르는 거대한 규모로, 지붕이 있는 건조물로는 이제껏 건축된 것 중 가장 규모가 크다. 렌초 피아노와 오카베 노리아키(岡部憲明)가 설계한 오사카 간사이 공항(1994)은 오백 헥타르가 넘는 인공 섬 위에 건축되었다. 일본 건축가 구로가와 기쇼와 말레이시아 건축가 아르키텍 주루란캭(Arkitek Jururancag)의 협력으로 설계된 쿠알라룸푸르 공항(1998)의 대칭 형태와 낭만적인 형상은 외국 방문객들에게 말레이시아의 문화적 특성을 느끼게 하려는 의도에서 나온 것이다.

이러한 문화정책은 동아시아에서 각별히 중요한 역할을 한다. 국제적 자본주의 건축을 더욱 지역적인 일체감을 가진 양식으로 대체함으로써 그들 나라의 식민지 역사를 희석시키는 것이다. 말레이시아는 이웃한 인도네시아나 브루네이와 마찬가지로 주된 수입원이 제조업보다는 석유자원이다.

이 나라에서 문화정책은 주요한 문제로서, 식민지로 얼룩진 역사와 인종적 종교적으로 분열된 사회를 통합하는 목표를 가지고 있다. 현대 말레이시아를 대표할 만한 건축양식을 추구한 켄 양(Ken Yeang)은 건축에 대한 '지역주의적' 접근으로 국제적으로 유명해진 건축가이다. 그는 도시의 고밀도를 인정하면서 대형 사무소 개발을 위한 설계를 기꺼이 맡았는데, 단순히 양식주의적인 외관 설계를 넘어서 재생가능한 재료와 자연 에너지원을 이용하는 등 생태기후적 설계에 책임감있는 접근을 하고 있다. 공중정원을 즐겨 채용하는 그의 고층 사무소 건축설계 중 대표적인 것은 쿠알라룸푸르의 말레이시아 아이비엠(IBM) 본사(Menara Mesiniaga, 1992)와 페낭에 건축된 말레이 민족연합기구 타워(Menara UMNO, 1998)를 꼽을 수 있다.

환경 생태 건축과 공예적 건축 전통

켄 양이 '그린 디자인(green design)' 건축가로 가장 유명하지만, 이 계열의 또 다른 건축가로 지미 림(Jimmy Lim)이 있다. 그는 전통적인 목조 기술을 현대적 방법으로 구사하는 작은 규모의 하우징 계획으로 잘 알려져 있는데, 쿠알라룸푸르의 월리안 하우스(Walian House, 1980)과 샐린저 하우스(Salinger House, 1992)가 대표적 사례이다. 에너지 문제를 인식한 설계는 오스트레일리아에서도 많이 발전했는데, 특히 농촌 주택설계에서 이를 잘 볼 수 있다. 가장 유명한 활동가는 아마도 뉴사우스웨일스 벨린젠(Bellingen)에 위치한 스튜디오 주택(1985)을 설계한 리처드 레플러스트리어(Richard Leplastrier)와 시드니 근교의 볼 이스트어웨이 주택(Ball Eastaway house, 1983)과 노던 테리토리(Northern Territory)에 있는 마리카 알더톤 주택(Marika Alderton house, 1994)을 설계한 글렌 머컷(Glenn Murcutt) 등일 것이다. 좀더 최근의 사례로서 빅토리아 주 리마(Lima)에 데이비드 무어(David Moore)가 설계한 샤운 앤드 노부코 주택(Shaun and Nobuko house, 2004)은 오스트레일리아와 일본의 공예적 건축 전통에 기초한 주택이다. 또 다른 문화교류 작품으로는 일본 쓰쿠바(筑波) 시에 건축된 '소프트 앤드 헤어리' 하우스('Soft and Hairy' House, 1994)를 들 수 있는데, 곡선 형상과 이국적인 옥상정원이 있는 이 주택은 스코틀랜드 건축가와 일본 건축가의 협력사무실인 우시다 핀들레이(Ushida Findlay)에서 설계한 것이다.

환경적 영향을 가능한 한 줄이는 건물을 설계하는 것은 세계 자원의 보존을 위해 매우 중요한 일이다. 역사적 건물의 보호 문제도 보존의 철학이 관심을 갖는 영역인데, 이는 단순히 재건축하는 것보다 보존하는 편이 환경적 측면에서 유리하다는 이유뿐만 아니라 그것이 한 사회의 문화와 역사를 기억하도록 해준다는 본질적 가치 때문이기도 하다. 1970년대 캄보디아에서처럼 권위적인 체제가 모든 과거의 흔적을 지워 버리려 하는 경우도 없진 않지만, 위대한 건축물들은 대체로 보존되고 있다. 그러나 조금 덜 위대한 건물들도 한 나라의 역사에서 중요한 부분을 차지했으며, 이들 역시 보존할 가치가 있기는 마찬가지다. 예컨대, 페낭의 조지 타운(George Town)에서는 노후된 상태로 남아 있는 식민지 시기 건축물들인 '상점주택들'을 보전하고 복원하자는 운동이 진행되고 있다. 최소한 그들이 가진 관광산업적 가치라도 인식하고 있는 것이다.

인도네시아·말레이시아·필리핀의 열대 우림에서도 '생태관광주의(eco-tourism)'가 부각되고 있다. 동남아시아는 생물 서식지 전체를 보전하는 문제를 둘러싼 논쟁의 중심지다. 열대림·토착민들과 그들의 전통적 생활양식, 그 안에 서식하는 동식물군, 아직 밝혀지지 않았지만 급속히 소멸해 가는 식물종들이 갖고 있을지도 모를 약용 효과들, 그리고 그 열대림이 사라질 경우 세계 기후에 미칠 영향 등에 관한 논의가 지금도 지속되고 있다. 개발에 따르는 단기적 이익과 장기적인 생존문제가 갈등하고 있는 지금, 동남아시아 민중들이 이러한 갈등을 어떻게 풀어갈 것인가는 세계의 미래에 중요한 문제가 될 것이다.

파푸아뉴기니의 가비앙(Gavien)에서는 1980년대 이래 장기적인 농촌 프로젝트가 지속되고 있는데, 이는 작은 규모이긴 하지만 무엇이 가능한지를 보여준다. 열대림에 기초한 작물인 고무나무 육생 개발을 중심으로 한 이 프로젝트에서 정부가 계획하고 있는 것은, 열대림 환경과 공생할 수 있는 방식으로 주민들에게 주택과 일자리를 제공하고 기술을 숙련시키는 것이다. 옛날 건축기술은 산업주의와 식민지 시기를 거치며 쓸모없는 것이 되어 버리면서 이미 상실되었다. 그러나 이제 지역 주민들은 재교육을 통해 재생 가능한 숲의 목재 등 지역 재료를 사용해서 자신들의 집을 지을 수 있게 되었다. 이렇게 지어진 주택은 비록 현대적인 주택이지만, 무겁고 단단한 목재로 짠 구조 틀, 홍수위 이상 높이로 기둥으로 떠받친 거실 층, 비를 막기 위해 넓게 내민 처마, 통풍 효과를 위해 열어 둔 지붕 옆면과 구멍들 등 전통적 건물의 특징들을 고스란히 갖고 있다.

이러한 방식으로, 이세진구에서 수세기 동안 살아 숨쉬는, 그러나 다른 모든 곳에서는 이미 잃어버린 전통적 건축기술이 어느 정도 회복되고 있다. 길을 잃어버린 지 오랜 세월이 흐른 지금, 사람들은 자신의 문화와 전통을 다시 발견하기 시작한 것이다. 이러한 방식이 지향하는 것은 사람들과 그들의 생활방식과 건물과 환경들 간의 밀접하고도 상호 호혜적인 관계이다. 그리고 바로 그것이 모든 건축의 목표가 되어야 한다.

역주(譯註)

1. 영국의 소설가 셸리(M. W. Shelley, 1797-1851)가 1818년에 발표한 『프랑켄슈타인(*Frankenstein: or The Modern Prometheus*)』이라는 괴기소설의 부제. 근대 자연과학이 만들어낸 괴물을 소재로 한 이 소설에 빗대어, 산업혁명이 마치 괴물 같은 근대 자본주의 사회를 만들어냈음을 표현했다.
2. 토지소유자가 농민에게 소작농을 강제할 수 있는 권리. 중세 시기 영주 계급이 농민을 토지에 속박하여 반노예 신분으로 소작농을 시켰던 농노제에서부터 지속되어 온 것이다.
3. 영국의 고딕 부흥운동 건축가 퓨진이 1836년에 출간한 책의 제목이다. 그는 이 책에서 신고전주의 및 절충주의 양식의 건축물로 채워진 당시의 도시를 15세기 중세 때의 모습과 대조하면서 중세의 건축이 이상적이었음을 주장했다.
4. 영국 낭만파 중에서 가장 이상주의적인 세계관을 그린 서정시인. 압제와 인습에 대한 반항, 이상주의적인 사랑과 자유의 동경으로 일관하여 바이런과 함께 낭만주의 시대에 가장 인기있는 작가였다. 무정부주의자이며 자유사상가인 고드윈(E. W. Godwin)의 강한 영향을 받아, 『매브 여왕(*Queen Mab*)』(1813) 등 정치적 이상을 노래한 작품을 발표했다.
5. 영국은 1832년 의회개혁으로 새로운 산업도시들에 선거구를 설정하여 의석을 배분했지만, 그 의석 수가 매우 적었고 극소수 기업가들에게만 투표권이 주어져 이들이 의회를 독점하고 있었다. 자치도시법(Municipal Corporation Act)은 삼 년 이상 그 도시에서 거주해 온 모든 지방세 납부자들에게 시 평의원(이들은 시장 및 참사회 의원 선출권을 갖는다) 선거의 투표권을 부여했는데, 이것은 지방의 산업 엘리트가 주요 도시에서 지배권을 확립하며 정치적으로 부상할 수 있는 계기를 만들었다. 이 시기 북부 산업 엘리트의 영향은 의회의 경제관련 입법, 곡물법 폐지 등에 반영되었다.
6. 1834년 영국에서 개정된 법률로, 1601의 엘리자베스 구빈법(Elizabethan Poor Law)과 구별하여 신구빈법이라 부른다. 이 법률은 당시 지역별로 이루어지던 구빈행정을 전국적으로 통일한 것이었으나, 지주와 자본가들의 영향력으로 당초보다 빈민구호 범위를 축소하는 등 빈민구제를 억제하는 방향으로 개정되었다. 또한 구제수준이 자활노동자들의 생활수준보다 높지 않아야 함을 명시했고, 원외 구조를 철폐하고 작업장에 강제수용하는 것을 원칙으로 했다. 이는 노동하지 않는 자는 구제하지 않는다는 것이 원칙임을 뜻했다. 그 외에도 빈민들의 선거권 제한, 보호청구권 불인정, 사

적부양의무 이행, 자산조사 실시 등을 규정했다. 즉 가능한 한 보호를 청구하지 않도록 하려는 데 그 목적이 있었던 것이다.
7. 뼈대를 부챗살 모양으로 구성한 후기 고딕 양식의 둥근 천장.
8. 1832년 영국에서 개정된 의회선거법을 가리킨다. 투표권을 확대한 이 법으로 총 유권자 수가 약 오십 퍼센트 증가하여 전체 인구의 칠 퍼센트를 차지하게 되었으나, 투표권 확대는 재산을 일정량 이상 가진 자에 한했으며 노동자들에게는 투표권이 주어지지 않았다.
9. 두 부재를 연결하여 지지하는 막대.
10. 독일 철학자 헤겔(G. W. F. Hegel, 1770-1831)이 1821년에 쓴 저서의 제목. 원제는 'Grundlinien der Philosohie des Rechts'로서 『법철학 요강』으로 해석하기도 하는데, 여기에서 '법'으로 해석된 'Right'는 '옳음'이라는 의미가 강하다. 즉 개인의 자유의지를 기반으로 사회를 진보시켜 나가는 '옳은' 원리들을 제시하는 것이다. 헤겔은 이 책에서 자연법·도덕·인륜에 대해 차례로 서술하며, 인륜에 대해서는 다시 가족·시민사회·국가의 순으로 서술한다. 즉 자유의지 이념이 구현되는 가장 높은 단계가 인륜이며 그 중에서도 국가를 최고의 단계라 하는데, '각 개인은 좋은 국가의 시민이 됨으로써 비로소 자기의 권리를 얻을 수 있다'는 것을 말하고 있다. 마르크스는 『헤겔의 법철학 비판을 위하여』(1843)에서 이를 부르주아의 사유재산(자유의지)을 신성시하며 부르주아가 지배하는 국가체제를 옹호한 것이라 비판했다.
11. 포츠담 상수시 궁(Schloss Sanssouci) 정원의 설계자.
12. 원래 이 교육기관의 이름은 '중앙공공기술학교(Ecole Centrale des Travaux Publiques)'였으나 1794년 창설 직후인 1795년에 에콜 폴리테크니크로 이름을 바꾸어 오늘날까지 이렇게 불리고 있으며, 대부분의 건축서에서도 이 이름을 사용하고 있다.
13. 볼트를 구성하는 갈빗대 모양의 뼈대.
14. 고딕 건축에서 리브가 볼트의 하중을 지지한다는 이러한 해석은 잘못된 것으로 밝혀졌다. 볼트의 하중은 리브만이 아니라 볼트 구면 전체를 통해 기둥으로 전달된다. Robert Mark, *Architectural Technology up to the Scientific Revolution*, The MIT Press, 1994, pp.160-163 참조.
15. 1814년 스웨덴이 덴마크로부터 노르웨이를 얻어낸 일을 가리킨다. 노르웨이는 1905년에야 비로소 독립했다.
16. 목재로 틀을 짜고 그 사이를 벽체로 채운 뒤 스투코(stucco)로 마감하는 방식을 이용해 건축하는 건물. 검은 목재 틀과 흰 스투코 외벽으로 인해 '블랙 앤드 화이트'라고 불린다.
17. 1830년대 미국 시카고에서 발전한 목조 건축방식. 규격화한 목재를 못으로 접합하는 방식으로, 주택건축을 획기적으로 단순화시키며 급속히 확산되었다. 과거 방식

에 비해 구조 틀의 구성이 매우 단순하다고 해서 '풍선 틀(balloon-frame)'이라는 명칭이 붙었다.

18. 프랑스와 독일 각지에서 발발한 1848년 혁명은 일반적으로 '노동자 및 사회주의 세력과 부르주아 세력이 주축이 되었으나 혁명 중간과정에서 부르주아 세력이 구체제 세력과 연대하여 반혁명 대열에 합류함으로써 실패한 혁명'으로 규정된다. 반혁명이 성공한 이후, 정치체제는 왕과 귀족 등이 존속하는 구체제로 복귀했지만 경제적으로는 부르주아 세력의 지배력이 크게 증대했다. 따라서 본문의 '프로이센의 프리드리히 빌헬름 사세만이 왕위에 복귀'했다는 표현은 적절치 못한 점이 있다. 쫓겨났던 왕이 다시 복귀한 것은 프로이센에서뿐이지만, 프랑스는 1848년 12월 제2공화정으로 귀결되었다가 1851년 제2제정으로 이어졌고, 오스트리아에서는 메테르니히가 물러났을 뿐 십일월 반혁명으로 구지배 세력이 복귀했다. 독립을 얻어냈던 헝가리 역시 다시 오스트리아의 군정에 지배당했으며 이탈리아에서 입헌공화제를 추진하던 세력의 기도도 좌절되었다. 결국 1848년 혁명 이후 유럽 각국은 왕, 귀족 계급, 부르주아 계급이 공존하는 소위 '자본주의적 군주제'라 할 사회체제를 갖게 되는데, 이런 가운데에 정치적 안정과 경제적 성장을 구가하며 홉스봄이 말하는 '자본의 시대(1848-1875)'와 '제국의 시대(1875-1914)'로 진입한다.

19. 바쇼는 더들리(Dudley) 영주의 애견으로서 인명구조견으로 알려진 뉴펀들랜드종이었다. 1831년 더들리 영주가 와이엇에게 거액을 걸고 조각상 제작을 의뢰했으나 1833년 영주가 사망하고 후손들이 작품인수를 거부하자 와이엇 자신의 소장품이 되었다. 당시 걸작 예술품으로 호평을 받으며 1851년 박람회에 전시되었지만 와이엇 사후에는 평가절하되었다. 이후 런던의 빅토리아 앤드 앨버트 박물관이 구입하여 현재 이곳에 전시되어 있다.

20. 1884년에 윌리엄 모리스가 사회주의자민주연합지부(Hammersmith Branch of the Socialist Democratic Federation)에서 한 강연의 제목.

21. 1854년부터 1856년까지 러시아와 오스만투르크·영국·프랑스·프로이센·사르데냐 연합군이 크림반도와 흑해를 둘러싸고 벌인 크림전쟁을 가리킨다. 러시아는 빈회의(1814-1815) 이래로 투르크 영내로의 남하를 그 기본적인 대외정책으로 하고 있었는데, 프랑스 국내 카톨릭의 인기를 얻으려고 했던 나폴레옹 삼세가 예루살렘 성지에서의 카톨릭 교도의 특권을 투르크의 술탄에게 요구하자, 이 땅의 그리스 정교도의 비호자임을 자처하는 러시아의 니콜라이 일세가 이에 대립한 것이 크림전쟁의 직접적인 원인이 되었다. 1853년 7월 러시아군이 왈라키아(Walachia)·몰도바(Moldova) 등지에 침입하여 이곳을 점령했고, 서유럽 열강의 지지를 받은 투르크가 10월 러시아에 대해 선전포고를 함으로써 전쟁이 시작되었다. 전쟁 발발 후 얼마 안 되어 러시아는 연합군에 의해 수세에 몰렸고 니콜라이 일세는 전쟁 중인 1855년 2

월에 사망했다. 뒤를 이은 알렉산데르 이세는 1856년 3월 파리에서 강화조약을 체결했으며, 이로 인해 러시아에서는 근본적 개혁의 필요성을 깨닫게 되었다.
22. 각종 장치와 조명시설을 달고 오르내리도록 무대 천장에 설치한 탑.
23. 먹거리를 맡고 있는 곳이라는 의미에서 파리의 배[腹]라 일컬었다.
24. 이집트는 프랑스 지배(1789-1801) 이후 1801년부터 프랑스의 침입을 저지하기 위해 터키 왕조가 파견한 장군인 무하마드 알리가 통치했는데, 그는 이집트에 정착하여 사실상 왕조를 형성했다. 수에즈 운하 건설 당시에는 알리의 아들인 이스마일(Ismail the Magnificent, 1863-1879)이 통치하고 있었다. 이집트는 이후 영국에게 점령(1882-1936)된다.
25. 반원통형 둥근 천장.
26. 헌트(W. H. Hunt)·밀레이(J. E. Millais)·로세티(D. G. Rossetti) 등 영국의 왕립아카데미에 다니던 젊은 화가들이 1848년에 결성한 단체를 중심으로 한 예술운동. 당시 영국의 '감상적이고 맥 빠진 예술'이나 '미켈란젤로·티치아노 등 고전을 모방하는 예술'에 반발하여 '라파엘로 이전처럼 자연에서 겸허하게 배우는 예술'을 표방한 운동이었다. 러스킨은 이 유파를 옹호했으나, 불명확한 주장과 주제의 통속적인 해석 및 번거로운 묘사법 때문에 당초의 목표와는 동떨어진 방향으로 나아갔다. 1854년부터는 작품을 함께 전시하지 않고 개별적으로 활동하게 되어 사실상 해체되었다. 그러나 그들의 화풍은 1850년대와 1860년대 초반에 많은 사람들에게 광범위하게 영향을 미쳤다.
27. 고딕식 창의 장식 격자.
28. 1534년 로마 카톨릭과 결별한 영국 국교회(Anglicanism)는 구교인 로마 카톨릭파와 신교파(Puritans)가 공존했는데, 의식을 중시하며 로마 카톨릭에 가까운 쪽을 고교회(High Church)라 하고, 복음주의적인 신교 쪽을 저교회(Low Church)라고 한다. 영국 국교회는 저교회 쪽이 주도했는데, 1840년대에 옥스퍼드 운동이라고 알려진 부흥운동과 함께 고교회 쪽이 세력을 키우며 고딕 부흥운동으로 많은 논쟁을 불러일으켰다.
29. 영국의 비평가이자 역사가인 칼라일(Thomas Carlyle, 1795-1881)은 『프랑스 혁명(The French Revolution)』(1837), 『차티즘(Chartism)』(1839)과 『과거와 현재(Past and Present)』(1843) 등을 저술했으며, 혁명을 지지하고 영웅적 지도자의 필요성과 역사에서 개인의 역량을 강조했다. 역시 영국의 역사가이자 정치가인 매콜리(Thomas Babington Macaulay, 1800-1859)는 『영국사』(1849-1861) 저술 등을 통해 자유주의 사관을 피력했다.
30. 오스만투르크 제국이 쇠퇴하는 과정에서 그 지역의 여러 민족과 영토를 둘러싸고 전개된 강대국들의 대립상황을 총칭하는 용어. 여기에서는 1875년에서 1878년 사

이에 벌어진 발칸의 위기를 말한다. 1877년 러시아가 오스만투르크를 침범하여 강화조약을 맺으려 하자 영국이 이에 개입, 영국과 러시아가 전쟁 직전 상황까지 맞이했으나, 비스마르크가 중재하여 1878년에 베를린 회의가 이루어졌다. 결과적으로 영국이 외교적 승리를 거두었다.

31. 독일 철학가 니체가 1884년부터 1888년까지 저술한 미완의 저서 제목으로 원제는 'Wille zur macht' 이다. 니체는 이 저서에서 삶의 원리, 즉 존재의 본질을 해명하려 했으나 1888년부터 정신이상 증세를 보이면서 완성하지 못했다. 인간 삶의 본질은 권력에의 의지에 있으며, 이를 체현하는 초인(Übermensch)이라는 이상을 향해 끊임없이 자기극복을 해야 한다는 주장으로 요약된다. 인간 사이에는 위계가 있기 마련인데, 약자들이 이에 반항하며 평등을 지향하는 노예도덕(기독교문화)을 만들어냈으나, 이보다는 삶의 통일을 부여하는 강자의 도덕(군주도덕)이 중요하다는 내용의 『도덕의 계보학』(1887) 등 그의 모든 사상은 바로 이 '권력에의 의지'를 핵심 개념으로 한다. 독일 나치즘의 정신적 기반 역할을 했다는 비판을 받았다.

32. 철강과 무기산업으로 유명한 독일의 재벌 기업. 1811년 가내공업 규모의 철 주물회사로 설립되었으나, 철 수요의 증가에 힘입어 독일과 프랑스 등 여러 곳에 철 광산을 소유한 대기업으로 급성장했다. 1840년경부터 무기제조를 시작하여 유럽 각국에 무기를 판매했으며, 비스마르크 치하에서 군수산업 지원정책으로 크게 성장하면서 대표적인 무기회사가 되었다. 1999년 티센(Thyssen)과 합병하여 현재는 티센크루프사가 되었다.

33. 영국 작가 앤서니 호프(Anthony Hope)가 쓴 소설 『젠다 성의 포로(The Prisoner of Zenda)』(1894)의 배경이었던 루리타니아라는 신비한 왕국의 명칭에서 비롯된 말. 신비스럽고 낭만적인 장소에 어울리는 것을 뜻한다.

34. 노이만(Johann Balthasar Neumann, 1687-1753)과 피셔(Johann Bernhard Fischer von Erlach, 1656-1723)는 독일 후기 바로크 시대의 대표적 건축가이다.

35. 고대 북유럽의 신화를 소재로 한 바그너의 오페라 「니벨룽의 반지」는 사부작에 공연시간이 총 열여섯 시간에 이르는 대작이다. 바그너는 1848년부터 스토리를 쓰기 시작해서 '라인의 황금(1851-1854, 1869년 9월 초연)' '발퀴레(1851-1856, 1870년 6월 초연)' '지그프리트(1851-1871, 1876년 8월 초연)', 그리고 '신들의 황혼(1869-1874, 1876년 8월 초연)' 까지 사부작을 무려 이십육 년에 걸쳐 만들었다. 보통 사부 중 한 부만을 공연하는 일이 많고, 사부 전막을 공연하는 경우 하루에 한 부씩 나흘에 걸쳐서 공연하므로, 전막공연 자체가 의미있는 일로 여겨지는 작품이다.

36. 바그너의 오페라 「니벨룽의 반지」 제3부의 주인공인 영웅적 인간.

37. 이 건물은 뉴욕의 교통량 증가로 인해 1903년 리드(Reed)와 스템(Stem)이 다시 설계하여 현재의 그랜드 센트럴 역으로 건축되었다.

38. 유토피아 소설로, 이십개국 이상의 언어로 번역된 세계적인 베스트셀러. 18세기까지는 유토피아를 인간사회와 동떨어진 별천지, 곧 외계나 지구의 땅속 또는 바다 건너편으로 상정했으나, 벨러미는 시간여행을 하는 주인공이 2000년 9월에 깨어난 장소인 미국의 보스턴을 유토피아로 설정했다. 이 소설에서 저자는 유토피아를 산업국유화주의 이상사회로서 국가가 모든 생산수단을 소유하고 생산물을 개인에게 공평히 나누어주는 완전 평등의 사회로 그렸다. 전원도시 주창자인 에베네저 하워드(Ebenezer Howard)가 그의 전원도시 개념을 구상하는 데 큰 영향을 주었던 소설로도 유명하다.

39. 1833년 로버트 오언의 지도하에 결성된 영국의 전국노동조합대연합(Grand National Consolidated Trade Union)의 약칭.

40. 1884년 영국 런던에서 결성된 사회주의 단체인 페이비언 협회(Fabian Society)의 이념을 말한다. 페이비어니즘은 특정한 사상체계가 공식적으로 정해진 것이 없어서 한마디로 정의하기는 어렵지만, 의회정치에 의한 점진적인 사회개혁과 생산수단의 공공적 소유라는 관점을 견지하는 사회주의 이념이라고 할 수 있다.

41. 영국의 제국주의를 찬양한 대표적 작가 키플링(Joseph Rudyard Kipling, 1865-1936)이 1890년에 발표한 소설의 제목. 영국의 수단 침략전쟁 장면을 신문에 싣기 위해 그림을 그려 성공한 화가가 전쟁에서 입은 상처로 눈이 먼다는 줄거리다. 처음에 키플링은 사랑하는 여인이 그와 결합하여 그를 보살핀다는 해피엔딩으로 끝냈으나, 나중에 여인이 눈먼 그를 버린다는 비극적 결말로 다시 썼다. 키플링은 당시 영국의 제국주의적 식민지 정책을 찬양하는 소설들을 많이 썼는데, 이 소설은 자신의 자전적 성격도 띠고 있다.

42. 건축가 크리스토퍼 렌(Christopher Wren)의 이름과 르네상스(Renaissance)를 조합한 단어로, 그의 건축적 특징을 따른 양식을 뜻한다.

43. 영국의 동물학자. 다윈의 진화론을 지지했으며 이를 보급하는 데 큰 영향을 끼쳤다. 『멋진 신세계』의 저자인 문학가 올더스 헉슬리(Aldous Leonard Huxley)가 그의 손자이다.

44. 1870년 프랑스가 프로이센과의 전쟁에서 패전한 것과, 1871년의 파리코뮌을 가리킨다.

45. 한쪽 끝이 고정되어 있고 다른 끝은 받쳐지지 않은 상태로 되어 있는 보.

46. 수중에 구조물을 만들고 여기에 압축 공기를 보내 물을 제거함으로써 대기중과 같은 상태에서 기초공사를 하는 공법.

47. 당시 브래드퍼드는 위생상태와 노동착취가 최악인 공업도시였다.

48. 비누를 뜻하는 영어의 'soap'는 속어로 돈을 의미하므로, 마을 전체가 '돈의 정신'으로 뒤덮여 있었다고 읽을 수도 있는 표현이다.

49. 유겐트슈틸은 'youth style', 모데르니스메는 'modernism'을 뜻한다.
50. 1896년 러시아의 차르 니콜라스 이세가 착공하여 1900년 개통한, 자신의 아버지인 알렉산데르 삼세의 이름을 따서 명명한 파리의 다리.
51. 주방용품을 생산하는 독일의 대표적 업체로, 베엠에프(WMF)사로 알려져 있다.
52. 마거릿 맥도널드는 매킨토시의 처이고, 프랜시스 맥도널드는 마거릿과 자매이며, 맥네어는 매킨토시의 동서이다. 실제로 1910년경부터 매킨토시는 영국에서 빛을 잃기 시작하여, 그의 생애 마지막 십오 년간에는 아무 일도 주문받지 못했다.
53. 영국의 낭만주의 작곡가. 영국음악을 부흥하는 데 큰 공헌을 하여 1904년 기사의 칭호를 받았고, 1931년 조지 오세로부터 준남작의 작위를 부여받았다.
54. 1879년 1월 22-23일 남아프리카 로크스 드리프트에서 줄루(Zulu)족과의 전투로 많은 영국군이 전사한 사건을 말한다. 당시 남아프리카를 식민지로 경영하던 영국이 줄루족의 영역을 침략하자 1879년 1월 22일 줄루족이 영국군을 공격해 왔다. 줄루족은 영국군의 보급기지인 로크스 드리프트와 인근 이산들와나(Isandhlwana)에서 보급로를 개척 중이던 영국 주력군의 진지를 동시에 공격했다. 영국군은 이산들와나에서 천칠백여 명 중 사백여 명만이 살아남는 참패를 당했으나, 로크스 드리프트에서는 백사십여 명의 영국군이 사천여 명의 줄루족에 맞서 밤새워 전투한 끝에 이십여 명의 사상자를 내면서 기지를 지켜냈다. 영국은 이 군사들을 표창하고 로크스 드리프트 전투를 신화화하면서 식민지 침략에 따른 희생을 무마하는 데 이용했다.
55. 1885년 영국군 고든(Charles Gordon) 장군이 수단의 수도 카르툼에서 수단 토민병들에게 살해된 사건을 말한다. 1819년부터 이집트에 정복되어 있던 수단은 1877년부터는 이집트를 장악한 영국인 총독의 통치를 받았는데, 1881년 수단의 이슬람교 지도자 무하마드 아마드 압둘라(Muhammad Ahmad Abdullah)가 영국과 이집트의 지배에 저항하여 1898년까지 독립투쟁을 벌인 과정에서 이 사건이 발생했다. 1882년에 무하마드의 토민병들이 이집트를 격퇴하면서 영국군 일부가 카르툼에 고립되었고, 1884년에 영국은 이를 구조하기 위해 1874년부터 1880년까지 수단 총독을 지낸 바 있는 고든 장군을 지휘자로 군대를 파견했다. 그러나 고든 역시 카르툼에 고립되었으며 십 개월간의 포위 끝에 1885년 살해되었다.
56. 보어 전쟁(1899-1902) 중인 1900년 남아프리카의 스피온 콥 언덕에서 벌어진 전투에서 영국군이 보어군에게 패배해 수많은 영국 병사들이 사망한 사건. 19세기 후반부터 케이프 식민지를 경영하던 영국은 금광이 발견된 북쪽 지역으로 지배력을 넓히려고 그 지역에 자치국을 갖고 있던 보어인들과 전쟁을 벌였다. 1900년 이후 영국은 사십오만 대군을 투입하여 보어인 전멸정책을 펼친 끝에 1902년 정복에 성공했다.
57. 영국의 사회학자이자 경제학자·정치가였던 시드니 웨브(Sidney Webb, 1859-1947)와 그의 아내 베아트리체 웨브(Beatrice Webb)를 말한다. 시드니 웨브는 1883년부터

1884년까지 버나드 쇼, 웰스(H. G. Wells) 등과 함께 사회주의를 표방하여 페이비언 협회를 설립했으며, 1892년 베아트리체 웨브와 결혼하여 아내의 협력으로 영국의 사회 · 경제사 · 노동운동사에 관한 연구 및 노동자를 위한 교육에 힘쓰면서 개량주의적인 노동조합운동을 전개했다. 제일차세계대전 후에는 영국노동당 내각의 상무장관 · 하원의원 등을 지냈다.

58. 뉴욕의 하우징 개혁가였던 화이트(Alfred T. White)가 19세기말에 건립한 임대주택.
59. 미술공예운동에 동조했던 영국의 미술교육 이론가.
60. 앞서 언급된, 빈민가 철거지역을 재건하는 책임을 지방정부에게 부여하는 법률을 말한다.
61. 러시아 혁명가 레닌(V. I. Lenin, 1870-1924)이 1918년에 쓴 저서의 제목이다. 이 책에서 레닌은 1848년부터 1851년의까지 혁명과 1871년 파리코뮌의 경험을 총괄하고, 프롤레타리아 혁명 후 국가의 성격을 논했으며, 프롤레타리아 독재의 필연성으로부터 국가의 사멸에 이르는 국가론을 전개했다.
62. 상트페테르부르크를 말한다. 1914년 일차대전이 시작되면서 러시아의 애국심이 고양되어 도시의 이름을 러시아식인 페트로그라드로 바꾸었다. 이 이름은 1924년 레닌 사후에 레닌그라드로 바뀌었다가, 소련 해체 후 옛 이름인 상트페테르부르크로 다시 바뀌었다.
63. 시월혁명 당시 볼셰비키가 겨울 궁전을 습격했던 사건을, 1918년 시월혁명 일 주년을 기념하여 재연한 것을 가리킨다.
64. 러시아혁명을 적극 지지했던 러시아의 대표적인 아방가르드 시인으로, 레닌 사후 스탈린 체제와 반목하다가 서른여섯 살에 권총 자살했다.
65. 브레히트가 쓴 「서푼짜리 오페라(Dreigroschenoper)」(1928)의 작품의도에 빗댄 표현이다. 귀족들의 전유물이었던 오페라를 민중 취향으로 패러디한 존 게이(John Gay)의 「거지 오페라(The Beggar's Opera)」(1728)를 토대로 「서푼짜리 오페라」를 각색한 브레히트는, 거지들이 꿈에서나 볼 수 있는 오페라를 그들도 돈을 내고 볼 수 있도록 싼 입장료로 무대에 실현한다는 뜻에서 이런 제목을 붙였다. 이 오페라는 19세기 산업화 및 도시화에 따른 시민사회의 뒷면, 즉 이윤이 가치의 척도인 상품화한 사회, 그로 인해 착취와 약탈이 마치 삶의 한 방식처럼 되어 버린 비인간적인 사회를 신랄히 풍자한 것으로 유명하다.
66. '신예술 수호단(Affirmers of the New Art)' 이라는 뜻에 해당하는 러시아어의 앞 글자를 따서 만든 예술가 집단의 명칭. 1922년경까지 활동하다가 구성원들이 다른 단체들로 분산되면서 해체되었다.
67. 1918년 헝가리 혁명 이후 1919년 3월부터 백삼십삼 일간 성립해 있었던 헝가리 노동자 공화국에서 총리를 맡았던 헝가리 공산당의 중심인물. 공화국 붕괴 이후 1920

년에 모스크바로 망명했다.
68. 영어로 'build'라는 의미.
69. 일차대전에서 전사했으나 무덤이 없는 오만오천 명의 영국군과 연합군의 이름을 새긴 전쟁 추모비.
70. 이차대전 후 뉴욕 근교의 롱아일랜드에 유명한 대규모 단독주택지인 레빗타운(Levittown)을 개발한 개발업자.
71. 지가-베르토프가 만든 신조어로, 카메라를, 물리적 사회적 문화적 제한으로부터 자유롭지 못한 인간의 눈을 대신할 새로운 지각 도구로 간주하고, 이를 통해 러시아 민중의 참상을 담아냄으로써 사회주의 혁명과정에 이바지하고자 했다.
72. 1923년 당시 뮌헨을 근거지로 하던 나치 세력이 일으킨 사건으로, '뮌헨 반란'이라고도 한다. 1923년 11월 8일 밤 히틀러는 육백 명의 무장돌격대(SA)와 함께 뮌헨의 맥주홀을 습격하여, 거기서 집회를 열고 있던 바이에른 지배자들을 체포했다. 협박을 당한 그들은 히틀러의 반란에 협력하기로 했으나, 바이에른 구(舊)왕가와 카톨릭 추기경, 베를린의 독일 육군 실력자 제크트(Hans von Seeckt) 등의 반란 반대 표명으로 반란파들은 고립되었다. 11월 9일 히틀러 일파는 형세를 호전시키기 위해 무장 시위대 약 삼천 명으로 시위를 벌였으나 경찰에게 패퇴함으로써 반란은 끝났다. 이후 히틀러는 오 년 형을 선고받았다.
73. 중세 이래 프로이센의 토지 귀족을 지칭하는 말.
74. 1920년대 독일에서 일어난 반(反)표현주의적 전위예술 운동. 표현주의가 주관의 표출에만 전념한 나머지 대상의 실재 파악을 등한시한 데 반하여, 즉물적인 대상 파악에 의한 실재감의 회복을 추구했다. 건축 분야에서는 구조물의 구축적 형태 자체가 미학적 성질을 내포하고 있다는 주장으로 개진되었다. 즉 기술자의 작업 자체가 미학적 의도를 내포하고 있으므로 이와 구분되는 건축예술가의 역할이 따로 있을 수 없으며, 따라서 기술자의 역할과 건축예술가의 역할이 통합되어야 한다는 것이다. 무테지우스가 그 중심인물이었다.
75. 도시계획에 대해 종합적으로 분석한 저서로서, 공공 하우징을 특별히 강조하고 있으며, 생산·교통·교육·주거를 통합시키는 방식에 주안점을 두었다.
76. 1933년 런던 교통국의 신형 버스 모델로 채택된 'Short Type Lengthened' 모델을 가리킨다. 이전에 사용하던 바퀴 여섯 개의 긴 버스와 바퀴 네 개의 짧은 버스에 비해 '바퀴 네 개의 버스이지만 차체의 길이를 늘린 모델'이라는 의미다.
77. 결핵 환자에게는 햇빛과 맑은 공기가 가장 중요하다고 믿었던 1920-30년대에 유럽 각지에서 결핵 아동의 교육을 위해 채광과 환기를 극대화한 학교들이 건축되었다. 심한 경우에는 벽체도 없이 개방된 교실에서 담요를 두른 채 수업을 하는 학교도 있었다.

78. 19세기 나폴레옹 시대부터 프랑스의 지배를 받았던 스페인은 1936년 부르봉 왕조의 마지막 왕 알폰소 십삼세를 축출하고 선거를 통해 공화정부를 탄생시켰지만 그 해 6월 이에 불복한 프랑코 장군이 모로코 주둔군을 이끌고 반란을 일으켰다. 이것이 스페인 내란의 시작인데, 독일의 히틀러 정권과 이탈리아의 무솔리니 정권이 프랑코 반란군을, 영국·프랑스·미국·소련 등이 공화주의 정부를 각각 지지함으로써 스페인 내란은 국제전의 성격을 띠게 되었다. 공화국 인민전선은 전 세계 진보적 지식인들의 열렬한 지지를 받았지만, 정작 서방 국가들의 지원은 미온적이었고 소련의 지원도 불충분했다. 이에 비해 프랑코 반란군은 독일과 이탈리아의 전폭적인 지원을 받았다. 결국 프랑코 반란군이 승리하여 스페인은 1975년까지 국제사회에서 고립된 채 프랑코의 독재 체제 아래 놓이게 되었다. 스페인 내란 중인 1937년 4월 26일 프랑코의 요청으로 독일의 나치 폭격기가 바스크 지방의 작은 마을 게르니카를 폭격하여 주민 천육백예순네 명이 죽고, 팔백여든아홉 명이 부상하는 참사가 일어났는데, 피카소의 〈게르니카(*Guernica*)〉(1937)는 이 사건을 고발한 작품으로 유명하다.

79. 노르웨이는 19세기까지 덴마크의 지배를 받았으나, 나폴레옹 전쟁에서 덴마크가 나폴레옹 편에 가담한 탓에 나폴레옹 몰락 후 1814년부터는 스웨덴의 지배를 받게 되었다. 그러나 이후 스웨덴 왕의 통치 아래에서도 노르웨이인들은 스스로 헌법을 제정하는 등 급속히 민주화가 진척되었다. 민주주의와 민족주의가 고양되면서 스웨덴 왕의 군주권은 점차 명목화해 갔으며, 1905년 노르웨이는 국민투표에 의해 일방적으로 독립하여 새로운 국왕을 옹립했고, 스웨덴이 이에 동의함으로써 현재의 스웨덴과 노르웨이 국가체제를 확립했다.

80. 영국의 시인이자 소설가인 올더스 헉슬리(1894-1963)가 1932년에 발표한 소설의 제목이다.

81. 영국의 웨스트미들랜즈 주에 있는 도시로, 이차대전 중(1940-1941) 독일 공군의 폭격을 받아 14세기 건축물인 세인트 미카엘 대성당을 비롯해 도심부가 파괴되었다. 전쟁 후 새로운 타운 센터의 건설을 시작으로 부흥이 진행되었으며, 도시재개발의 모델이 되었다.

82. 이차대전 후 여러 제삼세계 국가들에서 벌어진 군사 쿠데타와 이로 인한 독재정권의 출현을 일컫는다.

83. 1932년 밀라노에 설립된 건축설계 사무소. 사무소의 이름은 공동 설립자인 반피(Gian Luigi Banfi)·벨조조소(Lodovico Barbiano di Belgiojoso)·페레수티(Enrico Peressutti)·로저스(Ernesto Nathan Rogers)의 이름에서 첫 글자를 따 지은 것이다. 1954년 밀라노에 토레 벨라스카를 설계하면서 도시의 주요한 역사적 장소인 밀라노 대성당 근처라는 위치적 특성을 반영해 중세 건축양식을 추상화한 형태로 설계함으로써, 당시 건축계의 주류 이념이었던 국제주의 양식에 반기를 든 것으로 유명하다.

84. 시어스 타워는 백십층에 사백사십삼 미터 높이로, 1999년 말레이시아 쿠알라룸푸르에 사백오십이 미터 높이의 페트로나스 타워(Petronas Tower)가 세워지면서 '세계 최고 높이' 자리를 내주었다. 현재로는 2003년 대만에 건축된 대만 파이낸셜 센터(백일층, 오백팔 미터)가 가장 높은 건물이며, 최근 아랍에미리트 두바이에 백육십층, 육백구십삼 미터 높이의 '버즈 두바이'가 2008년 완공을 목표로 건축 중이다.
85. 파리 보부르에 위치한 복합 문화예술 건물인 퐁피두 센터의 별칭.
86. 지휘자 카라얀(Herbert von Karajan)과 베를린 필하모니 오케스트라를 말한다.
87. 매킴·미드·화이트가 1884년 뉴욕에 건축한 주거용 건물로, 르네상스 양식으로 설계되었다.
88. 일정한 규격에 따라 미리 제작해 놓은 기둥·바닥판·외벽 등의 콘크리트 건축 부재.
89. 공사 진척에 필수적인 공정들을 순서대로 진행하고 부수 공정들은 이와 병행함으로써 공사 기간을 단축시키기 위한 분석기법.
90. 1969년 리버풀 그랜드비(Grandby) 지역의 정비사업을 말한다. 영국 최초로 지역주민을 지역환경 개선에 직접 참여시킨 사업이었다.
91. 1970년 대런던의회가 노스켄싱턴에서 주거지를 철거하고 고속도로인 웨스트웨이(Westway)를 개설하자, 피해를 입게 된 주변의 잔존지역 주민들이 저항운동 끝에 런던 시로부터 백열일곱 가구의 이주를 얻어내어 스윈브룩에 주거단지를 조성한 일을 가리킨다.
92. 영국 뉴캐슬 비커에서 옛 노동자 주거지역을 재개발한 월 주거단지(1969-1981)의 설계를 맡은 어스킨이, 기존 거주자들을 설계과정에 참여시켜 그들의 의사에 따라 설계한 일을 말한다.
93. 빈곤을 추방하기 위한 '위대한 사회' 건설계획의 일환으로, 미국 존슨 행정부가 1964년에 제정한 경제기회법을 담당한 정부기관을 말한다.
94. 1965년 콜로라도 남부의 한 언덕에 있는 고물 집하장에서 네 명의 미대생과 작가가 소위 '드롭 아트(drop art)'를 창안하면서 자신들의 조각을 거처 삼아 거주한 것으로 시작했으며, 이후 사람들이 모여들면서 커뮤니티를 이루었다. 그들은 풀러의 돔에서 힌트를 얻어 고물 집하장에서 구입한 폐차 껍데기를 사용하여 거처를 만들었고, 이것은 1967년 풀러의 다이맥시언(Dymaxion) 상을 받았다. 미국 최초의 히피 공동체로도 유명하다.
95. '최단거리 돔'이라고도 한다. 구면을 따라 두 점 사이의 최단 거리인 측지선(測地線)을 연결하여 구성하며, 최소의 재료를 사용해 최대의 내부공간을 만들 수 있는 공간형태이다.
96. 1967년 버클리 캘리포니아 대학이 학교의 남쪽 부지를 매입하여 철거한 후 건축자

금이 부족하여 방치하자 지역 상인들과 주민이 이 땅을 공원으로 조성하는 운동을 벌였다. 학교 부지를 지키려는 대학 당국이 이들과 대립하면서, 1969년 5월에는 시위하는 주민들을 경찰이 진압하여 유혈사태를 빚기도 했다. 1972년 시 당국이 대학으로부터 임대하여 공원을 조성했으나, 록 음악 공연 등 공원을 사용하는 방식을 둘러싸고 대학 당국과의 마찰이 계속되었다.

97. 텐트 시티는 1960년대에 보스턴 시 당국이 만삼천 평방미터 규모의 타운하우스 주거 블록을 재개발하기 위해 철거한 곳이다. 이후 시 당국의 상업적 재개발에 반대하는 지역주민들의 저항으로 이십 년간 빈 땅으로 있다가, 지역주민들이 설립한 비영리 텐트 시티 조합(Tent City Cooperation)에 의해 1986년부터 1990년까지 주거지로 개발되었다. 텐트 시티라는 이름은 1968년 재개발에 반대하던 지역주민들이 이곳에 텐트를 치고 점거한 데서 유래했다.

98. 과학자·경제학자·기업가 등으로 이루어진 국제적인 비영리 미래 연구기관.

99. 1905년 미웨스와 데이비스가 제국적인 신바로크 양식으로 설계한 런던의 리츠 호텔을 말한다.

100. 1971년 스코틀랜드 글래스고 인근의 어퍼 클라이드 조선소에서 일어났던 노동운동을 말한다. 조선소가 경영악화로 법정관리에 들어갔으나 정부가 재정지원을 거부하고 시장에 맡긴다는 식으로 방관하자 노조가 행동에 나섰다. 그러나 노조는 파업이 아니라 엄격한 질서 속에서 모든 작업량을 완수하는 전략을 선택했다. 이를 통해 노동자들이 일하기 싫어하는 것이 아니며, 조선소가 생존 가능성이 있음을 여론에 알리려는 전략이었다. 이러한 전략이 주효하여 여론과 정치세력의 지지를 얻어내면서 결국 1972년 정부로부터 조선소의 일부를 존속시키는 정책을 이끌어냈다.

101. 1970년대초 미사일 전투기 등을 생산하는 유력한 항공 무기업체인 루카스 항공이 비용감축을 위해 일부 공장을 폐쇄하고 노동자를 정리해고하려 했을 때, 노조 간부들은 무기가 아니라 사회적으로 유용한 제품의 생산으로 회사의 경영방향을 전환하면 인력의 감축 없이도 회사를 경영할 수 있다고 주장했다. 이에 따라 그들은 지역사회의 주민 및 대학과 협력하여 사회에 유용한 제품들을 공동으로 설계하고 생산하는 대안적인 계획으로 맞섰다. 백오십 개의 혁신적 제품이 설계되었고 그 중 일부는 시제품으로도 제작되었는데, 여기에는 저렴한 의료 기구, 태양 집열 장비, 저연료 엔진, 다연료·다용도 발전기, 노동자 조종 로봇, 도로·철도 겸용 버스 등이 포함되었다. 비록 이 계획은 회사에 의해 거부되었고 대처 정부가 들어서자 노조 지도자들을 해고함으로써 종결되었지만, 그 아이디어는 후에 런던기업국(Greater London Enterprise Board)의 '기술 네트워크' 설립으로 계승되었을 뿐만 아니라 외국에까지 널리 알려져 큰 반향을 일으켰다.

102. 미국의 정치학자 후쿠야마(Francis Fukuyama, 1952-)가 1992년에 발표한 저서의 제목. 이 책에는 사회주의나 공산주의가 붕괴한 오늘날 인류사의 보편적 진화 과정이 자유민주주의를 종점으로 끝났다는 그의 생각이 담겨 있다. 그는, 역사에는 일정한 목표와 방향을 향해 전진하는 큰 흐름이 있으며, 그 흐름의 가장 큰 목표는 인간 자유의 실현이라 했다. 따라서 그가 말하는 '역사의 종언'이란 인간 자유의 실현을 향한 역사의 보편적인 진화 과정이 끝났다는 것, 그리고 그 종점인 자유민주주의가 역사 시대 이후의 이상적인 정치이념이라는 것을 뜻한다.
103. 이세진구는 고대 건축방식으로 건축된 탓에 건물의 수명이 이십 년 정도에 지나지 않아, 매 이십 년마다 기존 건물 옆에 똑같은 건물을 새로 짓고 기존 건물은 철거하는 일을 계속해 왔다. 1993년의 신축이 예순한번째라고 한다.
104. 중국에서 궁전·왕릉 등의 입구에 세웠던 문 형태의 건축물. 주로 목구조 양식의 형태를 석조로 건축했다.
105. 원자폭탄 피해의 참상을 고발한 일본의 걸작 만화. 실제 히로시마 원자폭탄 피해자인 나카자와 케이지(中沢啓治)가 1973년부터 『주간 소년 점프』 등에 십사 년간 연재했던 작품이다.

도판 목록

* 숫자는 페이지임.

18세기 문화혁명	14	목조 전통	92
산업혁명	21	시골의 빈민	96
19세기초 영국사회	24	공업도시 맨체스터	97
로버트 오언과 아동 노동자	27	크리스털 팰리스	101
도급 시스템	30	런던 만국박람회	103
내시가 설계한 런던의 건물들	34	오스망의 파리	110
고전의 부흥	35	제2제정 시대	111
호사스럽고 안락한 신사들의 클럽	36	파리 오페라 극장	114
퓨진과 스콧	40	프랑스의 공학기술자들	117
영국의 의회의사당	41	이탈리아 부흥운동	119
부르주아의 컨트리 하우스	42	갈레리아	120
석탄과 철	47	양식들의 전쟁	124
공학기술자들 1	49	철도 여행	126
공학기술자들 2	51	런던의 역들	127
공화주의의 가치기준	56	존 러스킨	131
서부로의 이동	60	빅토리아 하이 고딕(High Gothic)	132
남부의 민주주의	62	건축에 나타난 사회적 허식	135
셰이커 가구와 윈저 가구	63	필립 웨브	138
미국 공학기술자	65	쇼와 네스필드	139
바이에른 왕국 1	69	윌리엄 모리스	143
바이에른 왕국 2	70	빈과 베를린	149
프로이센 제국 1	74	바그너의 바이에른	152
프로이센 제국 2	75	미국의 신고딕	156
칠월 왕정	77	철 건축 예술	157
건축가-공학기술자	79	미국의 르네상스	161
비올레 르 뒤크	82	존 뢰블링	163
이탈리아 제국(諸國)	84	후기 빅토리아 시대의 저택	168
비더마이어 가구와 토네트 가구	87	미술공예운동	171
스칸디나비아의 신고전주의	89	미국의 부르주아 계급 1	174

미국의 부르주아 계급 2	175	영국의 근대 건축운동	284
장엄한 세기말	177	런던의 대중교통	285
철과 강철 구조 건축의 걸작들	181	공공주택	286
시카고파	183	1930년대 국제적 근대 양식	289
아들러와 설리번	184	1930년대 스칸디나비아	295
설리번	185	알토와 핀란드의 디자인	296
동심원형 도시와 선형 도시	187	뉴딜 시대의 미국	301
박애주의와 온정주의	191	나치 독일	303
보이시와 루티언스	195	제이차세계대전	304
라이트의 초기 작품들	197	도시 재건	308
아르누보—벨기에·프랑스	204	미국의 단독주택 1	314
아르누보—중부 유럽	205	미국의 단독주택 2	315
카탈루냐 르네상스	208	부동산 붐 1	318
매킨토시와 제체시온	211	부동산 붐 2	319
콘크리트의 사용	215	네오리버티 양식	321
베르크와 공작연맹	218	공공건축 1	327
전통의 가치	222	공공건축 2	331
도시이론과 실천	227	산업건축	334
1914년 독일공작연맹 전시회	234	하우징 디자인 1	340
시월혁명	237	하우징 디자인 2	341
브후테마스	241	하우징 디자인의 문제	344
표현주의	244	무허가 정착지 문제에 대한 한 가지 대응	349
새로운 정신	251		
역사주의의 사용	255	생태 건축 문제에 대한 또 다른 대응	353
교외 개발과 래드번	257		
구성주의	260	새로운 역사주의	356
1925년 파리 박람회	262	동아시아 1	366
르 코르뷔지에의 백색 주택	264	동아시아 2	371
데 스틸	265		
이탈리아 파시즘	268		
신즉물주의	272		
브후테마스와 바우하우스	273		
구성주의의 종언	277		
소비에트 도시계획의 원리	280		

참고문헌

역사 서술의 일반 배경

Marx, K., *Capital*, vol.1, Penguin, London, 1976; Progress Publishers, c/o Imported Publications, Chicago, 1979.

Marx, K. & Engels, F., *The German Ideology*, Part 1, Lawrence & Wishart, London, 1974; Progress Publishers, c/o Imported Publications, Chicago, 1976.

사회 · 경제사

Cipolla, Carlo M. (ed.), *The Fontana Economic History of Europe* (vol. 4, 5 and 6), Collins, Glasgow, 1973; Barnes & Noble, New York, 1976-7.

Cochran, T. C. & Miller, W., *The Age of Enterprise: a social history of industrial America*, Harper & Row, London and New York, 1968.

Hobsbawm, E., *Industry and Empire: the economic history of Britain since 1750*, Weidenfeld & Nicolson, London, 1968; Penguin, New York, 1970.

Miller, W., *A New History of the United States*, Dell Publishing Co. Inc., New York, 1969.

Morton, A. L., *A People's History of England*, Lawrence & Wishart, London, 1966; International Publ. Co., New York, 1980.

건축과 디자인의 일반 역사

Benevolo, L., *History of Modern Architecture* (2 vols), Routledge, London, 1971; MIT Press, Cambridge, Mass., 1977.

Fitch, J. M., *American Building: the historical forces that shaped it*, Schocken, New York, 1973.

Fletcher, B., *History of Architecture* (18th edn ed. J. C. Palmes), Athlone Press, London, and Scribner, New York, 1975.

Heskett, J., *Industrial Design*, Thames & Hudson, London and New York, 1980.

Hitchcock, H. R., *Architecture: Nineteenth and Twentieth Centuries*, Penguin, London 1971, New York, 1977.

Lucie-Smith, E., *Furniture: a concise history*, Thames & Hudson, London and New York, 1979.

Oates, P. B., *The Story of Western Furniture*, Herbert Press, London, and Harper & Row, New York, 1981.

Pevsner, N., *An Outline of European Architecture*, Penguin, London, 1970; Allen Lane, London and New York, 1974.

Risebero, B., *The Story of Western Architecture*, Herbert Press, London, and Scribner, New York, 1979.

근대의 프로메테우스

Hobsbawm, E., *The Age of Revolution 1789-1848*, Weidenfeld & Nicolson, London, and New American Library, New York, 1962.

Klingender, F. D., rev. edn Arthur Elton (ed.), *Art and the Industrial Revolution*, Granada,

London, 1972; Academy Press, Chicago, 1981.

Rosenau, H., *Social Purpose in Architecture*, Studio Vista, London, 1970.

대조

Clark, K., *The Gothic Revival*, Murray, London, 1962; Harper & Row, New York, 1974.

Coleman, T., *The Railway Navvies*, Hutchinson, London, 1965; Penguin, London, 1970.

Furneaux Jordan, R., *Victorian Architecture*, Penguin, London and New York, 1966.

Kasson, J. F., *Civilising the Machine: Technology and Republican Values in America 1776-1900*, Penguin, London and New York, 1977.

Morton, A. L., *The Life and Ideas of Robert Owen*, Lawrence & Wishart, London, and Beckman Publishers, New York, 1969.

Pelling, H., *A History of British Trade Unionism*, Macmillan, London, 1963; St Martin's Press, New York, 1977.

Rolt, L. T. C., *Victorian Engineering*, Allen Lane, London, 1970; Penguin, 1974.

법철학

Beaver, P., *The Crystal Palace 1851-1936: A Portrait of Victorian Enterprise*, Hugh Evelyn, London, 1970; British Book Centre, New York, 1974.

Engels, F., *The Condition of the Working Class in England*, Granada, London, and Academy Press, Chicago 1979.

Oliver, P. (ed.), *Shelter and Society*, Barrie & Jenkins, London, 1978; distr. US by Arco, New York.

우리는 어떻게 살고 있는가, 어떻게 살 수 있는가

Morris, W., *Political Writings* (ed. A. L. Morton), Lawrence & Wishart, London and International Publ. Co., New York, 1973.

Rubinstein, D. (ed.), *People for the People*, Ithaca Press, London, 1973; Humanities Press New York, 1974(contains 'William Morris; Art and Revolution' by Anthony Arblaster).

Thompson, E. P., *William Morris: Romantic to Revolutionary*, Merlin Press, London, 1977; Pantheon, New York 1978.

권력에의 의지

Guérin, D., *One Hundred Years of Labor in the USA*, Ink Links, London, 1979.

꺼져 버린 불빛

Baran, P. A. & Sweezy, P. M., *Monopoly Capital: an essay on the American economic and social order*, Monthly Review Press, New York, and Penguin, London, 1968.

Bell, Colin & Rose, *City Fathers: town planning in Britain from Roman times to 1900*, Barrie & Jenkins, London 1969; Humanities Press, NJ, 1974.

Davey, N., *Building in Britain*, Evans, London, 1964.

Pevsner, N., *Pioneers of Modern Design*, Penguin, London and New York, 1961.

Pevsner, N. & Richards, J. M., *The Anti-Rationalists: Art Nouveau Architecture and Design*, Architectural Press, London, 1973; Harper & Row, New York, 1976.

Sharp, D., *A Visual History of Twentieth Century Architecture*, Heinemann/Secker &

Warburg, London, and New York Graphic, New York, 1972.

Siegel, A., *Chicago's Famous Buildings* (2nd edn), University of Chicago Press, 1970.

국가와 혁명

Berger, J., *Art and Revolution*, Readers & Writers Co-operative, London, 1979; as *Art in Revolution*, Pantheon, New York, 1969.

Gray, C., *The Russian Experiment in Art 1863–1922*, Thames & Hudson, London, 1962.

Gropius, W., *The New Architecture and the Bauhaus*, Faber, London, 1935; MIT Press, Cambridge, Mass 1965.

Lenin, V. I., *The State and Revolution*, Progress Publishers, c/o Imported Publications, Chicago, 1972; Greenwood, Westport, Conn., 1978.

Lissitzky, E., *Russia; an Architecture for World Revolution*, Lund Humphries, London, and MIT Press, Cambridge, Mass 1970.

Miliutin, N. A., *Sotsgorod: The Problem of Building Socialist Cities*, MIT Press, Cambridge, Mass, 1974.

Richards, J. M., *An Introduction to Modern Architecture*, Penguin, London, 1940.

Shvidkevsky, O. A. (ed.), *Building in the USSR 1917–32*, special edition of 'Architectural Design', London, Feb. 1970.

Willett, J., *The New Sobriety: Art and Politics in the Weimar Period 1917–33*, Thames & Hudson, London, 1979; Pantheon, New York, 1980.

Banham, R., *Los Angeles: the architecture of four ecologies*, Allen Lane, London, and Harper & Row New York 1971.

Barnet, R. J. & Müller, R. E., *Global Reach: the power of the multi-national corporations*, Cape, London, and Simon & Schuster, New York, 1975.

Castells, M., *City, Class and Power*, Macmillan, London, 1978; St Martin's Press, New York, 1979.

Chesneaux, J., *Pasts and Futures or What is History for?*, Thames & Hudson, London and New York 1978.

Coolley, M., *Architect or Bee? The Human Technology Relationship*, Langley Technical Services, Slough, England, 1979; South End Press, Boston, 1982.

Gramsci, A., *The Modern Prince, and other writings*, International Publ. Co., New York 1959.

Hall, P., *The World Cities*, Weidenfeld & Nicolson, London, 1977; McGraw Hill, New York 1979.

Hayter, T., *The Creation of World Poverty*, Pluto Press, London, 1981.

Le Corbusier, *L'Unité d'Habitation de Marseilles*, special edition of 'Le Point', Mulhouse, Nov. 1950.

Schell, J., *The Fate of the Earth*, Pan Books/Cape, London, and Knopf, New York, 1982.

Schumacher, E. F., *Small is Beautiful*, Blond and Briggs, London, and Harper & Row, New York, 1973.

멋진 신세계

Ambrose, P. & Colenutt, B., *The Property Machine*, Penguin, London, 1975.

옮긴이의 말

'건축은 시대의 거울이다.' '건축은 그 사회의 반영물이다.' 건축을 공부하는 사람이라면, 아니 건축에 조금이라도 관심이 있는 사람이라면 이런 말을 여러 차례 들어 봤을 것이다. 그리고 아마도 몇 번인가는 이 말을 직접 해 보기도 했을 것이다. 그러나 정작 우리 주변의 수많은 건축역사서들에서는 이러한 금언에 걸맞은 시각을 찾기 힘들다. 대부분이 시대적 상황보다는 건축가들의 개인적 사고와 설계작품들의 특성에 대한 해석과 설명, 그리고 관련 예술가나 철학자들의 사고나 관념들에 대한 서술로 채워져 있기 마련이다. 건축가라는 전문직종이 성립한 르네상스 시기 이후의 건축역사는 물론이고, 건축가라는 직종 자체가 불분명했던 그 이전 시기의 건축역사조차 건축을 예술이라는 범주 속에서 다루며 작품의 특성과 의미를 해석하는 것이 보통이다.

그러나 건축가란 무엇인가. 그들이 일반 사람들의 생활과는 구분되는 '예술'을 업으로 삼게 된 것은 언제부터이며, 자신들의 일(건축)을 일반 사람들의 일상적 어휘와는 구분되는 '예술적' '건축적' 어휘로써 이야기하게 된 것은 대체 언제부터란 말인가.

진정 시대의 거울로서의 건축역사를 말하려 한다면 건축가라는 전문직종에 소속된 사람들만의 언어로 건축물의 의미를 해석하기보다는, 그 시대 그 사회 일반 사람들의 생활 속에서 건축물을 바라보아야 하지 않을까. 건축가의 입장에서 사회를 읽기보다는 당시의 객관적 사회상황 속에서 건축가라는 계층이 가졌던 위치와 역할을 읽는 것이 우선되어야 하지 않을까. 건축이라는 전문분야와 건축가라는 전문직종을 역사와 무관한 것으로 전제하면서 그 틀 속에서 바라보는 것보다는, 건축가라는 계층이 출현하게 된 배경 자체를, 그 계층이 차지했던 위치와 역할 자체를 건축역사의 한 부분으로 이해하는 일이 우선되어야 할 것이다. 역사 공부의 목적이 과거에 일어났던 사실을 알고자 하는 것이 아니라 앞으로의 일을 예측하고 계획하기 위한 행동지침을 얻고자 하는 것이라면, 그리고 '건축을 한다'는 것이 '건축을 위한 건축'을 하고자 하는 것이 아니라 이 땅에서, 이 사회에서 건축이 '해야 하는' '할 수 있는' 일을 고민하고자 하는 것이라면 말이다.

저자는 "물질적 조건 즉 사회제도, 정치기구, 그리고 예술과 건축을 포함한 일반적 의미의 문화의 내용은 궁극적으로 한 사회가 경제생활을 유지해 나아가는 방법에 좌우된다. 따라서 근대의 건축과 디자인은, … 근대 경제체제의 맥락 속에서 바라보고 정의해야 한다"라는 말로 책을 시작한다. 그런 다음 18세기 후반부터 이야기를 풀어 나간다. 18세기 후반은 유럽에서 두 가지 혁명, 즉 경제혁명인 산업혁명과 정치혁명인 시민혁명이 본격화한 시기이며, 이 두 방향의 혁명과 변화를 통해 근대 공업경제라는 생산양식과 부르주아-노동자 계급이라는 생산관계를 핵으로 하는 근대 자본주의 경제체제가 시작된 때이다. 근대의 건축과 디자인은 "근대 경제체제의 맥락 속에서 바라보고 정의해야 한다"라는 말대로, 저자는 근대 경제체제가 본격적으로 성립하는 토대에서부터 근대의 건축역사를 서술하고 있다.

저자가 일관되게 그리고 강력하게 견지하는 견해는, 건축이란 당시의 사회적 경제적 상황의 표출물이라는 것이다. 따라서 그의 관심과 서술은 건축물 자체의 양식이나 특징, 그리고 이를 두고 이루어져 온 건축가 세계의 관념들에 머물지 않는다. 그보다는 그 건축물이 어떻게 지어졌으며 누가 왜 지었는가가 시종일관 저자의 중요한 관심사이다. 그러한 저자의 눈에 가우디(Antoni Gaudí)는 개인적인 종교적 표현주의를 통해 카탈루냐 사람들의 정신을 일깨우려 노력했던 신실한 건축광으로 읽히는 데 비해, 같은 시대 같은 사회를 살았던 도메네크(Lluis Doménech y Montaner)는 건축을 더 나은 사회적 미래를 위한 수단으로 인식한 보다 진정한 근대주의자로 비친다. 르 코르뷔지에 역시 건축을 더 나은 미래를 위한 사회적 수단으로 인식한 건축가였지만, 도시 공간을 재구축하는 것만으로 사회를 개혁할 수 있을 것이라고, 혁명적인 건축만으로 더 나은 미래를 얻을 수 있을 것이라고 상상하는 오류에 빠진 건축가로 읽힌다.

윌리엄 모리스(William Morris)가 그랬듯이 저자는 "대다수 사람들이 살아가는 일상의 혼탁함으로부터 눈을 돌린 채 과거의 영광을 유추하고 있는 교육받은 교양인들"로서의 건축가를 거부하고, 그런 시각에서 쓰는 건축역사를 거부하는 것이다. 이 책의 원서에 붙여진 '대안적 역사'라는 부제는 이런 점에서 저자의 역사 기술이 주류 건축사의 기술방식과 다른 지점에 서 있음을 표현한 것이다.

이 책은 영국의 건축가이자 도시계획가인 빌 리제베로(Bill Risebero, 1938-)가 1982년에 쓴 *Modern Architecture and Design: An Alternative History*를 번역한 것이다. 리제베로의 책이 국내에 처음 소개된 것은 1980년대 중반이었다. 당시 정치경제학적 시각에서 역사와 사회를 해석한 서적들이 크게 늘어나고 있던 인문학 분야와는 달리, 건축역사 분야는 여전히 영국의 고전적 건축사가인 플레처(Banister Fletcher)의 『서양 건축사(*A History of Architecture*)』, 근대 건축의 열렬한 옹호자인 기디온(Sigfried Giedion)의 근대 건축역사서이자 비평서인 『공간, 시간, 건축(*Space, Time & Architecture: The Growth of a New Tradition*)』 정도가 주로 읽히고 있었다. 이러한 때에 소개된 이 책은, 기존의 건축역사서와는 달리 정치경제학적 시각으로 건축역사를 서술했다는 점에서 당시 건축 분야의 새로운 시각에 대한 갈증을 적셔 주며 많은 주목을 끌었다. 나는 학교에서 '건축생산의 역사'라는 과목을 강의하면서 학생들에게 이 책을 참고서로 권유해 왔으나 기존 국내 번역서가 오역이 많은 탓에 원서 읽기를 강요하다가, 스스로 번역할 것을 결심하고 일 년 반에 걸쳐 작업을 완료했다.

번역을 하면서 독자의 편의를 위해 원저에 없는 몇 가지 사항을 첨가했다. 각 장 본문 속에 붙은 소제목들은 역자인 내가 붙인 것이다. 저자는 각 장만을 구분했을 뿐 소제목들 없이 서술했지만, 독자 입장에서는 중심 내용에 따라 소제목으로 구분해 주는 것이 전체 내용을 이해하는 데 도움이 될 것이라 생각했다. 백여 개의 주(註) 역시 역자가 첨가한 것이다. 저자는 각 장의 제목으로 당시 출판된 저작물의 제목을 사용하고 있으며 당시의 정치·경제적 사건들과 인물들에 대해 폭넓게 언급하고 있는데, 서양의 세세한 역사적 사건에 익숙하지 않은 우리나라 독자들의 이해를 돕기 위해 보충 설명이 필요하다고 생각했기 때문이다.

이 책은 영국의 허버트 출판사(Herbert Press)에서 1982년 초판 발행되었고, 이후 판권이 옮겨져 미국 매사추세츠 공과대학 출판부(MIT Press)에서 쇄를 거듭하여 읽히고 있다. 번역은 6쇄로 발간된 1996년판을 저본으로 삼았다.

저자는 이 책 외에도 『서양 건축 이야기(The Story of Western Architecture)』 『환상적 형태: 오늘날의 건축과 도시계획(Fantastic Form: Architecture and Planning Today)』의 저서를 갖고 있다. 하나같이 건축물 자체만이 아니라 그것이 '어떻게 건축되었으며, 왜 누가 그것을 건축하도록 했는가' 하는 사회·경제적 관점을 중심으로 서술한 책들로, 이 책과 함께 일독을 권하고 싶다. 무엇이 좋은 건축인지, 좋은 건축이란 것이 가능한지조차 의심스러운 어지러운 세상에서, 건축에 대해 생각을 다듬어 볼 수 있게 해주는 좋은 참고서가 될 것이라 믿는다.

한국어판 출간에 맞추어 오늘날의 건축 상황과 동아시아 지역의 건축에 대한 글과 도판을 보내 준 저자에게 감사드린다. '역사의 종언(The end of history)'으로 이름 붙여 추가한 글과 도판은 동아시아 건축에 대한 저자의 견해를 간명하게 정리한 것으로서, 한국의 독자들만이 읽는 기쁨과 보는 즐거움을 누리게 된 보석 같은 원고이다.

끝으로, 어려운 여건 속에서도 이 책의 출판을 결정하고, 서투른 번역을 꼼꼼한 교열을 통해 훨씬 읽기 편한 글로 바꾸어 준 열화당에 고마움의 뜻을 전한다.

2008년 2월
박인석

찾아보기

*굵은 숫자는 도판이 실린 페이지임.

ㄱ

가라비 고가철도교(Garabit viaduc) 116, **117**, 179
가르니에(Charles Garnier) 112-114
가르니에(Tony Garnier) 227, 229, 230, 250, 276
가르델라(Ignazio Gardella) 320, 321
가리발디(Garivaldi) **119**, 121
가보(Gabo) 242, 245
가비앙(Gavien) **371**, 375
가야르(Eugène Gaillard) 203
가우디(Antoni Gaudí) 206-208
가이거(Theodore Geiger) 176
가정보험회사(Home Insurance Company) 178, 182
『가정용 가구와 장식(Household Furniture and Decoration)』 36
가즈(Guards') 37
가티(Gatti) 321
간(Alexis Gan) 273
갈레(Emile Gallé) 203
갈레리 도를레앙(Galeie d'Orléans) 78, 118
갈레리아 데 크리스토포리스(Galleria de Cristoforis) 118
갈레리아 비토리오 에마누엘레(Galleria Vittorio Emanuele) 118, **120**
갓쇼 츠쿠리(合掌造り) 362
개런티 빌딩(Guaranty Building) 182, **184**
개스켈(Elizabeth Gaskell) 95
개정선거법(Reform Act) 53
갤러리 호텔(Gallery Hotel) 370
갬블 주택(D. B. Gamble house) 196, **197**
거버(Gerber) 339
건축가연대(Architects' Co-Partnership) 332
『건축을 향하여(Vers une Architecture)』 249, 252, 267
『건축의 일곱 등(The Seven Lamps of Architecture)』 129, 131, 133

『건축 이야기(Entretiens)』 81, **82**
건축조합법(Building Society Act) 168
『건축학 강의 개요(Précis et leçons d'architecture)』 77, 78
게디스(Norman Bel Geddes) 299
게르첸(Gertsen) 106
게르트너(Friedrich von Gärtner) 68-70, 78
게리(Frank Gehry) 369
게이(John Gay) 384
게이지 빌딩(Gage Building) 182, **185**
게인스우드 저택(Gaineswood) 59
결혼기념탑(Hochzeitstrum) 213
고(Franz Christian Gau) 79, 81
고대건축보존협회(Society for the Protection of Ancient Buildings) 141
고드윈(E. W. Godwin) 170, 377
고든(Charles Gordon) 383
고딕 부흥운동 37, 38, 129, 130, 176, 253, 329, 377, 380
고딕 양식 37, 39, 42, 43, 48, 80, 81, 129, 168, 174, 177, 178, 253, 255, 329
고완(Gowan) 331, 332, 341, 347
『고용, 이윤 및 재화에 관한 일반이론(General Theory of Employment, Interest and Money)』 298
고전 양식 36, 69, 107, 168, 192, 221
고프(Bruce Goff) 300, 301, 313, 315, 352
곤빌 앤드 카이우스 대학(Gonville and Caius Collage) 332
골드만 사무소(Goldman office) 214
골로소프(Ilya Golossov) 242, 259, 269, 275, 277, 292
곰퍼스(Samuel Gompers) 254
『공공복지(The Commonweal)』 144
『공산당 선언(Manifest der Kommunistischen Partei)』 22, 99
'공업 도시(Cité Industrielle)' 227, 229
공업 백화점(Bazaar de l'Industrie) 118

399

공작연맹 전시회(Werkbund Exhibition) 235
공중위생법(Public Health Act) 98
공쿠르(Goncourt) 113
공해조사재단(Pollution Probe Foundation) 351, 353
『과거와 현재(Past and Present)』 380
구겐하임 미술관(Guggenheim Museum) 325
구겐하임 빌바오 미술관(Guggenheim Bilbao Museum) 369
구라시키(倉敷) 시청사 329, 365
구로가와 기쇼(黑川紀章) 370, 373
구로사와 아키라(黑澤明) 365
구미술관(Altes Museum) 72, **74**, 302, 303
구성주의(constructivism) 235-237, 240, 242, 243, 246-248, 251, 252, 259, **260**, 261, 267, 271, 272, 274, 275, **277**, 291, 292
구세주 성당(Cathedral of the Redeemer) 107
구엘 공원(Parque Guell) 207
구엘 궁(Palacio Guell) 207
9월 20일 거리(Via Venti Settembre) 122
국가성심교회(Church of the National Vow) 178
『국가와 혁명(The State and revolution)』 236
국교주의(High Anglicanism) 133
국립농민은행(National Farmer's Bank) **185**
국립박물관(Rijksmuseum) 176
국제주의 양식(international style) 290, 298, 302, 352, 386
굴드(Jay Gould) 160
굿윈(Francis Goodwin) 24, 25
굿윈(Philip Goodwin) 301, 302
굿이어(Goodyear) 162
그라넬라그(grannelag) 91
그람시(Gramsci) 357
그래프턴 테라스(Grafton Terrace) 136
그랜드 내셔널(Grand National) 165
그랜드 센트럴 역(Grand Central station) **157**, 160, 221, 381
그랜드 유니언 호텔(Grand Union Hotel) 160
그랜드 호텔(Grand Hotel) 134
그레이엄(Graham) 253, 255, 319, 322
그레이트 노던 호텔(Great Northern Hotel) 125
그레이트 웨스턴 철도회사(Great Western Railway) 50

그레이트 웨스턴 호텔(Great Western Hotel) 125, 140
그로쉬(Christian Heinrich Grosch) 88, 89; 오슬로 증권거래소 **89**
그로스(Georg Grosz) 270, 292
그로스베너 개발회사(Grosvenor Estate Office) 176
그로피우스(Walter Gropius) **234**, 235, 244-247, 253, 271, 272, 277, 279, 286, 288, 291, 294, 302, 312, 313, 338, 342
그루스첸코(Gruschenko) 241
그루포 세테(Gruppo Sette) 267, 269
그룬트비 교회(Grundtvig church) **222**, 297
그리사르(Grisart) 118
〈그리스인 노예(Greek Slave)〉 **103**, 104
그리스 복고양식 25, 58, 59
그리스 양식 14, 32, 35, 36, 67
그린(Charles Greene) 196, 197
그린(G. T. Greene) 125
그린(Herb Greene) 313, 315; 그린 주택(Greene house) 313, **315**
그린 디자인(green design) 373
근대건축국제회의(CIAM, Congrès Internationaux d'Architecture Moderne) 270, 309, 338
근대건축연구회(MARS, Modern Architectural Research Society) 308, 309
『근대 화가론(Modern Painters)』 129
근린주거환경 정비사업(S.N.A.P., Shelter Neighborhood Action Project) 348
근린주구론(近隣住區論) **227**, 228, 229, 256
글래스고 미술학교(Glasgow School of Art) 210, **211**
글레스너 주택(Glessner house) 172, **175**
글렌 안드레드 저택(Glen Andred) 137
글립토테크 조각관(Glyptothek) **67**, 69, 77
기계관(Galérie des Machines) 179, **181**
기네스 단지(Guinness estate) 225
기네스 트러스트(Guinness Trust) 190
기능주의(functionalism) 261
기디온(Giedion) 337
기로(Charles Girault) 203
기마르(Hector Guimard) 203, 204

긴즈부르크(Moisei Ginsburg) **241**, 242, 259-261, 276, 279, 280, 288, 292, 293
길더마이스터(Gildermeister) 159
길드 하우스 아파트(Guild House apartment) 352, 356
길리(Friedrich Gilly) 14, 15, 70, 234;
  프로이센 국립극장 **14, 15**;
  프리드리히 대왕 기념관 **70**
길버트(Cass Gilbert) 221, 222, 285
길버트(Wallace Gilbert) 282
길 산스(Gill Sans) **285**
길크리스트-토머스 처리법(Gilchrist-Thomas process) 148, 159
김석철(金錫哲) 372
김수근(金壽根) 371, 372
깁슨(Donald Gibson) 342

ㄴ

나르콤핀(Narkomfin) 공동주택 279, **280**, 288
나사(NASA)우주선 조립공장 **334**, 335
나움베르크(Paul Schultz-Naumberg) 270
『나의 투쟁(*Mein Kampf*)』 269
나이아가라 철도교(Niagara railway bridge) 160, **163**
나치오날레 거리(Via Nazionale) 122
나카자와 케이지(中沢啓治) 389
나폴레옹 삼세(Napoleon III) 108, **111**, 113, 115, 122, 147
낙수장(Falling Water) 300, **301**
『날개 달린 뱀(*The Plumed Serpent*)』 263
내시(John Nash) **23**, 24, 30, 32, **34**, 362
내시돔(Nashdom) 196
「내일(Tomorrow)」 226, **227**
네르비(Pier Luigi Nervi) 319, 320, 327, 328
네스필드(Eden Nesfield) 137, **139**, 168, 169
네이(Marchal Ney) **111**
네이스미스(Nasmyth) 103
노동 궁전(Palazzo del Lavoro) 328
노동기사단(Knight of Labor) 165
노베첸토(Novecento) 267
노보코뭄 아파트(Novocomum) **268**, 269, 277
노이만(Johann Balthasar Neumann) 381
노이만(Wilhelm Neumann) 151, 152

노이슈반슈타인 성(Neuschwanstein) 151, **152**
노이트라(Richard Neutra) 312, 314
놀레스(Knowles) 329
뉴딜(New Deal) 정책 298, 299, **301**
뉴래너크(New Lanark) 26, **27**, 28, 55, 189
뉴 스코틀랜드 야드(New Scotland Yard) 176
뉴욕 도시주택재단(City Housing Corporation of New York) 256
뉴욕 박람회(New York Exhibition, 1853) 157-159
뉴욕 현대미술관(Museum of Modern Art) **301**, 302
뉴 웨이즈 주택(New Ways) 266, **284**
뉴질랜드 회관(New Zealand Chambers) 140
뉴캐슬 중앙역(Newcastle Central) **126**, 128
뉴하모니(New Harmony) 농장 28
니드(Bligh Voller Nied) 372
니로프(Martin Nyrop) 177, 178
니마이어(Niemeyer) 308, 311
「니벨룽의 반지(Der Ring des Nibelungen)」 151, 381
'니슨(Nissen)' 막사 342
니체(Nietzsche) 153, 154, 186, 381
니체 문서보관소(Nietzsche Archive) 202
니즈니노프고로드(Nizhninovgorod) 자동차공장 **334**
니치난(日南) 문화 센터 325, **327**, 365
니켄 세케이(日建計設) 366, 370
니콜라이 교회당(Nikolaikirche) 73, **75**
니콜리니(Antonio Niccolini) 85
닐센(Neilsen) 343

ㄷ

다론코(Raimondo d'Aronco) 205, 206
다르번(Darbourne) 341, 347
다르크(Darke) 341, 347
다비 삼세(Abraham Darby III) 19
다위케르(Johannes Duiker) 272, 274, 289, 290
다윈(Charles Darwin) 154, 172, 382
다이맥슨(Dymaxon) 자동차 299, **301**
다이아몬드 직공조합 건물(Diamond Workers' Union building) 213
다임러(Gottlieb Daimler) 148

다헤라트(Dageraad) 주거단지 **244**, 245
단게 겐조(丹下健三) 325, 327, 328, 365
대런던계획(County of London Plan) 307, **308**
대런던의회(GLC, Greater London Council) 348, 386
대사관 주택(Embassy Court) 297
대영박물관(British Museum) 33, **35**, 48
대청원(monster petition) 99
더넬름 하우스(Dunelm House) 332
『더 빌더(The Builder)』 226
던로빈 저택(Dunrobin Castle) 44
덜레스 공항(Dulles airport) 터미널 건물 328
덜위치 미술관(Dulwich Picture Gallery) 16
데스바라(Desbarats) 323
데 스틸(De Stijl) 233, 240, 247, **265**, 266, 274, 289, 290
데이비스(A. J. Davis) 56, 57, 58, 60, 223, 253, 255, 388
『데일리 익스프레스(Daily Express)』 사옥 287
데 클레르크(Michel de Klerk) 244, 245
데 파스(De Pas) 321
델 데비오(Del Debbio) 267
델라웨어(De La Warr) 오락전시관 **284**, 294
도메네크 이 몬타네르(Lluis Doménech y Montaner) 206–209, 213
도브슨(John Dobson) 126, 128
도시농촌계획법(Town and Country Planning Act) 316
『도시 복지 계획(The Welfare Planning of Towns)』 276
도시 용도지역 규제(City Zoning Ordinance) 282
도쿠차예프(Dokuchaev) 241
도크랜드(Docklands) 369
독일공작연맹(Deutscher Werkbund) 217, **218**, 219, **234**
독일 미술관(House of German Art) 302, **303**
독일사회민주당(Social Democratic Party, SPD) 150, 165, 270
『독일 이데올로기(Die Deutsche Ideologie)』 11, 278
돌만(Georg von Dollman) 151, 152
동방 문제(Eastern Question) 142
『동부 런던의 가족과 혈족관계(Family and Kinship in East London)』 346

동부 파이낸스 센터 370
두도크(Willem Marinus Dudok) 289, 290
두르비노(D'Urbino) 321
뒤랑(J.-N.-L. Durand) 78, 80
뒤랑-가슬랭(Durand-Gasselin) 118
뒤르켕(Emile Durkheim) 186
뒤방(J.-F. Duban) 109
뒤케즈니(F.-A. Duquesney) 79, 80
뒤테르(Dutert) 181
듀이(Dewey) 281
드로고 성(Castle Drogo) 196
드롭 시티(Drop City) 348, **349**
드 보도(Anatole de Baudot) 216
드 푀레(Georges de Feure) 203
드 플뢰리(de Fleury) 111, 112
디너러 가든(Deanery Gardens) 194, **195**
디마코풀로스(Dimakopoulos) 323
디 브리지(Dee Bridge) 128
DC-3 모델 299
디아길레프(Diaghilev) 243
『디 이코노미스트(The Economist)』 사옥 317, **319**
디즈레일리(Disraeli) 189, **191**, 192
딘(Thomas Deane) 130, 131

ㄹ

라도프스키(Nikolai Ladovsky) **241**, 242
라 로슈–잔레 주택(La Roche-Jeanneret house) 250, **264**
라르센(Larsen) 343
라브루스트(Henri Labrouste) 78, 80, 158, 172
라 빌레트 공원(Parc de La Villette) 369
라살(Lassalle) 150
라슈도르프(Julius Raschdorf) 148, 149
라스던(Denys Lasdun) 326, 339
라우란스투(Raulandstue) 92
라우쉬(John Rausch) 356
라우트너(John Lautner) 312, 314
라이언스(Lyons) 347
라이트(Frank Lloyd Wright) 172, 175, 184, 185, 196, **197**, 198, 199, 221, 235, 254, 255, 300, 301, 313, 315, 317, 325
라이트(Henry Wright) 256, 257

라인하르트(Max Reinhardt) 217
라킨 본부 사옥(Larkin administrative
    building) **197**, 198
라파엘 전파(Pre-Raphaelite) 130, 140, 143
라파예트(Lafayette) 76
라프테후스(laftehus) 91, 93
란체스터(Lanchester) 222, 223
랄리크(René Lalique) 201, 203, 204
람코프(Lamkov) 241
랑 성당(Cathédrale de Laon) 81
랑팡(Pierre Charles L'Enfant) 17
랑한스(Carl Gotthard Langhans) 14, 15
래드번(Radburn) 256, **257**
래틀 앤드 스냅(Rattle and Snap) 59, **62**
랠프 스몰 저택(Ralph Small house) 59
램(Lamb) 282
랭시 노트르담 교회(Notre Dame du Raincy) **251**, 252
랭험 플레이스(Langham Place) **30**
러스킨(John Ruskin) 129, 130, **131**, 133, 134, 136, 137, 140, 142, 199, 380
『러시아: 세계 혁명을 향한 건축(*Russia: An Architecture for World Revolution*)』 293
러트로브(Benjamin Latrobe) 16, 70, 155
런던(J. C. Londoun) **96**
런던 만국박람회(Great Exhibition, 1851) 100-102, **103**, 104, 105, 159
런던 시의회(LCC, London County Council) 225-228, 325, 326, 338
레냐(Lotte Lenja) 292
레네(P. J. Lenné) 72
레네상스(Wrenaissance) 168
레닌(V. I. Lenin) 236-238, 240, 243, 248, 258, 260, 274, 283, 384
레더비(William Lethaby) 170, 225, 252
레드 로드 단지(Red Road estate) 345
레버(W. H. Lever) 191, 192
레버 사옥(Lever Company) 317
레벤솔트(Lebensold) 323
레벨(Revell) 319, 322
레빗(Abraham Levitt) 256
레빗타운(Levittown) 385
레셉스(Ferdinand de Lesseps) 116, 117
레스카즈(William Lescaze) 301, 302
레스턴(Reston) **308**, 311
레오니도프(Ivan Ilich Leonidov) 241, 259, **260**, 261, 275, 277, 279, 292
레이스 우드 저택(Leys Wood) 137, **139**, **174**
레이크 쇼어 드라이브(Lake Shore Drive) 317, **318**
레이크 포인트 타워(Lake Point Tower) **319**, 322
레이프(Jacob Rijf) 90
레인반(Lijnbaan) 쇼핑몰 **308**
레잉 상점(Laing Store) 158
레제(Léger) 232
레치워스(Letchworth) 228
레프(LEF) 242, 259
『레프(*LEF*)』 **260**
레플러스트리어(Richard Leplastrier) 374
레흐너(Ödön Lechner) 205, 206;
    우편저축은행 **205**, 206
렌(Christopher Wren) 16, 33, 382
렌윅(James Renwick) 155
『렌의 도시 교회들(*Wren's City Churches*)』 199
로더 저택(Lowther Lodge) 137, 168
로드첸코(Rodchenko) 241, 242, 246, 247, 259, 260, 273
로렌스(D. H. Lawrence) 263
로마 국제전시회(EUR, Esposizione Universale di Roma) **268**
로마네스크 양식 73, 155, 156, 158, 172, 180, 213
로마치(Lomazzi) 321
로마 클럽(Club of Rome) 350
로마 테르미니 역(Roma Termini station) **327**, 328
'로미오와 줄리엣(Romeo and Julia)' **339**, **340**
로버츠(Roberts) 335
로버트슨(Robertson) 283
로비 주택(Robie house) **197**, 198
로사(Ercole Rosa) 120
로세티(D. G. Rossetti) 380
로스(Adolf Loos) 214, **215**, 229, 253
로스킬 위원회(Roskill Commission) 345
로시(Rossi) 268
로시니(Rossini) 112, **114**

로열 앨버트교(Royal Albert bridge) 128
로열 파빌리온(Royal Pavilion) 23, 24, 32, 362
로열 페스티벌 홀(Royal Festival Hall) 325, 326
로웰(Francis Cabot Lowell) 55, 56, 59, 189
『로웰의 선물(*Lowell Offering*)』 56
로이드 빌딩(Lloyd Building) 369
로저스(Ernesto Nathan Rogers) 386
로저스(Isaiah Rogers) 56, 58, 60
로저스(Richard Rogers) 323, 333, 369
로 주택(Low house) 172, **175**
로지킨(Lojkine) 357
로치(Roche) 182, 185
로치·딘켈루 건축사무소(Roche, Dinkeloo and association) 318, 322
로코(Rocco) 267
로크(Joseph Locke) 50
로크레스투(Lokrestue) **92**
로크스 드리프트(Rorke's Drift) 221
록우드(Lockwood) 189, 191
록펠러(Rockefeller) 162, 165
록펠러 센터(Rockefeller Center) 282
론 로드 아파트(Lawn Road flats) 294
론트리 트러스트(Rowntree Trust) 190
뢰브르 극장(Théâtre de l'Oeuvre) 203
뢰블링(John Roebling) 64, 65, 160, 162, **163**, 178;
　브루클린교 162, **163**;
　오하이오 강 교량 162, **163**
루나차르스키(Lunacharsky) 246
루돌프(Paul Rudolph) 332
루베트킨(Berthold Lubetkin) 284, 294
루브르 궁(Louvre) 109, **111**, 113;
　신관 109, **111**, 113
루사코프 클럽(Russakov Club) 275, **277**
루스벨트(Roosevelt) 298, 342
루시 용광로(Lucy Furnace) 164
루이 보나파르트(Louis Bonaparte) 108
루이 필리프(Louis Philippe) 76, 99
루카스(Lucas) 294, 338
루카스 항공(Lucas Aerospace) 357, 388
루트(Root) 178, 180, 183, 214, 282
루트비히 교회당(Ludwigskirche) 68, 70
루트비히슈트라세(Ludwigstrasse) 68, **70**

루트비히 이세(Ludwig II) 151, **152**
루트비히 일세(Ludwig I) 67, 68
루티언스(Edwin Lutyens) 194-196, 222, 223, 253, 255, 355, 363
룩셈부르크(Luxemburg) 291
룬트보겐슈틸(Rundbogenstil) 68, 73
룰만(Ruhlmann) 262
뤼드(F. Rude) 111
『뤼시앙 뢰방(*Lucien Leuwen*)』 113
르네상스 양식 35, 128, 161, 386
르 노트르(Le Nôtre) 14
르두(Claude Nicolas Ledoux) 14, 15
르롱(Lelong) 118
르메르시에(Lemercier) 109, 111
르브룅(Napoleon LeBrun) 222
르 블랑(Le Blanc) 99
르 코르뷔지에(Le Corbusier) 249, 250, **251**, 252-254, 259, 261-263, **264**, 267, 271, 272, 275-277, 279, 283, 286, 287, 311, 317, 325, 329-331, 338-340, 342, 346, 365
르포르타주(reportage) 259
르퓌엘(Lefuel) 109, 111
리(Robert E. Lee) 59
리글리 빌딩(Wrigley Building) 253, **255**
리나센테 백화점(La Rinascente) 320, **321**
리노바시옹 백화점(L'Innovation) 202
리델(Riedel) 152
리드(John Reed) 259
리드(Reed) 221, 381
리마(Reema) 343
리버티 양식(Stile Liberty) 202, 205, 206, 320
리스트(Friedrich List) 68
리시츠키(El Lissitzky) 237, 239, 240, 245-247, 259, 260, 273, 292
리젠트 거리(Regent Street) 32, **34**, 42
리젠트 공원(Regent Park) 32, 34
리젠트(Regent) 황태자 23, 24, 32, 34
리즈 시청사(Leeds Town Hall) 123, **124**
리처드슨(Henry Hobson Richardson) 156, 158, 172, 174, 175, 178, 180, 182-184, 213
리처드 의학연구 센터(Richards Medical Research Center) **331**, 332
리츠 호텔(Ritz Hotel) 223, **255**, 355, 388

리트펠트(Gerrit Rietveld) 233, 265, 274;
  차고와 공동주택 **265**, 274
리펜슈탈(Leni Riefenstahl) 305
리폼(Reform) **36**, 37
리프크네히트(Liebknecht) 150, 291
릭맨(Rickman) 48
릭커즈(Rickards) 222, 223
린(Jack Lynn) 339
린더호프 궁(Schloss Linderhof) 151, **152**
린데그렌(Lindegren) 328
린디그(Lindig) 273
린디스판 성(Lindisfarne Castle) 196
릴라이언스 빌딩(Reliance Building) 182, **183**
릴라이언스 전자공장(Reliance Electronics factory) 333
릴링턴 거리 일단계 지구(Lillington Street Phase 1) 347
림(Jimmy Lim) 373
림(William Lim) 370
링슈트라세(Ringstrasse) 147
링컨 센터(Lincoln Center) 326
링컨스 인 필드 19호 주택(19 Lincoln's Inn Fields) 137, **138**

■

마그니토고르스크(Magnitogorsk) 278, 279
마들렌 교회당(Church of the Madeleine) 18
마라카냐 경기장(Maracaña Stadium) 326
마르켈리우스(Sven Markelius) 288
마르크스(Eleanor Marx) **143**, 144
마르크스(Karl Marx) 11, 20, 53, 100, 136, 144, 150, 153, 155, 165, 186, 201, 225, 229, 243, 249, 275, 278, 357
마르크트플라츠(Marktplatz) 67, **69**
마리네티(Marinetti) 233, **268**
마리아 막달레나 교회(Maria Magdalenakerk) 176
마리카 알더톤 주택(Marika Alderton house) 374
마셜 필드 상회(Marshall Field warehouse) 180, **183**, 184
마야르(Robert Maillart) 214–216
마야코프스키(Mayakovsky) 237, 238, 242, 293

마요렐(Louis Majorelle) 203, 204
마이어(Adolf Meyer) 234, 235, 244, 247, 253
마이어(Hannes Meyer) 274, 279, 291, 292
마이어로위츠 시계(Meyrowitz clock) **262**
마이어베어(Meyerbeer) 112
마지스트레티(Vico Magistretti) 320, 321
마추체티(Mazzuchetti) 119, 121
마치니(Mazzini) **84**
마켓 홀(Market Hall) 88
마테 트루코(Giacomo Matté-Trucco) 251, 252, 267
마틴(Leslie Martin) 325, 332, 342
마틸다 언덕(Mathilden-höhe) 212
만(Tom Mann) 224
말레비치(Kazimir Malevich) 233, **237**, 240, 245, 273
말레이 민족연합기구 타워(Menara UMNO) **371**, 373
말버러 학교(Marlborough public school) 140
『매브 여왕(*Queen Mab*)』 377
매코믹 수확기(McCormick reaper) 65
매코믹 주택(McCormick house) **175**
매콜리(Macaulay) 133, 380
매키넬(McKinnell) 329
매킨지(McKenzie) 187
매킨토시(Charles Rennie Mackintosh) 205, 210, **211**, 212, 213, 383
매킴(Charles McKim) 158, 160, 161, 172, 174, 175, 221, 222, 386
매터(Mather) 262
매튜(Robert Matthew) 325
맥그리거 회의 센터(McGregor Conference Center) 332
맥네어(Herbert McNair) 210
맥도널(Frances McDonald) 210, 383
맥도널(Margaret McDonald) 210, 383
맥머도(Arthur Mackmurdo) 170, 171, 199
맥아더(John McArthur) 158
맥주홀 사건(Bierkeller Putsch) 269
『맨발의 겐(はだしのゲン)』 368
맨체스터연합(Manchester Unity) 53
머컷(Glenn Murcutt) 374
먼디(Mundie) 182, 183

마에가와 구니오(前川國男) 325

찾아보기 405

먼스테드 우드 주택(Munstead Wood) 194
메넌게이트(Menin Gate) 253
메를세인저 주택(Merlshanger) 194, **195**
메리메(Prosper Mérimée) 80, 81
『메리 바턴(*Mary Barton*)』 95
메이(Ernst May) 270, 279, 286, 288, 292
메이어홀드(Meyerhold) 238, 242, 247
메테르니히(Metternich) 83
메트로폴리탄 타워(Metropolitan Tower) **222**
메트로폴 호텔(Metropole Hotel) 134
멘고니(Giuseppe Mengoni) 118, 120
멘델존(Erick Mendelsohn) 244, 245, 271, 272, 274, 284, 289, 290, 292, 294, 302
멜니코프(Konstantin Melnikov) 242, 259, 261-263, 275, 277
모내드녹 빌딩(Monadnock Building) 180, **183**
모데르니스메(El Modernisme) 200, 207, 209, 383
모델 주거(Model Dwelling) 136
모로(Peter Moro) 325
모르겐탈러(Morgenthaler) 339
모르티에(Mortier) 112
모리스(Janey Morris) **143**
모리스(William Morris) 140-142, **143**, 144, 145, 154, 165, 168, 170, 193, 194, 199, 201, 209, 212, 213, 355, 358, 379
모리스·마셜·포크너 상회(Morris, Marshall, Faulkner & co.) 141
모스(Samuel Morse) 123, 162
모슨(Mawson) 189, 191
모야(Moya) 332, 339
모홀리-나기(László Moholy-Nagy) 246, 247, 248, 271
몬드리안(Piet Mondrian) 233, **265**, 266
몬톡 빌딩(Montauk Building) 178
몬투리(Montouri) 327, 328
몰레 안토넬리아나(Mole Antonelliana) 121
몰로토프(Molotov) 293
묄러(Møller) 297
무솔리니(Mussolini) 267, **268**
무어(Charles Moore) 352, 356
무테지우스(Hermann Muthesius) 199, 217, 219, 385

물랭 루즈(Moulin Rouge) 203
뮈샤(Alphonse Mucha) 203, 204
므니에(Menier) 초콜릿 회사 115; 터빈공장 115, **117**
미국경제기회사무국(American Office of Economic Opportunity) 348
미국노동총연맹(AFL, American Federation of Labor) 254, 299
『미국 대도시의 죽음과 삶(*The Death and Life of Great American Cities*)』 346
미드(William Rutherford Mead) 158, 160, 161, 172, 174, 175, 221, 222, 386
미드웨이 가든(Midway Gardens) 221
미들랜드 호텔(Midland Hotel) 128
미래파 233, 247, 248, 267, 268
『미래파 건축선언(*Manifesto dell'Architettura Futurista*)』 233
미술공예운동(Arts and Crafts movement) 170, **171**, 172, 194, 195, 200, 226, 227, 384
미스 반 데어 로에(Ludwig Mies van der Rohe) 245, 247, 270, 272, 273, 288, 291, 302, 312, 315, 317, 318, 322, 332, 333, 338; 독일관 288; 바이센호프 주택단지 **272**; 유리 마천루 설계안 **244**, 245, 322
미웨스(Mewès) 223, 253, 255, 388
미첼(Mitchell) 305
『민족의 관찰자(*Volkscher Beobachter*)』 270
밀러드 주택(Millard houses) 254, **255**
밀레이(J. E. Millais) 380
밀류틴(Nikolai Miliutin) 276, 279, **280**, 293
밀뱅크 단지(Millbank estate) 225, **227**
밀스(Mark Mills) 313, 315
밀스(Robert Mills) 155
밀퍼드 면직 공장(Milford cotton mill) **21**

ㅂ

바그너(Richard Wagner) 151, **152**, 153, 381
바그너(Otto Wagner) 210, 211, 213, 214; 우편저축은행 **211**, 213
바넷(Henrietta Barnett) 228
바람의 탑(Tower of Wind) 372
바로크 양식 14, 33, 35, 109, 113, 151, 176, 221-223, 231, 232, 253, 255

바르시(Mikhail Barsch) 242, 259, 275, 277, 279
바르힌(Barkhin) 275
바리아다(barriada) **349**
바빙어 주택(Bavinger house) 313, **315**
바셋 로크(Basset-Lowke) 266
바쇼(Bashaw) 102, **103**, 379
바시(Carlo Bassi) 88, 89
바실레(Ernesto Basile) 206
'바실리(Wassily)' 의자 273
바우하우스(Bauhaus) **244**, 246, 247, 259, 270, 271, **273**, 289, 291, 338, 343, 357; 데사우 바우하우스 271, **272**, 279
바운더리 스트리트 단지(Boundary Street estate) 225, **227**
바위스(A. W. E. Buys) 265, 274
바이어(Herbert Bayer) 273, 274
바이어(Friedrich Bayer) 148
바인브레너(Freidrich Weinbrenner) 67, 69
바일(Weill) 270, 292
바쿠닌(Bakunin) 106
바타 상점(Bata store) **272**, 274
박스트(Bakst) 243, 263
반 넬레(Van Nelle) 담배공장 284, **289**, 290
반 데 벨데(Henry van de Velde) 200, 201, 202, 219, 234, 235, 245
반 두스부르흐(Theo van Doesburg) 233, 246-248, 290
반달리즘(vandalism) 346
반트호프(Robert van't Hoff) 233
반피(Gian Luigi Banfi) 386
발라드(Ballard) 323
발로(W. H. Barlow) 127, 128
발로트(Paul Wallot) 176
발루(Theodre Ballu) 79
발타르(Victor Baltard) 115, 117, 323
〈밤(*Night*)〉 285
「방황하는 네덜란드인(Der Fliegende Holländer)」 75
배리(Charles Barry) 37, 41, 43, 67, 102
배터리 파크 시티(Battery Park City) 369
백스(Belford Bax) 144
170 퀸스 게이트(170 Queen's Gate) **168**, 169
밴더빌트(Cornelius Vanderbilt) 157, 164

밴더빌트 저택(Vanderbilt Mansion) 160, **161**
밴 앨런(William van Alen) 262, 282
버거(John Berger) 236
버넷(John Burnet) 223
버넷 하우스 호텔(Burnet House hotel) **60**
버닝(James Bunning) 48, 49
버든(Jane Burden) 141
버제스(Burgess) 187
버킹엄 궁(Buckingham Palace) 34, 223
'버터플라이(Butterfly)' 의자 **366**, 368
버터필드(William Butterfield) 130, **132**, 133, 138, 140; 목사관 **138**, 140
버턴(Decimus Burton) 48, 49
번(William Burn) 42
번빌(Bournville) 190, **191**, 192
번빌 단지(Bournville Estates) 190
번-존스(Burne-Jones) 140
번햄(Burnham) 161, 178, 180, 182, 183, 185, 214
베네치아 고딕 양식 130, 156, 158
『베네치아의 돌(*The Stones of Venice*)』 130, 131
베니언(Benyon) 48
베드퍼드 파크(Bedford Park) 140
베렌스(Peter Behrens) 217-219, 250, 262, 266, 270, 272, 284
베렝게르(Francesco Berenguer) 208, 209
베르나르(Sarah Bernhardt) 203, 204
베르디(Verdi) **119**, 121
베르사유 궁(Château de Versailles) 13, 14, 17, 109
베르크(Max Berg) 217, **218**; 백 주년 기념관(Jahrhundert-halle) 217, **218**
베르펠(Werfel) 245
베른슈타인(Eduard Bernstein) 225
베를라허(Hendrikus Berlage) 213, 245
베를리오즈(Berlioz) 77
베를린 대극장(Grosses Schauspielhaus) 217
〈베를린 올림픽(*Berlin Olympia*)〉 305
베를린 필하모니 홀(Berlin Philharmonic Hall) 326
베버(Max Weber) 186
베블런(Veblen) 281
베서머 제강법(Bessemer process) 113

베스닌(Alexander Vesnin) 241, 242, 259, 292
베스닌(Leonid Vesnin) 242, 259, 292
베어드(John Baird) 125
베이 스테이트 공장(Bay State Mills) 55, **56**
베이엔코르프 상점(Bijenkorf store) **289**, 290, **308**
베이커(Benjamin Baker) 180, 181
베이커(Herbert Baker) 223
베허(Becher) 245
벤스텐(Ivar Bensten) 297
벤투리(Robert Venturi) 352, 356
벨(Bell) 162
벨러미(Edward Bellamy) 164, 165, 226, 382
벨레 아르티 궁(Palazzo delle Belle Arti) 122
벨루시(Pietro Belluschi) 317
벨조조소(Lodovico Barbiano di Belgiojoso) 386
벨처(John Belcher) 221
벨터(John Henry Belter) 61;
  벨터 의자 63
보가더스(James Bogardus) 157, 158
보르군트 교회(Borgund church) 92
보부르 센터(Centre Beaubourg) 324
보스턴 공공도서관(Boston public library) 158, **161**
보스턴 시청사(Boston City Hall) 329
보이시(Charles F. Annesley Voysey) 170, 171, 194, **195**, 200
보초니(Boccioni) 233
보필(Ricardo Bofill) 352
본캄파니 궁(Palazzo Boncampagni) 122
볼라티(Giuseppe Bollati) 121
볼 이스트어웨이 주택(Ball Eastaway house) 374
볼켄부겔(Wolkenbugel) 259, **260**
볼티모어 성당(Baltimore Cathedral) 16
봉 마르셰 백화점(Bon Marché) 116
부들스 클럽(Boodle's Club) 33
부로프(Andrei Burov) 242, 259, 292
부릴라(Viurila) 90
부쇼(Bouchot) 121
부알로(Louis Auguste Boileau) 81, 116
부오크세니스카 교회(Vuoksenniska church) 329, **331**
부유시(Vuojoki) 90

부츠(Boots) 제약회사 287;
  공장 **284**, 287
분테스 극장(Buntes theater) 206
불레(Etienne Louise Boullée) 15
불핀치(Charles Bulfinch) 17
〈붉은색의 쐐기로 흰색을 타격하라(*Beat the Whites with the Red Wedge*)〉 **237**, 239
붉은 집(Red House) 136, 137, **138**, 140, 141
뷔롱(Buron) 118
뷔르템베르기슈 금속제품공장(Württembergische Metallwarenfabrik) 203
브라이언스턴(Bryanston) **168**, 169
브라질리아(Brasilia) 계획 **308**, 311
브라크(Braque) 232
브란덴부르크 문(Brandenburg Gate) **14**, 15
브란트(Brandt) 336
브래시(Thomas Brassey) 45
브런스윅 센터(Brunswick Center) 342
브레히트(Brecht) 240, 247, 270, 291, 292, 355, 363, 384
브로드릭(Cuthbert Brodrick) 123, 124
브로들리스 주택(Broadleys) **171**
브로이어(Marcel Breuer) 259, 273, 274, 279, 292, 302, 312, 313, 342
브롱델(Blondel) 111, 112
브루넬(Isambard Brunel) 48, 50-52, 102, 126, 128; 클리프턴 현수교 51
브뤽발트(Otto Brückwald) 152
브리기디니(Brigidini) 321
브리크(Ossip Brik) 242
브리타니아 철도교(Britannia railway bridge) **51**, 52, 128
브리태닉 하우스(Britannic House) 253, **255**
브린모어 고무공장(Brynmawr rubber factory) 333
브링크만(Johannes Brinkmann) 289, 290
브후테마스(VKHUTEMAS) 240, **241**, 242, 246, 259-261, **273**, 275, 294
'블랙 앤드 화이트(black and white)' 건물 93
블레이크(William Blake) 199
블로(Blow) 323
블로(Blow) 의자 **321**
블로일러 주택(Rütschi-Bleuler house) 176

408

블룸필드(Reginald Blomfield) 223, 253
블루트(L. C. van der Vlugt) 289, 290
비뇰리(Rafael Viñoly) 370, 371
비뇰스(Charles Vignoles) 50
비뇽(Vignon) 18
비더(Sharon Beder) 369
비더마이어(Biedermeier) 가구 86, 87
비동빌(bidonville) 349
'BBPR' 320, 321
비스마르크(Otto von Bismarck) 148, **149**, 150, 173, 381
비스콘티(Visconti) 109, 111
비안키(Pietro Bianchi) 85
비어드(Beard) 281
비에티(Vieti) 268
비올레 르 뒤크(Eugène-Emanuel Viollet-le-Duc) 81, 80, **82**, 83, 115, 126, 209
비이푸리 도서관(Viipuri library) **295**, 296, 298
비잔틴 양식 73, 178
비토리오 베네토 광장(Piazza Vittorio Veneto) 85
비토리오 에마누엘레(Vittorio Emanuele) 121
비토리오 에마누엘레 이세 기념관(Monumento Nationale a Vittorio Emanuele II) 176, **177**
빅토리아 앤드 앨버트 미술관(Victoria and Albert Museum) 223, 379
빅토리아 양식 341, 353
빈 공방(Wiener Werkstätte) 212, 214
빈 의자(Viennese chair) 86
빈 회의(Congress of Wien) 83
빌(Max Bill) 343
빌라드(Henry Villard) 161
빌라드 주택(Villard houses) 160, **161**, 328
빌라 로제(Villa Rose) 73
빌라 슈보브(Villa Schwob) 251
빌라 카르마(Villa Karma) 214
빌트모어 저택(Biltmore) **161**, 168
「빌헬름 텔(Wilhelm Tell)」 112, **114**
빙켈만(Winckelmann) 15
빨강-파랑 의자(Red-Blue chair) 233

ㅅ

사리넨(Eero Saarinen) 326, 328, 332-334, 352
사마리텐 백화점(La Samaritaine) 201

사막 주택(Desert house) 313, **315**
사보이(Savoy) 283
사우스 뱅크 센터(South Bank complex) 326
사이드(Edward Said) 362
사코니(Giuseppe Sacconi) 176, 177
사크레쾨르 대성당(Basilique du Sacré-Coeur) 177, 178
『사회에 관한 새로운 견해(A New View of Society)』 28
『사회주의의 미래(The Future of Socialism)』 336
『사회주의의 전제와 사회주의의 임무 (Die Voraussetzungen des Sozialismus und die Aufgaben der Sozialdemokratie)』 224
사회주의자동맹(Socialist League) 144
사회주의자민주연합지부(Hammersmith Branch of the Socialist Democratic Federation) 379
산 가우덴치오 교회(Basilica di San Gaudenzio) 121
산업별노조회의(Congress of Industrial Organisations) 299
산 카를로 오페라 하우스(San Carlo Opera House) **84**, 85
산타 콜로마 예배당(Santa Coloma de Cervelló) 207
산텔리아(Antonio Sant'Elia) 233, 250, 268, 342
산 파올로 푸오리 레 무라 교회(Basilica di San Paolo fuori le Mura) 83, **84**
산 파우 병원(San Pau hospital) **208**, 209
산 프란체스코 디 파올라 교회(Bacilica di San Francesco di Paola) **84**, 85
살기나 고르게(Salgina Gorge) 다리 215, 216
살로넨(Salonen) 가문 90, 92
『살로메(Salomé)』 203
살롱 도톤(Salon d'Automne) 전시회 250, 251
삼성 종로 타워 370, **371**
상공업 전시관(Galeries du Commerce et de l'Industrie) 118
상수시 궁(Schloss Sanssouci) 378
상원 광장(Senate Square) **89**, 90
상하이 은행(Shanghai Bank) 365
『레스프리 누보(L'Esprit Nouveau)』 249, 253
샐린저 하우스(Salinger House) 373
샐빈(Anthony Salvin) 42, 44

찾아보기 409

샘 번튼 조합(Sam Bunton Associates) 343
생드니 드 레스트레(St. Denis-de-l'Estrée) 82, 83
생 장 드 몽마르트 교회(L'église St. Jean-de-Montmartre) 216
생태관광주의(eco-tourism) 374
생태 주택(Ecology house) 351, **353**
생퇴젠 교회(L'église St. Eugène) 81, 116
생트 마리 마들렌 성당(Basilique Ste. Marie Madeleine) 81
생트 샤펠 성당(L'église St. chapelle) 81
생트주느비에브 도서관(Bibliothèque Ste. Geneviève) 77, 78, **79**, 80, 109, 158
생트클로틸드 성당(Basilique Ste. Clotilde) **79**, 81
생 프롱 순례교회(Cathédrale St. Front) 177, 178
샤로운(Hans Scharoun) 272, 288, 326, 339, 340
샤를로텐호프 궁전(Schloss Charlottenhof) 72, 74
샤운 앤드 노부코 주택(Shaun and Nobuko house) 374
샬그랭(Chalgrin) 14, 18
섀퍼(Schaefer) 335
서트(José Luis Sert) 302, 332
「서푼짜리 오페라(Dreigroschenoper)」 270, 384
석탄거래소(Coal Exchange) 48, **49**
선 하우스(Sun House) **284**, 294
선형 도시(Ciudad Lineal) 187, 188, 276, **280**, 293
설리번(Louis Sullivan) 182, **184**, **185**, 196, 206, 214, 231
성가족 교회(Temple de la Sagrada Familia) 207, **208**
〈성당(*Cathedral*)〉 **244**
『세계를 뒤흔든 열흘(*Ten Days that Shook the World*)』 259
세계무역센터(World Trade Center) 322
세메노프(Vladimir Semenov) 242, 276, 278, 279, **280**, 293
세실 호텔(Cecil Hotel) 134, **135**
세이퍼트(Richard Seifert) 324
세인스버리 갤러리(Sainsbury Gallery) 326
세인트 메리 단지(St. Mary's estate) 345
세인트 미카엘 앤드 올 에인절스 교회(Church of St. Michael and All Angels) 143

세인트 스티븐 교회(St. Stephen's Church) 132, 133
세인트 오거스틴 교회(St. Augustine's Church) 132, 133
세인트 윌프레드 교회(St. Wilfred's Church) 38, **40**
세인트 자일스 교회(St. Giles' Church) 38, **40**
세인트 자일스 카톨릭 교회(St. Giles' Catholic Church) 38, **40**
세인트 조지 교회(Church of St. George) 48
세인트 조지 홀(St. George Hall) 33, **35**
세인트 캐서린 대학(St. Catherine's College) 332
세인트 판크라스 역(St. Pancras station) **127**, 128
세인트 판크라스(St. Pancras) 주택협회 294
세인트 패트릭 성당(St. Patrick's Cathedral) 155
세인트 폴 성당(St. Paul's Cathedral) **181**, 189
세인트 필립 앤드 세인트 제임스 교회(Church of St. Philip and St. James) 130, **131**
세종문화회관 372
세컨드 라이터 빌딩(Second Leiter Building) 182, **183**
세피(Ceppi) 119, 121
센추리 길드(Century Guild) **171**
센터 포인트(Center Point) 324
센트럴 퍼시픽 철도회사(Central Pacific Railroad) 160
센트로소유스(Centrosoyùs) 275, **277**, 279
셰이커(Shaker) 의자 **63**
셰퍼드(Richard Sheppard) 332
셸리(M. W. Shelley) 377
셸리(P. B. Shelley) 26
『소련 건축이론의 본질적 문제들(*Essential Questions of Theory in Soviet Architecture*)』 276
소리아 이 마타(Arturo Soria y Mata) 187, 188, 276
소리 야나기(Sori Yanagi) 366, 368
소비에트 전시관(Soviet Pavilion) 261, **262**
『소츠고로드(*Sotsgorod*)』 276, 280
'소프트 앤드 헤어리' 하우스('Soft and Hairy' House) **371**, 374
손(John Soane) 15, 16, 21, 30
솔니에(Jules Saulnier) 115, 117
솔레리(Paolo Soleri) 313, 315

솔즈베리 성당(Salisbury Cathedral) 40
솔테어(Saltaire) 협동마을 189, **191**, 192
솔트(Titus Salt) 189, 191
솜(SOM, Skidmore, Owings and Merrill) 317, 322
솜마루가(Giuseppe Sommaruga) 205, 206
쇠토르베트(Søtorvet) 176, **177**
쇼(Richard Norman Shaw) 137, **139**, 145, 168, 169, 174, 196, 226
쇼논다이(湘南台) 문화 센터 372
쇼켄(Schocken) 백화점 271, **272**
쇼텐호프(Schottenhof) 86
수닐라(Sunila) 섬유공장 298
수에즈 운하(Suez Canal) 115, 116, **117**, 380
수이스(L.-P. Suys) 176
수턴 주거(Sutton Dwellings) 190
수틴(Soutine) 243
순례성당(Notre Dame du Haut) 329, **331**
순회 재판소(Assize Courts) 123
숲 속의 화장장(Forest Crematorium) **295**, 297
쉬르부(Kirvu) 교구교회 91, **92**
슈레브(Shreve) 282
슈뢰더 주택(Schroeder house) **265**, 266
슈마허(E. F. Schumacher) 350
슈바이커(Paul Schweikher) 313, 315
슈베흐텐(Franz Schwechten) 150
슈세프(Alexey Schussev) 248, 275, 277; 레닌 영묘 275, **277**
슈클로프스키(Viktor Shklovsky) 248
슈타이너 주택(Steinerhaus) 214, **215**, 284
슈타인베르크-헤르만 공장(Steinberg-Hermann factory) **244**
슈트라우프(Daniel Straub) 203
슈페어(Albert Speer) 302, **303**, 307, 356
슈펭글러(Spengler) 186
슐레진저-메이어 상점(Schlesinger-Mayor store) 182, **185**
슘페터(Schumpeter) 281
스누크(John Snook) 157, 160, 161
스머크(Robert Smirke) 33, 35
스머크(Sidney Smirke) 48
스미스(Ivor Smith) 339
스미스 주택(Smith house) 312, **314**
스미슨(Alison Smithon) 317

스미슨(Peter Smithon) 317
스미턴 주택(Smeaton) 137
스완 하우스(Swan House) **139**, 140
스위스 리 빌딩(Swiss Re Building) 369
스위스 학생기숙사(Pavillon Suisse) **286**, 288
스카리스브릭 저택(Scarisbrick Hall) **42**, 44
스칼라 광장(Piazza della Scala) 118
스컬리(Vincent Scully) 352
스콧(George Gilbert Scott) 38, **40**, 73, 75, 80, 124, 127-129, 253
스콧(Giles Gilbert Scott) 253, 255, 329
스타우턴 주택(Stoughton house) 172, **174**
스타인(Clarence Stein) 256, 257
스타인 저택(Maison Stein) **264**, 266
스타투토 광장(Piazza del Statuto) 121
스탈(Stael) 262
스탈린(Stalin) 258, 274, 275, 292, 293
스탐(Mart Stam) 259, 260, 271, 272, 279, 284, 289, 290, 292
스탠더드 정유회사(Standard Oil Company) 164
스털링(James Stirling) 331, 332, 341, 347, 352, 356
스테그만(Stegman) 297
스테른(Raffaele Stern) 83
스테파노바(Varvara Stepanova) 241, 242, 246
스템(Stem) 221, 381
스토클레 저택(Palais Stoclet) **211**, 212
스톡웰(Stockwell) 버스 차고 285
스톡홀름 시청사(Stockholm City Hall) **222**, 253
스톤(Edward Stone) 300- 302
스튜디오(Studio) **171**
스튜어트 상점(A. T. Stewart Store) **157**, 159
스트라빈스키(Stravinsky) 243
스트럿(Jedediah Strutt) 21
스트리트(George Edmund Street) 130, **131**, 137
스트릭랜드(William Strickland) 155
스티븐슨(George Stephenson) 50
스티븐슨(Robert Stephenson) 49, 50, **51**, 52, 128
스펜서(Herbert Spencer) 154
스펜스(Basil Spence) 329
스포츠 궁전(Palazzo del Sport) 328
스포츠 홀(Palazzetto dello Sport) **327**, 328
스폰티니(Spontini) 112

스피온 콥(Spion Kop) 221
스핏파이어(Spitfire) 전투기 **304**, 305
슬로베이 저택(Hôtel Slovay) 202
시그램 사옥(Seagram Company) 317, **318**
시나프스키(Sinavsky) 275, 277
『시대별 건축의 비교집성(*Receuil et parallele des édifices en tout genre*)』 78
시드니 오페라 하우스(Sydney Opera House) 326, **327**, 365
시라카와 나오유키(白川直行) 370
시몬 출판사 사옥(Montaner y Simón publisher's office) 209
시민자원보존단(Civilian Conservation Corps) 299
시베나파(Kivennapa) 교구교회 91
『시빌(*Sybil*)』 189, 191
시실토 수로(Cysylltau aqueduct) 30
시어스 타워(Sears Tower) 322, 386
『시카고 트리뷴(*Chicago Tribune*)』 사옥 247, 253, **255**, 277, 282
시카고파 180, **183**
시트로앙 주택(Maison Citrohan) 250, **251**, 261
신경제정책(NEP) 243, 259, 274
신고딕 양식 73, 124, 128, 133, 134, 158, 206, 221
신고전주의 양식 33, 37, 69, 72, 85, 89, 123, 124, 352, 356
신구빈법(新救貧法) 43
신그리스 양식 15-17, 49, 56
신르네상스 양식 67, 118
신비잔틴 양식 67, 107
신아카데미(New Academy) 88, **89**
신위병소(Neue Wache) 72, **74**
신의 전당(Walhalla) 67, **70**
신조형주의(neo-plasticism) 233
신즉물주의(neue sachlichkeit) 271, **272**
신토속주의(neo-vernacular) 341, 347
실천건축인노조(Operative Builders' Union) 54
12M-예스페르센 시스템(12M-Jespersen system) 345
싱켈(Karl Friedrich Schinkel) 71-74, 78, 85, 88, 148, 234, 302, 303, 355;
　궁전 정원사의 주택 72, **74**, 75

ㅇ

아널드 럭비 학교(Dr. Arnold's Rugby School) 133
아들러(Dankmar Adler) 182, **184**, 196, 214
아르노스 그로브 역(Arnos Grove station) **285**, 287
아르누보(Art Nouveau) 199-203, **204**, **205**, 206, 210, 211, 213, 214, 226, 232, 234, 246, 320
아르누보 예술품 백화점(Maison de l'Art Nouveau) 201, 202
아르데코(Arts Deco) 262, 263, 282, 302
아르케이(Aladár Arkay) 205, 206;
　칼뱅파 교회 **205**, 206
아르콘(Arcon) 342
아르키텍 주루란칵(Arkitek Jururancag) 373
아머 인스티튜트(Armour Institute) 302
아바디(Paul Abadie) 177, 178
아브라모비츠(Abramovitz) 282, 326
아스노바(ASNOVA) 242
아스플룬트(Erik Gunnar Asplund) 288, 295, 297
아에게(AEG) 218-220;
　터빈공장 **218**, 219
아우추른(Cornelis Outshoorn) 173
아우트(Oud) 265, 266, 271, 272, 288;
　노동자 주택단지 **265**, 266
아이비엠(IBM) 본사(Menara Mesiniaga) 373
아이어만(Egon Eiermann) 333
아인슈타인 기념관(Einsteinturm) 245
아즈텍 경기장(Aztec Stadium) 326
아카리 램프(Akari Lamp) 365, **366**
아크로스(Acros) 상점 설계안 259
아킬리(Achilli) 321
아테네움(Athenaeum) **36**, 37
아틀리에 엘비라(Atelier Elvira) **205**, 206
아틀리에 5(Atelier 5) 342
안도 다다오(安藤忠雄) 372
안토넬리(Alessandro Antonelli) 121
안할터 철도역(Anhalter Bahnhof) 150
알라 우르팔라(Ala-Urpala) 90
알러하일리겐 왕립교회(Allerheiligen hofkirche) 67
알렉산데르 이세(Alexander II) 106
알렉상드르 삼세 다리(Pont Alexandre III) 203

알버스(Josef Albers) 271
알브레히츠부르크 저택(Albrechtsburg villa) 73
알비니(Franco Albini) 320, 321
알테 피나코테크 미술관(Alte Pinakothek) 67
알토(Alvar Aalto) 295, **296**, 298, 300, 327, 329-332; 시민 센터 **327**, 329; 의자 **296**
알튀세(Althusser) 357
알트만(Altman) 237, 238
암바치아토리 호텔(Albergo degl'Ambasciatori) **268**
암스테르담 학파(Amsterdame School) 245, 266, 290
앙코르와트(Angkor Wat) 361
앙코르톰(Angkor Thom) 361
애덤(Robert Adam) 33
애덤스(Adams) 285, 287
애럽(Over Arup) 326, 327
애버크롬비(Patrick Abercrombie) 307-309
애번햄 거리(Avenham Street) **341**, 347
애슈비(Charles Ashbee) 193
애스터 하우스(Astor House) 58
애슬린(Charles Aslin) 342
애트우드(Charles Atwood) 161
애플렉(Affleck) 323
애플턴(Nathan Appleton) 55
앤더슨(Anderson) 253, 255, 319, 322
'앤 여왕(Queen Anne)' 양식 139, 168, 169, 226
앨던 하우스(Alden House) **174**
앨버트(Albert) 황태자 99, 100, 102, **103**
앨버트 황태자 기념관(London Memorial to Prince Albert) **124**, 129
앨턴 웨스트 단지(Alton West estate) 338
야마사키 미노루(山崎實) 322, 332
야콥슨(Arne Jacobson) 332
『약혼자(I Promessi Sposi)』 **119**
양(Ken Yeang) 371, 373
어스킨(Ralph Erskine) 341, 348, 352, 386
어퍼 클라이드 조선소(Upper Clyde Shipbuilder) 357, 388
언윈(Raymond Unwin) 228
엄덕문(嚴德紋) 372
업튼 주택(Upton house) 313, **315**
에렌스트룀(Albert Ehrenström) 88, 90

에르몰라에바(Ermolaeva) 240
에베르트(Ebert) 243, 269
에세드라(Esedra) **119**, 122
에솔도(Essoldo) 283
에스티엘(STL) 모델 **285**, 287
에스프리 누보 전시관(Pavillon de l'Esprit Nouveau) **262**, 263
에이블링(Edward Bibbins Aveling) 144
에이젠슈테인(Eisenstein) 242, 247, 260, 261
'A-POC' 의류 365
에이헨하르트 주거단지(Eigenhaard housing) **244**, 245
에일스베리 단지(Aylesbury estate) 345
에콜 데 보자르(Ecole des Beaux-Arts) 109, 161
에콜 폴리테크니크(Ecole Polytechnique) 78, 80, 115, 378
에퀴터블 저축대출협회(Equitable Savings and Loan Association) 317
에투알 개선문(Arc de Triomphe de l'étoile) **14**, 18
에펠(Gustave Eiffel) 116, 117, 179
에펠탑(Tour Eiffel) 179, **181**, 200, 239, 251
엔(Karl Ehn) 286, 288
엔델(August Endell) 203, 205
엔비크(François Hennebique) 214
엘가(Elgar) 221
엘름슬리(George Elmslie) 185, 186, 196, 206
엘리스(Peter Ellis) 125
엘리자베스 구빈법(Elizabethan Poor Law) 377
엘리자베스 양식(Elizabethan) 43
엘리자베스-제임스 일세 양식(Jacobethan) 42, 44
엘머스(Harvey Lonsdale Elmes) 33, 35
엘우드(Craig Ellwood) 312
엠파이어 스테이트 빌딩(Empire State Building) 282
엡스타인(Jacob Epstein) 285
엥겔(Carl Ludwig Engel) 88, **89**, 90
엥겔스(Friedrich Engels) 11, 20, 94, 95, **97**, 100, 144, 155, 165, 278
연방긴급구호법(FERA, Federal Emergency Relief Act) 298
연방재정착국(Federal Resettlement Administration) 299

영국건축가협회(Institute of British Architects) 32
『영국 노동자 계급의 실태(Die Lage der Arbeitenden Klasse in England)』 94, 97
영국사회민주연맹(British Social Democratic Federation) 144
영국 은행(Bank of England) 16, **21**, 33, **35**
『영국 주택(Das Englishe Haus)』 200
예르벨(Gjörwell) 88
예술가연합(Associated Artists) 206
예술노동자길드(Art Workers' Guild) 170
예술의 전당 372
옌센(Jensen) 176, 177
옌콘토베츠 빌딩(Jenkontovets Building) 176
옌티(Jäntti) 328
'옛' 교회('Old' Church) 90
오데온(Odeon) 극장 **262**, 283
오두막(Cottage) 170, **171**
오디토리엄 빌딩(Auditorium Building) 182, **184**
오랑제(Orange) 173
오르(Douglas Orr) 332
오르타(Victor Horta) 202-204
오르후스(Aarhus) 대학 **295**, 297
오를로주 별관(Pavillon de l'Horloge) 109, **111**
오리엘 챔버스(Oriel Chambers) 125
오베르(Auber) 112
오사카 세계무역센터(Osaka World Trade Center) **366**, 370
오스망(Eugene Georges Haussmann) 108, 109, **110**, 115
오언(Robert Owen) 26, **27**, 28, 29, 54, 165, 189, 192, 382
오언(William Owen) 192
오장팡(Amédée Ozenfant) 232, 249, **251**;
 오장팡의 스튜디오 250, **251**
오처드 주택(Orchard) 194, **195**
오처즈 주택(Orchards) 194, **195**
오카베 노리아키(岡部憲明) 373
오타와 의사당 건물(Ottawa parliament building) 156, 158
오토(Frei Otto) 328
오페라 광장(Place de l'Opéra) 111, 112
오페라 극장(Opéra) 112, **114**
오펜하임 궁(Palais Oppenheim) 73
오픈 에어 스쿨(Open Air School) **289**, 290
올드 오크 단지(Old Oak estate) **227**, 228
올름스테드(Frederick Olmstead) 161
올리베티사(社) 행정기술 센터 333, **334**
올브리히(Josef Maria Olbrich) 211, 212, 214
올 세인츠 교회(All Saints Chruch) **132**, 133
와이엇(M. D. Wyatt) 102, 103, 125, 379
와이트(P. B. Wight) 156, 158
왕립극장(Schauspielhaus) 72, **74**
왕립예술회(Royal Society of Arts) 33
왕립재판소(Royal Courts of Justice) 130
왕립제염소(La Saline) **14**, 15
외스트베리(Ragnar Östberg) 222, 253
요한센(John Johansen) 313
우노비스(UNOVIS) **237**, 240
우드(J. A. Wood) 160
우드워드(Benjamin Woodward) 130, 131
우르반(Max Urbahn) 334, 335
우메다(梅田) 스카이 빌딩 370
우시다 펀들레이(Ushida Findlay) 371, 374
운터 덴 린덴(Unter den Linden) 거리 72
울름 조형대학(Hochschule für Gestaltung) 343
울워스 빌딩(Woolworth Building) 221, **222**
울워스(Woolworth) 소매점 162
웃존(Jørn Utzon) 326, 327, 365
웅거스(Oswald Ungers) 352, 356
워드(Ward) 294
워머슬리(Lewis Womersley) 339
워블리스(Wobblies) 224, 254
워터하우스(Alfred Waterhouse) 123, 124
원예 홀(Horticultural Hall) 283
원주민사무국(Bureau of Indian Affairs) 59
월리스(Barnes Wallis) 285, 305
월리안 하우스(Walian House) 373
월 주거단지(The Wall) **341**, 386
월츠 셔먼 주택(Walts Sherman house) **174**
월터(Thomas Walter) 155, 157;
 미국 의사당 157
월터스(Edward Walters) 123
웨브(Aston Webb) 223
웨브(Beatrice Webb) 224, 283, 383, 384
웨브(Philip Webb) 137, **138**, 140, 143, 145, 170
웨브(Sidney Webb) 224, 225, 283, 383

웨스트민스터 사원(Westminster Abbey) 39, 41
웨스트민스터 홀(Westminster Hall) 39, 41
웨인라이트 빌딩(Wainwright Building) 182, **184**
웨인마커(Wanermaker) 159
웰링턴 폭격기(Wellington bombor) **304**
웰스(H. G. Wells) 384
위고(Victor Hugo) 81, **82**
『위기』(*The Crisis*) 27
위니에 카페(Café de Unie) **265**, 266
위니테 다비타시옹(Unité d'Habitation) 338, **340**
위니테 마르세유–미셸레(Unité Marseille-Michelet) **340**
위던(Weedon) 262
위스퍼스 저택(Wispers) **168**
윈디 힐(Windy Hill) 210
윈슬로 주택(Winslow house) 172, **175**, 198
윈저(Windsor) 의자 61, **63**
윌리스 페이버 듀마스 사옥(Willis Faber Dumas offices) 322
『윌리엄 모리스 저작선(*William Morris: Selected Writings*)』 146
윌리엄스(Edwin Williams) 325
윌리엄스(Owen Williams) 284, 287
윌리츠 주택(Willitts house) **197**, 198
윌모트(Willmott) 346
윌슨(Colin St. John Wilson) 332
윌킨스(William Wilkins) 33, 35;
런던 대학 **35**
유겐트슈틸(Jugendstil) 200, 383
유나이티드 서비스(United Services) 37
유니언 카바이드 빌딩(Union Carbide Building) 317
유니티 사원(Unity Temple) **197**, 198
유리 산업관(Glass Industries pavilion) **234**, 235
유스턴 역(Euston station) 125, **126**
『유토피아에서 온 소식(*News from Nowhere*)』 144, 165
융커(Junker) 269
〈의지의 승리(*Triumph des Willens*)〉 305
이사무 노구치(Isamu Noguchi) 365, 366;
커피 테이블 **366**
이세이 미야케(Issey Miyake) 365, 366
이세진구(伊勢神宮) 360, **366**, 389

이소자키 아라타(磯崎新) 372
이스마일(Ismail the Magnificent) 380
이스턴 주립 형무소(Eastern State Penitentiary) 158
이오니아 양식 34, 35
이오판(Iofan) 277
이즈베스티아 빌딩(Izbestia Building) **241**, 275
이탈리아 르네상스 양식 73, 134, 158, 161
이탈리아 부흥운동(Risorgimento) 118-121
이탈리아 은행(Banca d'Italia) 122
이텐(Johannes Itten) 244, 246, 271
이토르프(Jacob Ignaz Hittorf) 79, 80, 172
이토 토요(伊東豊雄) 372
『인간희극(*Comédie Humaine*)』 113
인민 궁전(Palace of the People) **241**, 242
인민산업 궁전(Palais voor Volksvlijt) 173
인민의 집(Maison du Peuple) 202, **204**
인천 교통 센터 370
인쿠크(INKHUK) 242
일차대전 전사자 기념비(Cenotaph) 253, **255**
임스(Charles Eames) 312
임페리얼 호텔(Imperial Hotel) 254
임핑턴 빌리지 대학(Impington Village college) 294

ㅈ
자금성(紫禁城) 361
자노타사(社) 320, 321
자누소(Marco Zanuso) 333
자드킨(Ossip Zadkine) **308**
'자루형(sacco)' 의자 320, **321**
자메이카 거리 도매점(Jamaica Street warehouse) 125
『자본론(*Das Kapital*)』 144
자유국가 예술 스튜디오(Free State Art Studios) 240
자유무역 홀(Free Trade Hall) 123
자치도시법(Municipal Corporation Act) 377
자치 주택(autonomous house) **353**
자펠리(Giuseppe Japelli) 85
『작은 것이 아름답다(*Small is Beautiful*)』 350
잔레(Charles-Edouard Jeanneret) →
르 코르뷔지에

찾아보기 415

잔레(Pierre Jeanneret) 263
잠실종합운동장 371, 372
잠자는 붓다 사원(Temple of the Sleeping
　Buddha) 361
잠함기초(潛函基礎) 180
잭슨(Pattrick Jackson) 55
전국건축산업고용주연맹(National Federation of
　Building Trades Employers) 167
전국노동조합대연합(Grand National
　Consolidated Trade Union) 382
전원도시협회(Garden City Association) 228
〈전함 포템킨(*Potemkin*)〉 260, 261
절대주의(suprematism) 239
『절대주의 선언(*Suprematist Manifesto*)』 233
『정치경제학 요강(*Grundrisse*)』 136
제너럴모터스(General Motors) 299;
　기술 센터 333, **334**
제니(William Le Baron Jenney) 178, 182, 183, 214
제2제정(Deuxième Empire) 양식 109, 124, 135,
　148, 149, 157, 158, 173, 176, 177
제이콥스(Jane Jacobs) 341, 346
제임스(William James) 193
제임스 일세 양식(Jacobean) 43
제체시온(Sezession) **211, 212, 213, 218, 233**
제체시온 하우스(Sezession House) **211, 212**
제크트(Hans von Seeckt) 385
제퍼슨(Jefferson) 68, 70
『젠다 성의 포로(*The Prisoner of Zenda*)』 381
젠크스(Charles Jencks) 352
젠틸레(Gentile) 267
젬퍼(Gottfried Semper) 73, 75, 78, 152;
　드레스덴 오페라 하우스 75
조레(Jaurès) 224
조지 타운(George Town) 366, 374
존네스트랄 요양원(Zonnestraal sanatorium)
　272, 274
『존 볼의 꿈(*A Dream of John Ball*)』 144
존슨(Philip Johnson) 290, 292, 300, 312, 314,
　317, 318, 326, 333
존슨 왁스사(社) 실험동 타워 317
존 핸콕 타워(John Hancock Tower) 322
졸드윈스 주택(Joldwyns) 137
졸토프스키(Ivan Zholtovsky) 248, 292

좀머펠트 주택(Sommerfeld house) 244
『종의 기원(*The Origin of Species*)』 154, 172
종합건축업자협회(General Builder's
　Association) 167
주예프 클럽(Zuyev) 277
주의회 의사당(State Capitol) 58, **60**
중량 프리캐스트 콘크리트 공법 341, 345
중세식 교회(Hollola) 90
중앙공공기술학교(Ecole Centrale des
　Travaux Publiques) 378
중앙도매시장(Les Halles) 115, **117**, 323
증권거래소 광장(Place de la Bourse) 78
지가-베르토프(Dziga-Vertov) 259, 260, 385
지멘슈타트(Siemenstadt) **286**, 288
지멘스(Werner von Siemens) 148
지멘스-마틴(Siemens-Martin) 159
지방당국연합 특별프로그램(CLASP,
　Consortium of Local Authorities Special
　Programme) 343
지방자치회(zemstvos) 107
「지상의 낙원(The Earthly Paradise)」 141
지제(Sise) 323
지킬(Gertrude Jekyll) 194
질레트 공장(Gillette factory) 282

ㅊ

차티스트 운동(Chartist Movement) 54, 100
『차티즘(*Chartism*)』 380
찬디가르(Chandigarh) 311
찬리 주택(Charnley house) 175, 196
채드윅(Edwin Chadwick) 97
채스워스 하우스(Chatsworth House) 48, 102
「책 읽는 노동자의 질문(*Fragen eines lesenden
　Arbeiters*)」 355
처칠 가든(Churchill Garden) 주거단지 339
〈천사의 바라봄(*The Angel's Watch*)〉 200
『첨두형 건축 혹은 기독교 건축의
　진정한 원리(*The True Principles of Pointed,
　or Christian Architecture*)』 38
체르마예프(Serge Chermayeff) 284, 294, 302
체스터스(Chesters) **168**, 169
체스헌트 초등학교(Cheshunt primary
　school) 342

체이스 맨해튼 빌딩(Chase Manhattan
　　Building) 317
체인 워크(Cheyne Walk) 194
체임벌린(Joseph Chamberlain) 107
체펠린 경기장(Zeppelin Field) 302, **303**
첵랍콕(Chek Lap Kok) 공항 372
첼시 병원(Chelsea Hospital) 16
총독 궁(Doge's Palace) 130, 131
총독 궁(Palace of Viceroy) **222**, **223**
『최후의 사람에게(*Unto this Last*)』 130
추미(Bernard Tschumi) 369
추오츠(Zuoz) 다리 **215**, 216
축제극장(Festspielhaus) 151, **152**

ㅋ

카나리 워프(Canary Wharf) 369
카네기(Andrew Carnegie) 164, 192
카넬라(Canella) 321
카노(Kano) 마을 **349**
카디프 시빅 센터(Cardiff Civic Centre) 223
카라얀(Herbert von Karajan) 386
카룰라-리탈라(Karhula-littala) 296
카르툼(Khartoum) 221
카를로 펠리체 광장(Piazza Carlo Felice) 85
카를 마르크스 호프(Karl-Marx-Hof) **286**, 287
〈카메라를 든 사나이(*The Man with the Movie Camera*)〉 259
카보우르(Cavour) 118
카사 나바스(Casa Navás) 209
카사 밀라(Casa Milá) 207, **208**
카사 바틀로(Casa Battló) 207
카사 비첸스(Casa Vicens) 207
카사 예오 모레라(Casa Lleó Morera) 209
카사 토마스(Casa Thomas) 209
카스텐슨(Carstenson) 159
카스텔(Castells) 357
카스텔 베랑제(Castel Béranger) 203, **204**
카슨·피리에·스콧 컴퍼니(Carson, Pirie, Scott and Company) 182, **185**
카시나사(社) 321
카우츠키(Kautsky) 224
카우프만(Edgar Kaufmann) 300
카위퍼스(P. J. H. Cuijpers) 176

카이저(Kaiser) 245
카탈루냐 음악당(Palau de la Musica Catalana)
　　208, 209
카티니(Catini) 327, 328
카페 페드로치(Caffè Pedrocchi) **84**, 85
카펜터 센터(Carpenter Center) 332
카프리초(Capricho) 207
칸(Albert Kahn) 254, 334
칸(Louis Kahn) 331, 332
칸딘스키(Kandinsky) 242, 245, 246
칼라일(Carlyle) 133, 140, 142
칼레(Callet) 117
칼레도니아 로드 자유교회(Caledonia Road Free Church) 123, **124**
칼만(Kallmann) 329
칼턴(Carlton) 37
칼턴 하우스(Carlton House) 32, **34**, 48
캐드버리(George Cadbury) 190-192
캐드버리(Richard Cadbury) 190
캔틸레버(cantilever) 180, 181, 215, 216, 259, 300, 312, 314, 315, 320, 327, 328
커밍스(G. P. Cummings) 159
컨위 현수교(Conwy suspension bridge) 48, **49**
컴벌랜드(W. C. Cumberland) 155
컴벌랜드 테라스(Cumberland Terrace) 32, **34**
케인스(Keynes) 298, 325, 364
케임브리지 하우스(Cambridge House) 353
켄트 하우스(Kent House) 294
켄티시 타운(Kentish Town) **135**, 136
켈럼(John Kellum) 157, 159
켐니츠 백화점(Chemnitz) 271
코넬(Amyas Connell) 283, 284, 294
코니허스트 주택(Conyhurst) 137
코른호이젤(Josef Kornhäusel) 86
코린트 양식 33, 35, 57, 59, 176
코번트 가든(Covent Garden) 323
코번트리 성당(Coventry Cathedral) 329
『코사크(*The Cossacks*)』 106
코스타(Costa) 308, 311
코차르(Kotchar) 241;
　　독신자 아파트 **241**
코츠(Wells Coates) 283
코커럴(Charles Cockerell) 33, 35

찾아보기　417

코크(Gaetano Koch) 119, 122
코튼(Cotton) 323
코펜하겐 시청사(Copenhagen Town Hall) 177, 178
콘 페더슨 폭스(Kohn Pedersen Fox) 370
콜로나(Eugène Colonna) 203
콜로네이드 로(Colonnade Row) **56**, 57
콜롬부스하우스(Columbushaus) 289, 290
콜모건 주택(Colmorgan house) 300, **301**
콜체스터 시청사(Colchester Town Hall) 223
콤턴 위니트(Compton Wynyates) 169
콩타맹(Victor Contamin) 179, 181, 216
쾨니히스바우(Königsbau) 67
쾨니히스플라츠(Königsplatz) 67
쿠아녜(François Coignet) 214
쿠퍼(Edwin Cooper) 223
쿡 저택(Maison Cook) **264**, 266
쿤리 주택(Avery Coonley house) 198
쿨데삭(cul-de-sac) 256, **257**
쿨롯(Maurice Culot) 352
쿨리지(Coolidge) 281
쿰리엔(Kumlien) 176
쿼드런트(Quadrant) **34**
쿼리 힐 아파트(Quarry Hill flats) **286**, 287
퀀셋(Quonset) 342
퀸시 마켓(Quincy Market) **56**, 57
퀸 엘리자베스 홀(Queen Elizabeth Hall) 326
큐 가든(Kew Garden) 48, 49
큐빗(Lewis Cubitt) 125, 127
큐빗(William Cubitt) 50
크라이슬러 빌딩(Chrysler Building) **262**, 282
크랙(Cragg) 48
크랙사이드 저택(Cragside) 137, **139**
크런든(John Crunden) 33
크레이머(Piet Kramer) 244, 245
크레인(Walter Crane) 171, 200
크로스랜드(Anthony Crosland) 336
크롤(Lucien Kroll) 352
크루프(Krupp) 철강회사 148, 151, 220
크리스털 팰리스(Crystal Palace) 100, **101**, 104, 105, 158, 159, 178, 179;
  뉴욕 크리스털 팰리스 **157**, 158
크리어(Leon Krier) 352

크리어(Rob Krier) 352, 356
클라우즈 주택(Clouds) 137
클라크(Clarke) 287
클레이빌로프트(Kleiviloft) **92**
클렌체(Leo von Klenze) 67, 69, 70, 77, 78;
  전쟁사무국 **70**
클린트(Peter Klint) 222, 297
키노 아이(Kino-Eye) 259, **260**
키모스피어 주택(Chemosphere house) 312, **314**
키블 대학 예배당(Keble College chapel) 130, **132**
키셀라(Ludvík Kysela) 272, 274
키아토네(Mario Chiattone) 233
키에프후크 단지(Kiefhoek estate) 288
키티메트(Kitimat) 311
키플링(Joseph Rudyard Kipling) 221, 363, 382
킨멜 파크(Kinmel Park) **139**, **168**, 169
킬릭(Killick) 338
킹스 크로스 역(King's Cross station) 125, **127**

ㅌ

타마니안(A. Tamanian) 292
타베나사(Tavenasa) 다리 216
타셀 저택(Hôtel Tassel) 202
타우트(Bruno Taut) 218, 234, 235, 270, 272, 279; 강철 전시관 **218**
타우트(Max Taut) 270, 272, 289, 290; 노동조합회관 **289**, 290
타운(Ithiel Town) 58, 60, **65**
타운센드(Charles Harrison Townsend) 210
타코마 빌딩(Tacoma Building) 182
타틀린(Vladimir Tatlin) 237, 239, 240, 246, 273; 강철탑 237, 239; 캔틸레버 의자 **273**
「탄호이저(Tannhäuser)」 75
탈레랑(Talleyrand) 76
탈레신 웨스트(Talesin West) 300, **301**, 313
탕관비(Tang Guan-Bee) 370
터너(Richard Turner) 48, 49
테네시유역개발공단(Tennessee Valley Authority) 299
테라니(Giuseppe Terragni) 267, 268, 277, 302; 전사자 기념비 **268**
테오도로(Teodoro) 321
테이트(Thomas Tait) 283

테일러 주택(Taylor house) 175
텐트 시티(Tent City) 348, 388
텔퍼드(Thomas Telford) 30, 48-50, 64;
　메나이 현수교 30, 48, 50, 64
토네트(Michael Thonet) 86
토네트(Thonet) 가구 87
토레 벨라스카(Torre Velasca) 320, **321**, 386
토론토 시청사(Toronto City Hall) **319**, 322
토르만(Thormann) 339
토머스 쿡(Thomas Cook) 134
토머스 킹(Thomas King) 36
토스카나 양식 14-16
토토 팩토리(Toto Factory) 370
톤(Konstantin Thon) 107
톨러(Toller) 245
톨스토이(Tolstoy) 106, 107
톰슨(Alexander 'Greek' Thomson) 123, 124
톰슨(James Thomson) 34
『투룬 사노마트(*Turun Sanomat*)』 신문사 298
툴루즈 르 미라이유(Toulouse-le-Mirail) 311
튜더 양식 191, 192
튜브(Tube) **285**, 287
툴론(Samuel Sanders Teulon) 130, 132, 133
트레메인 주택(Tremaine house) 312, **314**
트레몬트 하우스(Tremont House) 56, 58
트래블러스(Travellers') **36**, 37
트레이서리(tracery) 130, 131
트렌덤 저택(Trentham Hall) 43
트렌턴 고가교(Trenton Viaduct) **65**
트로스트(Paul Ludwig Troost) 302, 303, 307;
　뉘른베르크 의사당 302, **303**; 명예의 전당
　302, **303**
트뤼도(Trudeau) 336
트리니티 교회(Trinity Church) **156**, 158
티그번 코트(Tigbourne Court) 194
TWA 청사 328
티파니(Louis Comfort Tiffany) 201, 206
틸레트(Ben Tillett) 224

ㅍ

파가노(Pagano) 268
파구스 공장(Fagus factory) **234**, 235
'파라디세트(Paradiset)' 레스토랑 288, **295**

파르스타(Farsta) 311
파리 국립도서관(Bibliothèque Nationale) 80
파리 노트르담 성당(Cathédrale Notre Dame
　de Paris) 81, 82
파리 동역(Gare de l'Est) **79**, 80
파리 만국박람회(Paris international
　exhibition, 1900) 203, **204**
파리 박람회(Paris Exposition, 1889) 105, 179, **181**
파리 북역(Gare du Nord) **79**, 80
파리 장식미술박람회(Paris Exposition des Arts
　Décoratifs, 1925) 261, **262**, 263
파머(Norman Palmer) 36
파사주 포므라예(Passage Pomeraye) 118
파시스트의 집(Casa del Fascio) **268**, 302
파시즘(fascism) 267, **268**, 269, 291, 294
파올리니(Paolini) 321
파울(Bruno Paul) 217, 219
파울러(John Fowler) 180
파울손(Paulsson) 288
파워(Power) 104
파월(Powell) 332, 339
파이닝거(Lyonel Feininger) 244
파이 라디오(Pye radio) 262
파이미오 요양소(Paimio sanatorium) **295**,
　296, 298
파이크(Alexander Pike) 353
파커(Barry Parker) 228
파크(Robert Park) 186, 187
파크 빌리지(Park Village) 32
파크 크레센트(Park Crescent) 32
파크 힐 앤드 하이드 파크(Park Hill and
　Hyde Park) 339, **340**
파킨(Parkin) **319**, 322
판즈워스 주택(Farnsworth house) 312, **315**
팔라우 산트 호르디(Palau Sant Jordi) 372
팔라초 베키오(Palazzo Vecchio) 320
팔라초 살모이라기(Palazzo Salmoiraghi) **205**
팜올리브 빌딩(Palmolive Building) 282
팜 하우스(Palm House) 48, **49**
패딩턴 역(Paddington station) 125, **126**, 128
패럴(Terry Farrell) 370
패리스(Alexander Parris) 56, 57
패리시 주택(Parish house) 198

패스처스 주택(Pastures) 194, **195**
팩스턴(Joseph Paxton) 48, **101**, 102, 104, 159
팰리스 그린 1호 주택(1 Palace Green) 137
퍼니스(Frank Furness) 156, 158
퍼셀(William Purcell) 196
퍼셀 관(Purcell Room) 326
퍼스트 라이터 빌딩(First Leiter Building) **183**
페레(August Perret) 214, **215**, 216, 251, 252
페레 마타 병원(Institut Pere Mata) 209
페레수티(Enrico Peressutti) 386
페로(Pérrault) 114
페르디난도 이세(Ferdinando II) **84**
페르스텔(Ferstel) 149
페르시에(Percier) 18, 77, 78
페르시우스(Ludwig Persius) 72, 75, 78
페리(Clarence Perry) 227, 228, 256
페브스너(Pevsner) 242, 245, 337, 355
페삭(Pessac) 주거단지 계획안 263, **264**
페어베언 섬유공장(Fairbairn's textile mill) 214
페이도(Feydeau) 203
페이비어니즘(Fabianism) 165, 382
페이비언 협회(Fabian Society) 382, 384
페치니히(Petschnigg) 319, 322
페터슨(Peterson) 176, 177
페트로나스 타워(Petronas Tower) 387
펙포턴 저택(Peckforton Castle) 44
펜 상호생명보험 빌딩(Penn Mutual Life Insurance Building) 159
펜실베이니아 역(Pennsylvania station) 221, **222**
펠레셰(Pellechet) 78
포드(Ford) 162, 192, 254, 279, 281, 299, 333; 유리공장 **334**; 재단 본부 **318**, 322
포르 그리모(Port Grimaud) **356**
포르타 누오바(Porta Nuova) **119**, 121
포민(Ivan Fomin) 248, 292
포블리아치오네(pobliaciones) 350
포쇼(Forshaw) 308
포스교(Forth Bridge) **181**
포스터(Norman Foster) 322, 333, 326, 369, 372
포스터(William Foster) 254
포스트모더니즘(post-modernism) 352, 367, 369
포지(Giuseppe Poggi) 122
'포털(Portal)' 주택 **341**

포트 선라이트(Port Sunlight) **191**, 192
포틀랜드 플레이스(Portland Place) 32
포티프 성당(Votivkirche) **149**
포포바(Liubov Popova) 242, 246
포프라(VOPRA) 275
폭스(Fox) 102, 104
폰티(Gio Ponti) 319, 320
폴로(Marco Polo) 362
폴리니(Gino Pollini) 267, 333, 334
폴리 팜(Folly Farm) 194
폴크방 박물관(Museum Folkwang) 202
폴하딩 협동상점(De Volharding co-operative store) **265**, 274
푈치히(Hans Poelzig) 217, 218, 270, 272; 화학 공장 217; 수조탑 217, **218**
퐁텐(Fontaine) 18, 77, 78, 118
표현주의(expressionism) **244**, 245, 246, 271, 339, 385
푸에르타 델 솔(Puerta del Sol) 187
푸케(Georges Fouqet) 204
풀라르트(Joseph Poelaert) 176, 177; 재판소 건물 **177**
풀러(Buckminster Fuller) 299, 301, 305, 333, 387
풀러(Loïe Fuller) 203
풀러(Thomas Fuller) 155, 156
풀먼(Pullman) 180
풀러 돔(Fuller domes) **304**
풍선 틀(balloon-frame) 379
퓨진(Augustus Welby Pugin) 38, 39, **40**, 41, 42, 44, 80, 81, 128, 129, 140, 377
프라우다(Prauda) 사옥 **241**, 259, 275, 277
프라이(Maxwell Fry) 284, 294
프라이어(E. S. Prior) 170, 171
프란츠 요제프(Franz Josef) 황제 147, 149
프랑슈콩테 철공회사(Compagnie des Forges de Franche-Comté) 113
프랑스 아르누보(Gallic Art Nouveau) 202, 203
『프랑스 중세 건축 사전(*Dictionnaire raisonné de l'architecture française*)』 81
『프랑스 혁명(*The French Revolution*)』 380
『프랑켄슈타인(*Frankenstein: or The Modern Prometheus*)』 377
프랑크푸르트 부엌(Frankfurter Küche) **286**

프랑클랭 거리(Rue Franklin) 25번지 **215**, 216
프랫(Thomas Pratt) 65, 66
'프레리(prairie)' 주택 **197**, **198**, **199**, **315**
프레시네(Eugine Freyssinet) 251, 252;
   비행선 격납고 **251**, 252
프로고널(Frognal) 66번지 주택 294
프로미스(Carlo Promis) 85
프로운(PROUN) 240
프로프스트(Probst) 253, 255, 319, 322
프롤리셔(Froelicher) 118
프루동(Proudhon) 229
프루베(Victor Prouvé) 203
프루이트-이고 아파트(Pruitt-Igoe flats) 346
프리덴스 교회당(Friedenskirche) 72, 75
프리드리히 대왕(Friedrich der Große) 13, 15, 68
프리드리히 빌헬름 4세(Friedrich Wilhelm IV) 99
프리츠(Fritz) 339
프리치(Giuseppe Frizzi) 85
프리캐스트(pre-cast) 콘크리트 345
플라이타워(fly-tower) 112, 114
플랑부아양(flamboyant) 양식 151
플레이스 보나벤처(Place Bonaventure) 323
플레처(Banister Fletcher) 282
피기니(Luigi Figini) 267, 333, 334
피니(Pini) 339
피닉스 타워(Phoenix Tower) **319**, 322
피라네시(Giovanni Battista Piranesi) 15, 177
피렐리 빌딩(Pirelli Company Building) **319**, **320**
피바디 기부재단(Peabody Donnation Fund) 190
피바디 단지(Peabody estates) 225, 226
피셔(Fischer) 151, 381
피스카토어(Piscator) 247
피스커(Kay Fisker) 295, 297
피스크(Jim Fisk) 160
피아노(Piano) 323, 373
피아첸티니(Piacentini) 122, 267, 268
피아트(Fiat) 공장 설계 267
피아트 공장 옥상 시험용 트랙 251, 252
피어슨(John Pearson) 130, 132, 133, 285, 287
피에르퐁 성(Chateau de Pierrefonds) **82**
피찰라(Andrea Pizzala) 118
피카딜리 호텔(Piccadilly Hotel) 223

피카소(Picasso) 232, 386
피토(Samuel Peto) 45
픽(Frank Pick) 287
핀리(James Finley) 64, 65
핀스베리(Finsbury) 건강 센터 284
핀스베리(Finsbury) 자치구 294
핀스테를린(Hermann Finsterlin) 244
필라델피아 박람회(Philadelphia Exposition, 1876) 105, 178
필라델피아 시청사(Philadelphia City Hall) 158
필라델피아 저축은행 사옥(Philadelphia Savings Fund office) **301**, 302

ㅎ

하드윅(Philip Hardwick) 125, 126
하레뇨 이 알라르콘(Francisco Jareño y Alarcón) 176
하몬(Harmon) 282
하비 코트(Harvey Court) 332
하세가와 이츠코(長谷川逸子) 372
하우(George Howe) 301, 302
하워드(Ebenezer Howard) 226, **227**, 229, 230, 250, 382
하월(Howell) 338
하월스(Howells) 253, 255
하이데 저택(Huis ter Heide) 233
하이 레벨(High Level) 52
하이 앤드 오버(High and Over) **284**, 287
하이웨이즈 엔드 호라이즌스(Highways and Horizons) 300
하이제(Heise) 148
하이클러 저택(Highclere) 44
하이포인트(Highpoint) 공동주택 **284**, 297
하인드먼(Hyndman) 144, 145
하인리히쇼프(Heinrichshof) 147, **149**
하지메 소라야마(Hajime Sorayama) 368
하콜라(Antti Hakola) 90
하트필드(John Heartfield) 270
한센(Theophil von Hansen) 147, 149
할랙스턴 저택(Harlaxton Hall) **42**, 44
합리주의(rationalism) 241, 242, 245, 252, 261, 263, 266, 267, 270, 271, 281, 282, 290, 320
해리슨(Harrison) 282, 326

해빌랜드(John Haviland) 158;
  농부-기계공 은행 158
햄스테드 교외주거지(Hampstead Garden
  Suburb) 228
허미티지 저택(Hermitage) 59
허치스타운-고벌스(Hutchestown-Gorbals) 346
헉슬리(Aldous Leonard Huxley) 382, 386
헉슬리(Thomas Huxley) 172
헌트(Henry Hunt) **36**
헌트(Richard Hunt) 160, **161**, 168
'헛간(The Barn)' 170, **171**
헤겔(G. W. F. Hegel) 378
헤렌킴제(Herrenchiemsee) 151
헤스터베르크(Hesterberg) 339
헤이마켓 극장(Haymarket Theatre) **34**
헤이우드(William Haywood) 224
헤이워드 갤러리(Hayward Gallery) 326
헤일 주택(Hale house) 312
헨더슨(Henderson) 102, 104
헨리 그린(Henry Greene) 196, 197
헨리트 로너플레인 아파트(Henriette
  Ronnerplein apartments) 245
헨트리히(Hentrich) 319, 322
헬그(Franca Helg) 320, 321
헬펠트(Helfeld) 241
『현대 건축(*Contemporary Architecture*)』 259
현대건축가연맹(OSA, Union of Contemporary
  Architecture) 259, 275, 280, 334
『현대 양식의 가구제작(*Modern Style of Cabinet
  Work*)』 36
「협동에 관하여(On Co-operation)」 258
호니먼 박물관(Horniman Museum) 210
호스테틀러(Hostettler) 339
호지킨슨(Patrick Hodgkinson) 342
호퍼(Thomas Hopper) 48
호프(Anthony Hope) 381
호프(Thomas Hope) 36
호프만(Josef Hoffmann) 211, 212, 214
호프부르크 왕궁(Hofburg) 147
혼겔(Göran Hongell) 296
홀덴(Charles Holden) 223, 285, 287;
  런던 법률협회 건물 223
홀라버드(Holabird) 182, 185, 282

홀본 역(Holborn station) **285**
홍카(Matti Honka) 90
화이트(Alfred T. White) 384
화이트(Stanford White) 158, 160, 161, 172, 175,
  221, 222, 253, 255, 319, 322, 387
화이트 임대주택(White tenements) 225
화이트 하우스(White House) 170
화이트채플 미술관(Whitechapel Art
  Gallery) 210
화이트 하우스(White House) 170
환경 결정주의(environmental determinism) 348
회거(Fritz Höger) 244
『회고(*Looking Backward*)』 164, 165, 226
후드(Hood) 253, 255
후버(Hoover) 281
후버 공장(Hoover factory) 282
후쿠야마(Francis Fukuyama) 389
훔볼트(Humboldt) 72
휘슬러(James McNeill Whistler) 170
휘트니(Whitney) 162
휘틀(Whittle) 305
〈흰 바탕의 흰 사각형(*White rectangle
  on a white ground*)〉 232
히드(Heath) 336
히로시 하라(原廣司) 370
히스코트(Heathcote) 196
히치콕(Henry Russel Hitchcock) 290
히치히(Hitzig) 148, 149;
  베를린 증권거래소 148, **149**
히틀러(Hitler) 269, 291, 302, **303**, 385
힌덴부르크(Hindenburg) 269
힐 하우스(Hill House) 210
힐(Octavia Hill) 190

빌 리제베로(Bill Risebero, 1938-)는 건축가이자 도시계획가로, 영국 런던대학교를 졸업하고 왕립건축가협회(RIBA)에서 수여하는 건축사 자격을 취득했다. 센트럴세인트마틴, 이스트런던대학교를 비롯한 영국과 미국의 여러 대학교에서 강의했다. 저서로『환상적 형태: 오늘날의 건축과 도시계획』『서양 건축 이야기』등이 있다.

박인석(朴寅碩, 1959-)은 서울대 건축학과를 졸업하고 동대학원에서 석사 및 박사 학위를 받았다. 현재 명지대학교 건축학부 명예교수이며, 국가건축정책위원회 5기 위원과 6기 위원장을 역임했다. 도시와 건축 및 주택 정책을 비판적으로 검토하고 대안적인 정책을 제안하는 일에 관심을 두고 있다. 저서로『건축 생산 역사』(전 3권),『건축이 바꾼다』『아파트 한국 사회』등이 있다.

건축의 사회사
정치경제학의 시각에서 본 대안적 역사

빌 리제베로
박인석 옮김

초판1쇄 발행	2008년 3월 20일
재판1쇄 발행	2025년 7월 10일
발행인	李起雄
발행처	悅話堂
	경기도 파주시 광인사길 25 파주출판도시
	전화 031-955-7000 팩스 031-955-7010
	www.youlhwadang.co.kr
	yhdp@youlhwadang.co.kr
등록번호	제10-74호
등록일자	1971년 7월 2일
인쇄 제책	(주)상지사피앤비

ISBN 978-89-301-0809-6 93540

Modern Architecture and Design: An Alternative History
© 1982, 2008, Bill Risebero
Korean translation © 2008, Park Inseok
Published by Youlhwadang Publishers. Printed in Korea.

• 이 책은 2008년 '열화당 미술책방'으로 초판 발행된 뒤 2025년 표지를 새롭게 바꿔 단행본으로 발간되었습니다.